普通高等教育“十一五”国家级规划教材
全国水利水电高职教研会推荐教材

# 建筑结构

(第2版)

主　编　彭　明　王建伟
副主编　王文龙　佟　颖　刘　洁
　　　　黎国胜　晏成明　胡玉珊
主　审　李平先　毕守一

黄河水利出版社
·郑州·

## 内 容 提 要

本书是普通高等教育"十一五"国家级规划教材，是按照国家对高职高专人才培养的规格要求及高职高专教学特点编写完成的。本书依据我国现行的《水工混凝土结构设计规范》(SL 191—2008)、《砌体结构设计规范》(GB 50003—2001)、《水利水电工程钢闸门设计规范》(SL 74—95)、《钢结构设计规范》(GB 50017—2003)编写。全书共12章，主要内容为水工钢筋混凝土结构、砌体结构、钢结构的设计方法及其应用。每章有例题、习题、思考题和工程设计实例，并附有完成作业和课程设计所需的常用图表。

本书可作为高职高专和职大水利水电类专业的教材，亦可作为水利水电工程技术人员的继续教育教材。

**图书在版编目(CIP)数据**

建筑结构/彭明，王建伟主编. —郑州：黄河水利出版社，2009.9 (2013.12 重印)
普通高等教育"十一五"国家级规划教材
ISBN 978-7-80734-615-9

Ⅰ.建… Ⅱ.①彭…②王… Ⅲ.建筑结构-高等学校-教材 Ⅳ.TU3

中国版本图书馆CIP数据核字(2009)第148484号

组稿编辑：王路平 电话：0371-66022212 E-mail：hhslwlp@163.com

---

出 版 社：黄河水利出版社
地址：河南省郑州市顺河路黄委会综合楼14层 邮政编码：450003
发行单位：黄河水利出版社
发行部电话：0371-66026940、66020550、66028024、66022620(传真)
E-mail：hhslcbs@126.com
承印单位：黄河水利委员会印刷厂
开本：787 mm×1 092 mm 1/16
印张：20.75
字数：490千字 印数：43 001—47 000
版次：2004年1月第1版 印次：2013年12月第11次印刷
2009年9月第2版
2010年9月修订

---

定价：32.00元

# 再版前言

本书是普通高等教育“十一五”国家级规划教材，是根据《国务院关于大力发展职业教育的决定》、教育部《关于全面提高高等职业教育教学质量的若干意见》等文件精神，以及教育部对普通高等教育“十一五”国家级规划教材建设的具体要求组织编写的。

本书是依据我国高等职业技术教育水利水电类建筑结构课程教学大纲编写的，全书共分12章，分为钢筋混凝土结构、砌体结构及钢结构三部分，采用的计算公式、符号及基本数据，主要依据《水工混凝土结构设计规范》(SL 191—2008)、《砌体结构设计规范》(GB 50003—2001)、《水利水电工程钢闸门设计规范》(SL 74—95)、《钢结构设计规范》(GB 50017—2003)编写。

本书在编写过程中，针对高等职业技术教育的特点，从实际出发，对教学内容进行重组和调整，注重实践能力的培养。精简了烦琐理论推导和试验过程的描述，不苛求学科的系统性和完整性，努力避免贪多和高度浓缩现象，充分体现高职教育的特色。在阐述方法上力求做到由浅入深，循序渐进，文字简练。为了便于教学和强化基本技能的训练，书中包含了类型丰富的例题、习题、思考题和工程设计实例，并附有完成作业和课程设计所需的常用图表。

本书编写人员及编写分工如下：黄河水利职业技术学院彭明(绪论、第十章)，北京中水新华国际工程咨询有限公司安婷(第一章)，浙江同济科技职业学院胡玉珊(第二章)，山西水利职业技术学院王文龙(第三章)，杨凌职业技术学院刘洁(第四章)，黄河水利职业技术学院郭遂安(第五章)、郭旭东(第六章)、胡涛(第七章)，湖北水利水电职业技术学院黎国胜(第八章)，黄河水利职业技术学院王建伟、开封市供水总公司设计院孟宪萍(第九章、附录)，辽宁水利职业学院佟颖(第十一章)，广东水利电力职业技术学院晏成明(第十二章)。全书由彭明、王建伟担任主编，彭明负责全书统稿；由王文龙、佟颖、刘洁、黎国胜、晏成明、胡玉珊担任副主编；由郑州大学李平先教授、安徽水利水电职业技术学院毕守一担任主审。

本书在编写过程中参考与引用了国内同行的著作、教材及有关资料，为此，谨对所有文献的作者深表谢意。由于编者水平有限，不足之处在所难免，恳请读者批评指正。

编　者

2009 年 7 月

# 目 录

# 绪　论

## 一、建筑结构的基本概念

在水利工程建筑中，由建筑材料制作的若干构件连接而组成的承重骨架称为建筑结构。按所用材料的不同，可分为钢筋混凝土结构、砌体结构、钢结构等类型。

### （一）钢筋混凝土结构

钢筋混凝土结构是由钢筋和混凝土两种材料组成的共同受力的结构。钢筋的抗拉强度和抗压强度都很高，具有良好的塑性。混凝土的抗压强度高而抗拉强度低，具有良好的耐久性能。为了充分利用这两种材料的性能，把混凝土和钢筋结合在一起，使混凝土主要承受压力，钢筋主要承受拉力，充分发挥它们的材料特性，以满足工程结构的使用要求。

图 0-1 所示为两根截面尺寸、跨度和混凝土强度完全相同的简支梁。图 0-1（a）所示为素混凝土梁。当跨中截面承受约 13.5 kN 的集中力时，混凝土就会因受拉而断裂。图 0-1（b）所示的梁，在受拉区配置了 2 根直径 20 mm 的 HRB335 级钢筋，用钢筋来代替混凝土承受拉力，则梁承受的集中力可增加到 72.3 kN。由此说明，钢筋混凝土梁比素混凝土梁的承载能力提高很多，这正是充分利用了钢筋和混凝土两种材料的力学性能。此外，配置钢筋还可以增强构件的延性，防止混凝土出现突然的脆性破坏。

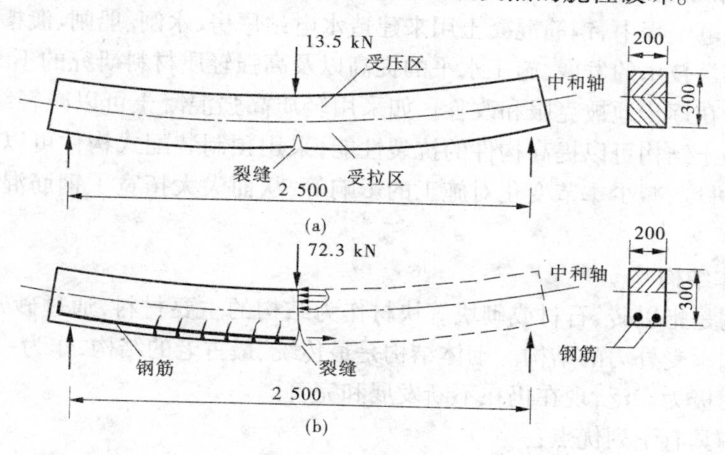


图 0-1　混凝土梁与钢筋混凝土梁的承载力对比示意图　（单位：mm）

钢筋和混凝土这两种不同性能的材料能有效地结合在一起共同工作，主要的原因是：

（1）钢筋与混凝土之间存在良好的黏结力，混凝土硬化后可与钢筋牢固地黏结成整体，保证在荷载作用下钢筋和混凝土能够协调变形，相互传递应力。

（2）钢筋和混凝土的温度线膨胀系数相近，当温度变化时，两者之间不会产生较大的相对滑移而使黏结力破坏。

(3)钢筋表面的混凝土保护层防止钢筋锈蚀,保证结构的耐久性。

钢筋混凝土结构除合理利用了钢筋和混凝土两种材料的特性外,和其他材料的结构相比,还具有下列优点:

(1)强度较高。同砌体结构相比强度较高。

(2)耐久性好。混凝土耐受自然侵蚀的能力较强,其强度也随着时间的增长有所提高,钢筋因混凝土的保护而不易锈蚀,不需要经常维护和保养。

(3)耐火性好。由传热性差的混凝土作为钢筋的保护层,在普通火灾情况下不致使钢筋达到软化温度而导致结构的整体破坏。

(4)整体性好。现浇的整体式钢筋混凝土结构具有较好的整体刚度,有利于抗震和防爆。

(5)可模性好。可根据使用需要浇筑制成各种形状和尺寸的结构,尤其适合建造外形复杂的大体积结构及空间薄壁结构。

(6)取材方便。钢筋混凝土结构中所用的砂、石材料,一般可就地采取,减少运输费用,降低工程造价。

钢筋混凝土结构也存在着下列主要缺点:

(1)自重大。钢筋混凝土结构的截面尺寸较大,重度也大,因而自重远远超过相应的钢结构的重量,不利于建造大跨度结构。

(2)抗裂性较差。混凝土抗拉强度低,容易出现裂缝,影响结构的使用性能和耐久性。

(3)施工较复杂,宜受气候和季节的影响,建造期一般较长。

(4)修补和加固比较困难。

在水利水电工程中,钢筋混凝土用来建造水电站厂房、水闸、船闸、渡槽、涵洞、倒虹吸管等。随着科学技术的发展、施工水平的提高以及高强轻质材料研究的不断突破,钢筋混凝土的缺点正在逐步地被克服和改善。如采用轻质高强混凝土可以减轻结构的自重;采用预应力混凝土结构可以提高构件的抗裂性能;采用预制装配式构件可以节约模板和支撑,加快施工进度,减少季节变化对施工的影响等,从而大大拓宽了钢筋混凝土结构的应用范围。

**(二)砌体结构**

砌体结构是指以砖、石材或砌块等块材作为结构的主要材料,通过砂浆铺缝砌筑,黏结成整体共同承受外力的结构。砌体结构是最传统、最古老的结构,作为一种面广量大的结构形式应用极为广泛,现在仍在不断发展和完善。

砌体结构具有下列优点:

(1)因地制宜、就地取材。黏土、砂和石是天然材料,来源广泛,价格低廉;砌块种类多种多样,有的可以利用工业废料制作。

(2)耐火性和耐久性好。砌体结构可承受400~500 ℃的高温,具有良好的耐火性。在一般环境下,不需要像钢结构那样经常维护和保养,能保证在预计的耐久期限内使用,并具有良好的保温和隔热性能。

(3)施工简便。砌筑工艺简单方便,不需要特殊的施工设备,施工受季节影响较小,能进行连续施工操作。

砌体结构的主要缺点有：

(1)强度低,材料用量大。与混凝土结构和钢结构相比,截面尺寸大、材料用量多、自重大,运输量也随之增加。

(2)劳动量大。砌筑施工基本上是手工方式,费工时,生产效率低。

(3)抗渗性、抗冻性和抗震性差。砌体材料脆性显著,使其应用受到限制。

(4)占用耕地。烧制黏土砖需要占用大量农田,消耗有限的能源和土地资源,不利于生态平衡和可持续发展。

砌体结构所用块材一般属于脆性材料,砌体结构的抗压强度高,抗剪和抗拉强度却很低,适用于受压的建筑结构。在水工建筑中除用来修建小型拦河坝外,普遍用于修筑挡土墙、渡槽、拱桥、溢洪道、涵洞、渠道护面、水电站厂房等。

**(三)钢结构**

钢结构是用钢材制成的结构。钢结构具有以下优点：

(1)强度高,重量轻。钢材的重度比其他建筑材料大,但钢材的强度很高,在相同的荷载条件下,钢结构的自重较小。适用于跨度大、建筑物高、荷载大以及要求装拆和移动的结构。

(2)钢材内部组织比较均匀,塑性、韧性好。与混凝土和其他材料相比,钢材的内部组织比较均匀,各方向的物理力学性能基本相同,接近匀质各向同性体,具有良好的塑性和韧性。所以,钢结构的实际受力情况与结构分析计算结果最接近,在使用中最为安全可靠。

(3)可焊性好。焊接连接简单方便,可满足制造各种复杂结构形状的需要。

(4)制造简便,施工方便,装配性好。钢结构由各种型钢和板材组成,加工制作简便,生产效率高。制成的构件在现场拼接,安装常用螺栓连接或焊接,施工方便,便于拆卸、加固或改建。

(5)密封性好。钢材具有不渗漏性,适于制作要求密闭的板壳结构、容器管道、闸门等。

钢结构的主要缺点如下：

(1)耐热但不耐高温。随着温度的升高,强度和弹性模量都将降低,而伸长率和线膨胀系数增大。当环境温度在 150 ℃以上时,需要采取防护措施。

(2)耐腐蚀性差。钢结构在湿度大、有侵蚀介质的环境中容易腐蚀,为了防止锈蚀,除了在初建时需要采取除锈、油漆、镀锌等防锈措施,而且建成后需要定期维护。在水工钢闸门上可采用电化学效应的阴极保护法。

(3)在低温和其他条件下容易发生脆性断裂。

钢材是国民经济各部门不可缺少的材料,建筑施工中必须最大限度地节约钢材。因此,在建筑结构中应当按照合理使用、充分发挥其优点的原则来选择钢结构。钢结构常用于大跨度、超高度、重荷载、强动力作用的各种工程结构,如水利水电工程中的钢闸门、输电线路塔架等;也常用于可拆装搬迁的结构,如钢栈桥、钢模板等。

## 二、建筑结构的应用

**(一)钢筋混凝土结构应用**

钢筋混凝土结构从 19 世纪中叶开始采用以来,发展极为迅速。它已成为现代工程建设中应用非常广泛的建筑结构。随着预应力混凝土结构的使用,其抗裂性能好,充分利用了高强材料,可以用来建造大跨度承重结构,使得应用范围更加广泛。目前,钢筋混凝土结构的跨度和高度都在不断地增大。世界上最高的混凝土重力坝高达285 m;最高的混凝土连拱坝高达214 m;最高的钢筋混凝土楼房已达450 m;最高的预应力混凝土电视塔高达553 m;预应力钢筋混凝土斜拉桥主跨已达602 m。

钢筋混凝土结构在我国水利水电工程中的应用更是令人瞩目,如在水电建设中发挥较大作用的葛洲坝水利枢纽、乌江渡水电站、龙羊峡水电站等,都是规模宏伟的混凝土工程。即将完工的具有防洪、发电、航运等综合利用效益的长江三峡水利枢纽工程,大坝为混凝土重力坝,大坝坝轴线全长2 309.5 m,最大坝高181 m,总库容393亿 $m^3$,主体建筑土石方挖填量约1.343亿 $m^3$,混凝土浇筑量2 794万 $m^3$,钢筋46.30万t。总装机容量2 250万kW。三峡水电站是当今世界最大的水电站,是世界水利工程建筑史上的壮举。

钢筋混凝土结构的计算理论,已从把材料作为弹性体的容许应力古典理论发展为考虑材料塑性的极限强度理论,并迅速发展成较为完整的按极限状态设计的计算体系。新颁布实施的《水工混凝土结构设计规范》(SL 191—2008)(以下简称《规范》),采用极限状态设计法,在规定的材料强度和荷载取值条件下,在多系数分析基础上以安全系数表达的方式进行设计。随着计算机技术的推广应用,钢筋混凝土的计算理论与设计方法正向更高的阶段发展,并日趋完善。

**(二)砌体结构应用**

砌体结构在我国有着悠久的历史。大量的考古发掘资料表明,西周时期(公元前1046~前771年)已有烧制的瓦,战国时期(公元前403~前221年)有了烧制的砖,人们广泛地使用砖瓦、石料修建房屋、桥梁、水利工程等。驰名中外的万里长城、都江堰、赵洲桥等著名建筑,不仅造型艺术美观,在材料使用和结构受力方面也达到了极高的成就,是我国古代劳动人民勤劳、智慧的结晶。

新中国成立以来,砌体结构有了较快的发展,应用范围不断扩大。不但大量应用于一般工业与民用建筑,而且在桥梁、小型渡槽、水塔、水池、挡土墙、涵洞、墩台等方面也得到了广泛应用。如福建的石砌体陈岱渡槽全长超过4 400 m,高20 m,渡槽支墩共计258座,工程规模宏大;1998年在浙江临安建成长187 m、高47 m的青山殿浆砌块石重力坝;著名的河南红旗渠也大量采用了砌体结构。

根据多年的科研成果和国内外工程经验,参考国际规范,结合我国工程建设发展的需要,制定了《砌体结构设计规范》(GB 50003—2001)(以下简称《砌体规范》)。它的实施促进我国砌体结构设计水平的进一步提高,标志着古老的砖石结构已经逐步走向现代砌体结构。

**(三)钢结构应用**

钢结构的应用在我国有着光辉的历史,是由古代生铁结构发展而来的。世界上建造最早的一座铁链桥是我国的兰津桥,它建于公元58~75年,比欧洲最早的铁链桥早70多年。四川泸定大渡河铁链桥建于公元1696年,比英国1779年用铸铁建造的第一座31 m拱桥早83年,比美洲建造的21.34 m跨度的第一座铁索桥早105年。泸定桥横跨大渡河,净跨100 m,桥宽2.8 m,无论在建筑规模上还是建造技术上,在当时都处于世界领先地位。

近年来,钢结构在我国得到了较大发展,广泛地应用于工业与民用建筑、水利、桥梁等领域。20 世纪 50 年代,开始大量使用钢结构建造厂房,如鞍山钢铁厂、太原重型机械厂等大型厂房。20 世纪 60 年代钢结构大量用于兴建体育馆、电视塔、桥梁等,如北京体育馆的悬索屋架结构、首都体育馆的平板网架结构、广州 200 m 高的电视塔、南京长江大桥等。20 世纪 70 年代以后,随着科学技术的发展和新材料、新技术的出现,桁架、框架、网架和悬索结构等新兴结构形式不断推出,钢结构的跨度从几十米发展到百米、几百米,广泛应用于各个行业。如主桥长达 550 m、全长 3 900 m 世界第一的全焊接钢拱桥卢浦大桥;被誉为天下第一闸——三峡船闸的巨型人字钢闸门,每扇人字门为双叶,单叶最大尺寸为 38.5 m×20.2 m×3 m,闸首人字门重约 860 t,是目前世界上尺寸最大、重量最重的水工闸门。

水工钢结构根据不同用途,设计时必须遵守各类专门的规范。水工钢结构水下部分还不具备采用概率极限状态法计算的条件,仍采用容许应力的设计方法。《水利水电工程钢闸门设计规范》(SL 74—95)(以下简称《钢闸门规范》)适用于水下部分的水工钢结构。现行的《钢结构设计规范》(GB 50017—2003)(以下简称《钢结构规范》)采用以概率论为基础的极限状态设计方法,用分项系数的设计表达式进行计算。不仅适用于工业与民用建筑钢结构,而且适用于水工建筑物的水上部分的钢结构。

## 三、本课程的任务及学习方法

建筑结构是水利水电工程专业重要的专业基础课程,又是一门实践性很强的应用型学科。学习本课程的目的是:掌握结构的设计理论、设计方法及其构造知识,熟悉和运用相应的结构设计规范,为学习专业课程和从事水工结构的施工与设计打下良好的基础。

学习本课程应注意以下几个方面:

(1)建筑结构是试验性学科。由于建筑材料的力学性能和强度理论异常复杂,难以用理论推导计算公式,建筑结构的计算公式通常是在大量的试验基础上建立起来的。学习时,既要重视这种通过试验建立的理论方法,理解经验系数的含义,又要注意公式的适用范围和条件,才能在实际工作中正确运用。

(2)建筑结构的主要研究对象不是理想的弹性材料。钢筋混凝土、砌体材料都是由不同材料构成的组合体,其应力状态随着荷载受力阶段而变化,这与研究弹性体的材料力学和结构力学有着根本的区别,在学习中应注意它们的异同点。

(3)正确应用构造规定。构造规定是长期科学试验和工程经验的总结,结构设计必须通过一定的构造规定加以规范和完善,因此要充分重视对构造知识的学习,不必死记硬背构造的具体规定,应注意弄懂其中的道理。

(4)理论联系实际。本课程的实践性较强,许多内容与我国现行的各类结构设计规范和工程实践联系密切。学习时应重视实践,通过作业、课程设计、生产实习等实践教学环节,进一步熟悉和运用规范,逐步培养综合分析的能力,学以致用,为今后的实际工作打下基础。

# 第一章 钢筋混凝土结构的材料

钢筋混凝土结构是由两种力学性能不同的材料——钢筋和混凝土组成的。了解混凝土和钢筋的力学性能及其共同工作的原理，是掌握混凝土结构构件的受力性能、结构的计算理论和设计方法的基础。

## 第一节 钢 筋

### 一、钢筋的分类

#### (一)钢筋的成分

我国建筑工程中所用钢筋按其化学成分的不同，分为碳素钢和普通低合金钢两大类。根据含碳量的多少，碳素钢分为低碳钢（含碳量小于0.25%）、中碳钢（含碳量为0.25%～0.6%）和高碳钢（含碳量大于0.6%）。含碳量越高，强度越高，但塑性和可焊性越差，反之则强度降低，塑性和可焊性越好。在水利工程中，主要使用低碳钢和中碳钢。普通低合金钢是在碳素钢的基础上，加入了少量的合金元素，如锰、硅、矾、钛等，可使钢材的强度、塑性等综合性能提高，从而使低合金钢钢筋具有强度高、塑性及可焊性好的特点。普通低合金钢一般按主要合金元素命名，名称前面的数字代表平均含碳量的万分数，合金元素后的尾标数字表明该元素含量取整的百分数，当其含量小于1.5%时，不加尾标；当其含量为1.5%～2.5%时，取尾标数为2。如40硅2锰钒（40Si2MnV）表示平均含碳量为0.4%，硅元素的平均含量为2%，锰、钒的含量均小于1.5%。

#### (二)钢筋的外形

工程中所用的钢筋，按外形分为光面钢筋和带肋钢筋两类，如图1-1所示。光面钢筋表面是光圆的。带肋钢筋表面有两条纵向凸缘（纵肋），在纵肋凸缘两侧有许多等距离和等高度的斜向凸缘（斜肋），凸缘斜向相同的表面形成螺旋纹，凸缘斜向不同的表面形成人字纹。螺旋纹和人字纹钢筋又称为等高肋钢筋。斜向凸缘和纵向凸缘不相交，剖面几何形状呈月牙形的钢筋称为月牙肋钢筋，与同样公称直径的等高肋钢筋相比，强度稍有提高，凸缘处应力集中也得到改善，但与混凝土之间的黏结强度略低于等高肋钢筋。

#### (三)钢筋的品种和级别

按生产加工工艺，钢筋可分为热轧钢筋、钢绞线、钢丝、钢棒、螺纹钢筋。

1. 热轧钢筋

热轧钢筋是碳素钢和普通低合金钢在高温状态下轧制而成的，按照其强度等级高低分为四个级别，由冶金工厂直接热轧成型。

(1)HPB235级钢筋(Φ)：是热轧光圆钢筋，低碳钢，直径为8～20 mm。质量稳定，塑性及焊接性能很好，但强度稍低，而且与混凝土的黏结稍差。因此，HPB235级钢筋常作

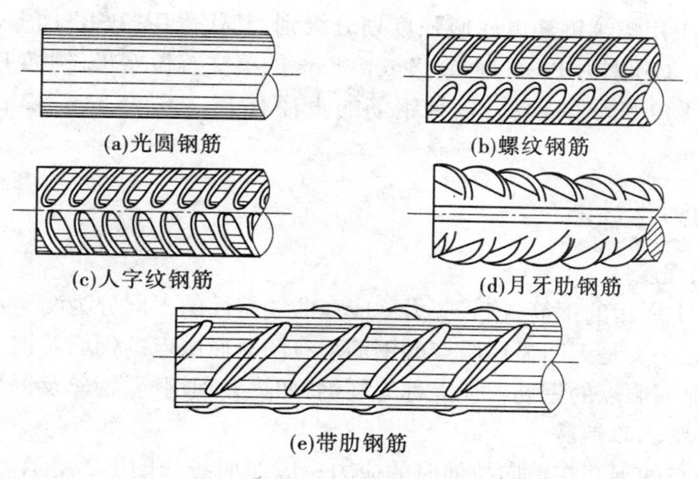
(a)光圆钢筋　(b)螺纹钢筋
(c)人字纹钢筋　(d)月牙肋钢筋
(e)带肋钢筋

**图 1-1　各种钢筋的形式**

为厚度不大的板和构件的构造钢筋。

(2)HRB335 级钢筋(Φ):是热轧月牙肋钢筋,低合金钢,直径为 6 ~ 50 mm。其强度、塑性及可焊性较好,强度比较高,钢筋表面轧制成月牙肋,可增加钢筋与混凝土之间的黏结力,并保证两者能共同工作。主要作为大中型钢筋混凝土结构中的受力钢筋、预应力混凝土结构中的非预应力钢筋。

(3)HRB400 级钢筋(Φ):是热轧月牙肋钢筋,低合金钢,直径为 6 ~ 50 mm。它的强度高,并保持足够的塑性和良好的焊接性能,与混凝土的黏结性能较好,应用十分广泛。主要作为大中型钢筋混凝土结构和高强混凝土结构中的受力钢筋。

(4)RRB400 级钢筋($Φ^R$):是热轧等高肋(螺纹形)钢筋,直径为 8 ~ 40 mm。钢筋热轧后,让其穿过高压水流管进行冷却,再利用钢筋芯部的余热自行回火处理。其强度大幅度提高,而塑性降低并不多,但焊接时因受热回火,强度会有所降低。

2. 钢绞线

钢绞线是由冷拉光圆钢丝及刻痕钢丝捻制的用于预应力混凝土结构的钢绞线。钢绞线直径 $d$ 是指钢绞线外接圆直径,钢绞线按结构分为五类(见附表 2-6、附表 2-7)。

3. 钢丝

钢丝包括光面、刻痕和螺旋肋的冷拉或消除应力的高强度钢丝。消除应力钢丝直径为 4 ~ 9 mm,强度在 1 000 MPa 以上。

4. 钢棒

钢棒是由热轧盘条经冷加工后(或不经冷加工)淬火和回火所得。钢棒按表面形状分为光圆钢棒、螺旋槽钢棒、螺旋肋钢棒、带肋钢棒四种。其中螺旋槽钢棒的代号为 HG(helical grooved bar),螺旋肋钢棒的代号为 HR(helical ribbed bar)。

5. 螺纹钢筋

预应力混凝土用螺纹钢筋也称精轧螺纹钢筋,是采用热轧、轧后余热处理或热处理等工艺生产而成的,是一种热轧带有不连续的外螺纹的直条钢筋,该钢筋在任意截面处,均可用带有匹配形状的连接器或锚具进行连接或锚固。

预应力混凝土用螺纹钢筋以屈服强度划分级别，其代号用“PSB”加上规定屈服强度最小值表示，P、S、B 分别为 Prestressing、Screw、Bars 的英文首位字母，例如 PSB830 表示屈服强度最小值为 830 MPa 的钢筋，该种钢筋的直径有 18 mm、25 mm、32 mm、40 mm、50 mm 五种。

## 二、钢筋的力学性能

### (一)钢筋的强度

钢筋混凝土中所用的钢筋，按其应力—应变曲线特性的不同分为两类：一类是有明显屈服点的钢筋，另一类是无明显屈服点的钢筋。有明显屈服点的钢筋习惯上称为软钢，如热轧钢筋；无明显屈服点的钢筋习惯上称为硬钢，如热处理钢筋、钢丝及钢绞线等。

#### 1. 有明显屈服点的钢筋

有明显屈服点的钢筋在单向拉伸时的应力—应变曲线如图 1-2 所示。$a$ 点以前应力与应变成直线关系，符合虎克定律，$a$ 点对应的应力称为比例极限，$oa$ 段属于弹性阶段；$a$ 点以后应变比应力增加要快，应力与应变不成正比；到达 $b$ 点后，钢筋进入屈服阶段，产生很大的塑性变形，在应力—应变曲线中呈现一水平段 $bc$，称为屈服阶段或流幅，$b$ 点的应力称为屈服强度；过 $c$ 点后，应力与应变继续增加，应力—应变曲线为上升的曲线，进入强化阶段，曲线到达最高点 $d$，对应于 $d$ 点的应力称为抗拉极限强度。过了 $d$ 点以后，试件内部某一薄弱部位应变急剧增加，应力下降，应力—应变曲线为下降曲线，产生“颈缩”现象，到达 $e$ 点钢筋被拉断，此阶段称为破坏阶段。由图 1-2 可知，有明显屈服点的钢筋的应力—应变曲线可分为四个阶段：弹性阶段、屈服阶段、强化阶段和破坏阶段。

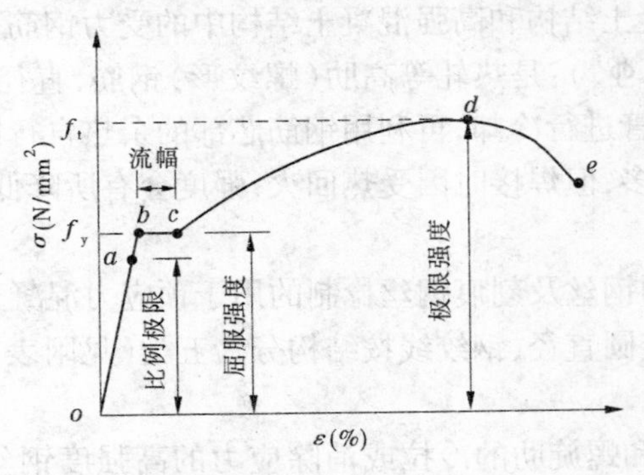


图 1-2　有明显屈服点的钢筋应力—应变曲线

有明显屈服点的钢筋有两个强度指标：一是 $b$ 点的屈服强度，它是钢筋混凝土构件设计时钢筋强度取值的依据。因为钢筋屈服后要产生较大的塑性变形，这将使构件的变形和裂缝宽度大大增加，以致影响构件的正常使用，故设计中采用屈服强度作为钢筋的强度限值。另一个强度指标是 $d$ 点的极限强度，一般用做钢筋的实际破坏强度。钢材中含碳量越高，屈服强度和抗拉强度就越高，延伸率就越小，流幅也相应缩短。

#### 2. 无明显屈服点的钢筋

无明显屈服点的钢筋的应力—应变曲线如图 1-3 所示。由图可看出，从加载到拉断无明显的屈服点，没有屈服阶段，钢筋的抗拉强度较高，但变形很小。通常取相应于残余应变为0.2%的应力 $\sigma_{0.2}$ 作为假定屈服点，称为条件屈服强度，其值约为0.85倍的抗拉极限强度。

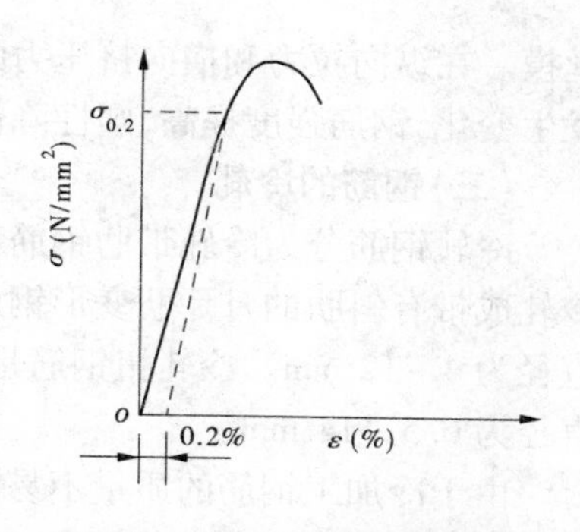

图1-3 无明显屈服点钢筋的应力—应变曲线

无明显屈服点的钢筋塑性差，伸长率小，采用其配筋的钢筋混凝土构件，受拉破坏时，往往突然断裂，不像用软钢的配筋构件在破坏前有明显的预兆。

各种钢筋的强度值见附表2-4～附表2-7。

3. 钢筋的弹性模量

钢筋弹性阶段的应力与应变的比值称为钢筋的弹性模量，用符号 $E_s$ 表示。由于钢筋在弹性阶段的受压性能与受拉性能类同，所以同一种钢筋的受拉和受压弹性模量相同，各类钢筋的弹性模量见附表2-8。

**（二）钢筋的塑性**

钢筋除需要足够的强度外，还应具有一定的塑性变形能力。伸长率和冷弯性能是反映钢筋塑性的基本指标。

伸长率是钢筋拉断后的伸长值与原长的比率，即

$$\delta = \frac{l_2 - l_1}{l_1} \times 100\% \tag{1-1}$$

式中 $\delta$——伸长率（%）；

$l_1$——试件拉伸前的标距长度，短试件 $l_1 = 5d$，长试件 $l_1 = 10d$，$d$ 为试件的直径；

$l_2$——试件拉断后的标距长度。

钢筋伸长率越大的钢筋塑性越好，拉断前有足够的伸长，使构件的破坏有明显预兆；反之，伸长率越小的钢筋塑性越差，其破坏具有突发性，呈脆性特征。

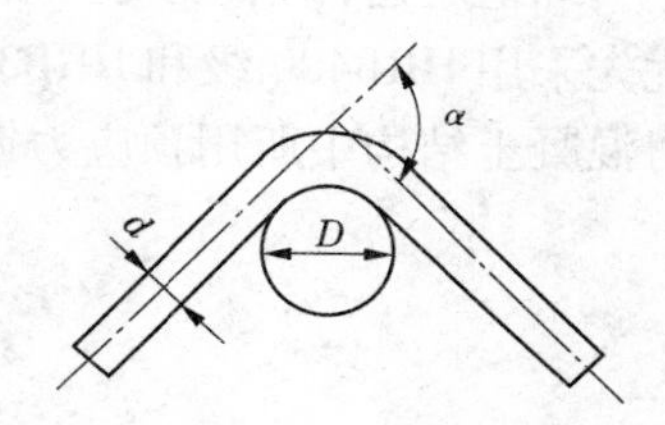

图1-4 钢筋的冷弯

冷弯是在常温下将钢筋绕某一规定直径的辊轴进行弯曲，如图1-4所示。在达到规定的冷弯角度时，钢筋不发生裂纹、分层或断裂，则钢筋的冷弯性能符合要求。常用冷弯角度 $\alpha$ 和弯心直径 $D$ 反映冷弯性能。弯心直径越小，冷弯角度越大，钢筋的冷弯性能越好。

## 三、钢筋的冷加工

对热轧钢筋进行机械冷加工后，可提高钢筋的屈服强度，达到节约钢材的目的。常用的冷加工方法有冷拉、冷拔和冷轧。

**（一）钢筋的冷拉**

冷拉是指在常温下，用张拉设备（如卷扬机）将钢筋拉伸超过它的屈服强度，然后卸载为零，经过一段时间后再拉伸，钢筋就会获得比原来屈服强度更高的新的屈服强度。冷拉只提高了钢筋的抗拉强度，不能提高其抗压强度，计算时仍取原抗压强度。

**（二）钢筋的冷拔**

冷拔是将直径6～8 mm的HPB235级热轧钢筋用强力拔过比其直径小的硬质合金拔

丝模。在纵向拉力和横向挤压力的共同作用下，钢筋截面变小而长度增加，内部组织结构发生变化，钢筋强度提高，塑性降低。冷拔后，钢筋的抗拉强度和抗压强度都得到提高。

**(三)钢筋的冷轧**

冷轧钢筋分为冷轧带肋钢筋和冷轧扭钢筋。冷轧带肋钢筋是由热轧圆盘条在常温下冷轧成带有斜肋的月牙肋变形钢筋，其屈服强度明显提高，黏结锚固性能也得到了改善。直径为4～12 mm。冷轧扭钢筋是将HPB235级圆盘钢筋冷轧成扁平再扭转而成的钢筋，直径为6.5～14 mm。

由于冷加工钢筋的质量不易严格控制，且性质较脆，黏结力较小，延性较差，因此在使用时应符合专门的规程的规定，并逐渐由强度高且性能好的预应力钢筋(钢丝、钢绞线)取代。

### 四、钢筋混凝土结构对钢筋性能的要求

(1)钢筋应具有一定的强度(屈服强度和抗拉极限强度)。采用强度较高的钢筋可以节约钢材，获得很好的经济效益。

(2)钢筋应具有足够的塑性(伸长率和冷弯性能)。要求钢筋在断裂前有足够的变形，能给人以破坏的预兆。

(3)钢筋与混凝土应具有较大的黏结力。黏结力是保证钢筋和混凝土能够共同工作的基础。钢筋表面形状及表面积对黏结力很重要。

(4)钢筋应具有良好的焊接性能。要求焊接后钢筋在接头处不产生裂纹及过大变形。

综上所述，钢筋混凝土结构中的受力钢筋和预应力混凝土结构中的非预应力钢筋，宜优先采用HRB400级和HRB335级的钢筋；也可采用HPB235级及RRB400级钢筋。预应力混凝土结构中所用预应力钢筋，宜采用高强的钢绞线、钢丝，也可采用螺纹钢筋或钢棒。

## 第二节　混凝土

混凝土是由水泥、水和集料(细集料砂、粗集料石子)按一定配合比搅拌后，入模振捣、养护硬化形成的人造石材。水泥和水在凝结硬化过程中形成水泥胶块把集料黏结在一起。水泥结晶体和砂石集料组成混凝土的弹性骨架，起着承受外力的主要作用，并使混凝土具有弹性变形的特点。水泥凝胶体则起着调整和扩散混凝土应力的作用，并使混凝土具有塑性变形的性质。由于混凝土的内部结构复杂，因此其力学性能也极为复杂。

### 一、混凝土的强度

混凝土的强度指标主要有立方体抗压强度标准值、轴心抗压强度标准值和轴心抗拉强度标准值。

**(一)立方体抗压强度标准值$f_{cu,k}$**

混凝土在结构中主要承受压力，抗压强度是混凝土的重要力学指标。由于混凝土受许多因素影响，因此必须有一个标准的强度测定方法和相应的强度评定标准。

《规范》规定：用边长为150 mm的立方体试件，在标准条件下(温度为(20±3)℃，相

对湿度≥90%)养护 28 d,用标准试验方法(加荷速度为每秒 0.15 ~ 0.25 $N/mm^2$,试件表面不涂润滑剂、全截面受力)测得的具有 95% 保证率的抗压强度称为立方体抗压强度标准值,用符号 $f_{cu,k}$ 表示。它是混凝土其他力学指标的基本代表值。

混凝土的强度等级按混凝土立方体抗压强度标准值 $f_{cu,k}$ 确定,用符号 C 表示,单位为 $N/mm^2$。水利工程中采用的混凝土强度等级分为 10 级,即 C15、C20、C25、C30、C35、C40、C45、C50、C55、C60。其中 C 表示混凝土,后面的数字表示混凝土立方体抗压强度标准值的大小,如 C20 表示混凝土立方体抗压强度标准值为 20 $N/mm^2$(即 20 MPa)。

在钢筋混凝土结构构件中混凝土的强度等级不宜低于 C15;当采用 HRB335 级钢筋时,混凝土强度等级不得低于 C20;当采用 HRB400 和 RRB400 级钢筋或承受重复荷载时,混凝土强度等级不得低于 C20;预应力混凝土结构的混凝土强度等级不宜低于 C30;当采用钢绞线、钢丝做预应力钢筋时,强度等级不宜低于 C40。

近年来,世界上已开发出许多新品种混凝土。如高性能混凝土、超高强混凝土、特制混凝土等。国外经验表明,采用高于 800 $kg/m^3$ 水泥、高于 200 $kg/m^3$ 硅灰及至少 100 $kg/m^3$ 钢纤维,并限制最大集料粒径在 0.5 ~ 4 mm,能配制出 200 ~ 250 MPa 抗压强度的混凝土。当采用附加热处理工艺时,其强度有可能达到 300 ~ 350 MPa。

**(二)轴心抗压强度标准值 $f_{ck}$**

在实际工程中,钢筋混凝土受压构件大多数是棱柱体而不是立方体,工作条件与立方体试块的工作条件有很大差别,采用棱柱体试件比立方体试件更能反映混凝土的实际抗压能力。

我国采用 150 mm × 150 mm × 300 mm 的棱柱体试件作为标准试件,测得的混凝土棱柱体抗压强度即为混凝土的轴心抗压强度。随着试件高宽比 $h/b$ 增大,端部摩擦力对中间截面约束减弱,混凝土抗压强度降低。

根据试验结果对比得出,混凝土棱柱体试件的轴心抗压强度 $f_{ck}$ 与立方体抗压强度 $f_{cu,k}$ 之间大致成线性关系,平均比值为 0.76。考虑到实际结构构件与试件在尺寸、制作、养护条件上的差异,加荷速度等因素的影响,偏安全地取用关系式:

$$f_{ck} = 0.67\alpha_c f_{cu,k} \tag{1-2}$$

式中 $\alpha_c$——高强混凝土脆性的折减系数,对于 C45 以下,取 $\alpha_c = 1.0$;对于 C45,取 $\alpha_c = 0.98$;对于 C60,取 $\alpha_c = 0.96$;中间按线性规律变化。

**(三)轴心抗拉强度标准值 $f_{tk}$**

混凝土的轴心抗拉强度是确定混凝土抗裂度的重要指标。常用轴心抗拉试验或劈裂试验来测得混凝土的轴心抗拉强度,其值远小于混凝土的抗压强度,一般为其抗压强度的 1/9 ~ 1/18,且不与抗压强度成正比。

根据试验结果对比得知,混凝土试件的轴心抗拉强度 $f_{tk}$ 与立方体抗压强度 $f_{cu,k}$ 之间存在一定关系。考虑实际构件与试件各种情况的差异,对试件强度进行修正,偏安全地取用关系式:

$$f_{tk} = 0.23 f_{cu,k}^{2/3} (1 - 1.645\delta_{f_{cu}}) \tag{1-3}$$

式中 $\delta_{f_{cu}}$——混凝土立方体抗压强度的变异系数,$\delta_{f_{cu}}$ 的取值见相关规定。

混凝土轴心抗压强度标准值和轴心抗拉强度标准值见附表 2-1。

## 二、混凝土的变形

混凝土的变形可以分为两类:一类是由外荷载作用引起的变形,另一类是由温度、湿度的变化引起的体积变形。由外荷载产生的变形与加载的方式及荷载作用持续时间有关。

### (一)混凝土在一次短期荷载作用下的变形

混凝土在一次加载下的应力—应变关系是混凝土最基本的力学性能之一,是对混凝土结构进行理论分析的基本依据,可较全面地反映混凝土的强度和变形的特点。其应力—应变关系曲线如图 1-5 所示。

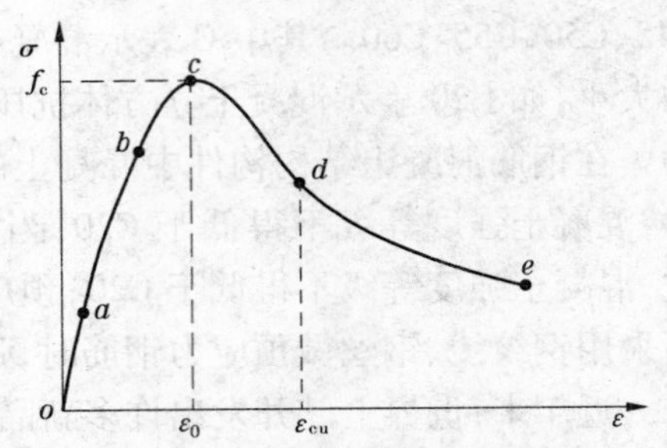


**图 1-5　混凝土一次短期加载时的应力—应变曲线**

(1)上升段 *oc* 段:在 *oa* 段($\sigma_c$ 小于 $0.3f_c$),应力较小时,混凝土处于弹性阶段,应力—应变曲线接近于直线;在 *ab* 段(一般 $\sigma_c$ 为 $0.3f_c \sim 0.8f_c$),当应力继续增大,其应变增长加快,混凝土塑性变形增大,应力—应变曲线越来越偏离直线;在 *bc* 段(一般 $\sigma_c$ 为 $0.8f_c \sim 1.0f_c$),随着应力的进一步增大,且接近 $f_c$ 时,混凝土塑性变形急剧增大,*c* 点的应力达到峰值应力 $f_c$,试件开始破坏。*c* 点应力值为混凝土的轴心抗压强度 $f_c$,与其相应的压应变为 $\varepsilon_0$,$\varepsilon_0$ 一般为 0.002。

(2)下降段 *ce* 段:当应力超过 $f_c$ 后,试件承载能力下降,随着应变的增加,应力—应变曲线在 *d* 点出现反弯。试件在宏观上已破坏,此时,混凝土已达到极限压应变 $\varepsilon_{cu}$,$\varepsilon_{cu}$ 值大多为 0.003 ~0.004,一般为 0.003 3 左右。*d* 点以后,通过集料间的咬合力及摩擦力,块体还能承受一定的荷载。混凝土的极限压应变 $\varepsilon_{cu}$ 越大,表示混凝土的塑性变形能力越大,即延性越好。

混凝土受拉时的应力—应变曲线与受压时相似,但其峰值时的应力、应变都比受压时小得多。计算时,一般混凝土的最大拉应变可取 $(1 \sim 1.5) \times 10^{-4}$。

### (二)混凝土在重复荷载作用下的变形

混凝土在多次重复荷载作用下的应力—应变曲线如图 1-6 所示。从图中可看出,它的变形性质有着显著变化。

图 1-6(a)为混凝土棱柱体试件在一次短期加荷后的应力—应变曲线。因为混凝土是弹塑性材料,初次卸荷至应力为零时,应变不能全部恢复。可恢复的那一部分称为弹性应变 $\varepsilon_{ce}$,不可恢复的残余部分称为塑性应变 $\varepsilon_{cp}$。因此,在一次加载卸载过程中,当每次加荷时的最大应力小于某一限值时,混凝土的应力—应变曲线形成一个环状。随着加载卸载重复次数的增加,残余应变会逐渐减小,一般重复 5 ~ 10 次后,加载和卸载的应力—应变曲线越来越闭合并接近直线,如图 1-6(b)所示,此时混凝土就像弹性体一样工作。试验表明,这条直线与一次短期加荷时的应力—应变曲线在原点的切线基本平行。

当应力超过某一限值时,则经过多次循环,应力—应变曲线成直线后,又能很快重新变弯且应变越来越大,试件很快就会破坏。这种破坏就称为混凝土的“疲劳破坏”。这个

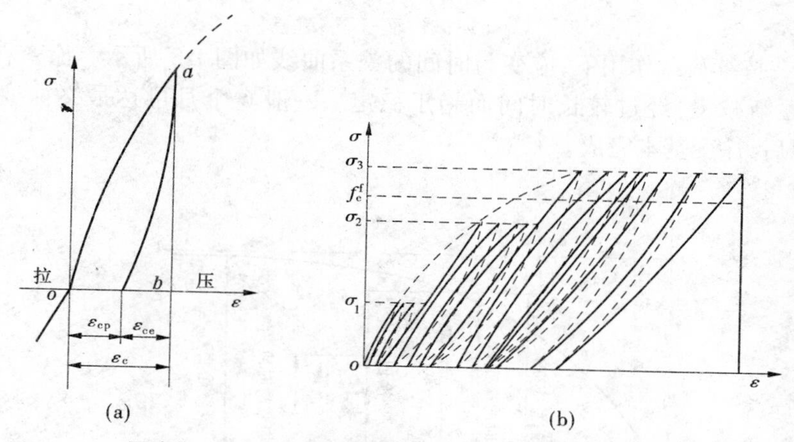


**图 1-6　混凝土在重复荷载作用下的应力—应变曲线**

限值也就是材料能够抵抗周期重复荷载的疲劳强度 $f_c^f$。混凝土的疲劳强度与混凝土的强度等级、荷载的重复次数及重复作用应力的变化幅度有关，其值大约为 $0.5f_c$。

**(三)混凝土的弹性模量、变形模量**

1. 弹性模量

由工程力学可知，材料的应力与应变关系是通过弹性模量反映的，弹性材料的弹性模量为常数。从图 1-7 可以看出，混凝土的应力与应变的比值随着应力的变化而变化，即应力与应变的比值不是常数，所以它的弹性模量取值要复杂一些。

试验结果表明，混凝土的弹性模量与立方体抗压强度有关。《规范》采用的弹性模量 $E_c$ 的经验公式为

$$E_c = \frac{10^5}{2.2 + \dfrac{34.7}{f_{cu,k}}} \tag{1-4}$$

按式(1-4)计算的混凝土各种强度等级的弹性模量 $E_c$，列于附表 2-3。

2. 变形模量

当应力较大时，混凝土的塑性变形比较显著，就不能用 $E_c$ 表达混凝土的应力应变之间的关系，可用变形模量 $E_c'$ 表示。$E_c'$ 与弹性模量 $E_c$ 关系可用弹性系数 $\upsilon$ 表示：

$$E_c' = \frac{\sigma_c}{\varepsilon_c} = \frac{\varepsilon_{ce}}{\varepsilon_c} \times \frac{\sigma_c}{\varepsilon_{ce}} = \upsilon E_c \tag{1-5}$$

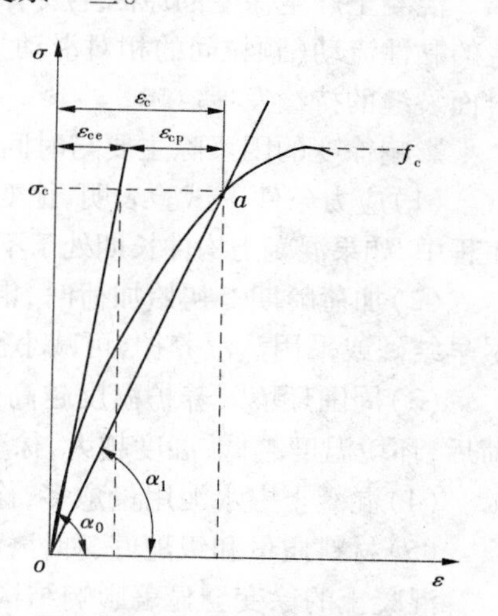


**图 1-7　混凝土弹性模量、变形模量的表示方法**

弹性系数是不超过 1.0 的变数，与应力值有关，随应力增大而减小。通常，当 $\sigma \leqslant 0.3f_c$ 时，混凝土基本处于弹性阶段，$\upsilon = 1.0$；当 $\sigma = 0.5f_c$ 时，$\upsilon = 0.8 \sim 0.9$；当 $\sigma = 0.8f_c$ 时，$\upsilon = 0.4 \sim 0.7$。

**(四)混凝土在长期荷载作用下的变形——徐变**

混凝土在长期荷载作用下，应力不变，应变随时间的增加而增长的现象，称为混凝土

的徐变。

混凝土在持续荷载作用下,应变与时间的关系曲线如图 1-8 所示。徐变在前期增长较快,随后逐渐减慢,经过较长时间而趋于稳定。一般 6 个月可达最终徐变的 70% ~ 80% ,2 年以后,徐变基本完成。

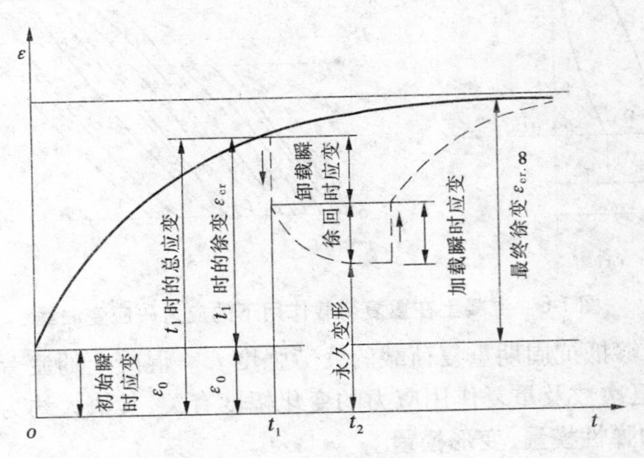


图 1-8　混凝土的徐变与时间的关系

徐变与塑性变形的不同之处在于:徐变在较小应力下就可产生,当卸掉荷载后可部分恢复;塑性变形只有在应力超过其弹性极限后才会产生,当卸掉荷载后不可恢复。

混凝土产生徐变的原因主要有两方面,一方面是混凝土受力后,水泥石中的胶凝体产生的黏性流动(颗粒间的相对滑动)要延续一个很长的时间;另一方面是集料和水泥石结合面裂缝的持续发展。

影响徐变的因素除主要与时间有关外,还与下列因素有关:

(1)应力条件。试验表明,徐变与应力大小有直接关系。应力越大,徐变也越大。实际工程中,如果混凝土构件长期处于不变的高应力状态是比较危险的,对结构安全是不利的。

(2)加荷龄期。初始加荷时,混凝土的龄期越早,徐变越大。若加强养护,使混凝土尽早结硬或采用蒸汽养护,可减小徐变。

(3)周围环境。养护温度越高,湿度越大,水泥水化作用越充分,徐变就越小;试件受荷后,环境温度越低,湿度越大,徐变就越小。

(4)混凝土中水泥用量愈多,徐变愈大;水灰比愈大,徐变愈大。

(5)材料质量和级配好,弹性模量高,徐变小。

混凝土的徐变会显著影响结构或构件的受力性能。如局部应力集中可因徐变得到缓和,支座沉陷引起的应力及温度湿度应力,也可由于徐变得到松弛,这对水工混凝土结构是有利的。但徐变使结构变形增大对结构不利的方面也不可忽视,如徐变可使受弯构件的挠度增大 2 ~ 3 倍,使细长柱的附加偏心距增大,还会导致预应力构件的预应力损失。

**(五)混凝土的非荷载作用变形**

1. 温度变形

混凝土和其他材料一样,也会随着温度的变化产生热胀冷缩变形。尤其是对水工建筑物中的大体积混凝土结构,当变形受到约束时,常常因温度应力就可能形成贯穿性裂缝而影响正常使用,使结构承载力和混凝土的耐久性大大降低。混凝土的温度线膨胀系数随集料的性质和配合比的不同而变化,一般计算时可取为 $1\times10^{-5}$/℃。

2. 干湿变形

混凝土在空气中结硬时体积减小的现象,称为干缩变形或收缩。引起混凝土干缩的主要原因:一是干燥失水;二是因为结硬初期水泥和水的水化作用,形成水泥结晶体,而水泥结晶体化合物比原材料的体积小。已经干燥的混凝土再置于水中,混凝土就会重新发生膨胀(或湿胀)。当外界湿度变化时,混凝土就会产生干缩和湿胀。湿胀系数比干缩系数小得多,而且湿胀往往是有利的,故一般不予考虑。但干缩对结构有着不利影响,必须引起足够重视。如果构件是能够自由伸缩的,则混凝土的干缩只会引起构件的缩短,而不会导致混凝土的干缩裂缝;当构件受到边界的约束时,混凝土因收缩产生拉应力,会导致结构产生干缩裂缝,造成有害影响。在预应力混凝土结构中,干缩变形会导致预应力的损失。

外界相对湿度是影响干缩的主要因素,此外,水泥用量越多,水灰比越大,干缩也越大。混凝土集料弹性模量越小,干缩越大。因此,尽可能加强养护使其干燥不要过快,并增加混凝土密实度,减小水泥用量及水灰比。通常情况,混凝土干缩应变一般在 $(2\sim5)\times10^{-4}$。

### 三、混凝土的耐久性

混凝土的耐久性在一般环境条件下是较好的。但如果混凝土抵抗渗透能力差,或受冻融循环的作用、侵蚀介质的作用,就会使混凝土遭受碳化、冻害、腐蚀等,耐久性受到严重影响。

水工混凝土的耐久性,与其抗渗、抗冻、抗冲刷、抗碳化和抗腐蚀等性能有密切关系。为了保证混凝土的耐久性,根据水工建筑物所处环境条件的类别,应满足不同的控制要求。环境条件划分为五个类别,详见附表 1-1。

结构的耐久性与结构所处环境条件、结构使用条件、结构形式和细部构造、结构表层保护措施以及施工质量等均有关系,在一般情况下,可按结构所处的环境条件提出相应的耐久性要求。

## 第三节　钢筋与混凝土之间的黏结力

### 一、钢筋与混凝土的黏结力

#### (一)黏结力的组成

钢筋与混凝土之间的黏结力,是这两种力学性能不同材料能够共同工作的基础。在钢筋与混凝土之间有足够的黏结强度,才能承受相对滑移。它们之间通过黏结力,使得内力得以传递。钢筋与混凝土之间的黏结力主要由以下三个部分组成:

(1)化学胶着力。混凝土中水泥浆凝结时产生化学作用,水泥胶体与钢筋之间产生胶着力。

(2)摩阻力。混凝土收缩将钢筋紧紧握固,当二者出现相对滑移时,在接触面上产生摩擦阻力。

(3)机械咬合力。是钢筋表面凸凹不平与混凝土之间产生的机械咬合作用。其中机械咬合力作用最大,占总黏结力的一半以上,带肋钢筋比光面钢筋的机械咬合作用更大。

**(二)黏结力的测定**

钢筋与混凝土之间的黏结力,是通过钢筋的拔出试验来测定的,如图1-9所示。黏结力是分布在钢筋和混凝土接触面上的抵抗两者相对滑移的剪应力,即黏结应力。将钢筋一端埋入混凝土内,在另一端加荷拉拔钢筋,沿钢筋长度上的黏结应力不是均匀分布,而是曲线分布,最大黏结应力产生在离端头某一距离处。若其平均黏结应力用$\tau$表示,则在钢筋拉拔力达到极限时的平均黏结应力可由下式确定:

$$\tau = \frac{N}{\pi l d} \tag{1-6}$$

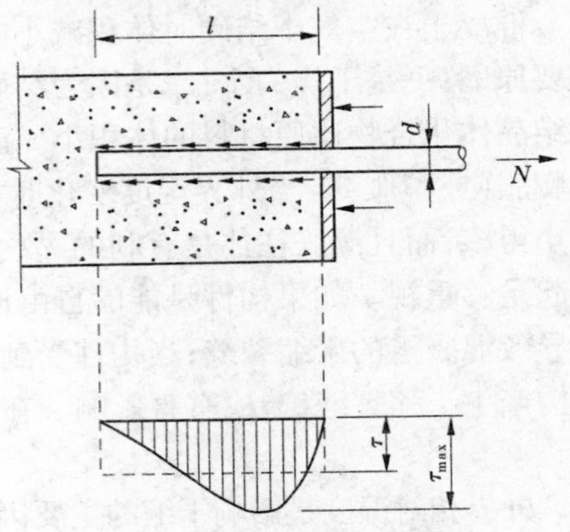

图1-9 钢筋拔出试验的黏结应力图

式中 $N$——极限拉拔力;

$l$——钢筋埋入混凝土的长度;

$d$——钢筋直径。

## 二、钢筋的锚固与接长

**(一)钢筋的锚固长度**

钢筋的锚固是指通过混凝土中钢筋埋置段将钢筋所受的力传给混凝土,使钢筋锚固于混凝土而不滑出,包括直钢筋的锚固、带弯钩或弯折钢筋的锚固。

为了保证钢筋在混凝土中锚固可靠,设计时应使钢筋在混凝土中有足够的锚固长度$l_a$。它可根据钢筋应力达到屈服强度$f_y$时,钢筋才被拔动的条件确定,即

$$l_a = \alpha \frac{f_y}{f_t} d \tag{1-7}$$

式中 $l_a$——受拉钢筋的最小锚固长度,mm;

$\alpha$——钢筋的外形系数,对光圆钢筋取0.16,对带肋钢筋取0.14;

$f_y$——普通钢筋的抗拉强度设计值,N/mm$^2$;

$f_t$——混凝土轴心抗拉强度设计值,N/mm$^2$,当混凝土强度等级高于C40时,应按C40取值;

$d$——钢筋的公称直径,mm。

从式(1-7)可知,钢筋的强度越高,直径越粗,混凝土强度越低,则锚固长度要求越长,具体规定见附表4-6。在计算中充分利用钢筋的抗拉强度时,受拉钢筋伸入支座的锚固长度应满足《规范》规定的最小锚固长度$l_a$,见附表4-6。受压钢筋伸入支座的锚固长度应满足$0.7l_a$。对于施工中的不同情况,其锚固长度还应乘以修正系数,修正后的最小锚固长度不应小于$0.7l_a$,且不应小于250 mm。

为了保证光面钢筋的黏结强度的可靠性,绑扎骨架中的受力光面钢筋末端必须做成180°弯钩。弯钩的形式与尺寸如图 1-10 所示。带肋钢筋和焊接骨架、焊接网以及作为受压钢筋时的光面钢筋可不做弯钩。当板厚小于 120 mm 时,板的上层钢筋可做成直抵板底的直钩。

**(二)钢筋的接长**

钢筋的连接是指通过混凝土中两根钢筋的连接接头,将一根钢筋所受的力传给另一根钢筋,接长的方法主要有绑扎搭接、焊接和机械连接。

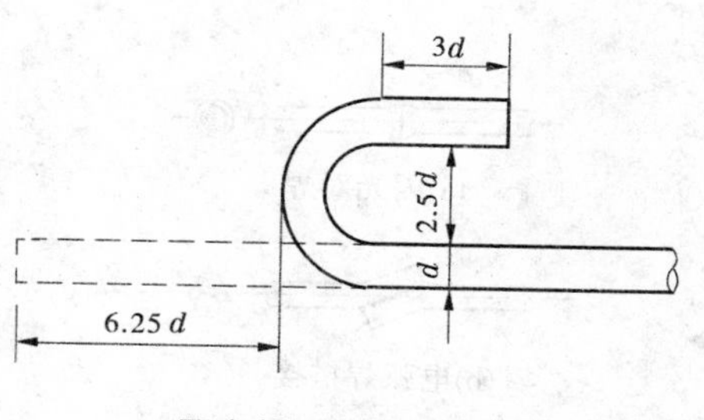


图 1-10 钢筋的弯钩

(1)绑扎搭接。在钢筋搭接处用铁丝绑扎而成,如图 1-11 所示。绑扎搭接接头是通过钢筋与混凝土之间的黏结应力来传递钢筋之间的内力的,必须有足够的搭接长度。

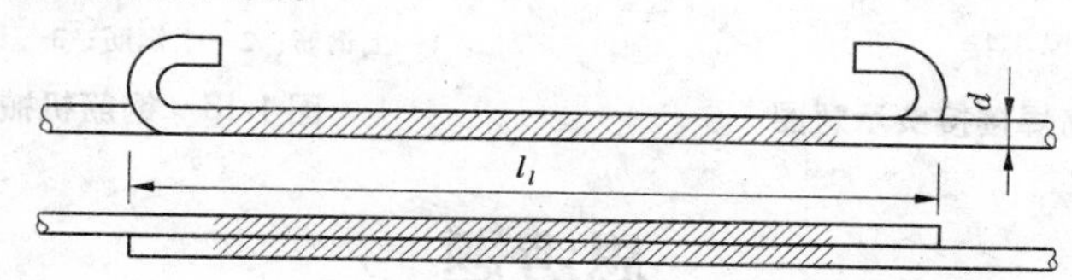


图 1-11 钢筋绑扎搭接接头

钢筋的接头位置宜设置在构件的受力较小处,同一构件中相邻纵向受力钢筋的绑扎搭接接头宜相互错开;纵向受拉钢筋绑扎搭接接头的搭接长度,应根据位于同一搭接长度范围内的钢筋搭接接头面积百分率按式(1-8)确定,任何情况下,纵向受拉钢筋绑扎搭接接头的搭接长度均不应小于 300 mm;纵向受压钢筋的搭接长度不应小于按式(1-8)设计值的 0.7 倍,且不应小于 200 mm。

$$l_l = \zeta l_a \tag{1-8}$$

式中 $l_l$——纵向受拉钢筋的最小搭接长度;

$l_a$——纵向受拉钢筋的最小锚固长度,见附表 4-6;

$\zeta$——纵向受拉钢筋搭接长度修正系数,按表 1-1 取用。

表 1-1 纵向受拉钢筋搭接长度修正系数 $\zeta$

| 纵向受拉钢筋搭接接头面积百分率(%) | ≤25 | 50 | 100 |
|---|---|---|---|
| $\zeta$ | 1.2 | 1.4 | 1.6 |

轴心受拉及小偏心受拉构件以及承受振动荷载的构件的纵向受拉钢筋不得采用绑扎搭接接头。受拉钢筋直径 $d>28$ mm,或受压钢筋直径 $d>32$ mm 时,不宜采用绑扎搭接接头。

(2)焊接。是在两根钢筋接头处采用闪光对焊或电弧焊连接,如图 1-12 所示。焊接质量有保证时,此法较可靠。

(3)机械连接。在钢筋接头采用螺旋或挤压套筒连接,如图 1-13 所示。机械连接节省钢材，连接可靠，主要用于竖向钢筋连接，宜优先选用。

焊接接头或机械连接接头的类型及质量应符合有关规范规定。

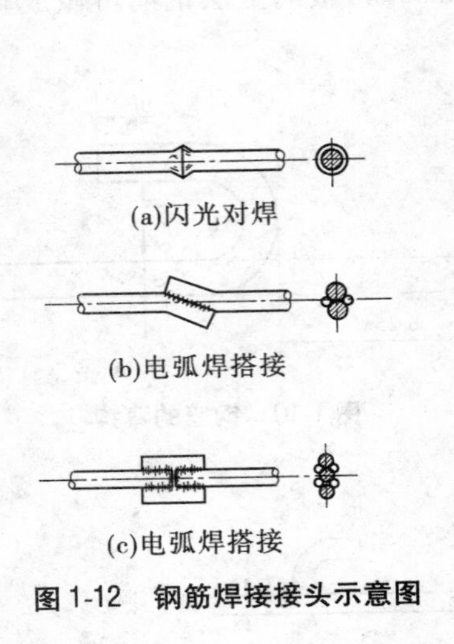


图 1-12　钢筋焊接接头示意图

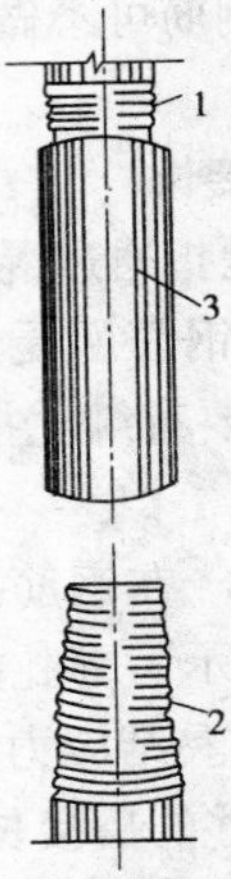

1—上钢筋；2—下钢筋；3—套筒(存凹螺纹)

图 1-13　钢筋机械连接示意图

# 思考题

1-1　钢筋混凝土结构中常用钢筋有几种？说明各种钢筋的应用范围。

1-2　钢筋按力学基本性能可分为几种类型？应力—应变曲线各有什么特征？

1-3　什么是屈服强度？为什么钢筋混凝土结构设计时把钢筋的屈服强度作为钢筋强度的计算指标？

1-4　什么叫钢筋的伸长率？

1-5　什么是假定屈服点？如何取值？

1-6　钢筋的选用原则是什么？

1-7　混凝土的强度指标有哪些？

1-8　画出混凝土在一次加载下的应力—应变曲线。

1-9　什么是混凝土的变形模量？弹性模量与变形模量之间有什么关系？

1-10　何谓混凝土的徐变？影响徐变的因素有哪些？

1-11　什么是混凝土的温度变形和干缩变形？如何减小混凝土构件中的收缩裂缝？

1-12　钢筋与混凝土之间的黏结力由哪几部分组成？

1-13　钢筋的接头有哪几种方式？

1-14　如何确定钢筋的最小锚固长度？

1-15　徐变与塑性变形有什么不同？

1-16　钢筋和混凝土之间的黏结力是如何产生的？

# 第二章 钢筋混凝土结构设计原理

工程结构设计应贯彻执行国家的技术经济政策，做到安全适用、技术先进、经济合理、确保质量。《规范》采用极限状态设计法，在规定的材料强度和荷载取值条件下，在多系数分析基础上以安全系数表达的形式进行设计。

## 第一节 结构的功能要求和极限状态

### 一、结构的功能要求

结构设计的目的是在现有的技术基础上，用最经济的手段，使得所设计的结构满足以下三个方面的功能要求：

（1）安全性。要求结构在正常施工和正常使用时能承受可能出现的各种作用而不发生破坏，并且在设计规定的偶然事件发生时及发生后，仍能保持必需的整体稳定性，如遇到地震、爆炸、撞击等，建筑结构虽有局部损伤但不发生倒塌。

（2）适用性。要求结构在正常使用时能满足正常的使用要求，具有良好的工作性能，不发生影响正常使用的过大变形和振幅，不产生过宽的裂缝。

（3）耐久性。在正常使用和正常维护条件下，结构在规定的使用期限内满足安全和使用功能要求，不出现钢筋严重锈蚀和混凝土严重碳化。

安全性、适用性、耐久性统称为结构的可靠性。结构的可靠性与结构的经济性是相互矛盾的。比如，在外荷载不增加的情况下，给结构增加受力钢筋数量或者提高材料强度，可以提高结构的可靠性，但同时也增加了结构的造价。科学设计就是在结构的可靠性与经济性之间寻求一种合理方案，使之既经济又可靠。

### 二、结构的极限状态

结构或结构的一部分超过某一特定状态就不能满足设计规定的某一功能要求，此特定状态称为该功能的极限状态。结构的极限状态可分为承载能力极限状态和正常使用极限状态两大类。

**（一）承载能力极限状态**

结构或构件达到最大承载能力，或达到不适于继续承载的过大变形的极限状态，称为承载能力极限状态。当结构或构件出现下列状态之一时，即认为超过了承载能力极限状态：

（1）整个结构或结构的一部分失去刚体平衡；

（2）结构构件因超过材料强度而破坏（包括疲劳破坏），或因过大的塑性变形而不适于继续承载；

(3)结构或结构构件丧失稳定；

(4)整个结构或结构的一部分转变为机动体系。

承载能力极限状态是判别结构或构件是否满足安全性功能要求的标准，因此所有结构构件必须按承载能力极限状态进行计算，并保证有足够的可靠度。必要时尚应进行结构的抗倾、抗滑及抗浮验算。对需要抗震设防的结构，尚应进行结构构件的抗震承载能力验算或采用抗震构造设防措施。

**(二)正常使用极限状态**

结构或构件达到使用功能上允许的某一规定限值的极限状态，称为正常使用极限状态。当结构或构件出现下列状态之一时，即认为超过了正常使用极限状态：

(1)影响结构正常使用或外观的变形；

(2)对运行人员、设备、仪表等有不良影响的振动；

(3)对结构外形、耐久性以及防渗结构抗渗能力有不良影响的局部损坏；

(4)影响正常使用的其他特定状态。

使用上需控制变形值的结构构件，应进行变形验算。使用上要求不出现裂缝的结构构件，应进行抗裂验算。使用上需要控制裂缝宽度的结构构件，应进行裂缝宽度验算。地震等偶然荷载作用时，可不进行变形、抗裂、裂缝宽度验算。

## 第二节 作用与抗力

### 一、作用及作用效应

结构的作用是指能使结构产生内力、变形、位移、裂缝等各种因素的总称。根据其性质不同，作用可分为两类：

(1)直接作用。施加在结构上的集中力和分布力。如结构自重、风荷载、水压力、土压力等。

(2)间接作用。引起结构约束变形、外加变形的原因。如混凝土收缩、环境温度变化以及由于基础不均匀沉陷等原因使结构产生的变形。

施加在结构上的各种作用使结构产生的内力、变形，统称为作用效应；当作用为荷载(直接作用)时，也称为荷载效应，用符号 $S$ 表示。荷载效应 $S$ 是各种作用、结构参数等随机变量的函数。

荷载按随时间的变异性和出现的可能性分为以下三类：

(1)永久荷载。在设计使用年限内量值不随时间变化，或其变化与平均值相比可以忽略不计的荷载，如结构自重、土压力、固定设备产生的重力等。

(2)可变荷载。在设计使用年限内量值随时间变化，且其变化与平均值相比不可忽略的荷载，如楼面活荷载、浪压力、风荷载等。

(3)偶然荷载。在设计使用年限内出现的概率很小，而一旦出现，其量值很大，且持续时间很短的荷载，如校核洪水位时的静水压力、爆炸产生的冲击力等。

## 二、荷载与材料强度取值

### （一）荷载标准值

荷载标准值是指结构或构件设计时，采用的各种荷载的基本代表值。按设计基准期内荷载最大值的概率分布的某一分位值确定。

由于荷载本身具有随机性，因而最大荷载也是随机变量，用荷载的概率分布来描述。荷载的概率分布曲线如图 2-1 所示，荷载的标准值为

$$S_k = \mu_s + \alpha_s \sigma_s = \mu_s(1 + \alpha_s \delta_s) \tag{2-1}$$

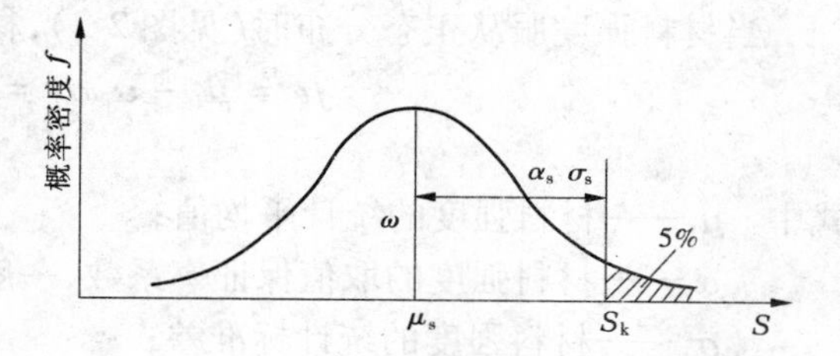


图 2-1　荷载的概率分布曲线

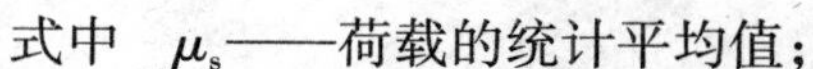
式中　$\mu_s$——荷载的统计平均值；

$\alpha_s$——荷载标准值的取值保证率系数，一般取 $\alpha_s = 1.645$；

$\sigma_s$——荷载的统计标准差；

$\delta_s$——荷载的变异系数，$\delta_s = \sigma_s / \mu_s$。

（1）永久荷载标准值（$G_k$ 或 $g_k$）：可按结构构件的设计尺寸与材料重度值计算。

（2）可变荷载标准值（$Q_k$ 或 $q_k$）：根据设计使用年限内最大荷载概率分布的某一分位值确定。

当 $\alpha_s = 1.645$ 时，荷载标准值相当于具有 95% 保证率的 0.95 分位值。作用在结构构件上的实际荷载超过荷载标准值的可能性只有 5%。此标准值为荷载的代表值。

水工建筑物的荷载标准值可根据《水工建筑物荷载设计规范》（DL 5077—1997）确定。例如水电站副厂房楼面均布活荷载标准值见表 2-1。

表 2-1　水电站副厂房楼面均布活荷载标准值　（单位：kN/m²）

<table>
<tr><th>类别</th><th>房间名称</th><th>标准值</th><th>类别</th><th>房间名称</th><th>标准值</th></tr>
<tr><td rowspan="11">生产用副厂房</td><td>中央控制室、计算机室</td><td>5～6</td><td rowspan="11">生活用副厂房</td><td>值班室</td><td>3</td></tr>
<tr><td>继电保护室</td><td>5</td><td>会议室</td><td>4</td></tr>
<tr><td>蓄电池室</td><td>6</td><td rowspan="2">资料室</td><td rowspan="2">5</td></tr>
<tr><td>开关室</td><td>5</td></tr>
<tr><td>电缆室</td><td>4</td><td>厕所、盥洗室</td><td>3</td></tr>
<tr><td>空压机室</td><td>4</td><td rowspan="6">走道、楼梯</td><td rowspan="6">4</td></tr>
<tr><td>水泵室</td><td>4</td></tr>
<tr><td>实验室</td><td>4</td></tr>
<tr><td>电工室</td><td>5</td></tr>
<tr><td>机修室</td><td>7～10</td></tr>
<tr><td>工具室</td><td>5</td></tr>
</table>

### (二)材料强度

1. 材料强度标准值

材料强度标准值是指结构或构件设计时,采用的材料强度的基本代表值。按符合规定质量材料强度的概率分布的某一分位值确定。由于材料非匀质、生产工艺等因素导致材料强度的变异性,材料强度也是随机变量。

当材料强度服从正态分布时(见图 2-2),材料标准值可按下式计算:

$$f_k = \mu_f - \alpha_f \sigma_f = \mu_f(1 - \alpha_f \delta_f) \tag{2-2}$$

式中 $\mu_f$——材料强度的统计平均值;

$\alpha_f$——材料强度的取值保证率系数,一般取 $\alpha_f = 1.645$;

$\sigma_f$——材料强度的统计标准差;

$\delta_f$——材料强度的变异系数,$\delta_f = \sigma_f / \mu_f$。

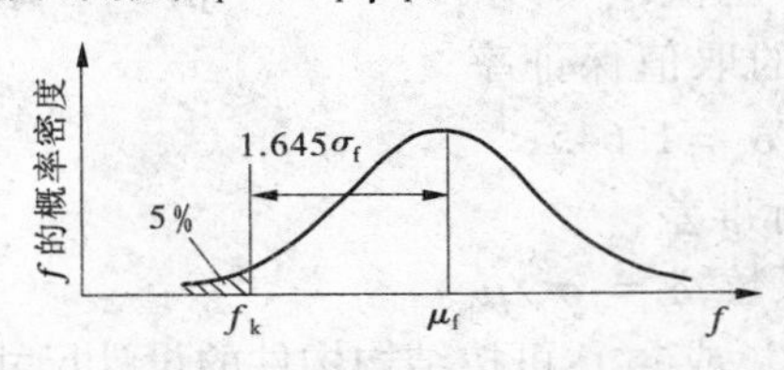


图 2-2 材料强度的概率分布曲线

钢筋和混凝土的强度标准值采用概率分布的 0.05 分位值。钢筋和混凝土实际强度小于强度标准值的可能性只有 5%,即强度标准值具有 95% 的保证率。

混凝土立方体抗压强度标准值见附表 2-1,普通钢筋强度标准值见附表 2-4,预应力钢筋强度标准值见附表 2-6。

2. 材料强度设计值

材料强度设计值等于材料强度标准值除以相应的材料强度分项系数,即 $f_c = f_{ck}/\gamma_c$、$f_y = f_{yk}/\gamma_s$。$\gamma_c$、$\gamma_s$ 分别是混凝土和钢筋的强度分项系数,按材料强度的有关规定取值。

混凝土的强度设计值见附表 2-2,普通钢筋的强度设计值见附表 2-5,预应力钢筋的强度设计值见附表 2-7。

## 三、结构的抗力

结构构件抵抗作用(荷载)效应的能力称抗力,用符号 $R$ 表示。抗力包括构件承载能力和抵抗变形的能力。抗力与材料的性能、结构的几何参数等有关。

结构构件的几何参数包括截面高度、宽度、面积、惯性矩、混凝土保护层厚度,以及构件的长度、跨度、偏心距等。由于构件制作尺寸偏差和安装误差等原因,导致结构构件实际几何尺寸与设计规定的几何尺寸有差异。由于材料非匀质、生产工艺等因素导致材料性能的变异性。另外,对结构构件的抗力进行分析计算时,采用了近似的基本假设和计算公式不精确,导致按公式计算的抗力值与实际结构构件的抗力有差异。由此可知,结构的抗力具有不定性。

## 第三节　结构的可靠度

结构的可靠度是指结构在规定的时间内、规定的条件下，完成预定功能的概率。可靠度是对结构可靠性的定量描述，结构可靠度的评价指标有可靠概率、失效概率、可靠指标。

### 一、可靠概率和失效概率

影响结构可靠性的主要因素是荷载效应 $S$ 和抗力 $R$。荷载效应 $S$ 和抗力 $R$ 都是随机变量。假定 $S$ 和 $R$ 相互独立，且都服从正态分布，取

$$Z = R - S \tag{2-3}$$

$Z$ 称为结构的功能函数，功能函数 $Z$ 也是随机变量，并且服从正态分布（见图 2-3），功能函数的结果有三种可能：

(1) $Z>0$ 时，结构完成功能要求，处于可靠状态；

(2) $Z<0$ 时，结构没有完成功能要求，处于不可靠状态；

(3) $Z=0$ 时，结构达到功能要求的限值，处于极限状态。

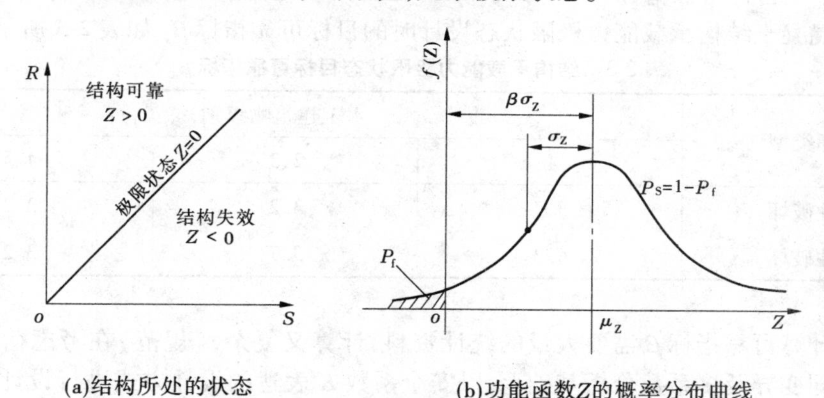


**图 2-3　功能函数 $Z$ 及其概率分布曲线**

$\mu_Z$、$\sigma_Z$ 分别表示结构的功能函数的平均值和标准差，则 $Z \geqslant 0$ 的概率为可靠概率 $P_S$，即结构在规定的时间内、规定条件下，完成预定功能的概率。

$$P_S = \int_0^{\infty} f(Z)\,dZ \tag{2-4}$$

$Z<0$ 的概率为失效概率 $P_f$，$P_f$ 等于图中阴影部分的面积。

$$P_f = \int_{-\infty}^{0} f(Z)\,dZ \tag{2-5}$$

$$P_f + P_S = 1 \tag{2-6}$$

结构的失效概率 $P_f$ 与可靠概率 $P_S$ 都可以度量结构的可靠性。失效概率 $P_f$ 愈小，结构的可靠性愈高。

二、可靠指标

计算失效概率 $P_f$ 需要进行积分运算,求解过程复杂,而且失效概率 $P_f$ 数值极小,表达不便,因此引入可靠指标 $\beta$ 替代失效概率 $P_f$ 来度量结构的可靠性。可靠指标 $\beta$ 为结构功能函数 $Z$ 的平均值 $\mu_Z$ 与标准差 $\sigma_Z$ 的比值,即 $\beta=\mu_Z/\sigma_Z$。

可靠指标 $\beta$ 与失效概率 $P_f$ 存在对应关系,见表 2-2。$\beta$ 值大,对应的 $P_f$ 值小;反之,$\beta$ 值小,对应的 $P_f$ 值大。因此,$\beta$ 与 $P_f$ 一样,可以作为度量结构可靠性的一个指标。

表 2-2　可靠指标 $\beta$ 与失效概率 $P_f$ 的对应关系

| $\beta$ | 2.7 | 3.2 | 3.7 | 4.2 |
|---|---|---|---|---|
| $P_f$ | $3.5\times10^{-3}$ | $6.9\times10^{-4}$ | $1.1\times10^{-4}$ | $1.3\times10^{-5}$ |

结构设计应把失效概率控制在某一个能够接受的限值以下,即把可靠指标控制在某一个能够接受的水平上,则

$$\beta \geqslant \beta_T \tag{2-7}$$

式中　$\beta_T$——目标可靠指标。

水工混凝土结构承载能力极限状态设计时的目标可靠指标 $\beta_T$ 如表 2-3 所示。

表 2-3　结构承载能力极限状态目标可靠指标 $\beta_T$

| 破坏类型 | 水工建筑物级别 | | |
|---|---|---|---|
| | 1 | 2、3 | 4、5 |
| 延性破坏 | 3.7 | 3.2 | 2.7 |
| 脆性破坏 | 4.2 | 3.7 | 3.2 |

由于计算可靠指标 $\beta$ 需要大量的统计资料,计算又复杂,《规范》在考虑荷载与材料强度的不同变异及多系数分析基础上,以安全系数 $K$ 表达的设计方式进行设计。只要按规定的系数进行计算,结构构件的可靠指标 $\beta$ 就可以满足不小于目标可靠指标 $\beta_T$ 的要求。

## 第四节　水工混凝土结构极限状态设计表达式

### 一、承载能力极限状态设计表达式

承载能力极限状态设计时,应采用下列设计表达式:

$$KS \leqslant R \tag{2-8}$$

式中　$K$——承载力安全系数,按附表 1-2 采用;

$S$——荷载效应组合设计值;

$R$——结构构件的截面承载力设计值,按有关章节的承载力计算公式,由材料的强度设计值及截面尺寸等因素计算得出。

承载能力极限状态计算时，要考虑荷载效应的基本组合和偶然组合。结构构件计算截面上的荷载效应组合设计值 $S$ 应按下列规定计算。

**（一）基本组合**

基本组合是按承载能力极限状态设计时，使用或施工阶段的永久荷载效应与可变荷载效应的组合。

当永久荷载对结构起不利作用时：

$$S = 1.05S_{G1k} + 1.20S_{G2k} + 1.20S_{Q1k} + 1.10S_{Q2k} \tag{2-9}$$

当永久荷载对结构起有利作用时：

$$S = 0.95S_{G1k} + 0.95S_{G2k} + 1.20S_{Q1k} + 1.10S_{Q2k} \tag{2-10}$$

式中 $S_{G1k}$——自重、设备等永久荷载标准值产生的荷载效应；

$S_{G2k}$——土压力、淤沙压力及围岩压力等永久荷载标准值产生的荷载效应；

$S_{Q1k}$——一般可变荷载标准值产生的荷载效应；

$S_{Q2k}$——可控制其不超出规定限值的可变荷载标准值产生的荷载效应。

荷载的标准值按《水工建筑物荷载设计规范》（DL 5077—1997）的规定取用，地震荷载标准值按《水工建筑物抗震设计规范》（SL 203—97）的规定取用。混凝土及钢筋的强度应取为强度设计值。结构构件计算截面上的荷载效应组合设计值 $S$ 即为截面内力设计值（$M$、$V$、$N$、$T$ 等）。

**（二）偶然组合**

偶然组合是按承载能力极限状态设计时，永久荷载、可变荷载效应与一种偶然荷载效应的组合。

$$S = 1.05S_{G1k} + 1.20S_{G2k} + 1.20S_{Q1k} + 1.10S_{Q2k} + 1.0S_{Ak} \tag{2-11}$$

式中 $S_{Ak}$——偶然荷载标准值产生的荷载效应。

参与组合的某些可变荷载标准值，可根据有关标准作适当折减。

## 二、正常使用极限状态设计表达式

正常使用极限状态验算的目的是保证结构构件在正常使用条件下，其抗裂能力、裂缝宽度和变形不超过相应的结构功能限值。

正常使用极限状态验算时，应按荷载效应的标准组合进行，即永久荷载与可变荷载均采用标准值的荷载效应组合，并采用下列设计表达式：

$$S_k(G_k, Q_k, f_k, a_k) \leqslant c \tag{2-12}$$

式中 $S_k(\cdot)$——正常使用极限状态的荷载效应标准组合值函数；

$c$——结构构件达到正常使用要求所规定的变形、裂缝宽度或应力等的限值；

$G_k$、$Q_k$——永久荷载、可变荷载标准值，按 DL 5077—1997 的规定取用；

$f_k$——材料强度标准值，按附表 2-1、附表 2-4、附表 2-6 确定；

$a_k$——结构构件几何参数的标准值。

**【例 2-1】** 有一钢筋混凝土简支梁（水工建筑物级别为 4 级），其净跨 $l_n = 6.0$ m，计算跨度 $l_0 = 6.37$ m。截面尺寸 $b \times h = 250$ mm $\times 500$ mm；梁承受板传来的永久荷载标准值 $g_{1k} = 8.87$ kN/m，可变荷载标准值 $q_k = 15.0$ kN/m；钢筋混凝土重度取 25 kN/m$^3$。求基本

组合下的跨中截面弯矩设计值、支座边缘截面剪力设计值。

**解**:(1)荷载计算。

永久荷载标准值 $g_{1k} = 8.87\ \text{kN/m}$

梁的自重标准值 $g_{2k} = 0.25 \times 0.5 \times 25 = 3.13\ (\text{kN/m})$

永久荷载标准值合计 $g_k = g_{1k} + g_{2k} = 8.87 + 3.13 = 12\ (\text{kN/m})$

可变荷载标准值 $q_k = 15\ \text{kN/m}$

(2)内力计算。

跨中截面弯矩设计值

$$M = 1.05S_{G1k} + 1.20S_{Q1k} = 1.05g_k l_0^2/8 + 1.20q_k l_0^2/8$$
$$= 1.05 \times 12 \times 6.37^2/8 + 1.20 \times 15 \times 6.37^2/8 = 155.21(\text{kN}\cdot\text{m})$$

支座边缘截面剪力设计值

$$V = 1.05S_{G1k} + 1.20S_{Q1k} = 1.05g_k l_n/2 + 1.20q_k l_n/2$$
$$= 1.05 \times 12 \times 6.0/2 + 1.20 \times 15 \times 6.0/2 = 91.8\ (\text{kN})$$

**【例 2-2】** 其他条件同例 2-1。求正常使用极限状态下跨中截面弯矩标准组合值。

**解**:正常使用极限状态下跨中截面弯矩标准组合值:

$$M = S_{G1k} + S_{Q1k} = g_k l_0^2/8 + q_k l_0^2/8 = 12 \times 6.37^2/8 + 15 \times 6.37^2/8 = 136.95\ (\text{kN}\cdot\text{m})$$

# 思考题

2-1 结构的极限状态分为哪两类?

2-2 什么是结构抗力、作用效应?结构的抗力与哪些因素有关?

2-3 什么是荷载标准值?什么是材料强度标准值?

2-4 承载能力极限状态设计表达式采用何种形式?说明式中各符号的物理意义。

# 习 题

2-1 某钢筋混凝土简支梁,建筑物级别为 2 级,其净跨 $l_n = 5.76$ m,计算跨度 $l_0 = 6.0$ m,截面尺寸 $b \times h = 250\ \text{mm} \times 550\ \text{mm}$;梁承受板传来的永久荷载标准值 $g_{1k} = 9.5\ \text{kN/m}$,可变荷载标准值 $q_k = 11.6\ \text{kN/m}$。求基本组合下跨中截面弯矩设计值、支座边缘截面剪力设计值。

2-2 其他条件同习题 2-1,求正常使用极限状态下跨中截面弯矩标准组合值。

# 第三章 钢筋混凝土受弯构件正截面受弯承载力计算

受弯构件是指截面上承受弯矩和剪力作用的构件。梁和板是水工钢筋混凝土结构中典型的受弯构件,是水利工程中应用最广泛的构件。如水闸的底板,挡土墙的立板和底板,水电站厂房的梁、板等。梁和板的区别仅在于,梁的截面高度一般大于截面宽度,而板的截面高度则远小于截面宽度。

受弯构件的破坏形态有两种:一种是由弯矩作用引起的,破坏面与构件的纵轴线垂直,称为正截面破坏(见图 3-1(a));另一种是由弯矩和剪力共同作用引起的,破坏面与构件的纵轴线斜交,称为斜截面破坏(见图 3-1(b))。本章主要进述钢筋混凝土受弯构件的正截面承载力计算及其一般构造规定。

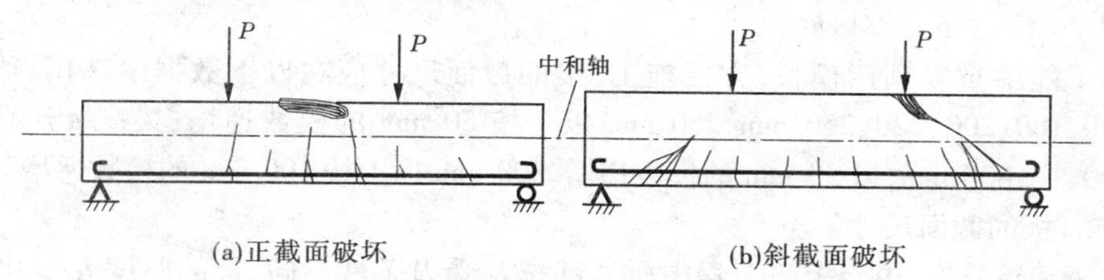


(a)正截面破坏　　(b)斜截面破坏

**图 3-1　钢筋混凝土梁板构件的破坏形态**

## 第一节　受弯构件的构造规定

钢筋混凝土受弯构件的截面尺寸和受力钢筋截面面积是由结构计算确定的,但为了施工的便利及考虑计算中无法反映到的因素,同时还要满足相应的构造规定。下面介绍梁和板的一般构造规定。

### 一、截面形式

梁的截面形式有矩形、T 形、I 形、Π 形、箱形等。为了施工方便,梁的截面常采用矩形截面和 T 形截面。板的截面一般为矩形,根据使用要求,也可以采用空心板和槽形板等。常见梁、板的截面形式如图 3-2 所示。

受弯构件中,仅在受拉区配置纵向受力钢筋的截面,称为单筋截面。在受拉区与受压区同时配置纵向受力钢筋的截面,称为双筋截面。

### 二、截面尺寸

**(一)梁的截面尺寸**

截面计算时,梁的高度 $h$ 可根据梁的跨度 $l_0$ 拟定,一般取 $h=(1/8\sim1/12)l_0$。梁的

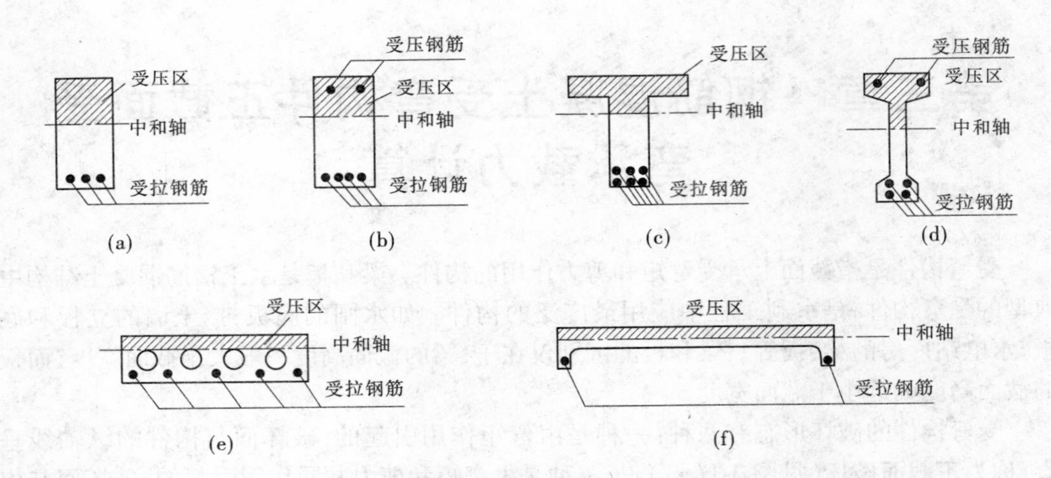


图 3-2 钢筋混凝土梁板的截面形式

宽度 $b$ 可根据梁的高度 $h$ 拟定。对矩形截面梁，取梁宽 $b=(1/2\sim1/3)h$；对 T 形截面梁，取梁宽 $b=(1/2.5\sim1/4)h$。

为了能够重复利用模板，方便施工，梁的截面尺寸应在以下数据中选用：梁宽 $b=$ 120、150、180、200、220、250 mm，250 mm 以上按 50 mm 的模数递增；梁高 $h=250$、300、350、400、…、800 mm，以 50 mm 的模数递增，800 mm 以上按 100 mm 的模数递增。

**（二）板的截面尺寸**

水工建筑物中，由于板在工程中所处部位及受力条件不同，板的厚度 $h$ 变化范围很大，一般由计算确定。考虑施工方便和使用要求，一般建筑物中板厚不宜小于 60 mm，水工建筑物中的板厚不宜小于 100 mm。板厚 250 mm 以下按 10 mm 递增；板厚在 250 mm 以上时按 50 mm 递增；板厚超过 800 mm 时，则以 100 mm 递增。

## 三、混凝土保护层

纵向受力钢筋外边缘到混凝土近表面的距离，称混凝土保护层（用符号 $c$ 表示），如图 3-3 所示。其作用是防止钢筋受空气的氧化和其他侵蚀性介质的侵蚀，并保证钢筋与混凝土间有足够的黏结力。梁板的混凝土保护层厚度不应小于最大钢筋直径，同时也不应小于粗集料最大粒径的 1.25 倍，并符合附表 4-1 的规定。

在计算受弯构件承载力时，因混凝土开裂后拉力完全由钢筋承担，这时能发挥作用的截面高度应为受拉钢筋合力点到截面受压边缘的距离，称为截面有效高度 $h_0$，纵向受拉钢筋合力点到截面受拉边缘的距离为 $a_s$，即 $h_0=h-a_s$。当钢筋为一层布置时，$a_s=c+d/2$，一般可近似取用 $a_s=40\sim50$ mm；当钢筋为两层布置时，$a_s=c+d+e/2$，其中，$e$ 为两层钢筋之间的净距，一般可近似取用 $a_s=65\sim75$ mm。

## 四、梁的纵向受力钢筋

**（一）钢筋直径与根数**

梁中的纵向受力钢筋宜采用 HRB335、HRB400 级钢筋。为保证梁的钢筋骨架具有较

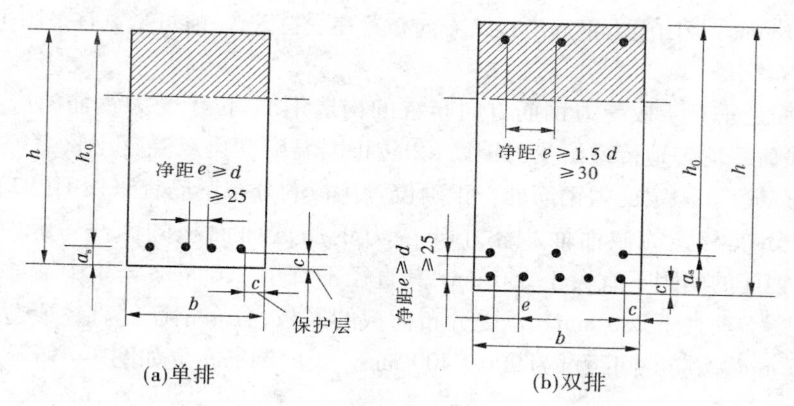


**图 3-3　梁内纵向钢筋布置图**

好刚度并便于施工，纵向受力钢筋的直径不能太细；为防止受拉区混凝土产生过宽裂缝，纵向受力钢筋的直径不宜太粗。常用的纵向受力钢筋直径为 12 ~ 25 mm。截面一侧（受拉或受压）钢筋的直径最好相同，为节约钢材，也可选用两种不同直径的钢筋，其直径相差宜为 2 ~ 6 mm。

梁内纵向受力钢筋至少为 2 根，以满足形成钢筋骨架的需要，钢筋总数根据承载力计算确定，一排钢筋宜用 3 ~ 4 根，两排钢筋宜用 5 ~ 8 根。纵向受力钢筋的根数也不宜太多，否则会增大钢筋加工的工作量，给混凝土浇捣带来困难。

**（二）钢筋间距和布置**

为方便混凝土浇捣，保证钢筋在混凝土内得到有效锚固，梁内纵向钢筋之间的水平净距 $e$ 在下部不应小于纵筋的最大直径 $d$，同时不应小于 25 mm。在上部不应小于 $1.5d$，同时不应小于 30 mm 和最大集料粒径的 1.5 倍。各层钢筋之间的净距不应小于 25 mm 和钢筋的最大直径 $d$。

梁内纵向钢筋应尽可能布置为一层。当纵筋根数较多时，若布置一层不能满足钢筋的间距、混凝土保护层厚度的构造规定，则应布置两层甚至三层。其中，靠外侧钢筋的根数宜多一些，直径宜粗一些。当梁下部纵筋配置多于两层时，两层以上纵筋之间的净距应比下面两层的净距增大一倍。上、下两层钢筋应对齐布置，以免影响混凝土浇筑。

## 五、板的钢筋

板内通常只配置受力钢筋和分布钢筋。

**（一）受力钢筋**

板的纵向受力钢筋宜采用 HPB235、HRB335 级钢筋。板的受力钢筋的常用直径为 6 ~ 12 mm；对于 $h > 200$ mm 的较厚板（如水电站厂房安装车间的楼面板）和 $h > 1\ 500$ mm 的厚板（如水闸的底板），受力钢筋的常用直径为 12 ~ 25 mm。在同一板中，受力钢筋的直径最好相同；为节约钢材，也可采用两种不同直径的钢筋。

为使构件受力均匀，防止产生过宽裂缝，板中受力钢筋的间距 $s$（中距）不能过大。当板厚 $h \leqslant 200$ mm 时，$s \leqslant 200$ mm；当 200 mm $< h \leqslant 1\ 500$ mm 时，$s \leqslant 250$ mm；当板厚 $h >$ 1 500 mm 时，$s \leqslant 300$ mm。为便于混凝土浇捣，板内钢筋之间的间距不宜过小，一般情况下，

其间距 $s \geqslant 70$ mm。板内受力钢筋沿板跨方向布置在受拉区，一般每米宽宜采用 4～10 根。

**(二)分布钢筋**

分布钢筋是垂直于板受力钢筋方向布置的构造钢筋，位于受力钢筋的内侧，其作用是：①将板面荷载均匀地传递给受力钢筋；②防止因温度变化或混凝土收缩等原因，沿板跨方向产生裂缝；③固定受力钢筋处于正确位置。板的分布钢筋宜采用 HPB235 级钢筋。每米板宽内分布钢筋的截面面积不小于受力钢筋截面面积的 15%（集中荷载时为 25%）；分布钢筋的间距不宜大于 250 mm，其直径不宜小于 6 mm；当集中荷载较大时，分布钢筋的间距不宜大于 200 mm。承受分布荷载的厚板，分布钢筋的直径应适当加大，可采用 10～16 mm，钢筋的间距可为 200～400 mm。板的钢筋布置如图 3-4 所示。

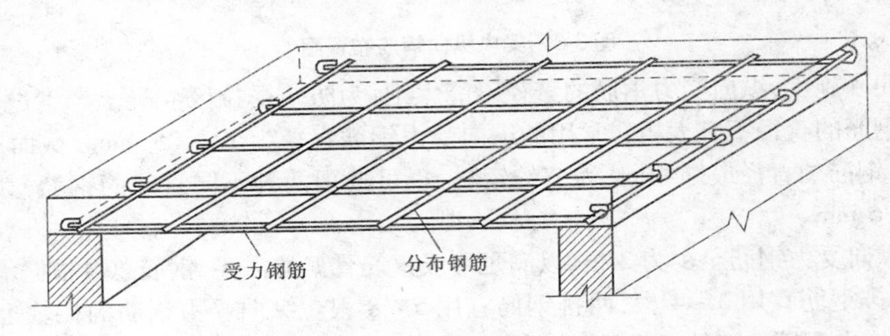


图 3-4　板内钢筋布置图

## 第二节　梁的正截面试验分析

钢筋混凝土构件的计算公式一般是在大量试验的基础上结合理论分析建立起来的。因此，在学习受弯构件设计时，必须掌握梁的正截面破坏过程及破坏特征。

### 一、适筋梁正截面的受力过程

试验梁如图 3-5 所示。采用两点对称加载方式，借助仪表的测量，充分了解适筋梁在纯弯段从开始加载直到破坏为止的正截面应力、应变的变化规律。

根据试验结果分析，梁正截面上的受力过程可分为三个阶段。

**(一)第Ⅰ阶段——未裂阶段**

从梁开始加荷至梁受拉区即将出现第一条裂缝时的整个受力过程，称为第Ⅰ阶段。当荷载很小时，梁截面上各点的应力及应变均很小，混凝土处于弹性阶段，应力与应变成正比，受拉区与受压区混凝土应力图均为三角形，此时，受拉区拉力由钢筋和混凝土共同承担。随着荷载增加，受拉区混凝土表现出塑性性质，应变增长速度比应力增长速度快，受拉区应力图形呈曲线变化。当受拉区最外缘混凝土应变将达到极限拉应变时，相应的混凝土应力接近混凝土抗拉强度 $f_t$，而受压区混凝土仍处于弹性阶段，应力图形仍呈三角形（见图3-6(a)）。此时，梁处于即将开裂的极限状态，即第Ⅰ阶段末，这一阶段可作为受弯构件抗裂验算的依据。

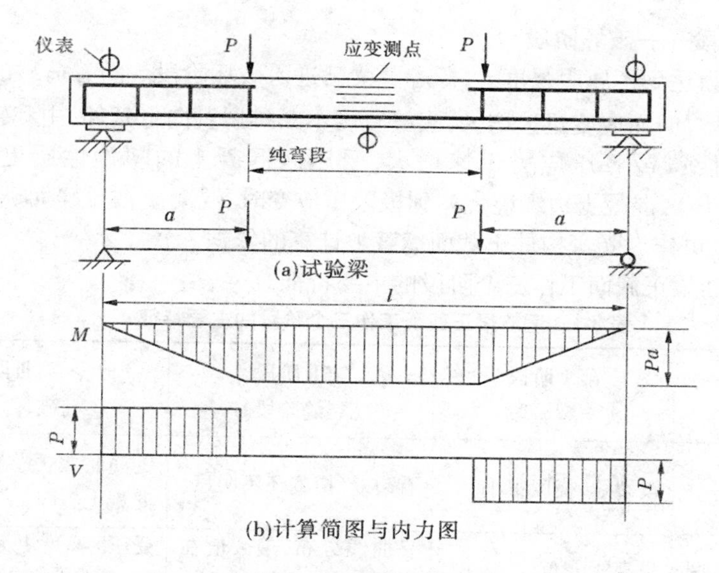


图 3-5　适筋梁正截面试验

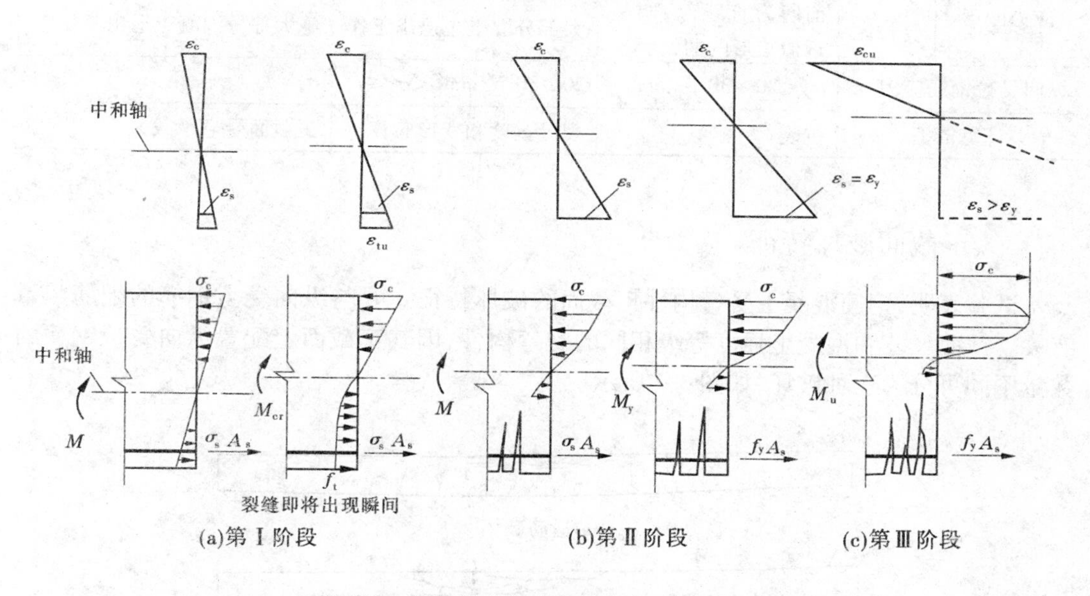


图 3-6　适筋梁在各阶段的应力、应变图

### （二）第Ⅱ阶段——裂缝阶段

从梁受拉区混凝土出现第一条裂缝开始，到梁受拉区钢筋屈服时的整个工作阶段，称为第Ⅱ阶段。当第Ⅰ阶段末的荷载继续增加，受拉区混凝土开裂，拉力几乎全部由钢筋承担，受拉钢筋应力较开裂前突然增大许多。随着荷载增加，裂缝向上发展，中和轴位置逐渐上移，受压区混凝土压应力逐渐增大而表现出塑性性质，应力图形呈曲线变化（见图3-6(b)）。当受拉钢筋应力达屈服强度 $f_y$ 时，即第Ⅱ阶段末，这一阶段可作为受弯构件正常使用阶段变形验算和裂缝宽度验算的依据。

### (三)第Ⅲ阶段——破坏阶段

受拉钢筋应力达到了屈服强度$f_y$,标志着梁已进入破坏阶段。随着荷载的继续增加,钢筋的应力不断增加,而应变迅速增大,裂缝宽度不断扩展且向上延伸,中和轴上移,混凝土受压区高度继续减小,压应力迅速增大,受压区混凝土的塑性性质更加明显(见图3-6(c))。当受压区混凝土边缘应变达到极限压应变时,混凝土被压碎而破坏。第Ⅲ阶段末的应力状态,可作为受弯构件正截面承载力计算的依据。

表3-1为适筋梁正截面工作三个阶段的主要特征。

**表3-1　适筋梁正截面工作三个阶段的主要特征**

| 受力阶段 | | 第Ⅰ阶段<br>(未裂阶段) | 第Ⅱ阶段<br>(裂缝阶段) | 第Ⅲ阶段<br>(破坏阶段) |
|---|---|---|---|---|
| 外表现象 | | 没裂缝,挠度很小 | 有裂缝,挠度还不明显 | 钢筋屈服,裂缝宽,挠度大,混凝土压碎 |
| 混凝土应力图形 | 受压区 | 呈直线分布 | 呈曲线分布,最大值在受压区边缘处 | 受压区高度更为减小,曲线丰满,最大值不在受压区边缘 |
| | 受拉区 | 前期为直线,后期呈近似矩形的曲线 | 大部分混凝土退出工作 | 绝大部分混凝土退出工作 |
| 纵向受拉钢筋应力$\sigma_s$ | | $\sigma_s \leqslant 20 \sim 30\ \text{N/mm}^2$ | $20 \sim 30\ \text{N/mm}^2 < \sigma_s \leqslant f_y$ | $\sigma_s = f_y$ |
| 计算依据 | | 抗裂 | 裂缝宽度和变形验算 | 正截面受弯承载力 |

## 二、正截面破坏特征

试验表明,钢筋混凝土受弯构件正截面的破坏特征主要与纵向受力钢筋的配筋数量有关。截面尺寸和混凝土强度等级相同的受弯构件,因其正截面上配置纵向受拉钢筋的数量不同可分为三种破坏,如图3-7所示。

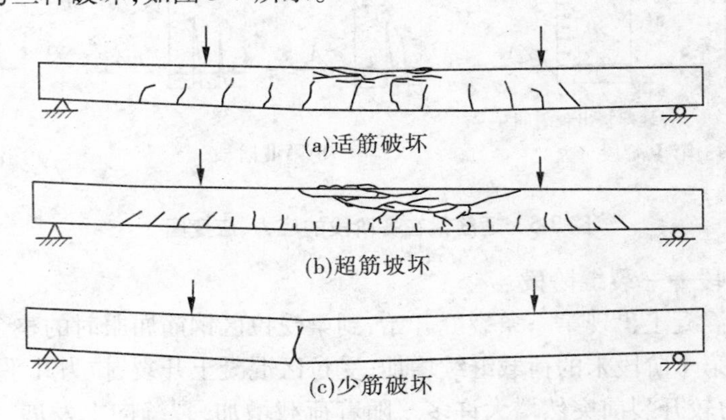

(a)适筋破坏

(b)超筋坡坏

(c)少筋破坏

**图3-7　钢筋混凝土梁正截面破坏的三种情况**

### (一)适筋破坏

当截面配置受拉钢筋数量适宜时,即发生适筋破坏。适筋破坏的特征是:受拉钢筋应力先达到屈服强度,受压区混凝土达到极限压应变被压碎。破坏前构件上有明显主裂缝和较大挠度,给人以明显的破坏预兆,属于塑性破坏,也称延性破坏。因这种情况既安全可靠又可以充分发挥材料强度,所以是受弯构件正截面计算的依据。

**(二)超筋破坏**

当截面配置受拉钢筋数量过多时,即发生超筋破坏。超筋破坏的特征是:受拉钢筋达到屈服强度之前,受压区混凝土达到极限压应变被压碎。破坏前构件的裂缝宽度和挠度都很小,无明显的破坏预兆,这种破坏属于脆性破坏。超筋破坏不仅破坏突然,而且钢筋用量大,不经济。因此,设计中不允许采用超筋截面。

**(三)少筋破坏**

当截面配置受拉钢筋数量过少时,即发生少筋破坏。少筋破坏的特征是:破坏时的极限弯矩等于开裂弯矩,一裂即断。构件一旦开裂,裂缝截面混凝土即退出工作,拉力由钢筋承担而使钢筋应力突增,并很快达到并超过屈服强度进入强化阶段,导致较宽裂缝和较大变形而使构件破坏。因少筋破坏是突然发生的,也属于脆性破坏。所以,设计中不允许采用少筋截面。

综上所述,钢筋混凝土受弯构件设计必须采用适筋截面。因此,以适筋截面的破坏为基础,建立受弯构件正截面受弯承载力的计算公式,再配以公式的适用条件,以限制超筋破坏和少筋破坏的发生。

## 第三节　单筋矩形截面的受弯承载力计算

### 一、正截面承载力计算的一般规定

**(一)基本假定**

(1)截面应变保持为平面。构件正截面受力变形后仍为平面,截面上的平均应变均保持为直线分布,截面上任意点的应变与该点到中和轴的距离成正比。

(2)不考虑混凝土的抗拉强度。忽略受拉区混凝土的作用,拉力全部由纵向受力钢筋来承担。

(3)计算中混凝土应力—应变关系曲线如图 3-8 所示。当压应变 $\varepsilon_c \leqslant 0.002$ 时,应力与应变关系曲线为抛物线;当压应变 $\varepsilon_c > 0.002$ 时,应力—应变关系曲线呈水平线,其极限压应变 $\varepsilon_{cu}$ 取 0.003 3,相应的最大压应力取混凝土轴心抗压强度设计值 $f_c$。

(4)计算中软钢钢筋的应力—应变关系曲线如图 3-9 所示。钢筋应力等于钢筋应变与其弹性模量的乘积,但不应大于其相应的强度设计值。即钢筋屈服前,应力按 $\sigma_s = E_s\varepsilon_s$;钢筋屈服后,其应力一律取强度设计值 $f_y$。

**(二)受压区混凝土的等效应力图形**

根据平截面假定和混凝土应力—应变关系曲线,可绘制出受压区混凝土的应力—应变图形。由于得到的应力图形为二次抛物线,不便于计算,采用等效的矩形应力图形代替曲线应力图形,根据混凝土压应力的合力相等和合力作用点位置不变的原则,近似取 $x = 0.8x_0$,将其简化为等效矩形应力图形,如图 3-10 所示。

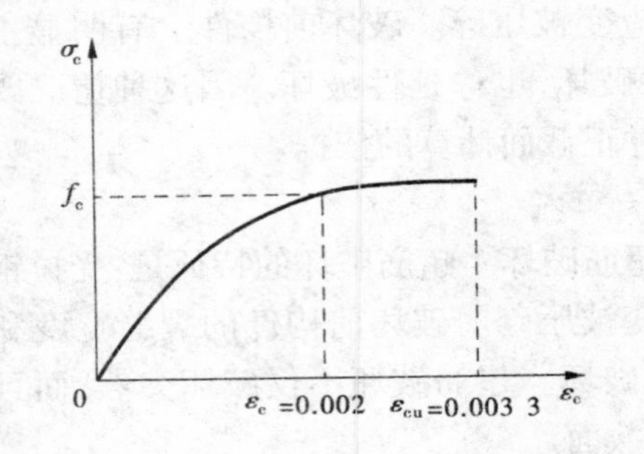

图 3-8 混凝土应力—应变计算曲线

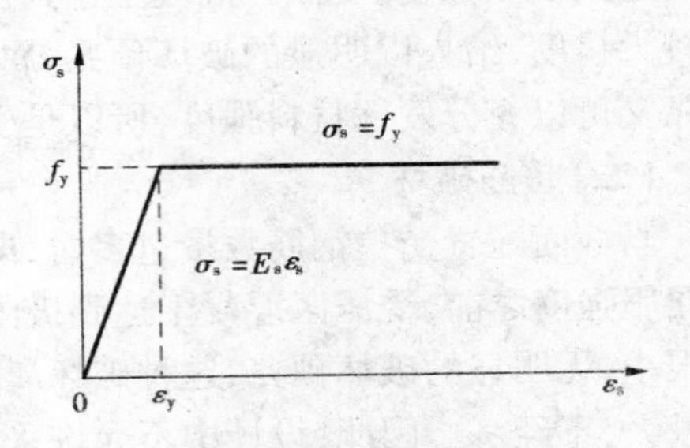

图 3-9 钢筋应力—应变计算曲线

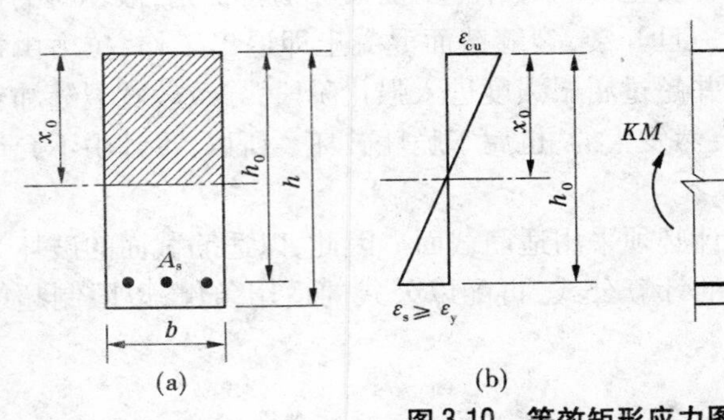

图 3-10 等效矩形应力图形的换算

**(三)相对界限受压区计算高度**

相对受压区计算高度是等效矩形混凝土受压区计算高度 $x$ 与截面有效高度 $h_0$ 的比值,用 $\xi = x/h_0$ 表示。当梁发生界限破坏时,即受拉钢筋屈服的同时,受压区混凝土也达到极限压应变 $\varepsilon_{cu}$。这时混凝土受压区计算高度 $x_b$ 与截面有效高度 $h_0$ 的比值,称为相对界限受压区计算高度 $\xi_b$,$\xi_b = x_b/h_0$。这种临界破坏状态,就是适筋梁与超筋梁的界限。

如图 3-11 所示,若实际混凝土相对受压区计算高度 $\xi < \xi_b$,即 $x < x_b$、$\varepsilon_s > \varepsilon_y$,受拉钢筋可以达到屈服强度,则为适筋破坏;若 $\xi > \xi_b$,即 $x > x_b$、$\varepsilon_s < \varepsilon_y$,受拉钢筋达不到屈服强度,则为超筋破坏。常见钢筋 $\xi_b$ 值见表 3-2。

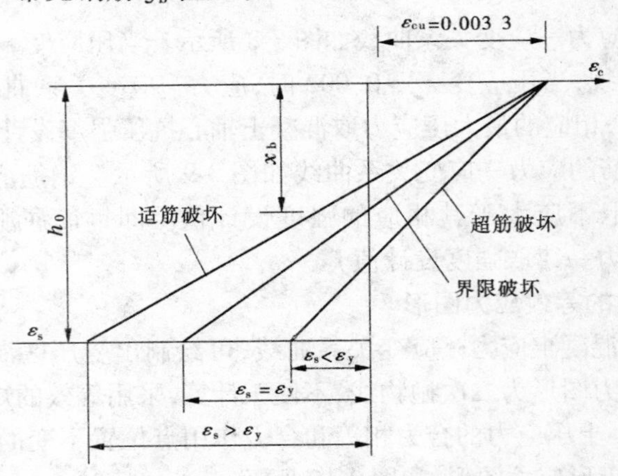

图 3-11 适筋、超筋、界限破坏时的截面应变图

**表 3-2　钢筋混凝土构件常用钢筋的 $\xi_b$ 值及 $\alpha_{sb}$**

| 钢筋级别 | $\xi_b$ | $\alpha_{sb}=\xi_b(1-0.5\xi_b)$ | $0.85\xi_b$ | $\alpha_{smax}=0.85\xi_b(1-0.5\times0.85\xi_b)$ |
|---|---|---|---|---|
| HPB235 | 0.614 | 0.425 | 0.522 | 0.386 |
| HRB335 | 0.550 | 0.399 | 0.468 | 0.358 |
| HRB400<br>RRB400 | 0.518 | 0.384 | 0.440 | 0.343 |

**（四）受拉钢筋配筋率**

受拉钢筋的配筋率 $\rho$ 是指受拉钢筋截面面积 $A_s$ 与截面有效面积 $bh_0$ 的比值，以百分率表示，即 $\rho=A_s/(bh_0)\times100\%$。通常用 $\rho_{max}$ 表示受拉钢筋的最大配筋率，用 $\rho_{min}$ 表示受拉钢筋的最小配筋率。当 $\rho>\rho_{max}$ 时，将发生超筋破坏；当 $\rho<\rho_{min}$ 时，将发生少筋破坏；当 $\rho_{min}\leqslant\rho\leqslant\rho_{max}$ 时，将发生适筋破坏。为避免发生超筋破坏与少筋破坏，截面设计时，必须控制受拉纵筋的配筋率 $\rho$ 在 $\rho_{min}\sim\rho_{max}$ 范围内。

## 二、基本公式及适用条件

**（一）基本公式**

根据图 3-12 和截面内力平衡条件，并满足承载能力极限状态计算表达式的要求，可得出如下基本计算公式：

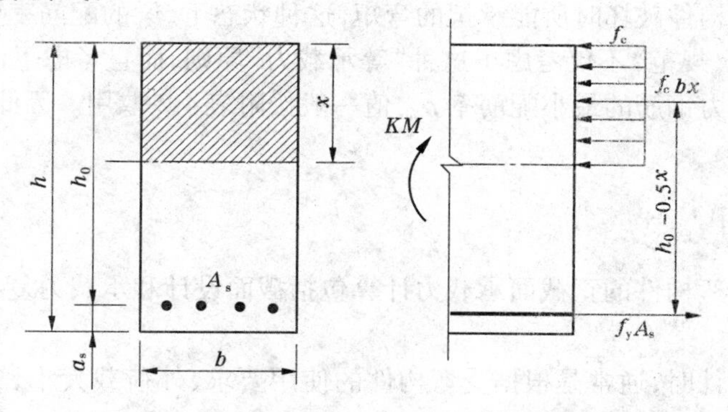


**图 3-12　单筋矩形截面梁板正截面承载力计算简图**

$$\sum X=0 \qquad f_c bx=f_y A_s \tag{3-1}$$

$$\sum M=0 \qquad KM\leqslant f_c bx(h_0-0.5x) \tag{3-2}$$

式中　$M$——弯矩设计值；

$f_c$——混凝土轴心抗压强度设计值，按附表 2-2 取用；

$b$——矩形截面宽度；

$x$——混凝土受压区计算高度；

$h_0$——截面有效高度；

$f_y$——受拉钢筋的强度设计值,按附表 2-5 取用;

$A_s$——受拉钢筋的截面面积;

$K$——承载力安全系数,按附表 1-2 取用。

利用基本公式进行截面计算时,必须求解方程组,比较麻烦。为简化计算,将式(3-1)、式(3-2)改写如下:

将 $\xi = x/h_0$ 代入式(3-1)、式(3-2),并引入截面抵抗矩系数 $\alpha_s$,令

$$\alpha_s = \xi(1 - 0.5\xi) \tag{3-3}$$

则基本公式改写为

$$KM \leqslant \alpha_s f_c b h_0^2 \tag{3-4}$$

$$f_c b \xi h_0 = f_y A_s \tag{3-5}$$

由式(3-5)可得

$$\rho = \xi f_c / f_y$$

**(二)适用条件**

1. 防止超筋破坏

基本公式是依据适筋构件破坏时的应力图形情况推导的,受拉钢筋屈服的同时,受压区混凝土也达到极限压应变 $\varepsilon_{cu}$,梁发生的临界破坏状态,就是适筋梁与超筋梁的界限。但为了结构的安全,更应有效地防止发生超筋破坏。应用基本公式和由它派生出来的计算公式计算时,必须符合下列条件:

$$\xi \leqslant 0.85\xi_b \text{ 或 } x \leqslant 0.85\,\xi_b h_0 \text{ 或 } \rho \leqslant \rho_{max} = 0.85\xi_b f_c/f_y$$

2. 防止少筋破坏

适筋破坏与少筋破坏的界限,应是钢筋混凝土受弯构件破坏时承担的弯矩等于相同截面素混凝土受弯构件破坏时所能承担的弯矩,这种状态下,梁的配筋率应是适筋受弯构件的最小配筋率。《规范》不仅考虑了这种“等承载力”原则,而且考虑了混凝土的性质和工程经验。纵向受力钢筋的最小配筋率 $\rho_{min}$ 值一般按附表 4-2 取用。因此,基本公式应满足 $\rho \geqslant \rho_{min}$。

## 三、公式应用

钢筋混凝土受弯构件的正截面承载力计算包括截面设计和承载力复核两类问题。

**(一)截面设计**

在进行截面设计时,通常是根据受弯构件的使用要求、外荷载大小、建筑物的级别和选用的材料强度等级,确定截面尺寸以及钢筋数量。

1. 确定截面尺寸

根据设计经验或已建类似结构,并考虑构造及施工方面的特殊要求,拟定截面高度 $h$ 和截面宽度 $b$。衡量截面尺寸是否合理的标准是:拟定截面尺寸应使计算出的实际配筋率 $\rho$ 处于常用配筋率范围内。一般梁、板的常用配筋率范围如下:

现浇实心板　　0.4% ~0.8%;

矩形截面梁　　0.6% ~1.5%;

T 形截面梁　　0.9% ~1.8%(相对于梁肋而言)。

2. 内力计算

(1)确定合理的计算简图。计算简图中应包括计算跨度、支座条件、荷载形式等的确

定。梁与板的计算跨度 $l_0$，取下列各值中的较小者：

简支梁、空心板　　　　$l_0 = l_n + a$ 或 $l_0 = 1.05l_n$

简支实心板　　　　$l_0 = l_n + a, l_0 = l_n + h$ 或 $l_0 = 1.1l_n$

式中　$l_n$——梁或板的净跨；

$a$——梁或板的支承长度；

$h$——板的厚度。

(2)确定弯矩设计值 $M$。按照荷载的最不利组合，计算出跨中最大正弯矩和支座最大负弯矩的设计值。

3. 配筋计算

(1)计算 $\alpha_s = \dfrac{KM}{f_c b h_0^2}$。

(2)计算 $\xi = 1 - \sqrt{1 - 2\alpha_s}$；验算 $\xi \leqslant 0.85\xi_b$，若不满足，则应加大截面尺寸，提高混凝土强度等级或采用双筋截面。

(3)计算 $A_s = f_c b\xi h_0 / f_y$。

(4)计算 $\rho = A_s/(bh_0)$；验算 $\rho \geqslant \rho_{min}$，若 $\rho < \rho_{min}$，将会发生少筋破坏，这时需要按 $\rho = \rho_{min}$ 进行配筋。截面的实际配筋率 $\rho$ 应满足：$\rho_{min} \leqslant \rho \leqslant \rho_{max}$，最好处于梁或板的常用配筋率范围内。

4. 选配钢筋，绘制配筋图

根据附表3-1、附表3-2，选出符合构造规定的钢筋直径、间距和根数。实际采用的 $A_{s实}$ 一般等于或略大于计算所需要的 $A_{s计}$；若小于计算所需要的 $A_{s计}$，则应符合 $|A_{s实} - A_{s计}|/A_{s计} \leqslant 5\%$ 的规定。配筋图应表示出截面尺寸和钢筋的布置，按适当比例绘制。

**(二)承载力复核**

承载力复核是在已知截面尺寸、受拉钢筋截面面积、钢筋级别和混凝土强度等级的条件下，验算构件正截面的承载能力。

1. 确定受压区计算高度 $x$

计算公式为 $x = f_y A_s / (f_c b)$。

2. 确定构件的承载力

若 $x \leqslant 0.85\xi_b h_0$，说明不会发生超筋破坏，此时，如满足式(3-2)，则构件的正截面安全，否则不安全。

若 $x > 0.85\xi_b h_0$，说明将会发生超筋破坏，应取 $x = 0.85\xi_b h_0$，或 $\xi = 0.85\xi_b$、$\alpha_s = \alpha_{smax} = 0.85\xi_b(1 - 0.425\xi_b)$，如满足式(3-4)，则构件的正截面安全，否则不安全。

单筋矩形受弯构件正截面设计步骤见图3-13。

**【例3-1】**　某水电站厂房(2级水工建筑物)的钢筋混凝土简支梁，如图3-14所示。一类环境，净跨 $l_n = 5.76$ m，计算跨度 $l_0 = 6.0$ m，承受均布永久荷载(包括梁自重)$g_k = 10$ kN/m，均布可变荷载 $q_k = 7.8$ kN/m，采用混凝土强度等级为C20，HRB335级钢筋，试确定该梁的截面尺寸和纵向受拉钢筋面积 $A_s$。

**解**：查表得 $f_c = 9.6$ N/mm$^2$，$f_y = 300$ N/mm$^2$，$K = 1.20$。

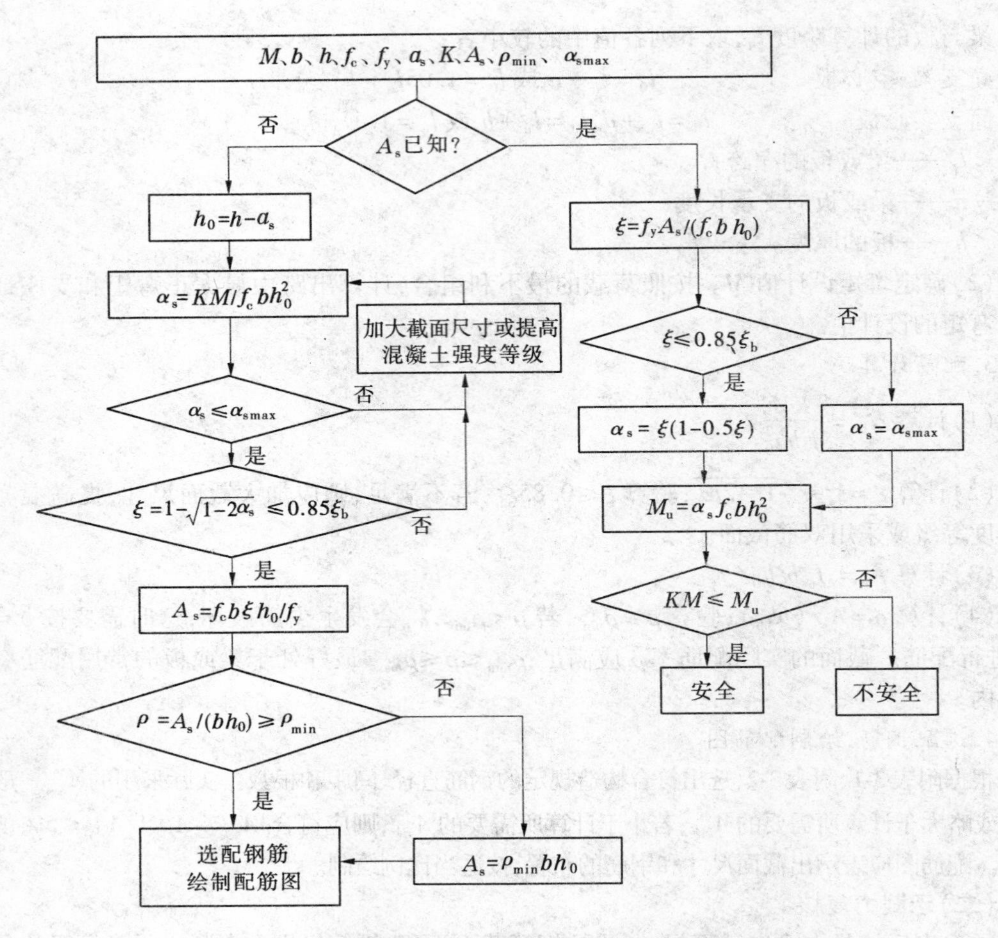


**图 3-13　单筋矩形截面设计流程图**

(1)确定截面尺寸。

由构造要求取:

$h=(1/8\sim1/12)\ l_0=(1/8\sim1/12)\times6\ 000=750\sim500$，取 $h=500$ mm。

$b=(1/2\sim1/3)\ h=(1/2\sim1/3)\times500=250\sim167$，取 $b=200$ mm。

(2)内力计算。

$M=(1.05g_k+1.20q_k)l_0^2/8=(1.05\times10+1.20\times7.8)\times6.0^2/8=89.37(\text{kN}\cdot\text{m})$

(3)配筋计算。取 $a_s=40$ mm,则 $h_0=h-a_s=500-40=460$ (mm)

$$\alpha_s=\frac{KM}{f_c bh_0^2}=\frac{1.20\times89.37\times10^6}{9.6\times200\times460^2}=0.264$$

$$\xi=1-\sqrt{1-2\alpha_s}=1-\sqrt{1-2\times0.264}=0.313<0.85\xi_b=0.85\times0.55=0.468$$

$$A_s=f_c b\xi h_0/f_y=9.6\times200\times0.313\times460/300=921(\text{mm}^2)$$

$$\rho=921/(200\times460)=1.0\%>\rho_{min}=0.2\%$$

(4)选配钢筋,绘制配筋图。

选受拉纵筋为3 Φ 20($A_s=941\ \text{mm}^2$),需要最小梁宽 $b_{min}=2c+3d+2e=2\times30+3\times$

$20+2\times25=170$(mm)<200 mm,符合构造要求。配筋图如图 3-14 所示。

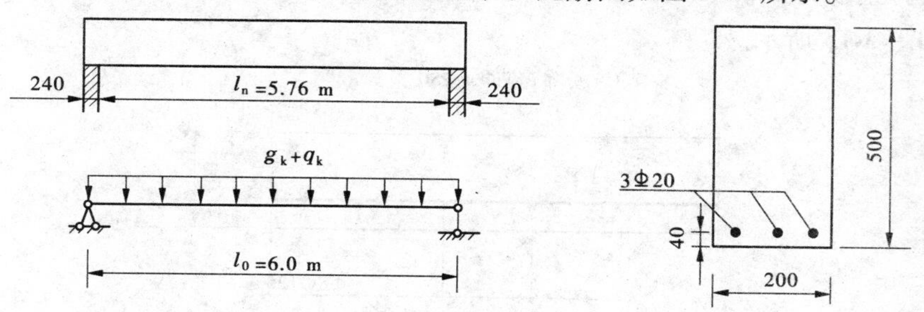


**图 3-14 梁的内力计算图及截面配筋图** (单位:mm)

**【例 3-2】** 某工作机房(3 级水工建筑物)中的现浇钢筋混凝土实心板,一类环境,计算跨度 $l_0=2\ 380$ mm,板上作用均布可变荷载标准值 $q_k=2.87$ kN/m,水磨石地面及细石混凝土垫层厚度为 30 mm,重度为 22 kN/m$^3$,板底粉刷砂浆厚度为 12 mm,重度为 17 kN/m$^3$,混凝土强度等级为 C20,HPB235 级钢筋,钢筋混凝土的重度为 25 kN/m$^3$。试确定板厚 $h$ 和受拉钢筋截面面积 $A_s$。

**解**:查表得 $f_c=9.6\ \text{N/mm}^2$,$f_y=210\ \text{N/mm}^2$,$K=1.20$。

(1)尺寸拟定。

取 $b=1\ 000$ mm,根据梁式板构造规定($h\geqslant l_0/35$),假定板厚 $h=100$ mm。

(2)内力计算。

水磨石地面自重标准值 $30\times1\times10^{-3}\times22=0.66$ (kN/m)

板的自重标准值 $100\times1\times10^{-3}\times25=2.5$ (kN/m)

砂浆自重标准值 $12\times1\times10^{-3}\times17=0.2$ (kN/m)

总的自重标准值 $g_k=0.66+2.5+0.20=3.36$ (kN/m)

可变荷载标准值 $q_k=2.87$ (kN/m)

弯矩计算值 $M=(1.05g_k+1.20q_k)l_0^2/8=(1.05\times3.36+1.20\times2.87)\times2.38^2/8$
$=4.94$ (kN·m)

(3)配筋计算。

取 $a_s=25$ mm,$h=100$ mm,则 $h_0=h-a_s=100-25=75$ (mm)。

$$\alpha_s=\frac{KM}{f_cbh_0^2}=\frac{1.20\times4.94\times10^6}{9.6\times1\ 000\times75^2}=0.110$$

$\xi=1-\sqrt{1-2\alpha_s}=1-\sqrt{1-2\times0.110}=0.117<0.85\xi_b=0.386$,不会发生超筋破坏。

$$A_s=\xi bh_0f_c/f_y=0.117\times1\ 000\times75\times9.6/210=401(\text{mm}^2)$$

$$\rho=A_s/(bh_0)=401/(1\ 000\times75)\approx0.53\%>\rho_{\min}=0.2\%$$

说明不会发生少筋破坏,并在板的常用配筋率 0.4% ~ 0.8% 范围内,所以拟定板厚 $h=100$ mm 合理。

(4)选配钢筋,绘配筋图。

选受拉钢筋为Φ 8@125（$A_s=402\ mm^2$），分布钢筋为Φ 6@250（$A_s=113\ mm^2$）。正截面配筋如图 3-15 所示。

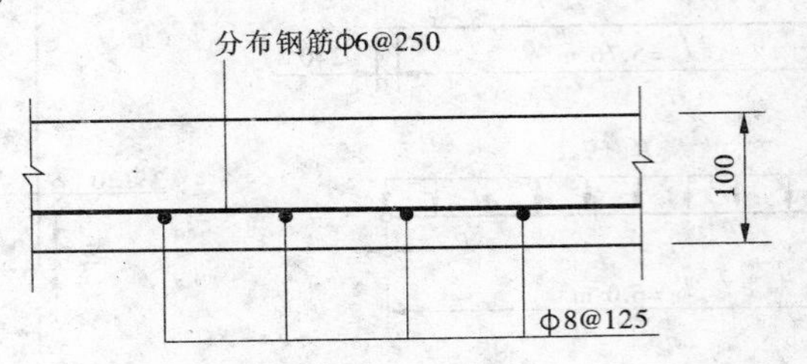


图 3-15　板的配筋图

【例 3-3】　某泵站泵房矩形截面梁（3 级水工建筑物），一类环境，截面尺寸 $b \times h = 250\ mm \times 600\ mm$，配置受拉钢筋为 3 Φ 22，采用混凝土强度等级为 C20，HRB335 级钢筋。计算该梁所能承受的弯矩设计值。

**解：**查表得 $f_c = 9.6\ N/mm^2$，$f_y = 300\ N/mm^2$，$A_s = 1\ 140\ mm^2$，$K = 1.20$。

（1）确定相对受压区计算高度 $x$。

$$h_0 = h - a_s = 600 - (30 + 22/2) = 559\ (mm)$$

$$x = \frac{f_y A_s}{f_c b} = \frac{300 \times 1\ 140}{9.6 \times 250} = 143\ (mm) < 0.85\xi_b h_0 = 0.85 \times 0.550 \times 559 = 261\ (mm)$$

不会发生超筋破坏。

（2）计算梁的承载力。

$$M = f_c bx(h_0 - 0.5x)/K = 9.6 \times 250 \times 143 \times (559 - 0.5 \times 143)/1.20$$

$$= 167.31 \times 10^6/1.20 = 139.43\ (kN \cdot m)$$

所以，该梁正截面承受最大弯矩设计值为 139.43 kN · m。

# 第四节　双筋矩形截面的承载力计算

## 一、双筋截面及应用条件

在受拉区和受压区同时配置纵向受力钢筋的截面，称为双筋截面。由于混凝土抗压性能好，价格比钢筋低，所以用钢筋协助混凝土承受压力不经济。双筋截面通常在下列情况下采用：

（1）截面承受的弯矩很大，按单筋截面计算则 $\xi > 0.85\xi_b$，同时截面尺寸及混凝土强度等级因条件限制不能加大或提高。

（2）构件在不同的荷载组合下，同一截面既承受正弯矩，又承受负弯矩。

（3）在抗震设防烈度为 6 度以上地区，为了增加构件的延性，在受压区配置普通钢筋，对结构抗震有利。

## 二、基本公式及适用条件

### （一）受压钢筋的设计强度

双筋截面可以看做是在单筋截面的基础上，利用配置在受压区的受力钢筋和受拉区的部分受拉钢筋来承受一部分弯矩。试验表明，双筋截面只要满足 $\xi \leqslant 0.85\xi_b$，它就具有单筋截面适筋梁的破坏特征。因此，双筋截面要考虑受压钢筋的作用及设计强度。

钢筋和混凝土之间具有黏结力，所以受压钢筋与周边混凝土具有相同的压应变，即 $\varepsilon'_s = \varepsilon_c$。当受压边缘混凝土纤维达到极限压应变时，受压钢筋应力 $\sigma'_s = \varepsilon'_s E_s = \varepsilon_c E_s$。正常情况下（$x \geqslant 2a'_s$），计算受压钢筋应力时取 $\varepsilon'_s = \varepsilon_c = 0.002$，$\sigma'_s = 0.002 \times (1.8 \times 10^5 \sim 2.0 \times 10^5) = 360 \sim 400(\mathrm{N/mm^2})$。试验表明，若采用中、低强度钢筋作受压钢筋（$f'_y \leqslant 400\ \mathrm{N/mm^2}$），且混凝土受压区计算高度 $x \geqslant 2a'_s$，构件破坏时受压钢筋应力能达到屈服强度 $f'_y$；若采用高强度钢筋作为受压钢筋，则其抗压强度设计值不应大于 $400\ \mathrm{N/mm^2}$。

### （二）基本公式

根据图 3-16 和截面内力平衡条件，并满足承载能力极限状态计算表达式的要求，可得如下基本计算公式：

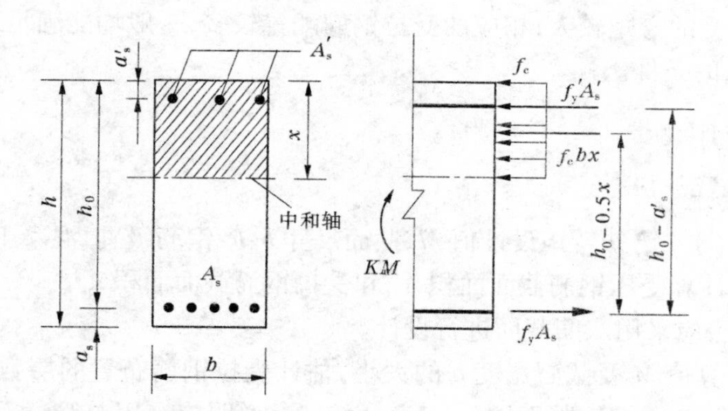


图 3-16　双筋矩形截面正截面梁承载力计算简图

$$\sum X = 0 \qquad f_c bx + f'_y A'_s = f_y A_s \tag{3-6}$$

$$\sum M = 0 \qquad KM \leqslant f_c bx(h_0 - 0.5x) + f'_y A'_s(h_0 - a'_s) \tag{3-7}$$

为简化计算，将 $x = \xi h_0$ 及 $\alpha_s = \xi(1 - 0.5\xi)$ 代入式(3-6)、式(3-7)得：

$$f_c b\xi h_0 + f'_y A'_s = f_y A_s \tag{3-8}$$

$$KM \leqslant \alpha_s f_c bh_0^2 + f'_y A'_s(h_0 - a'_s) \tag{3-9}$$

式中　$f'_y$——受压钢筋的抗压强度设计值，按附表 2-5 取用；

$A'_s$——受压钢筋的截面面积；

$a'_s$——受压区钢筋合力点至截面受压边缘的距离。

### （三）适用条件

（1）$x \leqslant 0.85\xi_b h_0$ 或 $\xi \leqslant 0.85\xi_b$：避免发生超筋破坏，保证受拉钢筋应力达到抗拉强度设计值 $f_y$。

(2) $x \geqslant 2a'_s$：保证受压钢筋应力达到抗压强度设计值 $f'_y$。

若 $x < 2a'_s$，纵向受压钢筋应力尚未达到 $f'_y$。截面设计时，可偏安全地取受压纵筋合力点 $D_s$ 与受压混凝土合力点 $D_c$ 重合，如图 3-17 所示。以受压钢筋合力点为力矩中心，可得

$$KM \leqslant f_y A_s (h_0 - a'_s) \tag{3-10}$$

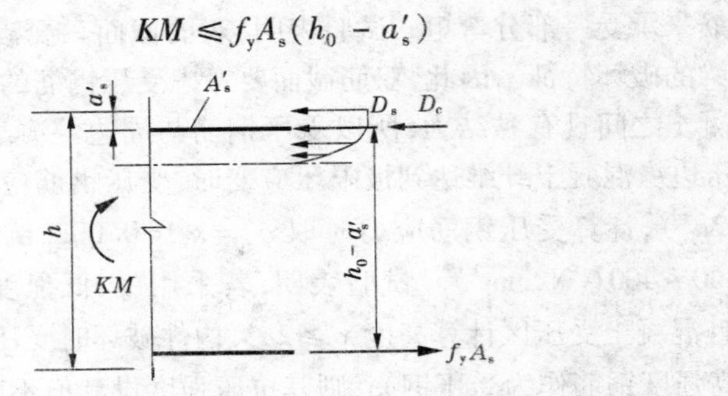


图 3-17　$x < 2a'_s$ 时双筋截面计算图形

式(3-10)为双筋截面 $x < 2a'_s$ 时确定纵向受拉钢筋数量的唯一计算公式。若计算中不考虑受压钢筋的作用，则条件 $x \geqslant 2a'_s$ 即可取消。

双筋截面承受的弯矩较大，相应的受拉钢筋配置较多，一般均能满足最小配筋率的要求，无需验算 $\rho_{min}$ 的条件。

## 三、公式应用

### (一) 截面设计

**【设计类型Ⅰ】** 已知弯矩设计值 $M$，截面尺寸 $b$、$h$，钢筋级别，混凝土强度等级，承载力安全系数 $K$。计算受压钢筋截面面积 $A'_s$ 和受拉钢筋截面面积 $A_s$。

(1) 判断是否应采用双筋截面进行设计。

根据弯矩计算值 $M$ 及截面宽度 $b$ 的大小，估计受拉钢筋布置的层数并选定 $a_s$，计算出 $h_0$ 和 $\alpha_s$ 值，并与 $\alpha_{smax}$ 值进行比较。若 $\alpha_s \leqslant \alpha_{smax}$，说明应采用单筋截面；否则应采用双筋截面。

(2) 配筋计算。

基本公式只有 2 个，而此时共有 3 个未知数($A_s$、$A'_s$、$x$)，为充分利用混凝土承受压力，使钢筋的总用量最小，应取 $x = 0.85\xi_b h_0$，即 $\xi = 0.85\xi_b$、$\alpha_s = \alpha_{smax}$ 作为补充条件。

由式(3-8)、式(3-9)可得

$$A'_s = \frac{KM - \alpha_{smax} f_c b h_0^2}{f'_y (h_0 - a'_s)} \tag{3-11}$$

$$A_s = \frac{0.85 f_c b \xi_b h_0 + f'_y A'_s}{f_y} \tag{3-12}$$

$A'_s$ 和 $A_s$ 应满足最小配筋率的要求，当 $A'_s < \rho'_{min} b h_0$ 时，应取 $A'_s = \rho'_{min} b h_0$，此时应按【设计类型Ⅱ】的步骤进行计算。

(3) 选配钢筋，绘制配筋图。

根据钢筋表，选出符合构造规定的钢筋直径、间距和根数，绘制正截面配筋图。

【设计类型Ⅱ】 已知弯矩设计值 $M$,截面尺寸 $b$、$h$,钢筋级别,混凝土强度等级,承载力安全系数 $K$,受压钢筋截面面积 $A'_s$。计算受拉钢筋截面面积 $A_s$。

(1)计算截面抵抗矩系数 $\alpha_s$。

$$\alpha_s = \frac{KM - f'_y A'_s(h_0 - a'_s)}{f_c b h_0^2} \tag{3-13}$$

(2)计算 $\xi$、$x$,求 $A_s$。

若 $\xi > 0.85\xi_b$ 或 $x > 0.85\xi_b h_0$,说明已配置受压钢筋 $A'_s$ 的数量不足,此时应按【设计类型Ⅰ】的步骤进行计算。

若 $2a'_s \leqslant x \leqslant 0.85\xi_b h_0$,则

$$A_s = \frac{f_c b\xi h_0 + f'_y A'_s}{f_y} \tag{3-14}$$

若 $x < 2a'_s$,则

$$A_s = \frac{KM}{f_y(h_0 - a'_s)} \tag{3-15}$$

(3)选配钢筋,绘制配筋图。

根据钢筋表,选出符合构造规定的钢筋直径、间距和根数,绘制正截面配筋图。

**(二)承载力复核**

已知截面尺寸、受拉钢筋和受压钢筋截面面积、钢筋级别、混凝土强度等级的条件下,验算构件正截面的承载能力。可按下列步骤进行。

(1)确定混凝土受压区计算高度 $x$。

$$x = \frac{f_y A_s - f'_y A'_s}{f_c b} \tag{3-16}$$

(2)确定梁的承载力。

若 $x > 0.85\xi_b h_0$,取 $x = 0.85\xi_b h_0$,则 $\xi = 0.85\xi_b$、$\alpha_s = \alpha_{smax}$,代入式(3-9),如满足公式,则梁的正截面安全,否则不安全,即要求:

$$KM \leqslant \alpha_{smax} f_c b h_0^2 + f'_y A'_s(h_0 - a'_s) \tag{3-17}$$

若 $2a'_s \leqslant x \leqslant 0.85\xi_b h_0$,此时,如满足式(3-7),则构件的正截面安全,否则不安全。

若 $x < 2a'_s$,此时,如满足式(3-10),则构件的正截面安全,否则不安全。

双筋矩形梁的正截面计算步骤见图 3-18。

【例 3-4】 已知某矩形截面简支梁(2 级水工建筑物),$b \times h = 250\ \text{mm} \times 500\ \text{mm}$,一类环境条件,计算跨度 $l_0 = 6\ 500\ \text{mm}$,在使用期间承受均布荷载标准值 $g_k = 20\ \text{kN/m}$(包括自重),$q_k = 13.8\ \text{kN/m}$,混凝土强度等级为 C20,钢筋为 HRB335 级。试计算受力钢筋截面面积(假定截面尺寸、混凝土强度等级因条件限制不能增大或提高)。

**解:**查表得 $f_c = 9.6\ \text{N/mm}^2$,$f_y = f'_y = 300\ \text{N/mm}^2$,$K = 1.20$。

(1)确定弯矩设计值 $M$。

$$M = \frac{1}{8}(1.05g_k + 1.20q_k)l_0^2 = \frac{1}{8} \times (1.05 \times 20 + 1.20 \times 13.8) \times 6.5^2 = 198.36\ (\text{kN} \cdot \text{m})$$

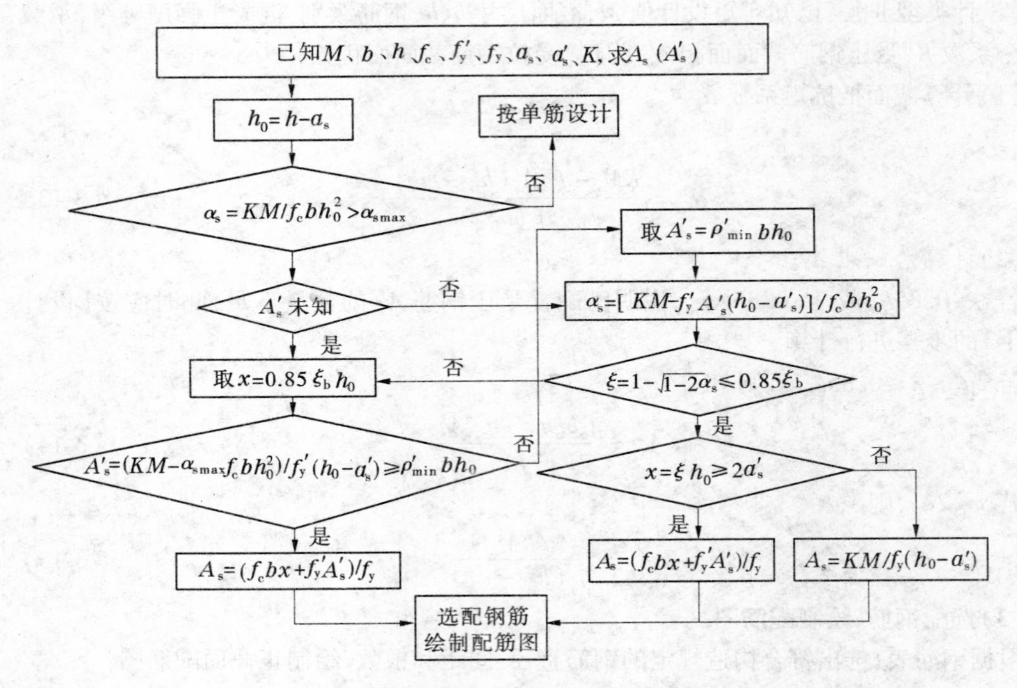


**图 3-18　双筋矩形梁正截面设计流程图**

(2)验算是否应采用双筋截面。

因弯矩较大,初估钢筋布置为两层,取 $a_s = 75$ mm,则 $h_0 = h - a_s = 500 - 75 = 425$ (mm)。

$$\alpha_s = \frac{KM}{f_c b h_0^2} = \frac{1.20 \times 198.36 \times 10^6}{9.6 \times 250 \times 425^2} = 0.549 > \alpha_{smax} = 0.358$$

属于超筋破坏,应采用双筋截面进行计算。

(3)配筋计算。

设受压钢筋为一层,取 $a'_s = 45$ mm;为节约钢筋,充分利用混凝土抗压,取 $x = 0.85\xi_b h_0$,则 $\alpha = \alpha_{smax}$,由式(3-11)、式(3-12)得

$$A'_s = \frac{KM - \alpha_{smax} f_c b h_0^2}{f'_y(h_0 - a'_s)}$$

$$= \frac{1.20 \times 198.36 \times 10^6 - 0.358 \times 9.6 \times 250 \times 425^2}{300 \times (425 - 45)} = 727\ (\text{mm}^2)$$

$$> 0.2\% b h_0 = 0.2\% \times 250 \times 425 = 213\ (\text{mm}^2)$$

$$A_s = \frac{0.85 f_c b \xi_b h_0 + f'_y A'_s}{f_y} = \frac{0.85 \times 9.6 \times 250 \times 0.550 \times 425 + 300 \times 727}{300} = 2\ 317\ (\text{mm}^2)$$

(4)选配钢筋,绘制配筋图。

选受压钢筋为 2 Φ 22($A'_s = 760$ mm$^2$),受拉钢筋为 5 Φ 25($A_s = 2\ 454$ mm$^2$),截面配筋如图 3-19 所示。

**【例 3-5】**　已知同例 3-4,若受压区已采用两种情况配置钢筋:①配置 3 Φ 18 钢筋($A'_s = 763$ mm$^2$);②配置 3 Φ 25 钢筋($A'_s = 1\ 473$ mm$^2$),试分别计算两种情况受拉钢筋截面面积 $A_s$。

**解**:第一种情况,配置3 Φ 18 钢筋,$A'_s=763\ \text{mm}^2$,$a'_s=45$ mm。

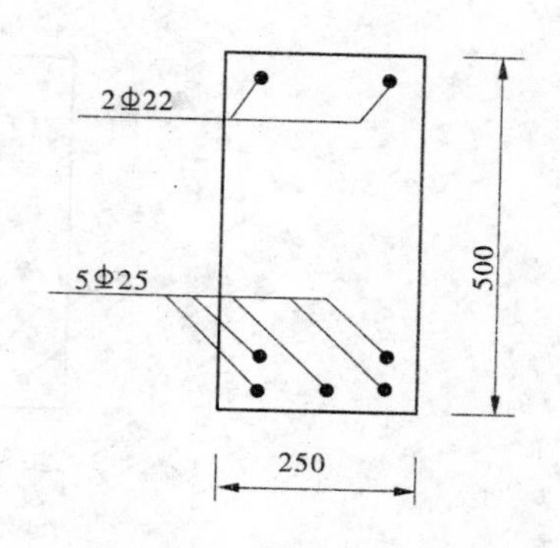


**图 3-19 截面配筋图** (单位:mm)

(1)计算截面抵抗矩系数 $\alpha_s$。

$$\alpha_s=\frac{KM-f'_yA'_s(h_0-a'_s)}{f_cbh_0^2}$$

$$=\frac{1.20\times198.36\times10^6-300\times763\times(425-45)}{9.6\times250\times425^2}$$

$$=0.348<\alpha_{smax}=0.358$$

说明受压区配置的钢筋数量已经足够。

(2)计算 $\xi$、$x$,求 $A_s$。

$$\xi=1-\sqrt{1-2\times0.348}=0.449$$

$$x=\xi h_0=0.449\times425=191\ (\text{mm})>2a'_s=2\times45=90\ (\text{mm})$$

$$A_s=\frac{f_cbx+f'_yA'_s}{f_y}=\frac{9.6\times250\times191+300\times763}{300}=2\ 291\ (\text{mm}^2)$$

(3)选配钢筋,绘制配筋图。

选受拉钢筋为6 Φ 22($A_s=2\ 281\ \text{mm}^2$),截面配筋如图3-20(a)所示。

第二种情况,配置3 Φ 25 钢筋,$A'_s=1\ 473\ \text{mm}^2$,$a'_s=45$ mm。

(1)计算截面抵抗矩系数 $\alpha_s$。

$$\alpha_s=\frac{KM-f'_yA'_s(h_0-a'_s)}{f_cbh_0^2}=\frac{1.20\times198.36\times10^6-300\times1\ 473\times(425-45)}{9.6\times250\times425^2}$$

$$=0.162<\alpha_{smax}=0.358$$

说明受压区配置的钢筋数量已经足够。

(2)计算 $\xi$、$x$,求 $A_s$。

$$\xi=1-\sqrt{1-2\times0.162}=0.178$$

$$x=\xi h_0=0.178\times425=76\ (\text{mm})<2a'_s=2\times45=90\ (\text{mm})$$

$$A_s=\frac{KM}{f_y(h_0-a'_s)}=\frac{1.20\times198.36\times10^6}{300\times(425-45)}=2\ 088\ (\text{mm}^2)$$

(3)选配钢筋,绘制配筋图。

选受拉钢筋为3 Φ 25+2 Φ 20($A_s=2\ 101\ \text{mm}^2$),截面配筋如图3-20(b)所示。

**【例3-6】** 某水电站厂房(3级建筑物)中的简支梁,截面尺寸为200 mm×500 mm。混凝土强度等级为C20,受压钢筋3 Φ 22($A'_s=1\ 140\ \text{mm}^2$,$a'_s=45$ mm),一类环境条件,受拉钢筋采用5 Φ 25 的配置,承受弯矩设计值为 $M=195$ kN·m,试复核此截面是否安全。

**解**:查表得 $f_c=9.6\ \text{N/mm}^2$,$f_y=f'_y=300\ \text{N/mm}^2$,$K=1.20$,$c=35$ mm。

受拉钢筋为5 Φ 25 时($A_s=2\ 454\ \text{mm}^2$,取 $a_s=75$ mm)。

$$h_0=500-75=425\ (\text{mm})$$

$$x=\frac{f_yA_s-f'_yA'_s}{f_cb}=\frac{300\times(2\ 454-1\ 140)}{9.6\times200}$$

$$=205\ (\text{mm})>0.85\xi_bh_0=0.85\times0.55\times425=199\ (\text{mm})$$

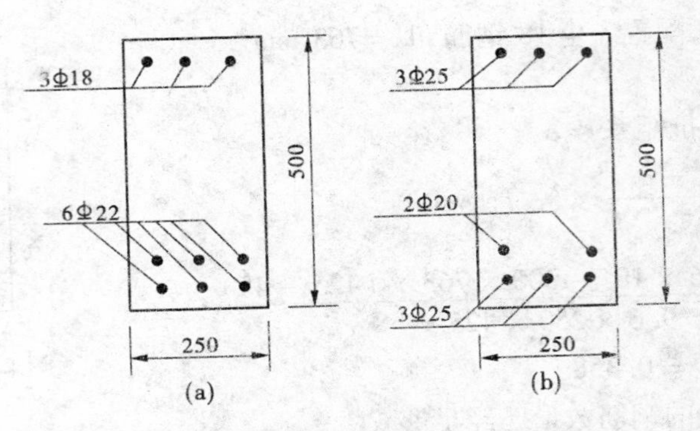


图 3-20　例 3-5 截面配筋图　（单位：mm）

代入式(3-17)计算承载力。

$$\alpha_{smax} f_c b h_0^2 + f'_y A'_s (h_0 - a'_s)$$

$$= 0.358 \times 9.6 \times 200 \times 425^2 + 300 \times 1140 \times (425 - 45) = 254.11(\text{kN} \cdot \text{m})$$

$$KM = 1.20 \times 195 = 234(\text{kN} \cdot \text{m}) < \alpha_{smax} f_c b h_0^2 + f'_y A'_s (h_0 - a'_s) = 254.11 \text{ kN} \cdot \text{m}$$

该构件的正截面安全。

## 第五节　T 形截面的受弯承载力计算

### 一、T 形截面的概念

钢筋混凝土受弯构件发生正截面破坏时，受拉区混凝土已经开裂。根据正截面承载力计算的基本假定，受拉区拉力全部由受拉钢筋来承担。若将矩形截面的受拉区混凝土去掉一部分，纵向受拉钢筋集中布置在受拉区中部，便成为 T 形截面，如图 3-21 所示。它与原矩形截面相比较，承载能力相同，但节省混凝土，减轻了构件自重。

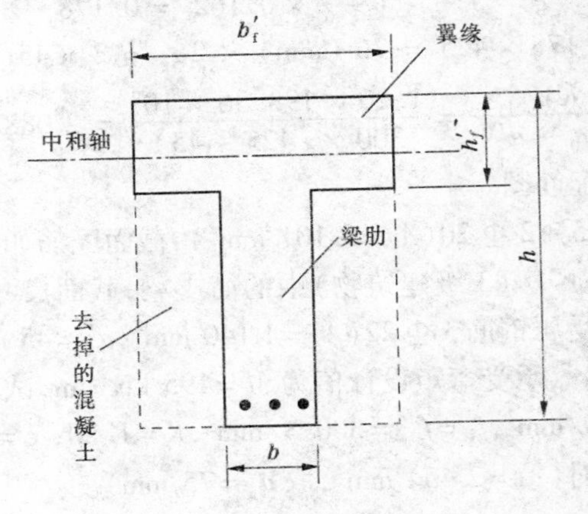


图 3-21　T 形截面的形成

在实际工程中，T 形截面采用广泛。例如水闸启闭机的工作平台、渡槽槽身、房屋楼盖等结构都是板和梁浇筑在一起形成的整体式肋形结构，对梁进行设计时，板作为梁的翼缘，在纵向共同受力。独立T形截面亦常采用，例如厂房中的吊车梁、空心板等。一般T形截面由梁肋和翼缘两部分组成，梁板构件是否属于T形截面，关键在于受压区混凝土的形状。对于翼缘位于受拉区的⊥形截面（即倒T形截面），因受拉后翼缘混凝土开裂，不再承受拉力，所以仍应按矩形截面 $b \times h$ 计算。对I形、∏形、空心形等截面，受压区与T形截面相同，均可按T形截面进行计算，如图3-22所示。

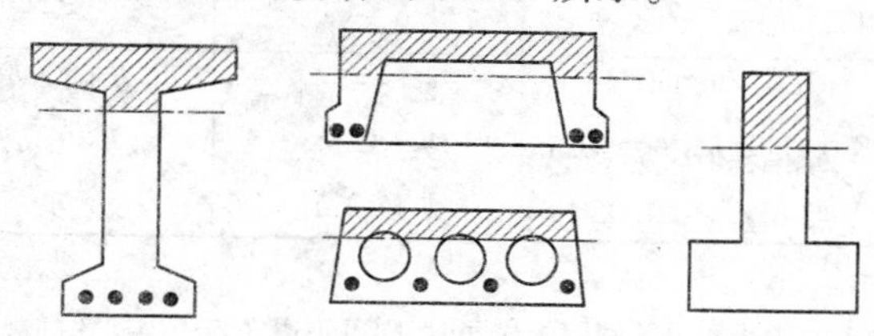

图3-22 I形、∏形、空心形、⊥形截面

从理论上讲，T形截面翼缘宽度 $b_f'$ 越大，截面就越经济。因为在一定弯矩 $M$ 作用下，$b_f'$ 越大，则混凝土受压区计算高度 $x$ 就越小，所需配置的受拉钢筋面积就越小。但试验研究表明，T形截面梁板沿翼缘宽度方向压应力的分布特点是：梁肋部应力为最大，离肋部越远则应力越小。为简化计算，规定在一定范围内翼缘压应力呈均匀分布，之外翼缘不起作用。这一限定宽度，称为翼缘计算宽度 $b_f'$，如图3-23所示。翼缘计算宽度 $b_f'$ 列于表3-3，表中符号如图3-24所示。计算时，将实际的翼缘宽度与表中各项 $b_f'$ 值进行比较，取其中最小值作为计算值。

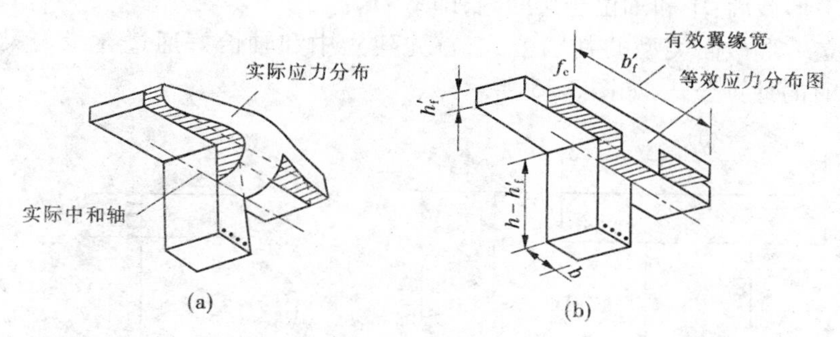


图3-23 T形截面梁受压区实际应力和计算应力图

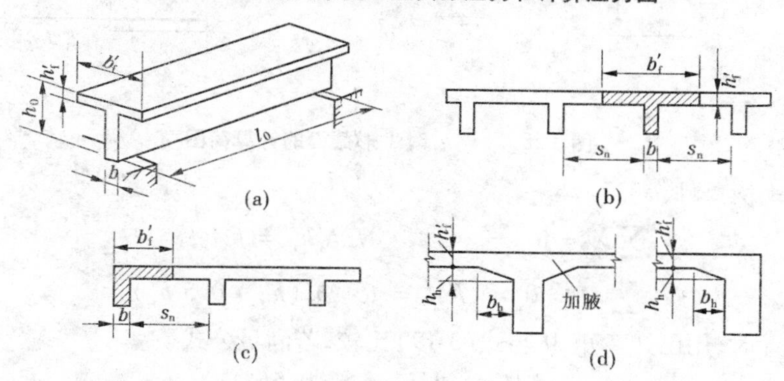


图3-24 T形、倒L形截面梁翼缘计算宽度 $b_f'$

表 3-3　T 形、I 形及倒 L 形截面受弯构件翼缘计算宽度 $b_f'$

| 项次 | 考虑情况 | | T 形、I 形截面 | | 倒 L 形截面 |
|---|---|---|---|---|---|
| | | | 肋形梁(板) | 独立梁 | 肋形梁(板) |
| 1 | 按计算跨度 $l_0$ 考虑 | | $l_0/3$ | $l_0/3$ | $l_0/6$ |
| 2 | 按梁(纵肋)净距 $s_n$ 考虑 | | $b+s_n$ | — | $b+0.5s_n$ |
| 3 | 按翼缘高度 $h_f'$ 考虑 | 当 $h_f'/h_0 \geqslant 0.1$ | — | $b+12\ h_f'$ | — |
| | | 当 $0.05 \leqslant h_f'/h_0 < 0.1$ | $b+12\ h_f'$ | $b+6\ h_f'$ | $b+5\ h_f'$ |
| | | 当 $h_f'/h_0 < 0.05$ | $b+12\ h_f'$ | $b$ | $b+5\ h_f'$ |

注:①表中 $b$ 为腹板宽度;

②如肋形梁在梁跨内设有间距小于纵肋间距的横肋时,则可不遵守表中项次 3 的规定;

③对于加腋的 T 形、I 形和倒 L 形截面,当受压区加腋的高度 $h_h \geqslant h_f'$ 且加腋的宽度 $b_h \leqslant 3h_h$ 时,其翼缘计算宽度可按表中项次 3 的规定分别增加 $2b_h$(T 形、I 形截面)和 $b_h$(倒 L 形截面);

④独立梁受压区的翼缘板在荷载作用下经验算沿纵肋方向可能产生裂缝时,计算宽度应取用腹板宽度 $b$。

## 二、计算公式及适用条件

### (一)T 形截面梁的类型及其判别

根据中和轴位置的不同,T 形截面梁可分为两种类型。

第一类 T 形截面:中和轴位于翼缘内,即 $x \leqslant h_f'$。

第二类 T 形截面:中和轴位于梁肋内,即 $x > h_f'$。

为了建立 T 形截面类型的判别公式,首先建立中和轴恰好通过翼缘与梁肋分界线(即 $x = h_f'$)时的计算公式,如图 3-25 所示。

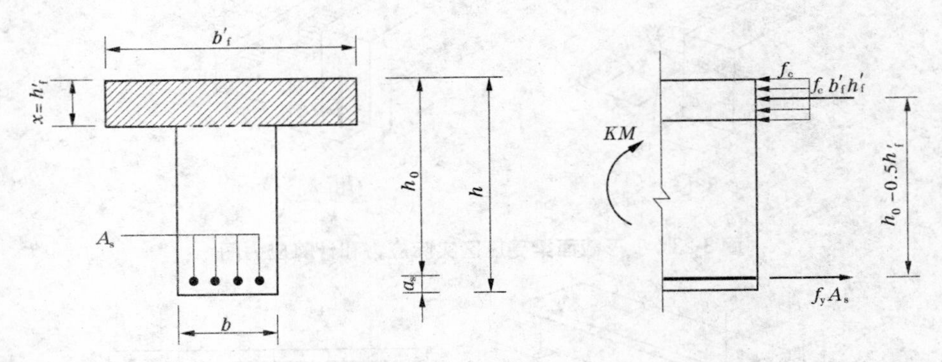


图 3-25　$x = h_f'$ 时 T 形截面的计算简图

由力的平衡条件得

$$\sum X = 0 \qquad f_c\, b_f' h_f' = f_y A_s \tag{3-18}$$

$$\sum M = 0 \qquad KM = f_c\, b_f' h_f' (h_0 - 0.5\, h_f') \tag{3-19}$$

截面设计时,用已知弯矩 $M$ 与式(3-19)比较,若满足公式

$$KM \leqslant f_c b_f' h_f' (h_0 - 0.5 h_f') \tag{3-20}$$

则属于第一类 T 形截面,否则属于第二类 T 形截面。

承载力复核时,$f_y$、$A_s$ 已知,用式(3-18)比较,若符合公式

$$f_y A_s \leqslant f_c b'_f h'_f \tag{3-21}$$

则属于第一类T形截面,否则属于第二类T形截面。

**(二)第一类T形截面基本公式及适用条件**

1.基本公式

根据图3-26和截面内力平衡条件,并满足承载能力极限状态计算表达式的要求,可得如下基本公式:

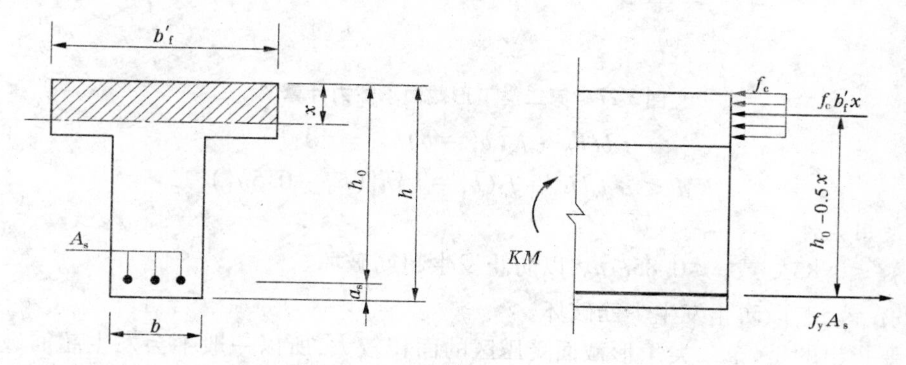


**图3-26　第一类T形截面正截面承载力计算图**

$$\sum X = 0 \qquad f_c b'_f x = f_y A_s \tag{3-22}$$

$$\sum M = 0 \qquad KM \leqslant f_c b'_f x(h_0 - 0.5x) \tag{3-23}$$

2.适用条件

(1)$\xi \leqslant 0.85\xi_b$。以防止发生超筋破坏,对第一类T形梁,此项不必验算。

(2)$\rho \geqslant \rho_{min}$。以防止发生少筋破坏,对第一类T形梁,此项需要验算。

第一类T形截面下,受压区呈矩形(宽度为 $b'_f$),所以把单筋矩形截面计算公式中的 $b$ 用 $b'_f$ 代替后在此均可使用。在验算 $\rho \geqslant \rho_{min}$ 时,T形截面的配筋率仍用公式 $\rho = A_s/(bh_0)$ 计算。这是因为截面最小配筋率是根据钢筋混凝土截面的承载力不低于同样截面的素混凝土的承载力原则确定的,而T形截面素混凝土截面的承载力主要取决于受拉区混凝土的抗拉强度和截面尺寸,与高度相同、宽度等于肋宽的矩形截面素混凝土梁的承载力基本相同。

**(三)第二类T形截面基本公式及适用条件**

1.基本公式

根据图3-27和截面内力平衡条件,并满足承载能力极限状态计算表达式的要求,可得如下基本公式:

$$f_c bx + f_c(b'_f - b)h'_f = f_y A_s \tag{3-24}$$

$$KM \leqslant f_c bx(h_0 - 0.5x) + f_c(b'_f - b)h'_f(h_0 - 0.5h'_f) \tag{3-25}$$

将 $x = \xi h_0$ 及 $\alpha_s = \xi(1 - 0.5\xi)$ 代入式(3-24)、式(3-25)得

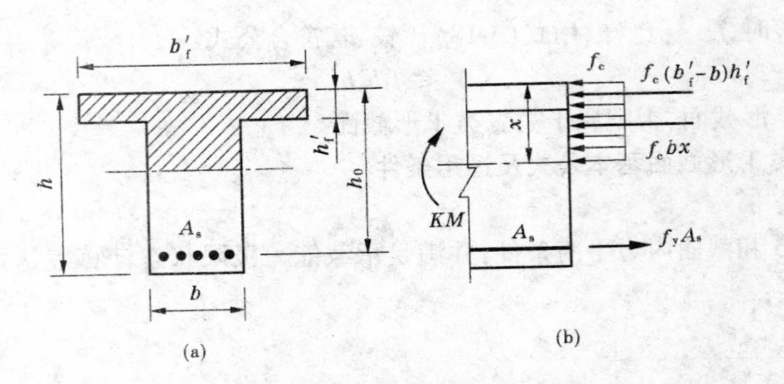


**图 3-27　第二类 T 形截面承载力计算图**

$$f_cb\xi h_0 + f_c(b'_f - b)h'_f = f_yA_s \tag{3-26}$$

$$KM \leqslant \alpha_sf_cbh_0^2 + f_c(b'_f - b)h'_f(h_0 - 0.5h'_f) \tag{3-27}$$

2. 适用条件

(1)$\xi \leqslant 0.85\xi_b$ 或 $x \leqslant 0.85\xi_bh_0$,以防止发生超筋破坏。

(2)$\rho \geqslant \rho_{min}$,以防止发生少筋破坏。

需要指出的是,第二类 T 形截面受压区的面积较大,所以一般不会发生超筋破坏,故条件 $\xi \leqslant 0.85\xi_b$ 常不必验算。另外,这种 T 形截面梁所需配置的 $A_s$ 较大,均能满足 $\rho \geqslant \rho_{min}$ 的要求。

## 三、公式应用

### (一)截面设计

T 形梁截面尺寸,一般是预先假定或参考同类结构取用,也可按高跨比 $h/l_0 = 1/8 \sim 1/12$ 拟定梁高 $h$、高宽比 $h/b = 2.5 \sim 4.0$ 拟定梁宽 $b$ 的思路进行设计。截面设计时,截面尺寸($b$、$h$、$b'_f$、$h'_f$)、材料及其强度设计值($f_c$、$f_y$)、截面弯矩计算值 $M$ 均为已知,只有纵向受拉钢筋截面面积 $A_s$ 需计算。计算步骤如下:

(1)确定翼缘计算宽度 $b'_f$。将实际翼缘宽度与表 3-3 所列各项的计算值进行比较后,取其中最小者作为翼缘计算宽度 $b'_f$。

(2)判别 T 形截面的类型。若式(3-20)成立,则属于第一类 T 形截面;否则,属于第二类 T 形截面。

(3)配筋计算。

若为第一类 T 形截面,则按 $b'_f \times h$ 的矩形截面进行计算。

若为第二类 T 形截面,由式(3-26)或式(3-27)得

$$\alpha_s = \frac{KM - f_c(b'_f - b)h'_f(h_0 - 0.5h'_f)}{f_cbh_0^2} \tag{3-28}$$

$$\xi = 1 - \sqrt{1 - 2\alpha_s}$$

则

$$A_s = \frac{f_cb\xi h_0 + f_c(b'_f - b)h'_f}{f_y} \tag{3-29}$$

验算适用条件:$\xi \leqslant 0.85\xi_b$,$\rho \geqslant \rho_{min}$。

（4）选配钢筋并绘图。

**（二）承载力复核**

承载力复核时，截面尺寸（$b$、$b'_f$、$h$、$h'_f$）、材料强度（$f_y$、$f_c$）、受拉钢筋截面面积 $A_s$ 及 $a_s$ 均已知。需要验算的是，在给定承受外力的条件下，构件的正截面是否安全。步骤如下：

（1）确定翼缘的计算宽度 $b'_f$。

（2）判别 T 形截面的类型，确定构件的承载能力。若式（3-21）成立，则属于第一类 T 形截面，此时，可参照宽度为 $b'_f$ 的单筋矩形截面进行承载力复核；否则，属于第二类 T 形截面，此时，可先由式（3-24）计算出相对受压区高度 $x$，代入式（3-25）确定构件的承载能力，若符合公式，则认为构件的正截面安全，否则不安全。

T 形截面正截面设计步骤见图 3-28。

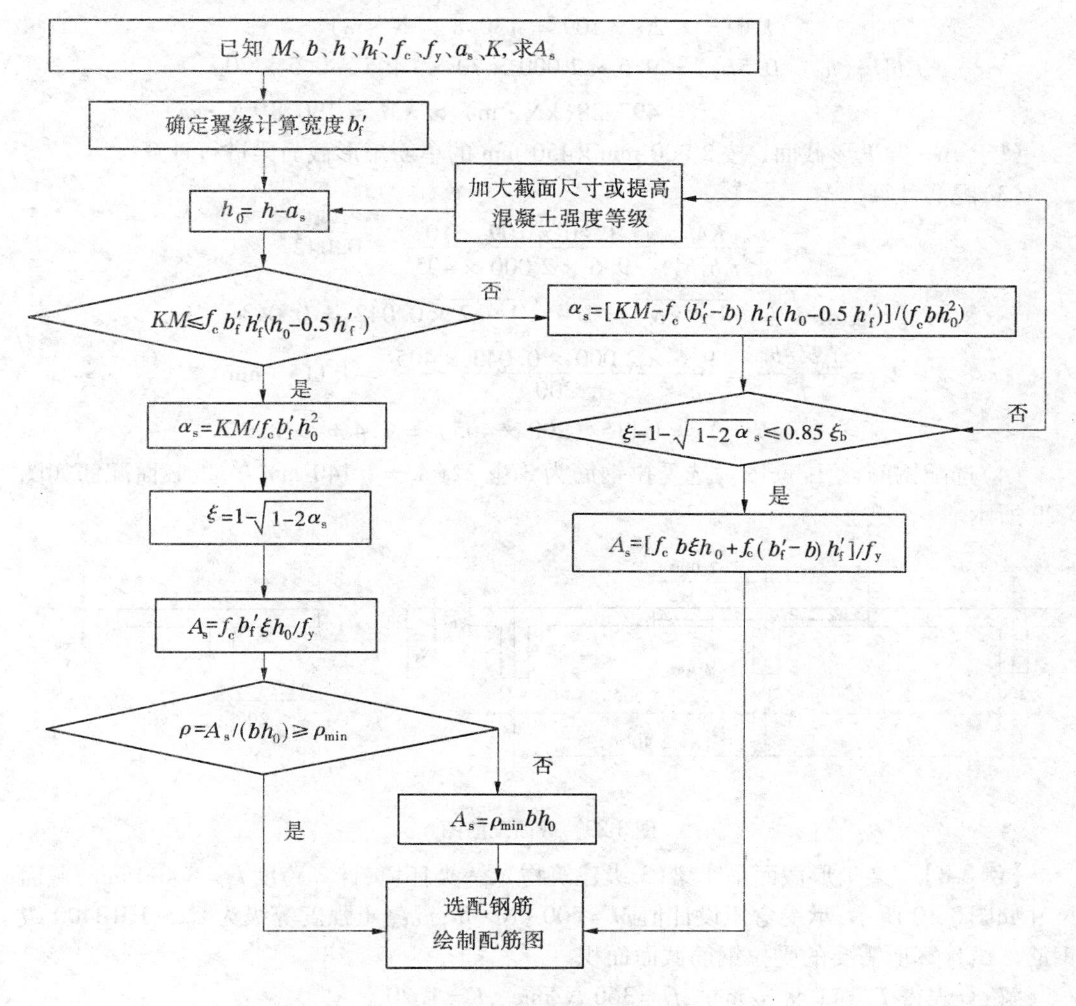


**图 3-28　T 形截面设计流程图**

**【例 3-7】**　某肋形楼盖（2 级建筑物）的次梁，一类环境，计算跨度 $l_0=6.0$ m，间距为 2.4 m，截面尺寸如图 3-29 所示。在正常使用阶段，梁跨中承受弯矩设计值 $M=109$

kN · m，混凝土强度等级为 C20，HRB335 级钢筋，试计算次梁跨中截面需要的受拉钢筋面积 $A_s$。

**解**：查表得 $f_c = 9.6\ \text{N/mm}^2$，$f_y = 300\ \text{N/mm}^2$，$K = 1.20$。

(1)确定翼缘计算宽度 $b_f'$。

估计受拉钢筋需要布置为一层，取 $a_s = 45$ mm，则 $h_0 = 450 - 45 = 405$ (mm)。

按梁跨 $l_0$ 考虑　　　　$l_0/3 = 6\,000/3 = 2\,000$ (mm)

按翼缘高度 $h_f'$ 考虑　　　$h_f'/h_0 = 70/405 = 0.173 > 0.1$　翼缘不受限制

按梁净距 $s_n$ 考虑　　　$b_f' = b + s_n = 200 + 2\,200 = 2\,400$ (mm)

翼缘计算宽度 $b_f'$ 取三者中的较小值，即 $b_f' = 2\,000$ mm。

(2)判别 T 形截面的类型。

$$KM = 1.20 \times 109 = 130.8\ (\text{kN} \cdot \text{m})$$

$$f_c b_f' h_f' (h_0 - 0.5 h_f') = 9.6 \times 2\,000 \times 70 \times (405 - 0.5 \times 70) = 497.28 (\text{kN} \cdot \text{m}) > KM = 130.8\ \text{kN} \cdot \text{m}$$

属于第一类 T 形截面，按 2 000 mm × 450 mm 的单筋矩形截面梁进行计算。

(3)配筋计算。

$$\alpha_s = \frac{KM}{f_c b_f' h_0^2} = \frac{1.20 \times 109 \times 10^6}{9.6 \times 2\,000 \times 405^2} = 0.042$$

$$\xi = 1 - \sqrt{1 - 2\alpha_s} = 1 - \sqrt{1 - 2 \times 0.042} = 0.043$$

$$A_s = \frac{f_c b_f' \xi h_0}{f_y} = \frac{9.6 \times 2\,000 \times 0.043 \times 405}{300} = 1\,115\ (\text{mm}^2)$$

$$\rho = A_s/(b\ h_0) = 1\,115/(200 \times 405) = 1.4\% > 0.2\%$$

(4)选配钢筋，绘配筋图。选受拉钢筋为 3 Φ 22($A_s = 1\,140\ \text{mm}^2$)，正截面配筋如图 3-29 所示。

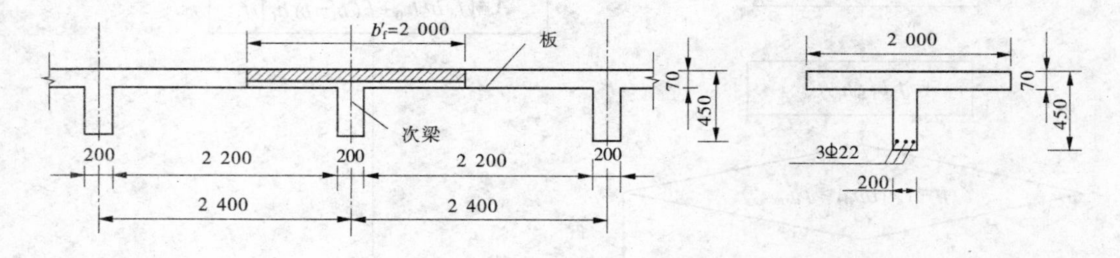


图 3-29　截面配筋图

【例 3-8】　某 T 形截面吊车梁(3 级建筑物)，一类环境，计算跨度 $l_0 = 8\,400$ mm，截面尺寸如图 3-30 所示；承受弯矩设计值 $M = 500$ kN · m；混凝土强度等级为 C25，HRB400 级钢筋。试计算所需要的受拉钢筋截面面积。

**解**：查表得 $f_c = 11.9\ \text{N/mm}^2$，$f_y = 360\ \text{N/mm}^2$，$K = 1.20$。

(1)确定翼缘计算宽度 $b_f'$。

因弯矩较大，设受拉钢筋要布置为两层，取 $a_s = 70$ mm，则 $h_0 = 800 - 70 = 730$ (mm)。

按梁跨 $l_0$ 考虑　　　$l_0/3 = 8\,400/3 = 2\,800$ (mm)

按翼缘高度考虑　　$h'_f/h_0=100/730=0.137>0.1$

$$b+12h'_f=300+12\times100=1\ 500\ (\text{mm})$$

取翼缘计算宽度 $b'_f$ 为实际宽度，$b'_f=650$ mm。

(2)判别 T 形截面梁的类型。

$$KM=1.20\times500=600\ (\text{kN}\cdot\text{m})$$

$$f_c b'_f h'_f(h_0-0.5h'_f)=11.9\times650\times100\times(730-0.5\times100)$$

$$=525.98\ (\text{kN}\cdot\text{m})<KM$$

属于第二类 T 形截面。

(3)配筋计算。

$$\alpha_s=\frac{KM-f_c(b'_f-b)h'_f(h_0-0.5h'_f)}{f_c b h_0^2}$$

$$=\frac{1.20\times500\times10^6-11.9\times(650-300)\times100\times(730-0.5\times100)}{11.9\times300\times730^2}=0.167$$

$$\xi=1-\sqrt{1-2\alpha_s}=1-\sqrt{1-2\times0.167}=0.184$$

$$A_s=\frac{f_c b\xi h_0+f_c(b'_f-b)h'_f}{f_y}$$

$$=\frac{11.9\times300\times0.184\times730+11.9\times(650-300)\times100}{360}=2\ 489\ (\text{mm}^2)$$

(4)选配钢筋，绘制配筋图。

选受拉钢筋为 5 Φ 25($A_s=2\ 463$ mm²)，截面配筋如图 3-30 所示。

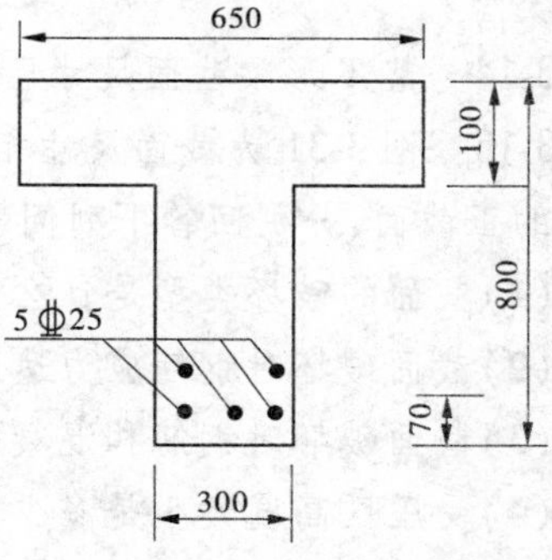

图 3-30　截面配筋图

【例 3-9】　某 T 形截面梁(4 级建筑物)，一类环境，翼缘计算宽度 $b'_f=1\ 450$ mm，$h'_f=100$ mm，$b=250$ mm，$h=750$ mm，混凝土强度等级 C20，HRB335 级钢筋，配置纵向受拉钢筋为 6 Φ 22($A_s=2\ 281$ mm²，$a_s=65$ mm)。试计算该梁正截面所能承受的弯矩设计值。

**解**：查表得 $f_c=9.6$ N/mm²，$f_y=300$ N/mm²，$h_0=h-a_s=750-65=685$ (mm)，$K=1.15$。

(1)判别 T 形截面梁类型。

$$f_y A_s=300\times2\ 281=684\ 300\ (\text{N})$$

$$f_c b'_f h'_f=9.6\times1\ 450\times100=1\ 392\ 000(\text{N})$$

$f_y A_s<f_c b'_f h'_f$，故属于第一类 T 形截面。

(2)弯矩设计值。

$$x=\frac{f_y A_s}{f_c b'_f}=\frac{684\ 300}{9.6\times1\ 450}=49.16\ (\text{mm})$$

$$KM\leqslant f_c b'_f x(h_0-0.5x)=9.6\times1\ 450\times49.16\times(685-0.5\times49.16)=451.93\ (\text{kN}\cdot\text{m})$$

$$M=451.93/1.15=392.98\ (\text{kN}\cdot\text{m})$$

因此，该梁正截面所能承受的弯矩设计值为 392.98 kN · m。

## 思考题

3-1 适筋梁从开始加载到破坏,经历了哪几个阶段?每个阶段的破坏特征是什么?其中哪一个阶段是按极限状态方法进行梁板构件正截面承载力计算的依据?

3-2 何为单筋截面?何为双筋截面?区别两者的关键是什么?

3-3 适筋梁、超筋梁及少筋梁的破坏特征有什么不同?

3-4 何为混凝土保护层?其主要作用有哪些?梁和板的保护层如何确定?

3-5 复核单筋截面承载力时,若 $x>0.85\xi_b h_0$,如何计算其承载力?

3-6 何为受拉钢筋配筋率?现浇实心板、矩形及T形截面梁的常用配筋率范围各是多少?

3-7 何为相对界限受压区计算高度 $\xi_b$?它在承载力计算中的作用是什么?

3-8 单筋矩形截面公式(3-4)是如何推导的?

3-9 $\xi$ 值定义是什么?写出其公式,并推出 $\xi$ 与配筋率 $\rho$ 之间的关系式。

3-10 计算双筋截面,$A_s$、$A'_s$ 均未知时,$x$ 如何取值?当 $A'_s$ 已知时,应当如何求 $A_s$?

3-11 截面设计时,为什么要限制 $x\leqslant 0.85\xi_b h_0$?在受压区配置钢筋时,为什么要求 $x>2a'_s$?

3-12 提高梁板构件正截面承载能力的措施有哪些?

3-13 截面计算时,如何判别T形截面梁的类型?承载力复核时,如何判别T形截面梁的类型?

3-14 某T形梁截面尺寸已定,钢筋数量不限,试列出其最大承载力表达式。

3-15 图3-31为截面尺寸相同、材料相同(即 $f_c$、$f_y$ 相同),但配筋率不同的四种梁板构件的正截面,分别回答下列问题:

(1)截面的破坏类型是什么?

(2)截面破坏时钢筋应力达到多大?

(3)截面破坏时钢筋和混凝土强度是否得到了充分利用?

(4)受压区高度大小是多少?

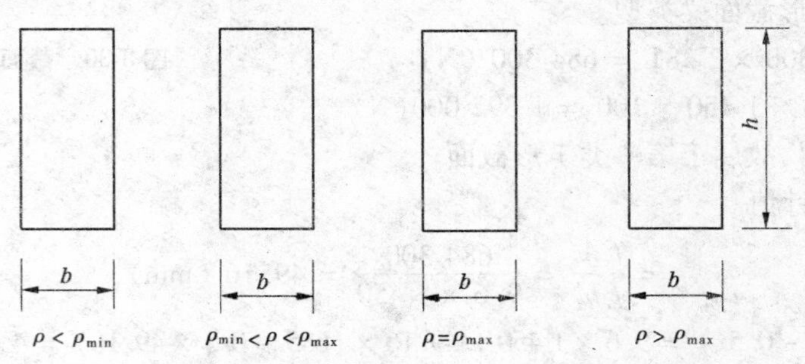


图3-31 思考题3-15附图

# 习 题

3-1 某2级建筑物的矩形截面梁，二类环境条件，计算跨度 $l_0=6\ 000$ mm，承受弯矩设计值 $M=160$ kN · m，采用混凝土强度等级 C25，HRB335 级钢筋时，试确定梁的截面尺寸并计算受拉钢筋截面面积 $A_s$。

3-2 某3级建筑物的现浇钢筋混凝土板，一类环境条件，计算跨度 $l_0=2\ 260$ mm，板上作用均布可变标准值 $q_k=2.5$ kN/m，水磨石地面及细石混凝土垫层厚度为 25 mm（重度为 22 kN/m$^3$），板底粉刷白灰浆厚度为 10 mm（重度为 17 kN/m$^3$），混凝土强度等级为 C20，HPB235 级钢筋。试确定板厚 $h$（必须满足 $h \geq l_0/35$）和受拉钢筋截面面积 $A_s$。

3-3 已知矩形截面简支梁（2级建筑物），截面尺寸 $b \times h=250$ mm $\times 550$ mm。一类环境，混凝土强度等级 C20，HRB335 级钢筋，跨中承受弯矩设计值 $M=140$ kN · m。试求钢筋截面面积 $A_s$。

3-4 某2级建筑物的矩形梁，一类环境条件，截面尺寸 $b \times h=250$ mm $\times 600$ mm，混凝土强度等级为 C20，HRB335 级钢筋，配置一排受拉钢筋为 4 Φ 20，试问该梁实际能承受的弯矩？

3-5 已知矩形截面简支梁（2级建筑物），截面尺寸 $b \times h=250$ mm $\times 500$ mm。二类环境，混凝土强度等级 C25，HRB335 级钢筋，跨中承受弯矩设计值 $M=120$ kN · m。试求所需的纵向受力钢筋面积 $A_s$。

3-6 已知3级建筑物的矩形截面简支梁，截面尺寸 $b \times h=250$ mm $\times 500$ mm，一类环境条件，混凝土强度等级为 C20，HRB335 级钢筋。承受弯矩设计值为 $M=210$ kN · m。试计算：

（1）该正截面所需要的受力钢筋截面面积；

（2）在受压区已配置 2 Φ 22 时，计算受拉钢筋截面面积。

3-7 某2级建筑物的矩形梁，截面尺寸 $b \times h=250$ mm $\times 550$ mm，二类环境条件，计算跨度 $l_0=6\ 500$ mm，在使用期间承受均布荷载标准值 $g_k=23$ kN/m（包括自重），$q_k=18$ kN/m。混凝土强度等级为 C25，HRB335 级钢筋。试计算受力钢筋截面面积。

3-8 某电站厂房（2级建筑物）简支梁的计算跨度 $l_0=5\ 800$ mm，截面尺寸 $b \times h=250$ mm $\times 500$ mm，配置受拉钢筋 6 Φ 22（$a_s=75$ mm）及受压钢筋 3 Φ 18（$a_s'=45$ mm），采用混凝土强度等级 C25，HRB335 级钢筋。现因为检修设备需临时在跨中承受一集中荷载 $Q_k=65$ kN，同时承受梁与铺板自重产生的均布荷载值 $g_k=15$ kN/m。试复核此梁正截面在检修期间是否安全。

3-9 某2级建筑物的双筋截面梁截面尺寸 $b \times h=250$ mm $\times 500$ mm，承受弯矩设计值 $M=150$ kN · m，采用混凝土强度等级为 C20，受压纵筋为 2 Φ 16；受拉纵筋采用4 Φ 20 和 3 Φ 25 两种配置。试复核在上述两种配筋情况下，此梁正截面是否安全。

3-10 某3级建筑物的矩形截面梁截面尺寸为 $b \times h=300$ mm $\times 600$ mm，承受弯矩设计值 $M=160$ kN · m，采用混凝土强度等级为 C30，受压区已配置 2 Φ 14 的受压钢筋。试配置该截面受拉钢筋面积。

3-11　某2级建筑物的独立T形梁，计算跨度 $l_0=8\ 000$ mm，$b_f'=750$ mm，$h_f'=120$ mm，$b=250$ mm，$h=750$ mm。正常情况下跨中承受弯矩设计值 $M=200$ kN·m，采用混凝土强度等级C30，HRB400级钢筋。试计算跨中截面所需的受拉钢筋截面面积。

3-12　现浇混凝土肋形楼盖的次梁，如图3-32所示。2级建筑物，一类环境，计算跨度 $l_0=7.0$ m，间距为2.4 m，现浇板厚100 mm，梁高500 mm，肋宽200 mm。在正常使用阶段，梁跨中承受弯矩设计值 $M=90$ kN·m，混凝土强度等级为C25，HRB335级钢筋。试计算次梁跨中截面受拉钢筋面积 $A_s$。

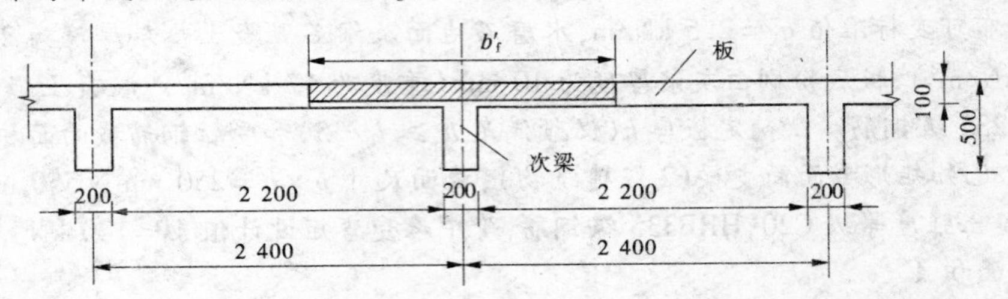


图3-32　截面图

3-13　某2级建筑物的吊车梁，翼缘计算宽度 $b_f'=650$ mm，$h_f'=90$ mm，$b=250$ mm，$h=750$ mm，计算跨度 $l_0=6\ 000$ mm，在使用阶段跨中承受弯矩设计值 $M=410$ kN·m，混凝土强度等级为C20，HRB400级钢筋。试计算跨中截面所需要的受拉钢筋截面面积。

3-14　某T形截面梁，2级建筑物，翼缘计算宽度 $b_f'=1\ 400$ mm，$h_f'=120$ mm，$b=250$ mm，$h=700$ mm，混凝土强度等级为C25，HRB335级钢筋，配置受拉钢筋为6 Φ 22，承受弯矩设计值 $M=350$ kN·m。试复核该梁正截面是否安全。

3-15　某2级建筑物的吊车梁，一类环境，翼缘计算宽度 $b_f'=400$ mm，$h_f'=100$ mm，$b=200$ mm，$h=600$ mm，计算跨度 $l_0=6\ 000$ mm，在使用阶段跨中承受弯矩设计值 $M=250$ kN·m，混凝土强度等级为C20，HRB335级钢筋。试配置该截面钢筋。

# 第四章　钢筋混凝土受弯构件斜截面承载力计算

钢筋混凝土受弯构件除承受弯矩 $M$ 外，还同时承受剪力 $V$。在弯矩和剪力共同作用的剪弯区段内，构件常会出现斜裂缝（见图 4-1），甚至沿斜裂缝发生斜截面破坏，因此受弯构件除保证弯矩作用下的正截面承载力外，还必须保证构件的斜截面承载力。为了防止发生斜截面破坏，设计时应保证梁有足够的截面尺寸，并配置适量的箍筋和弯起钢筋，箍筋和弯起钢筋通常称为腹筋。腹筋与纵向钢筋连接组成了构件的钢筋骨架，与混凝土共同承受截面的弯矩和剪力，防止截面破坏，如图 4-2 所示。本章将讨论构件在弯矩和剪力作用下沿斜截面的破坏形态、受剪承载力计算以及如何配置抗剪钢筋等问题。

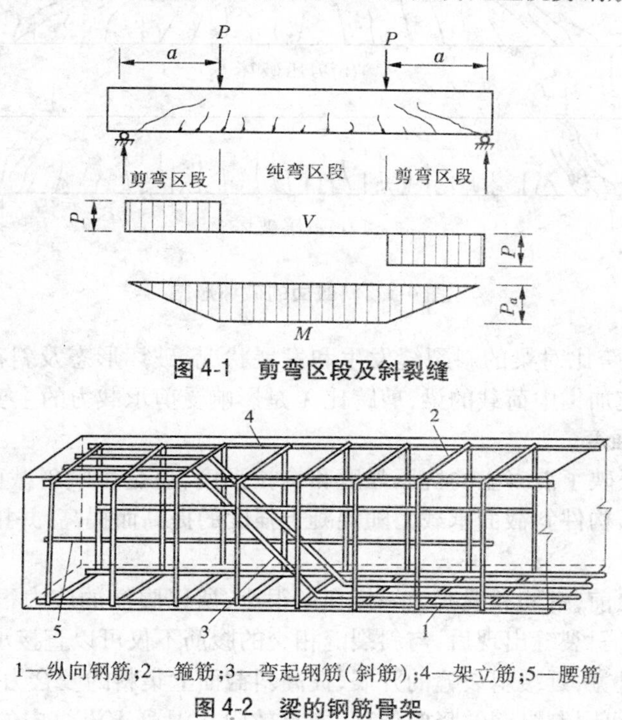


图 4-1　剪弯区段及斜裂缝

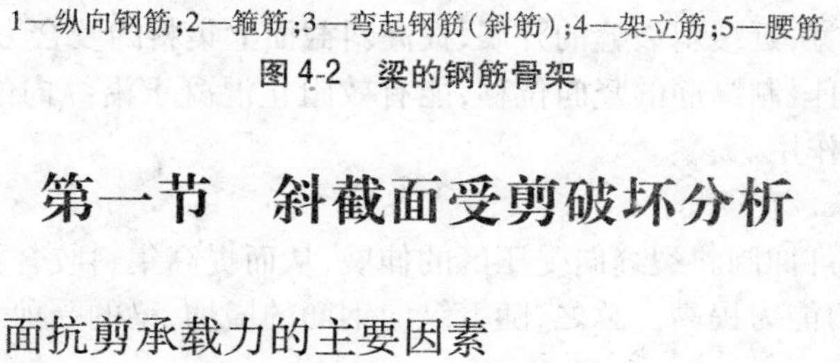

1—纵向钢筋；2—箍筋；3—弯起钢筋（斜筋）；4—架立筋；5—腰筋

图 4-2　梁的钢筋骨架

## 第一节　斜截面受剪破坏分析

### 一、影响斜截面抗剪承载力的主要因素

#### （一）剪跨比 $\lambda$

剪跨比反映了梁中弯矩和剪力的相对大小。截面的弯矩 $M$ 与剪力 $V$ 和有效高度 $h_0$

乘积的比值称为广义剪跨比，即

$$\lambda = \frac{M}{Vh_0} \tag{4-1}$$

对承受集中荷载的梁（见图4-3），集中荷载作用点到支座之间的距离 $a$，称为剪跨，这时梁的剪跨比可表示为

$$\lambda = \frac{M}{Vh_0} = \frac{Pa}{Ph_0} = \frac{a}{h_0} \tag{4-2}$$

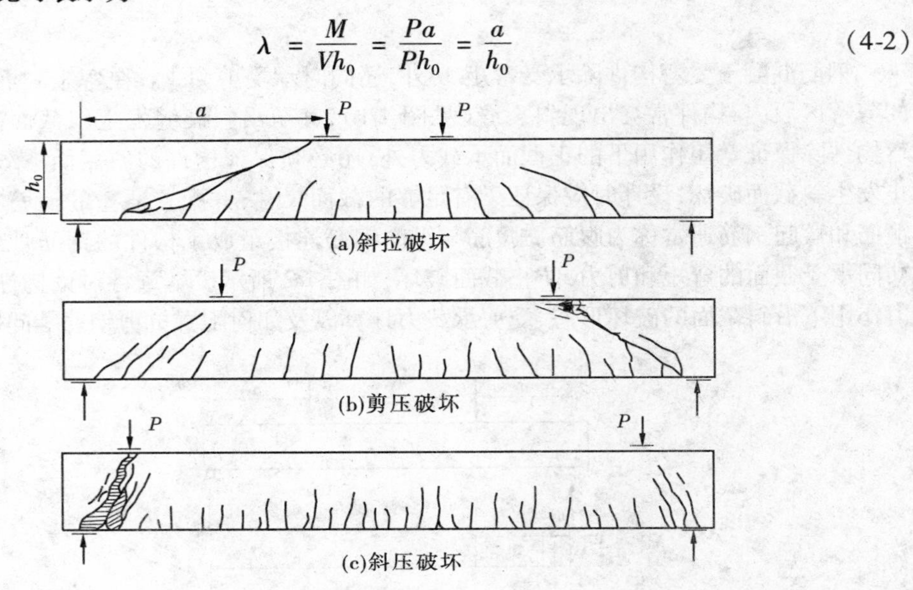


图4-3　斜截面的破坏形态

试验表明，剪跨比对梁的斜裂缝发生和发展状况、破坏形态及斜截面承载力影响很大。对梁顶直接施加集中荷载的梁，剪跨比 $\lambda$ 是影响受剪承载力的主要因素。

**（二）混凝土强度**

混凝土强度反映了混凝土的抗压强度和抗拉强度，也是影响斜截面承载力的一个重要因素，试验表明，构件斜截面承载力随混凝土强度的提高而提高，并接近线性关系。

**（三）腹筋**

斜裂缝出现之前，钢筋和混凝土一样变形很小，所以腹筋的应力很低，对阻止斜裂缝开裂的作用甚微。斜裂缝出现后，与斜裂缝相交的腹筋不仅可以直接承受部分剪力，还能阻止斜裂缝开展过宽，延缓斜裂缝的开展，提高斜截面上集料的咬合力及混凝土的受剪承载力。另外，箍筋可限制纵筋的竖向位移，能有效阻止混凝土沿纵向的撕裂，从而提高纵筋在抗剪中的销栓作用。

**（四）纵向钢筋**

增加纵向钢筋可抑制斜裂缝向受压区的伸展，从而提高集料咬合力，并加大剪压区高度，使混凝土的抗剪能力提高。总之，随着纵向钢筋的增加，梁的受剪承载力有所提高，但增幅不大。

除上述几个主要影响因素外，影响斜截面承载力的因素还有截面形式、截面尺寸和加载方式等。

## 二、斜截面的破坏形态

试验表明，梁斜截面破坏的主要形态有斜拉破坏、剪压破坏及斜压破坏三种。

**（一）斜拉破坏**

如图4-3(a)所示，这种破坏常发生在剪跨比 $\lambda$ 较大($\lambda>3$)，且腹筋数量配得过少的情况。其破坏过程是，随着荷载的增加，一旦出现斜裂缝，上下延伸形成临界斜裂缝，并迅速向受压边缘发展，直至将整个截面裂通，使梁劈裂为两部分而破坏，往往伴随产生沿纵筋的撕裂裂缝。破坏荷载与开裂荷载很接近。

**（二）剪压破坏**

如图4-3(b)所示，这种破坏常发生在剪跨比 $\lambda$ 适中($1<\lambda\leqslant3$)，且腹筋配置数量适当的情况，是最典型的斜截面破坏。其破坏过程是，随着荷载的增加，首先在受拉区出现一些垂直裂缝和几条细微的斜裂缝，然后斜向延伸，形成较宽的主裂缝——临界斜裂缝，随着荷载的增大，斜裂缝向荷载作用点缓慢发展，剪压区高度不断减小，斜裂缝的宽度逐渐加宽，与斜裂缝相交的箍筋应力也随之增大，破坏时，受压区混凝土在剪应力和压应力共同作用下被压碎，此时箍筋的应力达到屈服强度。

**（三）斜压破坏**

如图4-3(c)所示，这种破坏常发生在梁的剪跨比 $\lambda$ 较小($\lambda\leqslant1$)，且腹筋配置过多的情况。其破坏过程是，在荷载作用下，斜裂缝出现后，在裂缝中间形成倾斜的混凝土短柱，随着荷载的增加，这些短柱因混凝土达到轴心抗压强度而被压碎，此时箍筋的应力一般达不到屈服强度。

对于上述三种不同的破坏形态，设计时可以采用不同的方法进行处理，以保证构件具有足够的抗剪安全度。一般用限制截面梁的最小尺寸来防止发生斜压破坏，用满足腹筋的间距及限制箍筋的配箍率来防止斜拉破坏，剪压破坏是斜截面抗剪承载力计算公式建立的依据。

# 第二节　斜截面受剪承载力计算

## 一、斜截面抗剪承载力计算公式

斜截面抗剪承载力计算，是以剪压破坏特征建立的计算公式。图4-4为配置适量腹筋的简支梁，在主要斜裂缝 $AB$ 出现(临界破坏)时，取 $AB$ 到支座的一段梁作为脱离体，与斜裂缝相交的箍筋和弯起钢筋均可屈服，余留截面混凝土的应力也达到抗压极限强度，斜截面的内力如图4-4所示。

根据承载力极限状态计算原则和脱离体竖向力的平衡条件可得

$$KV\leqslant V_c+V_{sv}+V_{sb} \tag{4-3}$$

式中　$V$——斜截面的剪力设计值；

$V_c$——混凝土的受剪承载力；

$V_{sv}$——箍筋的受剪承载力；

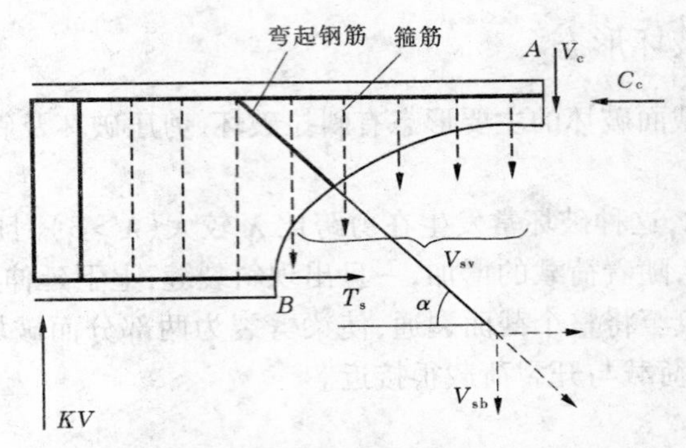


**图4-4　斜截面承载力的组成**

$V_{sb}$——弯起钢筋的受剪承载力；

$K$——承载力安全系数。

梁不配置弯起钢筋，仅配箍筋时的受剪承载力，由混凝土的受剪承载力 $V_c$ 和箍筋的受剪承载力 $V_{sv}$ 两部分组成，用 $V_{cs}$ 表示，即 $V_{cs}=V_c+V_{sv}$。

由于影响斜截面受剪承载力的因素很多，目前《规范》采用的受弯构件斜截面承载力计算公式仍为半理论半经验公式。

**(一)仅配箍筋的梁**

对于承受一般荷载的矩形、T形和I形截面梁，其受剪承载力计算基本公式为

$$V_{cs}=V_c+V_{sv}=0.7f_tbh_0+1.25f_{yv}\frac{A_{sv}}{s}h_0 \tag{4-4}$$

对以承受集中力为主的重要的独立梁，其受剪承载力计算基本公式为

$$V_{cs}=V_c+V_{sv}=0.5f_tbh_0+f_{yv}\frac{A_{sv}}{s}h_0 \tag{4-5}$$

式中　$f_t$——混凝土轴心抗拉强度设计值，按附表2-2采用；

$b$——矩形截面的宽度或T形、I形截面的腹板宽度；

$h_0$——截面有效高度；

$f_{yv}$——箍筋抗拉强度设计值，按附表2-5采用；

$A_{sv}$——配置在同一截面内箍筋各肢的全部截面面积；

$s$——箍筋间距。

**(二)弯起钢筋的受剪承载力 $V_{sb}$**

弯起钢筋的受剪承载力是指通过破坏斜裂缝的斜筋所能承担的最大剪力，其值等于弯起钢筋所承受的拉力在垂直于梁轴线方向的分力(见图4-4)，即

$$V_{sb}=f_yA_{sb}\sin\alpha_s \tag{4-6}$$

式中　$A_{sb}$——同一弯起平面内弯起钢筋的截面面积；

$\alpha_s$——斜截面上弯起钢筋与构件纵向轴线的夹角。

**(三)受剪承载力计算表达式**

在计算中一般是先配箍筋，必要时再配置弯起钢筋。因此，受剪承载力计算公式又可分为两种情况：

(1)仅配箍筋的梁

$$KV \leqslant V_{cs} \tag{4-7}$$

(2)同时配箍筋和弯起钢筋的梁

$$KV \leqslant V_{cs} + V_{sb} \tag{4-8}$$

## 二、计算公式的适用条件

斜截面受剪承载力计算公式,是根据有腹筋梁的剪压破坏建立的,因此公式的适用条件必须防止发生斜压破坏和斜拉破坏。

**(一)防止斜压破坏的条件**

当梁截面尺寸过小、配置的腹筋过多、剪力较大时,梁可能发生斜压破坏,这种破坏形态的构件受剪承载力主要取决于混凝土的抗压强度及构件的截面尺寸,腹筋的应力达不到屈服强度而不能充分发挥作用。为了避免发生斜压破坏,构件受剪截面必须符合下列条件:

当 $h_w/b \leqslant 4.0$ 时

$$KV \leqslant 0.25 f_c b h_0 \tag{4-9}$$

当 $h_w/b \geqslant 6.0$ 时

$$KV \leqslant 0.2 f_c b h_0 \tag{4-10}$$

当 $4.0 < h_w/b < 6.0$ 时,按直线内插法取用。

式中 $V$——构件斜截面上最大剪力设计值;

$b$——矩形截面的宽度,T形截面或I形截面的腹板宽度;

$h_w$——截面的腹板高度,矩形截面取截面的有效高度,T形截面取截面有效高度减去翼缘高度,I形截面取腹板净高。

对截面高度较大,控制裂缝开展宽度要求较严的水工结构构件(例如混凝土渡槽槽身),即使 $h_w/b < 6.0$,其截面仍应符合式(4-10)的要求。对T形或I形的简支受弯构件,当有实践经验时,式(4-9)中的系数0.25可改为0.3。若式(4-9)、式(4-10)不能满足,应加大截面尺寸或提高混凝土强度等级。

**(二)防止斜拉破坏的条件**

试验表明:若腹筋配置得过少过稀,一旦斜裂缝出现,由于腹筋的抗剪作用不足以替代斜裂缝发生前混凝土原有的作用,就会发生突然性的斜拉破坏。为了防止发生斜拉破坏,必须满足腹筋的间距及箍筋的配箍率的要求。

1.腹筋间距

腹筋间距过大,有可能在两根腹筋之间出现不与腹筋相交的斜裂缝,这时腹筋便无从发挥作用(见图4-5)。同时箍筋分布的疏密对斜裂缝开展宽度也有影响。因此,对腹筋的最大间距 $s_{max}$ 作了规定,在任何情况下,腹筋的间距 $s$ 或 $s_1$ 不得大于表4-1中的 $s_{max}$ 数值。

2.配箍率

箍筋配置的数量可用配箍率 $\rho_{sv}$ 来反映,$\rho_{sv}$ 是箍筋截面面积与相邻箍筋之间腹板水平截面面积的比值(见图4-6)。箍筋配置过少,一旦斜裂缝出现,由于箍筋的抗剪作用不足以替代斜裂缝发生前混凝土原有的作用,就会发生突然性的斜拉破坏。为了防止发生这种破坏,当 $KV > V_c$ 时,箍筋的配置应满足它的最小配箍率 $\rho_{svmin}$ 要求:

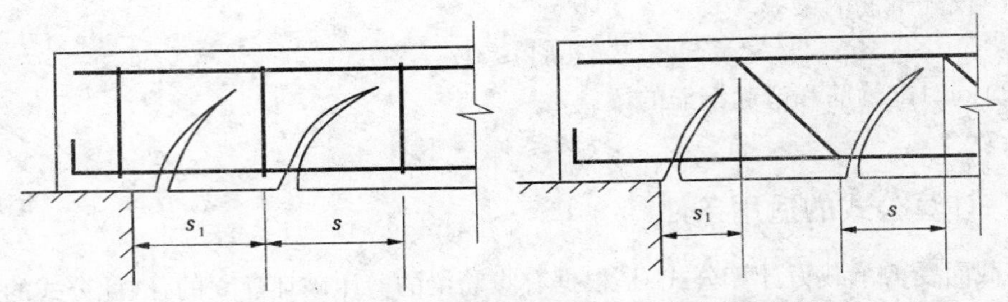


$s_1$—支座边缘第一根斜筋或箍筋的距离；$s$—斜筋或箍筋的间距

**图 4-5 腹筋间距过大时产生的影响**

**表 4-1 梁中箍筋的最大间距 $s_{max}$**（单位：mm）

| 项次 | 梁高 $h$ | $KV > V_c$ | $KV \leqslant V_c$ |
|---|---|---|---|
| 1 | $h \leqslant 300$ | 150 | 200 |
| 2 | $300 < h \leqslant 500$ | 200 | 300 |
| 3 | $500 < h \leqslant 800$ | 250 | 350 |
| 4 | $h > 800$ | 300 | 400 |

注：薄腹梁的箍筋间距宜适当减小。

对 HPB235 级钢筋 $\rho_{sv} = A_{sv}/(bs) \geqslant \rho_{svmin} = 0.15\%$ (4-11)

对 HRB335 级钢筋 $\rho_{sv} = A_{sv}/(bs) \geqslant \rho_{svmin} = 0.10\%$ (4-12)

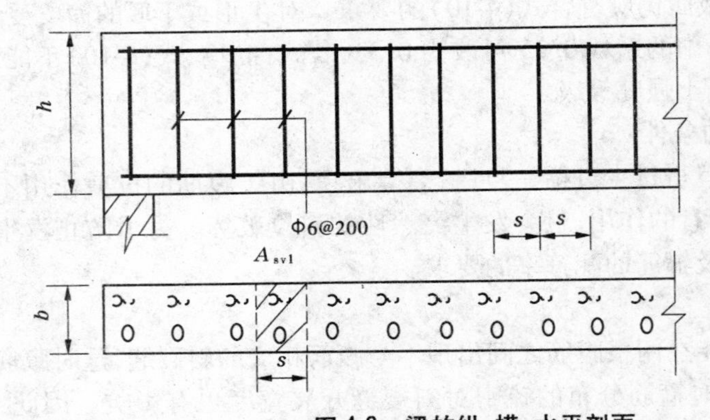


**图 4-6 梁的纵、横、水平剖面**

## 三、受剪承载力计算位置

在进行受剪承载力计算时，应先根据危险截面确定受剪承载力的计算位置，对于矩形、T 形和 I 形截面构件受剪承载力的计算位置（见图 4-7），应按下列规定采用：

(1) 支座边缘处的截面 1—1；

(2) 受拉区弯起钢筋弯起点处的截面 2—2、3—3；

(3)箍筋截面面积或间距改变处的截面 4—4；

(4)腹板宽度改变处的截面。

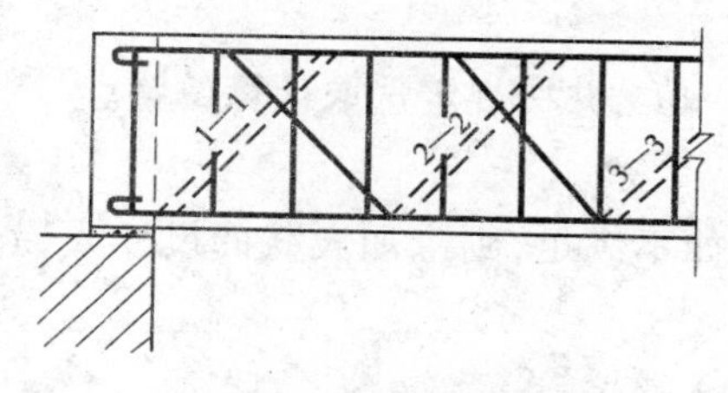


(a)配箍筋和弯起钢筋的梁

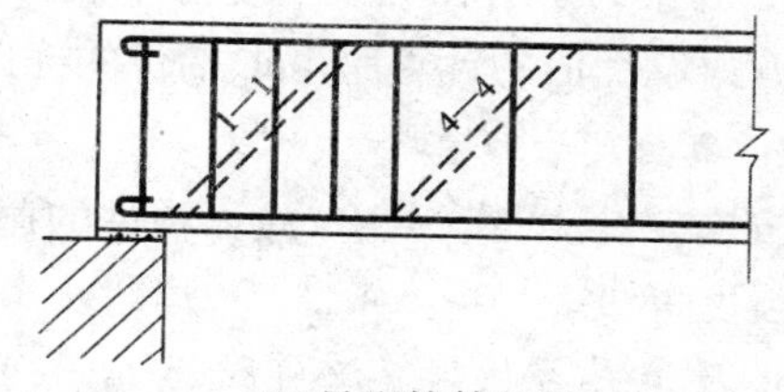


(b)只配箍筋的梁

**图 4-7　斜截面受剪承载力计算位置**

当计算梁的抗剪钢筋时，剪力设计值 $V$ 按下列方法采用：当计算支座截面的箍筋和第一排（对支座而言）弯起钢筋时，取用支座边缘的剪力设计值，对于仅承受直接作用在构件顶面的分布荷载的梁，可取距离支座边缘为 $0.5h_0$ 处的剪力设计值；当计算以后的每一排弯起钢筋时，取前一排（对支座而言）弯起钢筋弯起点处的剪力设计值。弯起钢筋设置的排数，与剪力图形及 $V_{cs}/K$ 值的大小有关。弯起钢筋的计算一直要进行到最后一排弯起钢筋的弯起点，进入 $V_{cs}/K$ 所能控制区之内，如图 4-8 所示。

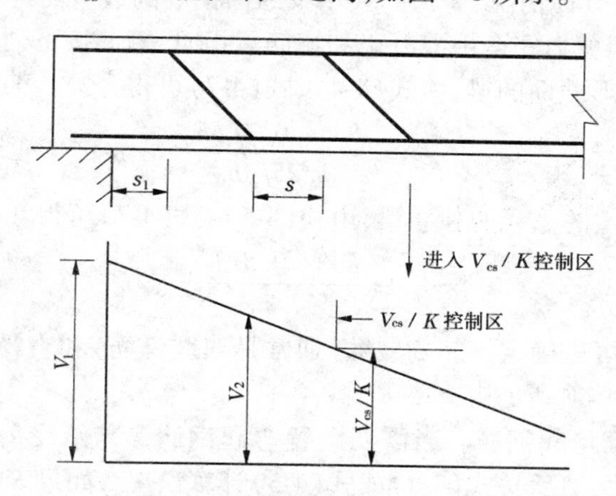


**图 4-8　弯起钢筋的剪力计算值**

在设计构件时，如能满足 $V \leqslant V_{cs}/K$，则表示构件所配的箍筋足以抵抗荷载引起的剪力。如果 $V > V_{cs}/K$，说明所配的箍筋不能满足抗剪要求，可以采用如下的解决办法：①将箍筋加密或加粗；②增大构件截面尺寸；③提高混凝土强度等级；④将纵向钢筋弯起成为斜筋或加焊斜筋以增加斜截面受剪承载力。在纵向钢筋有可能弯起的情况下，利用弯起的纵筋来抗剪可收到较好的经济效果。

## 四、斜截面受剪承载力计算步骤

斜截面受剪承载力计算，包括截面设计和承载力复核两个方面。截面设计是在正截面承载力计算完成之后，即在截面尺寸、材料强度、纵向受力钢筋已知的条件下，计算梁内腹筋。承载力复核是在已知截面尺寸和梁内腹筋的条件下，验算梁的抗剪承载力是否满足要求。

**(一)斜截面受剪承载力计算步骤**

1. 作梁的剪力图并确定受剪承载力的计算位置

剪力设计值的计算跨度取构件的净跨度,即 $l_0 = l_n$,并按规定选取计算位置。

2. 截面尺寸验算

按式(4-9)或式(4-10)验算构件的截面尺寸,如不满足,则应加大截面尺寸或提高混凝土强度等级。

3. 验算是否按计算配置腹筋

当梁满足下列条件时,可不必进行抗剪计算,只需满足构造要求。

(1)一般荷载作用下的矩形、T形及I形截面的受弯构件

$$KV \leqslant 0.7f_t bh_0 \tag{4-13}$$

(2)对承受集中力为主的重要的独立梁

$$KV \leqslant 0.5f_t bh_0 \tag{4-14}$$

4. 腹筋的计算

梁内腹筋通常有两类配置方法:一是仅配箍筋,二是既配箍筋又配弯起钢筋。至于采用哪一种方法,视构件具体情况、剪力的大小及纵向钢筋的数量而定。

(1)仅配箍筋。当剪力完全由混凝土和箍筋承担时,箍筋按下列公式计算:

对矩形、T形或I形截面的梁,由式(4-4)、式(4-7)可得

$$\frac{A_{sv}}{s} \geqslant \frac{KV - 0.7f_t bh_0}{1.25f_{yv}h_0} \tag{4-15}$$

对承受集中力为主的重要的独立梁,由式(4-5)、式(4-7)可得

$$\frac{A_{sv}}{s} \geqslant \frac{KV - 0.5f_t bh_0}{f_{yv}h_0} \tag{4-16}$$

计算出 $A_{sv}/s$ 后,可先确定箍筋的肢数(通常是双肢箍筋)和直径,再求出箍筋间距 $s$。选取箍筋直径和间距必须满足构造要求。

(2)既配箍筋又配弯起钢筋。当需要配置弯起钢筋参与承受剪力时,一般先选定箍筋的直径、间距和肢数,然后按式(4-4)或式(4-5)计算出 $V_{cs}$,如果 $KV > V_{cs}$,则需按下式计算弯起钢筋的截面面积,即

$$A_{sb} \geqslant \frac{KV - V_{cs}}{f_y \sin\alpha_s} \tag{4-17}$$

第一排弯起钢筋上弯点距支座边缘的距离应满足 50 mm $\leqslant s_1 \leqslant s_{max}$,习惯上一般取 $s_1 = 50$ mm或 $s_1 = 100$ mm。弯起钢筋一般由梁中纵向受拉钢筋弯起而成。当纵向钢筋弯起不能满足正截面和斜截面受弯承载力要求时,可设置单独的仅作为受剪的弯起钢筋,这时,弯起钢筋应采用"吊筋"的形式。

5. 配箍率验算

验算配箍率是否满足最小配箍率的要求,以防止发生斜拉破坏。

**(二)斜截面受剪承载力复核步骤**

(1)验算配箍率 $\rho_{sv}$ 和间距 $s$。

(2)验算构件截面尺寸。

(3)复核受剪承载力满足 $KV \leqslant V_{cs} + V_{sb}$。

受弯构件斜截面抗剪计算流程见图4-9。

**【例4-1】** 某水电厂房(2级建筑物)的钢筋混凝土简支梁(见图4-10),两端支承在240 mm厚的砖墙上,该梁处于室内正常环境,梁净距 $l_n = 3.56$ m,梁截面尺寸 $b \times h = 200$ mm × 500 mm,在正常使用期间承受永久荷载标准值 $g_k = 20$ kN/m(包括自重),可变均布荷载标准值 $q_k = 29.8$ kN/m,采用C25混凝土,箍筋为HPB235级。试配置抗剪箍筋($a_s = 40$ mm)。

**解:** 查表得 $K = 1.20$, $f_c = 11.9$ N/mm$^2$, $f_t = 1.27$ N/mm$^2$, $f_{yv} = 210$ N/mm$^2$。

(1)计算剪力设计值。

最危险的截面在支座边缘处,该处的剪力设计值

$$V = (1.05g_k + 1.20q_k)l_n/2 = (1.05 \times 20 + 1.20 \times 29.8) \times 3.56/2 = 101.03(\text{kN})$$

(2)截面尺寸验算。

$$h_0 = h - a_s = 500 - 40 = 460(\text{mm}), h_w = h_0 = 460 \text{ mm}$$

$$h_w/b = 460/200 = 2.3 < 4.0$$

$$0.25f_c bh_0 = 0.25 \times 11.9 \times 200 \times 460 = 273.7 \times 10^3(\text{N}) = 273.7 \text{ kN}$$

$$KV = 1.20 \times 101.03 = 121.24(\text{kN}) < 0.25f_c bh_0 = 273.7 \text{ kN}$$

因此,截面尺寸满足抗剪条件。

(3)验算是否需按计算配置箍筋。

$$V_c = 0.7f_t bh_0 = 0.7 \times 1.27 \times 200 \times 460 = 81.79(\text{kN}) < KV = 121.24 \text{ kN}$$

需按计算配置箍筋。

(4)仅配箍筋时箍筋数量的确定。

方法一:

$$\frac{A_{sv}}{s} \geqslant \frac{KV - 0.7f_t bh_0}{1.25f_{yv}h_0}$$

$$= \frac{1.20 \times 101.03 \times 10^3 - 0.7 \times 1.27 \times 200 \times 460}{1.25 \times 210 \times 460} = 0.327(\text{mm}^2/\text{mm})$$

选用双肢Φ8箍筋,$A_{sv} = 101$ mm$^2$,则

$$s \leqslant A_{sv}/0.327 = 101/0.327 = 308(\text{mm})$$

$s_{max} = 200$ mm,取 $s = 200$ mm,即箍筋采用Φ8@200,沿全梁均匀布置。

方法二:

也可以根据构造规定,选用双肢箍筋Φ8@200,验算 $V_{cs}$ 是否满足要求。

$$V_{cs} = 0.7f_t bh_0 + 1.25f_{yv}\frac{A_{sv}}{s}h_0 = 0.7 \times 1.27 \times 200 \times 460 + 1.25 \times 210 \times \frac{101}{200} \times 460$$

$$= 142.77(\text{kN}) \geqslant KV = 121.24 \text{ kN}$$

(5)验算最小配箍率。

$$\rho_{sv} = \frac{A_{sv}}{bs} = \frac{101}{200 \times 200} = 0.25\% > \rho_{svmin} = 0.15\%$$

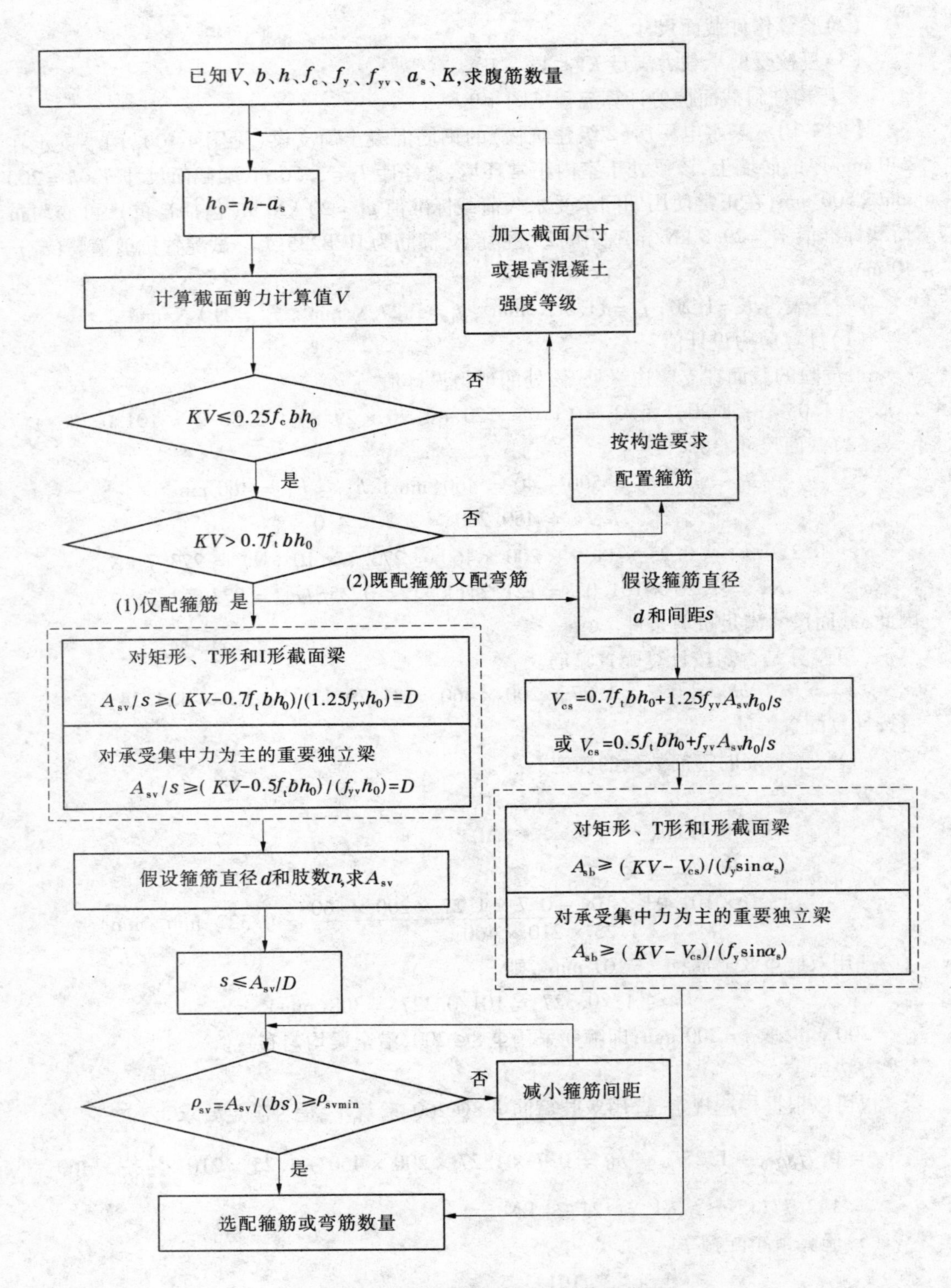


**图 4-9　受弯构件斜截面抗剪计算流程图**

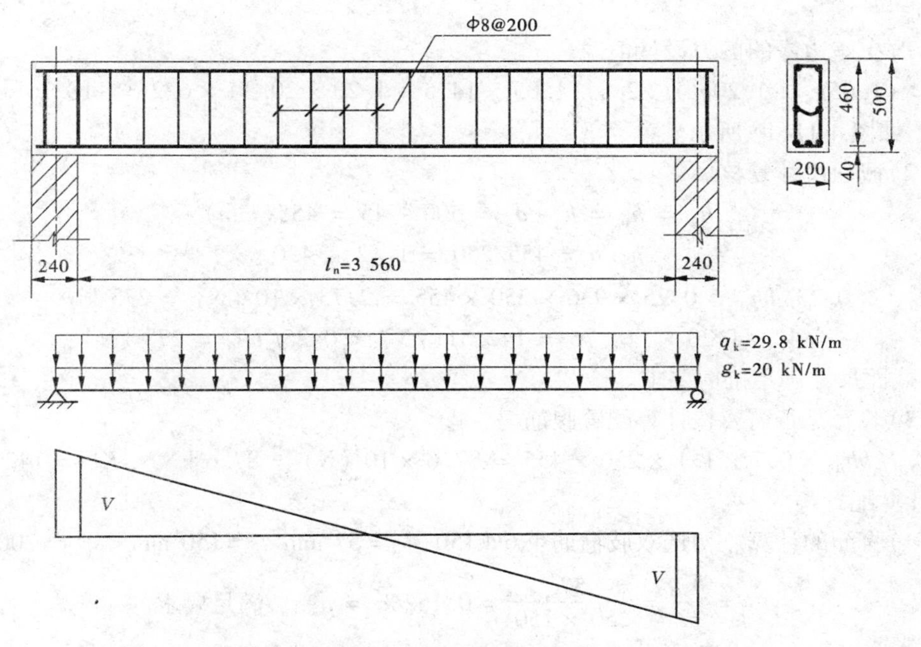


图 4-10　梁剪力图及配筋图

所选的箍筋满足要求。在梁的两侧应沿高度设置 2 Φ 12 纵向构造钢筋，并设置 Φ 8@600 的连系拉筋。

【例 4-2】　某矩形截面简支梁（见图 4-11），处于室内正常环境，水工建筑物级别 3 级，在正常使用期间承受永久荷载标准值 $g_k = 14.5$ kN/m（包括自重），可变均布荷载标准值 $q_k = 20.3$ kN/m。梁净跨度 $l_n = 6\ 000$ mm，截面尺寸 $b \times h = 250$ mm × 500 mm。采用 C20 混凝土，纵向钢筋为 HRB335 级，箍筋为 HPB235 级。梁正截面中已配有受拉钢筋 2 Φ 20 + 2 Φ 22（$A_s = 1\ 388$ mm²），一排布置，$a_s = 45$ mm。试配置抗剪腹筋。

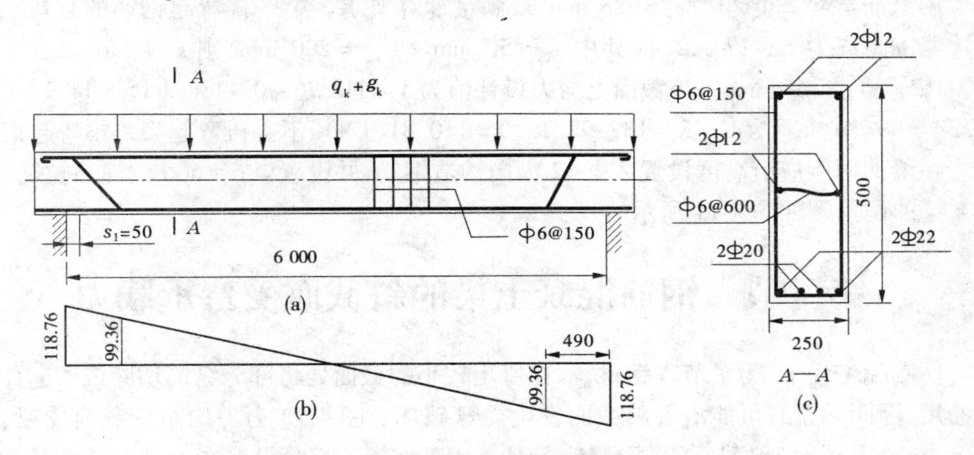


图 4-11　梁剪力图及配筋图

解：查表得 $K = 1.20$，$f_c = 9.6$ N/mm²，$f_t = 1.1$ N/mm²，$f_y = 300$ N/mm²，$f_{yv} = 210$

N/mm²

(1)支座边缘的剪力设计值。

$$V = (1.05g_k + 1.20q_k)l_n/2 = (1.05 \times 14.5 + 1.20 \times 20.3) \times 6/2 = 118.76(\text{kN})$$

剪力图如图 4-11(b)所示。

(2)截面尺寸复核。

$$h_w = h_0 = h - a_s = 500 - 45 = 455(\text{mm})$$

$$h_w/b = 455/250 = 1.82 < 4.0$$

$$0.25f_c bh_0 = 0.25 \times 9.6 \times 250 \times 455 = 2.73 \times 10^5(\text{N}) = 273 \text{ kN}$$

$$KV = 1.20 \times 118.76 = 142.51(\text{kN}) < 0.25f_c bh_0 = 273 \text{ kN}$$

因此,截面尺寸满足抗剪要求。

(3)验算是否需要按计算配置腹筋。

$$V_c = 0.7f_t bh_0 = 0.7 \times 1.1 \times 250 \times 455 = 87.6 \times 10^3(\text{N}) = 87.6 \text{ kN} < KV = 142.51 \text{ kN}$$

应按计算配置箍筋。

(4)腹筋的计算。初选双肢箍筋Φ 6@150,$A_{sv} = 57 \text{ mm}^2$,$s = 150 \text{ mm} < s_{max} = 200 \text{ mm}$。

$$\rho_{sv} = \frac{A_{sv}}{bs} = \frac{57}{250 \times 150} = 0.152\% = \rho_{svmin}\text{,满足要求。}$$

$$V_{cs} = 0.7f_t bh_0 + 1.25f_{yv}\frac{A_{sv}}{s}h_0$$

$$= 0.7 \times 1.1 \times 250 \times 455 + 1.25 \times 210 \times \frac{57}{150} \times 455$$

$$= 132.97 \times 10^3(\text{N}) = 132.97 \text{ kN} < KV = 142.51 \text{ kN}$$

应配置弯起钢筋。

$$A_{sb} = \frac{KV - V_{cs}}{f_y \sin45°} = \frac{(142.51 - 132.97) \times 10^3}{300 \times 0.707} = 45(\text{mm}^2)$$

由纵筋弯起 2 Φ 20($A_{sb} = 628 \text{ mm}^2$),满足计算要求。第一排弯起钢筋的起弯点离支座边缘的距离为 $s_1 + (h - 2c)$,其中 $s_1 = 50 \text{ mm} < s_{max} = 200 \text{ mm}$,则 $s_1 + (h - 2c) = 50 + (500 - 2 \times 30) = 490(\text{mm})$,该截面上剪力设计值为 $V = 118.76 - 0.49 \times (1.05 \times 14.5 + 1.20 \times 20.3) = 99.36(\text{kN}) < V_{cs}/K = 132.97/1.20 = 110.81(\text{kN})$,不必再弯起第二排弯起钢筋。

在梁的两侧应沿高度设置 2 Φ 12 纵向构造钢筋,并设置Φ 6@600 的连系拉筋。

梁的配筋图如图 4-11 所示。

# 第三节　钢筋混凝土梁的斜截面受弯承载力

在实际工程中,为了节省钢材,常在弯矩较小的截面处将部分纵筋切断或弯起作抗剪钢筋用,因而梁就有可能沿着斜截面发生受弯破坏。图 4-12 为一均布荷载简支梁,当出现斜裂缝 $AB$ 时,则斜截面的弯矩 $M_{AB} = M_A > M_B$,如果一部分纵筋在 $B$ 截面之前被切断或弯起,$B$ 截面所余的纵筋虽然能抵抗正截面的弯矩 $M_B$,但出现斜裂缝后,就有可能抵抗不了加大了的弯矩 $M_{AB}$,而导致斜截面受弯破坏。那么纵筋在切断或弯起时,如何保证斜截面的受弯承载力？设计中一般是通过绘制正截面抵抗弯矩图的方法予以解决的。

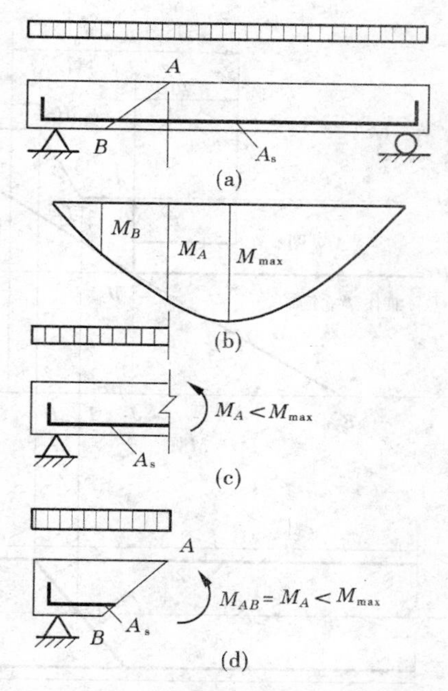

**图 4-12　弯矩图与斜截面上的弯矩**

## 一、抵抗弯矩图的绘制

抵抗弯矩图，简称 $M_R$ 图，它是按照梁内实配的纵筋数量计算并绘制出的各截面所能抵抗的弯矩图。作 $M_R$ 图的过程也就是对钢筋布置进行图解设计的过程。

下面以某梁中的负弯矩区段为例说明 $M_R$ 图的绘制方法及步骤。

### （一）最大弯矩所在截面实配纵筋的抵抗弯矩计算与布置

图 4-13 所示矩形截面外伸梁，截面 $b \times h = 250\ \text{mm} \times 600\ \text{mm}$，采用 C20 混凝土，HRB335 级钢筋，支座最大负弯矩设计值 $M_{max} = 190\ \text{kN} \cdot \text{m}$，经正截面承载力计算，该支座截面需要钢筋面积 $A_s = 1\ 595\ \text{mm}^2$，现配置 2 Φ 25 + 2 Φ 20（$A_{s实} = 1\ 610\ \text{mm}^2$）纵筋，布置如图 4-13 所示。因抗剪要求，其中 1 Φ 25 需弯下作为弯起钢筋，试确定该截面的各纵筋的实际抵抗弯矩及在 $M_R$ 图上的布置。

（1）按比例绘出梁在荷载作用下的弯矩图（仅画该支座负弯矩区段）。

（2）按纵筋切断或弯起的先后顺序在弯矩图的控制截面上自外至内排列各根纵筋，其中既无切断又无弯起的纵筋要排在最内侧。位于两个角落①2 Φ 20 因兼作架立筋，无需切断与弯起，因而布置在 $M_R$ 图上支座截面的内侧；而③1 Φ 25 因抗剪要求需先弯下作为弯起钢筋，因而布置在 $M_R$ 图上该截面的最外侧；为了节省钢筋，②1 Φ 25 需要在适当的位置切断，因而布置在 $M_R$ 图上该截面的中间侧。

（3）按钢筋的截面面积大小，确定每根纵筋的实际抵抗弯矩，并按同一比例绘制在弯矩图上。若截面承载力计算所需的钢筋面积与该截面实配的钢筋面积接近，可近似地认为该截面的抵抗弯矩与该截面的弯矩相等。若实配的钢筋面积与计算所需的钢筋面积相差较大，可根据实配的钢筋面积计算该截面的抵抗弯矩（$M_R = \frac{A_{s实}}{A_{s计}} M$、$M_{Ri} = \frac{A_{si}}{A_{s实}} M_R$）。在本例中，因为支座截面计算钢筋面积和实配钢筋面积相近，因此可认为该截面的抵抗弯矩与该截面的弯矩相等。按钢筋截面面积的比例将坐标 $F3$（图中 $F$ 点的纵坐标 $F3$ 就等于 $M_{max}$）划分为每根纵筋各自抵抗的弯矩，如图 4-13 所示。坐标 $F1$ 代表 2 Φ 20 所抵抗的弯矩，坐标 $F2$ 代表 2 Φ 20 + 1 Φ 25 所抵抗的弯矩，坐标 $F3$ 代表 2 Φ 20 + 2 Φ 25 所抵抗的弯矩。

### （二）纵筋的理论切断点与充分利用点

在图 4-13 中，通过 1、2、3 点分别作平行于梁轴线的水平线，其中 1、2 水平线交弯矩图于 $J_1$、$G_1$ 点。由图可知，在 $F$—3 截面是③号钢筋的充分利用点。在 $G$—$G_1$ 截面，有

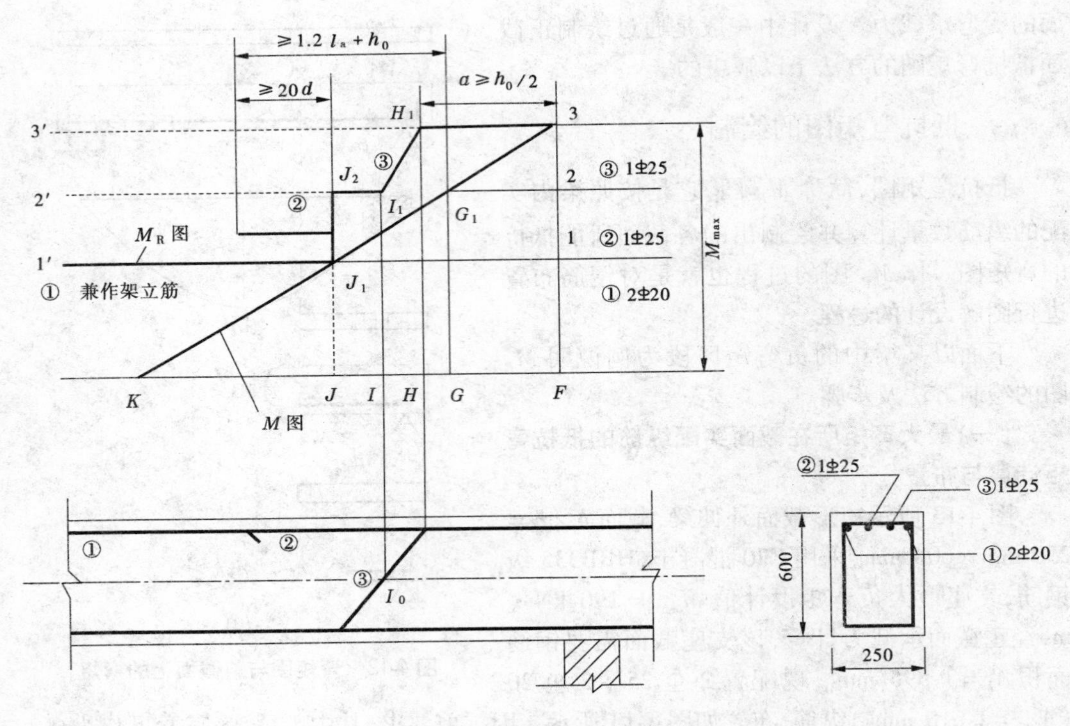


图 4-13 抵抗弯矩图的绘制

1 ⌀25 +2 ⌀ 20 抗弯即可,故 $G—G_1$ 截面为③号钢筋的不需要点,现将③号钢筋弯下兼作抗剪钢筋用。在 $G—G_1$ 截面②号钢筋的强度可以得到充分利用,$G—G_1$ 截面为②号钢筋的充分利用点。同理,$J—J_1$ 截面为②号钢筋的不需要点,同时又是①号钢筋的充分利用点,依次类推。

一根钢筋的不需要点也称为该钢筋的"理论切断点"。因为对正截面抗弯来说,这根钢筋既然是多余的,在理论上便可以予以切断,但实际切断点还将延伸一段长度。

**(三)钢筋切断与弯起时 $M_R$ 图的表示方法**

钢筋切断反映在 $M_R$ 图上便是截面抵抗能力的突变,如图 4-13 所示。$M_R$ 图在 $J—J_2$ 截面的突变反映②号钢筋在该截面被切断。

将③号钢筋在 $H—H_1$ 截面弯下,$M_R$ 图也必然发生变化。因为在弯下的过程中,该钢筋仍能抵抗一定的弯矩,但这种抵抗弯矩是逐渐下降的,直到 $I—I_1$ 截面弯起钢筋穿过梁的中性层(即进入受压区),它的正截面抗弯能力才认为完全消失,在 $H—H_1$、$I—I_1$ 截面之间 $M_R$ 图假设为按斜直线变化。

**(四)$M_R$ 图与 $M$ 图的关系**

$M_R$ 图代表梁的正截面抗弯能力,因此在各个截面上都要求 $M_R$ 不小于 $M$,所以与 $M$ 图是同一比例的,$M_R$ 图必须将 $M$ 图包括在内。$M_R$ 图与 $M$ 图越贴近,表明钢筋强度的利用越充分,这是设计中应力求做到的一点。与此同时,也要照顾到施工的便利,不要片面追求钢筋的利用程度而致使钢筋配置复杂化。

## 二、如何保证斜截面受弯承载力

### （一）纵筋切断时如何保证斜截面的受弯承载力

为了保证斜截面的受弯承载力，梁内纵向受拉钢筋一般不宜在受拉区切断。对承受负弯矩的区段或焊接骨架中的钢筋，如有必要切断（见图 4-14），应满足以下规定：

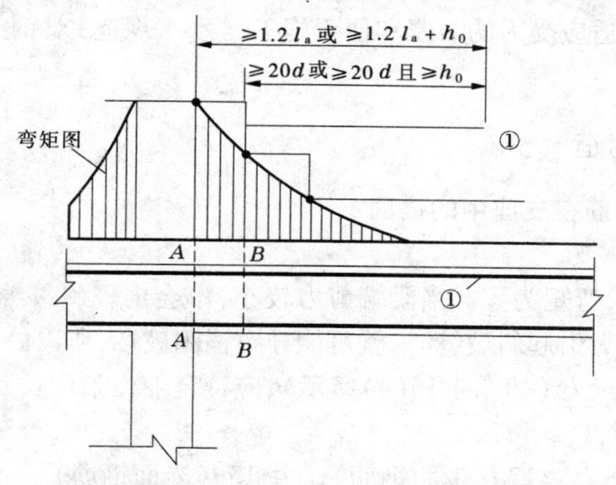


*A*—*A*—钢筋①的强度充分利用截面；*B*—*B*—按计算不需要钢筋①的截面

**图 4-14　纵筋切断点及延伸长度要求**

（1）钢筋的实际切断点应伸过其理论切断点，延伸长度 $l_w$ 应满足下列要求：

当 $KV \leqslant V_c$ 时，$l_w \geqslant 20d$（$d$ 为切断钢筋的直径）；

当 $KV > V_c$ 时，$l_w \geqslant h_0$ 和 $l_w \geqslant 20d$。

（2）钢筋的充分利用点至该钢筋的实际切断点的距离 $l_d$ 还应满足下列要求：

当 $KV \leqslant V_c$ 时，$l_d \geqslant 1.2l_a$；

当 $KV > V_c$ 时，$l_d \geqslant 1.2l_a + h_0$。

式中　$l_a$——受拉钢筋的最小锚固长度，按附表 4-6 采用。

在设计中必须同时满足 $l_w$ 与 $l_d$ 的要求。

### （二）纵筋弯起时如何保证斜截面的受弯承载力

以图 4-15 所示的梁为例，截面 *A* 是钢筋①的充分作用点。在伸过截面 *A* 一段距离 *a* 以后，钢筋①被弯起。如果发生斜裂缝 *AB*，则斜截面 *AB* 上应承受的弯矩仍为 $M'_A$，为了保证斜截面 *AB* 的受弯承载力仍足以抵抗 $M_A$，就必须

$$a \geqslant 0.5h_0 \tag{4-18}$$

式中　*a*——弯起钢筋的弯起点到该钢筋充分利用点间的距离；

$h_0$——截面的有效高度。

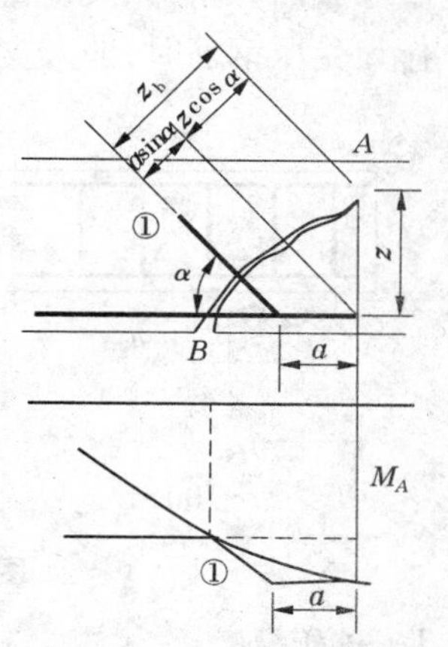


**图 4-15　弯起钢筋的弯起**

以上要求若与腹筋最大间距的限制条件相矛盾，尤其在承受负弯矩的支座（见图 4-14）附近容易出现这个问题，其原因是同一根弯筋同时抗弯又抗剪而引起的。腹筋最大间距的限制是为保证斜截面的受剪承载力，而 $a \geqslant 0.5h_0$ 的条件是为保证斜截面的受弯承

载力。当两者发生矛盾时，只能考虑弯起钢筋的一种作用，一般以满足受弯要求而另加斜筋受剪。

## 第四节 钢筋骨架的构造规定

为了使钢筋骨架适应受力的需要和便于施工，《水工规范》对钢筋骨架的构造作出了相应规定。

### 一、纵向钢筋构造

#### （一）纵向受力钢筋在支座中的锚固

1. 简支梁支座

在构件的简支端，弯矩为零。当梁端剪力较小，不会出现斜裂缝时，受力筋适当伸入支座即可。但剪力较大引起斜裂缝时，就可能导致锚固破坏，所以简支梁下部纵向受力钢筋伸入支座的锚固长度 $l_{as}$（如图 4-16(a)所示），应符合下列条件：

(1) 当 $KV \leqslant V_c$ 时，$l_{as} \geqslant 5d$；

(2) 当 $KV > V_c$ 时，$l_{as} \geqslant 12d$（带肋钢筋）；$l_{as} \geqslant 15d$（光面钢筋）。

当下部纵向受力钢筋伸入支座的锚固长度不能符合上述规定时（如图 4-16(b)所示），可在梁端将钢筋向上弯，或采用贴焊锚筋、镦头、焊锚板、将钢筋端部焊接在支座的预埋件上等专门锚固措施。

2. 悬臂梁支座

如图 4-16(c)所示，悬臂梁的上部纵向受力钢筋应从钢筋强度被充分利用的截面（即支座边缘截面）起伸入支座中的长度不小于钢筋的锚固长度 $l_a$；当梁的下部纵向钢筋在计算上作为受压钢筋时，伸入支座中的长度不小于 $0.7l_a$。

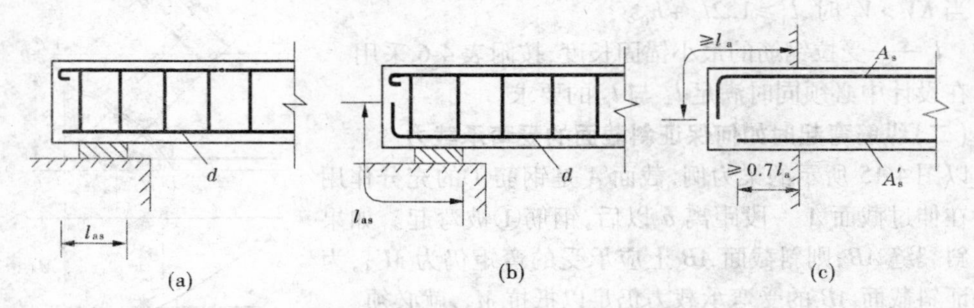


图 4-16 纵向受力钢筋在支座内的锚固

3. 中间支座

连续梁中间支座的上部纵向钢筋应贯穿支座或节点，按承载力需要变化。下部纵向钢筋应伸入支座或节点，当计算中不利用其强度时，其伸入长度应符合上述对简支梁端 $KV > V_c$ 时的规定；当计算中充分利用其强度时，受拉钢筋的伸入长度不小于钢筋的锚固长度 $l_a$，受压钢筋的伸入长度不小于 $0.7l_a$。框架中间层、顶层端节点钢筋的锚固要求见《规范》。

(二)架立钢筋

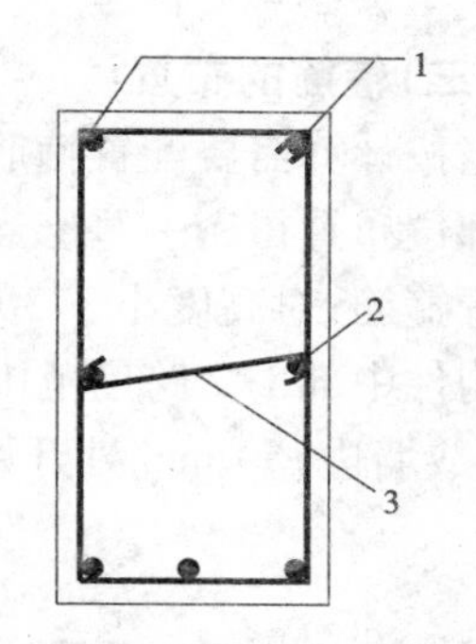

1—架立钢筋;2—腰筋;3—拉筋

图 4-17　架立钢筋、腰筋及拉筋

为了使纵向受力钢筋和箍筋能绑扎成骨架,在箍筋的四角必须沿梁全长配置纵向钢筋,在没有纵向受力筋的区段,则应补设架立钢筋(见图 4-17)。

当梁跨 $l<4$ m 时,架立钢筋直径 $d$ 不宜小于 8 mm;当 $l=4\sim6$ m 时,$d$ 不宜小于 10 mm;当 $l>6$ m 时,$d$ 不宜小于 12 mm。

(三)腰筋及拉筋

当梁的截面高度较大时,为防止由于温度变形及混凝土收缩等原因使梁中部产生竖向裂缝,同时也为了增强钢筋骨架的刚度,增强梁的抗扭作用,当梁的腹板高度 $h_w \geqslant 450$ mm 时,应在梁的两侧沿高度设置纵向构造钢筋,称为腰筋,并用拉筋(见图 4-17)连系固定。每侧腰筋的截面面积不应小于腹板截面面积 $bh_w$ 的 0.1%,且间距不宜大于 200 mm。拉筋直径一般与箍筋相同,拉筋间距常取为箍筋间距的倍数,一般为 500 ~ 700 mm。

二、箍筋构造

(一)箍筋的形状和肢数

箍筋除了可以提高梁的抗剪能力,还能固定纵筋的位置。箍筋的形状有封闭式和开口式两种,封闭式箍筋可以提高梁的抗扭能力,箍筋常采用封闭式箍筋。配有受压钢筋的梁,必须用封闭式箍筋。箍筋可按需要采用双肢或四肢(见图 4-18),在绑扎骨架中,双肢箍筋最多能扎结 4 根排在一排的纵向受压钢筋,否则应采用四肢箍筋(即复合箍筋);或当梁宽大于 400 mm,一排纵向受压钢筋多于 3 根时,也应采用四肢箍筋。

(二)箍筋的最小直径

对高度 $h>800$ mm 的梁,箍筋直径不宜小于 8 mm;对高度 $h=250\sim800$ mm 的梁,箍筋直径不宜小于 6 mm。当梁内配有计算需要的纵向受压钢筋时,箍筋直径不应小于 $d/4$($d$ 为受压钢筋中的最大直径)。为了方便箍筋加工成型,常用直径为 6、8、10 mm。考虑到高强度的钢筋延性较差,施工时成型困难,箍筋一般采用 HPB235 和 HRB335 钢筋。

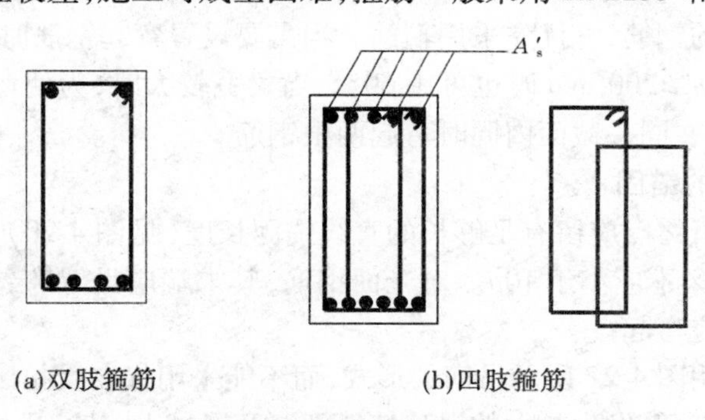

(a)双肢箍筋　　(b)四肢箍筋

图 4-18　箍筋的肢数

### （三）箍筋的布置

当按计算需要配置箍筋时，一般可在梁的全长均匀布置箍筋，也可以在梁两端剪力较大的部位布置得密一些。当按计算不需配置箍筋时，对高度大于 300 mm 的梁，仍应沿全梁布置箍筋；对高度小于 300 mm 的梁，可仅在构件端部各 1/4 跨度范围内配置箍筋，但当在构件中部 1/2 跨度范围内有集中荷载作用时，箍筋仍应沿梁全长布置。箍筋一般从梁边（或墙边）50 mm 处开始设置，如图 4-19 所示。

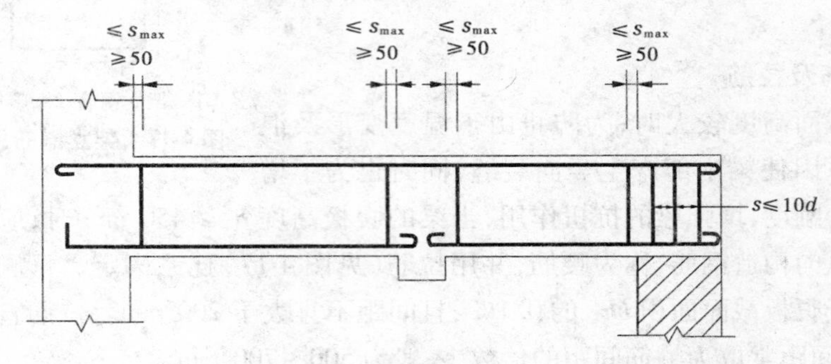


图 4-19　箍筋的布置

### （四）箍筋的最大间距

箍筋的最大间距不得大于表 4-1 所列的数值。

当梁中配有计算需要的受压钢筋时，箍筋的间距在绑扎骨架中不应大于 15$d$，在焊接骨架中不应大于 20$d$（$d$ 为受压钢筋中的最小直径），同时在任何情况下均不应大于 400 mm；当一排内纵向受压钢筋多于 5 根且直径大于 18 mm 时，箍筋间距不应大于 10$d$。

在绑扎纵筋的搭接长度范围内，当钢筋受拉时，其箍筋间距不应大于 5$d$，且不大于 100 mm；当钢筋受压时，箍筋间距不应大于 10$d$，且不大于 200 mm。在此，$d$ 为搭接钢筋中的最小直径。箍筋直径不应小于搭接钢筋较大直径的 0. 25 倍。

## 三、弯起钢筋构造

### （一）最大间距

弯起钢筋的最大间距同箍筋一样，不得大于表 4-1 所列的数值。

### （二）弯起角度

梁中承受剪力的钢筋，宜优先采用箍筋。当需要设置弯起钢筋时，弯起钢筋的弯起角一般为 45°，当梁高 $h$≥700 mm 时也可用 60°。当梁宽较大时，为使弯起钢筋在整个宽度范围内受力均匀，宜在同一截面内同时弯起两根钢筋。

### （三）弯起钢筋的锚固

弯起钢筋的弯折终点应留有足够长的直线锚固长度（见图 4-20），其长度在受拉区不应小于 20$d$，在受压区不应小于 10$d$。对光面钢筋，其末端应设置弯钩。位于梁底和梁顶角部的纵向钢筋不应弯起。

弯起钢筋应采用图 4-21 所示吊筋的形式，而不能采用仅在受拉区有较少水平段的浮筋，以防止由于弯起钢筋发生较大的滑移使斜裂缝开展过大，甚至导致斜截面受剪承载力降低。

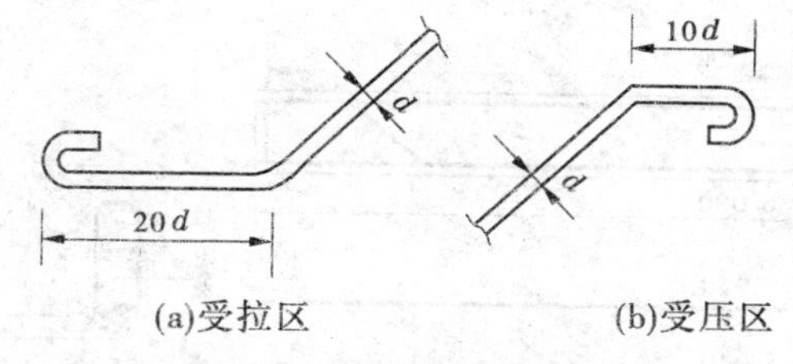


图 4-20 弯起钢筋端部构造

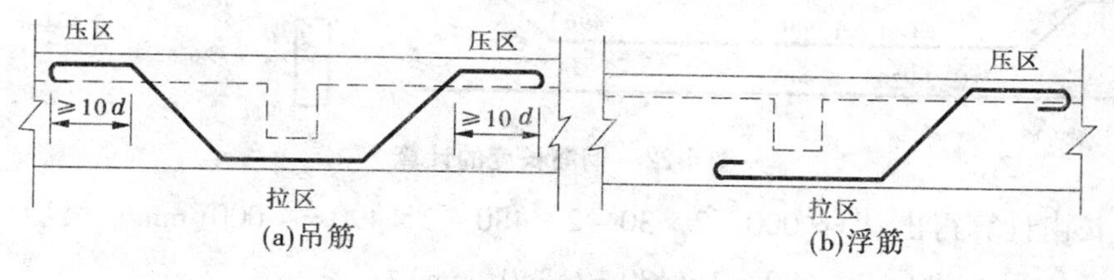


图 4-21 吊筋及浮筋

# 第五节 钢筋混凝土结构施工图

## 一、配筋图

配筋图表示钢筋骨架的形状以及在模板中的位置，主要为绑扎骨架用。凡规格、长度或形状不同的钢筋必须编以不同的编号，写在小圆圈内，并在编号引线旁注上这种钢筋的根数及直径。最好在每根钢筋的两端及中间都注上编号，以便于查清每根钢筋的来历。

## 二、钢筋表

钢筋表是列表表示构件中所有不同编号的钢筋种类、规格、形状、长度、根数、重量等，主要为下料及加工成型用，同时可用来计算钢筋用量。

编制钢筋表主要是计算钢筋的长度，下面以一简支梁为例介绍钢筋长度的计算方法。如图 4-22 所示。

**（一）直钢筋**

图中的钢筋①③④为直钢筋，其直段上所注长度 = $l$（构件长度）－2$c$（混凝土保护层），此长度再加上两端弯钩长即为钢筋全长。一般每个弯钩长度为 6.25$d$。①受力钢筋是 HRB335 级，它的全长为 6 000 － 2 × 30 = 5 940（mm）。③架立钢筋和④腰筋都是 HPB235 级钢筋，其全长为 6 000 －2 ×30 +2 ×6.25 ×12 =6 090（mm）。

**（二）弯起钢筋**

图中钢筋②的弯起部分的高度是以钢筋外皮计算的，即由梁高 550 mm 减去上下混凝土保护层厚度，550 －60 =490（mm）。由于弯折角等于 45°，故弯起部分的底宽及斜边各为 490 mm 及 690 mm。弯起后的水平直段长度由抗剪计算为 480 mm。钢筋②的中间

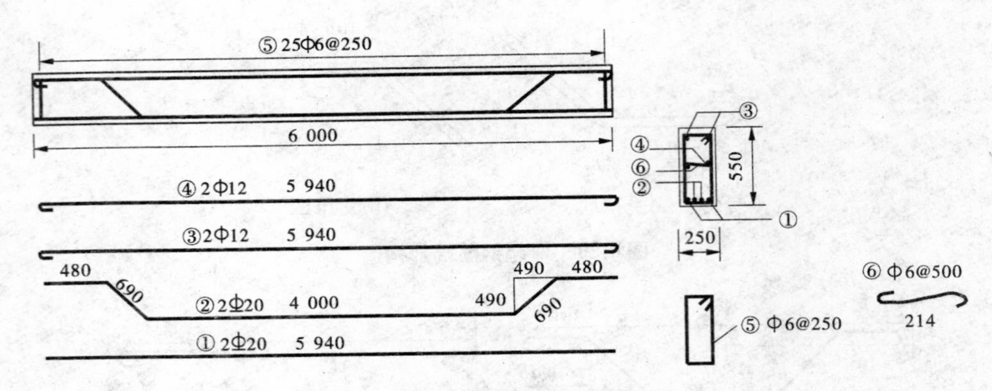


图 4-22 钢筋长度的计算

水平直段长由计算得出,即 $6\ 000-2\times30-2\times480-2\times490=4\ 000$(mm),最后可得弯起钢筋②的全长为 $4\ 000+2\times690+2\times480=6\ 340$(mm)。

**(三)箍筋和拉筋**

箍筋尺寸一般标注内口尺寸,即构件截面外形尺寸减去主筋混凝土保护层。在标注箍筋尺寸时,要注明所注尺寸是内口。

箍筋的弯钩大小与主筋的粗细有关,根据箍筋与主筋直径的不同,箍筋两个弯钩的增加长度见表 4-2。

**表 4-2 箍筋两个弯钩的增加长度** (单位:mm)

| 主筋直径 | 箍筋直径 | | | | |
|---|---|---|---|---|---|
| | 5 | 6 | 8 | 10 | 12 |
| 10 ~ 25 | 80 | 100 | 120 | 140 | 180 |
| 28 ~ 32 | | 120 | 140 | 160 | 210 |

图中箍筋⑤的长度为 $2\times(490+190)+100=1\ 460$(mm)(内口)。

图中拉筋⑥的长度为 $250-2\times30+4\times6=214$(mm)。

此简支梁的钢筋表见表 4-3。

必须注意,钢筋表内的钢筋长度不是钢筋加工时的断料长度。由于钢筋在弯折及弯钩时要伸长一些,因此断料长度应等于计算长度扣除钢筋伸长值。伸长值和弯折角度大小等有关数据,可参阅施工手册。

## 三、说明或附注

说明或附注中包括说明之后可以减少图纸工作量的内容以及一些在施工过程中必须引起注意的事项。例如,尺寸单位、钢筋保护层厚度、混凝土强度等级、钢筋级别、钢筋弯钩取值以及其他施工注意事项。

表 4-3 钢筋表

| 编号 | 形状 | 直径(mm) | 长度(mm) | 根数 | 总长(m) | 每米质量(kg) | 质量(kg) |
| --- | --- | --- | --- | --- | --- | --- | --- |
| ① | 5 940 | 20 | 5 940 | 2 | 11.88 | 2.470 | 29.34 |
| ② | 480 690 4 000 690 480 | 20 | 6 340 | 2 | 12.68 | 2.470 | 31.32 |
| ③ | 5 940 | 12 | 6 090 | 2 | 12.18 | 0.888 | 10.82 |
| ④ | 5 940 | 12 | 6 090 | 2 | 12.18 | 0.888 | 10.82 |
| ⑤ | 540 190 240 490 (内口) | 6 | 1 460 | 25 | 36.5 | 0.222 | 8.10 |
| ⑥ | 214 | 6 | 289 | 13 | 3.76 | 0.222 | 0.83 |
| 总质量(kg) | | | | | | | 91.23 |

# 第六节 钢筋混凝土外伸梁设计实例

某水电站副厂房砖墙上承受均布荷载作用的外伸梁，该梁处于一类环境条件。其跨长、截面尺寸如图 4-23 所示。水工建筑物级别为 2 级，在正常使用期间承受永久荷载标准值 $g_{1k}=12$ kN/m、$g_{2k}=46$ kN/m(包括自重)，可变均布荷载标准值 $q_{1k}=36$ kN/ m、$q_{2k}=51$ kN/m，采用 C20 混凝土，纵向钢筋为 HRB335 级，箍筋为 HPB235 级。试设计此梁，并绘制配筋图。

## 一、基本资料

材料强度：C20 混凝土，$f_c=9.6$ N/mm$^2$，$f_t=1.1$ N/mm$^2$；纵筋 HRB335 级，$f_y=300$ N/mm$^2$；箍筋 HPB235 级，$f_{yv}=210$ N/mm$^2$。

截面尺寸：$b=300$ mm，$h=700$ mm。

计算参数：$K=1.20$，$c=30$ mm。

## 二、内力计算

(1)计算跨度。

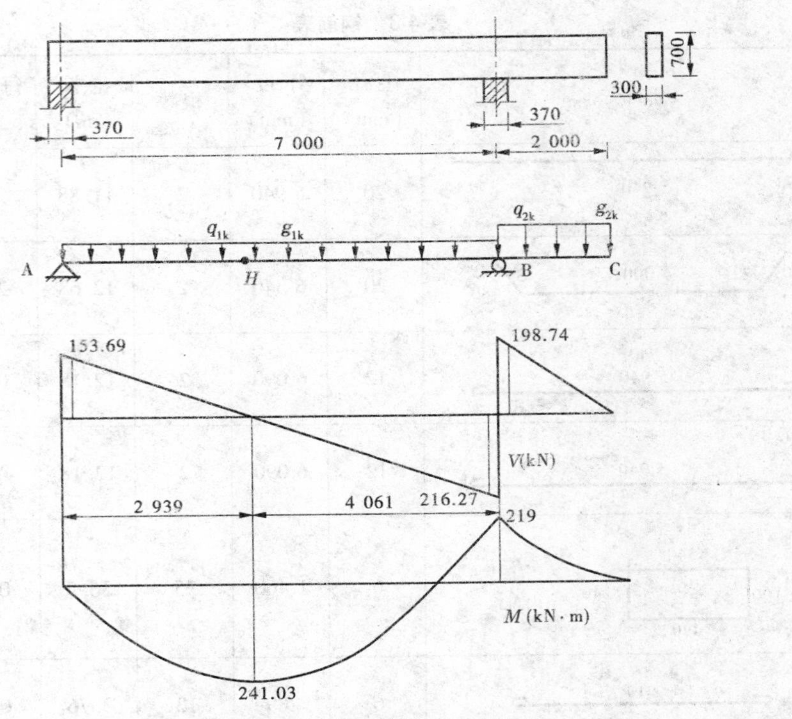

图 4-23 梁的计算简图及内力图

简支段 $l_{01}=7$ m，悬臂段 $l_{02}=2$ m。

(2)支座反力 $R_A$、$R_B$。

$$R_B=\frac{\frac{1}{2}(1.05g_{1k}+1.20q_{1k})l_{01}^2+(1.05g_{2k}+1.20q_{2k})l_{02}(l_{01}+\frac{l_{02}}{2})}{l_{01}}$$

$$=\frac{\frac{1}{2}\times(1.05\times12+1.20\times36)\times7^2+(1.05\times46+1.20\times51)\times2\times(7+\frac{2}{2})}{7}$$

$$=445.59(\text{kN})$$

$$R_A=(1.05g_{1k}+1.20q_{1k})l_{01}+(1.05g_{2k}+1.20q_{2k})l_{02}-R_B$$

$$=(1.05\times12+1.20\times36)\times7+(1.05\times46+1.20\times51)\times2-445.59$$

$$=164.01(\text{kN})$$

(3)剪力、弯矩值计算。

支座边缘截面的剪力值

$$V_A=R_A-(1.05\times12+1.20\times36)\times\frac{0.37}{2}=164.01-(1.05\times12+1.20\times36)\times\frac{0.37}{2}$$

$$=153.69(\text{kN})$$

$$V_B^r=(1.05\times46+1.20\times51)\times(2-\frac{0.37}{2})=198.74(\text{kN})$$

$$V_B^l=R_A-(1.05\times12+1.20\times36)\times(7-\frac{0.37}{2})$$

$$= 164.01 - (1.05 \times 12 + 1.20 \times 36) \times (7 - \frac{0.37}{2})$$

$$= -216.27(\text{kN})$$

AB 跨的最大弯矩

$$M_{\max} = 164.01 \times 2.939 - (1.05 \times 12 + 1.20 \times 36) \times 2.939 \times \frac{2.939}{2}$$

$$= 241.03(\text{kN} \cdot \text{m})$$

B 支座截面弯矩

$$M_{\text{B}} = -(1.05 \times 46 + 1.20 \times 51) \times 2 \times \frac{2}{2} = -219(\text{kN} \cdot \text{m})$$

作此梁在荷载作用下的弯矩图及剪力图如图 4-23 所示。

## 三、验算截面尺寸

估计纵筋排一排，取 $a_s = 45$ mm，则

$h_0 = h - a_s = 700 - 45 = 655(\text{mm})$，$h_w = h_0 = 655$ mm。

$$h_w/b = 655/300 = 2.18 < 4.0$$

$$0.25 f_c b h_0 = 0.25 \times 9.6 \times 300 \times 655 = 4.716 \times 10^5(\text{N}) = 471.6 \text{ kN}$$

$$> KV_{\max} = 1.20 \times 216.27 = 259.52(\text{kN})$$

因此，截面尺寸满足抗剪要求。

## 四、计算纵向钢筋

计算过程及结果见表 4-4，配筋如图 4-24 所示。

**表 4-4　纵向受拉钢筋计算表**

| 计算内容 | 跨中 $H$ 截面 | 支座 B 截面 |
| --- | --- | --- |
| $M(\text{kN} \cdot \text{m})$ | 241.03 | 219 |
| $KM(\text{kN} \cdot \text{m})$ | 289.24 | 262.8 |
| $\alpha_s = \frac{KM}{f_c b h_0^2}$ | 0.234 | 0.213 |
| $\xi = 1 - \sqrt{1 - 2\alpha_s} \leqslant 0.85\xi_b = 0.462$ | 0.271 | 0.242 |
| $A_s = \frac{f_c b \xi h_0}{f_y}(\text{mm}^2)$ | 1 704 | 1 522 |
| 选配钢筋 | 2 Φ 22 + 2 Φ 25 | 4 Φ 22 |
| 实配钢筋面积 $A_{s实}(\text{mm}^2)$ | 1 742 | 1 520 |
| $\rho = \frac{A_{s实}}{b h_0} \geqslant \rho_{\min} = 0.15\%$ | 0.89% | 0.77% |

## 五、计算抗剪钢筋

(1)验算是否按计算配置钢筋

$$0.7f_tbh_0 = 0.7 \times 1.1 \times 300 \times 655 = 151.305 \times 10^3(\text{N}) = 151.31\ \text{kN}$$
$$< KV_{\min} = 1.20 \times 153.69 = 184.43(\text{kN})$$

必须由计算确定抗剪腹筋。

(2)受剪箍筋计算。

按构造规定在全梁配置双肢箍筋Φ 8@220,则 $A_{sv}=101\ \text{mm}^2$,$s<s_{\max}=250\ \text{mm}$

$$\rho_{sv} = A_{sv}/(bs) = 101/(300 \times 220) = 0.153\% > \rho_{svmin} = 0.15\%$$

满足最小配箍率的要求。

$$V_{cs} = 0.7f_tbh_0 + 1.25f_{yv}A_{sv}h_0/s$$
$$= 0.7 \times 1.1 \times 300 \times 655 + 1.25 \times 210 \times 101 \times 655/220 = 230.24(\text{kN})$$

(3)弯起钢筋的设置。

①支座 B 左侧:

$$KV_B^l = 1.20 \times 216.27 = 259.52(\text{kN}) > V_{cs} = 230.24\ \text{kN}$$

需加配弯起钢筋帮助抗剪。取 $\alpha=45°$,并取 $V_1=V_B^l$。

计算第一排弯起钢筋:

$$A_{sb1} = (KV_1 - V_{cs})/(f_y\sin45°)$$
$$= (1.20 \times 216.27 - 230.24) \times 10^3/(300 \times 0.707) = 138(\text{mm}^2)$$

由支座承担负弯矩的纵筋弯下 2 Φ 22($A_{sb1}=760\ \text{mm}^2$)。第一排弯起钢筋的上弯点安排在离支座边缘 250 mm 处,即 $s_1=s_{\max}=250\ \text{mm}$。

由图 4-24 可见,第一排弯起钢筋的下弯点离支座边缘的距离为

$$250 + (700 - 2 \times 30) = 890(\text{mm})$$

该处 $KV_2=1.20\times[216.27-(1.05\times12+1.20\times36)\times0.89]=199.93(\text{kN})$

$<V_{cs}=230.24\ \text{kN}$

因此,不需弯起第二排钢筋抗剪。

②支座 B 右侧:

$$KV_B^r = 1.20 \times 198.74 = 238.49(\text{kN}) > V_{cs} = 230.24\ \text{kN}$$

因此,需配置弯起钢筋。又因为 $V_B^l>V_B^r$,故可同样弯下 2 Φ 22 即可满足要求,不必再进行计算。第一排弯起钢筋的下弯点距支座边缘的距离为 890 mm,此处的 $KV_2=1.20\times[198.74-0.89\times(1.05\times46+1.20\times51)]=121.54(\text{kN})<V_{cs}$,故不必再弯起第二排钢筋。

③支座 A:

$$KV_A = 1.20 \times 153.69 = 184.43(\text{kN}) < V_{cs} = 230.24\ \text{kN}$$

但为了加强梁的受剪承载力,仍由跨中弯起 2 Φ 22 至梁顶再伸入支座。第一排弯起钢筋的上弯点安排在离支座边缘 100 处,$s=100\ \text{mm}<s_{\max}=250\ \text{mm}$,则第一排弯起钢筋的下弯点离支座边缘的距离为 $100+(700-2\times30)=740(\text{mm})$。

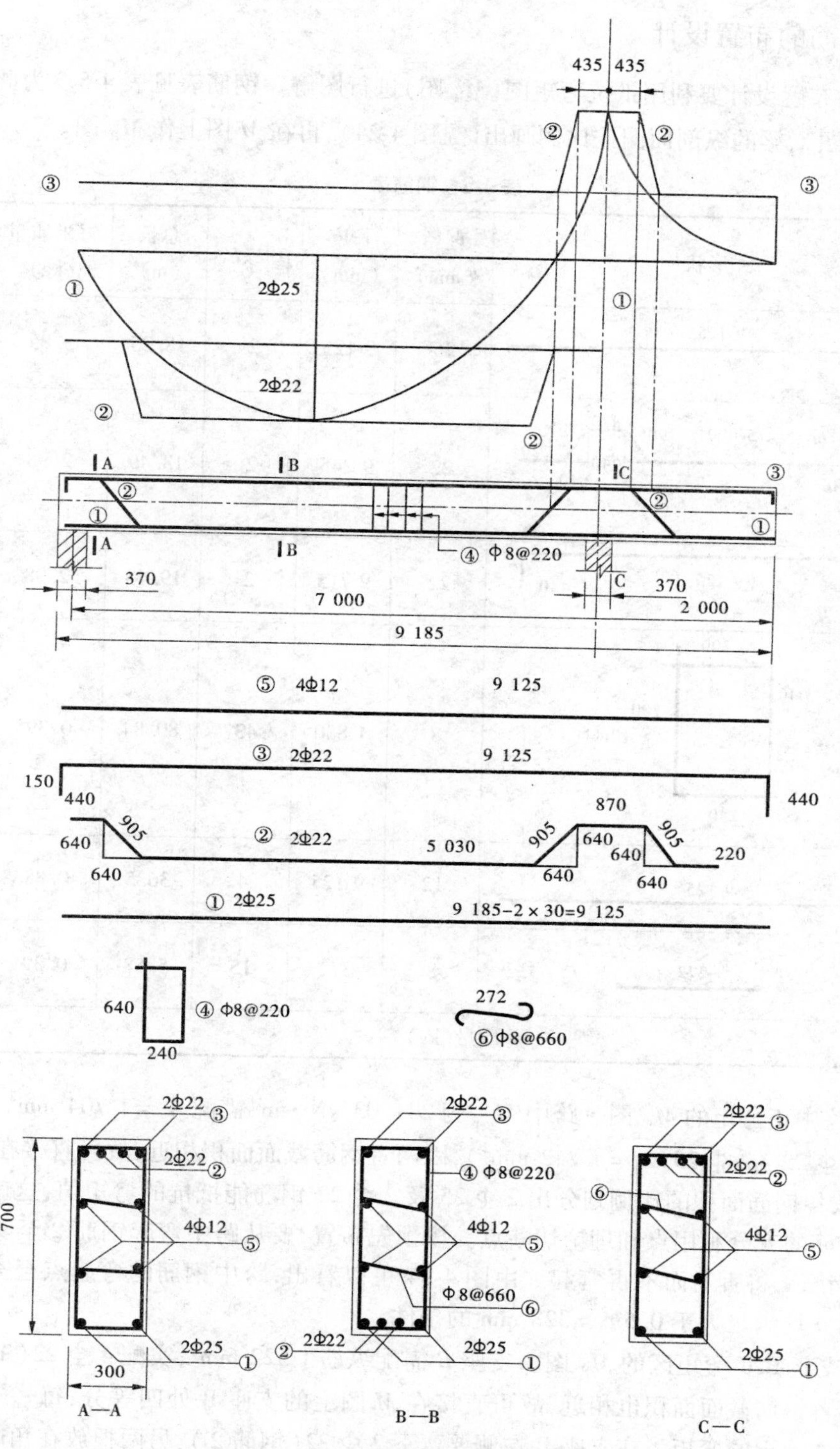


**图 4-24 梁的抵抗弯矩图及配筋图**

## 六、钢筋的布置设计

钢筋的布置设计要利用抵抗弯矩图($M_R$ 图)进行图解。钢筋表见表 4-5。为此,先将弯矩图($M$ 图)、梁的纵剖面图按比例画出(见图 4-24),再在 $M$ 图上作 $M_R$ 图。

**表 4-5 钢筋表**

| 编号 | 形状 | 直径(mm) | 长度(mm) | 根数 | 总长(m) | 每米质量(kg) | 质量(kg) |
|---|---|---|---|---|---|---|---|
| ① | 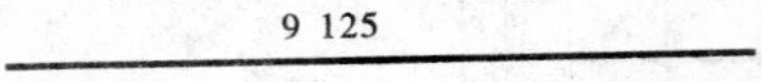 9 125 | 25 | 9 125 | 2 | 18.25 | 3.85 | 70.26 |
| ② | 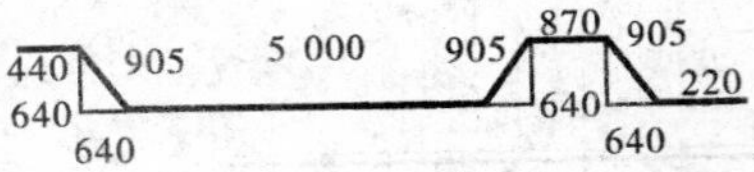 440 640 905 640 5 000 905 640 870 905 640 220 | 22 | 9 245 | 2 | 18.49 | 2.98 | 55.10 |
| ③ | 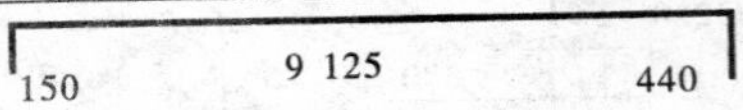 150 9 125 440 | 22 | 9 715 | 2 | 19.43 | 2.98 | 57.90 |
| ④ | 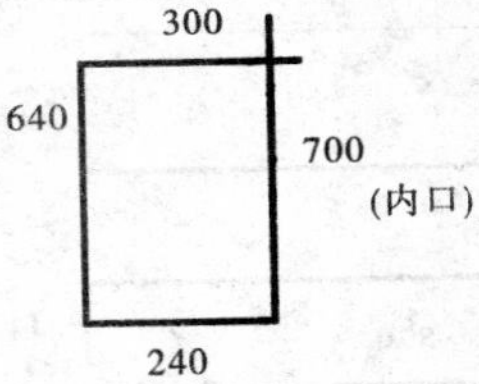 300 640 700 240 (内口) | 8 | 1 880 | 43 | 80.84 | 0.395 | 31.93 |
| ⑤ |  9 125 | 12 | 9 125 | 4 | 36.5 | 0.888 | 32.41 |
| ⑥ |  272 | 8 | 372 | 15 | 5.58 | 0.395 | 2.20 |
| 总质量(kg) | | | | | | | 249.8 |

(1)跨中正弯矩的 $M_R$ 图。跨中 $M_{max}$ 为 241.03 kN·m,需配 $A_s$ = 1 704 mm² 的纵筋,现实配 2 Φ 22 + 2 Φ 25($A_s$ = 1 742 mm²),因两者钢筋截面面积相近,故可直接在 $M$ 图上 $M_{max}$ 处,按各钢筋面积的比例划分出 2 Φ 25 及 2 Φ 22 钢筋能抵抗的弯矩值,这就可确定出各根钢筋的充分利用点和理论切断点。按预先布置,要从跨中弯起钢筋②至支座 $B$ 和支座 $A$,钢筋①将直通而不再弯起。由图 4-24 可以看出,跨中钢筋的弯起点至充分利用点的距离 $a$ 均满足大于 $0.5h_0$ = 328 mm 的条件。

(2)支座 B 负弯矩区的 $M_R$ 图。支座 $B$ 需配纵筋 1 522 mm²,实配 4 Φ 22($A_s$ = 1 520 mm²),两者钢筋截面面积也相近,故可直接在 $M$ 图上的支座 B 处四等分,每一等分即为 1 Φ 22所能承担的弯矩。在支座 B 左侧要弯下 2 Φ 22(钢筋②);另两根放在角隅的钢筋③因要绑扎箍筋形成骨架,兼作架立钢筋,必须全梁直通。在支座 $B$ 右侧只需弯下

2 Φ 22。

在梁的两侧应沿高度设置两排 2 Φ 12 纵向构造钢筋,并设置Φ 8@660 的连系拉筋。

七、施工图绘制

梁的抵抗弯矩图及结构施工图见图 4-24。

## 思考题

4-1 钢筋混凝土梁的斜截面破坏形态主要有哪三种?其破坏特征各是什么?

4-2 影响斜截面抗剪承载力的主要因素有哪些?

4-3 有腹筋梁斜截面受剪承载力计算公式是由哪种破坏形态建立起来的?该公式的适用条件是什么?

4-4 在梁的斜截面承载力计算中,若计算结果不需要配置腹筋,那么该梁是否仍需配置箍筋和弯起钢筋?若需要,应如何确定?

4-5 在斜截面受剪承载力计算时,为什么要验算截面尺寸和最小配箍率?

4-6 什么是抵抗弯矩图($M_R$ 图)?当纵向受拉钢筋切断或弯起时,$M_R$ 图上有什么变化?

4-7 在绘制 $M_R$ 图时,如何确定每一根钢筋所抵抗的弯矩?其理论切断点或充分利用点又是如何确定的?

4-8 梁中纵向钢筋的弯起与切断应满足哪些要求?

4-9 斜截面受剪承载力的计算位置如何确定?在计算弯起钢筋时,剪力值如何确定?

4-10 箍筋的最小直径和箍筋的最大间距分别与什么有关?

4-11 当受力钢筋伸入支座的锚固长度不满足要求时,可采取哪些措施?

4-12 架立钢筋的直径大小与什么有关?当梁高超过多少时需设置腰筋和拉筋?

## 习 题

4-1 某钢筋混凝土简支梁,一类环境条件,水工建筑物级别为 2 级,截面尺寸 $b \times h = 250\ mm \times 550\ mm$,梁的净跨 $l_n = 6\ m$,承受永久荷载标准值 $g_k = 15\ kN/m$(包括自重),可变均布荷载标准值 $q_k = 21\ kN/m$;采用 C20 混凝土,HPB235 级箍筋,取 $a_s = 40\ mm$。试计算箍筋数量。

4-2 某建筑物级别为 2 级的钢筋混凝土梁截面尺寸 $b \times h = 250\ mm \times 500\ mm$,在均布荷载作用下,产生的最大剪力设计值 $V = 188\ kN$。采用 C20 混凝土,HPB235 级箍筋,取 $a_s = 45\ mm$。试进行箍筋计算。

4-3 一建筑物级别为 2 级的矩形截面简支梁,截面尺寸 $b \times h = 200\ mm \times 500\ mm$,在集中荷载作用下,梁承受的最大剪力设计值 $V = 108\ kN$,采用 C20 混凝土,HRB335 级纵筋,HPB235 级箍筋,取 $a_s = 45\ mm$。试计算腹筋数量。

4-4　某承受均布荷载的楼板连续次梁，该建筑物级别为3级。截面尺寸 $b=250$ mm，$h=600$ mm，$b'_f=1\ 600$ mm，$h'_f=80$ mm；承受剪力设计值 $V=168$ kN；采用C25混凝土，HRB335级纵筋，HPB235级箍筋，取 $a_s=45$ mm。试配置腹筋。

4-5　已知矩形截面梁，建筑物级别为2级。截面尺寸 $b\times h=200\ \text{mm}\times 550\ \text{mm}$，承受均布荷载作用，配有双肢Φ6@150箍筋。混凝土采用C20，箍筋采用HPB235级钢筋。若支座边缘截面剪力设计值 $V=112$ kN，取 $a_s=45$ mm，试按斜截面承载力复核该梁是否安全？

4-6　某支承在砖墙上的钢筋混凝土矩形截面外伸梁，截面尺寸 $b\times h=250\ \text{mm}\times 700$ mm，其跨度 $l_1=7.0$ m，外伸臂长度 $l_2=1.62$ m，如图4-25所示。该梁处于一类环境条件，水工建筑物级别为2级，在正常使用期间承受永久荷载标准值 $g_{1k}=23$ kN/m、$g_{2k}=25$ kN/m（包括自重），可变均布荷载标准值 $q_{1k}=20$ kN/m、$q_{2k}=60$ kN/m，采用C20混凝土，纵向钢筋为HRB335级，箍筋为HPB235级。试设计此梁。

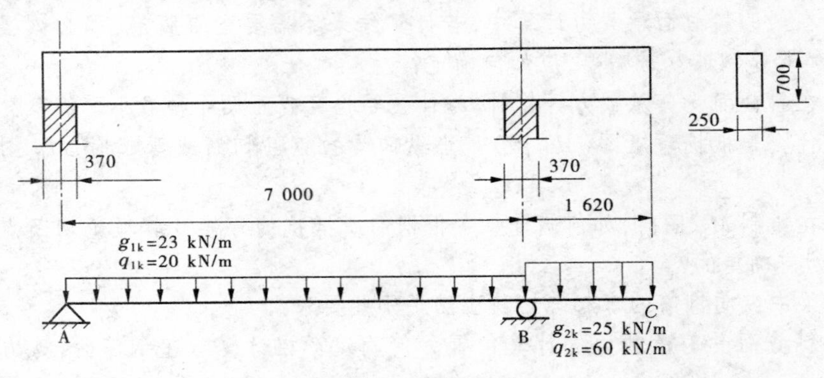


**图4-25　习题4-6图**

设计内容：

(1) 梁的内力计算，并绘出弯矩图和剪力图。

(2) 截面尺寸复核。

(3) 根据正截面承载力要求，确定纵向钢筋的用量。

(4) 根据斜截面承载力要求，确定腹筋的用量。

(5) 绘制梁的抵抗弯矩图（$M_R$ 图）。

(6) 绘制梁的结构施工图。

# 第五章　钢筋混凝土受压构件承载力计算

受压构件是以承受轴向压力为主的构件。受压构件在钢筋混凝土结构中应用非常广泛，常以柱的形式出现。在建筑结构中，柱支承水平结构构成空间，并逐层传递上部结构荷载至基础。如水闸工作桥立柱、渡槽排架立柱、水电站厂房立柱等。另外，闸墩、桥墩、箱形涵洞等也都属于受压构件。图 5-1 所示为渡槽排架立柱，承受槽身的自重及槽内水体的重力。图 5-2 所示为水闸工作桥及立柱，立柱主要承受相邻两孔纵梁传来的压力，并将荷载传递给闸墩。

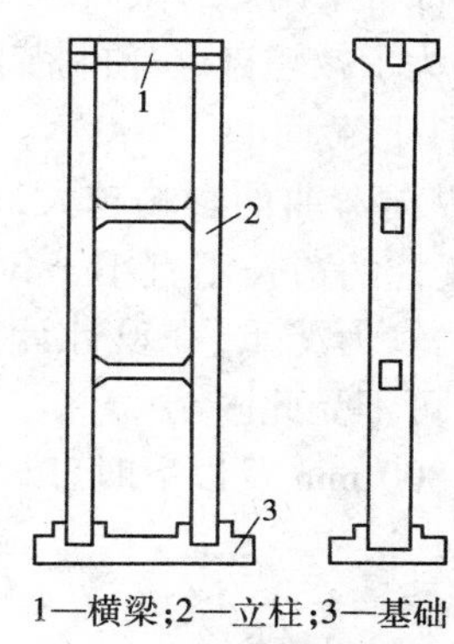


1—横梁；2—立柱；3—基础

**图 5-1　渡槽排架立柱**

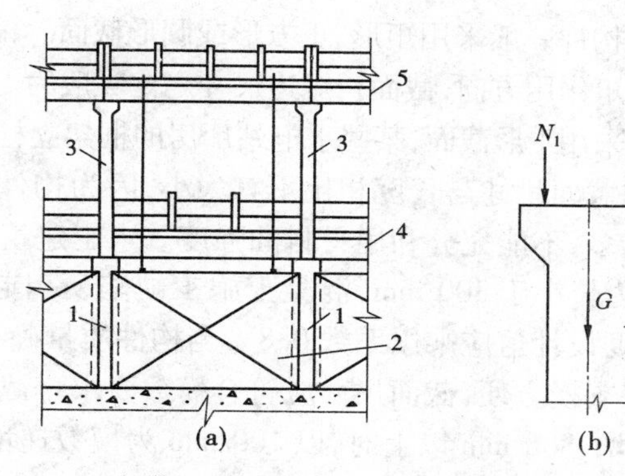


1—闸墩；2—闸门；3—支柱；4—公路桥；5—工作桥

**图 5-2　水闸工作桥及立柱**

根据轴向压力作用位置不同，受压构件可分为轴心受压构件和偏心受压构件两种类型。当轴向压力作用线与构件重心轴重合时，称为轴心受压构件；当轴向压力作用线与构件重心轴不重合时，称为偏心受压构件。轴心压力 $N$ 和弯矩 $M$ 共同作用，与偏心距为 $e_0$（$e_0 = M/N$）的轴向压力 $N$ 作用是等效的，因此同时承受轴心压力 $N$ 和弯矩 $M$ 作用的构件，也是偏心受压构件，如图 5-3 所示。实际工程中的单层厂房柱、多层框架结构的边柱以及有节间荷载作用的屋架的上弦杆等构件均属于偏心受压构件。

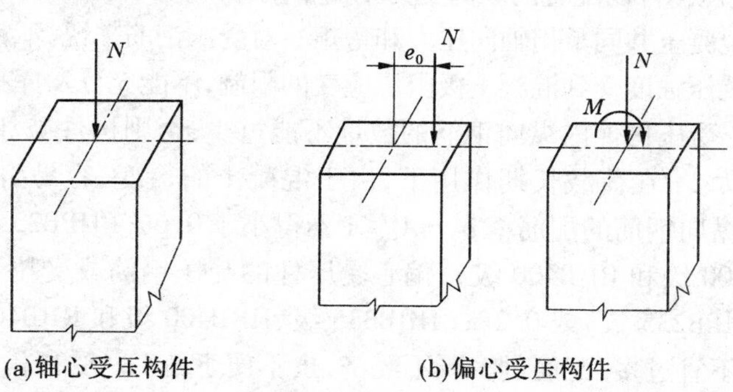


(a)轴心受压构件　　(b)偏心受压构件

**图 5-3　受压构件**

实际工程中，真正的轴心受压构件是不存在的。由于施工时钢筋位置和截面几何尺寸的误差、构件混凝土浇筑的不均匀、实际的荷载合力对构件截面重心来说总是或多或少存在着偏心，钢筋的不对称布置，装配式构件安装定位的不准确，都会导致轴向力产生偏心。但有些构件，如恒载较大的等跨多层房屋的中间柱、桁架的受压腹杆、码头中的桩等构件，因为主要承受轴向压力，弯矩很小，一般可忽略弯矩的影响，近似按轴心受压构件设计。

## 第一节 受压构件的构造规定

### 一、截面形式和尺寸

轴心受压构件一般采用矩形、正方形或圆形截面。偏心受压构件常采用矩形截面，截面长边布置在弯矩作用方向，截面长短边尺寸之比一般为1.5~2.5。为了减轻自重，预制装配式受压柱也可采用I形截面，某些水电站厂房的框架立柱也有采用T形截面的。

受压构件截面尺寸与长度相比不宜太小，因为构件越细长，纵向弯曲的影响越大，承载力降低得越多，不能充分利用材料的强度。水工建筑中，现浇立柱的边长不宜小于300 mm。若立柱边长小于300 mm，混凝土施工缺陷所引起的影响就较为严重，在设计计算时，混凝土强度设计值应乘以系数0.8。当构件质量确有保证时，可不受此限制。

为了施工支模方便，截面尺寸应符合模数要求。截面边长在800 mm及以下时，以50 mm为模数递增，800 mm以上时，以100 mm为模数递增。

### 二、混凝土材料

混凝土强度等级对受压构件的承载力影响较大。采用强度等级较高的混凝土，可减小构件截面尺寸并节省钢材，比较经济。受压构件常用的混凝土强度等级是C25或更高强度等级的混凝土；当截面尺寸不是由强度条件决定时（如闸墩、桥墩），也可采用C15、C20混凝土。

### 三、纵向钢筋

（1）强度。受压构件内配置的纵向受力钢筋常用HRB335级、HRB400级或RRB400级，纵向受力钢筋与混凝土共同承担轴向压力和弯矩。对受压钢筋来说，不宜采用高强度钢筋，这是因为钢筋的抗压强度受到混凝土极限压应变的限制，不能充分发挥其高强度作用。

（2）配筋率。受压构件内纵向钢筋的数量不能过少；否则构件破坏时呈脆性，对抗震不利。同时钢筋太少，在荷载长期作用下，由于混凝土的徐变，容易引起钢筋过早屈服。轴心受压柱全部纵向钢筋的配筋率$\rho' = A_s'/A$不得小于0.6%（HPB235级和HRB335级）或0.55%（HRB400级和RRB400级）；偏心受压柱的受压钢筋或受拉钢筋的配筋率均不得小于0.25%（HPB235级）或0.2%（HRB335级、HRB400级和RRB400级）。

纵向钢筋也不宜过多，配筋过多既不经济，也不便于施工。受压构件内全部纵向钢筋的经济配筋率为0.8%~2%。当荷载较大及截面尺寸受限制时，配筋率可适当提高，但全部纵向钢筋配筋率不宜超过5%。

(3)根数与直径。正方形和矩形柱中纵向钢筋的根数不得少于4根,每边不得少于2根;圆形柱中纵向钢筋宜沿周边均匀布置,根数不宜少于8根,且不应少于6根。纵向受力钢筋直径 $d$ 不宜小于12 mm,过小则钢筋骨架柔性大,施工不便。为了减少钢筋可能产生的纵向弯曲,最好采用较粗的钢筋。工程中通常在12~32 mm范围内选择。

(4)布置与间距。轴心受压柱的纵向受力钢筋应沿周边均匀布置;偏心受压柱的纵向受力钢筋则沿垂直于弯矩作用平面的两个侧面布置。柱截面每个角必须有一根钢筋。

轴心受压柱中各边的纵向受力钢筋和偏心受压柱中垂直于弯矩作用平面的侧面上的纵向受力钢筋,其间距(中距)不应大于300 mm。现浇时(竖向浇筑混凝土)纵向钢筋的净距不应小于50 mm,如图5-4所示。在水平位置上浇筑的预制柱,其纵向钢筋的最小净距可参照梁的规定取用。

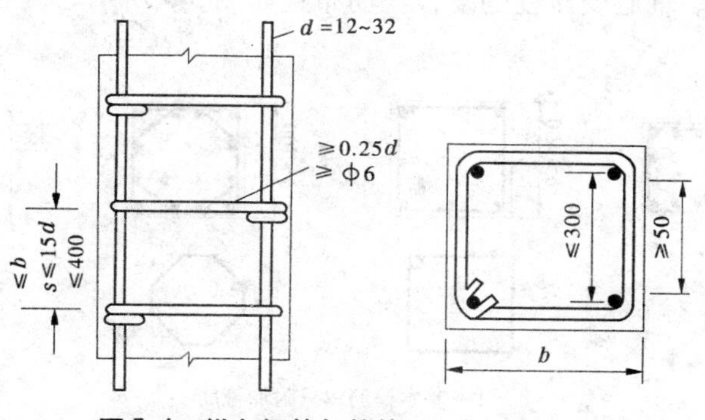


**图5-4　纵向钢筋与箍筋**　(单位:mm)

当偏心受压柱的截面长边 $h \geq 600$ mm时,沿平行于弯矩作用平面的两个侧面应设置直径为10~16 mm的纵向构造钢筋,其间距不应大于400 mm,并相应设置复合箍筋或连系拉筋。

(5)纵向钢筋混凝土保护层厚度的要求与梁相同。

## 四、箍筋

(1)作用、级别与形状。受压构件中的箍筋既可保证纵向钢筋的位置正确,又可防止纵向钢筋受压时向外弯凸和混凝土保护层横向胀裂剥落,还可以抵抗剪力,从而提高柱的承载能力和延性。受压构件的箍筋一般采用HPB235级和HRB335级钢筋,且应做成封闭式,并与纵筋绑扎或焊接形成整体骨架。

(2)直径与间距。箍筋直径不应小于0.25倍纵向钢筋的最大直径,且不应小于6 mm。箍筋的间距(中距)不应大于400 mm,亦不应大于构件截面的短边尺寸;同时,在绑扎骨架中不应大于 $15d$,在焊接骨架中不应大于 $20d$($d$ 为纵向钢筋的最小直径)。如图5-4所示。

当柱内纵向钢筋采用绑扎搭接时,搭接长度范围内的箍筋应加密,当钢筋受拉时,其箍筋间距 $s$ 不应大于 $5d$,且不应大于100 mm;当钢筋受压时,箍筋间距不应大于 $10d$,($d$ 为搭接钢筋中的最小直径)且不应大于200 mm。箍筋直径不应小于搭接钢筋较大直径的0.25倍。当受压钢筋直径 $d>25$ mm时，尚应在搭接接头两个端面外100 mm范围内各设置两个箍筋。

当柱中全部纵向受力钢筋的配筋率超过3%时，箍筋直径不宜小于8 mm，间距不应大于10$d$（$d$为纵向钢筋的最小直径），且不应大于200 mm。箍筋末端应做成135°弯钩且弯钩末端平直段长度不应小于箍筋直径的10倍；箍筋也可焊成封闭环式。

（3）复合箍筋。当柱截面短边尺寸大于400 mm且各边纵向钢筋多于3根时，或当柱截面短边尺寸不大于400 mm，但各边纵向钢筋多于4根时，应设置复合箍筋，以防止位于中间的纵向钢筋向外弯凸。复合箍筋布置原则是尽可能使每根纵向钢筋均处于箍筋的转角处，若纵向钢筋根数较多，允许纵向钢筋隔一根位于箍筋的转角处，以使纵向钢筋能在两个方向受到固定。轴心受压柱的复合箍筋布置如图5-5所示。偏心受压柱的复合箍筋布置如图5-6所示。

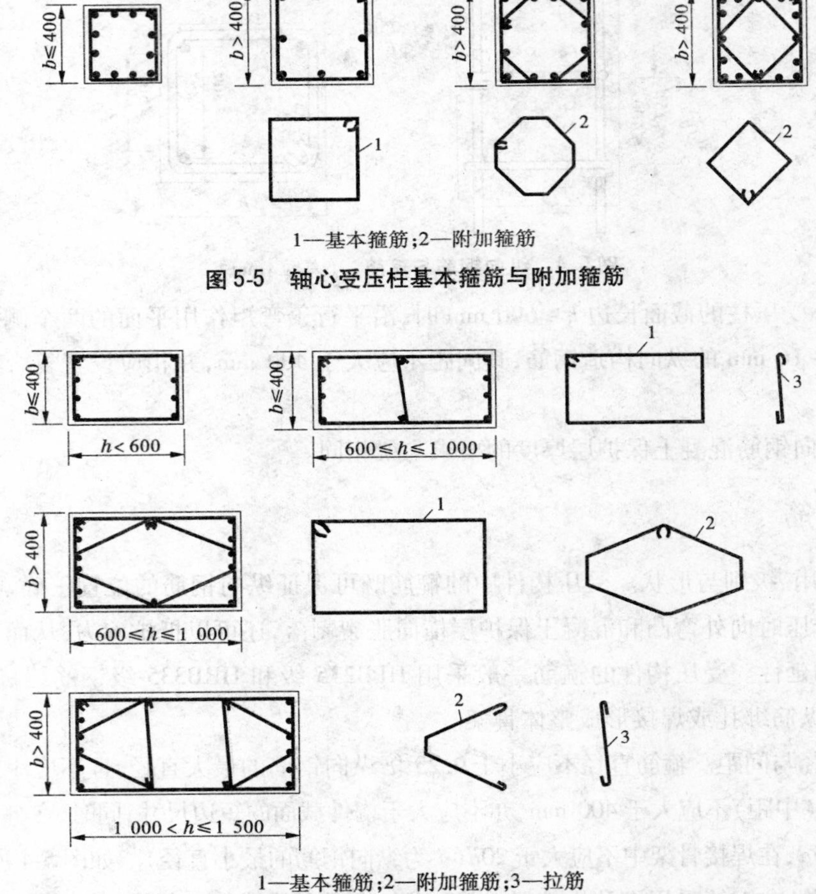


1—基本箍筋；2—附加箍筋

**图5-5　轴心受压柱基本箍筋与附加箍筋**

1—基本箍筋；2—附加箍筋；3—拉筋

**图5-6　偏心受压柱基本箍筋与附加箍筋**　（单位：mm）

当柱中纵向钢筋按构造配置，钢筋强度未充分利用时，箍筋的配置要求可适当放宽。

# 第二节　轴心受压构件正截面承载力计算

## 一、试验分析

钢筋混凝土轴心受压柱按箍筋配置方式不同,可分为配有纵筋和普通箍筋的普通箍筋柱以及配有纵筋和螺旋式或焊接环式箍筋的螺旋箍筋柱。

柱承载力计算理论也是建立在试验基础上的。试验表明,柱长细比对柱的承载力影响较大。轴心受压柱的长细比是指柱计算长度 $l_0$ 与截面最小回转半径 $i$ 或矩形截面的短边尺寸 $b$ 之比。当 $l_0/i \leqslant 28$ 或 $l_0/b \leqslant 8$ 时,为短柱;当 $l_0/i > 28$ 或 $l_0/b > 8$ 时,为长柱。

### (一)短柱破坏试验

配有纵筋和箍筋的短柱,在轴心压力作用下,短柱全截面受压。当荷载较小时,由于钢筋与混凝土之间存在黏结力,材料处于弹性状态,混凝土与钢筋始终保持共同变形,两者压应变始终保持一致,整个截面的压应变是均匀分布的,混凝土与钢筋的应力比值基本上等于两者弹性模量之比。

随着荷载逐渐增大,混凝土塑性变形开始发展,其变形模量降低。随着柱子变形的增大,混凝土应力增加得越来越慢,而钢筋由于在屈服之前一直处于弹性阶段,所以其应力增加始终与其应变成正比,两者的应力比值不再等于弹性模量之比。若荷载长期持续作用,混凝土将发生徐变,钢筋与混凝土之间会产生应力重分配,使混凝土的应力有所降低,钢筋的应力有所增加。

当轴向压力达到柱子破坏荷载的90%时,柱子由于横向变形达到极限而出现与压力方向平行的纵向裂缝(见图5-7(a)),混凝土保护层剥落,最后,箍筋间的纵向钢筋向外弯凸,混凝土被压碎而破坏(见图5-7(b))。破坏时,混凝土的应力达到轴心抗压强度 $f_c$,钢筋应力也达到受压屈服强度 $f'_y$。

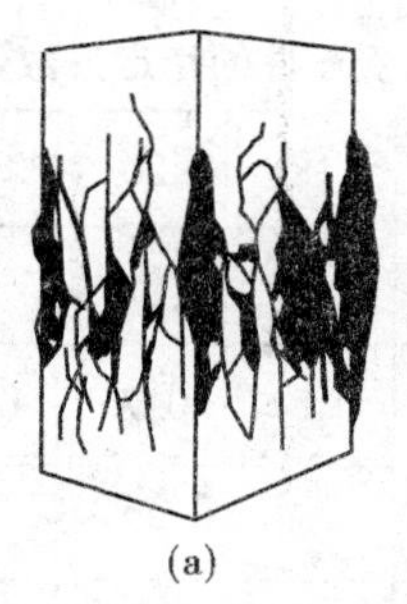

(a)

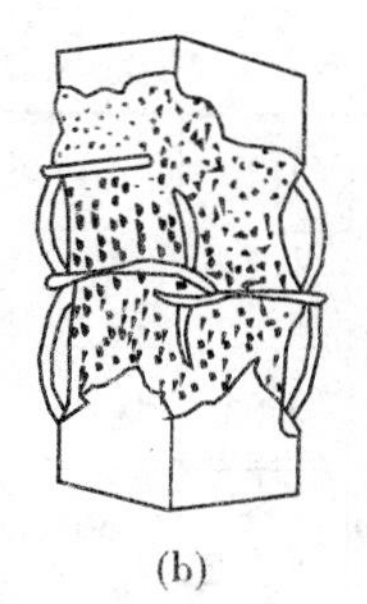

(b)

图5-7　轴心受压短柱的破坏形态

试验表明,柱子延性的好坏主要取决于箍筋的数量和形式。箍筋数量越多,对柱子的侧向约束程度越大,柱子的延性就越好。特别是螺旋箍筋,对增加延性的效果更有效。

短柱破坏时,对一般中等强度的钢筋,是纵筋先达到屈服强度,此时荷载仍可继续增加,最后混凝土达到其极限压应变,构件破坏。当采用高强钢筋时,在混凝土达到极限应力时,钢筋没有达到屈服强度,在继续变形一段后,构件破坏。因此,在柱内采用高强钢筋作为受压钢筋时,不能充分发挥其高强度作用,这是不经济的。

**(二)长柱破坏试验**

长柱在轴向压力作用下,不仅发生压缩变形,同时还发生纵向弯曲,产生横向挠度。在荷载不大时,长柱全截面受压,但由于发生弯曲,内凹一侧的压应力比外凸一侧的压应力大。随着荷载增加,凸侧由受压突然变为受拉,出现水平的受拉裂缝,破坏前,横向挠度增加得很快,使长柱的破坏比较突然。破坏时,凹侧混凝土被压碎,纵向钢筋被压弯而向外弯凸(见图5-8)。

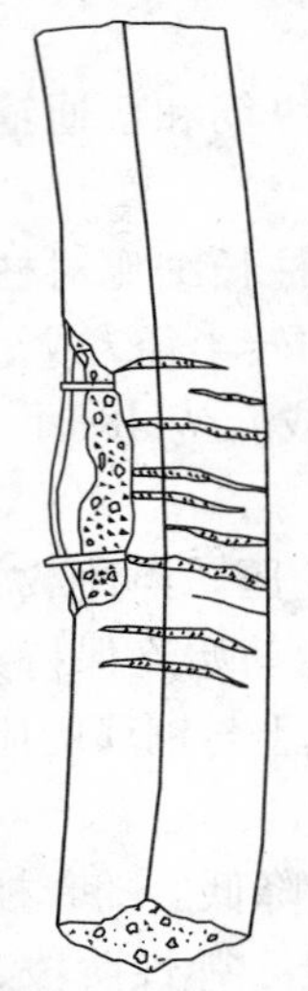

图5-8 轴心受压长柱的破坏形态

工程中的轴心受压柱都存在初始偏心距。初始偏心距对短柱的影响可以忽略不计,而对长柱的影响较大。长柱在荷载作用下,初始偏心距产生附加弯矩,附加弯矩产生的横向挠度又加大了偏心距,相互影响的结果使长柱最终在轴向压力和弯矩共同作用下发生破坏。很细长的长柱还有可能发生失稳破坏。

将截面尺寸、混凝土强度等级和配筋面积相同的长柱与短柱比较,发现长柱的承载力小于短柱,并且柱子越细长小得越多。因此,设计中必须考虑长细比对承载力降低的影响,常用稳定系数 $\varphi$ 表示长柱承载力较短柱降低的程度。

试验表明,影响 $\varphi$ 值的主要因素是柱的长细比。当 $l_0/b \leqslant 8$ 时,为短柱,可不考虑纵向弯曲的影响(侧向挠度很小,不影响构件的承载能力),取 $\varphi = 1.0$;当 $l_0/b > 8$ 时,为长柱,$\varphi$ 值随 $l_0/b$ 的增大而减小,$\varphi$ 值与 $l_0/b$ 的关系见表5-1。轴心受压构件长细比超过一定数值后,构件可能发生失稳破坏,因此对一般建筑物的柱子,常限制长细比 $l_0/b \leqslant 30$ 及 $l_0/h \leqslant 25$($b$ 为截面短边尺寸,$h$ 为长边尺寸)。

表5-1 钢筋混凝土轴心受压柱的稳定系数 $\varphi$

| $l_0/b$ | ≤8 | 10 | 12 | 14 | 16 | 18 | 20 | 22 | 24 | 26 | 28 |
|---|---|---|---|---|---|---|---|---|---|---|---|
| $l_0/i$ | ≤28 | 35 | 42 | 48 | 55 | 62 | 69 | 76 | 83 | 90 | 97 |
| $\varphi$ | 1.0 | 0.98 | 0.95 | 0.92 | 0.87 | 0.81 | 0.75 | 0.70 | 0.65 | 0.60 | 0.56 |
| $l_0/b$ | 30 | 32 | 34 | 36 | 38 | 40 | 42 | 44 | 46 | 48 | 50 |
| $l_0/i$ | 104 | 111 | 118 | 125 | 132 | 139 | 146 | 153 | 160 | 167 | 174 |
| $\varphi$ | 0.52 | 0.48 | 0.44 | 0.40 | 0.36 | 0.32 | 0.29 | 0.26 | 0.23 | 0.21 | 0.19 |

注:表中 $l_0$ 为构件计算长度,按表5-2计算;$b$ 为矩形截面的短边尺寸;$i$ 为截面最小回转半径。

柱的计算长度 $l_0$ 与构件的两端支承情况有关,可由表5-2查得。在实际工程中,支座情况并非理想的完全固定或完全铰接,应根据具体情况按照规范规定确定柱的计算长度。

表 5-2　构件的计算长度 $l_0$

| 构件及两端约束情况 | | 计算长度 $l_0$ |
|---|---|---|
| 直杆 | 两端固定 | $0.5l$ |
| | 一端固定,一端为不移动的铰 | $0.7l$ |
| | 两端均为不移动的铰 | $1.0l$ |
| | 一端固定,一端自由 | $2.0l$ |
| 拱 | 三铰拱 | $0.58S$ |
| | 双铰拱 | $0.54S$ |
| | 无铰拱 | $0.36S$ |

注:$l$ 为构件支点间长度;$S$ 为拱轴线长度。

## 二、普通箍筋柱的计算

### (一)计算公式

根据上述受力分析,轴心受压构件正截面受压承载力计算简图如图 5-9 所示。根据计算简图和内力平衡条件,并满足承载能力极限状态设计表达式的要求,可得轴心受压普通箍筋柱正截面受压承载力计算公式:

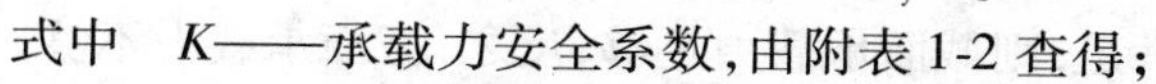

$$KN \leqslant \varphi(f_c A + f_y' A_s') \tag{5-1}$$

式中　$K$——承载力安全系数,由附表 1-2 查得;

$N$——轴向压力设计值;

$\varphi$——钢筋混凝土轴心受压柱稳定系数,由表 5-1 查得;

$f_c$——混凝土轴心抗压强度设计值;

$A$——构件截面面积,当纵向钢筋配筋率 $\rho' = A'_s/A > 3\%$ 时,式中 $A$ 应改用混凝土净截面面积,$A_n = A - A'_s$;

$f'_y$——纵向钢筋抗压强度设计值;

$A'_s$——全部纵向钢筋的截面面积。

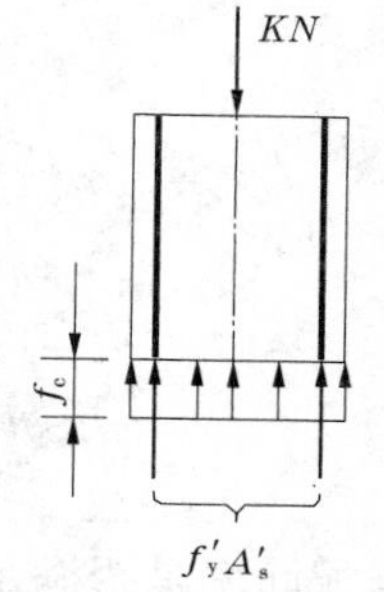


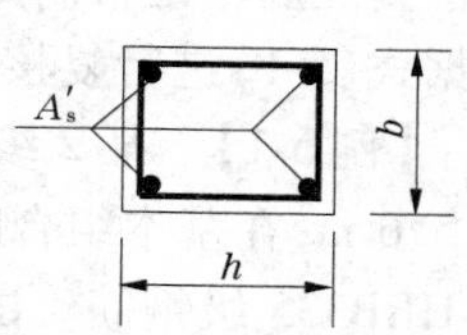


图 5-9　轴心受压构件正截面受压承载力计算简图

### (二)截面设计

柱的截面尺寸可由构造要求或参照同类结构确定,然后根据构件的长细比由表 5-1 查出 $\varphi$ 值,再用式(5-1)计算钢筋截面面积。

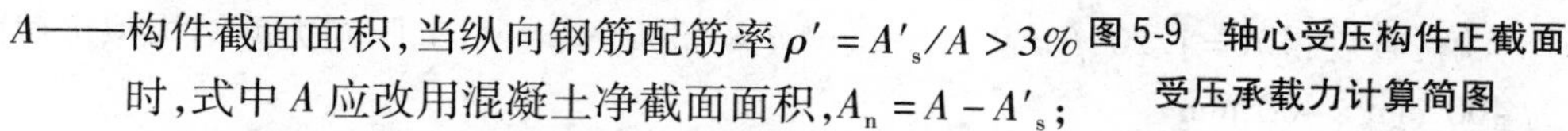

$$A'_s = \frac{KN - \varphi f_c A}{\varphi f_y'} \tag{5-2}$$

计算出钢筋截面面积 $A'_s$ 后,应验算配筋率 $\rho'$ 是否合适(柱子的经济配筋率为 0.8% ~ 2%)。如果 $\rho'$ 过小或过大,说明截面尺寸选择不当,需要重新选择与计算。

截面设计步骤见图 5-10。

### (三)承载力复核

承载力复核时,构件的计算长度、截面尺寸、材料强度、纵向钢筋截面面积均为已知,

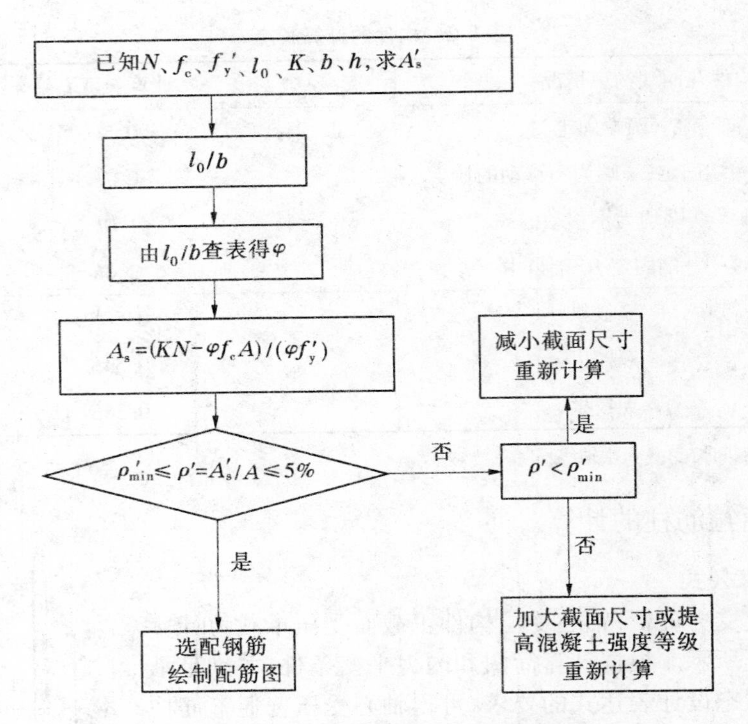


**图 5-10 轴心受压构件正截面设计流程图**

先检查配筋率是否满足经济配筋率的要求，然后根据构件的长细比由表 5-1 查出 $\varphi$ 值，再根据式(5-1)进行复核。若式(5-1)得到满足，则截面承载力足够；反之，截面承载力不够。

**【例 5-1】** 某 2 级建筑物中的现浇轴心受压柱，柱底固定，顶部为不移动铰接，柱高 $l=5.6$ m，在基本组合时，柱底截面承受的轴心压力设计值 $N=1\ 771$ kN，采用 C20 混凝土及 HRB335 级钢筋。试设计截面并配筋。

**解**：查表得 $K=1.20$，$f_c=9.6\ \text{N/mm}^2$，$f_y'=300\ \text{N/mm}^2$，参照同类型结构拟定截面尺寸为 400 mm×400 mm。

(1)确定稳定系数 $\varphi$。

由表 5-2 可得，$l_0=0.7l=0.7\times5.6=3.92(\text{m})=3\ 920$ mm

$l_0/b=3\ 920/400=9.8>8$，属长柱，由表 5-1 查得 $\varphi=0.982$。

(2)计算 $A'_s$。

$$A'_s=\frac{KN-\varphi f_c A}{\varphi f'_y}$$

$$=\frac{1.20\times1\ 771\times10^3-0.982\times9.6\times400^2}{0.982\times300}=2\ 094(\text{mm}^2)$$

$$\rho'=A'_s/A=2\ 094/400^2=1.31\%$$

$\rho'$在经济配筋率范围内，拟定的截面尺寸合理。

(3)选配钢筋并绘制截面配筋图。

受压钢筋选用 8 Φ 18($A'_s=2\ 036\ \text{mm}^2$)，箍筋选用Φ 6@250。截面配筋见图 5-11。

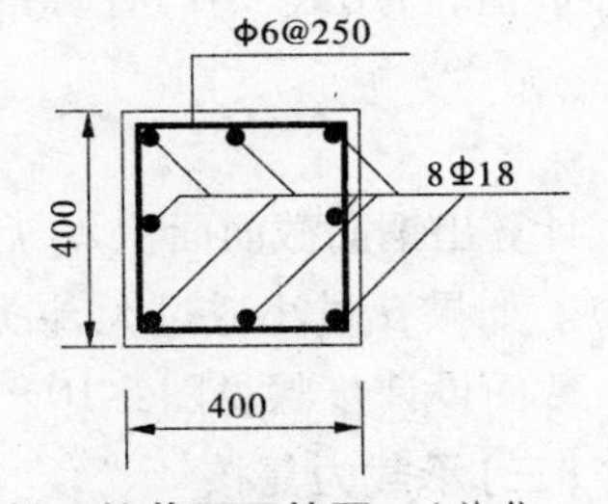


**图 5-11 柱截面配筋图** (单位:mm)

# 第三节 偏心受压构件的破坏特征

## 一、试验分析

按截面破坏特征不同，偏心受压构件破坏划分为大偏心受压破坏和小偏心受压破坏两类。

**（一）大偏心受压破坏**

当轴向力的偏心距较大时，截面部分受拉、部分受压，如果受拉区配置的受拉钢筋数量适当，则构件在受力后，首先在受拉区产生横向裂缝。随着荷载不断增加，裂缝将不断开展延伸，受拉钢筋应力首先达到受拉屈服强度，随着钢筋塑性的增加，中和轴向受压区移动，受压区高度迅速减小，压应变急剧增加，最后混凝土达到极限压应变而被压碎，构件破坏。破坏时受压钢筋应力达到抗压屈服强度。由于这种破坏发生于轴向力偏心距较大的情况，因此称为“大偏心受压破坏”。其破坏过程类似于配有受压钢筋的适筋梁。由于破坏是从受拉区开始的，故这种破坏又称为“受拉破坏”。大偏心受压破坏前具有明显的预兆，钢筋屈服后构件的变形急剧增大，裂缝显著开展，属于延性破坏。当截面给定时，其承载能力主要取决于受拉钢筋。形成受拉破坏的条件是：偏心距较大，同时受拉钢筋数量适当。图 5-12 为大偏心受压破坏截面应力图形。

**（二）小偏心受压破坏**

小偏心受压破坏包括下列三种情况：

（1）偏心距很小时，截面全部受压，如图 5-13（a）所示。

（2）偏心距较小时，截面大部分受压，小部分受拉，如图 5-13（b）所示。

（3）偏心距较大且受拉钢筋配置过多时，截面部分受拉，部分受压，如图 5-13（c）所示。

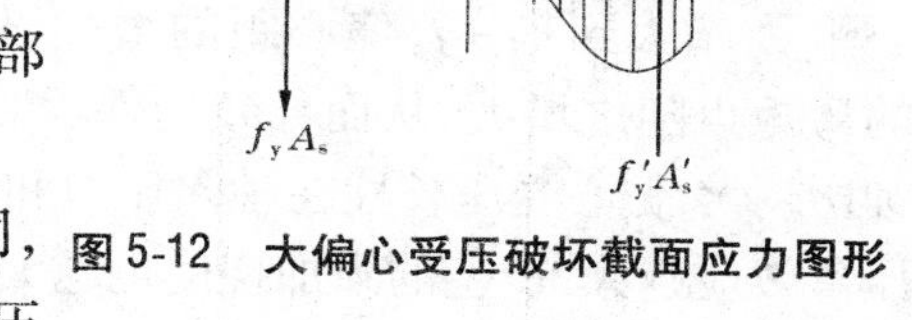


图 5-12　大偏心受压破坏截面应力图形

上述三种情况，尽管破坏时应力状态有所不同，但破坏特征是相似的。即靠近轴向压力一侧的受压混凝土首先被压碎，与此同时，这一侧的纵向受压钢筋应力也达到抗压屈服强度；而远离轴向压力一侧的纵向钢筋，不论是受压还是受拉，一般不会屈服。由于上述三种破坏情况中的前两种是在偏心距较小时发生的，故统称为“小偏心受压破坏”。小偏心受压破坏前变形没有急剧的增长，破坏无明显预兆（裂缝开展不明显，变形较小），属于脆性破坏。当截面给定时，其承载能力主要取决于受压区混凝土及受压钢筋。形成受压破坏的条件是：偏心距较小，或偏心距较大但受拉钢筋数量过多。

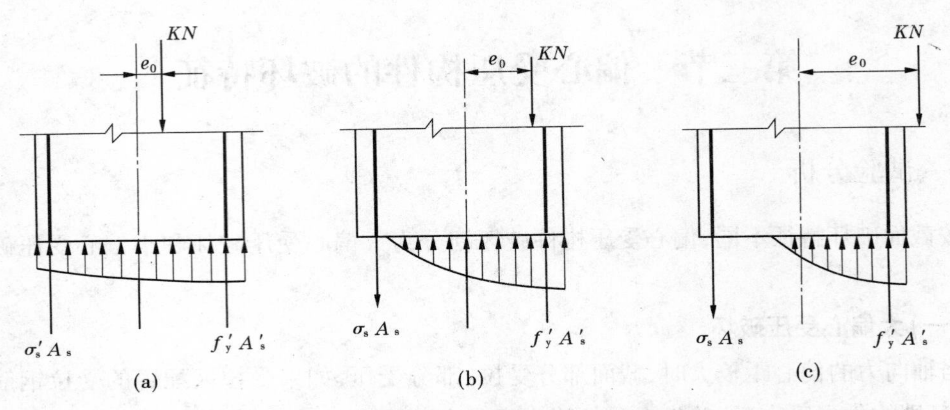


图 5-13　小偏心受压破坏截面应力图形

## 二、大、小偏心受压破坏形态的界限

由于大、小偏心受压的破坏特征分别与配有受压钢筋的适筋梁和超筋梁的破坏特征相同,因此大、小偏心受压破坏的界限条件与上述适筋梁和超筋梁破坏的界限条件相类似,即在受拉侧钢筋应力达到屈服的同时,受压区混凝土恰好达到极限压应变而破坏,这种破坏为大、小偏心受压的界限破坏。界限破坏时的界限相对受压区高度 $\xi_b$ 的计算与梁相同。当 $\xi \leqslant \xi_b$ 时,截面破坏时受拉钢筋屈服,属于大偏心受压;当 $\xi > \xi_b$ 时,截面破坏时受拉钢筋未达到屈服,属于小偏心受压。

## 三、偏心受压构件的纵向弯曲及偏心距增大系数

试验表明,偏心受压长柱的承载力低于相同截面尺寸和配筋的偏心受压短柱。这是因为在偏心轴向力 $N$ 作用下,细长的构件会产生附加挠度 $f$(见图 5-14),以致轴向力 $N$ 对长柱跨长中间截面重心的实际偏心距从初始偏心距 $e_0$ 增大到 $e_0+f$,偏心距的增大,使得作用在截面上的弯矩也随之增大,从而导致构件承载力降低。显然,长细比越大,偏心受压长柱在轴向压力和弯矩共同作用下的压弯效应越大,产生的附加挠度也越大,承载力降低越多。因此,钢筋混凝土偏心受压长柱承载力计算应考虑长细比对承载力降低的影响。考虑的方法是将初始偏心距 $e_0$ 乘以一个大于 1 的偏心距增大系数 $\eta$,即

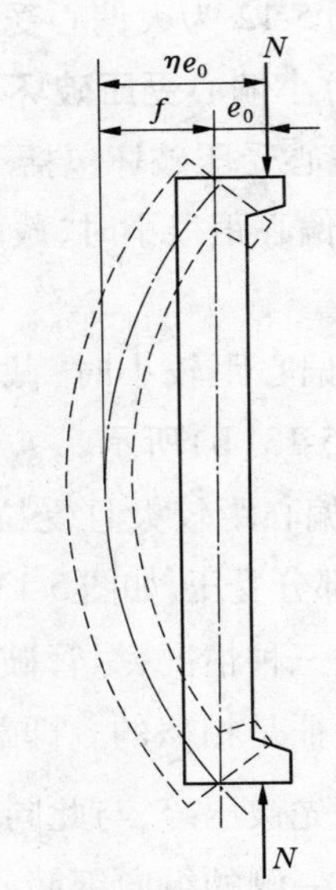


图 5-14　偏心受压长柱纵向弯曲变形

$$e_0 + f = \left(1 + \frac{f}{e_0}\right)e_0 = \eta e_0 \tag{5-3}$$

根据偏心受压构件试验挠曲线的实测结果和理论分析,《规范》给出了偏心距增大系数的计算公式。对矩形、T 形、I 形、圆形和环形截面偏心受压构件,其偏心距增大系数可按下列公式计算:

$$\eta = 1 + \frac{1}{1\,400\,\frac{e_0}{h_0}}\left(\frac{l_0}{h}\right)^2 \zeta_1 \zeta_2 \tag{5-4}$$

$$\zeta_1 = \frac{0.5 f_c A}{KN} \tag{5-5}$$

$$\zeta_2 = 1.15 - 0.01\frac{l_0}{h} \tag{5-6}$$

式中 $e_0$——轴向压力对截面重心的偏心距，$e_0 = M/N$，当 $e_0 < h_0/30$ 时，取 $e_0 = h_0/30$；

$l_0$——构件的计算长度，一般情况下按表 5-2 确定；

$h$——截面高度；

$h_0$——截面有效高度；

$A$——构件截面面积；

$\zeta_1$——考虑截面应变对截面曲率的影响系数，当 $\zeta_1 > 1$ 时，取 $\zeta_1 = 1.0$，对于大偏心受压构件，直接取 $\zeta_1 = 1.0$；

$\zeta_2$——考虑构件长细比对截面曲率的影响系数，当 $l_0/h < 15$ 时，取 $\zeta_2 = 1.0$。

当 $l_0/h \leqslant 8$ 时，属于短柱，可取偏心距增大系数 $\eta = 1.0$；当 $8 < l_0/h \leqslant 30$ 时，属于中长柱，$\eta$ 按式(5-4)计算；当 $l_0/h > 30$ 时，属于细长柱，构件可能引起失稳破坏，应加以避免。

## 第四节 矩形截面偏心受压构件正截面受压承载力计算

钢筋混凝土矩形截面偏心受压构件的正截面受压承载力计算采用的基本假定与受弯构件基本相同。

### 一、基本公式

#### (一)大偏心受压构件

根据大偏心受压破坏时的截面应力图形(见图 5-12)和基本假定，大偏心受压构件的正截面受压承载力计算简图见图 5-15，靠近轴向力一侧的钢筋为 $A'_s$，远离轴向力一侧的钢筋为 $A_s$。

根据承载力计算简图及截面内力平衡条件，并满足承载能力极限状态设计表达式的要求，可建立大偏心受压构件正截面受压承载力计算基本公式如下：

$$KN \leqslant f_c bx + f_y' A'_s - f_y A_s \tag{5-7}$$

$$KNe \leqslant f_c bx(h_0 - 0.5x) + f_y' A'_s(h_0 - a'_s) \tag{5-8}$$

式中 $e$——轴向压力作用点至钢筋 $A_s$ 合力点的距离，$e = \eta e_0 + h/2 - a_s$，其中，$e_0$ 为轴向压力对截面重心的偏心距，$e_0 = M/N$，$\eta$ 为轴向压力偏心矩增大系数，$a_s$ 为远侧钢筋 $A_s$ 合力点至截面近边缘的距离；

$a'_s$——近侧钢筋 $A'_s$ 合力点至截面近边缘的距离；

$A_s$、$A'_s$——配置在远离或靠近轴向压力一侧的纵向钢筋截面面积；

其他符号意义同前。

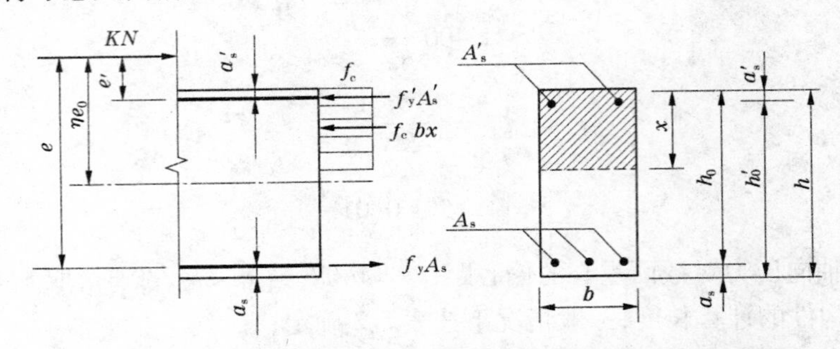


图 5-15 矩形截面大偏心受压构件正截面受压承载力计算简图

为了计算方便,可将基本公式改写为如下的实用公式:

将 $x=\xi h_0$ 代入基本公式(5-7)和式(5-8)中,并令 $\alpha_s=\xi(1-0.5\xi)$,则可得出

$$KN \leqslant f_c b\xi h_0 + f_y'A'_s - f_yA_s \tag{5-9}$$

$$KNe \leqslant \alpha_s f_c bh_0^2 + f_y'A'_s(h_0 - a'_s) \tag{5-10}$$

基本公式和实用公式应满足下列适用条件:

(1)为了保证构件破坏时受拉钢筋应力能达到屈服强度,应满足 $x \leqslant \xi_b h_0$ 或 $\xi \leqslant \xi_b$。

(2)为了保证构件破坏时受压钢筋应力能达到屈服强度,应满足 $x \geqslant 2a'_s$。

当 $x<2a'_s$ 时,受压钢筋的应力达不到 $f_y'$,为偏于安全并为计算方便,取 $x=2a'_s$,对受压钢筋 $A'_s$ 合力点取矩可得

$$KNe' \leqslant f_yA_s(h_0 - a'_s) \tag{5-11}$$

式中 $e'$——轴向压力作用点至受压钢筋 $A'_s$ 合力点的距离,$e'=\eta e_0 - h/2 + a'_s$。

**(二)小偏心受压构件**

根据小偏心受压破坏时的截面应力图形(见图 5-13)和基本假定,简化出小偏心受压构件的正截面受压承载力计算简图(见图 5-16)。靠近轴向力一侧的钢筋为 $A'_s$,远离轴向力一侧的钢筋为 $A_s$。

根据承载力计算简图和截面内力平衡条件,并满足承载能力极限状态设计表达式的要求,可建立矩形截面小偏心受压构件正截面受压承载力计算基本公式如下:

$$KN \leqslant f_c bx + f_y'A'_s - \sigma_sA_s \tag{5-12}$$

$$KNe \leqslant f_c bx(h_0 - 0.5x) + f_y'A'_s(h_0 - a'_s) \tag{5-13}$$

式中 $e$——轴向压力作用点至钢筋 $A_s$ 合力点之间的距离,$e=\eta e_0 + h/2 - a_s$。

远离轴向力一侧的纵向钢筋 $A_s$,无论是受压还是受拉,均未达到屈服,其应力 $\sigma_s$ 随 $\xi$ 呈线性变化,可按下列近似公式进行计算:

$$\sigma_s = \frac{\xi - 0.8}{\xi_b - 0.8}f_y \tag{5-14}$$

当 $KN > f_c bh$ 时,由于偏心距很小而轴向力很大,构件全截面受压($x=h$),若远离轴向力的一侧的钢筋 $A_s$ 配得过少,则该侧混凝土就可能先达到极限压应变而破坏,钢筋 $A_s$ 也同时达到屈服强度。为了防止这种情况发生,以 $A'_s$ 为矩心建立方程对 $A_s$ 复核,$A_s$ 应满足如下条件:

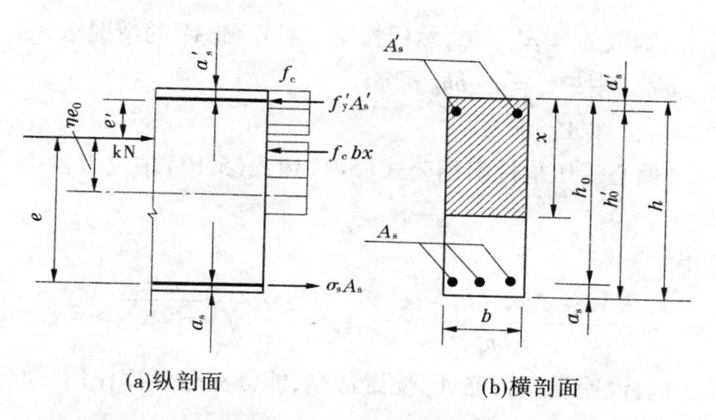


图 5-16　矩形截面小偏心受压构件正截面受压承载力计算简图

$$KNe' \leqslant f_c bh(h'_0 - 0.5h) + f_y' A_s(h'_0 - a_s) \tag{5-15}$$

式中　$e'$——轴向力作用点至钢筋 $A'_s$ 合力点的距离，$e' = 0.5h - a'_s - e_0$，此处，为偏于安全考虑，取 $\eta = 1.0$；

$h'_0$——受压钢筋 $A'_s$ 合力点至钢筋 $A_s$ 一侧混凝土表面的距离，$h'_0 = h - a'_s$。

## 二、截面设计

偏心受压构件截面设计，首先由结构内力分析得出作用在控制截面上的轴向力设计值 $N$ 和弯矩设计值 $M$，根据经验或参照同类结构选择材料及拟定截面尺寸，然后计算钢筋截面面积 $A_s$ 及 $A'_s$，并进行配筋。当计算结果不合理时，则对初拟的截面尺寸进行调整，然后重新进行计算。

截面设计时，应先根据 $\xi$ 的大小判别偏心受压的类型。在钢筋面积未知的情况下，无法确定 $\xi$ 的数值，实际设计时可先按下列条件来判别。

当 $\eta e_0 > 0.3h_0$ 时，可按大偏心受压构件设计。

当 $\eta e_0 \leqslant 0.3h_0$ 时，可按小偏心受压构件设计。

### （一）大偏心受压构件截面设计

大偏心受压构件按非对称配筋方式进行截面设计时，会遇到以下两种情况。

（1）第一种情况：$A_s$ 和 $A'_s$ 均未知。

这种情况下，大偏心受压构件实用公式（5-9）和式（5-10）中有三个未知量 $A_s$、$A'_s$ 和 $\xi$，需要补充一个条件才能求解。通常为充分发挥混凝土抗压作用，从而把钢筋总用量（$A_s + A'_s$）最省作为补充条件。

为充分发挥混凝土的抗压作用，即取 $x = \xi_b h_0$。此时 $\xi = \xi_b$，$\alpha_s = \alpha_{sb} = \xi_b(1 - 0.5\xi_b)$。将 $\alpha_s = \alpha_{sb}$ 代入式（5-10）求 $A'_s$：

$$A'_s = \frac{KNe - \alpha_{sb} f_c bh_0^2}{f_y'(h_0 - a'_s)} \tag{5-16}$$

若 $A'_s \geqslant \rho'_{min} bh_0$，则将已求得的 $A'_s$ 和 $\xi = \xi_b$ 代入式（5-9）求 $A_s$：

$$A_s = \frac{f_c b\xi_b h_0 + f_y' A'_s - KN}{f_y} \tag{5-17}$$

若 $A'_s < \rho'_{min} bh_0$，则取 $A'_s = \rho'_{min} bh_0$，然后按第二种已知 $A'_s$ 的情况求 $A_s$。按式(5-17)求出的 $A_s$ 若小于 $\rho_{min} bh_0$，则按 $A_s = \rho_{min} bh_0$ 配筋。

(2)第二种情况：已知 $A'_s$，求 $A_s$。

这种情况下，大偏心受压构件实用公式(5-9)和式(5-10)中仅有两个未知量 $A_s$ 和 $\xi$，可直接求解如下：

由式(5-10)得

$$\alpha_s = \frac{KNe - f_y' A'_s (h_0 - a'_s)}{f_c b h_0^2}, \xi = 1 - \sqrt{1 - 2\alpha_s}, x = \xi h_0$$

若 $2a'_s \leqslant x \leqslant \xi_b h_0$，说明受压钢筋 $A'_s$ 配置适当，能够充分发挥作用，而且受拉钢筋也能达到屈服，可由式(5-9)计算 $A_s$。

$$A_s = \frac{f_c b \xi h_0 + f_y' A'_s - KN}{f_y} \tag{5-18}$$

当 $x > \xi_b h_0$ 时，说明已配置的受压钢筋 $A'_s$ 数量不足，可按第一种情况重新计算 $A'_s$ 和 $A_s$，使其满足 $x \leqslant \xi_b h_0$ 的条件。

当 $x < 2a'_s$ 时，说明受压钢筋 $A'_s$ 达不到屈服，可由式(5-11)计算 $A_s$。

$$A_s = \frac{KNe'}{f_y (h_0 - a'_s)} \tag{5-19}$$

式中　$e' = \eta e_0 - h/2 + a'_s$。

$A_s$ 按最小配筋率并满足构造要求配置。大偏心受压构件截面设计步骤见图 5-17。

**(二)小偏心受压构件截面设计**

小偏心受压构件的截面设计可按下列步骤计算。

(1)计算 $A_s$。

小偏心受压构件远离轴向力一侧的钢筋 $A_s$ 可能受拉也可能受压，柱破坏时其应力 $\sigma_s$ 一般达不到屈服强度，为节约钢材，$A_s$ 可按最小配筋率配置。

$$A_s = \rho_{min} b h_0 \tag{5-20}$$

当 $KN > f_c bh$ 时，应按式(5-15)验算距轴向力较远的一侧钢筋截面面积 $A_s$。

$$A_s = \frac{KN(0.5h - a'_s - e_0) - f_c bh(h'_0 - 0.5h)}{f'_y (h'_0 - a_s)} \tag{5-21}$$

$A_s$ 应取式(5-20)和式(5-21)中的较大值。

(2)计算 $\xi$ 和 $A'_s$。

将式(5-14)及 $x = \xi h_0$ 代入式(5-12)和式(5-13)，联立求解 $\xi$ 和 $A'_s$。

首先计算 $\xi$，若 $\xi < 1.6 - \xi_b$，求得 $A'_s$，计算完毕。

若 $\xi \geqslant 1.6 - \xi_b$，取 $\sigma_s = -f'_y$ 及 $\xi = 1.6 - \xi_b$（当 $\xi > h/h_0$ 时，取 $\xi = h/h_0$），代入式(5-12)和式(5-13)求得 $A'_s$ 和 $A_s$，计算完毕。

求出的 $A'_s$ 和 $A_s$ 必须满足最小配筋率要求。

小偏心受压构件截面设计步骤见图 5-18。

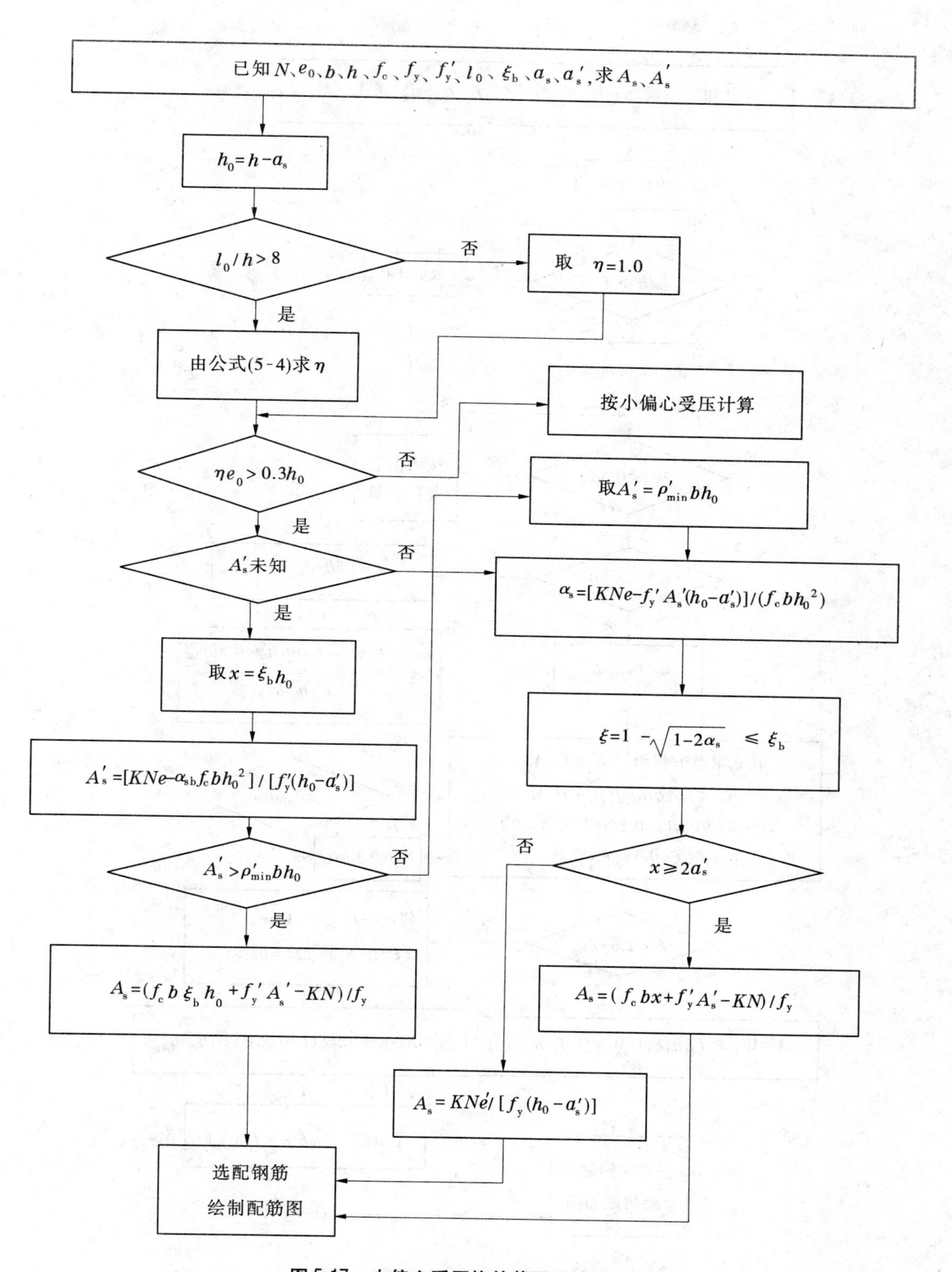


**图 5-17　大偏心受压构件截面设计流程图**

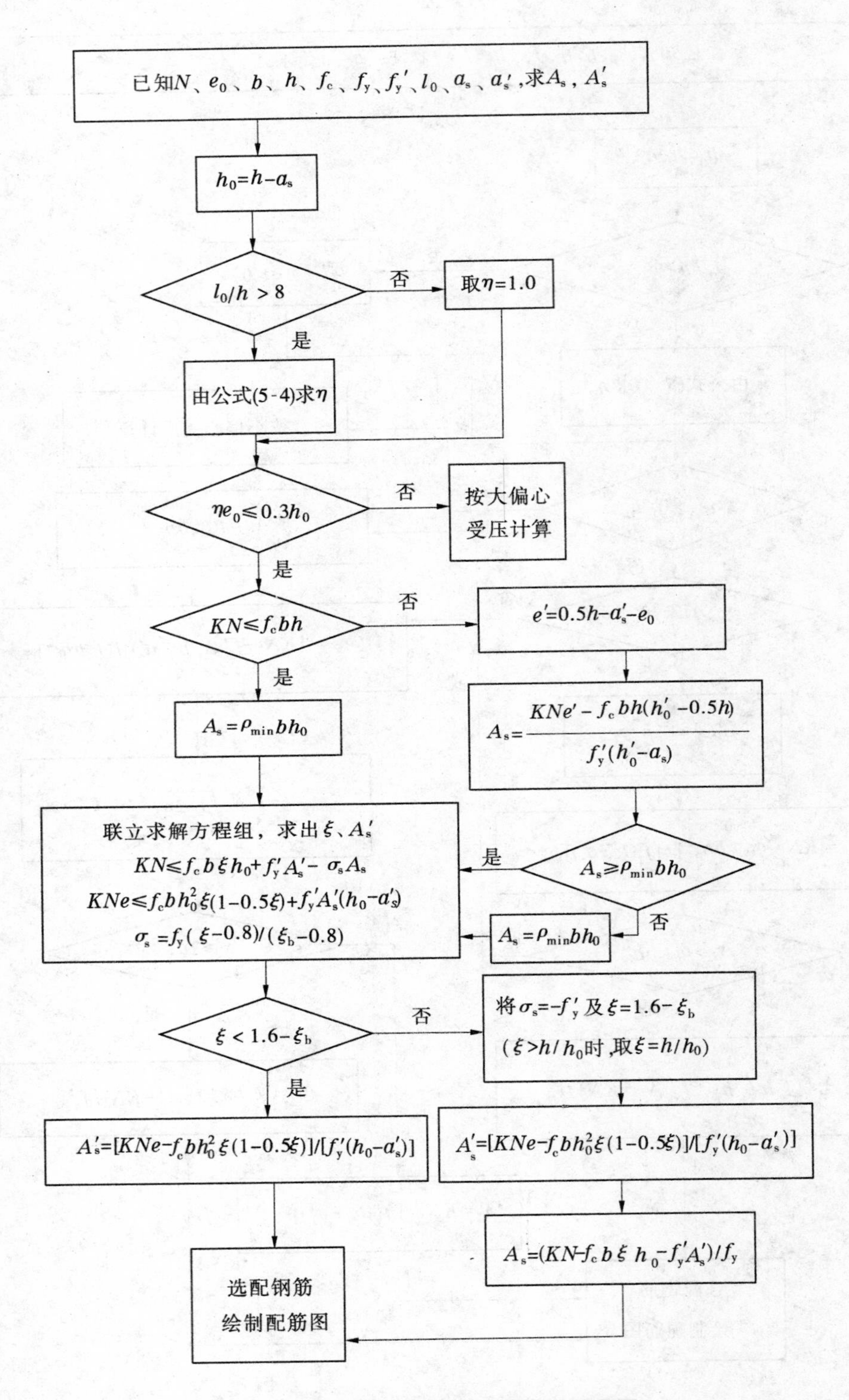


图 5-18　小偏心受压构件截面设计流程图

## 三、承载力复核

### (一)弯矩作用平面内的承载力复核

偏心受压构件的承载力复核，一般是已知截面尺寸、混凝土强度等级、钢筋级别、纵向钢筋面积 $A_s$ 和 $A'_s$、计算长度 $l_0$、作用于构件的轴向压力设计值 $N$ 及偏心距 $e_0$，计算截面承载力是否满足要求。

因此，偏心受压构件承载力复核时，不像截面设计那样按偏心距 $e_0$ 的大小作为两种偏心受压构件的分界。在截面尺寸、钢筋截面面积及偏心距 $e_0$ 均已确定的条件下，受压区高度 $x$ 即可确定。所以，应根据 $x$ 的大小判别两种偏压构件，此时可先按大偏心受压构件计算，根据大偏心受压构件正截面受压承载力计算简图(图 5-15)，对轴向力 $N$ 的作用点取矩可得

$$f_c bx(e - h_0 + 0.5x) = f_y A_s e \pm f'_y A'_s e' \tag{5-22}$$

式中 $e = \eta e_0 + h/2 - a_s$；$e' = \eta e_0 - h/2 + a'_s$。

由式(5-22)可解得

$$x = \frac{-B \pm \sqrt{B^2 - 4AC}}{2A} \tag{5-23}$$

式中 $A = 0.5 f_c b$；

$B = f_c b(e - h_0)$；

$C = -(f_y A_s e \pm f_y' A'_s e')$。

注意：当轴向力作用在 $A_s$ 和 $A'_s$ 之间时用“+”号，当轴向力作用在 $A_s$ 和 $A'_s$ 之外时用“-”号；

(1)求出的 $x \leqslant \xi_b h_0$ 时，为大偏心受压柱。

当 $x \geqslant 2a'_s$ 时，将 $x$ 代入式(5-7)复核承载力，若式(5-7)得到满足，则构件正截面安全，否则不安全。

当 $x < 2a'_s$ 时，将 $x$ 代入式(5-11)复核承载力，若式(5-11)得到满足，则构件正截面安全，否则不安全。

(2)求出的 $x > \xi_b h_0$ 时，为小偏心受压构件。

根据小偏心受压构件正截面受压承载力计算简图(图 5-16)，对轴向力 $N$ 的作用点取矩可得

$$f_c bx(e - h_0 + 0.5x) = \sigma_s A_s e + f'_y A'_s e' \tag{5-24}$$

将式(5-14)代入式(5-24)，整理得

$$x = \frac{-B \pm \sqrt{B^2 - 4AC}}{2A} \tag{5-25}$$

式中 $A = 0.5 f_c b$；

$B = f_c b(e - h_0) + f_y A_s e \dfrac{1}{(0.8 - \xi_b) h_0}$；

$C = -\left(f_y A_s e \dfrac{0.8}{0.8 - \xi_b} + f_y' A'_s e'\right)$。

按式(5-25)计算 $x$ 并计算 $\xi$。

当 $\xi = x/h_0 < 1.6 - \xi_b$ 时,将 $x$ 代入式(5-13)复核承载力。若(5-13)得到满足,则构件正截面安全,否则不安全。

当 $\xi \geqslant 1.6 - \xi_b$ 时,取 $\sigma_s = -f_y'$,代入式(5-24)求得 $x$,再代入式(5-12)复核承载力。若(5-12)得到满足,则构件正截面安全,否则不安全。

有时构件破坏也可能在远离轴向力一侧的钢筋 $A_s$ 一边开始,所以当 $KN > f_c bh$ 时,还必须用式(5-15)复核承载力。若(5-15)得到满足,则构件正截面安全,否则不安全。

**(二)垂直于弯矩作用平面的承载力复核**

前面的承载力复核,仅保证了弯矩作用平面内的承载能力。当轴向力较大而偏心距较小时,或者是垂直于弯矩作用平面内的长细比较大时,则有可能在垂直于弯矩作用平面内发生纵向弯曲而破坏。在这个平面内没有弯矩作用,因此应按轴心受压构件进行承载力复核,计算时须考虑稳定系数 $\varphi$ 的影响,柱截面内全部纵向钢筋都作为受压钢筋参与计算。

**【例 5-2】** 某 2 级建筑物中的钢筋混凝土矩形截面偏心受压柱,其控制截面的截面尺寸 $b \times h = 400\ \text{mm} \times 650\ \text{mm}$,$l_0 = 5.4\ \text{m}$,采用 C25 混凝土,HRB335 级钢筋。控制截面承受的轴向压力设计值为 $N = 960\ \text{kN}$,弯矩设计值 $M = 380\ \text{kN}\cdot\text{m}$,取 $a_s = a'_s = 45\ \text{mm}$。给该柱配置钢筋。

**解:**查表得 $K = 1.20$,$f_c = 11.9\ \text{N/mm}^2$,$f_y = f'_y = 300\ \text{N/mm}^2$。

(1)判别偏心受压类型。

$l_0/h = 5\,400/650 = 8.31 > 8$,需考虑纵向弯曲的影响。

$$h_0 = h - a_s = 650 - 45 = 605(\text{mm})$$

$$e_0 = M/N = 380/960 = 0.396(\text{m}) = 396\ \text{mm} > h_0/30 = 605/30 = 20(\text{mm})$$

因此,取 $e_0 = 396\ \text{mm}$。

$$\zeta_1 = \frac{0.5 f_c A}{KN} = \frac{0.5 \times 11.9 \times 400 \times 650}{1.20 \times 960 \times 10^3} = 1.343 > 1.0,\text{取}\ \zeta_1 = 1.0。$$

$l_0/h = 5\,400/650 = 8.3 < 15$,取 $\zeta_2 = 1.0$。

$$\eta = 1 + \frac{1}{1\,400\dfrac{e_0}{h_0}}\left(\frac{l_0}{h}\right)^2 \zeta_1 \zeta_2 = 1 + \frac{1}{1\,400 \times \dfrac{396}{605}} \times \left(\frac{5\,400}{650}\right)^2 \times 1.0 \times 1.0 = 1.075$$

$\eta e_0 = 1.075 \times 396 = 426(\text{mm}) > 0.3h_0 = 0.3 \times 605 = 182(\text{mm})$,按大偏心受压柱计算。

$$e = \eta e_0 + h/2 - a_s = 426 + 650/2 - 45 = 706(\text{mm})$$

(2)计算 $A'_s$ 和 $A_s$。

$$\alpha_{sb} = \xi_b(1 - 0.5\xi_b) = 0.550 \times (1 - 0.5 \times 0.550) = 0.399$$

$$A'_s = \frac{KNe - \alpha_{sb} f_c b h_0^2}{f_y'(h_0 - a'_s)}$$

$$= \frac{1.20 \times 960 \times 10^3 \times 706 - 0.399 \times 11.9 \times 400 \times 605^2}{300 \times (605 - 45)}$$

$= 703(\text{mm}^2) > \rho'_{\min} b h_0 = 0.2\% \times 400 \times 605 = 484(\text{mm}^2)$

$$A_s = \frac{f_c b \xi_b h_0 + f_y' A'_s - KN}{f_y} = \frac{11.9 \times 400 \times 0.550 \times 605 + 300 \times 703 - 1.20 \times 960 \times 10^3}{300}$$

$= 2\ 143(\text{mm}^2) > \rho_{\min} b h_0 = 0.2\% \times 400 \times 605 = 484(\text{mm}^2)$

实配受压钢筋 3 Φ 18($A_s' = 763\ \text{mm}^2$),受拉钢筋 5 Φ 25($A_s = 2\ 454\ \text{mm}^2$),箍筋为Φ 8@200,附加箍筋为Φ 8@200,纵向构造钢筋为 2 Φ 16(402 mm²)。配筋图如图 5-19 所示。

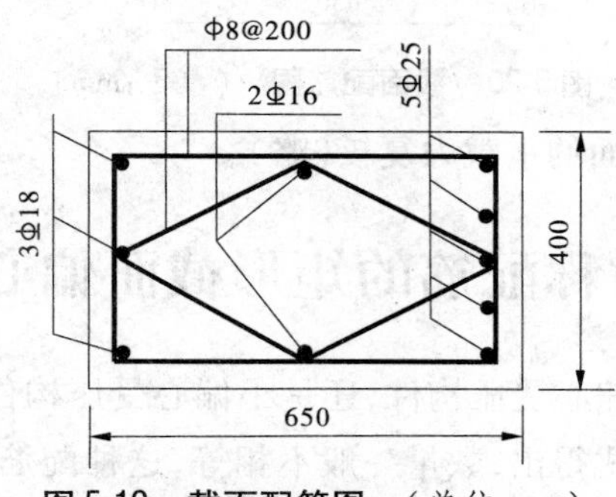


**图 5-19 截面配筋图** (单位:mm)

(3)垂直于弯矩作用平面内的承载力复核。

$l_0/b = 5\ 400/400 = 13.5$,查表 5-1 得 $\varphi = 0.93$。

$KN = 1.20 \times 960 = 1\ 152(\text{kN})$

$\leqslant \varphi(f_c A + f_y' A_s') = 0.93 \times [11.9 \times 400 \times 650 + 300 \times (2\ 454 + 763 + 402)]$

$= 3\ 887 \times 10^3(N) = 3\ 887\ \text{kN}$

垂直于弯矩作用平面的截面承载力满足要求。

**【例 5-3】** 例 5-2 中的钢筋混凝土受压柱,受压侧钢筋已配 3 Φ 25($A_s' = 1\ 473\ \text{mm}^2$),试求 $A_s$,并绘制配筋图。

**解**:例 5-2 已计算出 $h_0 = 605$ mm,$e_0 = 396$ mm,$\eta = 1.075$,$e = 706$ mm。

(1)计算受压区高度 $x$。

$$\alpha_s = \frac{KNe - f_y' A'_s (h_0 - a'_s)}{f_c b h_0^2}$$

$$= \frac{1.20 \times 960 \times 10^3 \times 706 - 300 \times 1\ 473 \times (605 - 45)}{11.9 \times 400 \times 605^2} = 0.325$$

$\xi = 1 - \sqrt{1 - 2\alpha_s} = 1 - \sqrt{1 - 2 \times 0.325} = 0.408 < \xi_b = 0.550$,属大偏心受压柱。

$$x = \xi h_0 = 0.408 \times 605 = 247(\text{mm}) > 2a'_s = 90\ \text{mm}$$

(2)计算 $A_s$。

$A_s = (f_c b \xi h_0 + f_y' A'_s - KN)/f_y$

$= (11.9 \times 400 \times 0.408 \times 605 + 300 \times 1\ 473 - 1.20 \times 960 \times 10^3)/300$

$= 1\ 550(\text{mm}^2) > \rho_{\min} b h_0 = 0.2\% \times 400 \times 605 = 484(\text{mm}^2)$

实配受拉钢筋 2 Φ 28 + 1 Φ 25($A_s = 1\ 723\ \text{mm}^2$),箍筋为Φ 8@200,纵向构造钢筋为

2 Φ 16，拉筋为Φ 8@200。配筋图如图 5-20 所示。

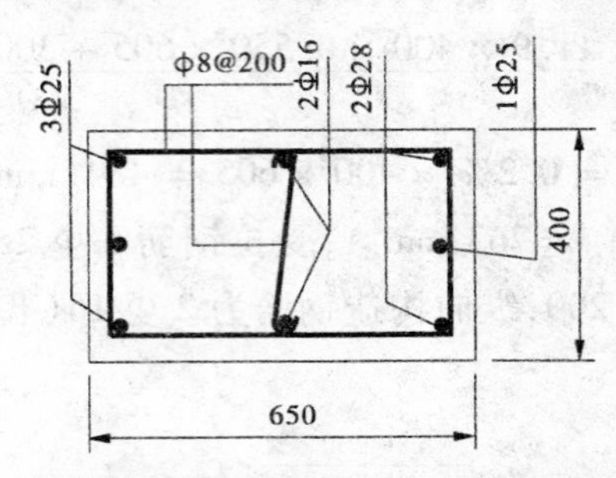


**图 5-20　截面配筋图**　（单位：mm）

（3）垂直于弯矩作用平面的承载力复核（略）。

# 第五节　对称配筋的矩形截面偏心受压构件

由上节可知，不论是大偏心受压构件，还是小偏心受压构件，截面两侧的钢筋面积 $A_s$ 和 $A'_s$ 都是由各自的计算公式得出，数量一般不相等，这种配筋方式称为非对称配筋。非对称配筋钢筋用量较省，但施工不方便。

在工程实践中，常在构件截面两侧配置相等的钢筋（$A_s = A'_s$，$f_y = f_y'$，$a_s = a'_s$），称为对称配筋。与非对称配筋相比，对称配筋用钢量较多，但构造简单，施工方便。特别是构件在不同的荷载组合下，同一截面可能承受数量相近的正负弯矩时，更应采用对称配筋。例如厂房（或渡槽）的排（刚）架立柱在不同方向的风荷载作用下，同一截面可能承受数值相差不大的正负弯矩，此时就应该设计成对称配筋。

对称配筋是偏心受压构件的一种特殊情况，构件截面设计时，也需要先判别偏心受压类型。判别方法是：先假定是大偏心受压，将 $A_s = A_s'$、$f_y = f_y'$、$a_s = a'_s$ 代入式（5-7）得

$$x = KN/(f_c b) \tag{5-26}$$

若 $x \leqslant \xi_b h_0$，则为大偏心受压；若 $x > \xi_b h_0$，则为小偏心受压。

## 一、大偏心受压对称配筋

若 $2a'_s \leqslant x \leqslant \xi_b h_0$，按大偏心受压构件承载力计算公式（5-8）确定 $A'_s$，并取 $A_s = A'_s$。

$$A_s = A'_s = \frac{KNe - f_c bx(h_0 - 0.5x)}{f_y'(h_0 - a'_s)} \tag{5-27}$$

式中　$e = \eta e_0 + h/2 - a_s$。

若 $x < 2a'_s$，则由式（5-11）计算钢筋截面面积。

$$A'_s = A_s = \frac{KNe'}{f_y(h_0 - a'_s)} \tag{5-28}$$

式中　$e' = \eta e_0 - h/2 + a'_s$。

$A_s$、$A'_s$ 均需满足最小配筋率要求。

## 二、小偏心受压对称配筋

当 $x > \xi_b h_0$ 时，按小偏心受压构件进行计算。

将 $A_s = A_s'$、$x = \xi h_0$ 及 $\sigma_s = \dfrac{0.8-\xi}{0.8-\xi_b} f_y$ 代入基本公式(5-12)及式(5-13)得

$$KN \leqslant f_c b \xi h_0 + f_y A_s \frac{\xi - \xi_b}{0.8 - \xi_b} \tag{5-29}$$

$$KNe \leqslant f_c b\, h_0^2 \xi(1-0.5\xi) + f_y' A_s'(h_0 - a_s') \tag{5-30}$$

式(5-29)与式(5-30)中包含 $\xi$ 和 $A_s$ 两个未知量，将两式联立求解，理论上可求出 $\xi$ 及 $A_s$。然而，联立求解 $\xi$ 需要解 $\xi$ 的三次方程，求解十分困难，必须简化。考虑到在小偏心受压范围内 $\xi$ 值在0.55～1.1变动，相应的 $\alpha_s = \xi(1-0.5\xi)$ 为0.4～0.5，为简化计算，取 $\xi(1-0.5\xi)=0.45$，代入 $\xi$ 的三次方程式中，则 $\xi$ 的近似公式为

$$\xi = \frac{KN - \xi_b f_c b h_0}{\dfrac{KNe - 0.45 f_c b h_0^2}{(0.8-\xi_b)(h_0 - a_s')} + f_c b h_0} + \xi_b \tag{5-31}$$

将 $\xi$ 代入式(5-30)，计算出钢筋截面面积：

$$A_s = A_s' = \frac{KNe - f_c b h_0^2 \xi(1-0.5\xi)}{f_y'(h_0 - a_s')} \tag{5-32}$$

不论大偏心、小偏心受压构件，实际配置的 $A_s$、$A_s'$ 均应满足最小配筋率要求。

对称配筋截面承载力复核方法和步骤与非对称配筋截面承载力复核基本相同。

**【例5-4】** 某2级建筑物中的钢筋混凝土矩形截面偏心受压柱，采用对称配筋，截面尺寸 $b \times h = 400\ \text{mm} \times 600\ \text{mm}$，$a_s = a_s' = 45\ \text{mm}$，计算长度 $l_0 = 7.6\ \text{m}$，采用C25混凝土及HRB335级钢筋，已知该柱在使用期间截面承受的内力设计值有下列两组：①$N = 670\ \text{kN}$，$M = 316\ \text{kN}\cdot\text{m}$；②$N = 1\,495\ \text{kN}$，$M = 260\ \text{kN}\cdot\text{m}$。试配置该柱钢筋。

**解：**基本资料：$l_0 = 7.6\ \text{m}$，$f_c = 11.9\ \text{N/mm}^2$，$f_y = f_y' = 300\ \text{N/mm}^2$，$K = 1.20$。

$$h_0 = h - a_s = 600 - 45 = 555(\text{mm})$$

$$l_0/h = 7\,600/600 = 12.7 > 8\text{，需考虑纵向弯曲的影响。}$$

1. 第一组内力：$N = 670\ \text{kN}$，$M = 316\ \text{kN}\cdot\text{m}$。

(1)计算 $\eta$ 值。

$$e_0 = M/N = 316/670 = 0.472(\text{m}) = 472\ \text{mm}$$

$$\zeta_1 = \frac{0.5 f_c A}{KN} = \frac{0.5 \times 11.9 \times 400 \times 600}{1.20 \times 670 \times 10^3} = 1.776 > 1.0\text{，取}\zeta_1 = 1.0$$

$l_0/h = 7\,600/600 = 12.7 < 15$，取 $\zeta_2 = 1.0$。

$$\eta = 1 + \frac{1}{1\,400\dfrac{e_0}{h_0}}\left(\frac{l_0}{h}\right)^2 \zeta_1\zeta_2 = 1 + \frac{1}{1\,400 \times \dfrac{472}{555}} \times 12.7^2 \times 1.0 \times 1.0 = 1.135$$

(2)判别偏心受压类型。

$$x = KN/(f_c b) = 1.20 \times 670 \times 10^3/(11.9 \times 400) = 169(\text{mm})$$

$$< \xi_b h_0 = 0.550 \times 555 = 305(\mathrm{mm})$$

属大偏心受压柱。

(3)配筋计算。

$$e = \eta e_0 + h/2 - a_s = 1.135 \times 472 + 600/2 - 45 = 791(\mathrm{mm})$$

$$2a'_s = 2 \times 45 = 90(\mathrm{mm}) < x = 169\ \mathrm{mm} < \xi_b h_0 = 305\ \mathrm{mm}$$

$$A_s = A'_s = \frac{KNe - f_c bx(h_0 - 0.5x)}{f'_y(h_0 - a'_s)}$$

$$= \frac{1.20 \times 670 \times 10^3 \times 791 - 11.9 \times 400 \times 169 \times (555 - 0.5 \times 169)}{300 \times (555 - 45)}$$

$$= 1\,683(\mathrm{mm}^2) > \rho_{min} bh_0 = 0.2\% \times 400 \times 555 = 444(\mathrm{mm}^2)$$

两侧纵筋均选用3 Φ 28($A_s = A'_s = 1\,847\ \mathrm{mm}^2$),箍筋选用Φ 8@200。

2. 第二组内力:$N = 1\,495\ \mathrm{kN}, M = 260\ \mathrm{kN \cdot m}$。

(1)计算$\eta$值。

$$e_0 = M/N = 260/1\,495 = 0.174(\mathrm{m}) = 174\ \mathrm{mm}$$

$$\zeta_1 = \frac{0.5 f_c A}{KN} = \frac{0.5 \times 11.9 \times 400 \times 600}{1.20 \times 1\,495 \times 10^3} = 0.796$$

$l_0/h = 7\,600/600 = 12.7 < 15$,取$\zeta_2 = 1.0$

$$\eta = 1 + \frac{1}{1\,400 \frac{e_0}{h_0}}\left(\frac{l_0}{h}\right)^2 \zeta_1 \zeta_2 = 1 + \frac{1}{1\,400 \times \frac{174}{555}} \times 12.7^2 \times 0.796 \times 1.0 = 1.293$$

(2)判别偏心受压类型。

$$x = \frac{KN}{f_c b} = \frac{1.20 \times 1\,495 \times 10^3}{11.9 \times 400} = 377(\mathrm{mm}) > \xi_b h_0 = 0.550 \times 555 = 305(\mathrm{mm})$$

属小偏心受压柱。

$$e = \eta e_0 + h/2 - a_s = 1.293 \times 174 + 300 - 45 = 480(\mathrm{mm})$$

$$\xi = \frac{KN - \xi_b f_c bh_0}{\frac{KNe - 0.45 f_c bh_0^2}{(0.8 - \xi_b)(h_0 - a'_s)} + f_c bh_0} + \xi_b$$

$$= \frac{1.20 \times 1\,495 \times 10^3 - 0.550 \times 11.9 \times 400 \times 555}{\frac{1.20 \times 1\,495 \times 10^3 \times 480 - 0.45 \times 11.9 \times 400 \times 555^2}{(0.8 - 0.550) \times (555 - 45)} + 11.9 \times 400 \times 555} + 0.550$$

$$= 0.631$$

$$x = \xi h_0 = 0.631 \times 555 = 350(\mathrm{mm})$$

(3)计算钢筋面积。

$$A_s = A'_s = \frac{KNe - f_c bx(h_0 - 0.5x)}{f_y'(h_0 - a'_s)}$$

$$= \frac{1.20 \times 1\,495 \times 10^3 \times 480 - 11.9 \times 400 \times 350 \times (555 - 0.5 \times 350)}{300 \times (555 - 45)}$$

$$= 1\,490\ \mathrm{mm}^2 > \rho_{min} bh_0 = 0.2\% \times 400 \times 555 = 444(\mathrm{mm}^2)$$

(4)两侧纵筋均选用4 Φ 22($A_s = A'_s = 1\ 520\ mm^2$)。

经以上计算可知,该柱配筋取决于第一组内力,柱截面两侧沿短边方向均应配置钢筋3 Φ 28($A_s = A'_s = 1\ 847\ mm^2$)。配置纵向构造钢筋2 Φ 14(308 $mm^2$),箍筋和拉筋选用Φ 8@200。配筋图如图5-21所示。

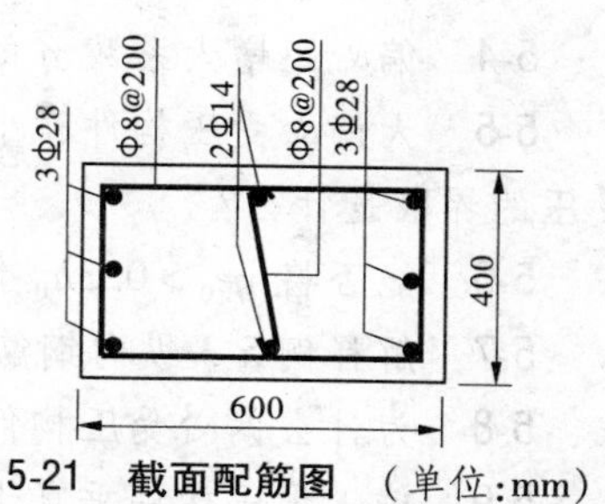


图5-21　截面配筋图　(单位:mm)

(5)复核垂直于弯矩作用平面的承载力。

$l_0/b = 7\ 600/400 = 19$,查表3-1得$\varphi = 0.78$。

$KN = 1.20 \times 1\ 495 = 1\ 794(kN)$

$< \varphi[f_c A + f_y'(A_s + A'_s)]$

$= 0.78 \times [11.9 \times 400 \times 600 + 300 \times (2 \times 1\ 847 + 308)]$

$= 3\ 164\ kN$

满足要求。

# 第六节　偏心受压构件斜截面受剪承载力计算

在实际工程中,有不少构件同时承受轴向压力、弯矩和剪力的作用,如框架柱、排架柱等。这类构件由于轴向压力的存在,对其抗剪能力有明显的影响。因此,对于斜截面受剪承载力计算,必须考虑轴向压力的影响。

试验结果表明,轴向压力对受剪承载力起着有利影响。轴向压力能限制构件斜裂缝的出现和开展,增加混凝土剪压区高度,从而提高混凝土的受剪承载力。但轴向压力对受剪承载力的有利作用是有限度的。为了与梁的斜截面受剪承载力计算公式相协调,矩形、T形和I形截面的偏心受压构件斜截面受剪承载力计算公式为

$$KV \leqslant V_c + V_{sv} + V_{sb} + 0.07N \tag{5-33}$$

式中　$N$——与剪力设计值$V$相应的轴向压力设计值,当$N > 0.3f_cA$时,取$N = 0.3f_cA$,$A$为构件的截面面积。

能符合下列要求时:

$$KV \leqslant V_c + 0.07N \tag{5-34}$$

则可不进行斜截面受剪承载力计算,仅需按构造要求配置箍筋抗剪。

为防止发生斜压破坏,矩形、T形和I形截面的偏心受压构件,其截面尺寸应满足下式要求:

$$KV \leqslant 0.25f_cbh_0 \tag{5-35}$$

偏心受压构件斜截面受剪承载力的计算步骤与梁相类似,这里不再重述。

## 思考题

5-1　受压构件配置箍筋起什么作用?与受弯构件的箍筋有什么不同?

5-2　受压构件的箍筋直径和间距是如何规定的?哪些情况需要配置附加箍筋?

5-3　长柱承载力低于短柱的原因是什么？

5-4　偏心距增大系数 $\eta$ 的物理意义是什么？

5-5　大偏心受压构件和小偏心受压构件破坏特征有何区别？大偏心受压和小偏心受压的界限是什么？

5-6　能否将 $\eta e_0 > 0.3h_0$ 作为判别是大偏心受压构件的标准？

5-7　解释例 5-3 纵向钢筋计算面积比例 5-2 纵向钢筋计算面积多的原因。

5-8　为什么偏心受压构件要进行垂直于弯矩作用平面承载力复核？

5-9　偏心受压构件垂直于弯矩作用平面承载力复核，计算公式中的 $A_s'$ 是不是指一侧受压钢筋？说明理由。

5-10　偏心受压构件采用对称配筋有什么优点和缺点？

## 习　题

5-1　某 2 级建筑物中的轴心受压柱，室内环境，截面尺寸为 300 mm×300 mm，柱计算长度 $l_0$=4.6 m，采用 C25 混凝土，HRB335 级钢筋。柱底截面承受的轴心压力设计值 $N$=760 kN，试计算柱底截面受力钢筋面积并配筋。

5-2　某 3 级建筑物中的正方形截面轴心受压柱，露天环境，柱高 7.2 m，两端为不移动铰支座，采用 C25 混凝土，HRB335 级钢筋。计算截面承受的轴心压力设计值 $N$=2 150 kN(不包括自重)。试设计该柱。

5-3　某 3 级建筑物中的轴心受压柱，室内环境，截面尺寸为 350 mm×350 mm，柱高 4.2 m，两端为不移动铰支座，采用 C25 混凝土，已配 8 Φ 16 钢筋。作用在截面的轴心压力设计值 $N$=1 200 kN。试复核截面是否安全？

5-4　某 2 级建筑物中的矩形截面偏心受压柱，露天环境，截面尺寸 $b \times h$=400 mm×600 mm，柱的计算长度 $l_0$=5.5 m，采用 C25 混凝土，HRB400 级钢筋。$a_s = a'_s$=45 mm。控制截面承受的轴向压力设计值为 $N$=800 kN，弯矩设计值 $M$=320 kN·m。试按非对称配筋方式给该柱配置钢筋。

5-5　习题 5-4 中的钢筋混凝土受压柱，受压侧已配 3 Φ 25，试求 $A_s$，并画配筋图。

5-6　某 1 级建筑物中的矩形截面偏心受压柱，露天环境，截面尺寸 $b \times h$=400 mm×600 mm，柱的计算长度 $l_0$=6.5 m，采用 C25 混凝土，HRB335 级钢筋。截面承受的轴向力设计值为 $N$=580 kN，偏心距 $e_0$=500 mm，取 $a_s = a_s'$=45 mm。采用非对称配筋方式，试计算钢筋 $A_s$ 和 $A'_s$。

5-7　某钢筋混凝土受压柱，条件同习题 5-6，受压侧已配 3 Φ 20，试求 $A_s$。

5-8　习题 5-4 中的钢筋混凝土受压柱，若采用对称配筋，试配置该柱钢筋。

5-9　某 2 级建筑物中的矩形截面偏心受压柱，室内环境，截面尺寸 $b \times h$=400 mm×500 mm，计算长度为 $l_0$=5 m，采用 C30 混凝土，HRB400 级钢筋，承受内力设计值 $N$=1 100 kN，$M$=330 kN·m。$a_s = a_s'$=45 mm，试按对称配筋配置该柱钢筋。

5-10　某1级建筑物中的矩形截面偏心受压柱，露天环境，截面尺寸 $b \times h = 400\ \text{mm} \times 500\ \text{mm}$，$l_0 = 7.2\ \text{m}$，采用C30混凝土，HRB400级钢筋，计算截面承受内力设计值 $N = 1\ 700\ \text{kN}$，$M = 130\ \text{kN} \cdot \text{m}$，$a_s = a'_s = 45\ \text{mm}$，试按对称配筋方式给该柱配置钢筋。

5-11　某1级建筑物中的矩形截面偏心受压柱，露天环境，截面尺寸 $b \times h = 400\ \text{mm} \times 500\ \text{mm}$，$l_0 = 5.2\ \text{m}$，采用C30混凝土，HRB335级钢筋，计算截面承受内力设计值 $N = 210\ \text{kN}$，$M = 150\ \text{kN} \cdot \text{m}$，$a_s = a'_s = 45\ \text{mm}$，试按对称配筋和非对称两种方式给该柱配置钢筋。

5-12　某2级建筑物中的矩形截面偏心受压柱，露天环境，截面尺寸 $b \times h = 400\ \text{mm} \times 600\ \text{mm}$，$l_0 = 4.5\ \text{m}$，采用C25混凝土，HRB335级钢筋，计算截面承受内力设计值 $N = 2\ 500\ \text{kN}$，$M = 250\ \text{kN} \cdot \text{m}$，$a_s = a'_s = 50\ \text{mm}$，试按对称和非对称两种方式给该柱配置钢筋。

# 第六章　钢筋混凝土受拉构件承载力计算

钢筋混凝土受拉构件可分为轴心受拉构件和偏心受拉构件两类。当轴向拉力作用点与截面重心重合时，称为轴心受拉构件；当构件上既作用有拉力又作用有弯矩，或轴向拉力作用点偏离截面重心时，称为偏心受拉构件。

受拉构件在水利工程中的应用较为广泛。如在内水压力作用下忽略自重的圆形水管就是轴心受拉构件，如图 6-1(a)所示。埋在地下的圆形水管，在管外土压力与管内水压力共同作用下，水管沿环向即为轴心拉力与弯矩共同作用的偏心受拉构件，如图 6-1(b)所示。在水压力作用下的渡槽底板、矩形水池的池壁等也都是偏心受拉构件。

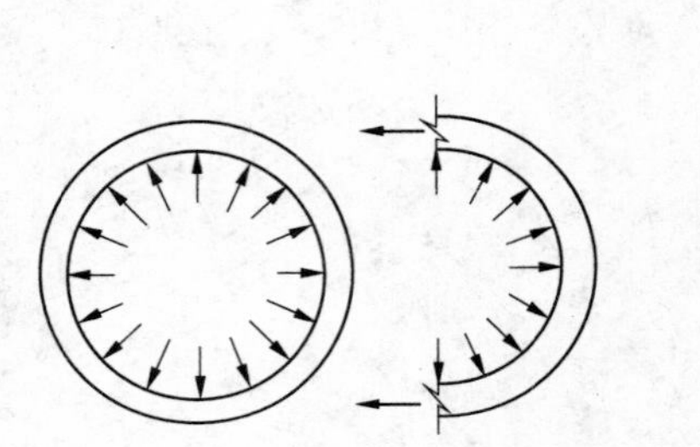

(a)内水压力作用下管壁轴心受拉　　(b)土压力与内水压力共同作用下管壁偏心受拉

**图 6-1　圆形水管管壁的受力**

理想的轴心受拉构件在工程中是没有的，对于以承受轴向拉力为主的构件，当偏心距很小时，可近似按轴心受拉构件计算。如圆形水池的池壁，在静水压力作用下处于环向受拉状态，可作为轴心受拉构件计算。此外，厂房钢筋混凝土屋架的受拉弦杆，当构件自重忽略不计时，也常按轴心受拉构件计算。

受拉构件的构造要求如下：

(1)为了增强钢筋与混凝土之间的黏结力并减少构件的裂缝开展宽度，受拉构件的纵向受力钢筋宜采用直径稍细的变形钢筋。轴心受拉构件的受力钢筋应沿构件周边均匀布置；偏心受拉构件的受力钢筋布置在垂直于弯矩作用平面的两边。

(2)轴心受拉和小偏心受拉构件(如桁架和拱的拉杆)中的受力钢筋不得采用绑扎接头；大偏心受拉构件中的受拉钢筋，当直径大于 28 mm 时，也不宜采用绑扎接头。

(3)为了避免受拉钢筋配置过少引起脆性破坏，受拉钢筋的用量不应小于最小配筋率配筋。具体规定见附表 4-2。

(4)纵向钢筋的混凝土保护层厚度的要求与梁相同。

(5)在受拉构件中，箍筋的作用是与纵向钢筋形成骨架，固定纵向钢筋在截面中的位置；对于有剪力作用的偏心受拉构件，箍筋主要起抗剪作用。受拉构件中的箍筋，其构造要求与受弯构件箍筋相同。

## 第一节　轴心受拉构件的正截面受拉承载力计算

钢筋混凝土轴心受拉构件，在开裂以前混凝土与钢筋共同承担拉力。混凝土开裂以后，裂缝截面与构件轴线垂直，并贯穿于整个截面，在裂缝截面上，混凝土退出工作，全部拉力由纵向钢筋承担。破坏时整个截面裂通，纵筋应力达到抗拉强度设计值。

由上述分析，得出轴心受拉构件正截面受拉承载力计算简图（见图6-2）。根据承载力计算简图和内力平衡条件，并满足承载能力极限状态设计表达式的要求，可建立基本公式如下：

$$KN \leqslant f_y A_s \tag{6-1}$$

式中　$N$——轴向拉力设计值；

$K$——承载力安全系数；

$A_s$——纵向钢筋的全部截面面积。

受拉钢筋截面面积按式（6-1）计算得

$$A_s = KN/f_y \tag{6-2}$$

应该注意，轴心受拉构件的钢筋用量并不完全由强度要求决定，在许多情况下，裂缝宽度对纵筋用量起决定作用。

**【例6-1】**　某2级水工建筑物，压力水管内半径 $r = 800$ mm，管壁厚120 mm，采用C25混凝土和HRB335级钢筋，水管内水压力标准值 $p_k = 0.2$ N/mm²，承载力安全系数 $K = 1.20$，试进行配筋计算。

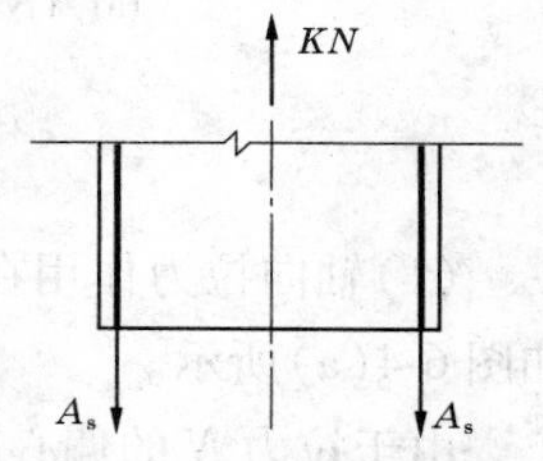


图6-2　轴心受拉构件正截面受拉承载力计算简图

**解：** 忽略管壁自重的影响，并考虑管壁厚度远小于水管半径，则可认为水管承受沿环向的均匀拉应力，所以压力水管承受内水压力时为轴心受拉构件。可变荷载（内水压力）属于一般可变荷载，计算内力设计值时应乘以系数1.20。钢筋强度 $f_y = 300$ N/mm²。

管壁单位长度（取 $b = 1\ 000$ mm）内承受的轴向拉力设计值为

$$N = 1.20 p_k rb = 1.20 \times 0.2 \times 800 \times 1\ 000 = 192\ 000(\text{N})$$

钢筋截面面积　$A_s = KN / f_y = 1.20 \times 192\ 000/300 = 768(\text{mm}^2)$

管壁内外层各配置Φ 10@200（$A_s = 786$ mm²）钢筋，并配置Φ 8的分布钢筋，配筋图见图6-3。

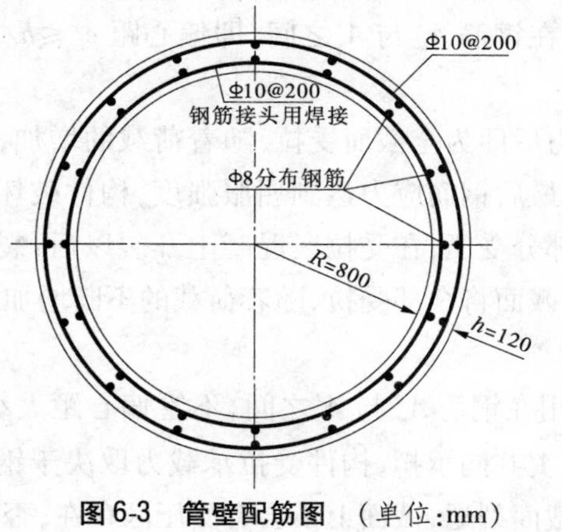


图6-3　管壁配筋图　（单位：mm）

# 第二节　偏心受拉构件

## 一、大小偏心受拉构件的界限

如图 6-4 所示，距轴向拉力 $N$ 较近一侧的纵向钢筋为 $A_s$，较远一侧的纵向钢筋为 $A_s'$。试验表明，根据轴向力偏心距 $e_0$ 的不同，偏心受拉构件的破坏特征可分为以下两种情况。

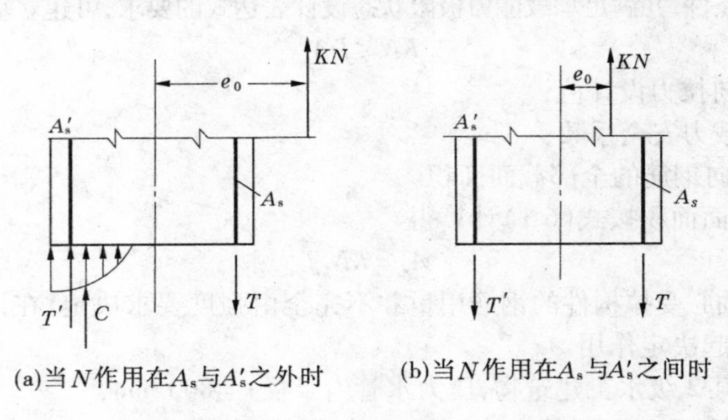

(a)当 $N$ 作用在 $A_s$ 与 $A_s'$ 之外时　　(b)当 $N$ 作用在 $A_s$ 与 $A_s'$ 之间时

**图 6-4　大小偏心受拉的界限**

(1)轴向拉力作用在钢筋 $A_s$ 和 $A_s'$ 之外，即偏心距 $e_0 > h/2 - a_s$ 时，称为大偏心受拉。如图 6-4(a)所示。

由于拉力 $N$ 的偏心距较大，受力后截面部分受拉、部分受压，随着荷载的增加，受拉区混凝土开裂，这时受拉区拉力仅由受拉钢筋 $A_s$ 承担，而受压区压力由混凝土和受压钢筋 $A_s'$ 共同承担。随着荷载进一步增加，裂缝进一步扩展，受拉区钢筋 $A_s$ 达到屈服强度 $f_y$，受压区进一步缩小，以致混凝土被压碎，同时受压钢筋 $A_s'$ 的应力也达到屈服强度 $f'_y$，其破坏形态与大偏心受压构件类似。大偏心受拉构件破坏时，构件截面不会裂通，截面上有受压区存在，否则截面受力不会平衡。

(2)轴向拉力 $N$ 作用在钢筋 $A_s$ 与 $A_s'$ 之间，即偏心距 $e_0 \leqslant h/2 - a_s$ 时，称为小偏心受拉。如图 6-4(b)所示。

当偏心距较小时，受力后即为全截面受拉，随着荷载的增加，混凝土达到极限拉应变而开裂，进而全截面裂通，最后钢筋应力达到屈服强度，构件破坏；当偏心距较大时，混凝土开裂前截面部分受拉、部分受压，在受拉区混凝土开裂以后，裂缝迅速发展至全截面裂通，混凝土退出工作，这时截面将全部受拉，随着荷载的不断增加，最后钢筋应力达到屈服强度，构件破坏。

因此，只要拉力 $N$ 作用在钢筋 $A_s$ 与 $A_s'$ 之间，不管偏心距大小如何，构件破坏时均为全截面受拉，拉力由 $A_s$ 与 $A_s'$ 共同承担，构件受拉承载力取决于钢筋的抗拉强度。小偏心受拉构件破坏时，构件全截面裂通，截面上不会有受压区存在，否则，截面受力不会平衡。

## 二、小偏心受拉构件

如前所述，小偏心受拉构件在轴向力作用下，截面达到破坏时，全截面受拉裂通，拉力全部由钢筋 $A_s$ 和 $A'_s$ 承担，其应力均达到屈服强度。小偏心受拉构件正截面承载力计算简图如图 6-5 所示。根据承载力计算简图及内力平衡条件，并满足承载能力极限状态设计表达式的要求，可建立基本公式如下：

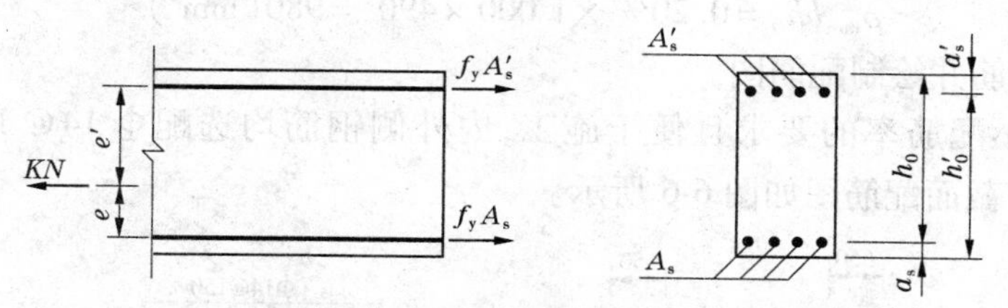


**图 6-5　小偏心受拉构件正截面受拉承载力计算简图**

$$KNe' \leqslant f_y A_s (h_0 - a'_s) \tag{6-3}$$

$$KNe \leqslant f_y A'_s (h_0 - a'_s) \tag{6-4}$$

式中　$e'$——轴向拉力 $N$ 至钢筋 $A'_s$ 合力点之间的距离，$e' = h/2 - a_s' + e_0$；

$e$——轴向拉力 $N$ 至钢筋 $A_s$ 合力点之间的距离，$e = h/2 - a_s - e_0$；

$e_0$——轴向拉力 $N$ 对截面重心的偏心距，$e_0 = M/N$；

$A_s$、$A'_s$——配置在靠近及远离轴向力一侧的纵向钢筋截面面积。

截面设计时，由式(6-3)和式(6-4)可求得钢筋的截面面积为

$$A_s \geqslant \frac{KNe'}{f_y(h_0 - a'_s)} \tag{6-5}$$

$$A'_s \geqslant \frac{KNe}{f_y(h_0 - a'_s)} \tag{6-6}$$

$A_s$ 及 $A'_s$ 均应满足最小配筋率的要求。

构件截面承载力复核时，可由式(6-3)和式(6-4)分别复核，若两式均得到满足，则截面承载力满足要求；否则不满足要求。

**【例 6-2】**　某钢筋混凝土输水涵洞为 2 级建筑物，涵洞截面尺寸如图 6-6 所示。该涵洞采用 C25 混凝土及 HRB335 级钢筋($f_y = 300\ N/mm^2$)，使用期间在自重、土压力及动水压力作用下，每米涵洞长度内，控制截面 $A$—$A$ 的内力为：弯矩设计值 $M = 36.4\ kN \cdot m$(外壁受拉)，轴心拉力设计值 $N = 338.8\ kN$，$K = 1.20$，$a_s = a'_s = 60\ mm$，涵洞壁厚为 550 mm，试配置 $A$—$A$ 截面的钢筋。

**解：**(1)判别偏心受拉构件类型。

$$h_0 = h - a_s = 550 - 60 = 490(mm)$$

$$e_0 = M/N = 36.4/338.8 = 0.107(m) = 107\ mm < h/2 - a_s = 550/2 - 60 = 215(mm)$$

属于小偏心受拉构件。

(2)计算纵向钢筋 $A_s$ 和 $A'_s$。

$$e = h/2 - a_s - e_0 = 550/2 - 60 - 107 = 108(mm)$$

$$e' = h/2 - a'_s + e_0 = 550/2 - 60 + 107 = 322(mm)$$

根据式(6-5)和式(6-6)得

$$A_s=\frac{KNe'}{f_y(h_0-a_s')}=\frac{1.20\times338.8\times10^3\times322}{300\times(490-60)}=1\ 015(\text{mm}^2)$$

$$>\rho_{\min}bh_0=0.20\%\times1\ 000\times490=980(\text{mm}^2)$$

$$A_s'=\frac{KNe}{f_y(h_0-a_s')}=\frac{1.20\times338.8\times10^3\times108}{300\times(490-60)}=340(\text{mm}^2)$$

$$<\rho_{\min}bh_0=0.20\%\times1\ 000\times490=980(\text{mm}^2)$$

(3)选配钢筋并绘制配筋图。

为满足最小配筋率的要求且便于施工,内外侧钢筋均选配Φ 14@150($A_s=A_s'=$ 1 026 mm²/m),截面配筋图如图6-6所示。

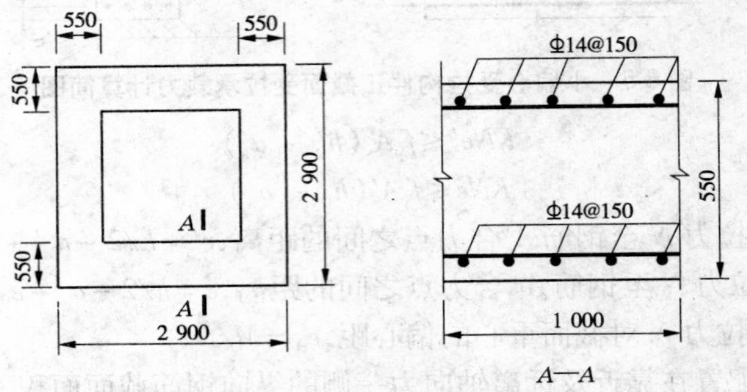

**图6-6 输水涵洞截面与A—A截面配筋图** (单位:mm)

## 三、大偏心受拉构件

大偏心受拉构件的破坏形态与大偏心受压构件相似,即在受拉一侧混凝土发生裂缝后,钢筋承受全部拉力,而在另一侧形成受压区。随着荷载的增加,裂缝继续开展,受压区混凝土面积减小,最后受拉钢筋先达到屈服强度$f_y$,随后受压区混凝土被压碎而破坏。计算时所采用的应力图形与大偏心受压构件相似。因此,其计算公式及步骤与大偏心受压构件也相似,但轴向力$N$的方向相反。

### (一)基本公式

根据图6-7所示的大偏心受拉构件正截面受拉承载力计算简图及内力平衡条件,并满足承载能力极限状态设计表达式的要求,可得矩形截面大偏心受拉构件正截面受拉承载力计算的基本公式:

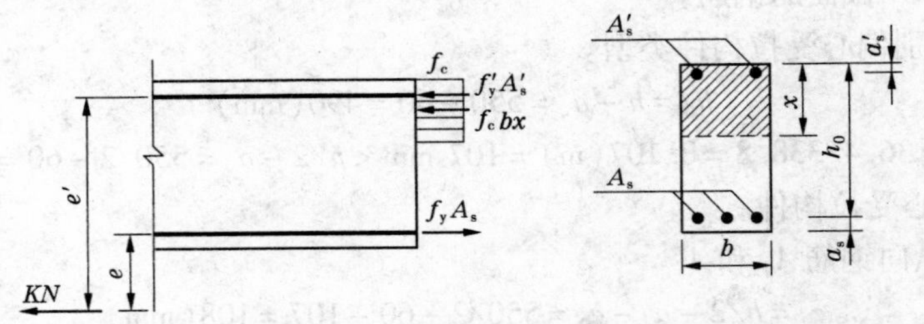

**图6-7 矩形截面大偏心受拉构件正截面受拉承载力计算简图**

$$KN \leqslant f_y A_s - f_c bx - f'_y A'_s \tag{6-7}$$

$$KNe \leqslant f_c bx(h_0 - 0.5x) + f'_y A'_s(h_0 - a'_s) \tag{6-8}$$

式中　$e$——轴向力 $N$ 作用点到近侧受拉钢筋 $A_s$ 合力点之间的距离，$e = e_0 - h/2 + a_s$。

基本公式的适用条件为：$x \leqslant 0.85\xi_b h_0$，$x \geqslant 2a'_s$。

为了计算方便，可将 $x = \xi h_0$ 代入基本公式(6-7)和式(6-8)中，并令 $\alpha_s = \xi(1 - 0.5\xi)$，则可将基本公式改写为如下的实用公式：

$$KN \leqslant f_y A_s - f_c b\xi h_0 - f'_y A'_s \tag{6-9}$$

$$KNe \leqslant \alpha_s f_c bh_0^2 + f'_y A'_s(h_0 - a'_s) \tag{6-10}$$

当 $x < 2a'_s$时，则上述两式不再适用。此时，可假设混凝土压力合力点与受压钢筋 $A'_s$合力点重合，取以 $A'_s$为矩心的力矩平衡方程得

$$KNe' \leqslant f_y A_s(h_0 - a'_s) \tag{6-11}$$

式中　$e'$——轴向力 $N$ 作用点到受压钢筋 $A'_s$合力点之间的距离，$e' = e_0 + h/2 - a'_s$。

**（二）截面设计**

当已知截面尺寸、材料强度及偏心拉力计算值 $N$，按非对称配筋方式进行矩形截面大偏心受拉构件截面设计时，有以下两种情况。

(1)第一种情况：$A_s$ 及 $A'_s$均为未知。

这种情况下，实用公式(6-9)、式(6-10)中有三个未知量 $A_s$、$A'_s$和 $\xi$，无法求解，需要补充一个条件才能求解。通常以充分利用受压区混凝土抗压而使钢筋总用量 $A_s + A'_s$最省作为补充条件，可取 $x = 0.85\xi_b h_0$，此时 $\xi = 0.85\xi_b$，$\alpha_s = \alpha_{smax} = 0.85\xi_b(1 - 0.5 \times 0.85\xi_b)$。将 $\alpha_s = \alpha_{smax}$代入式(6-10)得

$$A'_s = \frac{KNe - \alpha_{smax} f_c bh_0^2}{f'_y(h_0 - a'_s)} \tag{6-12}$$

若 $A'_s \geqslant \rho'_{min} bh_0$，则将求得的 $A'_s$ 和 $\xi = 0.85\xi_b$ 代入式(6-9)求 $A_s$

$$A_s = \frac{0.85 f_c b\xi_b h_0 + f'_y A'_s + KN}{f_y} \tag{6-13}$$

若 $A'_s < \rho'_{min} bh_0$，可取 $A'_s = \rho'_{min} bh_0$。然后按第二种情况求 $A_s$。按式(6-13)求出的 $A_s$ 需满足最小配筋率的要求。

(2)第二种情况：已知 $A'_s$，求 $A_s$。

这种情况下，实用公式(6-9)、式(6-10)中有两个未知量 $A_s$ 和 $\xi$，求解步骤如下：

由(6-10)得

$$\alpha_s = \frac{KNe - f'_y A'_s(h_0 - a'_s)}{f_c bh_0^2}$$

进而求得

$$\xi = 1 - \sqrt{1 - 2\alpha_s}, x = \xi h_0$$

当 $2a'_s \leqslant x \leqslant 0.85\xi_b h_0$ 时，可将 $x$ 和 $A'_s$代入式(6-7)计算 $A_s$。

当 $x < 2a'_s$时，可由式(6-11)计算 $A_s$。

当 $x > 0.85\xi_b h_0$ 时，说明已配置的受压钢筋 $A'_s$数量不足，可按第一种情况重新计算 $A'_s$ 和 $A_s$。

大偏心受拉构件截面设计步骤如图 6-8 所示。

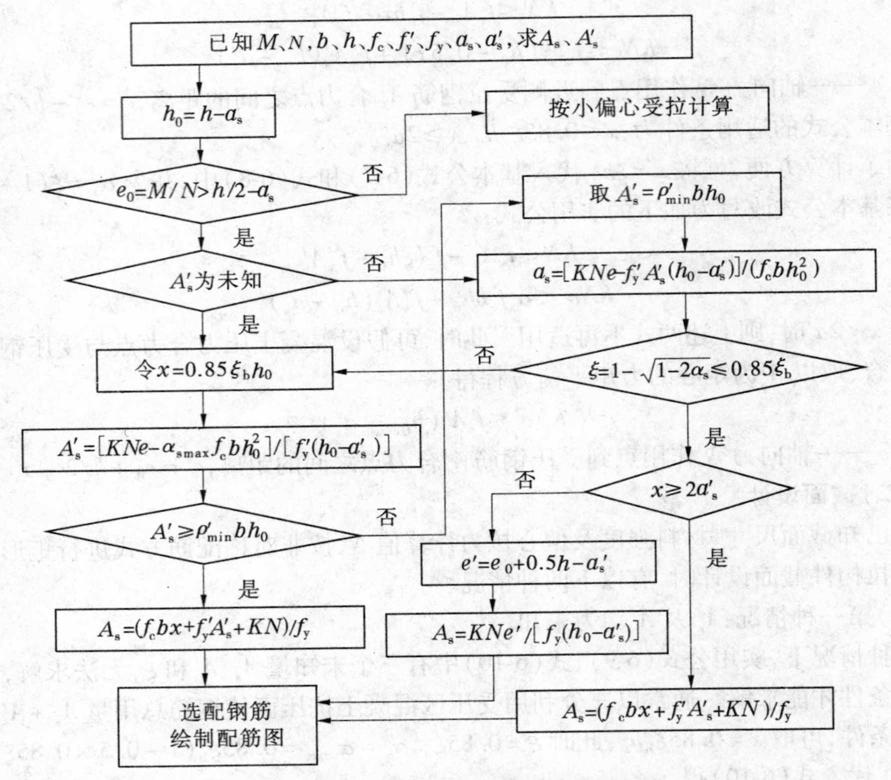


**图 6-8　大偏心受拉构件截面设计流程图**

## (三)承载力复核

当截面尺寸、材料强度及配筋面积已知，要复核截面的承载力是否满足要求时，可联立式(6-7)及式(6-8)求得 $x$。

当 $2a_s'\leqslant x\leqslant 0.85\xi_bh_0$ 时，将 $x$ 代入式(6-7)复核承载力，当式(6-7)满足时，截面承载力满足要求，否则不满足要求。

当 $x>0.85\xi_bh_0$ 时，则取 $x=0.85\xi_bh_0$ 代入式(6-8)复核承载力，当式(6-8)满足时，则截面承载力满足要求，否则不满足要求。

当 $x<2a_s'$时，由式(6-11)复核截面承载力。当式(6-11)满足时，截面承载力满足要求，否则不满足要求。

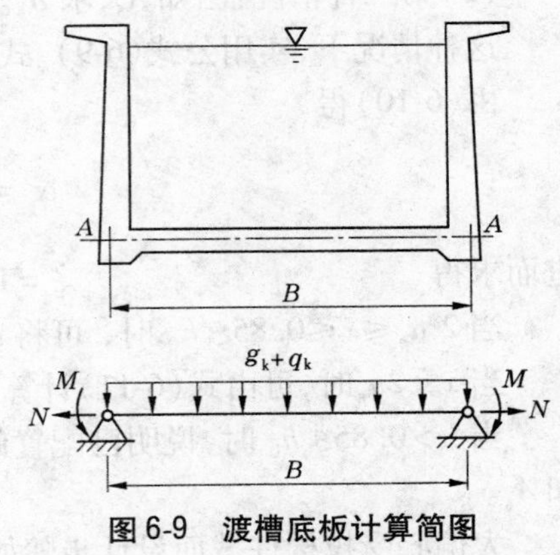


**图 6-9　渡槽底板计算简图**

【例 6-3】　某渡槽(3 级建筑物)底板设计时，沿水流方向取单宽板带为计算单元(取 $b=1\ 000$ mm)，取底板厚度 $h=300$ mm，计算简图如图 6-9 所示，已知跨中截面上弯矩设计值 $M=33.07$ kN·m(底板下部受拉)，轴心拉力设计值 $N=17.01$ kN，$K=1.20$，根据结构耐久性要求取 $a_s=a_s'=40$ mm，采用 C25 混凝土($f_c=11.9$ N/mm$^2$)及 HRB335 级钢筋($f_y=f_y'=$

300 N/mm²),试配置跨中截面的钢筋并绘制配筋图。

**解**:(1)判别偏心受拉构件类型。

$$e_0=M/N=33.07/17.01=1.944(\text{m})$$
$$=1\ 944\ \text{mm}>h/2-a_s=300/2-40=110(\text{mm})$$

属于大偏心受拉构件。

(2)计算受压钢筋 $A_s'$。

$$h_0=h-a_s=300-40=260(\text{mm})$$
$$e=e_0-h/2+a_s=1\ 944-300/2+40=1\ 834(\text{mm})$$
$$\alpha_{smax}=0.386$$
$$A_s'=\frac{KNe-\alpha_{smax}f_c bh_0^2}{f_y'(h_0-a_s')}$$
$$=\frac{1.20\times 17.01\times 10^3\times 1\ 834-0.386\times 11.9\times 1\ 000\times 260^2}{300\times(260-40)}<0$$

按构造规定配置Φ 12/14@200($A_s'=668\ \text{mm}^2>\rho'_{min}bh_0=0.002\times 1\ 000\times 260=520(\text{mm}^2)$),此时,本题转化为已知 $A_s'$ 求 $A_s$,其计算方法与大偏心受压柱相似。

(3)已知 $A_s'$ 求 $A_s$。

$$\alpha_s=\frac{KNe-f_y'A_s'(h_0-a_s')}{f_c bh_0^2}=\frac{1.20\times 17.01\times 10^3\times 1\ 834-210\times 668\times(260-40)}{11.9\times 1\ 000\times 260^2}=0.008\ 2$$
$$\xi=1-\sqrt{1-2\alpha_s}=1-\sqrt{1-2\times 0.008\ 2}=0.008\ 2$$
$$x=\xi h_0=0.008\ 2\times 260=2.13(\text{mm})$$

$x<2a_s'=2\times 40=80(\text{mm})$,则 $A_s$ 应按式(6-11)计算。

$$e'=e_0+h/2-a_s'=1\ 944+300/2-40=2\ 054(\text{mm})$$
$$A_s=\frac{KNe'}{f_y(h_0-a_s')}=\frac{1.2\times 17.01\times 10^3\times 2\ 054}{300\times(260-40)}=635(\text{mm}^2)$$
$$>\rho_{min}bh_0=0.002\times 1\ 000\times 260=520(\text{mm}^2)$$

受拉钢筋选用Φ 12/14@200(实际钢筋面积 $A_s=668\ \text{mm}^2$)。

(4)绘制配筋图。

配筋图如图 6-10 所示。

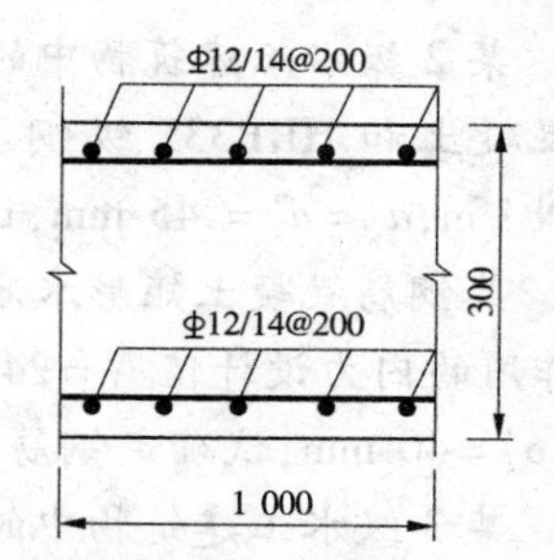


**图 6-10　渡槽底板断面配筋图**　(单位:mm)

## 四、偏心受拉构件对称配筋的计算

对称配筋的偏心受拉构件,不论大小偏心受拉情况,均按小偏心受拉构件的公式(6-3)计算 $A_s$ 及 $A_s'$,同时应满足最小配筋率的要求。

## 五、偏心受拉构件斜截面承载力计算

当偏心受拉构件同时作用有剪力时,应进行斜截面受剪承载力的计算。轴向拉力 $N$ 的存在会使构件更容易出现斜裂缝,使原来不贯通的裂缝有可能贯通,使剪压区面积减小。因此,与受弯构件相比,偏心受拉构件的斜截面受剪承载力要低一些。

为了与受弯构件的斜截面受剪承载力计算公式相协调，矩形、T 形和 I 形截面的偏心受拉构件斜截面受剪承载力计算公式为

$$KV \leqslant V_c + V_{sv} + V_{sb} - 0.2N \tag{6-14}$$

式中 $N$——与剪力设计值 $V$ 相应的轴向拉力设计值。

当式(6-14)右边的计算值小于 $V_{sv}+V_{sb}$ 时，应取为 $V_{sv}+V_{sb}$，且箍筋的受剪承载力 $V_{sv}$ 值不应小于 $0.36 f_t b h_0$。

为防止发生斜压破坏，矩形、T 形和 I 形截面的偏心受拉构件，其截面尺寸应满足下式要求：

$$KV \leqslant 0.25 f_c b h_0 \tag{6-15}$$

受拉构件斜截面受剪承载力的计算步骤与梁类似，这里不再重述。

# 思考题

6-1 哪些构件属于受拉构件？试举例说明。

6-2 怎样判别大、小偏心受拉构件？

6-3 简述大、小偏心受拉构件的破坏特征。

6-4 大偏心受拉构件正截面承载力计算公式的适用条件是什么？其意义是什么？

# 习 题

6-1 某 2 级水工建筑物中的矩形截面受拉构件，截面尺寸 $b \times h = 300\ \text{mm} \times 400\ \text{mm}$，采用 C20 混凝土，HRB335 级钢筋，承受轴向拉力设计值 $N = 360$ kN，弯矩设计值 $M = 36$ kN · m，$a_s = a'_s = 45$ mm。试确定钢筋面积 $A_s$ 和 $A'_s$。

6-2 某 1 级水工建筑物中的矩形截面受拉构件，截面尺寸 $b \times h = 300\ \text{mm} \times 450\ \text{mm}$，采用 C20 混凝土，HRB335 级钢筋，承受轴向拉力设计值 $N = 602$ kN，弯矩设计值 $M = 60.5$ kN · m，$a_s = a'_s = 45$ mm。试按对称和不对称配筋两种情况确定钢筋面积 $A_s$ 和 $A'_s$。

6-3 某 2 级水工建筑物中的偏心受拉构件，截面尺寸为 $b \times h = 350\ \text{mm} \times 600\ \text{mm}$，采用 C25 混凝土和 HRB335 级钢筋，承受轴向拉力设计值 $N = 250$ kN，弯矩设计值 $M = 112.5$ kN · m，$a_s = a'_s = 45$ mm，试对该构件进行配筋。

6-4 某钢筋混凝土矩形水池(3 级水工建筑物)壁厚 300 mm，沿池壁 1 m 高的垂直截面上作用的内力设计值 $N = 240$ kN，$M = 120$ kN · m，采用 C25 混凝土和 HRB400 级钢筋，$a_s = a'_s = 40$ mm，试确定钢筋面积 $A_s$ 和 $A'_s$。

6-5 某 3 级水工建筑物中的偏心受拉构件，截面 $b \times h = 400\ \text{mm} \times 550\ \text{mm}$，采用 C20 混凝土和 HRB335 级钢筋，$a_s = a'_s = 45$ mm，按下列两种情况计算钢筋面积：

(1)承受轴向拉力设计值 $N = 450$ kN，弯矩设计值 $M = 150$ kN · m；

(2)轴向拉力设计值 $N = 450$ kN，弯矩设计值 $M = 60$ kN · m。

# 第七章　钢筋混凝土受扭构件承载力计算

受扭构件是指承受扭矩 $T$ 作用的受力构件，如图 7-1 所示的雨篷梁、现浇框架的边梁、水闸胸墙的顶梁和底梁等均为受扭构件。在实际工作中纯受扭构件很少，一般是在弯矩、剪力、扭矩共同作用下的复合受扭构件，受力状态较为复杂。为了便于分析，首先介绍纯扭构件的承载力计算，然后介绍弯剪扭复合构件受扭承载力计算。

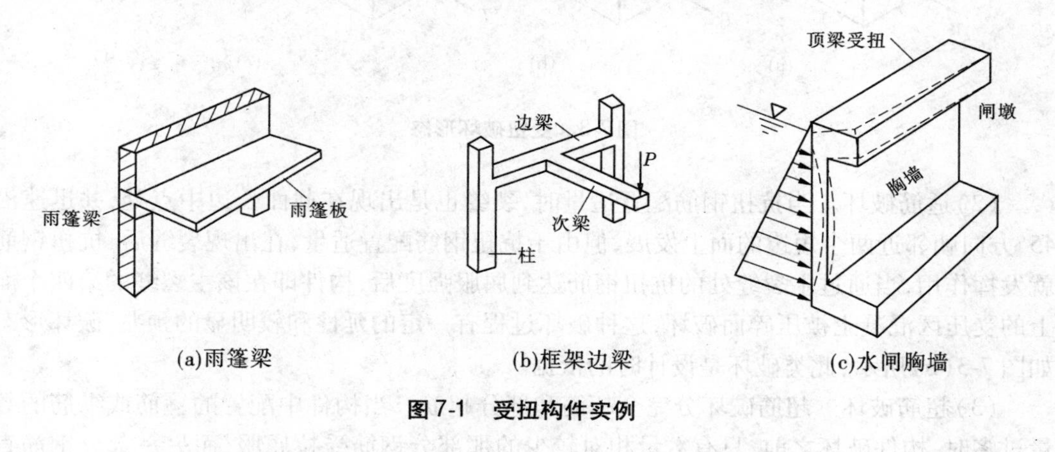


图 7-1　受扭构件实例

## 第一节　矩形截面纯扭构件的承载力计算

### 一、矩形截面纯扭构件的破坏形态

由工程力学知，构件在扭转时截面上将产生剪应力 $\tau$。由于扭转剪应力 $\tau$ 的作用，构件在与轴线成 45°的方向上产生主拉应力 $\sigma_{tp}$，根据力的平衡得 $\sigma_{tp}=\tau$。试验表明，混凝土的抗拉强度低于其抗剪强度，当主拉应力 $\sigma_{tp}$ 超过混凝土的抗拉强度 $f_t$ 时，混凝土就会沿垂直主拉应力的方向开裂。构件的裂缝方向总是与构件轴线成 45°，如图 7-2 所示。

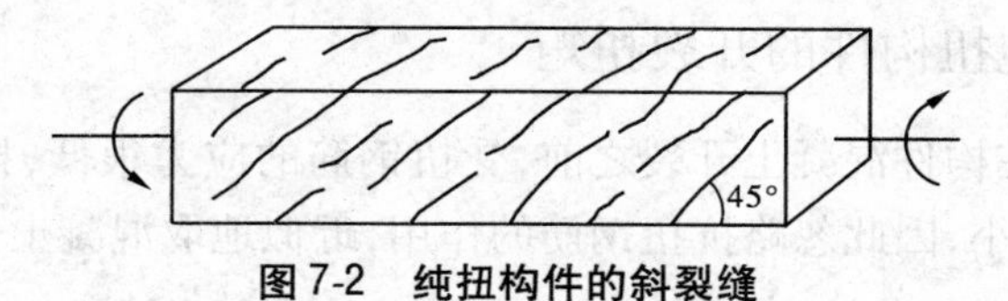


图 7-2　纯扭构件的斜裂缝

按照抗扭钢筋配筋率的不同，钢筋混凝土受扭构件的破坏形态可分为少筋破坏、超筋破坏和适筋破坏三种类型。

(1)少筋破坏。当抗扭钢筋配用量过少时，裂缝首先出现在截面长边中点处，并迅速沿 45°方向朝邻近两个短边的面上发展，与斜裂缝相交的抗扭箍筋和纵筋很快屈服，在第四个面上出现裂缝后(压区很小),构件就突然破坏,这种破坏具有脆性,没有任何预兆,破坏形态如图 7-3(a)所示,设计中应予以避免。为防止发生少筋破坏,抗扭箍筋和纵向钢筋的配筋率不得小于各自的最小配筋率,并应符合抗扭钢筋的构造规定。

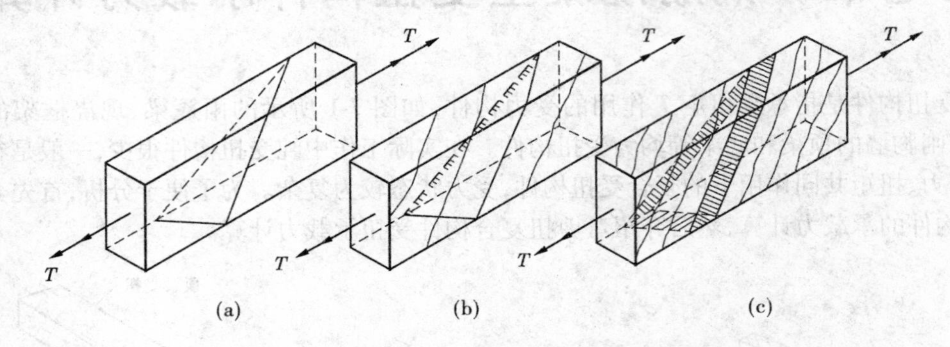


**图 7-3　受扭破坏形态**

(2)适筋破坏。当抗扭钢筋配置适量时,裂缝也是出现在截面长边中点处,并迅速沿 45°方向朝邻近两个短边的面上发展,但由于抗扭钢筋配置适量,在出现裂缝后,抗扭钢筋就发挥作用,当通过主裂缝处的抗扭钢筋达到屈服强度后,构件即在该主裂缝的第四个面上的受压区混凝土被压碎而破坏,这种破坏过程有一定的延性和较明显的预兆,破坏形态如图 7-3(b)所示,此类破坏是设计时的依据。

(3)超筋破坏。超筋破坏分完全超筋和部分超筋。当构件中配置的箍筋或纵筋的数量过多时,构件破坏之前,只有数量相对较少的那部分钢筋受拉屈服,而另一部分钢筋直到受压边混凝土压碎时,仍未屈服。由于构件破坏时有部分钢筋达到屈服,破坏并非完全脆性,故在设计中允许使用"部分超筋"构件,但不够经济。

当抗扭钢筋配用量过多时,破坏是由某相邻两条 45°螺旋裂缝间的混凝土被压碎引起的。破坏时虽然裂缝很多,但其宽度都很细小,抗扭钢筋均未达到屈服强度,这种破坏具有明显的脆性,破坏形态如图 7-3(c)所示,设计中应予以避免。为防止发生超筋破坏,应限制构件截面尺寸和混凝土强度等级,亦相当于限制抗扭钢筋的最大值。

钢筋混凝土构件受扭破坏的特征随配筋多少而异,其规律与受弯、受剪等构件的破坏特征有类似之处。

## 二、矩形截面纯扭构件的开裂扭矩

试验分析表明,在构件混凝土开裂之前,受扭钢筋的应力很低,抗扭钢筋的用量多少对开裂扭矩的影响较小,因此忽略抗扭钢筋的作用,近似地取混凝土开裂时的承载力作为开裂扭矩。

由于混凝土既非完全的弹性材料,也非理想的塑性材料,而是介于二者之间的弹塑性材料,因此矩形截面纯扭构件的开裂扭矩 $T_{cr}$ 可按完全塑性状态的截面应力分布进行计算,但需将混凝土的轴心抗拉强度值 $f_t$ 乘以 0.7 的降低系数,即

$$T_{cr}=0.7f_tW_t \tag{7-1}$$

$$W_t = \frac{b^2}{6}(3h - b) \tag{7-2}$$

式中 $T_{cr}$——截面的开裂扭矩；

$W_t$——矩形截面受扭塑性抵抗矩；

$b$、$h$ ——矩形截面短边及长边尺寸。

## 三、受扭构件的配筋形式和构造规定

图7-4(a)、(b)为受扭构件的配筋形式和构造规定。抗扭钢筋由抗扭纵筋和抗扭箍筋组成。抗扭纵筋应沿截面周边均匀对称布置，且截面四角处必须配置，其间距不应大于200 mm 和梁截面的短边长度。抗扭纵向钢筋应按受拉钢筋锚固在支座内。抗扭箍筋必须封闭，采用绑扎骨架时，箍筋末端应弯成135°的弯钩，弯钩端头平直段长度不应小于$10d_s$（$d_s$ 为箍筋直径），使箍筋端部锚固于核心混凝土内。

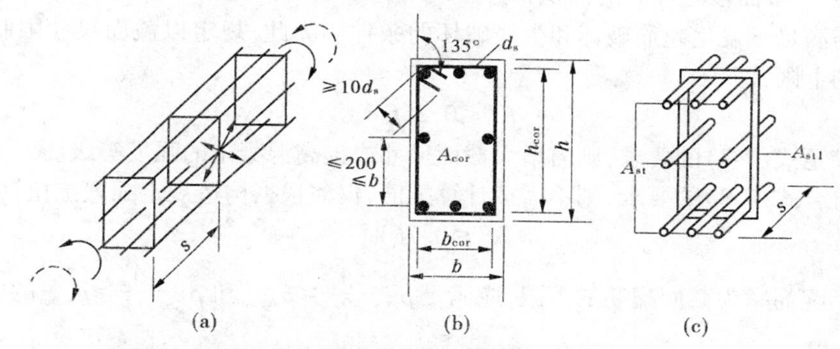


**图7-4 受扭构件的配筋形式及构造规定** （单位:mm）

为使受扭构件发生适筋破坏，抗扭纵筋和抗扭箍筋应搭配合理。引入系数$\zeta$，$\zeta$ 为受扭构件纵向钢筋与箍筋的配筋强度比（即两者的体积比与强度比的乘积），见图7-4(c)，其计算公式为

$$\zeta = \frac{f_y A_{st} s}{f_{yv} A_{st1} u_{cor}} \tag{7-3}$$

式中 $A_{st}$——全部抗扭纵筋的截面面积；

$A_{st1}$——抗扭箍筋的单肢截面面积；

$u_{cor}$——截面核心部分的周长，$u_{cor} = 2(b_{cor} + h_{cor})$，$b_{cor}$及 $h_{cor}$ 分别为从箍筋内表面计算的截面核心部分的短边和长边尺寸，即 $b_{cor} = b - 2c$，$h_{cor} = h - 2c$。

试验结果表明，$\zeta$ 在 0.5 ~2.0 时，抗扭纵筋和抗扭箍筋基本上能在构件破坏前屈服，为安全起见，规定 $\zeta$ 值应符合 $0.6 \leqslant \zeta \leqslant 1.7$ 的要求，当 $\zeta > 1.7$ 时，取 $\zeta = 1.7$。通常取 $\zeta = 1.2$ 为最佳值。

《规范》规定：①抗扭纵向钢筋的配筋率 $\rho_{st} = \frac{A_{st}}{bh}$不应小于 0.3%（HPB235 级钢筋）或 0.2%（HRB335 级钢筋），$A_{st}$为全部抗扭纵向钢筋的截面面积；②在弯剪扭构件中，箍筋配筋率 $\rho_{sv} = \frac{A_{sv}}{bs}$不应小于 0.20%（HPB235 级钢筋）或 0.15%（HRB335 级钢筋）。箍筋间距

应符合表4-1规定。

### 四、矩形截面纯扭构件的承载力计算

根据试验结果分析，矩形截面纯扭构件的承载力按下列公式计算。

$$KT \leqslant T_c + T_s \tag{7-4}$$

$$T_c = 0.35 f_t W_t \tag{7-5}$$

$$T_s = 1.2\sqrt{\zeta} f_{yv} A_{st1} A_{cor}/s \tag{7-6}$$

式中 $K$——承载力安全系数；

$T$——扭矩设计值；

$T_c$——混凝土受扭承载力；

$T_s$——箍筋受扭承载力；

$A_{cor}$——截面核心部分的面积，$A_{cor} = b_{cor} h_{cor}$。

上式需满足不发生超筋破坏和少筋破坏的条件。为此，规定以截面尺寸限制条件作为配筋率的上限，即

$$KT \leqslant 0.25 f_c W_t \tag{7-7}$$

若不满足式(7-7)的要求，则需增大截面尺寸或提高混凝土的强度等级。

若能符合式(7-8)的要求，则不需按计算配筋，仅需根据构造规定配置抗扭钢筋。

$$KT \leqslant 0.7 f_t W_t \tag{7-8}$$

以最小配筋率为截面配筋的下限，应满足 $\rho_{sv} = \dfrac{A_{sv}}{bs} \geqslant \rho_{svmin}$ 和 $\rho_{st} = \dfrac{A_{st}}{bh} \geqslant \rho_{stmin}$ 的要求。

## 第二节　矩形截面弯剪扭构件的承载力计算

### 一、矩形截面剪扭构件承载力计算

钢筋混凝土剪扭构件的承载力表达式为

$$KV \leqslant V_c + V_s \tag{7-9}$$

$$KT \leqslant T_c + T_s \tag{7-10}$$

式中 $V$——剪力设计值；

$T$——扭矩设计值；

$V_c$、$T_c$——混凝土受剪和受扭承载力；

$V_s$、$T_s$——箍筋受剪和受扭承载力。

试验结果表明，同时受有剪力和扭矩作用的剪扭构件，其承载力总是低于剪力或扭矩单独作用时的承载力。受剪承载力随扭矩的增加而减小，而受扭承载力也随剪力的增大而减小。我们称这种性质为剪扭构件的相关性。严格地讲，应按有纵筋和腹筋构件的相关性来建立受剪和受扭的承载力表达式。但是，限于目前的试验和理论分析水平，这样做还有一定的困难。所以，《规范》只考虑了混凝土的相关性，即式(7-9)中 $V_c$ 项和式(7-10)中 $T_c$ 项之间的相关性，而忽略了配筋项 $V_s$ 和 $T_s$ 之间的相关性，$V_s$ 和 $T_s$ 仍分别按原式计算。

《规范》确定了剪扭构件混凝土受扭承载力降低系数$\beta_t$：

$$\beta_t = \frac{1.5}{1 + 0.5\dfrac{VW_t}{Tbh_0}} \tag{7-11}$$

当$\beta_t < 0.5$时，取$\beta_t = 0.5$；当$\beta_t > 1.0$时，取$\beta_t = 1.0$。

矩形截面剪扭构件的受扭承载力和受剪承载力分别按下列公式计算：

$$KT \leqslant 0.35\beta_t f_t W_t + 1.2\sqrt{\zeta}\frac{f_{yv}A_{st1}A_{cor}}{s} \tag{7-12}$$

$$KV \leqslant 0.7(1.5 - \beta_t)f_t bh_0 + 1.25f_{yv}\frac{A_{sv}}{s}h_0 \tag{7-13}$$

## 二、矩形截面弯扭构件承载力计算

对于同时受弯矩和扭矩作用的钢筋混凝土弯扭构件，为简化计算，分别按纯弯和纯扭构件计算钢筋面积，然后将所得的钢筋面积叠加。

## 三、弯剪扭构件承载力计算

在实际工程中，钢筋混凝土受扭构件大多数是同时受有弯矩、剪力和扭矩作用的弯剪扭构件。为计算方便，在弯矩、剪力和扭矩共同作用下的矩形、T形和I形截面构件的配筋可按叠加法进行计算，其纵向钢筋截面面积应分别按正截面受弯承载力和剪扭构件受扭承载力计算，并将所需的钢筋截面面积分别配置在相应位置上。其箍筋截面面积应分别按剪扭构件受剪承载力和受扭承载力计算确定，并应配置在相应位置上，在相同位置处，所需的钢筋截面面积应叠加后进行配置。

具体计算步骤如下：

(1)根据经验或参考已有设计，初步确定截面尺寸和材料强度等级。

(2)构件尺寸限制条件。为了避免配筋过多、截面尺寸太小和混凝土强度过低，使构件发生超筋破坏，当$h_w/b < 6$时，截面应符合以下公式要求：

$$\frac{KV}{bh_0} + \frac{KT}{W_t} \leqslant 0.25f_c \tag{7-14}$$

若不满足，则应加大截面尺寸或提高混凝土强度等级。

(3)验算是否按计算确定抗剪扭钢筋。如能符合式

$$\frac{KV}{bh_0} + \frac{KT}{W_t} \leqslant 0.7f_t \tag{7-15}$$

则不需要对构件进行剪扭承载力计算，按构造规定配置抗剪扭钢筋。受弯应按计算配筋。

(4)确定是否忽略剪力的影响。如能符合式

$$KV \leqslant 0.35f_t bh_0 \tag{7-16}$$

可仅按受弯构件的正截面受弯和纯扭构件的受扭分别进行承载力计算。

(5)确定是否忽略扭矩的影响。如能符合式

$$KT \leqslant 0.175f_t W_t \tag{7-17}$$

可仅按受弯构件的正截面受弯和斜截面受剪分别进行承载力计算。

(6)若构件只满足式(7-14),不满足式(7-15)~式(7-17),则按下列四方面进行计算:

①按受弯构件相应公式计算满足正截面受弯承载力需要的纵向钢筋面积$A_s$。

②计算抗剪扭纵筋和抗剪扭箍筋。

③将抗弯所需的纵向钢筋面积布置在截面受拉边,对抗扭所需的纵筋截面面积应均匀地布置在截面周边。相同单位的纵筋截面面积先叠加,然后再选配钢筋。

④将抗剪所需的箍筋用量中的单肢箍筋用量与抗扭所需的单肢箍筋用量相加,即得单肢箍筋总的需要量。

将上述四方面计算所得的钢筋,按弯剪扭相应的构造规定进行布置。

**【例7-1】** 某钢筋混凝土矩形截面梁承受均布荷载,2级水工建筑物($K=1.20$),截面尺寸$b\times h=250\ \text{mm}\times 500\ \text{mm}$。承受的内力设计值为$M=88\ \text{kN}\cdot\text{m}$,$V=120\ \text{kN}$,$T=9\ \text{kN}\cdot\text{m}$。采用C20混凝土($f_c=9.6\ \text{N/mm}^2$,$f_t=1.1\ \text{N/mm}^2$),受力钢筋采用HRB335级($f_y=300\ \text{N/mm}^2$),箍筋采用HPB235级($f_{yv}=210\ \text{N/mm}^2$)。若取$c=35\ \text{mm}$,$a_s=45\ \text{mm}$,试设计该梁。

**解:**(1)验算截面尺寸。

$a_s=45\ \text{mm}$,则$h_0=h-a_s=500-45=455(\text{mm})$。

$$W_t=\frac{b^2}{6}(3h-b)=\frac{250^2}{6}\times(3\times 500-250)=1.30\times 10^7(\text{mm}^3)$$

$$\frac{KV}{bh_0}+\frac{KT}{W_t}=\frac{1.20\times 120\times 10^3}{250\times 455}+\frac{1.20\times 9\times 10^6}{1.30\times 10^7}=2.10\ (\text{N/mm}^2)$$

$$<0.25f_c=0.25\times 9.6=2.4(\text{N/mm}^2)$$

因此,截面尺寸满足要求。

(2)验算是否按计算配置抗剪扭钢筋。

$$\frac{KV}{bh_0}+\frac{KT}{W_t}=2.10\ \text{N/mm}^2>0.7f_t=0.7\times 1.1=0.77(\text{N/mm}^2)$$

因此,应按计算配置抗剪扭钢筋。

(3)判别是否可不考虑剪力。

$$0.35f_tbh_0=0.35\times 1.1\times 250\times 455=43.8(\text{kN})<KV=144\ \text{kN}$$

因此,不能忽略剪力的影响。

$$0.175f_tW_t=0.175\times 1.1\times 1.30\times 10^7=2.5\times 10^6(\text{N}\cdot\text{mm})$$

$$=2.5\ \text{kN}\cdot\text{m}<KT=10.8\ \text{kN}\cdot\text{m}$$

因此,不能忽略扭矩的影响,应按弯剪扭构件计算。

(4)配筋计算。

①抗弯纵筋计算:

$$\alpha_s=\frac{KM}{f_cbh_0^2}=\frac{1.20\times 88\times 10^6}{9.6\times 250\times 455^2}=0.213$$

$$\xi=1-\sqrt{1-2\alpha_s}=1-\sqrt{1-2\times 0.213}=0.242<0.85\xi_b=0.468$$

$$A_s=\frac{f_cbh_0\xi}{f_y}=\frac{9.6\times 250\times 455\times 0.242}{300}=881(\text{mm}^2)$$

$$>\rho_{min}bh_0 = 0.20\% \times 250 \times 455 = 227.5(\text{mm}^2)$$

满足最小配筋率要求。

②抗扭箍筋计算：

$$取\ \zeta = 1.2, \beta_t = \frac{1.5}{1+0.5\times\dfrac{VW_t}{Tbh_0}} = \frac{1.5}{1+0.5\times\dfrac{120\times10^3\times1.30\times10^7}{9\times10^6\times250\times455}} = 0.85 < 1.0$$

$$A_{cor} = b_{cor}h_{cor} = (250-70)\times(500-70) = 77\ 400(\text{mm}^2)$$

$$u_{cor} = 2(b_{cor}+h_{cor}) = 2\times(180+430) = 1\ 220(\text{mm})$$

$$\frac{A_{st1}}{s} = \frac{KT-0.35\beta_t f_t W_t}{1.2\sqrt{\zeta}f_{yv}A_{cor}} = \frac{1.20\times9\times10^6-0.35\times0.85\times1.1\times1.30\times10^7}{1.2\times\sqrt{1.2}\times210\times77\ 400} = 0.306(\text{mm}^2/\text{mm})$$

③抗剪箍筋计算：

$$\frac{A_{sv1}}{s} = \frac{KV-0.7(1.5-\beta_t)f_t bh_0}{2\times1.25f_{yv}h_0} = \frac{1.20\times120\times10^3-0.7\times(1.5-0.85)\times1.1\times250\times455}{2\times1.25\times210\times455}$$

$$=0.364(\text{mm}^2/\text{mm})$$

$$\frac{A_{stv1}}{s} = \frac{A_{sv1}}{s}+\frac{A_{st1}}{s} = 0.364+0.306 = 0.670(\text{mm}^2/\text{mm})$$

选用双肢箍筋Φ 10，$A_{stv1} = 78.5\ \text{mm}^2$，则

$$s = \frac{A_{stv1}}{0.670} = \frac{78.5}{0.670} = 117.2(\text{mm})$$

取 $s = 100\ \text{mm} < s_{max} = 200\ \text{mm}$

$\rho_{sv} = A_{sv}/(bs) = 2\times78.5/(250\times100) = 0.63\% > \rho_{svmin} = 0.20\%$（HPB235 级钢筋）

满足要求。

④抗扭纵筋计算：

$$A_{st} = \zeta\frac{f_{yv}A_{st1}u_{cor}}{f_y s} = 1.2\times\frac{210\times0.306\times1\ 220}{300} = 314(\text{mm}^2)$$

$$>\rho_{stmin}bh = 0.2\%\times250\times500 = 250(\text{mm}^2)$$

满足要求。

（5）钢筋选配及布置。

①箍筋（抗扭箍筋和抗剪箍筋）采用双肢Φ 10@100，沿构件全长布置。

②抗扭纵筋和抗弯纵筋的布置（抗扭纵筋分三层均匀布置）：

上层纵筋面积为 $A_{st}/3 = 314/3 = 105(\text{mm}^2)$，选配 2 Φ 12，实配 226 mm²。

中层纵筋面积为 $A_{st}/3 = 314/3 = 105(\text{mm}^2)$，选配 2 Φ 12，实配 226 mm²。

下层纵筋面积为 $A_s + A_{st}/3 = 881 + 314/3 = 986(\text{mm}^2)$，选配钢筋为 3 Φ 22，实配钢筋面积为 1 140 mm²。截面配筋如图 7-5 所示。

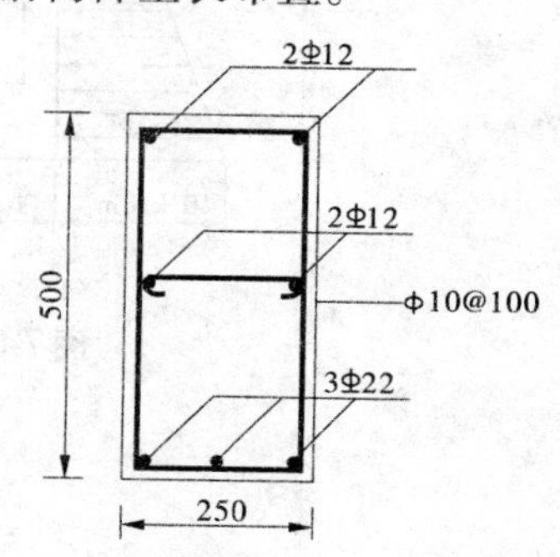


图 7-5 截面配筋图 （单位：mm）

## 思考题

7-1　在工程中，哪些构件属于受扭构件？举例说明。

7-2　矩形截面纯扭构件的破坏形态有哪些？它们的破坏特征是什么？

7-3　什么是剪扭的相关性？

7-4　受扭公式中各符号的意义是什么？

7-5　受扭公式的适用条件是什么？

7-6　在受扭构件中，配置抗扭纵筋和抗扭箍筋应注意哪些问题？

7-7　在剪扭构件计算中，强度降低系数 $\beta_t$ 的意义是什么？

7-8　简述钢筋混凝土受扭构件的计算步骤。

## 习　题

7-1　某矩形梁截面尺寸 $b \times h = 300\ \text{mm} \times 600\ \text{mm}$，水工建筑物级别为 2 级，内力设计值 $M = 80\ \text{kN} \cdot \text{m}$，$V = 100\ \text{kN}$，$T = 10\ \text{kN} \cdot \text{m}$，$c = 30\ \text{mm}$，$a_s = 50\ \text{mm}$，采用 C25 混凝土和 HRB335 级纵向受力钢筋，箍筋为 HPB235 级。试对此梁进行配筋。

7-2　某水闸胸墙的截面尺寸如图 7-6(a)所示，2 级水工建筑物级别，闸墩之间的净距为 8 m，胸墙与闸墩整体浇筑。在正常水压力作用下，顶梁 $A$ 的内力见图 7-6 中(b)、(c)、(d)。采用 C25 级混凝土和 HRB335 级纵向受力钢筋，箍筋用 HPB235 级钢筋。试配置顶梁 $A$ 的钢筋（胸墙承受的水压力按最高水位计算）。

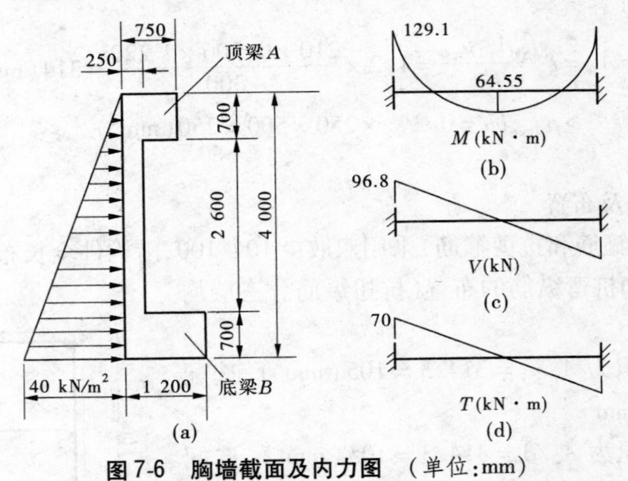


图 7-6　胸墙截面及内力图　（单位：mm）

# 第八章　钢筋混凝土构件正常使用极限状态验算

钢筋混凝土结构设计必须满足承载能力极限状态的要求，以保证结构安全可靠；此外，还应满足结构正常使用极限状态对于裂缝和变形控制的要求，以保证结构构件的适用性和耐久性。随着建筑材料日益向轻质、高强方向发展，构件截面尺寸在进一步减小，裂缝及变形问题就变得更加突出。在有些情况下，正常使用极限状态的验算也有可能成为设计中的控制情况。

由于超过正常使用极限状态而产生的后果不如超过承载能力极限状态所产生的后果那么严重，因此正常使用极限状态的目标可靠指标比承载能力极限状态的目标可靠指标小，按正常使用极限状态进行验算时，荷载和材料强度分别采用其标准值。

## 第一节　抗裂验算

抗裂验算是针对使用上要求不允许出现裂缝的构件而进行的验算。所以，构件抗裂验算以受拉区混凝土将裂未裂的极限状态为依据。

对承受水压的轴心受拉构件、小偏心受拉构件以及产生裂缝后会引起严重渗漏的其他构件，应按荷载效应标准组合进行抗裂验算。当有可靠防渗措施不影响正常使用时，也可不进行抗裂验算。

例如简支的矩形截面输水渡槽底板在纵向弯矩的作用下，因底板位于受拉区，一旦开裂，裂缝就会贯穿底板截面造成漏水，因此底板在纵向计算时属严格要求抗裂的构件，应按抗裂条件进行验算。

### 一、轴心受拉构件

#### （一）抗裂极限状态

钢筋混凝土轴心受拉构件在即将发生开裂时，混凝土的拉应力达到其轴心抗拉强度 $f_t$（见图 8-1），拉应变达到其极限拉应变 $\varepsilon_{tmax}$。这时由于钢筋与混凝土保持共同变形，因此钢筋拉应力可根据钢筋和混凝土应变相等的关系求得，即 $\sigma_s=\varepsilon_s E_s=\varepsilon_{tmax}E_s$。令 $\alpha_E=E_s/E_c$，则 $\sigma_s=\alpha_E\varepsilon_{tmax}E_c=\alpha_E f_t$。所以，混凝土在即将开裂时，钢筋应力 $\sigma_s$ 是同位置处混凝土应力的 $\alpha_E$ 倍。

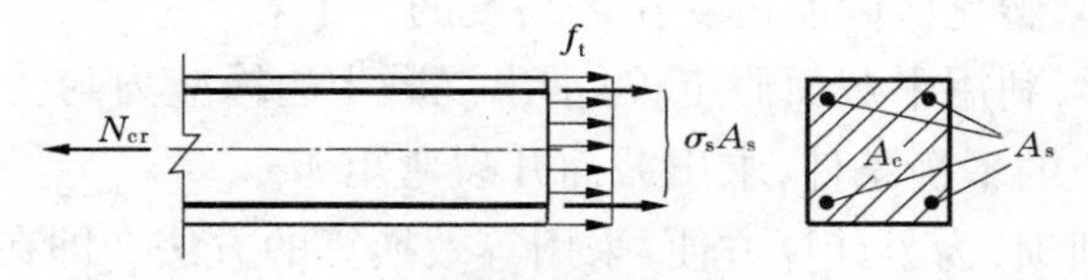


图 8-1　轴心受拉构件抗裂轴力示意

若以 $A_s$ 表示受拉钢筋的截面面积，以 $A_{s0}$ 表示将钢筋 $A_s$ 换算成假想的混凝土的换算

截面面积，则换算截面面积承受的拉力应与原钢筋承受的拉力相同，即

$$\sigma_s A_s = f_t A_{s0}$$

将 $\sigma_s = \alpha_E f_t$ 代入，可得

$$A_{s0} = \alpha_E A_s \tag{8-1}$$

式(8-1)表明，在混凝土开裂之前，钢筋与混凝土满足变形协调的条件。所以，截面面积为 $A_s$ 的纵向受拉钢筋相当于截面面积为 $\alpha_E A_s$ 的受拉混凝土作用，$\alpha_E A_s$ 就称为钢筋 $A_s$ 的换算截面面积。构件总的换算截面面积为

$$A_0 = A_c + \alpha_E A_s \tag{8-2}$$

式中 $A_c$——混凝土截面面积。

由力的平衡条件得

$$N_{cr} = f_t A_c + \sigma_s A_s = f_t A_c + \alpha_E f_t A_s = f_t (A_c + \alpha_E A_s) = f_t A_0 \tag{8-3}$$

**(二)抗裂验算公式**

在实际工程中，裂缝会使结构渗漏，影响结构的耐久性，而且易在裂缝面上形成渗透应力，危及结构安全。为此，在正常使用极限状态验算时，应满足目标可靠指标的要求，故引进拉应力限制系数 $\alpha_{ct}$，形成有限拉应力状态，并且混凝土抗拉强度取用标准值 $f_{tk}$，荷载也取用标准值，则轴心受拉构件在荷载效应的标准组合下的抗裂验算公式为

$$N_k \leqslant \alpha_{ct} f_{tk} A_0 \tag{8-4}$$

式中 $N_k$——按荷载标准值计算的轴向拉力值；

$f_{tk}$——混凝土轴心抗拉强度标准值；

$\alpha_{ct}$——混凝土拉应力限制系数，对荷载效应的标准组合，$\alpha_{ct}$可取为0.85；

$A_0$——换算截面面积，$A_0 = A_c + \alpha_E A_s$。

## 二、受弯构件

**(一)抗裂极限状态**

由试验得知，受弯构件正截面在即将开裂的瞬间，其应力状态处于第Ⅰ应力阶段的末尾，如图8-2所示。此时，受拉区边缘的拉应变达到混凝土的极限拉应变 $\varepsilon_{tmax}$，受拉区应力分布为曲线形，具有明显的塑性特征，最大拉应力达到混凝土的抗拉强度 $f_t$。而受压区混凝土仍接近于弹性工作状态，其应力分布图形为三角形。

**(二)开裂弯矩 $M_{cr}$**

根据试验结果，在计算受弯构件的开裂弯矩 $M_{cr}$时，可假定混凝土受拉区应力分布为图8-3所示的梯形图形，塑化区高度占受拉区高度的一半。

按图8-3应力图形，利用平截面假定，可求出混凝土边缘应力与受压区高度之间的关系。然后根据力和力矩的平衡条件，求出截面开裂弯矩 $M_{cr}$。

但上述方法比较烦琐，为了计算方便，采用等效换算的方法。即在保持开裂弯矩相等的条件下，将受拉区梯形应力图形等效折算成直线分布的应力图形(见图8-4)，此时，受拉区边缘应力由 $f_t$ 折算为 $\gamma_m f_t$，$\gamma_m$ 称为截面抵抗矩的塑性系数。

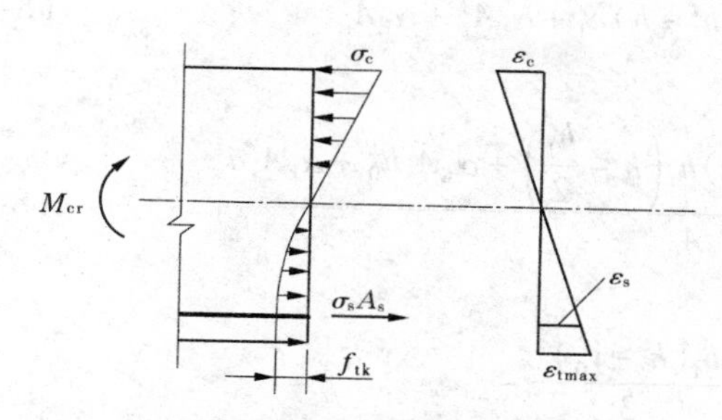


图 8-2　受弯构件正截面第Ⅰa应力阶段末实际的应力与应变图形

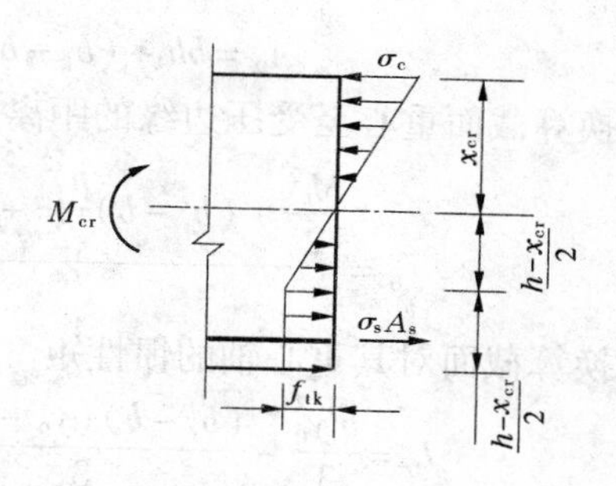


图 8-3　受弯构件正截面第Ⅰa应力阶段末假定的应力图形

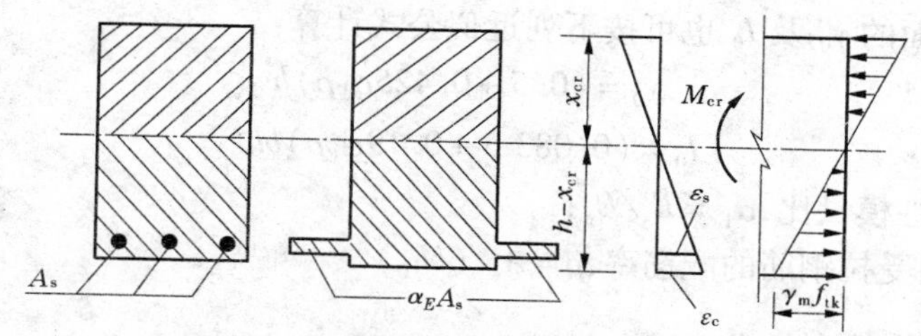


图 8-4　受弯构件正截面抗裂弯矩计算图

经过这样的换算，就可把构件视做截面面积为 $A_0=A_c+\alpha_E A_s+\alpha_E A'_s$ 的匀质弹性体，引用工程力学公式，得出受弯构件正截面开裂弯矩 $M_{cr}$ 的计算公式：

$$M_{cr}=\gamma_m f_t W_0 \tag{8-5}$$

$$W_0=I_0/(h-y_0) \tag{8-6}$$

式中　$W_0$——换算截面 $A_0$ 受拉边缘的弹性抵抗矩；

$y_0$——换算截面重心至受压边缘的距离；

$I_0$——换算截面对其重心轴的惯性矩；

$\gamma_m$——截面抵抗矩的塑性系数，按附表 4-4 采用。

**（三）抗裂验算公式**

为满足目标可靠指标的要求，对受弯构件同样引入拉应力限制系数 $\alpha_{ct}$，荷载和材料强度均取用标准值。这样，受弯构件在荷载效应的标准组合下，应按下列公式进行抗裂验算：

$$M_k \leqslant \alpha_{ct}\gamma_m f_{tk} W_0 \tag{8-7}$$

式中　$M_k$——按荷载标准值计算的弯矩值；

其他符号意义同前。

**（四）换算截面的特征值**

在抗裂验算时，需先计算换算截面的特征值。下面列出双筋 I 形截面（见图 8-5）的具体公式。对于矩形及 T 形或倒 T 形截面，只需在 I 形截面的基础上去掉无关的项即可。

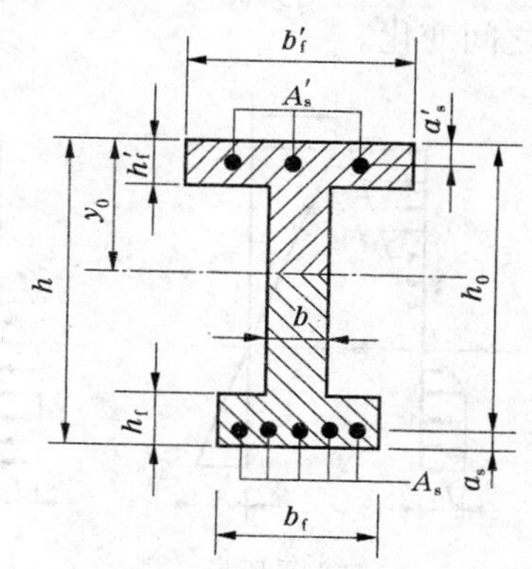


图 8-5　双筋 I 形截面

换算截面面积

$$A_0 = bh + (b_f - b)h_f + (b'_f - b)h'_f + \alpha_E A_s + \alpha_E A'_s \tag{8-8}$$

换算截面重心至受压边缘的距离

$$y_0 = \frac{\dfrac{bh^2}{2} + (b'_f - b)\dfrac{h'^2_f}{2} + (b_f - b)h_f\left(h - \dfrac{h_f}{2}\right) + \alpha_E A_s h_0 + \alpha_E A'_s a'_s}{A_0} \tag{8-9}$$

换算截面对其重心轴的惯性矩

$$I_0 = \frac{b'_f y_0^3}{3} - \frac{(b'_f - b)(y_0 - h'_f)^3}{3} + \frac{b_f (h - y_0)^3}{3} - \frac{(b_f - b)(h - y_0 - h_f)^3}{3} + \alpha_E A_s (h_0 - y_0)^2 + \alpha_E A'_s (y_0 - a'_s)^2 \tag{8-10}$$

单筋矩形截面的 $y_0$ 及 $I_0$ 也可按下列近似公式计算：

$$y_0 = (0.5 + 0.425\alpha_E \rho)h \tag{8-11}$$

$$I_0 = (0.0833 + 0.19\alpha_E \rho)bh^3 \tag{8-12}$$

式中 $\alpha_E$——弹性模量比，$\alpha_E = E_s / E_c$；

$\rho$——纵向受拉钢筋的配筋率，$\rho = A_s / (bh_0)$。

## 三、偏心受拉构件

偏心受拉构件可采用与受弯构件相同的方法分析计算抗裂性能，即将钢筋截面面积换算为混凝土截面面积，然后用材料力学匀质弹性体的公式进行计算。在荷载效应的标准组合下，按下列公式进行验算：

$$M_k / W_0 + N_k / A_0 \leqslant \gamma_{偏拉} \alpha_{ct} f_{tk} \tag{8-13}$$

式中 $\gamma_{偏拉}$——偏心受拉构件的混凝土塑性影响系数。

从图 8-6 可以看出，偏心受拉构件受拉区塑化效应与受弯构件的塑化效应相比有所减弱，这是因为它的受拉区应变梯度比受弯构件的应变梯度要小。但它的塑化效应又比轴心受拉构件的大，因为轴心受拉构件的应变梯度为零。因此，偏心受拉构件的塑性影响系数 $\gamma_{偏拉}$ 应处于 $\gamma_m$（受弯构件的截面抵抗矩塑性系数）与 1（轴心受拉构件的塑性影响系数）之间，可近似认为 $\gamma_{偏拉}$ 是随截面的平均拉应力 $\sigma = N_k / A_0$ 的大小，按线性规律在 1 与 $\gamma_m$ 之间变化。

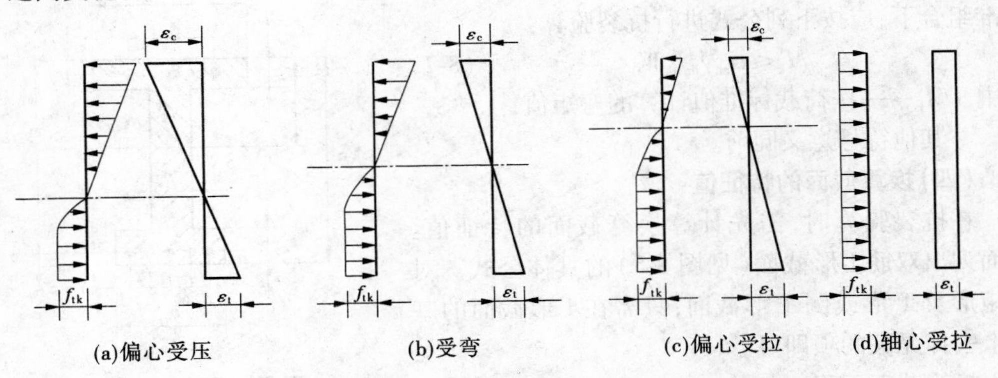


图 8-6 不同受力特征构件即将开裂时的应力及应变

当平均拉应力 $\sigma=0$ 时(受弯),$\gamma_{偏拉}=\gamma_m$;当平均拉应力 $\sigma=\alpha_{ct}f_{tk}$ 时(轴心受拉),$\gamma_{偏拉}=1$,则

$$\gamma_{偏拉}=\gamma_m-(\gamma_m-1)\frac{N_k}{A_0\alpha_{ct}f_{tk}} \tag{8-14}$$

将式(8-14)代入式(8-13),经变换后,就可得出偏心受拉构件的抗裂验算公式:

$$N_k \leqslant \frac{\gamma_m\alpha_{ct}f_{tk}A_0W_0}{e_0A_0+\gamma_mW_0} \tag{8-15}$$

式中 $N_k$——按荷载标准值计算的轴向力值;
$e_0$——轴向拉力的偏心距,$e_0=M_k/N_k$;
其他符号意义同前。

## 四、偏心受压构件

与偏心受拉构件的计算原理相同,偏心受压构件在荷载效应的标准组合下,按下列公式进行抗裂验算。

$$M_k/W_0-N_k/A_0 \leqslant \gamma_{偏压}\alpha_{ct}f_{tk} \tag{8-16}$$

偏心受压构件由于受拉区应变梯度较大,塑化效应比较充分,其塑性影响系数 $\gamma_{偏压}$ 比受弯构件的 $\gamma_m$ 大。但在实际应用中,为简化计算并考虑偏于安全,取与受弯构件相同的数值,即取 $\gamma_{偏压}=\gamma_m$。

用 $\gamma_m$ 取代了 $\gamma_{偏压}$,并令 $e_0=M_k/N_k$(短期组合),则式(8-16)可转换为

$$N_k \leqslant \frac{\gamma_m\alpha_{ct}f_{tk}A_0W_0}{e_0A_0-W_0} \tag{8-17}$$

## 五、提高构件抗裂能力的措施

对于钢筋混凝土的抗裂能力而言,钢筋所起的作用不大,如果取混凝土的极限拉应变 $\varepsilon_{tmax}=0.000\ 1\sim0.000\ 15$,则混凝土即将开裂时,钢筋的拉应力 $\sigma_s\approx(0.000\ 1\sim0.000\ 15)\times2.0\times10^5=20\sim30(\text{N/mm}^2)$。可见,此时钢筋的应力是很低的,所以用增加钢筋的办法来提高构件的抗裂能力是极不经济、不合理的。提高构件抗裂能力的主要方法是加大构件截面尺寸、提高混凝土的强度等级、在混凝土中掺入钢纤维等或采用预应力混凝土结构。

【例 8-1】 某水闸底板厚 $h=1\ 200$ mm,$h_0=1\ 130$ mm,跨中截面荷载效应值 $M_k=460$ kN·m。采用 C25 混凝土,HRB335 级钢筋。根据承载力计算,已配置钢筋 Φ 20@150。试验算该水闸底板是否满足抗裂要求。

**解**:查表得 $f_{tk}=1.78\ \text{N/mm}^2$,$E_c=2.80\times10^4\ \text{N/mm}^2$,$E_s=2.0\times10^5\ \text{N/mm}^2$,$\gamma_m=1.55$,$\alpha_{ct}=0.85$,$A_s=2\ 094\ \text{mm}^2$,则

$$\alpha_E=E_s/E_c=2.0\times10^5/(2.8\times10^4)=7.14$$

$$\rho=A_s/(bh_0)=2\ 094/(1\ 000\times1\ 130)=0.185\%$$

(1)按式(8-9)、式(8-10)计算 $y_0$ 及 $I_0$。

$$y_0=\frac{\frac{bh^2}{2}+\alpha_E A_s h_0}{bh+\alpha_E A_s}=\frac{\frac{1\ 000\times1\ 200^2}{2}+7.14\times2\ 094\times1\ 130}{1\ 000\times1\ 200+7.14\times2\ 094}=607(\text{mm})$$

$$\begin{aligned}I_0&=\frac{by_0^3}{3}+\frac{b(h-y_0)^3}{3}+\alpha_E A_s(h_0-y_0)^2\\&=\frac{1\ 000\times607^3}{3}+\frac{1\ 000\times(1\ 200-607)^3}{3}+7.84\times2\ 094\times(1\ 130-607)^2\\&=1.485\times10^{11}(\text{mm}^4)\end{aligned}$$

如改用近似公式(8-11)、式(8-12)计算 $y_0$ 及 $I_0$：

$$y_0=(0.5+0.425\alpha_E\rho)h=(0.5+0.425\times7.14\times0.185\%)\times1\ 200=607(\text{mm})$$

$$\begin{aligned}I_0&=(0.083\ 3+0.19\alpha_E\rho)bh^3=(0.083\ 3+0.19\times7.14\times0.185\%)\times1\ 000\times1\ 200^3\\&=1.483\times10^{11}(\text{mm}^4)\end{aligned}$$

可见，近似公式(8-11)、式(8-12)足够精确。

(2)按式(8-7)验算是否抗裂。

考虑截面高度的影响，对 $\gamma_m$ 值进行修正，得

$$\gamma_m=(0.7+300/1\ 200)\times1.55=1.47$$

$$\begin{aligned}\alpha_{ct}f_{tk}\gamma_m W_0&=\alpha_{ct}f_{tk}\gamma_m\frac{I_0}{h-y_0}=0.85\times1.78\times1.47\times\frac{1.485\times10^{11}}{1\ 200-607}\\&=556.97\times10^6(\text{N}\cdot\text{mm})=556.97\ \text{kN}\cdot\text{m}>M_k=460\ \text{kN}\cdot\text{m}\end{aligned}$$

该水闸底板跨中截面满足抗裂要求。

## 第二节　裂缝宽度验算

混凝土裂缝产生的原因十分复杂，可分为荷载作用下引起的裂缝和非荷载因素引起的裂缝两种，本章所涉及的抗裂及裂缝宽度验算，仅限于荷载作用产生的裂缝。对于非荷载因素产生的裂缝，如水化热、温度变化、收缩、基础不均匀沉降等引起的裂缝，主要通过控制施工质量、改进结构形式、认真选择原材料、配置构造钢筋等措施来解决。

在使用荷载的作用下，钢筋混凝土结构截面上的拉应力常常大于混凝土的抗拉强度，在正常使用状态下必然会有裂缝产生，即构件总是带裂缝工作的。如果裂缝过宽，会降低混凝土的抗渗性和抗冻性等使用功能，影响结构的耐久性和外观，因此对使用上要求限制裂缝宽度的构件，应进行裂缝宽度控制验算。按荷载效应标准组合所求得的最大裂缝宽度不应超过附表 4-3 规定的限值。

### 一、裂缝开展前后的应力状态

为了建立裂缝宽度的计算公式，首先应了解裂缝出现前后构件各截面的应力应变状态。现以受弯构件纯弯段为例予以讨论。

在裂缝出现前，截面受拉区的拉力由钢筋与混凝土共同承担。沿构件长度方向，各截面受拉钢筋应力及受拉混凝土应力大体上分别保持均等。

因为各截面混凝土的实际抗拉强度稍有差异，随着荷载的增加，在某一最薄弱的截面上首先出现第一条裂缝（图 8-7 中的 $a$ 截面）。有时也可能在几个截面上同时出现第一批裂缝。在裂缝截面，裂开的混凝土不再承受拉力，拉力转由钢筋承担，钢筋应力会突然增大，应变也突增。加上原来因受拉伸长的混凝土应力释放后又瞬间产生回缩，所以裂缝一出现就有一定的宽度。

由于混凝土向裂缝两侧回缩受到钢筋的黏结约束，混凝土将随着远离裂缝截面而重新建立起拉应力。当荷载再有增加时，在离裂缝截面某一长度处混凝土拉应力增大到混凝土实际抗拉强度，其附近某一薄弱截面又将出现第二条裂缝（图 8-7 中的截面 $b$）。

随着荷载的增加，在裂缝陆续出现后，沿构件长度方向，钢筋与混凝土的应力是随着裂缝的位置而变化的（如图 8-8 所示）。

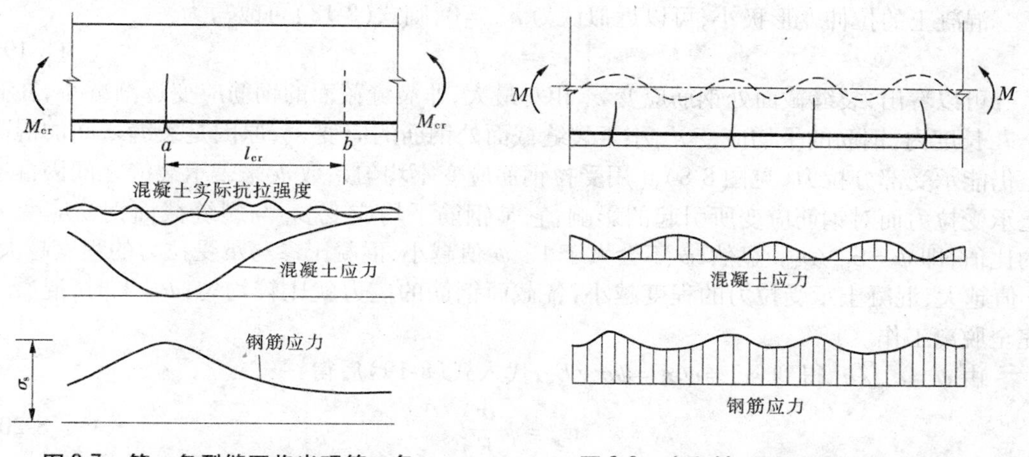


**图 8-7　第一条裂缝至将出现第二条裂缝间混凝土及钢筋应力**

**图 8-8　中和轴、混凝土及钢筋应力随着裂缝位置变化情况**

由于混凝土质量的不均匀性，裂缝的间距总是有疏有密，裂缝开展宽度有大有小。裂缝间距越大，裂缝开展越宽；荷载越大，裂缝开展越宽。

## 二、平均裂缝宽度

如果把混凝土的性质理想化，当荷载达到抗裂弯矩 $M_{cr}$ 时，出现第一条裂缝。在裂缝截面，混凝土拉应力下降为零，钢筋应力突增至 $\sigma_s$。离开裂缝截面，混凝土仍然受拉，且离裂缝截面越远，受力越大，在应力达到 $f_t$ 处，就是出现第二条裂缝的地方。接着又会相继出现第三、第四条裂缝……所以，理论上裂缝是等间距分布，而且也几乎是同时发生的。此后，荷载的增加只引起裂缝开展宽度加大而不再产生新的裂缝，而且各条裂缝的宽度在同一荷载下也是相等的。

由图 8-9 可知，裂缝开展后，在钢筋重心处裂缝宽度 $w_m$ 应等于两条相邻裂缝之间的钢筋伸长与混凝土伸长之差，即

$$w_m = \varepsilon_{sm} l_{cr} - \varepsilon_{cm} l_{cr} \tag{8-18}$$

式中　$\varepsilon_{sm}$、$\varepsilon_{cm}$——相邻的两条裂缝间钢筋及混凝土的平均应变；

$l_{cr}$——裂缝间距。

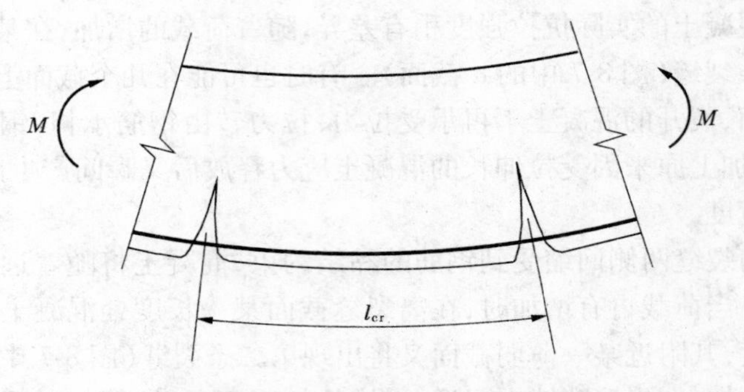


图 8-9 平均裂缝宽度计算图

混凝土的拉伸变形极小,可以近似认为 $\varepsilon_{cm}=0$,则式(8-18)可改写为

$$w_m=\varepsilon_{sm}l_{cr} \tag{8-19}$$

可以看出,裂缝截面处钢筋应变 $\varepsilon_s$ 相对最大,非裂缝截面的钢筋应变逐渐减小,在整个 $l_{cr}$ 长度内,钢筋的平均应变 $\varepsilon_{sm}$ 小于裂缝截面处钢筋的应变 $\varepsilon_s$,原因是裂缝之间的混凝土仍能承受部分拉力(见图 8-8)。用受拉钢筋应变不均匀系数 $\psi$ 来表示裂缝之间因混凝土承受拉力而对钢筋应变所引起的影响,它是钢筋平均应变 $\varepsilon_{sm}$ 与裂缝截面钢筋应变 $\varepsilon_s$ 的比值,即 $\psi=\varepsilon_{sm}/\varepsilon_s$。显然,$\psi$ 不会大于 1。$\psi$ 值越小,混凝土参与承受拉力的程度越大;$\psi$ 值越大,混凝土承受拉力的程度越小,各截面钢筋的应力就比较均匀;$\psi=1$ 时,混凝土完全脱离工作。

由 $\psi=\varepsilon_{sm}/\varepsilon_s$ 得到 $\varepsilon_{sm}=\psi\varepsilon_s=\psi\sigma_s/E_s$,代入式(8-19)后得

$$w_m=\psi\frac{\sigma_s}{E_s}l_{cr} \tag{8-20}$$

式(8-20)是根据黏结滑移理论得出的裂缝宽度基本计算公式。裂缝宽度 $w_m$ 主要取决于裂缝截面的钢筋应力 $\sigma_s$、裂缝间距 $l_{cr}$ 和裂缝间纵向受拉钢筋应变不均匀系数 $\psi$,其中 $\sigma_s$ 值与构件的受力特征有关,可分别计算;影响 $\psi$ 值的因素很多,除钢筋应力外,还与混凝土抗拉强度、配筋率等因素有关,目前大都是由半理论半经验公式给出。$l_{cr}$ 主要与有效配筋率 $\rho_{te}$、钢筋的直径 $d$ 以及混凝土保护层厚度 $c$ 有关。根据试验资料推导出的裂缝间距的半理论半经验公式为

$$l_{cr}=k_1c+k_2\frac{d}{\rho_{te}} \tag{8-21}$$

式中 $k_1$、$k_2$——试验常数,可由大量试验资料确定。

## 三、裂缝宽度验算公式

### (一)裂缝宽度验算公式

衡量裂缝开展宽度是否超过允许值,应以最大裂缝宽度为准。因此,配置带肋钢筋的矩形、T 形及 I 形截面的受拉、受弯及偏心受压钢筋混凝土构件,按荷载效应标准组合的最大裂缝宽度 $w_{max}$ 按下列公式计算:

$$w_{max}=\alpha\frac{\sigma_{sk}}{E_s}(30+c+0.07\frac{d}{\rho_{te}}) \tag{8-22}$$

式中 $\alpha$——考虑构件受力特征和荷载长期作用的综合影响系数，对受弯构件和偏心受压构件，取 $\alpha=2.1$，对偏心受拉构件，取 $\alpha=2.4$，对轴心受拉构件，取 $\alpha=2.7$；

$c$——纵向受拉钢筋的混凝土保护层厚度，mm，当 $c>65$ mm 时，取 $c=65$ mm；

$d$——钢筋直径，mm，当钢筋用不同直径时，式中的 $d$ 改用换算直径 $4A_s/u$，$u$ 为纵向受拉钢筋截面总周长；

$\sigma_{sk}$——按荷载标准值计算的构件纵向受拉钢筋应力；

$\rho_{te}$——纵向受拉钢筋的有效配筋率。

$$\rho_{te}=A_s/A_{te}$$

当 $\rho_{te}<0.03$ 时，取 $\rho_{te}=0.03$；

其中 $A_{te}$——有效受拉混凝土截面面积，对受弯、偏心受拉及大偏心受压构件，$A_{te}$ 取为其重心与受拉钢筋 $A_s$ 重心相一致的混凝土面积，即 $A_{te}=2a_sb$（见图 8-10），其中，$a_s$ 为 $A_s$ 重心至截面受拉边缘的距离，$b$ 为矩形截面的宽度，对有受拉翼缘的倒 T 形及 I 形截面，$b$ 为受拉翼缘宽度，对轴心受拉构件，$A_{te}$ 取为 $2a_sl_s$，但不大于构件全截面面积，$a_s$ 为一侧钢筋重心至截面近边缘的距离，$l_s$ 为沿截面周边配置的受拉钢筋重心连线的总长度；

$A_s$——受拉区纵向钢筋截面面积，对受弯、偏心受拉及大偏心受压构件，$A_s$ 取受拉区纵向钢筋截面面积，对全截面受拉的偏心受拉构件，$A_s$ 取拉应力较大一侧的钢筋截面面积，对轴心受拉构件，$A_s$ 取全部纵向钢筋的截面面积。

**（二）纵向受拉钢筋应力计算公式**

1. 轴心受拉构件

$$\sigma_{sk}=N_k/A_s \tag{8-23}$$

2. 受弯构件

在正常使用荷载作用下，可假定受弯构件裂缝截面的受压区混凝土处于弹性阶段，应力图形为三角形分布，受拉区混凝土作用忽略不计，根据截面应变符合平截面假定，可求得应力图形的内力臂 $z$，一般近似地取 $z=0.87h_0$，如图 8-11 所示，故

$$\sigma_{sk}=\frac{M_k}{0.87h_0A_s} \tag{8-24}$$

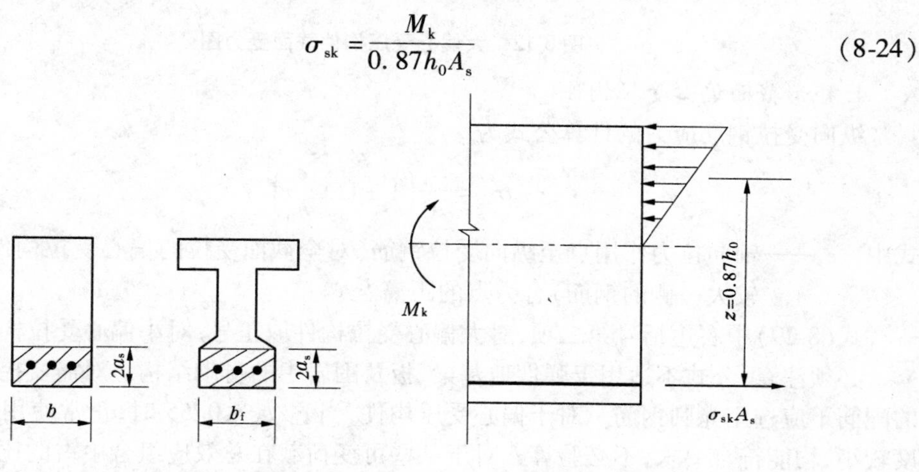


**图 8-10 规范中 $A_{te}$ 的取值**　　**图 8-11 受弯构件截面应力图**

3. 大偏心受压构件

在正常使用荷载下，大偏心受压构件的截面应力图形的假设与受弯构件相同（见图 8-12）。纵向受拉钢筋应力的计算公式为

$$\sigma_{sk}=\frac{N_k}{A_s}\left(\frac{e}{z}-1\right) \tag{8-25}$$

$$z=\left[0.87-0.12(1-\gamma_f')\left(\frac{h_0}{e}\right)^2\right]h_0 \tag{8-26}$$

$$e=\eta_s e_0+y_s \tag{8-27}$$

$$\eta_s=1+\frac{1}{4\,000\frac{e_0}{h_0}}\left(\frac{l_0}{h}\right)^2 \tag{8-28}$$

式中 $e$——轴向压力作用点至纵向受拉钢筋合力点的距离；

$z$——纵向受拉钢筋合力点至受压区合力点的距离；

$\eta_s$——使用阶段的偏心距增大系数，当 $l_0/h_0\leqslant 14$ 时，可取 $\eta_s=1.0$；

$y_s$——截面重心至纵向受拉钢筋合力点的距离；

$\gamma_f'$——受压翼缘面积与腹板有效面积的比值，$\gamma_f'=(b_f'-b)h_f'/(bh_0)$，$b_f'$、$h_f'$分别为受压翼缘的宽度、高度，当 $h_f'>0.2h_0$ 时，取 $h_f'=0.2h_0$。

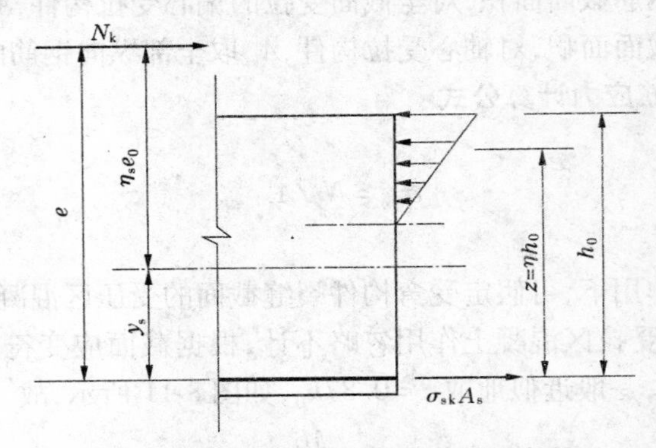


图 8-12 大偏心受压构件截面受力图

4. 矩形截面偏心受拉构件

纵向受拉钢筋应力的计算公式为

$$\sigma_{sk}=\frac{N_k}{A_s}\left(1\pm 1.1\frac{e_s}{h_0}\right) \tag{8-29}$$

式中 $e_s$——轴向拉力作用点至纵向受拉钢筋（对全截面受拉的偏心受拉构件，为拉应力较大一侧的钢筋）合力点的距离。

式（8-29）中右边括号第二项，对大偏心受拉构件取正号，对小偏心受拉构件取负号。

必须注意：公式不适用于弹性地基梁、板及围岩中的衬砌结构。对需要控制裂缝宽度的配筋不应选用光圆钢筋。对于偏心受压构件，当 $e_0/h_0\leqslant 0.55$ 时，正常使用阶段裂缝宽度较小，均能符合要求，不必验算。对于某些可变荷载在总效应组合中占的比重很大但只是短时间内存在的构件，如水电站厂房吊车梁，可将计算所得的最大裂缝宽度 $w_{max}$ 乘以系

数0.85。

当计算所得的最大裂缝宽度 $w_{max}$ 超过附表4-3规定的裂缝限值时，则认为不满足裂缝宽度的要求，应采取相应措施，以减小裂缝宽度。例如适当减小钢筋直径；采用带肋钢筋；必要时可适当增加配筋量，以降低使用阶段的钢筋应力。对于限制裂缝宽度而言，最有效的方法是采用预应力混凝土结构。

**【例8-2】** 某3级水工建筑物中的钢筋混凝土矩形截面简支梁，处于露天环境，正常使用状况下承受荷载标准值 $g_k = 11$ kN/m（包括自重），$q_k = 9.8$ kN/m，梁截面尺寸为 $b \times h = 250$ mm $\times 600$ mm，梁的计算跨度 $l_0 = 7.0$ m，混凝土强度等级选用C25，纵向受拉钢筋采用HRB335级，试求纵向受拉钢筋截面面积，并验算梁的裂缝宽度是否满足要求，如图8-13所示。

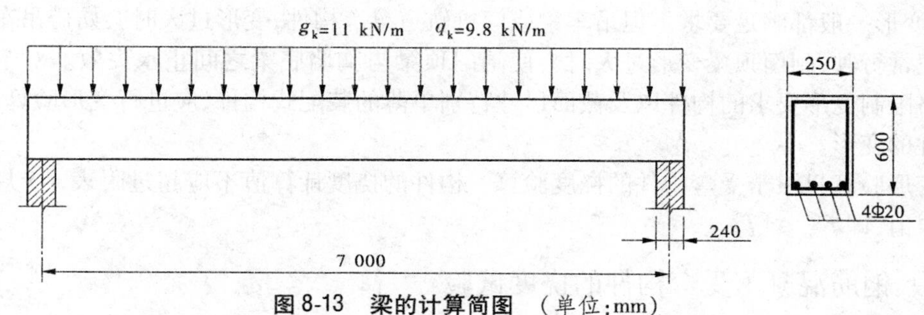


**图8-13 梁的计算简图** （单位：mm）

**解：**查表得 $f_c = 11.9$ N/mm$^2$，$f_{tk} = 1.78$ N/mm$^2$，$f_y = 300$ N/mm$^2$，$E_c = 2.80 \times 10^4$ N/mm$^2$，$E_s = 2 \times 10^5$ N/mm$^2$，$K = 1.20$，$w_{max} = 0.3$ mm。

（1）内力计算。

承载力极限状态跨中弯矩值

$$M = (1.05g_k + 1.2q_k)l_0^2/8 = (1.05 \times 11 + 1.2 \times 9.8) \times 7^2/8 = 142.77(\text{kN} \cdot \text{m})$$

正常使用状态荷载跨中弯矩值

$$M_k = (g_k + q_k)l_0^2/8 = (11 + 9.8) \times 7^2/8 = 127.4(\text{kN} \cdot \text{m})$$

（2）配筋计算。

取 $a_s = 45$ mm，则 $h_0 = h - a_s = 600 - 45 = 555$(mm)。

$$\alpha_s = \frac{KM}{f_c b h_0^2} = \frac{1.20 \times 142.77 \times 10^6}{11.9 \times 250 \times 555^2} = 0.187$$

$$\xi = 1 - \sqrt{1 - 2\alpha_s} = 1 - \sqrt{1 - 2 \times 0.187} = 0.209 < 0.85\xi_b = 0.85 \times 0.55 = 0.468$$

$$A_s = f_c b \xi h_0 / f_y = 11.9 \times 250 \times 0.209 \times 555/300 = 1\,150(\text{mm}^2)$$

$$\rho = 1\,150/(250 \times 555) = 0.83\% > \rho_{min} = 0.2\%$$

选受拉纵筋为4 Φ 20($A_s = 1\,256$ mm$^2$)。

（3）裂缝宽度验算。

受弯构件 $\alpha = 2.1$，钢筋直径 $d = 20$ mm，保护层厚度 $c = 35$ mm

$$\rho_{te} = \frac{A_s}{A_{te}} = \frac{A_s}{2a_s b} = \frac{1\,256}{2 \times 45 \times 250} = 0.055\,8$$

$$\sigma_{sk}=\frac{M_k}{0.87h_0A_s}=\frac{127.4\times10^6}{0.87\times555\times1\ 256}=210.07(\text{N/mm}^2)$$

$$w_{max}=\alpha\frac{\sigma_{sk}}{E_s}\left(30+c+0.07\frac{d}{\rho_{te}}\right)=2.1\times\frac{210.07}{2\times10^5}\times\left(30+35+0.07\times\frac{20}{0.055\ 8}\right)$$

$$=0.199(\text{mm})<w_{max}=0.3\ \text{mm}$$

满足要求。

## 第三节 变形验算

在水工建筑物中,由于稳定和使用上的要求,构件的截面尺寸设计得都比较大,刚度也大,变形一般都满足要求。但吊车梁或门机轨道梁等构件,变形过大时会妨碍吊车或门机的正常行驶;闸门顶梁变形过大时会使闸门顶梁与胸墙底梁之间止水失效。对于这类有严格限制变形要求的构件以及截面尺寸特别单薄的装配式构件,应进行变形验算,以控制构件的变形。

变形验算只限于受弯构件的挠度验算。构件的挠度计算值不应超过附表4-5规定的挠度限值,即$f_{max}\leqslant[f]$。

### 一、钢筋混凝土受弯构件的挠度试验

由工程力学可知,对于均质弹性材料梁,挠度的计算公式为

$$f=S\frac{Ml_0^2}{EI}\tag{8-30}$$

式中 $S$——与荷载形式、支承条件有关的系数,如计算承受均布荷载的简支梁的跨中挠度,$S=5/48$,计算跨中承受一集中荷载作用的简支梁的跨中挠度时,$S=1/12$;

$l_0$、$EI$——梁的计算跨度和截面抗弯刚度。

对于均质线弹性材料,当梁的截面尺寸和材料确定后,截面的抗弯刚度$EI$就为常数。由式(8-30)可知弯矩$M$与挠度$f$成线性关系,如图8-14中的虚线$OD$所示。

试验表明,钢筋混凝土梁随着荷载的增加,其抗弯刚度逐渐降低。适筋梁的弯矩$M$与挠度$f$的关系曲线为图8-14中的$OA'B'C'D'$实线,可分为三个阶段:

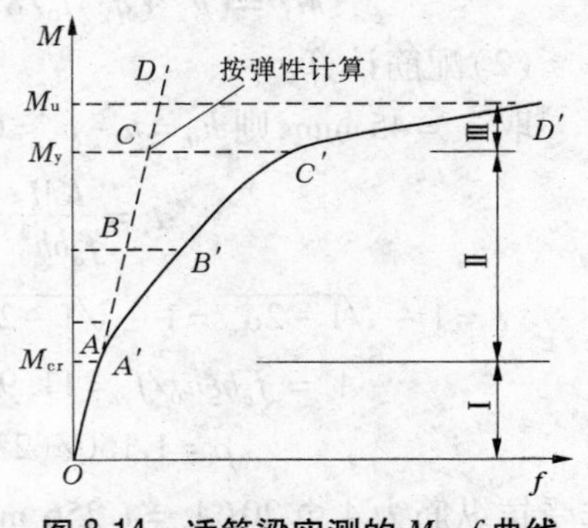

图8-14 适筋梁实测的$M$—$f$曲线

(1)裂缝出现之前(阶段Ⅰ),曲线$OA'$与$OA$非常接近。临近出现裂缝时,受拉混凝土出现了塑性变形,变形模量也略有降低。所以,$f$值增加稍快,曲线略微向下弯曲。

(2)出现裂缝后(阶段Ⅱ),$M$—$f$曲线在开裂瞬间发生明显的转折,出现了第一个转折点($A'$)。配筋率越低的构件,转折越明显。这不仅因为混凝土塑性的发展,变形模量

降低，而且由于截面开裂，并随着荷载的增加裂缝不断扩展，混凝土有效受力截面减小，截面的抗弯刚度逐步降低，曲线 $A'B'$ 偏离直线的程度也就随着荷载的增加而非线性增加。

(3)钢筋屈服后(阶段Ⅲ)，$M$—$f$ 曲线在钢筋刚屈服时出现第二个明显的转折点($C'$)。之后，由于裂缝的迅速扩展和受压区出现明显的塑性变形，截面刚度急剧下降，弯矩稍许增加就会引起挠度的剧增。

因此，钢筋混凝土梁由于塑性变形的出现以及裂缝的产生和发展，导致变形模量降低和截面惯性矩下降，使截面的抗弯刚度随着荷载的增加而不断降低。对其正常使用状况(属第Ⅰ、Ⅱ阶段)下的挠度进行计算时，采用恒定的刚度 $EI$ 就不能反映梁的实际工作情况。所以，用抗弯刚度 $B$ 取代式中的 $EI$，$B$ 是随弯矩 $M$ 的增大而减小的变量。分析表明，刚度 $B$ 确定后仍可按工程力学的计算公式计算梁的挠度，所以钢筋混凝土梁的变形(挠度)计算就归结为抗弯刚度 $B$ 的计算。

## 二、受弯构件的刚度 $B$

### (一)未出现裂缝的受弯构件的短期刚度 $B_s$

对不出现裂缝的钢筋混凝土受弯构件，由于截面未削弱，$I$ 值不受影响，但混凝土受拉区塑性的出现，造成其弹性模量有所降低，梁的实际刚度比 $EI$ 值稍低，考虑混凝土出现塑性时弹性模量降低的系数0.85。所以，只需将刚度 $EI$ 稍加修正，即可反映不出现裂缝的钢筋混凝土梁的实际情况。可采用下式计算 $B_s$：

$$B_s = 0.85E_cI_0 \tag{8-31}$$

式中 $B_s$——不出现裂缝的钢筋混凝土梁板构件的短期刚度；

$E_c$——混凝土的弹性模量；

$I_0$——换算截面对其重心轴的惯性矩。

### (二)出现裂缝的受弯构件的短期刚度 $B_s$

对出现裂缝的钢筋混凝土受弯构件，矩形、T 形及 I 形截面的短期刚度计算公式如下：

$$B_s = (0.025 + 0.28\alpha_E\rho)(1 + 0.55\gamma'_f + 0.12\gamma_f)E_cbh_0^3 \tag{8-32}$$

式中 $B_s$——出现裂缝的钢筋混凝土受弯构件的短期刚度；

$\gamma'_f$——受压翼缘面积与腹板有效面积的比值，$\gamma'_f = (b'_f - b)h'_f/(bh_0)$，其中 $b'_f$、$h'_f$ 分别为受压翼缘的宽度、高度，当 $h'_f > 0.2h_0$ 时，取 $h'_f = 0.2h_0$；

$\gamma_f$——受拉翼缘面积与腹板有效面积的比值，$\gamma_f = (b_f - b)h_f/(bh_0)$，其中 $b_f$、$h_f$ 分别为受拉翼缘的宽度、高度。

应当指出，计算受弯构件的刚度 $B_s$ 时，对于简支梁板可取跨中截面的刚度，即配筋率 $\rho$ 值按跨中截面选取；对于悬臂梁板可取支座截面的刚度，即配筋率 $\rho$ 值按支座截面选取；对于等截面的连续梁板，刚度可取跨中截面和支座截面刚度的平均值。

### (三)受弯构件的刚度 $B$

荷载效应标准组合作用下的矩形、T 形及 I 形截面受弯构件的刚度 $B$ 可按下列公式计算：

$$B = 0.65B_s \tag{8-33}$$

钢筋混凝土受弯构件的刚度 $B$ 知道后，挠度值就可按工程力学公式求得，仅需用 $B$ 代替公式中弹性体刚度 $EI$ 即可。所求得的挠度计算值不应超过规定的限值（见附表 4-5）规定。即

$$f_{max}=S\frac{M_k l_0^2}{B}\leqslant[f] \tag{8-34}$$

若验算挠度不能满足要求，则表示构件的截面抗弯刚度不足。增加截面尺寸、提高混凝土强度等级、增加配筋量及选用合理的截面（如 T 形或 I 形等）都可提高构件的刚度。但合理而有效的措施是增大截面的高度。

**【例 8-3】** 验算例 8-2 中梁的变形。查表得受弯构件的挠度限值 $[f]=l_0/300$。

**解：**（1）计算梁的短期刚度 $B_s$。

$$\alpha_E=E_s/E_c=2\times10^5/(2.80\times10^4)=7.14$$

$$\gamma_f'=\gamma_f=0,\ S=5/48,\ l_0=7\ 000\ \text{mm}。$$

$$\rho=\frac{A_s}{bh_0}=\frac{1\ 256}{250\times555}=0.009\ 05$$

$$B_s=(0.025+0.28\alpha_E\rho)\times(1+0.55\gamma_f'+0.12\gamma_f)E_c bh_0^3$$
$$=(0.025+0.28\times7.14\times0.009\ 05)\times2.80\times10^4\times250\times555^3=5.16\times10^{13}(\text{N/mm}^2)$$

（2）计算梁的刚度 $B$。

$$B=0.65B_s=0.65\times5.16\times10^{13}=3.35\times10^{13}(\text{N/mm}^2)$$

（3）验算梁的挠度。

$$f_{max}=S\frac{M_k l_0^2}{B}=\frac{5}{48}\times\frac{127.4\times10^6\times7\ 000^2}{3.35\times10^{13}}=19.4(\text{mm})<[f]=l_0/300=23.3(\text{mm})$$

满足要求。

# 思考题

8-1 钢筋混凝土构件正常使用极限状态验算包括哪些内容？验算时荷载与材料强度是如何选取的？

8-2 塑性影响系数 $\gamma_m$ 是根据什么原则确定的？在受弯、偏心受拉、偏心受压及轴心受拉构件中的塑性影响系数 $\gamma_m$ 的相对大小如何？

8-3 提高钢筋混凝土构件抗裂能力的措施有哪些？

8-4 钢筋混凝土构件最大裂缝宽度超过允许值时，应采取哪些措施？

8-5 试述钢筋混凝土构件裂缝宽度验算的步骤。

8-6 实际工程中怎样进行钢筋的代换？

8-7 钢筋混凝土受弯构件在荷载作用下开裂后，其刚度为什么不能直接简单地用 $EI$ 来计算？

8-8 试述钢筋混凝土受弯构件挠度验算的步骤。

8-9 为什么采用恒定的刚度 $EI$ 不能反映梁的实际工作情况？

8-10 钢筋混凝土受弯构件挠度验算不满足时，采取的措施有哪些？

# 习 题

8-1　某钢筋混凝土压力水管，内径 $r=800$ mm，管壁厚 150 mm，采用 C25 混凝土，纵向受力 HRB335 级钢筋。管内承受水压力标准值 $p_k=0.25$ N/mm$^2$。水工建筑物的级别为 2 级。试配置钢筋并进行抗裂验算。

8-2　某水闸为 3 级水工建筑物，其底板厚 $h=1\,500$ mm，$h_0=1\,430$ mm。跨中截面荷载效应值 $M_k=520$ kN·m，采用 C25 混凝土，纵向受力钢筋为 HRB335 级。由正截面承载力计算已配置钢筋Φ 22@200($A_s=1\,900$ mm$^2$)。试进行抗裂验算。

8-3　钢筋混凝土矩形截面简支梁(水工建筑物的级别为 2 级)，处于露天环境。截面尺寸 $b\times h=250$ mm $\times 650$ mm，计算跨度 $l_0=7.2$ m；采用 C25 混凝土，纵向受力钢筋 HRB335 级；使用期间承受均布荷载，荷载标准值为永久荷载 $g_k=14$ kN/m(包括自重)，可变荷载 $q_k=7$ kN/m。试求纵向受拉钢筋截面面积 $A_s$，并验算最大裂缝开展宽度是否满足要求。

8-4　某矩形截面大偏心受压柱，建筑物的级别为 3 级，采用对称配筋。截面尺寸 $b\times h=300$ mm $\times 500$ mm，柱的计算长度 $l_0=6$ m；受拉和受压钢筋均为 3 Φ 25($A_s=A'_s=1\,473$ mm$^2$)；混凝土为 C25，纵向钢筋 HRB335 级；混凝土保护层厚度 $c=30$ mm。荷载效应组合值 $N_k=300$ kN，$M_k=150$ kN·m。试验算裂缝最大宽度是否满足要求。

8-5　某水电站副厂房楼盖中的钢筋混凝土矩形截面简支梁(建筑物的级别为 2 级)，截面尺寸 $b\times h=250$ mm $\times 550$ mm；采用 C25 混凝土，纵向钢筋为 HRB335 级；由承载力计算已配置受拉钢筋 3 Φ 20($A_s=941$ mm$^2$)；梁的计算跨度 $l_0=6$ m；使用期间承受均布荷载，其中永久荷载(包括自重)标准值 $g_k=10.6$ kN/m，可变荷载标准值 $q_k=12$ kN/m，试验算该梁跨中挠度是否满足要求。

# 第九章　肋形结构及刚架结构

肋形结构是由板和支承板的梁所组成的板梁结构，根据施工方法的不同可分为整体式和装配式两种。整体式肋形结构整体性好、刚度大、抗震性好，在实际工程中应用广泛。图 9-1 是整体式水电站主厂房屋盖，图 9-2 是整体式渡槽，图 9-3 是由板、次梁、主梁组成的整体式梁板结构。

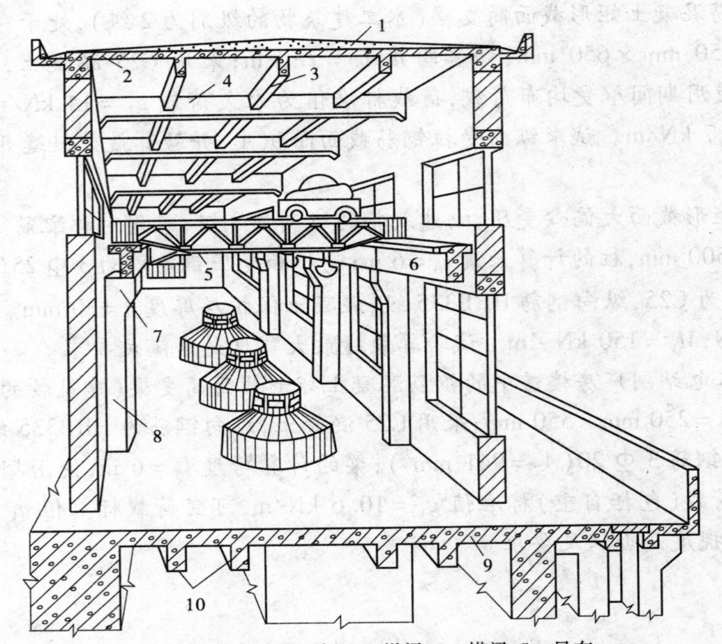


1—屋面构造；2—屋面板；3—纵梁；4—横梁；5—吊车；
6—吊车梁；7—牛腿；8—柱；9—楼板；10—纵梁

**图 9-1　水电站主厂房屋盖**

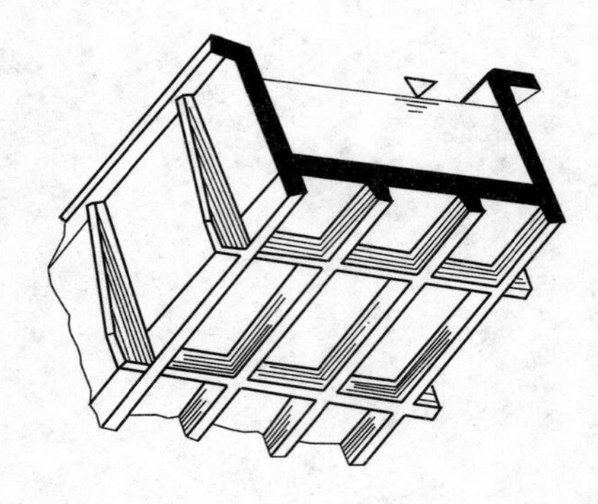

**图 9-2　整体式渡槽**

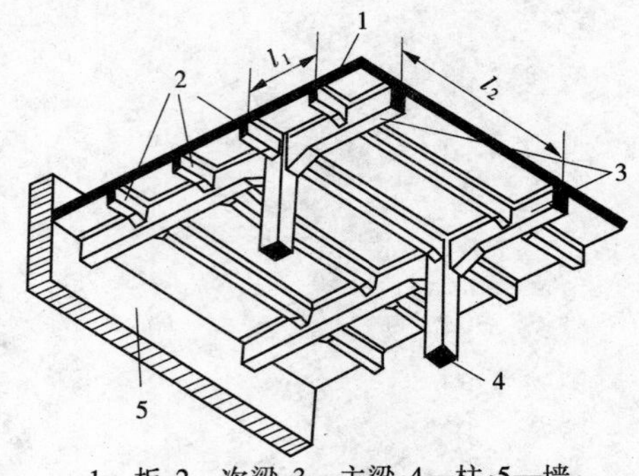


1—板；2—次梁；3—主梁；4—柱；5—墙

**图 9-3　整体式梁板结构**

肋形结构主要承受垂直于板面的荷载作用,其荷载传递途径为:荷载→板→次梁→主梁→柱或墙→基础→地基。整体式肋形结构根据梁格的布置情况可分为两种类型。

(1)单向板肋形结构。当梁格布置使板块的两个方向的跨度之比 $l_2/l_1 \geqslant 3$ 时,板上的荷载主要沿短边方向传递给次梁(或墙),短边方向为板的主要弯曲方向,受力钢筋沿短向向布置,长边方向仅布置分布钢筋,这就是单向板肋形结构。单向板肋形结构的优点是计算简单、施工方便。

(2)双向板肋形结构。当板块的两个方向的跨度之比 $l_2/l_1 \leqslant 2$ 时,板在两个方向上的弯曲变形相近,板上荷载沿两个方向传递给四边的支承,板是双向受力,两个方向都要布置受力钢筋,故称为双向板肋形结构。双向板肋形结构的优点是经济美观。

当长边与短边长度之比大于2,但小于3,即 $2 < l_2/l_1 < 3$ 时,宜按双向板计算;当按沿短边方向受力的单向板计算时,应沿长边方向布置足够数量的构造钢筋。

# 第一节 整体式单向板肋形结构

## 一、结构平面布置

结构平面布置的原则是:满足使用要求,技术经济合理,方便施工。

在板、次梁、主梁、柱的梁格布置中,柱距决定了主梁的跨度,主梁的间距决定了次梁的跨度,次梁的间距决定了板的跨度,板跨直接影响板厚,而板厚的增加对材料用量影响较大。根据工程经验,一般建筑中较为合理的板、梁跨度为:板1.5~2.7 m,次梁4~6 m,主梁5~8 m。对于特殊的肋形结构,必须根据使用的需要布置梁格,如图9-4是某水电站厂房的平面布置,柱子的间距除满足机组布置外,还要留出孔洞安装机电设备及管道线路,布置不规则。

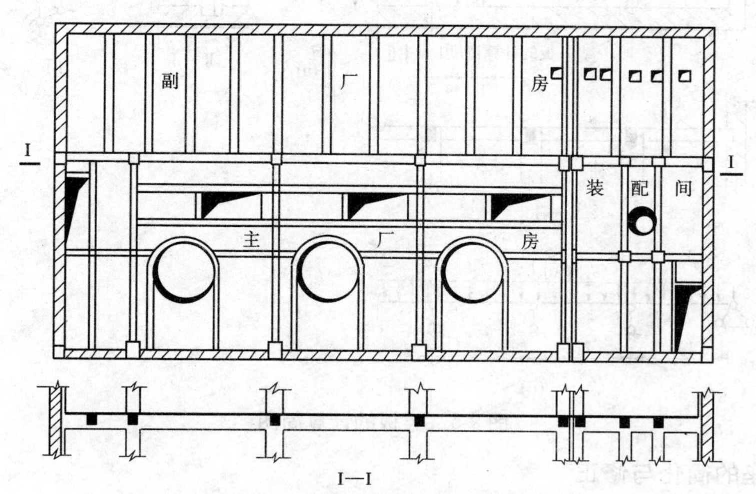


图9-4 某水电站厂房的平面布置

连续板、梁的截面尺寸可按高跨比关系和刚度要求确定:

(1)连续板。一般要求单向板厚 $h \geqslant l/40$,双向板厚 $h \geqslant l/50$。在水工建筑物中,由于板在工程中所处部位及受力条件不同,板厚 $h$ 可在相当大的范围内变化。一般薄板厚度大于 100 mm,特殊情况下适当加厚。

(2)次梁。一般梁高 $h \geqslant l/20$(简支)或 $h \geqslant l/25$(连续),梁宽 $b=(1/3 \sim 1/2)h$。

(3)主梁。一般梁高 $h \geqslant l/12$(简支)或 $h \geqslant l/15$(连续),梁宽 $b=(1/3 \sim 1/2)h$。

## 二、计算简图

整体式单向板肋形结构是由板、次梁和主梁整体浇筑在一起的梁板结构。设计时要将其分解为板、次梁和主梁分别进行计算。在内力计算之前,先画出计算简图,表示出板、梁的跨数,支座的性质,荷载的形式、大小及其作用位置和各跨的计算跨度等。

### (一)荷载计算

作用在板和梁上的荷载划分范围如图 9-5(a)所示。板通常是取 1 m 宽的板带作为计算单元,板上单位长度的荷载包括永久荷载 $g_k$ 和可变荷载 $q_k$;板传给次梁的均布荷载为 $g_k l_1$ 和 $q_k l_1$;主梁承受次梁传来的集中荷载 $G_k=g_k l_1 l_2$ 和 $Q_k=q_k l_1 l_2$,主梁肋部自重为均布荷载,但与次梁传来的集中荷载相比较小,为简化计算,将次梁之间的一段主梁肋部均布自重化为集中荷载,加入次梁传来的集中荷载一并计算。

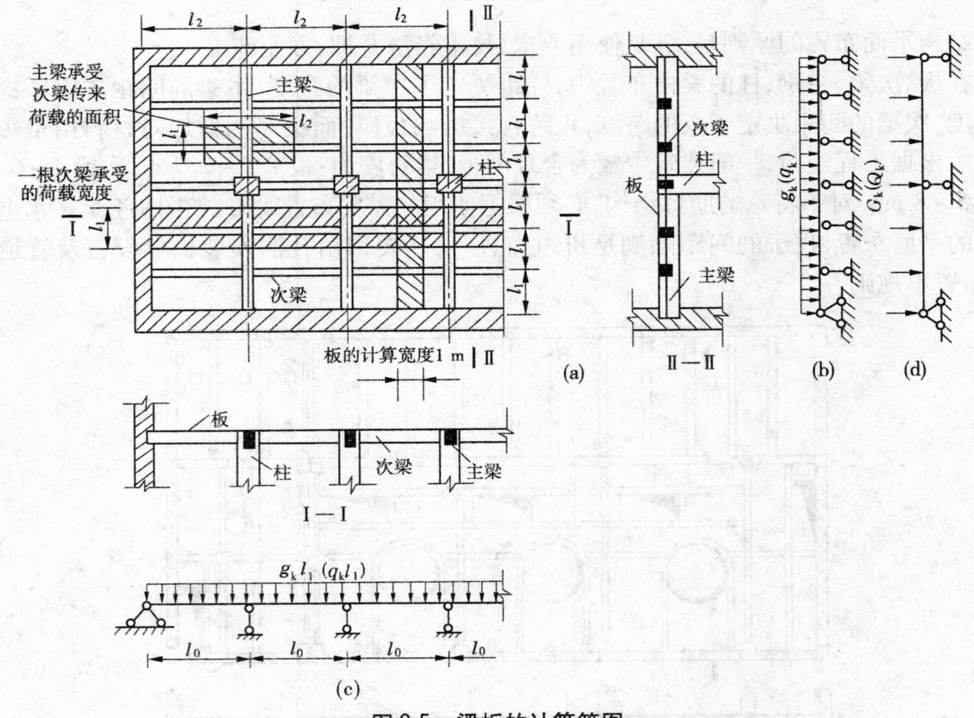


图 9-5　梁板的计算简图

### (二)支座的简化与修正

图 9-5 所示的多跨连续板,其周边直接搁置在砖墙上,应当视为铰支座。板的中间支承为次梁,计算时假设为铰支座,这样,板简化为以边墙和次梁为铰支座的多跨连续板,如图 9-5(b)所示。同理,次梁可以看做是以边墙和主梁为铰支座的多跨连续梁,如图 9-5(c)所

示。主梁的中间支承是柱，当主梁的线刚度与柱的线刚度之比大于4时，可把主梁看做是以边墙和柱为铰支座的多跨连续梁，如图9-5(d)所示；否则，柱对主梁的内力影响较大，应看做刚架来计算。

以上对支座的简化，忽略了支座抗扭刚度的影响，这与实际情况不符，支座的实际转角小于铰支座的转角。在实际工程中通常采用调整荷载来修正。其方法是用折算荷载(加大永久荷载和减小可变荷载)来代替实际荷载，如图9-6所示。即

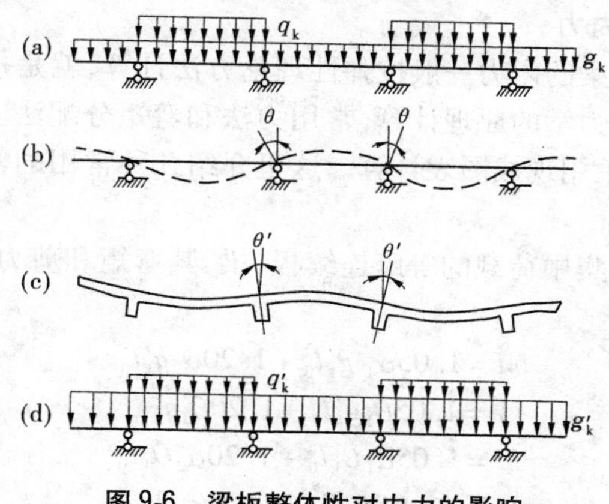


图9-6 梁板整体性对内力的影响

连续板　　折算荷载　$g'_k = g_k + q_k/2$　$q'_k = q_k/2$

连续次梁　折算荷载　$g'_k = g_k + q_k/4$　$q'_k = 3q_k/4$

式中　$g'_k$、$q'_k$——折算永久荷载标准值、折算可变荷载标准值；

$g_k$、$q_k$——实际永久荷载标准值、可变荷载标准值。

对于连续主梁则不予调整。

**(三)计算跨度与跨数**

连续板、梁的弯矩计算跨度 $l_0$ 为相邻两支座反力作用点之间的距离。按弹性方法计算内力时，以边跨简支在墙上为例计算如下(见图9-7)：

连续板　边跨　$l_{01} = l_n + b/2 + h/2$ 或 $l_{01} = l_c = l_n + a/2 + b/2 \leqslant 1.1l_n$

中跨　$l_{02} = l_c$　当 $b > 0.1l_c$ 时，

取 $l_{02} = 1.1l_n$

连续梁　边跨　$l_{01} = l_n + a/2 + b/2 \leqslant 1.05l_n$

中跨　$l_{02} = l_c$　当 $b > 0.05l_c$ 时，

取 $l_{02} = 1.05l_n$

式中　$l_n$——板、梁的净跨度；

$l_c$——支座中心线间的距离；

$h$——板厚；

$b$——次梁(或主梁)的宽度；

$a$——梁板伸入边支座的长度。

计算跨度 $l_0$ 分别取其较小值。

图9-7 连续板、梁的计算跨度

在计算剪力时，计算跨度取净跨，即 $l_0 = l_n$。

当等跨连续梁、板的跨数超过五跨时，可按五跨计算，即两边各取两跨及中间任一跨，并将中间这一跨的内力值作为各中间跨的内力值。这样既简化了计算，又满足实际工程精度要求。

## 三、内力计算

### （一）利用图表计算内力

水工建筑中连续板、梁的内力一般按弹性理论方法计算，就是把钢筋混凝土板、梁看做均质弹性构件，用工程力学的原理计算，常用力法和弯矩分配法。在实际工程中，为了节约时间，简化计算，常采用现成图表计算。这里介绍几种常用的等跨度、等刚度连续板与连续梁的内力计算表。

对于承受均布荷载、集中荷载的等跨连续板、梁，其弯矩和剪力设计值可利用附录五的表格按下列公式计算。

$$M = 1.05\alpha_1 g_k' l_0^2 + 1.20\alpha_2 q_k' l_0^2 \tag{9-1}$$

$$V = 1.05\beta_1 g_k' l_n + 1.20\beta_2 q_k' l_n \tag{9-2}$$

$$M = 1.05\alpha_1 G_k l_0 + 1.20\alpha_2 Q_k l_0 \tag{9-3}$$

$$V = 1.05\beta_1 G_k + 1.20\beta_2 Q_k \tag{9-4}$$

式中 $\alpha_1$、$\alpha_2$、$\beta_1$、$\beta_2$——弯矩系数和剪力系数；

$g_k'$、$q_k'$——单位长度上均布折算永久荷载标准值、折算可变荷载标准值；

$G_k$、$Q_k$——集中永久荷载标准值、可变荷载标准值；

$l_0$、$l_n$——板、梁的计算跨度和净跨度。

如果连续板、梁的跨度不相等，但相差不超过10%，也可用等跨度的内力系数表进行计算。但求支座弯矩时，计算跨度取相邻两跨计算跨度的平均值；当求跨中弯矩时，用该跨的计算跨度。

### （二）最不利荷载组合

作用于梁、板上的荷载有永久荷载和可变荷载。永久荷载的作用位置是不变的，可变荷载的作用位置则是变化的。为了求得连续梁、板各截面可能发生的最大弯矩和最大剪力，必须确定其对应的可变荷载的位置。可变荷载的相应布置与永久荷载组合起来，会在某一截面上产生最大内力，这就是该截面的最不利荷载组合。

根据连续梁内力影响线的变化规律，多跨连续梁最不利可变荷载的布置方式为：

（1）求某跨跨中最大正弯矩时，应在该跨布置可变荷载，然后向其两侧隔跨布置可变荷载；

（2）求某跨跨中最小弯矩时，该跨不布置可变荷载，然后向其两侧隔跨布置可变荷载；

（3）求某支座截面的最大负弯矩时，应在该支座两侧两跨布置可变荷载，然后隔跨布置可变荷载；

（4）求某支座截面的最大剪力时，可变荷载的布置与求该支座截面最大负弯矩时相同。

五跨连续梁各截面最大（或最小）内力时均布可变荷载的最不利位置见表9-1。

表 9-1　五跨连续梁求最不利内力时均布可变荷载布置

| 可变荷载布置图 | 最不利内力 | | |
| --- | --- | --- | --- |
| | 最大弯矩 | 最小弯矩 | 最大剪力 |
| A　B　C　C　B　A<br>1　2　3　2　1<br>$q_k$　$q_k$　$q_k$ | $M_1$、$M_3$ | $M_2$ | $V_A$ |
| $q_k$　$q_k$ | $M_2$ | $M_1$、$M_3$ | |
| $q_k$　$q_k$ | | $M_B$ | $V_B^l$、$V_B^r$ |
| $q_k$　$q_k$ | | $M_C$ | $V_C^l$、$V_C^r$ |

注：表中 $M$、$V$ 的下角标 1、2、3、$A$、$B$、$C$ 分别为跨与支座代号，上角 l、r 分别为截面左、右边代号。

**(三)内力包络图**

内力包络图是各截面内力最大值的连线所构成的图形，用来反映连续梁各个截面上弯矩变化范围的图形称为弯矩包络图；用来反映连续梁各个截面上剪力变化范围的图形称为剪力包络图。

图 9-8 所示的三跨连续梁，在均布永久荷载 $g_k$ 作用下可绘出一个弯矩图，在均布可变荷载 $q_k$ 的各种不利布置情况下可分别绘出三个弯矩图。将图 9-8(a)与图 9-8(b)两种荷载所产生的两个弯矩图叠加，便得到边跨最大正弯矩和中间跨最小弯矩的图线 1，如图 9-8(e)所示；将图 9-8(a)与图 9-8(c)两种荷载所形成的两个弯矩图叠加，便得到边跨最小正弯矩和中间跨最大正弯矩的图线 2；将图 9-8(a)与图 9-8(d)两种荷载所形成的两个弯矩图叠加，便得到支座 $B$ 最大负弯矩的图线 3。显然，外包线 4 就是各截面可能产生的弯矩的上下限。无论怎样布置可变荷载，梁各截面上产生的弯矩值总不会超出此外包线所表示的弯矩值。此外包线叫做弯矩包络图，如图 9-8(e)所示。用同样办法可绘出梁的剪力包络图如图 9-8(f)。

弯矩包络图用来计算和配置梁的各截面的纵向钢筋，剪力包络图用来计算和配置箍筋及弯起钢筋。

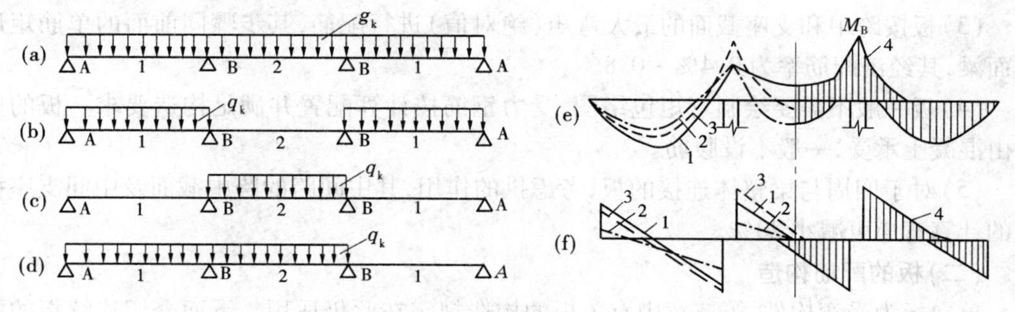


图 9-8　连续梁的内力包络图

承受均布荷载的等跨连续梁，也可利用附录六表格直接绘出弯矩包络图。表格中已直接给出每跨十个截面的最大及最小弯矩的系数值。承受移动集中荷载的等跨连续梁，其弯矩包络图可利用附录七的影响线系数表绘制。连续板一般不需要绘制弯矩包络图。

用上述方法算得的支座弯矩 $M_C$ 为支座反力作用点处的弯矩值。当连续板或梁与支座整体浇筑时如图 9-9(a)，在支座范围内的截面高度很大，梁、板在支座范围内破坏是不可能的，故其最危险的截面是支座边缘处。因此，可取支座边缘处的弯矩 $M$ 作为配筋计算的依据。支座边缘截面弯矩的绝对值可近似按下式计算：

$$M = |M_C| - 0.5b|V_0| \tag{9-5}$$

式中 $M_C$——支座中心截面弯矩设计值；

$M$——支座边缘截面弯矩设计值；

$V_0$——支座边缘处的剪力设计值，可近似按单跨简支梁计算；

$b$——支座宽度，当支承宽度较大时（计算简图中板采用 $l_0 = 1.1l_n$，梁采用 $l_0 = 1.05l_n$），$b = 0.1l_n$（板）或 $0.05l_n$（梁）。

如果板或梁直接搁置在墩墙上（见图 9-9(b)），则不存在上述问题。

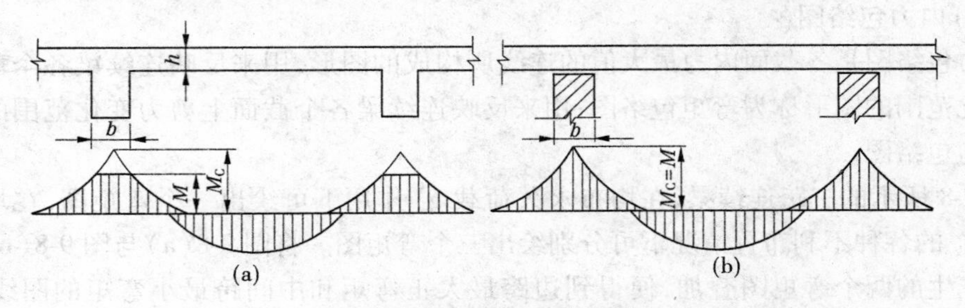


**图 9-9 支座处弯矩的控制截面**

## 四、板的计算及配筋

### (一) 板的计算要点

(1) 板的计算对象是垂直次梁方向的单位宽度(1 m)的连续板带，次梁和端墙视为连续板的铰支座。

(2) 当板按弹性方法计算内力时，要采用折算荷载，并按最不利荷载组合来求跨中和支座的弯矩。

(3) 板按跨中和支座截面的最大弯矩(绝对值)进行配筋，其步骤同前面的单筋矩形截面梁，其经济配筋率为 0.4% ~0.8%。

(4) 板一般不需要绘制弯矩包络图，受力钢筋按计算配置并满足构造要求。板的剪力由混凝土承受，一般不设腹筋。

(5) 对于四周与梁整体连接的板，考虑拱的作用，其中间跨的跨中截面及中间支座截面的计算弯矩可减小 20%。

### (二) 板的配筋构造

单向板为受弯构件，第三章中有关板的构造规定在此仍适用。下面介绍连续板的配筋构造。

1. 板中受力钢筋的配筋方式

单向板中受力钢筋的配筋方式有弯起式和分离式两种。

(1)弯起式。这种配筋方式如图 9-10(a)所示。在配筋时可先选配跨中钢筋,然后将跨中钢筋的一半(最多不超过 2/3)在距支座边缘 $l_n/6$ 处弯起并伸过支座长度 $a$(当 $q_k/g_k \leqslant 3$ 时,$a = l_n/4$;$q_k/g_k > 3$ 时,$a = l_n/3$)。这样,在中间支座就有从左右两跨弯起的钢筋来承担负弯矩,如果不足,则需另加直钢筋。弯起钢筋的弯起角度不宜小于 30°,厚板中的弯起角可为 45°或 60°。

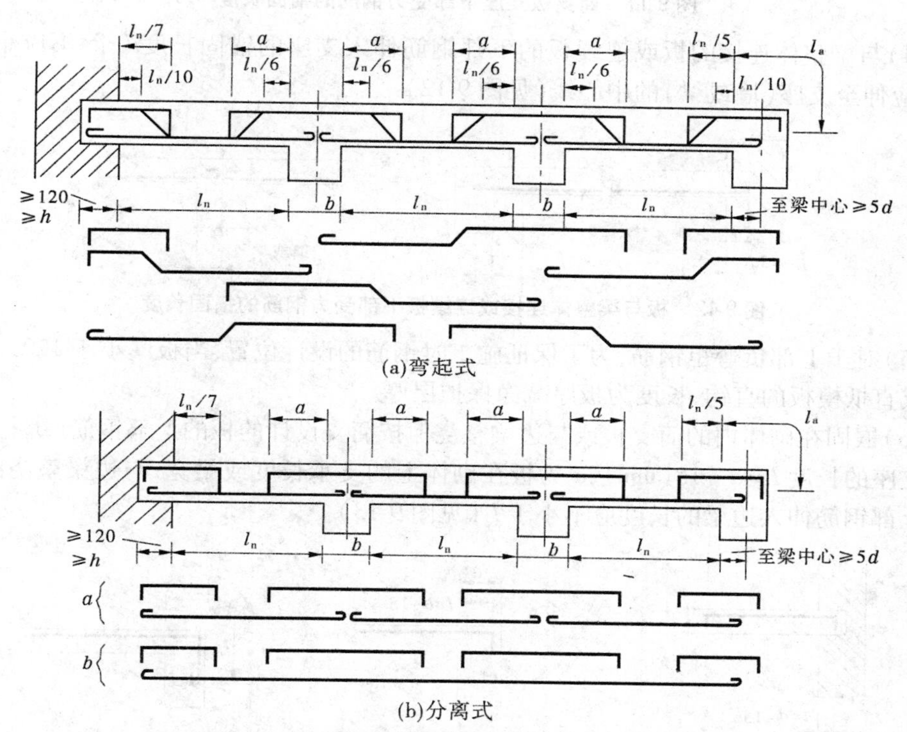

(a)弯起式

(b)分离式

**图 9-10　单向板中受力钢筋的布置**　(单位:mm)

为使钢筋受力均匀和施工方便,钢筋排列要有规律,一般要求相邻两跨跨中钢筋的间距相等或成倍数,另加直钢筋的间距也应如此。可以采用不同直径的钢筋,但钢筋种类不宜太多。弯起式配筋的单向板整体性好,用钢量少,但施工较复杂。

(2)分离式。这种配筋方式见图 9-10(b),它是在板的跨中和支座分别采用直钢筋,上下单独配筋,下部的受力钢筋可以几跨直通或全通,支座受力钢筋伸过支座边缘的长度 $a$ 同弯起式。分离式配筋的优点是构造简单、施工方便,缺点是用钢量比弯起式多,整体性较差,不宜用于承受动力荷载的板。

2. 受力钢筋伸入支座的长度

(1)简支板或连续板的下部纵向受力钢筋(绑扎钢筋)伸入支座的长度 $l_{as}$ 不应小于 $5d$($d$ 为下部受力钢筋的直径)。

(2)当采用焊接网配筋时,其末端至少应有一根横向钢筋配置在支座边缘内。

(3)若不能符合上述要求,应在受力钢筋末端制成弯钩或加焊附加的横向锚固钢筋,如图 9-11 所示。

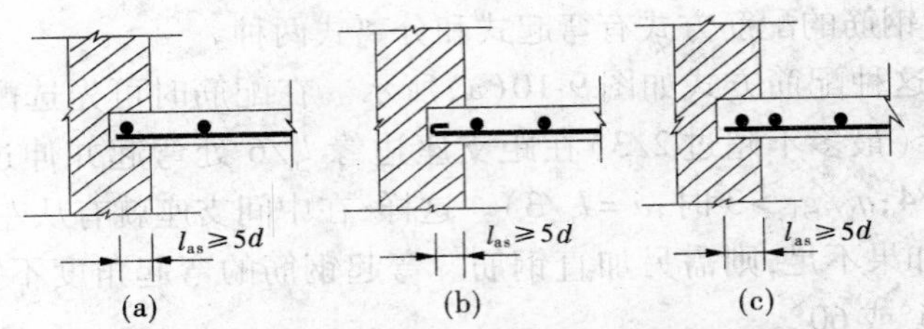


**图 9-11　简支板支座下部受力钢筋的锚固长度**

(4)与梁整体连接的板或连续板的下部钢筋伸入支座的锚固长度 $l_{as}$ 除不应小于 $5d$ 外，还应伸至支座(墙或梁)的中心线(见图 9-12)。

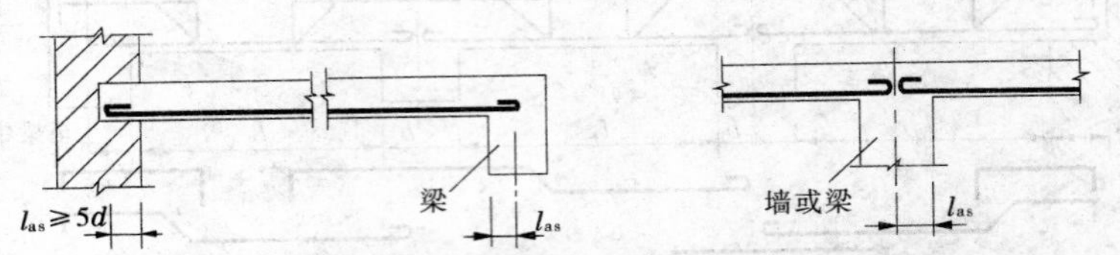


**图 9-12　板与梁整体连接或连续板下部受力钢筋的锚固长度**

(5)对于上部负弯矩钢筋，为了保证施工时钢筋的设计位置，当板厚小于 120 mm 时，宜做成直抵模板的直钩，长度为板厚减净保护层厚。

(6)嵌固在砌体内的简支板或与边梁整浇但按简支设计的板的上部钢筋(绑扎钢筋)伸入支座的长度 $l = a - 15$(mm)，$a$ 为板在砌体上的支承长度或梁宽；与边梁整浇的嵌固板的上部钢筋伸入边梁的长度应不小于 $l_a$(见图 9-13)。

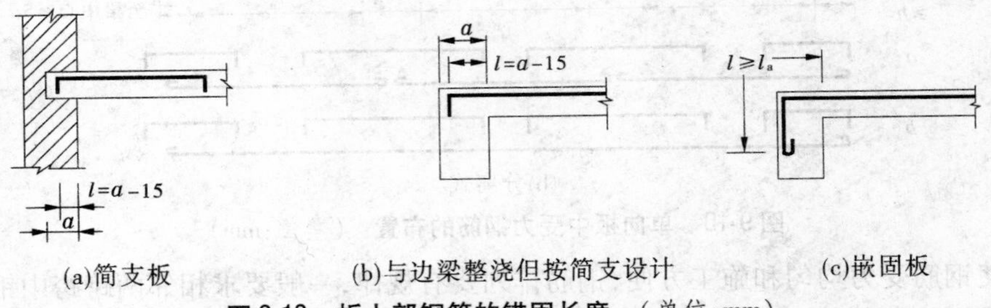


(a)简支板　(b)与边梁整浇但按简支设计　(c)嵌固板

**图 9-13　板上部钢筋的锚固长度**　(单位:mm)

(7)板中伸入支座下部的钢筋，其间距不大于 400 mm，其截面面积不应小于跨中受力钢筋截面面积的 1/3。

3. 构造钢筋

1)分布钢筋

(1)垂直受力钢筋的方向布置分布钢筋，承受单向板沿长跨方向实际存在的一些弯矩。

(2)分布钢筋的间距不宜大于 250 mm，直径不宜小于 6 mm；当集中荷载较大时，间距不宜大于 200 mm。

(3)承受分布荷载的厚板，其分布钢筋的配置可不受上述规定的限制。此时，分布钢筋的直径可用 10 ~ 16 mm，间距可为 200 ~ 400 mm。

2）嵌入墙内的板边附加钢筋

（1）板边嵌固于砖墙内的板（见图9-14），计算时支座按简支考虑，但实际上板在支承处可能产生负弯矩。在板的顶部沿板边需配置垂直板边的附加钢筋，其数量按承受跨中最大弯矩绝对值的1/4计算。单向板垂直于板跨方向的板边，一般每米宽度内配置5根直径6 mm的钢筋，从支座边伸出至少为$1/5l_1$的长度（$l_1$为单向板的跨度或双向板的短边跨度）。

（2）单向板平行于板跨方向的板边，其顶部垂直板边的钢筋可按构造适当配置。

（3）在墙角处，板顶面常发生与墙大约成45°的裂缝，应双向配置构造钢筋网，其伸出墙边的长度不小于$l_1/4$。

3）垂直于主梁的板面附加钢筋

板与主梁肋连接处也会产生负弯矩，计算时没考虑，应沿梁肋方向每米长度内配置不少于5根与梁肋垂直的构造钢筋，其直径不小于8 mm，且单位长度内的总截面面积不应小于单位长度内受力钢筋截面面积的1/3，伸入板中的长度从肋边算起每边不小于板计算跨度的1/4（见图9-15）。

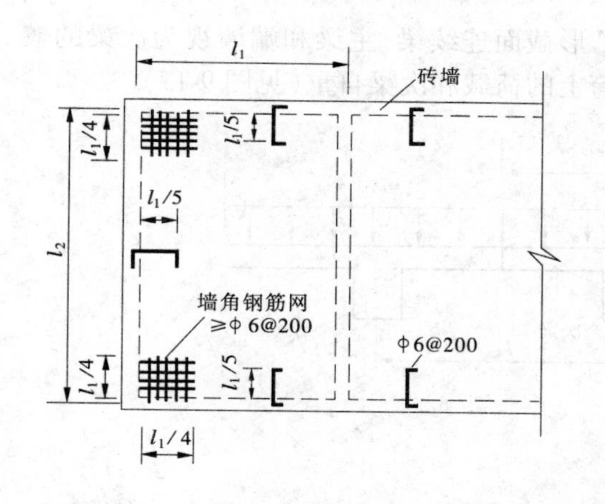


图9-14 嵌固于墙内的板边附加钢筋

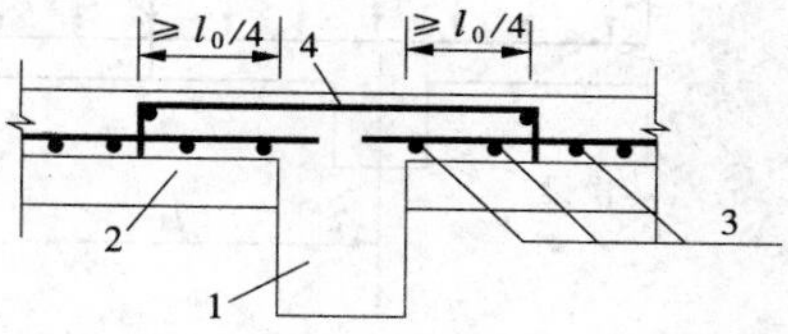

≥ $l_0/4$　≥ $l_0/4$　4　2　3　1

1—主梁；2—次梁；3—板的受力钢筋；
4—间距不大于200 mm、直径不小于8 mm的构造钢筋

图9-15 板中与梁肋垂直的构造钢筋

4）板内孔洞周边的附加钢筋

在水电站厂房的楼板上，由于使用要求往往要开设一些孔洞，这些孔洞削弱了板的整体作用。因此，在孔洞周围应予以加强来保证安全。

（1）当$b$或$d$（$b$为垂直于板的受力钢筋方向的孔洞宽度，$d$为圆孔直径）小于300 mm，并小于板宽的1/3时，可不设附加钢筋，只将受力钢筋间距作适当调整，或将受力钢筋绕过孔洞边，不予切断。

（2）当$b$或$d$等于300～1 000 mm时，应在洞边每侧配置附加钢筋，每侧的附加钢筋截面面积不应小于洞口宽度内被切断钢筋截面面积的1/2，且不小于2 Φ 10的钢筋；当板厚大于200 mm时，宜在板的顶、底部均配置附加钢筋。

（3）当$b$或$d$大于1 000 mm时，除按上述规定配置附加钢筋外，在矩形孔洞四角尚应配置45°方向的构造钢筋；在圆孔周边尚应配置2 Φ 10的环向钢筋，搭接长度为30$d$，并设置直径不小于 8 mm、间距不大于 300 mm 的放射形径向钢筋,如图 9-16 所示。

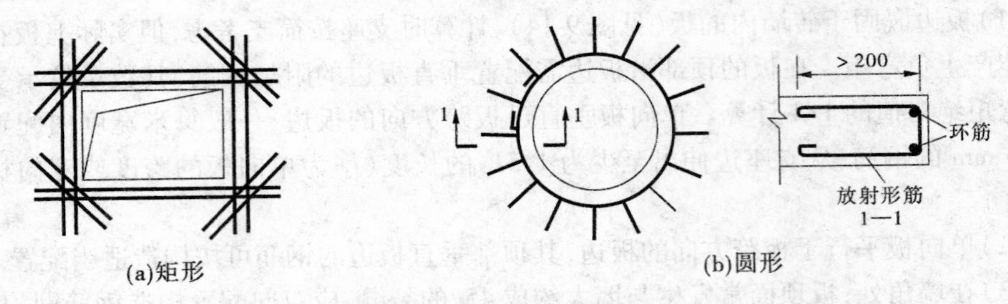


图 9-16 矩形四角及圆孔环向构造钢筋 (单位:mm)

(4)当 $b$ 或 $d$ 大于 1 000 mm,并在孔洞附近有较大的集中荷载作用时,宜在洞边加设肋梁或暗梁。当 $b$ 或 $d$ 大于 1 000 mm,而板厚小于 $0.3b$ 或 $0.3d$ 时,也宜在洞边加设肋梁。

## 五、次梁的计算与配筋

### (一)次梁的计算要点

(1)次梁的计算对象是次梁和板组成的 T 形截面连续梁,主梁和端墙视为次梁的铰支座。次梁承受的荷载是次梁两侧各 1/2 板跨上的荷载和次梁自重(见图 9-17)。

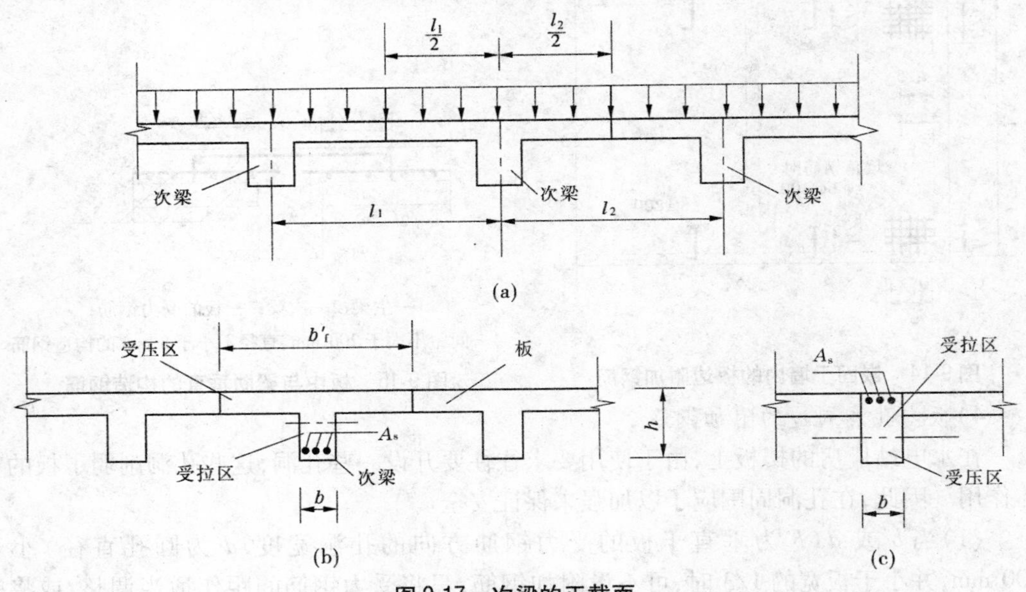


图 9-17 次梁的正截面

(2)次梁的正截面、斜截面配筋计算同第三、四章。次梁跨中截面应按 T 形截面计算,支座处按矩形截面计算。次梁斜截面受剪承载力计算一般采用只配箍筋的方式。

### (二)次梁的配筋构造

(1)次梁的一般构造规定与单跨梁相同。

(2)次梁跨中、支座截面受力钢筋求出后,一般先选定跨中钢筋的直径和根数,然后将其中部分钢筋在支座附近弯起后伸过支座以承担支座处的负弯矩，若相邻两跨弯起伸入支座的钢筋尚不能满足支座正截面承载力的要求，可在支座上另加直钢筋来抗弯。

(3)在端支座处，虽按计算不需要弯起钢筋，但实际上应按构造弯起部分钢筋伸入支座顶面，以承担可能产生的负弯矩。

(4)次梁纵向钢筋的弯起与切断的数量和位置，原则上应按抵抗弯矩图来确定，但当次梁的跨度相等或相差不超过20%，且可变荷载与永久荷载之比 $q_k/g_k \leqslant 3$ 时，可按经验布置确定，如图9-18所示。

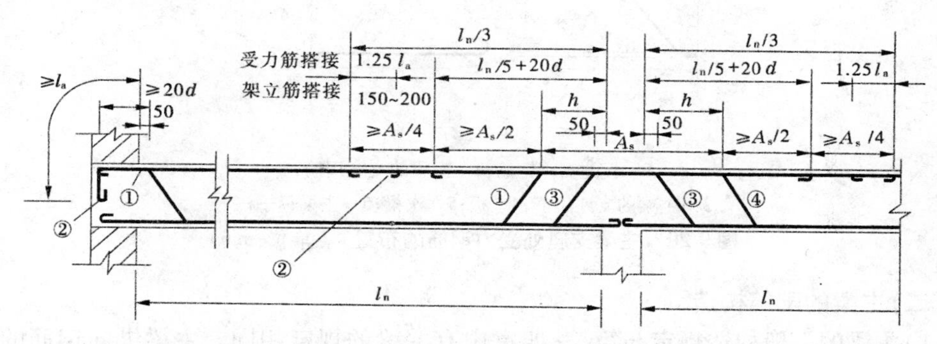


①、④—弯起钢筋可同时用于抗弯和抗剪；②—架立钢筋兼负筋≥$A_s$/4，且不少于2根；

③—弯起钢筋或鸭筋，仅用于抗剪

**图9-18 次梁受力钢筋的布置** (单位：mm)

## 六、主梁的计算与配筋

### (一)主梁的计算要点

(1)主梁除承受自重外，主要承受由次梁传来的集中荷载。

(2)主梁在次梁支承点两侧各1/2次梁间距范围内的自重按集中荷载考虑，并和次梁传来的永久荷载合并为 $G_k$，作用在次梁支承处(见图9-19)，并应绘制内力包络图，它是主梁布置纵向受力钢筋的依据。

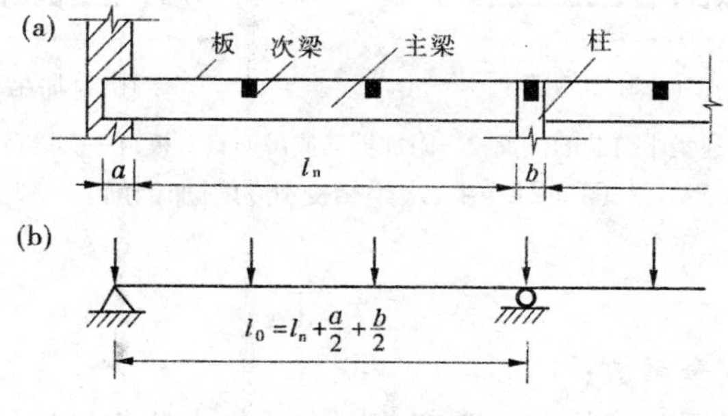


**图9-19 主梁荷载的简化**

(3)主梁纵向受力钢筋、箍筋及弯起钢筋的计算与次梁相同，但在计算支座截面配筋时，要考虑由于板、次梁和主梁在截面上的负弯矩钢筋相互穿插重叠，使主梁的有效高度 $h_0$ 降低(见图9-20)。主梁在支座截面的有效高度 $h_0$ 一般为：

当纵筋为一层时，$h_0 = h - (60 \sim 70)\,\mathrm{mm}$；

当纵筋为两层时，$h_0 = h - (80 \sim 100)\,\mathrm{mm}$。

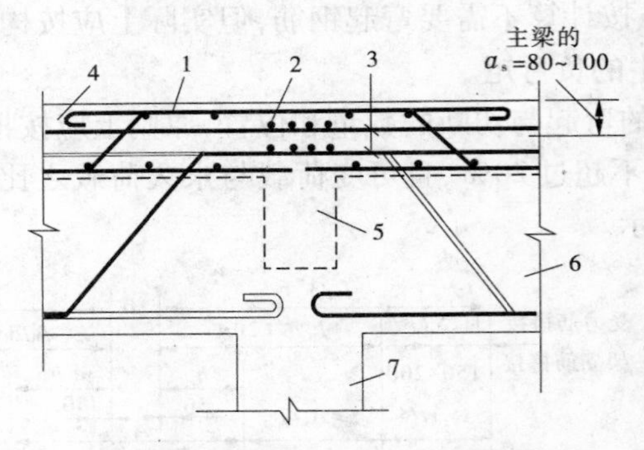


1—板的支座钢筋；2—次梁的支座钢筋；

3—主梁的支座钢筋；4—板；5—次梁；6—主梁；7—柱

**图 9-20　主梁支座处受力钢筋的布置**　（单位：mm）

**（二）主梁的配筋构造**

（1）主梁的一般构造规定与第三、四章中有关梁的规定相同。主梁纵向钢筋的弯起与切断位置按弯矩包络图与抵抗弯矩图的关系确定。

（2）在主梁与次梁交接处，主梁的两侧承受次梁传来的集中荷载，因而可能在主梁的中下部发生斜向裂缝。为了防止这种破坏，应设置附加横向钢筋（箍筋或吊筋）来承担该集中荷载。附加钢筋应布置在 $s = 2h_1 + 3b$（$h_1$ 为主梁与次梁的高度之差，$b$ 为次梁宽度）的长度范围内（见图 9-21），附加横向钢筋的总截面面积 $A_{sv}$ 按式（9-6）计算：

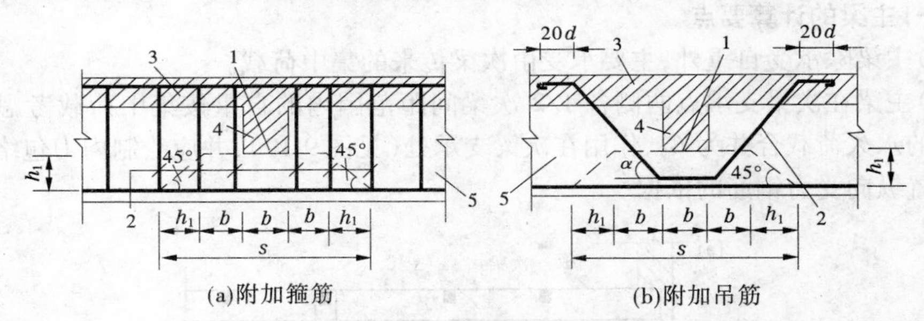


(a)附加箍筋　　(b)附加吊筋

1—传递集中荷载的位置；2—附加箍筋或吊筋；3—板；4—次梁；5—主梁

**图 9-21　主、次梁相交处的附加钢筋**

$$A_{sv} = \frac{KF}{f_{yv}\sin\alpha} \tag{9-6}$$

式中　$K$——承载力安全系数；

$F$——作用在梁下部或梁截面高度范围内的集中荷载设计值；

$f_{yv}$——附加横向钢筋的抗拉强度设计值；

$\alpha$——附加横向钢筋与梁轴线的夹角；

$A_{sv}$——附加横向钢筋的总截面面积，当仅配箍筋时，$A_{sv} = mnA_{sv1}$，当仅配吊筋时，$A_{sv} = 2A_{sb}$，$A_{sv1}$ 为一肢附加箍筋的截面面积，$n$ 为在同一截面内附加箍筋的肢数，$m$ 为在长度 $s$ 范围内附加箍筋的排数，$A_{sb}$ 为附加吊筋的截面面积。

当主梁承受的荷载较大时，在支座处的剪力值也较大，除箍筋外，还需要配置部分弯起钢筋才能满足斜截面承载力的要求，可以采用配置鸭筋的方法来抵抗一部分剪力，如图 9-22所示。

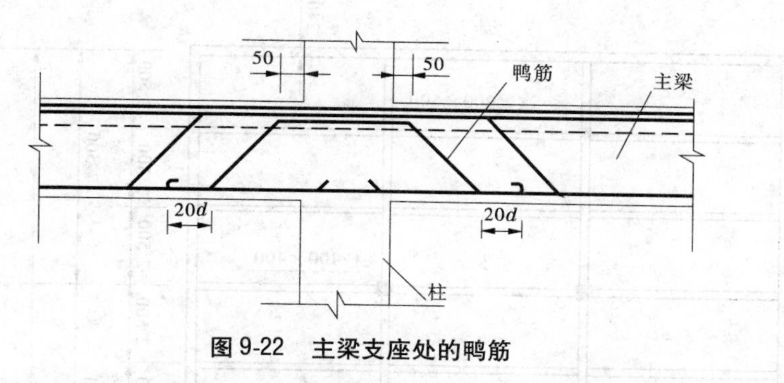


图 9-22　主梁支座处的鸭筋

当梁支座处的剪力较大时，也可以加设支托，将梁局部加高以满足斜截面承载力的要求。支托的尺寸可参考图 9-23 确定。支托的附加钢筋一般采用 2 ~ 4 根，其直径与纵向受力钢筋的直径相同。

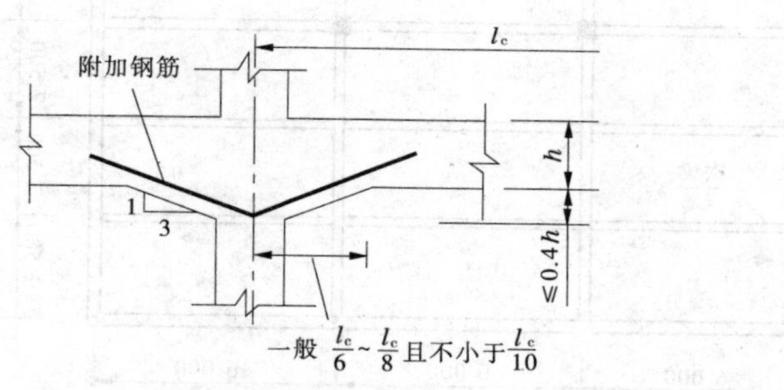


图 9-23　主梁的支托

# 第二节　单向板肋形结构设计实例

【例 9-1】　整体式单向板肋形楼盖设计。

某水电站副厂房楼盖采用现浇钢筋混凝土单向板肋形结构。其平面尺寸为 22. 5 m × 18. 0 m，平面布置如图 9-24 所示。

楼板上层采用 20 mm 厚的水泥砂浆抹面，外墙采用 240 mm 厚砖墙，不设边柱，板在墙上的搁置长度为 120 mm，次梁和主梁在墙上的搁置长度为 240 mm。板上可变荷载标准值 $q_k = 6\ \text{kN/m}^2$。混凝土强度等级为 C20，梁中受力钢筋为 HRB335 级，其余钢筋为 HPB235 级。

初步拟定尺寸：板跨为 2. 5 m，板厚为 100 mm；次梁的跨度为 6. 0 m，其截面尺寸为 200 mm × 500 mm；主梁跨度为 7. 5 m，其截面尺寸为 300 mm × 800 mm。按刚度要求，板厚 $h \geqslant l/40 = 2\ 500/40 = 63$ mm，次梁高度 $h \geqslant l/25 = 6\ 000/25 = 240$ mm，主梁高度 $h \geqslant l/15 =$

7 500/15 = 500 mm，拟定尺寸均满足刚度要求。

该厂房为 3 级水工建筑物，基本组合时的承载力安全系数 $K = 1.20$。试为此楼盖配置钢筋并绘出结构施工图。

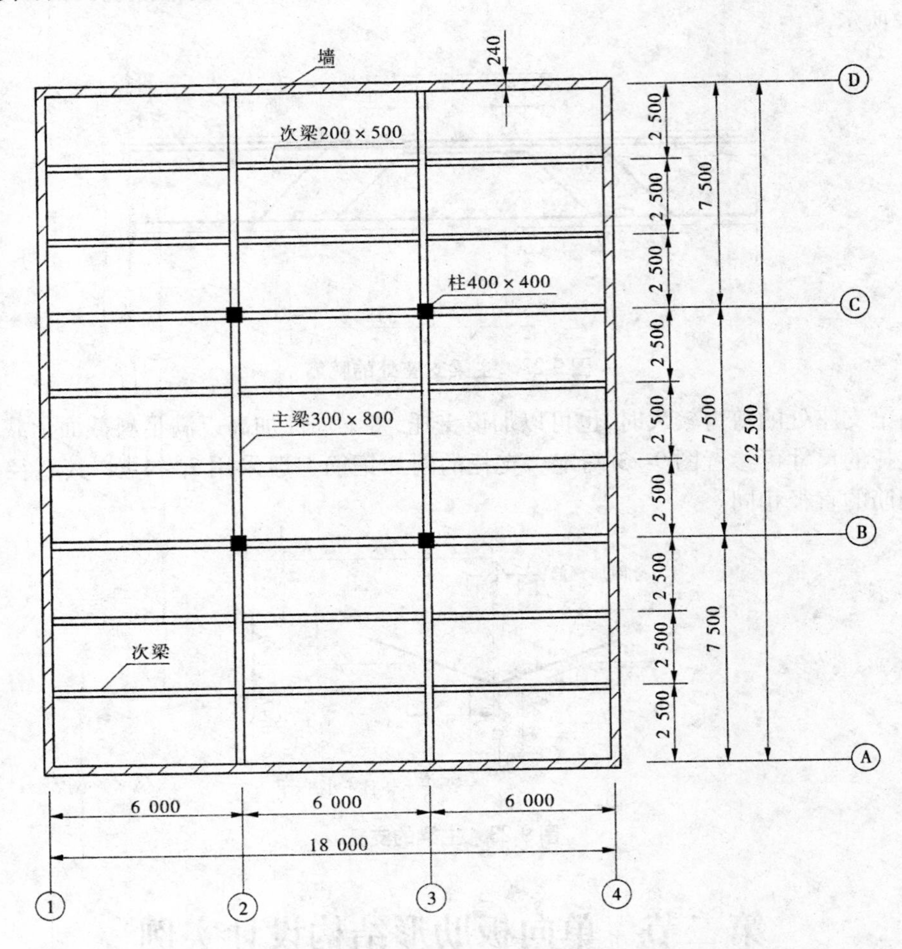


**图 9-24　肋形楼盖结构平面布置图**　（单位：mm）

## 一、板的设计

### （一）计算简图

板的尺寸及其支承情况如图 9-25（a）所示。

计算跨度：边跨　$l_{n1} = 2\ 500 - 120 - 200/2 = 2\ 280\ (\text{mm})$

$$l_{01} = l_{n1} + b/2 + h/2 = 2\ 280 + 200/2 + 100/2 = 2\ 430\ (\text{mm})$$

$$l_{01} = l_{n1} + a/2 + b/2 = 2\ 280 + 120/2 + 200/2 = 2\ 440\ (\text{mm})$$

$$l_{01} = 1.1 l_{n1} = 1.1 \times 2\ 280 = 2\ 508\ (\text{mm})$$

应取 $l_{01} = 2\ 430$ mm，但为了计算方便和安全，取 $l_{01} = 2\ 500$ mm。

中间跨　$l_{02} = l_c = 2\ 500\ \text{mm} < 1.1 l_n = 1.1 \times 2\ 300 = 2\ 530\ (\text{mm})$

两跨相差$(l_{02}-l_{01})/l_{02}=(2\ 500-2\ 430)/2\ 500=2.8\%<10\ \%$，应按等跨来考虑，9跨按5跨计算。其计算简图如图9-25(b)所示。

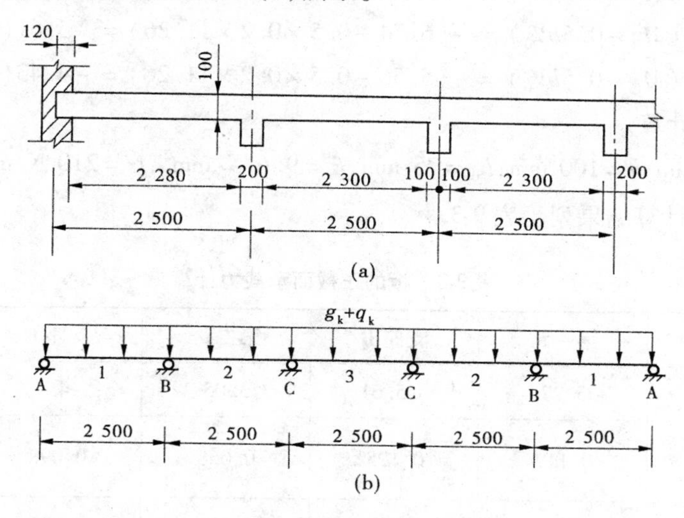


**图9-25 连续板的构造及计算简图** （单位:mm）

## (二)荷载计算

在垂直于次梁的方向取1 m宽的板带作为板的计算单元。

永久荷载:100 mm厚钢筋混凝土板自重　$25\times1.0\times0.1=2.5$(kN/m)

20 mm厚水泥砂浆面层重　$20\times1.0\times0.02=0.4$(kN/m)

永久荷载标准值　$g_k=2.5+0.4=2.9$(kN/m)

可变荷载:可变荷载标准值　$q_k=6.0$(kN/m)

折算荷载:　$g_k'=g_k+q_k/2=2.9+6.0/2=5.9$(kN/m)

$q_k'=q_k/2=6.0/2=3.0$(kN/m)

## (三)内力计算

连续板的剪力一般由混凝土承担，不需要进行斜截面承载力计算，亦不需设置腹筋。弯矩设计值按式(9-1)计算，式中系数$\alpha_1$及$\alpha_2$可查附录五得到，计算结果见表9-2。

**表9-2 板的内力计算表**

| 截面 | 边跨中 | B支座 | 2跨中 | C支座 | 3跨中 |
|---|---|---|---|---|---|
| $\alpha_1$ | 0.078 1 | −0.105 0 | 0.033 1 | −0.079 0 | 0.046 2 |
| $\alpha_2$ | 0.100 0 | −0.119 0 | 0.078 7 | −0.111 0 | 0.085 5 |
| $M=1.05\alpha_1 g_k' l_0^2+1.20\alpha_2 q_k' l_0^2$ (kN·m) | $1.05\times0.078\ 1\times5.9\times2.5^2+1.20\times0.1\times3.0\times2.5^2=5.27$ | $-1.05\times0.105\times5.9\times2.5^2-1.20\times0.119\times3.0\times2.5^2=-6.74$ | $1.05\times0.033\ 1\times5.9\times2.5^2+1.20\times0.078\ 7\times3.0\times2.5^2=3.05$ | $-1.05\times0.079\times5.9\times2.5^2-1.20\times0.111\times3.0\times2.5^2=-5.56$ | $1.05\times0.046\ 2\times5.9\times2.5^2+1.20\times0.085\ 5\times3.0\times2.5^2=3.71$ |

支座边缘的弯矩设计值：

$$V_0 = (1.05g'_k + 1.20q'_k)l_n/2 = (1.05 \times 5.9 + 1.20 \times 3.0) \times 2.3/2 = 11.26(\text{kN})$$

$$M'_B = -(M_B - 0.5bV_0) = -(6.74 - 0.5 \times 0.2 \times 11.26) = -5.61(\text{kN} \cdot \text{m})$$

$$M'_C = -(M_C - 0.5bV_0) = -(5.56 - 0.5 \times 0.2 \times 11.26) = -4.43(\text{kN} \cdot \text{m})$$

**(四)配筋计算**

$b = 1\ 000$ mm，$h = 100$ mm，$h_0 = 75$ mm，$f_c = 9.6$ N/mm²，$f_y = 210$ N/mm²，承载力安全系数 $K = 1.20$，计算结果列于表 9-3。

**表 9-3　板的正截面承载力计算**

| 截面 | 第一跨 | 支座 B | 第二跨 | 支座 C | 第三跨 |
|---|---|---|---|---|---|
| $M$(kN·m) | 5.27 | -5.61 | 3.05 | -4.43 | 3.71 |
| $\alpha_s = \frac{KM}{f_c b h_0^2}$ | 0.117 | 0.125 | 0.068 | 0.098 | 0.082 |
| $\xi = 1 - \sqrt{1 - 2\alpha_s}$ | 0.125 | 0.134 | 0.070 | 0.103 | 0.086 |
| $\rho = \xi \frac{f_c}{f_y}$(%) | 0.57 | 0.61 | 0.32 | 0.47 | 0.39 |
| $A_s = \rho b h_0$(mm²) | 428 | 458 | 240 | 353 | 293 |
| 选配钢筋(分离式配筋) | Φ 10@170 | Φ 10@170 | Φ 8@170 | Φ 8/10@170 | Φ 8@170 |
| 实配钢筋面积(mm²) | 462 | 462 | 296 | 379 | 296 |
| $\rho = A_s/bh_0$(%)($\rho_{min} = 0.20\%$) | 0.62 | 0.62 | 0.39 | 0.51 | 0.39 |

**注：**中间板带的中间跨及中间支座考虑拱的作用，其弯矩可以减小 20% 配置钢筋。

连续板中配筋要求：①直径不宜超过两种，直径差值不小于 2 mm；②采用分离式配筋时，各跨间钢筋间距宜相等或成倍数，配筋示意图如图 9-26 所示。

连续板的构造钢筋：①分布钢筋选用Φ 6@250；②沿垂直板跨方向的板边为Φ 6@200，平行于板跨方向的板边为Φ 6@200；③垂直于主梁的板面附加钢筋选用Φ 8@200。④墙角附加钢筋Φ 6@200，双向配置于四个墙角的板面。配筋图见图 9-26。

## 二、次梁设计

**(一)计算简图**

次梁设计时，取其中相邻板中心线之间部分作为计算单元。本例为三跨连续梁。次梁构造及计算简图如图 9-27(a)、(b)所示。

计算跨度：边跨　$l_{n1} = l_c - a/2 - b/2 = 6\ 000 - 240/2 - 300/2 = 5\ 730$(mm)

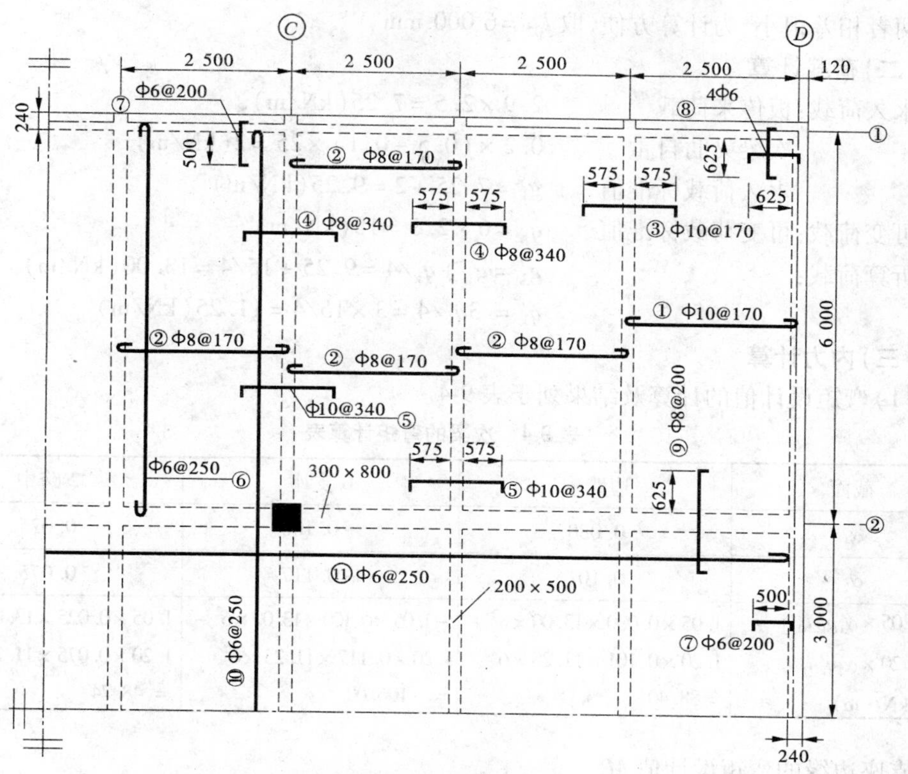


图 9-26　板的配筋图　（单位:mm）

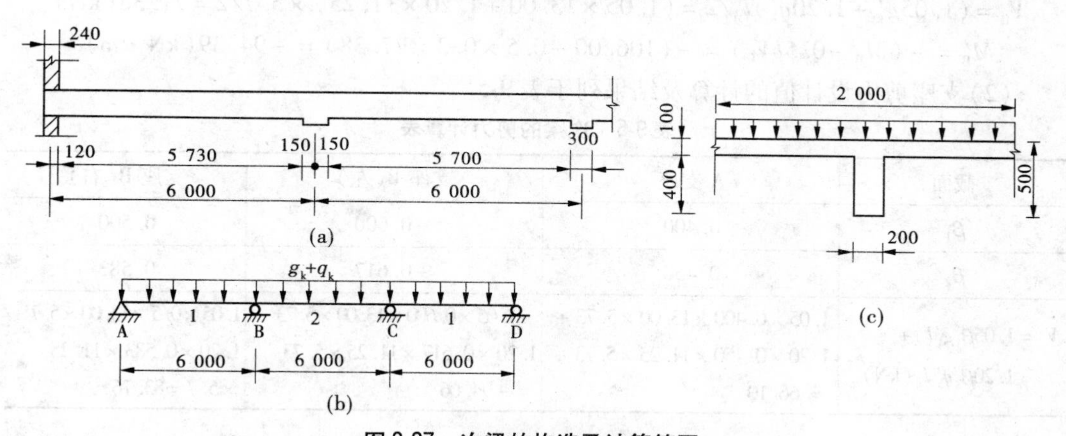


图 9-27　次梁的构造及计算简图

$$l_{01}=l_{n1}+a/2+b/2=5\ 730+240/2+300/2=6\ 000(\text{mm})$$

$$l_{01}=1.05l_{n1}=1.05\times5\ 730=6\ 017(\text{mm})$$

取 $l_{01}=6\ 000$ mm。

中间跨　$l_{n2}=l_c-b=6\ 000-300=5\ 700(\text{mm})$

$$l_{02}=l_c=6\ 000(\text{mm})$$

$$l_{02}=1.05l_{n2}=1.05\times5\ 700=5\ 985(\text{mm})$$

两者相差很小，为计算方便，取 $l_{02}=6\ 000$ mm。

### (二)荷载计算

永久荷载：板传来荷载　$2.9\times2.5=7.25(\mathrm{kN/m})$

次梁梁肋自重　$0.2\times(0.5-0.1)\times25=2(\mathrm{kN/m})$

永久荷载标准值　$g_k=7.25+2=9.25(\mathrm{kN/m})$

可变荷载：可变荷载标准值　$q_k=6\times2.5=15(\mathrm{kN/m})$

折算荷载：　$g_k'=g_k+q_k/4=9.25+15/4=13.00(\mathrm{kN/m})$

$q_k'=3q_k/4=3\times15/4=11.25(\mathrm{kN/m})$

### (三)内力计算

(1)弯矩设计值的计算及结果列于表9-4。

**表9-4　次梁的弯矩计算表**

| 截面 | 边跨中 | B支座 | 2跨中 |
|---|---|---|---|
| $\alpha_1$ | 0.080 | -0.100 | 0.025 |
| $\alpha_2$ | 0.101 | -0.117 | 0.075 |
| $M=1.05\times\alpha_1 g_k' l_0^2+1.20\times\alpha_2 q_k' l_0^2$ (kN·m) | $1.05\times0.080\times13.00\times6^2+1.20\times0.101\times11.25\times6^2=88.40$ | $-1.05\times0.100\times13.00\times6^2-1.20\times0.117\times11.25\times6^2=-106.00$ | $1.05\times0.025\times13.00\times6^2+1.20\times0.075\times11.25\times6^2=48.74$ |

支座边缘的弯矩设计值 $M_B'$

$$V_0=(1.05g_k'+1.20q_k')l_n/2=(1.05\times13.00+1.20\times11.25)\times5.7/2=77.38(\mathrm{kN})$$

$$M_B'=-(M_B-0.5bV_0)=-(106.00-0.5\times0.3\times77.38)=-94.39(\mathrm{kN\cdot m})$$

(2)支座剪力设计值的计算及结果列于表9-5。

**表9-5　次梁的剪力计算表**

| 截面 | A支座 | 支座B(左) | 支座B(右) |
|---|---|---|---|
| $\beta_1$ | 0.400 | -0.600 | 0.500 |
| $\beta_2$ | 0.450 | -0.617 | 0.583 |
| $V=1.05\beta_1 g_k' l_n+1.20\beta_2 q_k' l_n$ (kN) | $1.05\times0.400\times13.00\times5.73+1.20\times0.450\times11.25\times5.73=66.10$ | $-1.05\times0.600\times13.00\times5.73-1.20\times0.617\times11.25\times5.73=-94.66$ | $1.05\times0.5\times13.00\times5.7+1.20\times0.583\times11.25\times5.7=83.76$ |

### (四)配筋计算

(1)计算翼缘宽度 $b_f'$。根据整浇楼盖的受力特点，板所在梁上截面参与次梁受力，因此在配筋设计时，次梁跨中截面按T形截面设计，翼缘计算宽度

$$b_f'=l_0/3=6\ 000/3=2\ 000(\mathrm{mm})$$

$$b_f'=b+s_n=200+2\ 300=2\ 500(\mathrm{mm})$$

取 $b_f'=2\ 000$，荷载计算单元如图9-27(c)所示。

次梁支座截面因承受负弯矩(上面受拉，下面受压)而按矩形截面计算。

(2)正截面承载力计算。$b=200$ mm，$h=500$ mm，$h'_f=100$ mm；$h_0=460$ mm，$f_c=9.6$ N/mm²，$f_t=1.1$ N/mm²，$f_y=300$ N/mm²，承载力安全系数 $K=1.20$，计算结果见表9-6。

**表9-6 次梁的正截面承载力计算**

| 截面 | 第一跨 | 支座B | 第二跨 |
| --- | --- | --- | --- |
| $M$(kN·m) | 88.40 | -94.39 | 48.47 |
| $h_0$(mm) | 460 | 460 | 460 |
| $b'_f$或$b$(mm) | 2 000 | 200 | 2 000 |
| $f_c b'_f h'_f(h_0-h'_f/2)$(kN·m) | 787 | | 787 |
| $\alpha_s=\frac{KM}{f_c b'_f(或\ b)h_0^2}$ | 0.026 | 0.279 | 0.014 |
| $\xi=1-\sqrt{1-2\alpha_s}$ | 0.026 | 0.335 | 0.014 1 |
| $A_s=\xi\frac{f_c}{f_y}b'_f(或\ b)h_0$(mm²) | 765 | 986 | 415 |
| 选配钢筋 | 2 Φ 18(直)+<br>1 Φ 18(弯) | 2 Φ 22(直)+<br>1 Φ 18(左弯) | 2 Φ 16(直) |
| 实配钢筋面积(mm²) | 763 | 1 015 | 402 |
| $\rho=A_s/bh_0$(%)($\rho_{min}=0.20\%$) | 0.83 | 1.1 | 0.44 |

(3)斜截面承载力计算。计算结果见表9-7。

**表9-7 次梁的斜截面承载力计算**

| 截面(kN) | 支座A | 支座B(左) | 支座B(右) |
| --- | --- | --- | --- |
| $V$(kN) | 66.10 | -94.66 | 83.76 |
| $KV$(kN) | 79.32 | 113.59 | 100.51 |
| $h_0$(mm) | 460 | 460 | 460 |
| $0.25f_c bh_0$(kN) | $220.8>KV$ | $220.8>KV$ | $220.8>KV$ |
| $V_c=0.7f_t bh_0$(kN) | $70.84<KV$ | $70.84<KV$ | $70.84<KV$ |
| 箍筋肢数、直径(mm) | 2、8 | 2、8 | 2、8 |
| $s=\frac{1.25f_{yv}A_{sv}h_0}{KV-0.7f_t bh_0}$(mm) | 1 438 | 285 | 411 |
| 实配箍筋间距 $s$(mm) | 200 | 200 | 200 |
| $\rho_{sv}=A_{sv}/(bs)$(%)($\rho_{svmin}=0.15\%$) | 0.25 | 0.25 | 0.25 |

次梁的配筋图见图9-28。

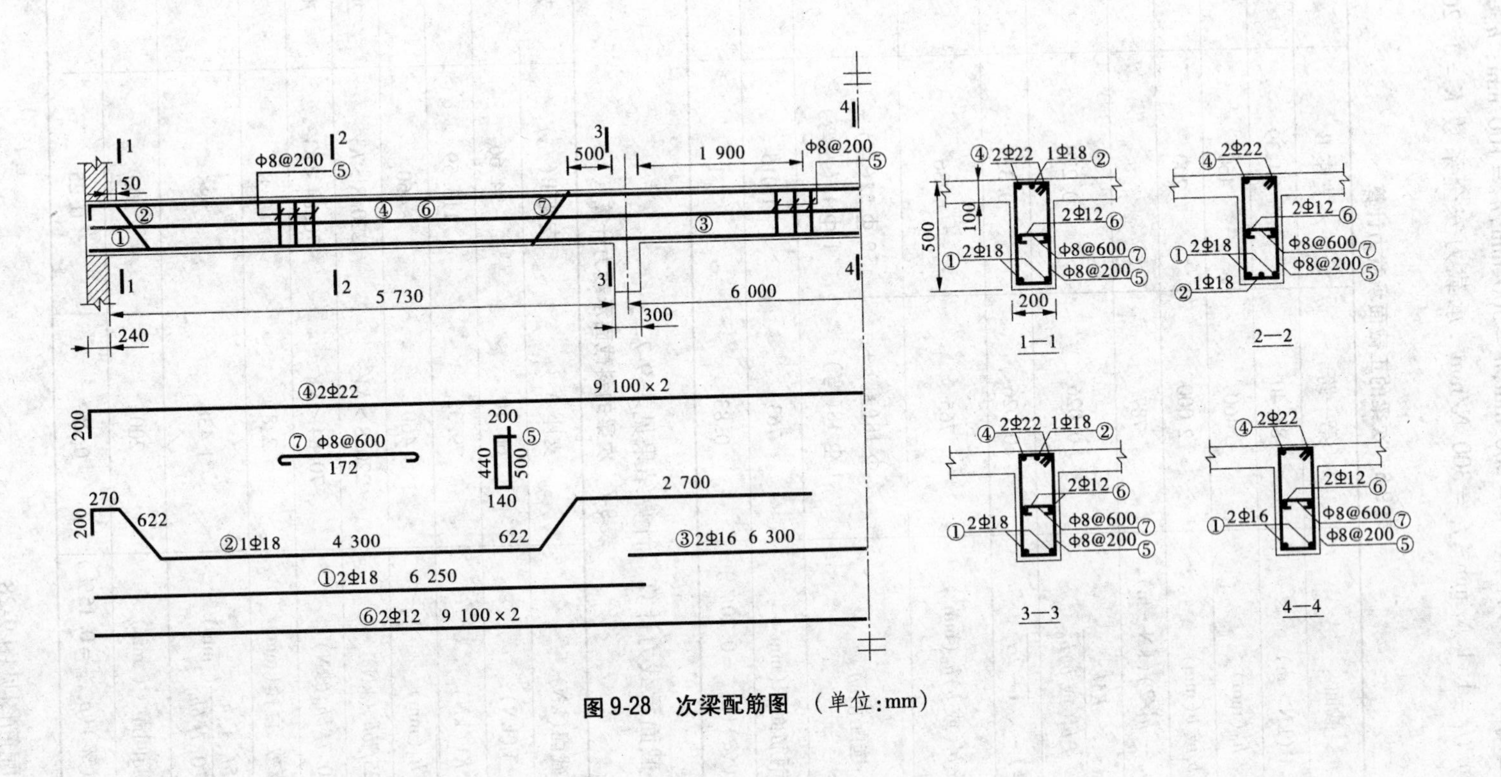


图 9-28 次梁配筋图 （单位:mm）

板和次梁的钢筋表见表9-8。

**表9-8　钢筋表**

| 构件 | 编号 | 简图 | 直径（mm） | 长度（mm） | 根数 | 总长（m） | 单重（kg/m） | 总重（kg） |
|---|---|---|---|---|---|---|---|---|
| 板 | 1 | 2 480 | Φ10 | 2 605 | 210 | 547.1 | 0.617 | 337.56 |
| | 2 | 2 500 | Φ8 | 2 600 | 735 | 1 911.0 | 0.395 | 754.85 |
| | 3 | 80 1 350 80 | Φ10 | 1 510 | 210 | 317.1 | 0.617 | 195.65 |
| | 4 | 80 1 350 80 | Φ8 | 1 510 | 302 | 456.0 | 0.395 | 180.12 |
| | 5 | 80 1 350 80 | Φ10 | 1 510 | 324 | 489.2 | 0.617 | 301.86 |
| | 6 | 6 000 | Φ6 | 6 075 | 297 | 1 804.3 | 0.222 | 400.55 |
| | 7 | 80 600 80 | Φ6 | 760 | 382 | 290.3 | 0.222 | 64.45 |
| | 8 | 80 725 80 | Φ6 | 885 | 32 | 28.3 | 0.222 | 6.28 |
| | 9 | 80 1 550 80 | Φ8 | 1 710 | 234 | 400.1 | 0.395 | 158.04 |
| | 10 | 17 760 | Φ6 | 17 835 | 70 | 1 248.45 | 0.222 | 277.16 |
| | 11 | 22 250 | Φ6 | 22 335 | 22 | 491.37 | 0.222 | 109.08 |
| | 合计 | | | | | | | 2 785.60 |
| 次梁 | 1 | 6 250 | Φ18 | 6 250 | 32 | 200.0 | 2.000 | 400.00 |
| | 2 | 200 270 622 4 300 622 2 700 | Φ18 | 8 714 | 16 | 139.4 | 2.000 | 278.80 |
| | 3 | 6 300 | Φ16 | 6 300 | 16 | 100.8 | 1.580 | 159.26 |
| | 4 | 200 18 200 200 | Φ22 | 18 600 | 16 | 297.6 | 2.980 | 886.85 |
| | 5 | 500 200 140 440 | Φ8 | 1 280 | 752 | 962.6 | 0.395 | 380.23 |
| | 6 | 18 200 | Φ12 | 18 200 | 16 | 291.2 | 0.888 | 258.59 |
| | 7 | 172 | Φ8 | 272 | 250 | 68.0 | 0.395 | 26.86 |
| | 合计 | | | | | | | 2 390.59 |

说明：

(1)图中尺寸单位均为mm；

(2)板、次梁及主梁均采用C20混凝土；

(3)梁内纵向受力钢筋、架立钢筋、腰筋采用HRB335级，其他钢筋均为HPB235级；

(4)板的混凝土净保护层 $c=20$ mm，梁的混凝土净保护层 $c=30$ mm，钢筋端部的保护层为20 mm；

(5)钢筋半圆弯钩的长度为 $6.25d$；

(6)钢筋总用量没有考虑钢筋的搭接和损耗（损耗一般按5%计）。

三、主梁设计

**(一)计算简图**

主梁的构造及计算简图如图9-29所示。

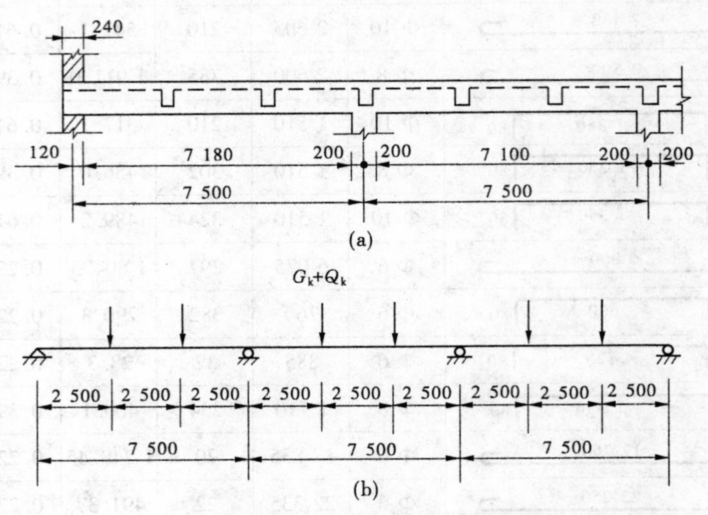


**图9-29 主梁的构造及计算简图**

计算跨度:边跨 $l_{n1}=7\ 500-120-400/2=7\ 180(\text{mm})$

$l_{01}=l_c=7\ 500(\text{mm})$

$l_{01}=1.05l_{n1}=1.05\times7\ 180=7\ 539(\text{mm})$

取小值,$l_{01}=7\ 500$ mm。

中间跨 $l_{n2}=7\ 500-400=7\ 100(\text{mm})$

$l_{02}=l_c=7\ 500(\text{mm})$

$l_{02}=1.05l_{n2}=1.05\times7\ 100=7\ 455(\text{mm})$

应取 $l_{02}=7\ 455$ mm,但是跨度相差不超过10%,采用等跨计算,取 $l_{02}=7\ 500$ mm。内力可按三跨连续梁内力系数表来计算。

**(二)荷载计算**

永久荷载:由次梁传来荷载 $9.25\times6=55.50(\text{kN})$

主梁梁肋自重 $0.3\times(0.8-0.1)\times7.5/3\times25=13.13(\text{kN})$

永久荷载标准值 $G_k=55.50+13.13=68.63(\text{kN})$

可变荷载:可变荷载标准值 $Q_k=15\times6=90(\text{kN})$

**(三)内力计算**

根据弹性方法,集中荷载作用下连续梁的弯矩、剪力设计值按下式计算。

$$M=1.05\alpha_1G_kl_0+1.20\alpha_2Q_kl_0 \qquad V=1.05\beta_1G_k+1.20\beta_2Q_k$$

$$G_kl_0=68.63\times7.5=514.73(\text{kN}\cdot\text{m})$$

$$Q_kl_0=90\times7.5=675(\text{kN}\cdot\text{m})$$

式中 $\alpha_1$、$\alpha_2$、$\beta_1$、$\beta_2$ 可查附录五表格。

计算结果见表9-9、表9-10。

表 9-9 主梁的弯矩计算表

| 序号 | 荷载简图 | 边跨中 |  | 中间支座 | 中跨中 |  |
| --- | --- | --- | --- | --- | --- | --- |
|  |  | $\frac{\alpha}{M_1}$ | $M_{1a}$ | $\frac{\alpha}{M_B(M_C)}$ | $M_{2b}$ | $\frac{\alpha}{M_2}$ |
| ① | 图 9-30(a) | $\frac{0.244}{131.87}$ | 83.77 | $\frac{-0.267(-0.267)}{-144.30(-144.30)}$ | 36.21 | $\frac{0.067}{36.21}$ |
| ② | 图 9-30(b) | $\frac{0.289}{234.09}$ | 198.18 | $\frac{-0.133(-0.133)}{-107.73(-107.73)}$ | -107.73 | $\frac{-0.133}{-107.73}$ |
| ③ | 图 9-30(c) | $\frac{0.229}{185.49}$ | 101.52 | $\frac{-0.311(-0.089)}{-251.91(-72.09)}$ | 77.76 | $\frac{0.170}{137.70}$ |
| ④ | 图 9-30(d) | $\frac{-0.044}{-35.64}$ | -71.55 | $\frac{-0.133(-0.133)}{-107.73(-107.73)}$ | 162.00 | $\frac{0.200}{162.00}$ |
| 最不利内力组合 | ①+② | 365.96 | 281.95 | -252.03(-252.03) | -71.52 | -71.52 |
|  | ①+③ | 317.36 | 185.29 | -396.21(-216.39) | 113.97 | 173.91 |
|  | ①+④ | 96.23 | 12.22 | -252.03(-252.03) | 198.21 | 198.21 |

注：$M_{1a}=M_1-M_B/3$；$M_{2b}=M_2-(M_B-M_C)/3$，其中 $M_B$、$M_C$ 均以正值代入。

表 9-10 主梁剪力计算表

| 序号 | 计算简图 | 边支座 | 边跨中 | 中间支座 | 中间跨中 |
| --- | --- | --- | --- | --- | --- |
|  |  | $\frac{\beta}{V_A}$ | $V_1^r$ | $\frac{\beta}{V_B^l(V_B^r)}$ | $V_{2b}^r$ |
| ① | 图 9-30(a) | $\frac{0.733}{52.82}$ | -19.24 | $\frac{-1.267(1.000)}{-91.30(72.06)}$ | 0 |
| ② | 图 9-30(b) | $\frac{0.866}{93.53}$ | -14.47 | $\frac{-1.134(0)}{-122.47(0)}$ | 0 |
| ③ | 图 9-30(c) | $\frac{0.689}{74.41}$ | -33.59 | $\frac{-1.311(1.222)}{-141.59(131.98)}$ | 23.98 |
| ④ | 图 9-30(d) | $\frac{-0.133}{-14.36}$ | -14.36 | $\frac{-0.133(1.000)}{-14.36(108.00)}$ | 0 |
| 最不利内力组合 | ①+② | 146.35 | -33.71 | -213.77(72.06) | 0 |
|  | ①+③ | 127.23 | -52.83 | -232.89(204.04) | 23.98 |
|  | ①+④ | 38.46 | -33.60 | -105.66(180.06) | 0 |

可变荷载的最不利组合位置见图 9-30。

主梁的弯矩包络图和剪力包络图见图 9-31。

**(四)正截面承载力计算**

主梁跨中截面按 T 形截面计算，翼缘高度 $h'_f=100$ mm，计算翼缘宽度 $b'_f=l_0/3=7.5/3=2.5(\text{m})<b+s_n=6.0(\text{m})$。

截面有效高度：

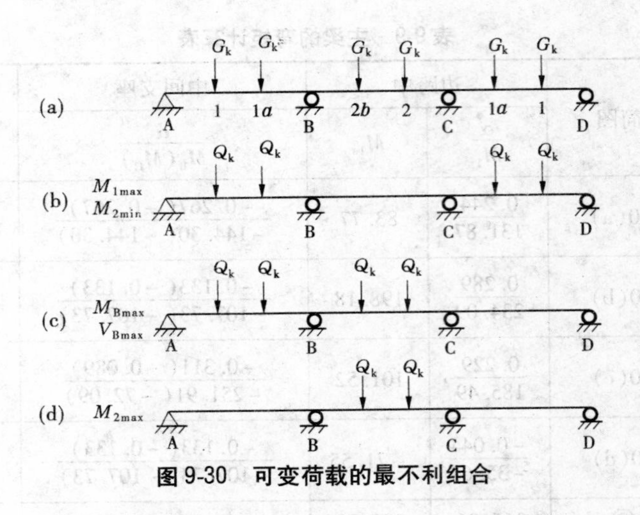


图 9-30 可变荷载的最不利组合

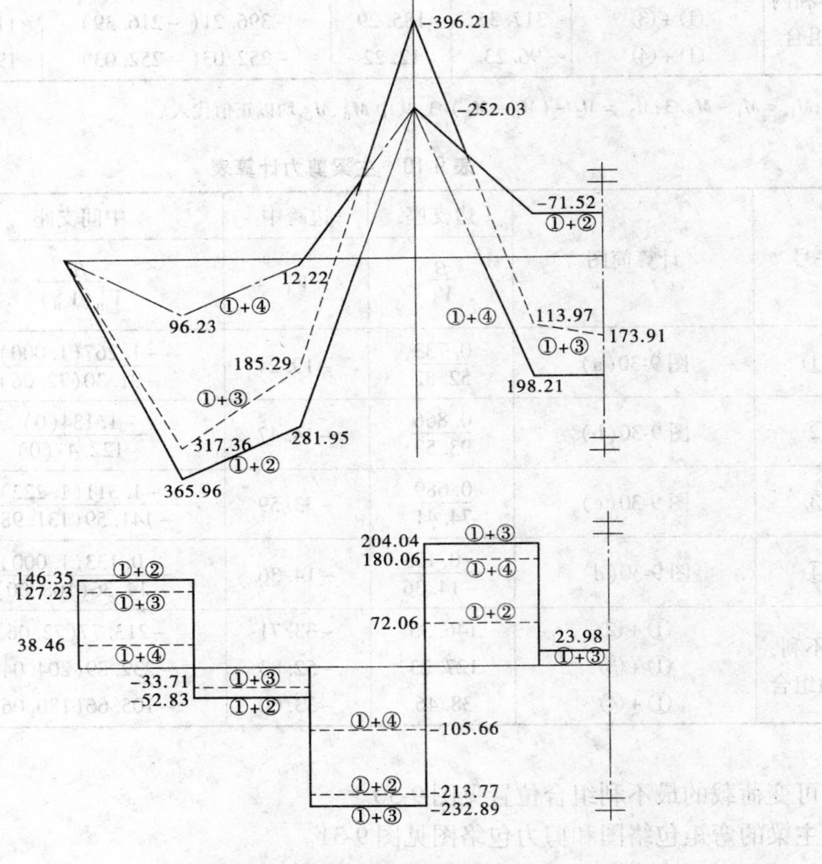


图 9-31 主梁弯矩与剪力包络图

支座 $B$： $h_0=800-80=720(\text{mm})$ 边跨中：$h_0=800-70=730(\text{mm})$

中跨截面： $h_0=800-40=760(\text{mm})$（下部） $h_0=800-60=740(\text{mm})$（上部）

主梁支座截面按矩形截面计算，计算弯矩采用支座边缘截面处的弯矩值，即

$$M'_B = -(M_B - 0.5bV_0)$$

因为 $b = 0.4\ m > 0.05l_n = 0.05 \times 7.1 = 0.355(m)$，取 $b = 0.355(m)$

$$M'_B = -(M_B - 0.5bV_0) = -[396.21 - 0.5 \times 0.355 \times (1.05 \times 68.63 + 1.20 \times 90)] = -364.25(kN \cdot m)$$

判别T形梁截面类型

$$f_c b'_f h'_f(h_0 - h'_f/2) = 9.6 \times 2\,500 \times 100 \times (730 - 100/2) = 1\,632(kN \cdot m)$$

$$> KM_1 = 1.20 \times 365.96 = 439.15(kN \cdot m)$$

$$> KM_2 = 1.20 \times 198.21 = 237.85(kN \cdot m)$$

主梁跨中按第一类T形梁截面计算。

$f_c = 9.6\ N/mm^2$，$f_t = 1.1\ N/mm^2$，$f_y = 300\ N/mm^2$，承载力安全系数 $K = 1.20$，计算结果见表9-11。

**表9-11　主梁正截面承载力计算**

| 截面 | 边跨中 | 中间支座 $B$ | 中跨中 | |
|---|---|---|---|---|
| $M(kN \cdot m)$ | 365.96 | −364.25 | 198.21 | −71.52 |
| $b'_f$或 $b$(mm) | 2 500 | 300 | 2 500 | 300 |
| $h_0$(mm) | 730 | 720 | 760 | 740 |
| $\alpha_s = \dfrac{KM}{f_c b'_f(或\ b)h_0^2}$ | 0.034 | 0.293 | 0.017 | 0.054 |
| $\xi = 1 - \sqrt{1 - 2\alpha_s}$ | 0.035 | 0.357 | 0.017 | 0.056 |
| $A_s = \xi \dfrac{f_c}{f_y} b'_f(或\ b)h_0(mm^2)$ | 2 044 | 2 468 | 1 034 | 398 |
| 选配钢筋 | 4 Φ 22(直)<br>+2 Φ 20(弯) | 4 Φ 20(直)<br>+2 Φ 20(左弯)<br>+2 Φ 20(右弯) | 2 Φ 20(直)<br>+2 Φ 20(弯) | 2 Φ 20(直) |
| 实配面积($mm^2$) | 2 148 | 2 513 | 1 256 | 628 |
| $\rho = A_s/(bh_0)(\%)(\rho_{min} = 0.20\%)$ | 0.98 | 1.16 | 0.55 | 0.28 |

连续梁的配筋构造：

(1)纵向钢筋直径宜选用12～25 mm，最大不宜超过28 mm。

(2)纵向钢筋直径种类不宜超过两种，且直径差应大于或等于2 mm。

(3)每排纵向受力钢筋宜用3～5根，最多用两排。

(4)选配钢筋时，先选跨中受力钢筋，支座负弯矩钢筋可由两边跨中的一部分钢筋弯起而得；如果不足，则另加直钢筋以满足支座上面负弯矩所需的钢筋量。弯起钢筋的弯起点应满足斜截面受弯承载力的要求。

(5)跨中下部受力钢筋至少要有2根伸入支座，并放在下部两角处(兼作支座截面架立钢筋)，其面积不宜小于跨中钢筋面积的一半。

(6)支座上部钢筋由两边弯起时，应不使钢筋在支座处碰头，另加直钢筋应放在上面两角处(兼作架立钢筋)。

(7)绘制结构施工图时,所有钢筋均应予以编号。如钢筋的种类、直径、形状及长度完全相同,可以编同一个号,否则需分别编号。

(8)主梁应绘制弯矩包络图及抵抗弯矩图,以确定纵筋弯起或切断的具体位置。

**(五)主梁斜截面承载力计算**

计算结果见表9-12。

表9-12　主梁斜截面承载力计算

| 截面 | 支座A | 支座B(左) | 支座B(右) |
|---|---|---|---|
| $V$(kN) | 146.35 | -232.89 | 204.04 |
| $KV$(kN) | 175.62 | -279.47 | 244.85 |
| $h_0$(mm) | 730 | 720 | 720 |
| $0.25f_cbh_0$(kN) | 525.6 > $KV$ | 518.4 > $KV$ | 518.4 > $KV$ |
| $V_c=0.7f_tbh_0$(kN) | 168.63 < $KV$ | 166.32 < $KV$ | 166.32 < $KV$ |
| 选配箍筋肢数、直径(mm) | 2、8 | 2、8 | 2、8 |
| $s=\frac{1.25f_{yv}A_{sv}h_0}{KV-0.7f_tbh_0}$(mm) | 2 769 | 168 | 243 |
| 实配箍筋间距 $s$(mm) | 160 | 160 | 200 |
| $\rho_{sv}=A_{sv}/(bs)$(%)($\rho_{svmin}=0.15\%$) | 0.21 | 0.21 | 0.17 |
| $V_{cs}=0.7f_tbh_0+1.25f_{yv}\frac{A_{sv}}{s}h_0$ | 289.59 | 285.63 | 261.77 |

**(六)主梁吊筋的计算**

由次梁传来的全部集中荷载为:

$$F=1.05G_k+1.20Q_k=1.05\times68.63+1.20\times90=180.06(\text{kN})$$

$$A_{sb}\geqslant\frac{KF}{f_{yv}\sin\alpha}=\frac{1.20\times180.06\times10^3}{300\times\sin45°}=1\ 019(\text{mm}^2)$$

选用2 Φ 18($A_{sb}=2\times2\times254.5=1\ 018(\text{mm}^2)$)。

主梁中间支座负弯矩钢筋的截断位置原则上应通过绘制弯矩抵抗图来确定,但根据有关规定,本例钢筋的截断位置偏安全地取在 $l_n/3$ 和 $l_n/2$ 处。主梁的配筋图如图9-32所示。

**【例9-2】**　三跨连续T形梁的设计

某水闸的工作桥(处于露天环境)由两根连续T形梁组成。每扇闸门由一台2×160 kN绳鼓式启闭机控制启闭。图9-33为工作桥及启闭机位置示意图。建筑物级别为3级。要求设计甲梁。

T形梁截面(图9-34):$b'_f=800-50=750$(mm),$h'_f=120$ mm,$b=250$ mm,$h=700$ mm。梁的净跨度 $l_n=8.0$ m,支座宽度 $a=1.1$ m $>0.05l_n=0.05\times8.0=0.40$(m),故计算弯矩时,梁的计算跨度 $l_0=1.05l_n=8.4$ m。两根梁之间铺放长为800 mm的预制钢筋混凝土板,两根梁的净距为700 mm。

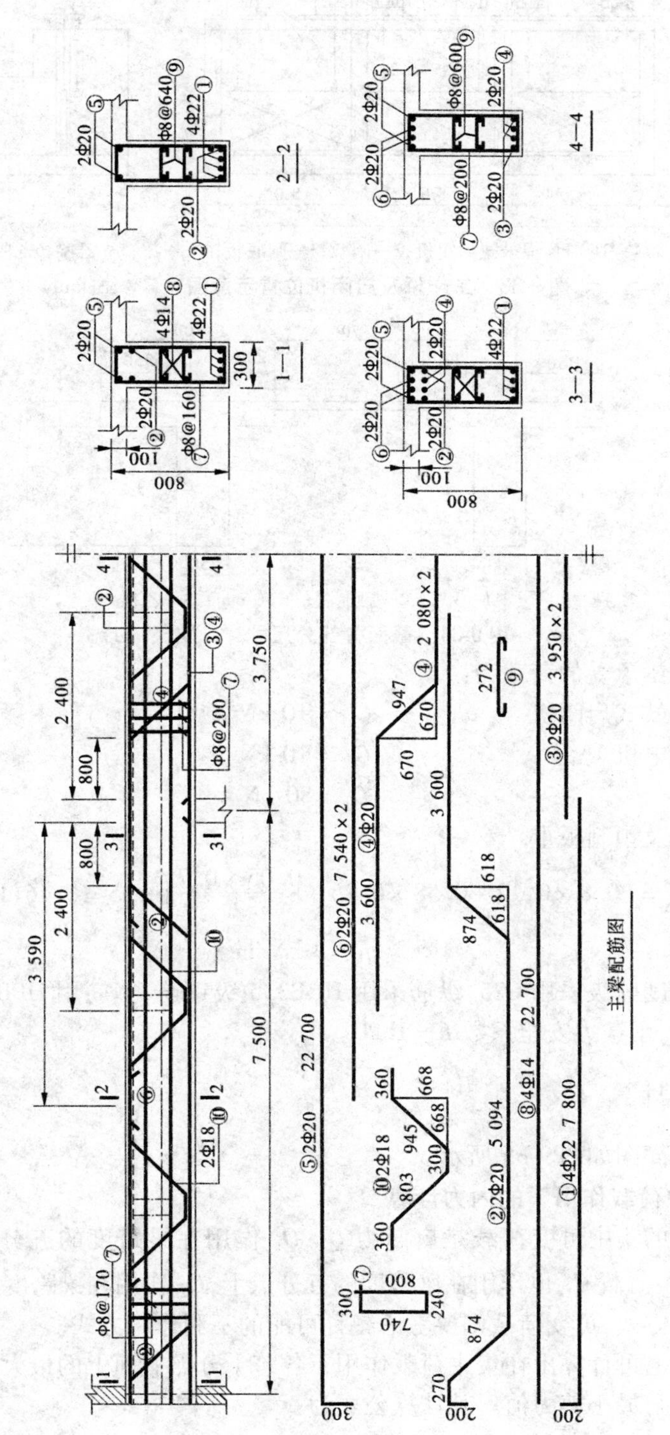


图 9-32 主梁配筋图（单位:mm）

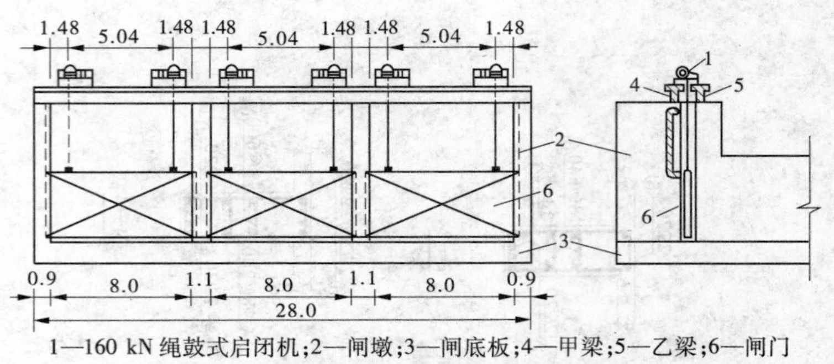

1—160 kN 绳鼓式启闭机;2—闸墩;3—闸底板;4—甲梁;5—乙梁;6—闸门

**图 9-33　工作桥及启闭机位置示意图**　(单位:mm)

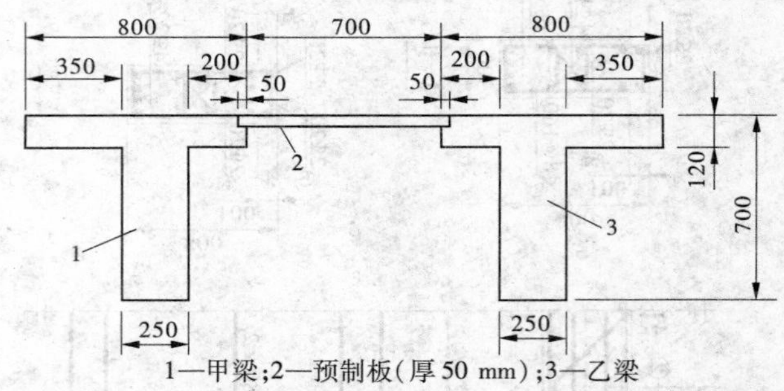

1—甲梁;2—预制板(厚 50 mm);3—乙梁

**图 9-34　截面各部分尺寸**　(单位:mm)

分配给甲梁承受的荷载为:

机墩及绳鼓式启闭机　　$G_{1k}=10\ \text{kN}$

减速箱及电机重　　$G_{2k}=10\ \text{kN}$

启门力　　$Q_k=80\ \text{kN}$

甲梁自重及预制板重

$$g_k=\left(0.8\times0.12+0.58\times0.25+\frac{0.05\times0.7}{2}\right)\times25=6.46(\text{kN/m})$$

人群荷载　　$q_k=3\ \text{kN/m}$

混凝土强度等级采用 C25,纵筋采用 HRB335 级钢筋,箍筋用 HPB235 级钢筋。建筑物级别为 3 级,承载力安全系数 $K=1.20$。

## 四、内力计算

梁的计算简图如图 9-35 所示。

### (一)集中荷载作用下的内力计算

梁上作用的集中可变荷载是启门力 $Q_k$,$Q_k$ 作用在梁跨度的五分点上(1.68/8.4 = 1/5)。集中永久荷载 $G_{1k}$也作用在梁跨度的五分点上,$G_{2k}$作用在梁跨度的中点。永久荷载只有一种作用方式,可变荷载则要考虑各种可能的不利作用方式。

利用附录七可计算出在集中荷载作用下各跨十分点截面上的最大与最小弯矩值及支座截面的最大与最小剪力值。其计算公式为:

$$M=1.20\alpha Q_k l_0 \text{ 或 } M=1.05\alpha G_k l_0$$

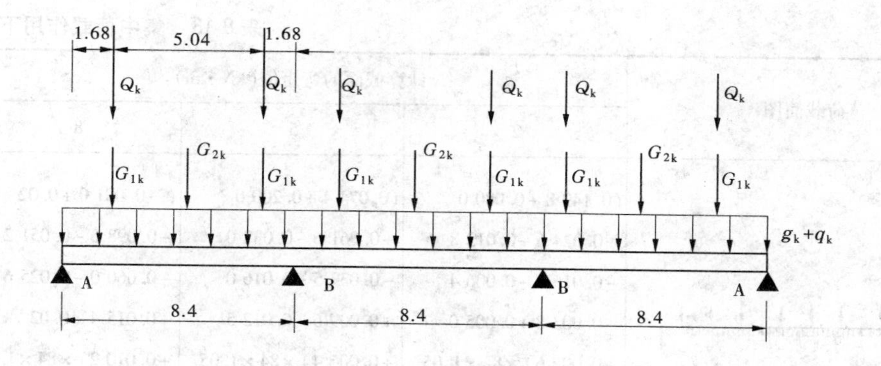


图 9-35 梁的计算简图

$$V=1.20\beta Q_k \text{ 或 } V=1.05\beta G_k$$

故 $G_k l_0=10\times 8.4=84(\text{kN}\cdot\text{m}),Q_k l_0=80\times 8.4=672(\text{kN}\cdot\text{m})$

系数 $\alpha$、$\beta$ 可根据荷载的作用图式,由附录七查出每一荷载作用时的系数值,然后叠加得出。

附录七中是将连续梁的每跨分为10等份。为了计算简单,只计算2、5、8、B、12、15这六个截面的内力。例如当两个边跨有启门力 $Q_k$ 作用,中间跨没有启门力作用时,荷载计算简图如图9-36所示。要计算截面2的弯矩值,则从附录七查得:$Q_k$ 作用在位置2时,$\alpha_{2,2}=0.1498$;$Q_k$ 作用在位置8时,$\alpha_{2,8}=0.0246$;$Q_k$ 作用在位置22时,$\alpha_{2,22}=0.0038$;$Q_k$ 作用在位置28时,$\alpha_{2,28}=0.0026$,故 $\alpha_2=0.1498+0.0246+0.0038+0.0026=0.1808$。因此,在这种荷载图式作用下,截面2的弯矩 $M=1.20\alpha_2 Q_k l_0=1.20\times 0.1808\times 672=145.80(\text{kN}\cdot\text{m})$。

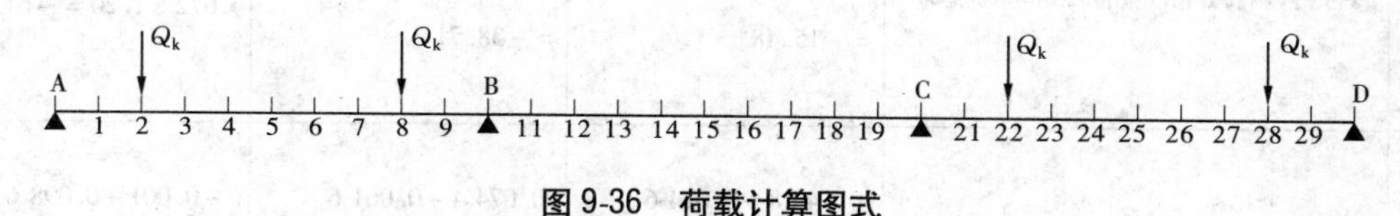


图 9-36 荷载计算图式

同理,可算出各种集中荷载作用图式下每个截面的内力值。组合后就可得到各截面最不利内力值。在集中荷载作用下的内力计算结果见表9-13。

**(二)均布荷载作用下的内力计算**

在均布永久荷载和均布可变荷载作用下的最大与最小弯矩值,可利用附录七表格计算。为了与集中荷载作用下的弯矩值组合,在此只计算相应截面的弯矩值。

$$M_{max}=1.05\alpha g_k l_0^2+1.20\alpha_1 q_k l_0^2 \qquad M_{min}=1.05\alpha g_k l_0^2+1.20\alpha_2 q_k l_0^2$$

$$g_k l_0^2=6.46\times 8.4^2=455.82(\text{kN}\cdot\text{m}),\quad q_k l_0^2=3.0\times 8.4^2=211.68(\text{kN}\cdot\text{m})$$

在均布荷载作用下的最大与最小剪力可利用附录五表格计算。

$$V=1.05\beta g_k l_n+1.20\beta_1 q_k l_n$$

$$g_k l_n=6.46\times 8=51.68(\text{kN}),q_k l_n=3.0\times 8=24(\text{kN})$$

计算结果见表9-14、表9-15。

**表 9-13　集中荷载作用下的**

| 序号 | 荷载简图 | 计算截面的弯矩值(kN·m) | | |
|---|---|---|---|---|
| | | 2 | 5 | 8 |
| 1 |  | (0.149 8 + 0.080 0 + 0.024 6 − 0.012 8 − 0.015 0 − 0.006 4 + 0.003 8 + 0.005 0 + 0.002 6) × 84 × 1.05 = 0.231 6 × 84 × 1.05 = 20.43 | (0.074 4 + 0.200 0 + 0.061 6 − 0.032 0 − 0.037 5 − 0.016 0 + 0.009 6 + 0.012 5 + 0.006 4) × 84 × 1.05 = 0.279 0 × 84 × 1.05 = 24.61 | (−0.001 0 + 0.02 + 0.098 6 − 0.051 2 − 0.060 0 − 0.025 6 + 0.015 4 + 0.02 + 0.010 2) × 84 × 1.05 = 0.026 4 × 84 × 1.05 = 2.33 |
| 2 | 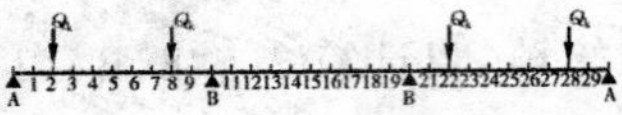 | (0.149 8 + 0.024 6 + 0.003 8 + 0.002 6) × 672 × 1.20 = 0.180 8 × 672 × 1.20 = 145.80 | (0.074 4 + 0.061 6 + 0.009 6 + 0.006 4) × 672 × 1.20 = 0.152 × 672 × 1.20 = 122.57 | (−0.001 + 0.098 6 + 0.015 4 + 0.010 2) × 672 × 1.20 = 0.123 2 × 672 × 1.20 = 99.35 |
| 3 |  | (−0.012 8 − 0.006 4) × 672 × 1.20 = −0.019 2 × 672 × 1.20 = −15.48 | (−0.032 − 0.016) × 672 × 1.20 = −0.048 × 672 × 1.20 = −38.71 | (−0.051 2 − 0.025 6) × 672 × 1.20 = −0.076 8 × 672 × 1.20 = −61.93 |
| 4 | 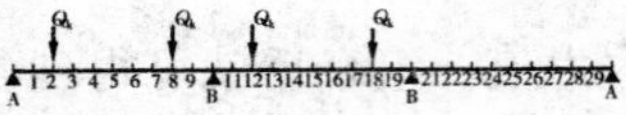 | (0.149 8 + 0.024 6 − 0.012 8 − 0.006 4) × 672 × 1.20 = 0.155 2 × 672 × 1.20 = 125.15 | (0.074 4 + 0.061 6 − 0.032 0 − 0.016) × 672 × 1.20 = 0.088 × 672 × 1.20 = 70.96 | (−0.001 + 0.098 6 − 0.051 2 − 0.025 6) × 672 × 1.20 = 0.020 8 × 672 × 1.20 = 16.77 |
| 5 | 最不利内力设计值 | (1) + (2) $M_{max} = 166.23$ (1) + (3) $M_{min} = 4.95$ | (1) + (2) $M_{max} = 147.18$ (1) + (3) $M_{min} = -14.10$ | (1) + (2) $M_{max} = 101.68$ (1) + (3) $M_{min} = -59.60$ |

**内力计算表**

| 计算截面的弯矩值(kN·m) | | | 支座剪力值(kN) | | |
|---|---|---|---|---|---|
| $B$ | 12 | 15 | $V_A$ | $V_B^l$ | $V_B^r$ |
| (−0.051 2−0.100 0 −0.076 8−0.064 −0.075−0.032 +0.019 2+0.025 +0.012 8)×84×1.05 =−0.342×84×1.05 =−30.16 | (−0.038 4−0.075 −0.057 6+0.102 4 +0.025+0.001 6+0 +0+0)×84×1.05 =−0.042×84×1.05 =−3.70 | (−0.019 2−0.037 5 −0.028 8+0.052 +0.175+0.052 −0.028 8−0.037 5 −0.019 2)×84×1.05 =0.108×84×1.05 =9.53 | (0.748 8+0.4 +0.123 2−0.064 −0.075−0.032 +0.019 2+0.025 +0.012 8)×10×1.05 =1.158×10×1.05 =12.16 | (−0.251 2−0.6 −0.876 8−0.064 −0.075−0.032 +0.019 2+0.025 +0.012 8)×10×1.05 =−1.842×10×1.05 =−19.34 | (0.064+0.125 +0.096+0.832 +0.5+0.168 −0.096−0.125 −0.064)×10 ×1.05=1.5×10 ×1.05=15.75 |
| (−0.051 2−0.076 8 +0.019 2+0.012 8)× 672×1.20 =−0.096×672×1.20 =−77.41 | (−0.038 4−0.057 6) ×672×1.20 =−0.096×672×1.20 =−77.41 | (−0.019 2−0.028 8 −0.028 8−0.019 2) ×672×1.20 =−0.096×672×1.20 =−77.41 | (0.748 8+0.123 2 +0.019 2+0.012 8) ×80×1.20 =0.904×80×1.20 =86.78 | (−0.251 2−0.876 8 +0.019 2+0.012 8)× 80×1.20 =−1.096×80 ×1.20=−105.22 | (0.064+0.096 −0.096−0.064) ×80×1.20 =0×80×1.20 =0 |
| (−0.064−0.032) ×672×1.20 =−0.096×672×1.20 =−77.41 | (0.102 4+0.001 6) ×672×1.20 =0.104×672×1.20 =83.87 | (0.052+0.052) ×672×1.20 =0.104×672×1.20 =83.87 | (−0.064−0.032) ×80×1.20=−0.096 ×80×1.20=−9.22 | (−0.064−0.032) ×80×1.20 =−0.096×80×1.20 =−9.22 | (0.832+0.168) ×80×1.20 =1×80×1.20 =96.00 |
| (−0.051 2−0.076 8 −0.064−0.032) ×672×1.20 =−0.224×672×1.20 =−180.63 | (−0.038 4−0.057 6 +0.102 4+0.001 6) ×672×1.20 =0.008×672×1.20 =6.45 | (−0.019 2−0.028 8 +0.052+0.052) ×672×1.20=0.056 ×672×1.20 =45.16 | (0.748 8+0.123 2 −0.064 −0.032) ×80×1.20 =0.776×80×1.20 =74.50 | (−0.251 2−0.876 8 −0.064−0.032) ×80×1.20 =−1.224×80 ×1.20=−117.50 | (0.064+0.096 +0.832+0.168) ×80×1.20 =1.16×80× 1.20=111.36 |
| (1)+(2) $M_{max}=-107.57$ (1)+(4) $M_{min}=-210.79$ | (1)+(3) $M_{max}=80.17$ (1)+(2) $M_{min}=-81.11$ | (1)+(3) $M_{max}=93.40$ (1)+(2) $M_{min}=-67.88$ | (1)+(2) $V_{max}=98.94$ (1)+(3) $V_{min}=2.94$ | (1)+(3) $V_{max}=-28.56$ (1)+(4) $V_{min}=-136.84$ | (1)+(4) $V_{max}=127.11$ (1)+(2) $V_{min}=15.75$ |

**表 9-14　均布荷载作用下的弯矩计算表**

| 截面 | 系数 | | | 弯矩设计值(kN·m) | | | 最大与最小弯矩设计值(kN·m) | |
|---|---|---|---|---|---|---|---|---|
| | $\alpha$ | $\alpha_1$ | $\alpha_2$ | $1.05\alpha g_k l_0^2$ | $1.20\alpha_1 q_k l_0^2$ | $1.20\alpha_2 q_k l_0^2$ | $M_{max}$ | $M_{min}$ |
| 2 | 0.060 | 0.070 | −0.010 | 28.72 | 17.78 | −2.54 | 46.50 | 26.18 |
| 5 | 0.075 | 0.100 | −0.025 | 35.90 | 25.40 | −6.35 | 61.30 | 29.55 |
| 8 | 0 | 0.040 2 | −0.040 2 | 0 | 10.21 | −10.21 | 10.21 | −10.21 |
| B | −0.100 | 0.016 7 | −0.116 7 | −47.86 | 4.24 | −29.64 | −43.62 | −77.50 |
| 12 | −0.020 | 0.030 | −0.050 | −9.57 | 7.62 | −12.70 | −1.95 | −22.27 |
| 15 | 0.025 | 0.075 | −0.050 | 11.97 | 19.05 | −12.70 | 31.02 | −0.73 |

**表 9-15　均布荷载作用下的剪力计算表**

| 项次 | 荷载简图 | 剪力(kN) | | |
|---|---|---|---|---|
| | | $V_A$ | $V_B^l$ | $V_B^r$ |
| 1 | (a) $g_k$ A 1 B 2 B 1 A | 0.4×51.68×1.05 =21.71 | −0.6×51.68×1.05 = −32.56 | 0.5×51.68×1.05 =27.13 |
| 2 | (b) $q_k$ $q_k$ A 1 B 2 B 1 A | 0.45×24×1.20 =12.96 | −0.55×24×1.20 = −15.84 | 0×24×1.20 =0 |
| 3 | (c) $q_k$ A 1 B 2 B 1 A | −0.05×24×1.20 = −1.44 | −0.05×24×1.20 = −1.44 | 0.5×24×1.20 =14.40 |
| 4 | (d) $q_k$ A 1 B 2 B 1 A | 0.383×24×1.20 =11.03 | −0.617×24×1.20 = −17.77 | 0.583×24×1.20 =16.79 |
| 5 | 最大剪力设计值 | (1)+(2) $V_{max}$ = 34.67 | (1)+(3) $V_{max}$ = −34.00 | (1)+(4) $V_{max}$ =43.92 |
| | 最小剪力设计值 | (1)+(3) $V_{min}$ = 20.27 | (1)+(4) $V_{min}$ = −50.33 | (1)+(2) $V_{min}$ =27.13 |

## (三)最不利内力组合

各截面的最不利内力,是由集中荷载和均布荷载产生的最不利内力相叠加而得的。计算结果见表 9-16。

**表 9-16　最不利内力设计值组合**

| 截面 | | 计算截面的弯矩值(kN·m) | | | | | | 支座截面剪力设计值(kN) | | |
|---|---|---|---|---|---|---|---|---|---|---|
| | | 2 | 5 | 8 | B | 12 | 15 | $V_A$ | $V_B^l$ | $V_B^r$ |
| 集中荷载产生 | 最大值 | 166.23 | 147.18 | 101.68 | -107.57 | 80.17 | 93.40 | 98.94 | -28.56 | 127.11 |
| | 最小值 | 4.95 | -14.10 | -59.60 | -210.79 | -81.11 | -67.88 | 2.94 | -136.84 | 15.75 |
| 均布荷载产生 | 最大值 | 46.50 | 61.30 | 10.21 | -43.62 | -1.95 | 31.02 | 34.67 | -34.00 | 43.92 |
| | 最小值 | 26.18 | 29.55 | -10.21 | -77.50 | -22.27 | -0.73 | 20.27 | -50.33 | 27.13 |
| 总最不利内力 | 最大值 | 212.73 | 208.48 | 111.89 | -151.19 | 78.22 | 124.42 | 133.61 | -62.56 | 171.03 |
| | 最小值 | 31.13 | 15.45 | -69.81 | -288.29 | -103.38 | -68.61 | 23.21 | -187.17 | 42.88 |

弯矩包络图可根据表 9-16 截面的最大、最小弯矩设计值坐标点绘制而得;剪力包络图可根据表 9-16 的支座截面最大、最小剪力设计值,按作用相应荷载的简支梁计算出各截面的剪力设计值而绘得。

支座 B 边缘弯矩:

$$M_B = |M_{B\max}| - 0.025 l_n |V_B^r| = 288.29 - 0.025 \times 8 \times 171.03 = 254.08(\text{kN}\cdot\text{m})$$

## 五、配筋计算

### (一)正截面承载力计算

连续梁跨中截面为 T 形截面,计算翼缘宽度为 750 mm;支座截面承受负弯矩,按矩形截面计算。

混凝土强度等级采用 C25,材料强度设计值 $f_c = 11.9\ \text{N/mm}^2$,$f_t = 1.27\ \text{N/mm}^2$;纵筋采用 HRB335 级钢筋,$f_y = 300\ \text{N/mm}^2$;箍筋用 HPB235 级钢筋,$f_{yv} = 210\ \text{N/mm}^2$。

建筑物级别为 3 级,承载力安全系数 $K = 1.20$。

该梁处于露天环境,取 $c = 40$ mm,则 $a_s = 50$ mm(一排),$a_s = 80$ mm(两排)。

三跨连续梁正截面承载力计算见表 9-17。

**表 9-17　三跨连续梁正截面承载力计算**

| 截面 | 边跨中 | 中间支座 B | 中跨中 | |
|---|---|---|---|---|
| $M$(kN·m) | 212.73 | -254.08 | 124.42 | -68.61 |
| $b_f'$或 $b$(mm) | 750 | 250 | 750 | 250 |
| $h_0$(mm) | 650 | 620 | 650 | 650 |
| $f_c b_f' h_f'(h_0 - h_f'/2)$(kN·m) | 631.9 | | 631.9 | |
| $\alpha_s = \dfrac{KM}{f_c b_f'(\text{或 } b) h_0^2}$ | 0.068 | 0.267 | 0.040 | 0.066 |

续表 9-17

| 截面 | 边跨中 | 中间支座 B | 中跨中 | |
|---|---|---|---|---|
| $\xi=1-\sqrt{1-2\alpha_s}$ | 0.070 | 0.317 | 0.041 | 0.068 |
| $A_s=\xi\frac{f_c}{f_y}b_f'$(或 $b$)$h_0$($mm^2$) | 1 354 | 1 949 | 793 | 438 |
| 选配钢筋 | 2 Φ 22(直)+<br>2 Φ 20(弯) | 2 Φ 22(直)+<br>2 Φ 20(直)+<br>2 Φ 20(左弯) | 2 Φ 22(直) | 2 Φ 22(直) |
| 实配面积($mm^2$) | 1 388 | 2 016 | 760 | 760 |
| $\rho=A_s/(bh_0)$(%)($\rho_{min}=0.15\%$) | 0.85 | 1.30 | 0.47 | 0.47 |

## (二)斜截面承载力计算

斜截面承载力计算见表 9-18。

表 9-18　三跨连续梁斜截面承载力计算

| 截面 | 支座 A | 支座 B(左) | 支座 B(右) |
|---|---|---|---|
| $V$(kN) | 133.61 | -187.17 | 171.03 |
| $KV$(kN) | 160.33 | 224.60 | 205.24 |
| $h_0$(mm) | 650 | 620 | 620 |
| $0.25f_cbh_0$(kN) | 483.44 > $KV$ | 461.13 > $KV$ | 461.13 > $KV$ |
| $V_c=0.7f_tbh_0$(kN) | 144.46 < $KV$ | 137.80 < $KV$ | 137.80 < $KV$ |
| 选配箍筋肢数、直径(mm) | 2、8 | 2、8 | 2、8 |
| $s=\frac{1.25f_{yv}A_{sv}h_0}{KV-0.7f_tbh_0}$(mm) | 1 086 | 189 | 244 |
| 实配箍筋间距 $s$ (mm) | 180 | 180 | 240 |
| $\rho_{sv}=A_{sv}/(bs)$(%)($\rho_{min}=0.15\%$) | 0.22 | 0.22 | 0.17 |
| $V_{cs}=0.7f_tbh_0+1.25f_{yv}\frac{A_{sv}}{s}h_0$ | 240.20 | 229.12 | 206.29 |

## (三)绘制配筋图。

配筋图见图 9-37。

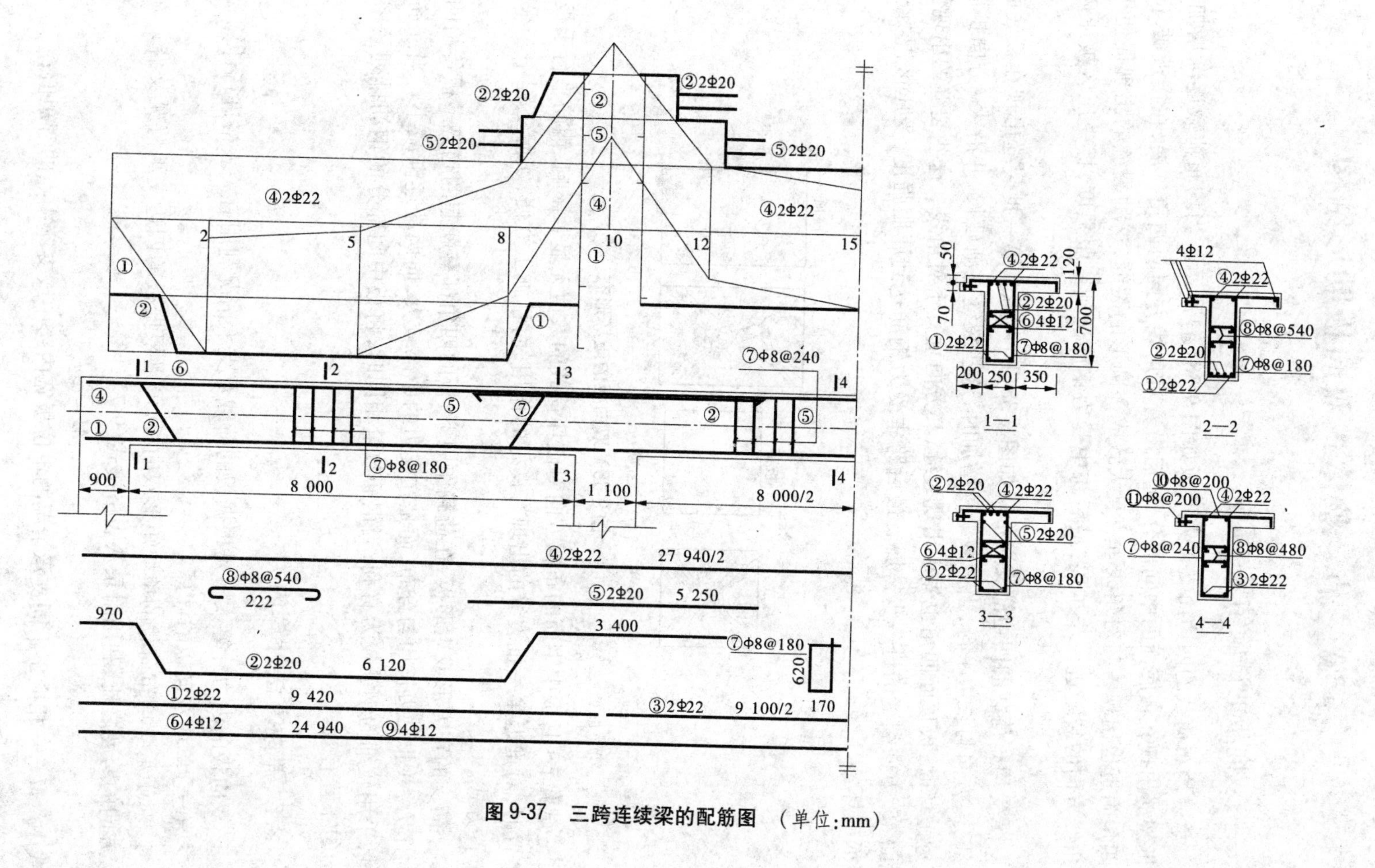


图 9-37 三跨连续梁的配筋图 （单位:mm）

## 第三节　整体式双向板肋形结构

### 一、双向板的试验结果

承受均布荷载的四边简支正方形板如图 9-38（a）所示。当均布荷载逐渐增加时，第一批裂缝出现在板底面的中间部分，随后沿着对角线方向向四角扩展，在接近破坏时，板顶四角附近也出现了与对角线垂直且大致成一圆形的裂缝，这种裂缝的出现促使板底面对角线方向的裂缝进一步扩展，最后跨中受力钢筋达到屈服强度，板受压区被压碎而破坏。

承受均布荷载的四边简支矩形板如图 9-38（b）所示。第一批裂缝出现在板底面的中间部分，方向与长边平行，当荷载继续增加时，这些裂缝逐渐延长，并沿 45°方向扩展。在接近破坏时，板顶面四角也先后出现裂缝，其方向垂直于对角线。这些裂缝的出现促使板底面 45°方向裂缝的进一步扩展。最后跨中受力钢筋达到屈服强度，受压区混凝土被压碎而破坏。

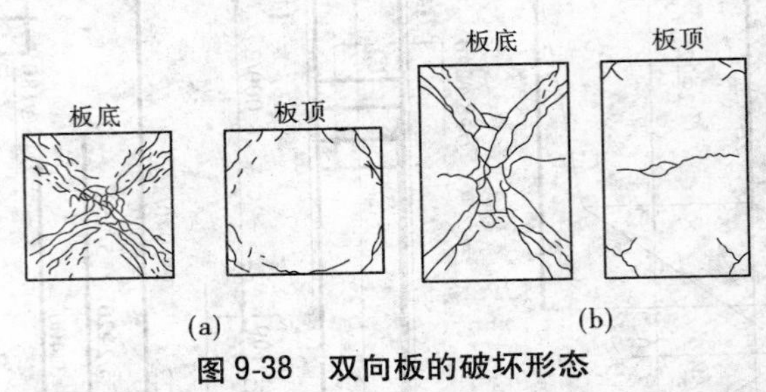


**图 9-38　双向板的破坏形态**

试验表明，板中钢筋的布置方向对破坏荷载的数值无显著影响，钢筋平行于板的四边布置时，对推迟第一批裂缝的出现有良好的作用，而且施工方便，实际工程中多采用这种布置方式。

简支的正方形或矩形板，在荷载作用下，板的四角都有翘起的趋势。板传给四边支座的压力，并非沿边长均匀分布，而是在支边的中部较大，向两端逐渐减小。当配筋率相同时，采用较细的钢筋较为有利；当钢筋数量相同时，将板中间部分的钢筋排列较密些要比均匀布置有效。

### 二、弹性方法计算内力

双向板的内力计算大多是根据板的荷载及支承情况利用有关表格进行计算。

**（一）单块双向板的计算**

对于承受均布荷载的单块矩形双向板，可以根据板的四边支承情况及沿 $x$ 方向与沿 $y$ 方向的跨度之比，利用附录八表格按式（9-7）计算。

$$M=\alpha p l_x^2 \tag{9-7}$$

式中　$M$——相应于不同支承情况的单位板宽内跨中或支座中点的弯矩值；

$\alpha$——根据不同支承情况和不同跨度比 $l_x/l_y$，由附录八查得的弯矩系数；

$l_x$——板的跨度，见附录八附表；

$p$——板上作用的荷载效应组合值。

**（二）连续双向板的计算**

计算连续的双向板时，可以将连续的双向板简化为单块双向板来计算。

1.跨中最大弯矩

当均布永久荷载 $g_k$ 和均布可变荷载 $q_k$ 作用时，最不利的荷载应按图 9-39(a) 布置。这种布置情况可简化为满布的 $p_k'$（见图 9-39(b)）和一上一下作用的 $p_k''$（见图 9-39(c)）两种荷载情况之和。设全部荷载 $p_k = g_k + q_k$ 由 $p_k'$ 和 $p_k''$ 组成，则 $p_k' = g_k + q_k/2$，$p_k'' = \pm q_k/2$。

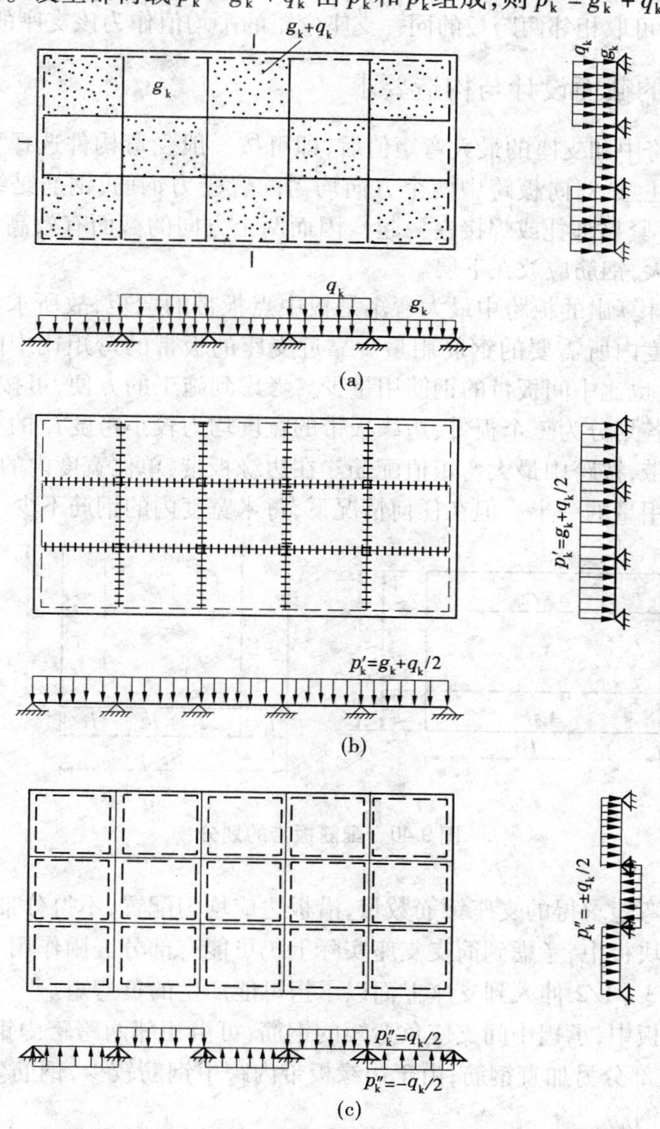


图 9-39　双向板跨中弯矩的最不利荷载布置及分解

在满布的荷载 $p_k'$作用下，因为荷载对称，可近似地认为板的中间支座都是固定支座；在一上一下的荷载 $p_k''$的作用下，近似符合反对称关系，可以认为中间支座的弯矩为零，即可以把中间支座都看做简支支座。板的边支座根据实际情况确定。这样，就可将连续双向板分成作用 $p_k'$及 $p_k''$的单块双向板来计算，将上述两种情况求得的跨中弯矩相叠加，便可得到可变荷载在最不利位置时所产生的跨中最大弯距和最小弯矩。

2. 支座中点最大弯矩

将全部荷载 $p=1.05g_k+1.20q_k$ 布满各跨，则可计算支座最大弯矩。这时，板在各内支座处的转角都很小，各跨的板都可近似地认为固定在各中间支座上，这样，连续双向板的支座弯矩，可分别按单块板由附录七查得。如相邻两跨的另一端支承情况不一样，或两跨的跨度不相等，可取相邻两跨板的同一支座弯矩的平均值作为该支座的弯矩设计值。

## 三、双向板的截面设计与构造要求

求得双向板跨中和支座的最大弯矩值后，即可按一般受弯构件选择板的厚度和计算钢筋用量。但需注意，双向板跨中两个方向均需配置受力钢筋，钢筋是纵横交叉布置的（纵横向钢筋上下紧靠绑扎或焊接在一起），因而两个方向的截面有效高度是不同的。短跨方向的弯矩较大，钢筋应放在下层。

按弹性方法计算出的板跨中最大弯矩是板中点板带的弯矩，故所求出的钢筋用量是中间板带单位宽度内所需要的钢筋用量。靠近支座的板带的弯矩比中间板带的弯矩要小，它的钢筋用量也比中间板带的钢筋用量少。考虑到施工的方便，可按图 9-40 处理，即将板在两个方向各划分为三个板带，边缘板带的宽度均为较小跨度 $l_1$ 的 1/4，其余为中间板带。在中间板带，按跨中最大弯矩值配筋。在边缘板带，单位宽度内的钢筋用量则为相应中间板带钢筋用量的一半。但在任何情况下，每米宽度内的钢筋不少于 3 根。

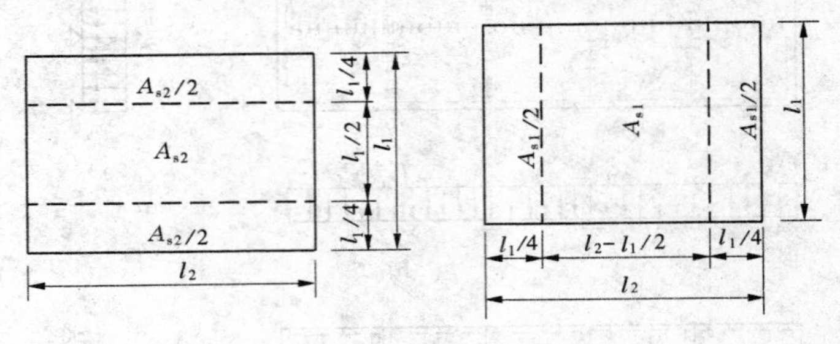


**图 9-40 配筋板带的划分**

由支座最大弯矩求得的支座钢筋数量，沿板边应均匀配置，不得分带减少。

在简支的单块板中，考虑到简支支座实际上仍可能有部分嵌固作用，可将每一方向的跨中钢筋弯起 1/3 ~ 1/2 伸入到支座上面以承担可能产生的负弯矩。

在连续双向板中，承担中间支座负弯矩的钢筋，可由相邻两跨跨中钢筋各弯起 1/3 ~ 1/2 来承担，不足部分另加直钢筋；由于边缘板带内跨中钢筋较少，钢筋弯起较困难，可在支座上面另加直钢筋。

双向板受力钢筋的配筋方式也有弯起式和分离式两种，如图 9-41 所示。

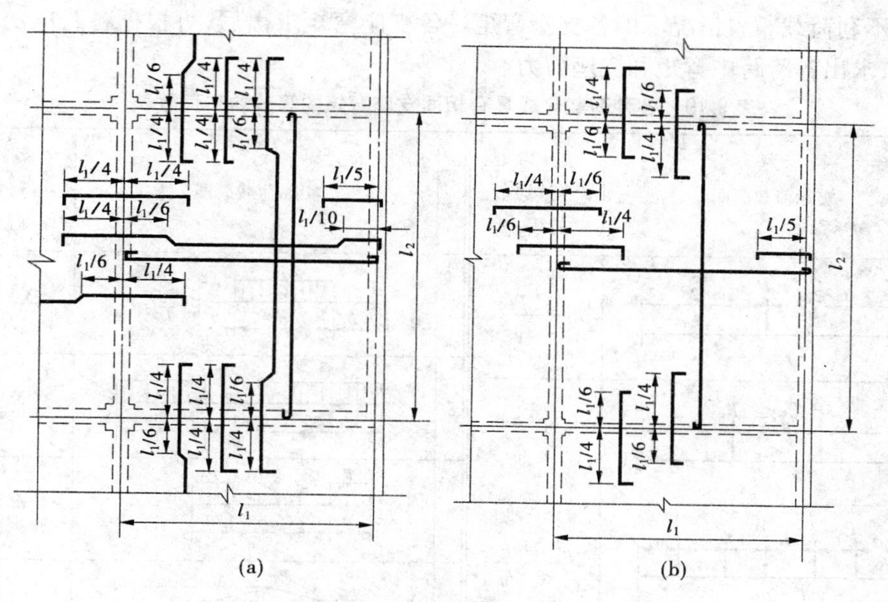


**图 9-41　双向板的配筋方式**

## 四、支承双向板的梁的计算特点

双向板上的荷载是沿着两个方向传到四边的支承梁上的，双向板传给梁的荷载，在设计中多采用近似方法进行分配。即对每一区格，从四角作 45°线与平行于长边的中线相交（见图 9-42），将板的面积分为四小块，每小块面积上的荷载认为传递到相邻的梁上。因此，短跨梁上的荷载是三角形分布，长跨梁上的荷载是梯形分布。梁上的荷载确定后即可计算梁的内力。

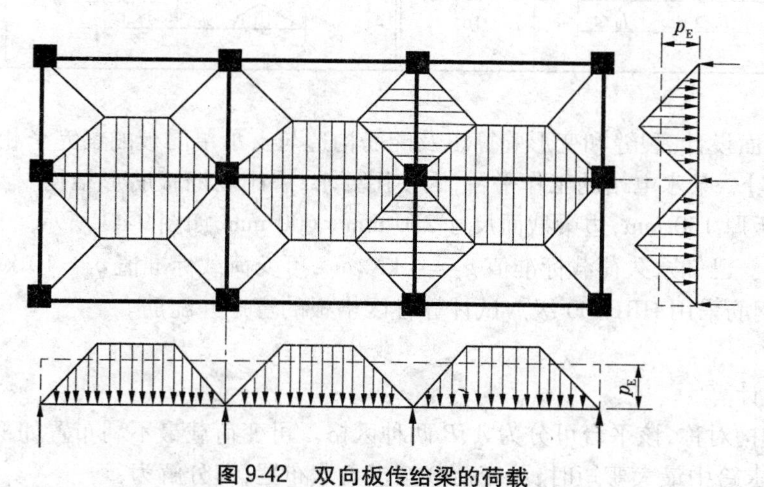


**图 9-42　双向板传给梁的荷载**

按弹性方法计算承受梯形或三角形分布荷载的连续梁的内力时，计算跨度可仍按一般连续梁的规定取用。当其跨度相等或相差不超过 10% 时，可按照支座弯矩等效的原则，将梯形（或三角形）分布荷载折算成等效的均布荷载 $p_E$（见表 9-19），然后利用附录五求出最不利荷载布置情况下的各支座弯矩。各支座弯矩求出后，可根据各跨梁的静力平衡条件，求出各跨跨中弯矩和支座剪力。

**表 9-19 各种荷载化成具有相同支座弯矩的等效均布荷载表**

| 编号 | 实际荷载简图 | 支座弯矩等效均布荷载 $p_E$ |
|---|---|---|
| 1 | $l_0/2$，$P$，$l_0/2$ | $\frac{3}{2}\frac{P}{l_0}$ |
| 2 | $l_0/3$，$P$，$l_0/3$，$P$，$l_0/3$ | $\frac{8}{3}\frac{P}{l_0}$ |
| 3 | $a$，$P$，$a$，$P$，$a$，$P$，$a$，$P$，$a$，$P$，$a$；$t_0=na$ | $\frac{n^2-1}{n}\frac{P}{l_0}$ |
| 4 | $l_0/4$，$P$，$l_0/2$，$P$，$l_0/4$ | $\frac{9}{4}\frac{P}{l_0}$ |
| 5 | $\frac{a}{2}$，$P$，$a$，$P$，$a$，$P$，$a$，$P$，$\frac{a}{2}$；$l_0=na$ | $\frac{2n^2+1}{2n}\frac{P}{l_0}$ |
| 6 | $p$；$l_0/4$，$l_0/2$，$l_0/4$ | $\frac{11}{16}p$ |
| 7 | $p$；$b$，$a$，$b$；$\frac{a}{l_0}=\alpha$ | $\frac{\alpha(3-\alpha^2)}{2}p$ |
| 8 | $p$，$p$；$l_0/3$，$l_0/3$，$l_0/3$ | $\frac{14}{27}p$ |
| 9 | $p$，$p$；$a$，$b$，$a$；$\frac{b}{l_0}=\beta$ | $\frac{2(2+\beta)\alpha^2}{l_0^2}p$ |
| 10 | $p$ | $\frac{5}{8}p$ |
| 11 | $p$；$a$，$b$，$a$；$\frac{a}{l_0}=\alpha$ | $(1-2\alpha^2+\alpha^3)p$ |
| 12 | $p$；$a$；$\frac{a}{l_0}=\alpha$ | $\frac{\alpha}{4}(3-\frac{\alpha^2}{2})p$ |
| 13 | $p$ | $\frac{17}{32}p$ |

梁的截面设计、裂缝和变形验算以及配筋构造与支承单向板的梁完全相同。

**【例 9-3】** 某水电站的工作平台，因使用要求，采用双向板肋形结构。板四边与边梁整体浇筑，板厚 150 mm，边梁截面尺寸 250 mm × 600 mm，如图 9-43 所示。该工程属 3 级水工建筑物。已知永久荷载标准值 $g_k=4\ kN/m^2$，可变荷载标准值 $q_k=10\ kN/m^2$，混凝土采用 C20，钢筋采用 HRB400 级。试计算各区格板的弯矩并配筋。

**解：**

1. 内力计算

由于结构对称，该平台可分为 $A$、$B$ 两种区格。可变荷载最不利布置如下。

(1) 当求跨中最大弯矩时，可变荷载按棋盘式布置，即分解为：

满布荷载：$p'_k=g_k+q_k/2=4+10/2=9(kN/m^2)$

一上一下荷载：$p''_k=\pm q_k/2=\pm 10/2=\pm 5(kN/m^2)$

(2) 当求支座最大弯矩时，可变荷载满布

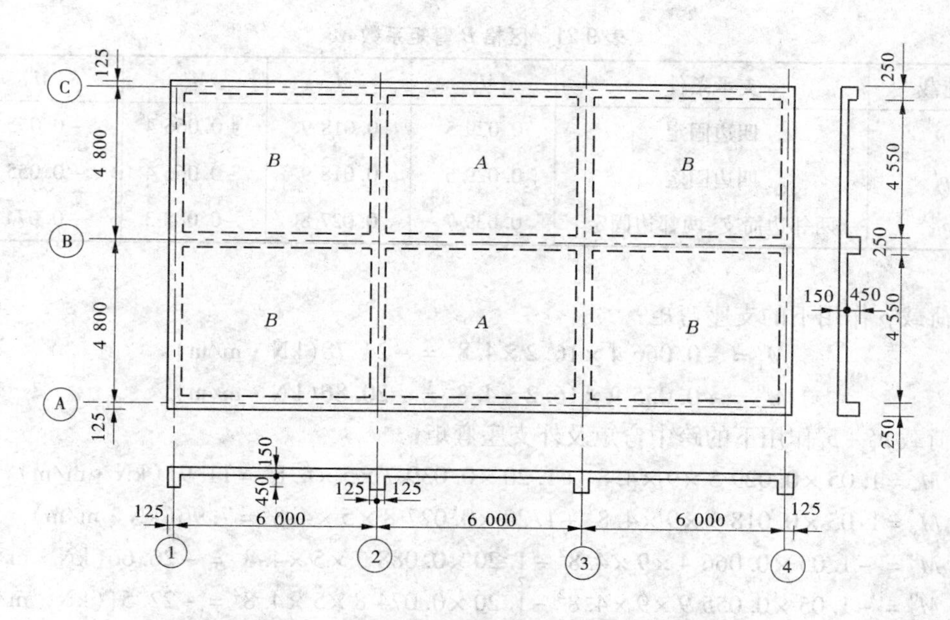


图 9-43　工作平台结构布置图　（单位：mm）

$$p=1.05g_k+1.20q_k=1.05\times4+1.20\times10=16.2(\text{kN/m}^2)$$

$A$ 区格：$l_x=4.8\ \text{m}$，$l_y=6.0\ \text{m}$，$l_x/l_y=4.8/6.0=0.8$，由附录八查得弯矩系数 $\alpha$ 见表 9-20。

表 9-20　区格 $A$ 弯矩系数 $\alpha$

| 荷载 | 支承条件 | $M_x$ | $M_y$ | $M_x^0$ | $M_y^0$ |
|---|---|---|---|---|---|
| $p$ | 四边固定 | 0.029 5 | 0.018 9 | −0.066 4 | −0.055 9 |
| $p'_k$ | 四边固定 | 0.029 5 | 0.018 9 | −0.066 4 | −0.055 9 |
| $p''_k$ | 三边简支、一边固定 | 0.049 5 | 0.027 | −0.100 7 | |

荷载 $p$ 作用下的内支座弯矩：

$$M_x^0=-0.0664\times16.2\times4.8^2=-24.78(\text{kN}\cdot\text{m/m})$$

$$M_y^0=-0.0559\times16.2\times4.8^2=-20.86(\text{kN}\cdot\text{m/m})$$

荷载 $p'_k+p''_k$ 作用下的跨中弯矩及外支座弯矩：

$$M_x=1.05\times0.0295\times9\times4.8^2+1.20\times0.0495\times5\times4.8^2=13.27(\text{kN}\cdot\text{m/m})$$

$$M_y=1.05\times0.0189\times9\times4.8^2+1.20\times0.027\times5\times4.8^2=7.85(\text{kN}\cdot\text{m/m})$$

$$M_x^0=-1.05\times0.0664\times9\times4.8^2-1.20\times0.1007\times5\times4.8^2=-28.38(\text{kN}\cdot\text{m/m})$$

$B$ 区格：$l_x=4.8\ \text{m}$，$l_y=6.0\ \text{m}$，$l_x/l_y=4.8/6.0=0.8$，由附录八查得弯矩系数 $\alpha$ 见表 9-21。

**表 9-21　区格 $B$ 弯矩系数 $\alpha$**

| 荷载 | 支承条件 | $M_x$ | $M_y$ | $M_x^0$ | $M_y^0$ |
|---|---|---|---|---|---|
| $p$ | 四边固定 | 0.029 5 | 0.018 9 | -0.066 4 | -0.055 9 |
| $p'_k$ | 四边固定 | 0.029 5 | 0.018 9 | -0.066 4 | -0.055 9 |
| $p''_k$ | 两邻边简支,两邻边固定 | 0.039 7 | 0.027 8 | -0.088 3 | -0.074 8 |

荷载 $p$ 作用下的支座弯矩：

$$M_x^0 = -0.066\ 4 \times 16.2 \times 4.8^2 = -24.78(\text{kN}\cdot\text{m/m})$$

$$M_y^0 = -0.055\ 9 \times 16.2 \times 4.8^2 = -20.86(\text{kN}\cdot\text{m/m})$$

荷载 $p'_k + p''_k$ 作用下的跨中弯矩及外支座弯矩：

$$M_x = 1.05 \times 0.029\ 5 \times 9 \times 4.8^2 + 1.20 \times 0.039\ 7 \times 5 \times 4.8^2 = 11.91(\text{kN}\cdot\text{m/m})$$

$$M_y = 1.05 \times 0.018\ 9 \times 9 \times 4.8^2 + 1.20 \times 0.027\ 8 \times 5 \times 4.8^2 = 7.96(\text{kN}\cdot\text{m/m})$$

$$M_x^0 = -1.05 \times 0.066\ 4 \times 9 \times 4.8^2 - 1.20 \times 0.088\ 3 \times 5 \times 4.8^2 = -26.66(\text{kN}\cdot\text{m/m})$$

$$M_y^0 = -1.05 \times 0.055\ 9 \times 9 \times 4.8^2 - 1.20 \times 0.074\ 8 \times 5 \times 4.8^2 = -22.51(\text{kN}\cdot\text{m/m})$$

2. 配筋计算

取 $b = 1\ 000$ mm, $f_c = 9.6$ N/mm², $f_y = 360$ N/mm², $c = 25$ mm, $K = 1.20$, $h_{01} = 150 - 30 = 120$(mm)(短向), $h_{02} = 150 - 40 = 110$(mm)(长向)。

配筋计算见表 9-22。

**表 9-22　双向板配筋计算表**

| 截面 | 区格 $A$ | | | | | 区格 $B$ | | | | | |
|---|---|---|---|---|---|---|---|---|---|---|---|
| | 内支座 | | 跨中 | | 外支座 | 内支座 | | 跨中 | | 外支座 | |
| 方向 | $l_x$ | $l_y$ | $l_x$ | $l_y$ | $l_x$ | $l_x$ | $l_y$ | $l_x$ | $l_y$ | $l_x$ | $l_y$ |
| $M$(kN·m) | 24.78 | 20.86 | 13.27 | 7.85 | 28.38 | 24.78 | 20.86 | 11.91 | 7.96 | 26.66 | 22.51 |
| $h_0$(mm) | 120 | 120 | 120 | 110 | 120 | 120 | 120 | 120 | 110 | 120 | 120 |
| $\alpha_s = \dfrac{KM}{f_c b h_0^2}$ | 0.215 | 0.181 | 0.115 | 0.081 | 0.246 | 0.215 | 0.181 | 0.103 | 0.082 | 0.231 | 0.195 |
| $\xi = 1 - \sqrt{1-2\alpha_s}$ | 0.245 | 0.201 | 0.123 | 0.085 | 0.287 | 0.245 | 0.201 | 0.109 | 0.086 | 0.267 | 0.219 |
| $A_s = f_c b \xi h_0 / f_y$(mm²) | 784 | 643 | 394 | 249 | 918 | 784 | 643 | 349 | 252 | 854 | 701 |
| 配筋 | Φ10 @100 | Φ10 @100 | Φ10 @200 | Φ10 @200 | Φ10/12 @100 | Φ10 @100 | Φ10 @100 | Φ10 @200 | Φ10 @200 | Φ10/12 @100 | Φ10 @100 |
| 实配 $A_s$(mm²) | 785 | 785 | 393 | 393 | 958 | 785 | 785 | 393 | 393 | 958 | 785 |

注：为计算简单，区格 $A$ 的跨中和内支座的弯矩均未考虑拱作用的折减。

3. 配筋图

双向板配筋图见图 9-44。有关构造规定说明如下：

(1)为方便施工，工作平台按分离式配筋。

(2)沿方向 $l_x$ 的钢筋应放置在沿 $l_y$ 方向钢筋的外侧。

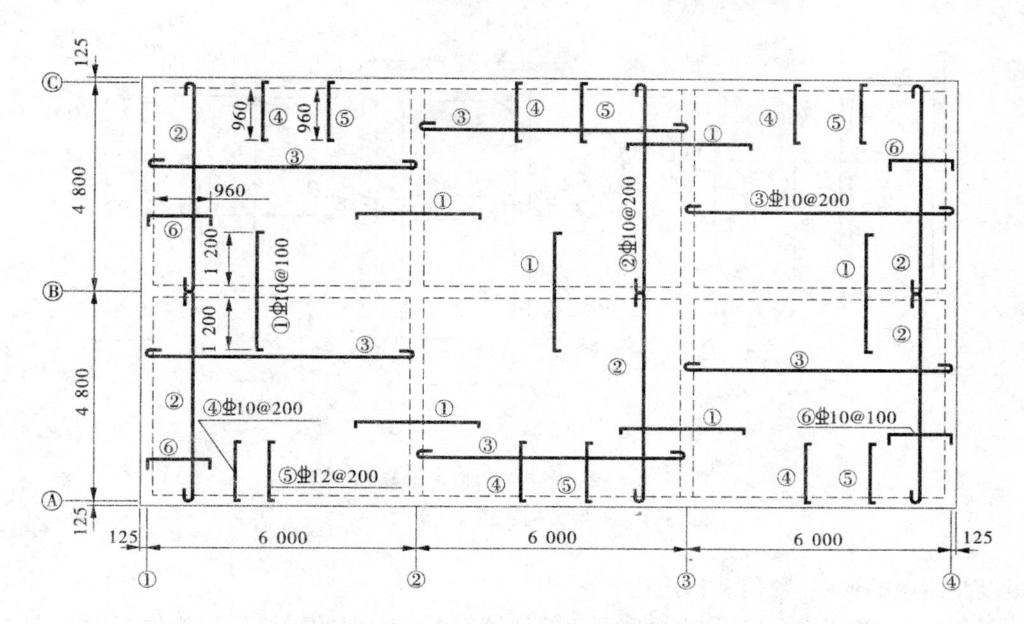


图 9-44 双向板肋形结构配筋图 （单位:mm）

(3)由于跨中配筋量较小,为符合受力钢筋最大间距不大于 300 mm 的要求,$l_x$ 和 $l_y$ 两个方向的钢筋用量均按相应的最大值选用。如果选配细直径钢筋且间距较密时,可对边板带钢筋减半配置。

(4)由于板与边梁整体浇筑,计算时视为固定支座,因此板中受力钢筋应可靠地锚固于边梁中,锚固长度 $l_a$ 应不小于 $40d$。

# 第四节 刚架结构

刚架是由横梁和立柱刚性连接(刚结点)所组成的承重结构。图 9-45(a)是支承渡槽槽身,图 9-45(b)是支承工作桥桥面的承重刚架。当刚架高度小于 5 m 时,一般采用单层刚架;大于 5 m 时,宜采用双层刚架或多层刚架。根据使用要求,刚架结构也可以是单层多跨或多层多跨。刚架结构通常也叫框架结构。

刚架立柱与基础的连接可分为铰接和固接两种。采用何种形式的刚架结构,主要取决于地基土壤的承载力情况。

## 一、刚架结构的设计要点

在整体式刚架结构中,纵梁、横梁和柱整体相连,实际上构成了空间结构。因为结构的刚度在两个方向是不一样的,同时,考虑到结构空间作用的计算较复杂,所以一般忽略刚度较小方向(立柱短边方向)的整体影响,而把结构偏安全地当做一系列平面刚架进行计算。

### (一)计算简图

平面刚架的计算简图应反映刚架的跨度和高度,结点和支承的形式,各构件的截面惯

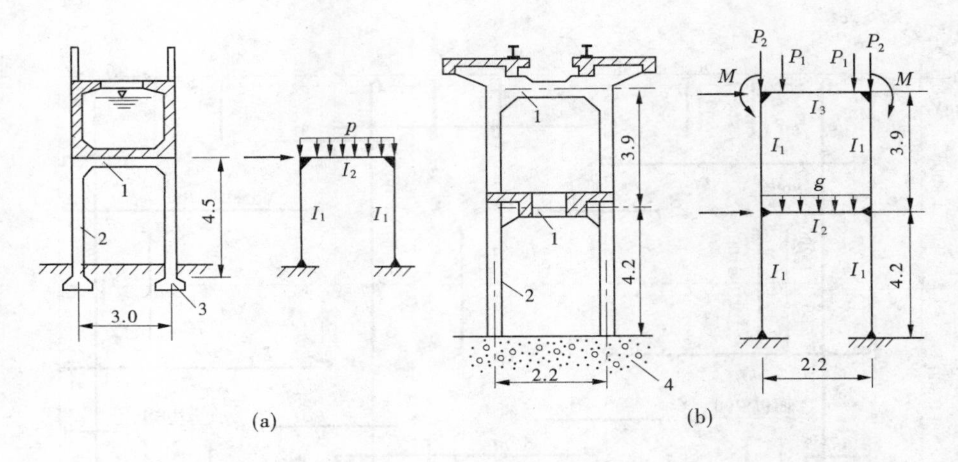


1—横梁;2—柱;3—基础;4—闸墩

**图 9-45 刚架结构实例** （单位:m）

性矩以及荷载的形式、数值和作用位置。

图 9-45(b)中绘出了工作桥承重刚架的计算简图。刚架的轴线采用构件截面重心的连线,立柱和横梁的连接均为刚性连接,柱子与闸墩整体浇筑,故也可看做固端支承。荷载的形式、数值和作用位置可根据实际情况确定。刚架中横梁的自重是均布荷载,如果上部结构传下的荷载主要是集中荷载,为了计算方便,也可将横梁自重化为集中荷载处理。

刚架是超静定结构,在内力计算时要用到截面的惯性矩,确定自重时也需要知道截面尺寸。因此,在进行内力计算之前,必须先假定构件的截面尺寸。内力计算后,若有必要再加以修正,一般只有当各杆件的相对惯性矩的变化(较初设尺寸的惯性矩)超过 3 倍时才需重新计算内力。

如果刚架横梁两端设有支托,但其支座截面和跨中截面的高度之比 $h_c/h<1.6$,或截面惯性矩的比值 $I_c/I<4$ 时,可不考虑支托的影响,而按等截面横梁刚度来计算。

**(二)内力计算**

刚架内力可按结构力学方法计算。对于工程中的一些常用刚架,可以利用现有的计算公式或图表,也可以采用软件计算。

**(三)截面设计**

(1)根据内力计算所得内力($M$、$V$、$N$),按最不利情况组合后,即可进行承载力计算,以确定截面尺寸和配置钢筋。

(2)刚架中横梁的轴向力一般很小,可以忽略不计,按受弯构件进行配筋计算。当轴向力不能忽略时,应按偏心受拉或偏心受压构件进行计算。

(3)刚架立柱中的内力主要是弯矩 $M$ 和轴向力 $N$,可按偏心受压构件进行计算。在不同的荷载组合下,同一截面可能出现不同的内力,故应按可能出现的最不利荷载组合进行计算。

## 二、刚架结构的构造

刚架横梁和立柱的构造与一般梁、柱一样。下面简要介绍刚架节点和立柱与基础连接的构造。

**(一)节点构造**

1. 节点贴角

横梁和立柱的连接会产生应力集中,其交接处的应力分布与内折角的形状有很大关系。内折角越平缓,应力集中越小,如图 9-46 所示。设计时,若转角处的弯矩不大,可将转角做成直角或加一个不大的填角;若弯矩较大,则应将内折角做成斜坡状的支托,如图 9-46(c)所示。

转角处有支托时,横梁底面和立柱内侧的钢筋不能内折(见图 9-47(a)),而应沿斜面另加直钢筋(见图 9-47(b))。另加的直钢筋沿支托表面放置,其数量不少于 4 根,直径与横梁沿梁底面伸入节点内的钢筋直径相同。

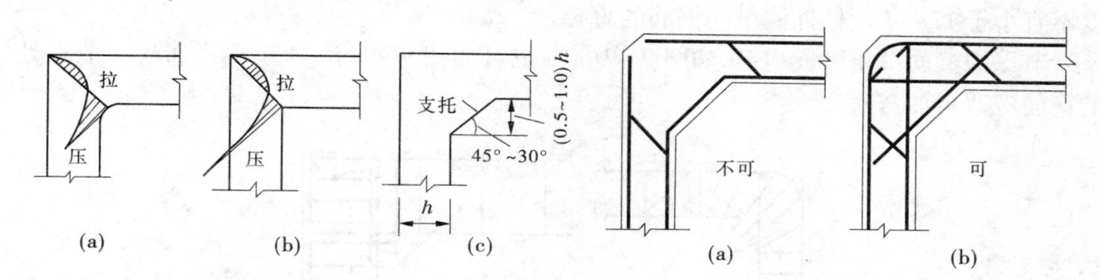


**图 9-46 刚节点应力集中与支托**　　**图 9-47 支托的钢筋布置**

2. 顶层端节点

图 9-48 是常用的刚架顶部节点的钢筋布置。

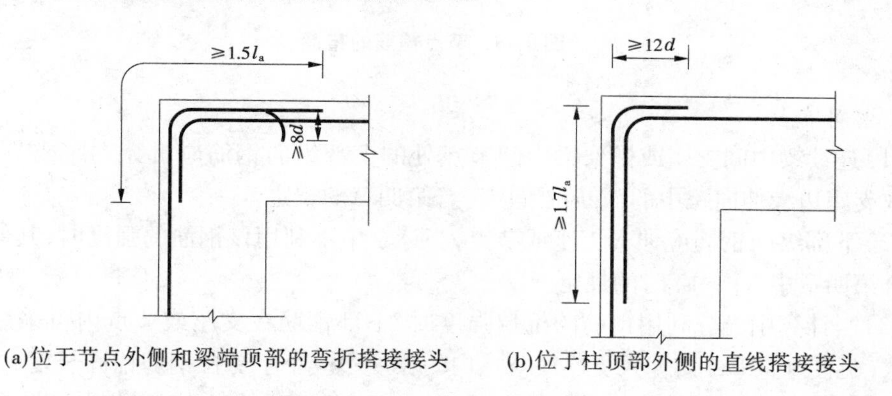


(a)位于节点外侧和梁端顶部的弯折搭接接头　　(b)位于柱顶部外侧的直线搭接接头

**图 9-48 梁上部纵向钢筋与柱外侧纵向钢筋在顶层端节点的搭接**

刚架顶层端节点处,可将柱外侧纵向钢筋的相应部分弯入梁内作梁的上部纵向钢筋使用,也可将梁上部纵向钢筋与柱外侧纵向钢筋在顶层端节点及其附近部位搭接。搭接可采用下列方式:

(1)搭接接头可沿顶层端节点外侧及梁端顶部布置(见图 9-48(a)),搭接长度不应小于 1.5$l_a$,其中,伸入梁内的外侧柱纵向钢筋截面面积不宜小于外侧柱纵向钢筋全部截面的 65%;梁宽范围以外的外侧柱纵向钢筋宜沿节点顶部伸至柱内边,当柱纵向钢筋位于柱顶第一层时，至柱内边后宜向下弯折不小于 $8d$ 后截断；当柱纵向钢筋位于柱顶第二层时，可不向下弯折。当有现浇板且板厚不小于 80 mm、混凝土强度等级不低于 C20 时，梁宽范围以外的外侧柱纵向钢筋可伸入现浇板内，其长度与伸入梁内的柱纵向钢筋相同。当外侧柱纵向钢筋配筋率大于 1.2% 时，伸入梁内的柱纵向钢筋应满足以上规定，且宜分两批截断，其截断点之间的距离不宜小于 $20d$。梁上部纵向钢筋应伸至节点外侧并向下弯至梁下边缘高度后截断。此处，$d$ 为柱外侧纵向钢筋的直径。

(2)搭接接头也可沿柱顶外侧布置(见图 9-48(b))，此时，搭接长度竖直段不应小于 $1.7\ l_a$。当梁上部纵向钢筋的配筋率大于 1.2% 时，弯入柱外侧的梁上部纵向钢筋应满足以上规定的搭接长度，且宜分两批截断，其截断点之间的距离不宜小于 $20d$，$d$ 为梁上部纵向钢筋的直径。柱外侧纵向钢筋伸至柱顶后宜向节点内水平弯折，弯折段的水平投影长度不宜小于 $12d$，$d$ 为柱外侧纵向钢筋的直径。

节点的箍筋可布置成扇形，如图 9-49(a)，也可如图 9-49(b)所示那样布置。节点处的箍筋应适当加密。

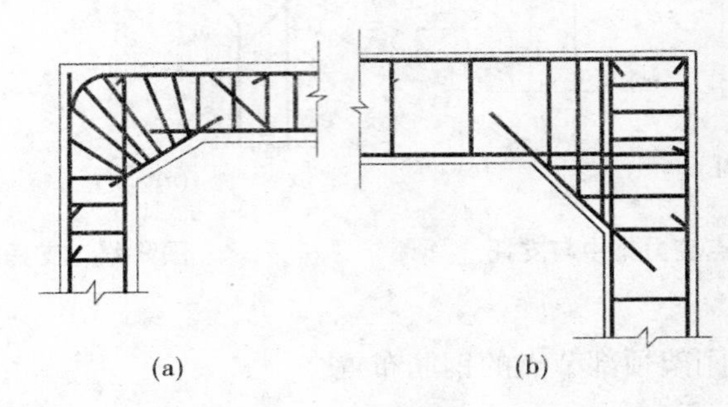


图 9-49 节点箍筋的布置

3. 中间节点

(1)连续梁中间支座或框架梁中间节点处的上部纵向钢筋应贯穿支座或节点，且自节点或支座边缘伸向跨中的截断位置应符合第四章的规定。

(2)下部纵向钢筋应伸入支座或节点，当计算中不利用该钢筋的强度时，其伸入长度应符合第四章中 $KV > V_c$ 时的规定。

(3)当计算中充分利用钢筋的抗拉强度时，下部钢筋在支座或节点内可采用直线锚固形式(见图 9-50(a))，伸入支座或节点内的长度不应小于受拉钢筋锚固长度 $l_a$；下部纵向钢筋也可采用带 90°弯折的锚固形式(见图 9-50(b))；或伸过支座(节点)范围，并在梁中弯矩较小处设置搭接接头(见图 9-50(c))。

(4)当计算中充分利用钢筋的抗压强度时，下部纵向钢筋应按受压钢筋锚固在中间节点或中间支座内，此时，其直线锚固长度不应小于 $0.7l_a$。下部纵向钢筋也可伸过节点或支座范围，并在梁中弯矩较小处设置搭接接头。

4. 中间层端节点

图 9-51 表示刚架中间层端节点的钢筋布置。

(1)框架中间层端节点处，上部纵向钢筋在节点内的锚固长度不小于 $l_a$，并应伸过节

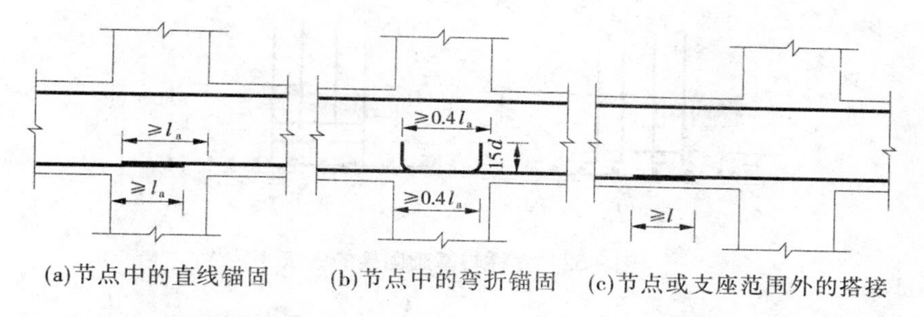

(a)节点中的直线锚固　(b)节点中的弯折锚固　(c)节点或支座范围外的搭接

**图 9-50　梁下部纵向钢筋在中间节点或中间支座范围的锚固与搭接**

点中心线。当钢筋在节点内的水平锚固长度不够时，应伸至对面柱边后再向下弯折，经弯折后的水平投影长度不应小于 $0.4l_a$，垂直投影长度不应小于 $15d$（见图 9-51）。此处，$d$ 为纵向钢筋直径。

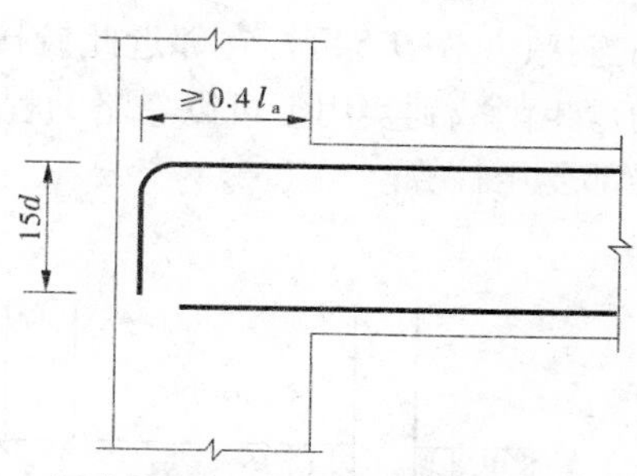

**图 9-51　梁上部纵向钢筋刚架中间层端节点钢筋布置**

（2）下部纵向钢筋伸入端节点的长度要求与伸入中间节点的相同。

5. 刚架柱

（1）框架柱的纵向钢筋应贯穿中间层中间节点和中间层端节点，柱纵向钢筋接头应设在节点区以外。

（2）顶层中间节点的柱纵向钢筋及顶层端节点的内侧柱纵向钢筋可用直线方式锚入顶层节点，其自梁底标高算起的锚固长度不应小于规定的锚固长度 $l_a$，且柱纵向钢筋必须伸至柱顶。当顶层节点处梁截面高度不足时，柱纵向钢筋应伸至柱顶并向节点内水平弯折。当充分利用其抗拉强度时，柱纵向钢筋锚固段弯折前的竖直投影长度不应小于 $0.5l_a$，弯折后的水平投影长度不宜小于 $12d$。当柱顶有现浇板且板厚不小于 80 mm、混凝土强度等级不低于 C20 时，柱纵向钢筋也可向外弯折，弯折后的水平投影长度不宜小于 $12d$。此处，$d$ 为纵向钢筋的直径。

（3）梁上部纵向钢筋与柱外侧纵向钢筋在节点角部的弯弧内半径，当钢筋直径 $d \leqslant 25$ mm 时，不宜小于 $6d$；当钢筋直径 $d > 25$ mm 时，不宜小于 $8d$。

**（二）立柱与基础的连接构造**

1. 立柱与基础固接

从基础内伸出插筋与柱内钢筋相连接，然后浇筑柱子的混凝土。插筋的直径、根数、间距与柱内钢筋相同。插筋一般应伸至基础底部，如图 9-52（a）所示。当基础高度较大时，也可仅将柱子四角处的插筋伸至基础底部，其余钢筋只伸至基础顶面以下，满足锚固长度的要求即可，如图 9-52（b）所示。锚固长度按下列数值采用：轴心受压及偏心距 $e_0 \leqslant 0.25h$（$h$ 为柱子的截面高度），$l_a \geqslant 15d$；偏心距 $e_0 > 0.25h$ 时，$l_a \geqslant 25d$。

当采用杯形基础时，按一定要求将柱子插入杯口内，周围回填不低于 C20 的细石混凝土即可形成固定支座（见图 9-53）。

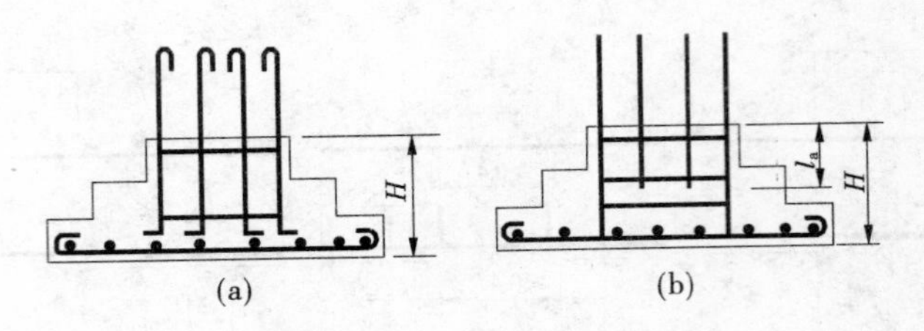


图 9-52　立柱与基础固接的做法

2. 立柱与基础铰接

在连接处将柱子截面减小为原截面的 1/3 ~ 1/2，并用交叉钢筋或垂直钢栓或带肋钢筋连接（见图 9-54）。在邻近此铰接的柱和基础中应增设箍筋及钢筋网。这样可将此处的弯矩削减到实用上可以忽略的程度。柱中的轴向力由钢筋和保留的混凝土来传递，按局部受压核算。

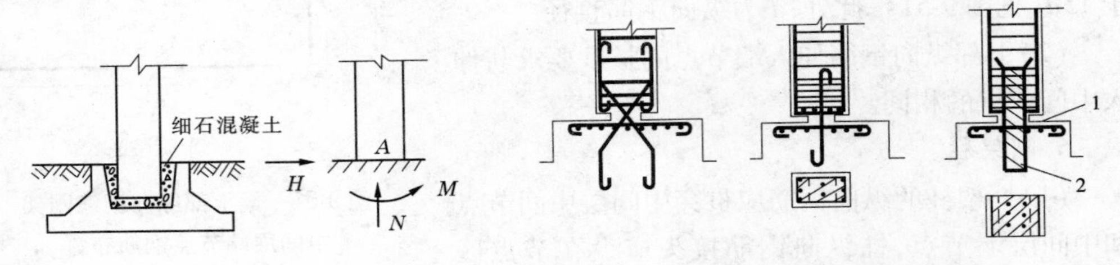


图 9-53　立柱与杯形基础固接的做法

1—油毛毡或其他垫料；2—带肋钢筋

图 9-54　立柱与基础铰接的做法

当采用杯形基础时，先在杯底填以 50 mm 不低于 C20 的细石混凝土，将柱子插入杯内后，周围再用沥青麻丝填实（见图 9-55）。在荷载作用下，柱脚的水平和竖向移动虽都被限制，但它仍可作微小的转动，故可看做铰接支座。

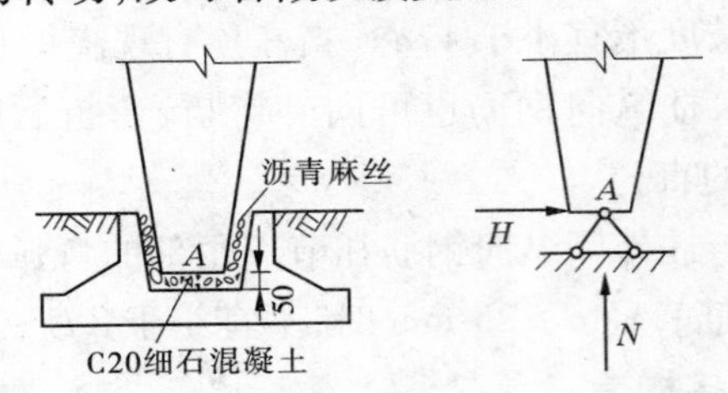


图 9-55　立柱与杯形基础的铰接

# 第五节　钢筋混凝土牛腿设计

水电站或抽水站厂房中，为了支承吊车梁，从柱内伸出的短悬臂构件俗称牛腿。牛腿是一个变截面深梁，与一般悬臂梁的工作性能完全不同。所以，不能把它当做一个短悬臂梁来设计。

## 一、试验结果

试验表明，当仅有竖向荷载作用时，裂缝最先出现在牛腿顶面与上柱相交的部位（见图9-56中的裂缝①）。随着荷载的增大，在加载板内侧出现第二条裂缝（见图9-56中的裂缝②），当这条裂缝发展到与下柱相交时，就不再向柱内延伸。在裂缝②的外侧，形成明显的压力带。当在压力带上产生许多相互贯通的斜裂缝，或突然出现一条与斜裂缝②大致平行的斜裂缝③时，预示着牛腿将要破坏。当牛腿顶部除有竖向荷载 $F_v$ 作用外，还有水平拉力 $F_h$ 作用时，则裂缝将会提前出现。

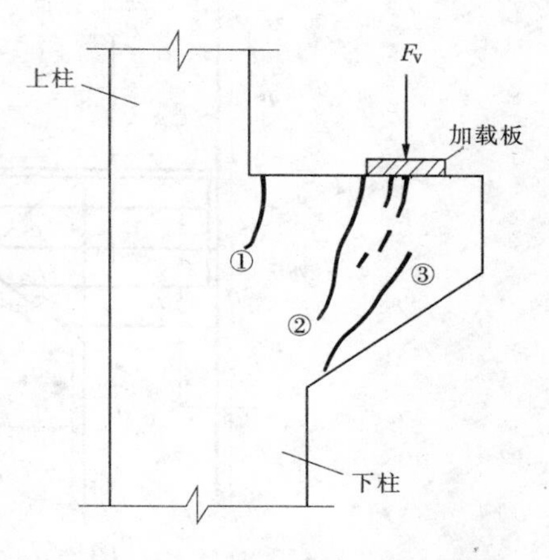


图9-56 牛腿的破坏现象

## 二、牛腿截面尺寸的确定

牛腿的宽度 $b$ 与柱的宽度通常相同，牛腿的高度 $h$ 可根据裂缝控制要求来确定（见图9-57）。一般是先假定牛腿高度 $h$，然后按下式进行验算（$a \leqslant h_0$ 时）：

$$F_{vk}=\beta\left(1-0.5\frac{F_{hk}}{F_{vk}}\right)\frac{f_{tk}bh_0}{0.5+\dfrac{a}{h_0}} \tag{9-8}$$

式中 $F_{vk}$——按荷载标准值计算得出的作用于牛腿顶部的竖向力值，N；

$F_{hk}$——按荷载标准值计算得出的作用于牛腿顶部的水平拉力值，N；

$f_{tk}$——混凝土轴心抗拉强度标准值，N/mm$^2$，见附表2-1；

$\beta$——裂缝控制系数，对水电站厂房立柱的牛腿，取 $\beta=0.65$，对承受静荷载作用的牛腿，取 $\beta=0.80$；

$a$——竖向力作用点至下柱边缘的水平距离，应考虑安装偏差20 mm，当考虑20 mm安装偏差后的竖向力作用点仍位于下柱以内时，取 $a=0$；

$b$——牛腿宽度，mm；

$h_0$——牛腿与下柱交接处的垂直截面的有效高度，mm，取 $h_0=h_1-a_s+c\tan\alpha$，在此 $h_1$、$a_s$、$c$ 及 $\alpha$ 的意义见图9-57，当 $\alpha>45°$时，取 $\alpha=45°$。

牛腿的外形尺寸还应满足以下要求：

（1）牛腿的外边缘高度 $h_1>h/3$，且不应小于200 mm；

（2）吊车梁外边缘与牛腿外缘的距离不应小于100 mm；

（3）牛腿顶面在竖向力标准值 $F_{vk}$ 作用下，其局部压应力不应超过 $0.75f_c$。

当牛腿的剪跨比 $a/h_0 \geqslant 0.2$ 时，牛腿的配筋设计应符合下列要求。

### （一）受力钢筋

当牛腿的剪跨比 $a/h_0 \geqslant 0.2$ 时，由承受竖向力所需的受拉钢筋和承受水平拉力所需的锚筋组成的受力钢筋的总截面面积 $A_s$ 按式（9-9）计算：

$$A_s \geqslant K\left(\frac{F_v a}{0.85f_y h_0}+1.2\frac{F_h}{f_y}\right) \tag{9-9}$$

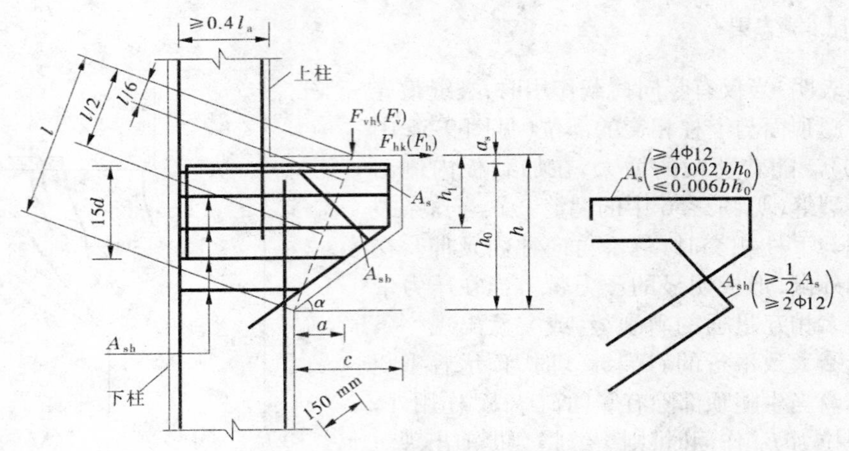


图 9-57 牛腿的外形及钢筋布置

式中 $K$——承载力安全系数；

$F_v$——作用在牛腿顶部的竖向力设计值；

$F_h$——作用在牛腿顶部的水平拉力设计值。

牛腿的受力钢筋宜采用 HRB 335 级或 HRB 400 级钢筋。

(1)承受竖向力所需的水平受拉钢筋的配筋率(以截面 $bh_0$ 计)不应小于 0.2%，也不宜大于 0.6%，且钢筋根数不宜少于 4 根，直径不应小于 12 mm。受拉钢筋不得下弯兼作弯起钢筋。

(2)承受水平拉力的锚筋(以截面 $bh_0$ 计)不应少于 2 根，直径不应小于 12 mm。

(3)全部纵向受力钢筋及弯起钢筋宜沿牛腿外边缘向下伸入下柱内 150 mm 后截断(见图 9-57)。纵向受力钢筋及弯起钢筋伸入上柱的锚固长度，当采用直线锚固时不应小于规定的受拉钢筋锚固长度 $l_a$；当上柱尺寸不足时，钢筋的锚固应符合梁上部钢筋在框架中间层端节点中带 90°弯折的锚固规定。此时，锚固长度应从上柱内边算起。

(4)当牛腿设于上柱柱顶时，宜将牛腿对边的柱外侧纵向受力钢筋沿柱顶水平弯入牛腿，作为牛腿纵向受拉钢筋使用；当牛腿顶面纵向受拉钢筋与牛腿对边的柱外侧纵向钢筋分开配置时，牛腿顶面纵向受拉钢筋应弯入柱外侧，并应符合有关搭接的规定。

**(二)水平箍筋和弯起钢筋**

(1)牛腿内水平箍筋的直径不应小于 6 mm，间距为 100 ~ 150 mm，且在上部 $2h_0/3$ 范围内的水平箍筋总截面面积不应小于承受竖向力的水平受拉钢筋截面面积的 1/2。

(2)当牛腿的剪跨比 $a/h_0 \geqslant 0.3$ 时，应设置弯起钢筋 $A_{sb}$，弯起钢筋宜采用 HRB335 或 HRB400 级钢筋，并宜设置在集中荷载作用点到牛腿斜边下端点连线的交点位于牛腿上部 $l/6 \sim l/2$ 的范围内，$l$ 为该连线的长度(见图 9-57)，其截面面积不应小于承受竖向力的受拉钢筋截面面积的 1/2，根数不应少于 2 根，直径不应小于 12 mm。

当牛腿的剪跨比 $a/h_0 < 0.2$ 时，牛腿的配筋设计应符合下列要求：

(1)牛腿应在全高范围内设置水平钢筋，承受竖向力所需的水平钢筋截面总面积应满足下列要求：

$$KF_v \leqslant f_t b h_0 + (1.65 - 3a/h_0) A_{sh} f_y \tag{9-10}$$

式中 $A_{sh}$——牛腿全高范围内，承受竖向力所需的水平钢筋截面总面积；

$f_t$——混凝土抗拉强度设计值，见附表2-2；

$f_y$——水平钢筋抗拉强度设计值，见附表2-5。

（2）配筋时，应将承受竖向力所需的水平钢筋总截面面积的40%～60%（剪跨比较大时取大值，较小时取小值）作为牛腿顶部受拉钢筋，集中配置在牛腿顶面；其余的则作为水平箍筋均匀配置在牛腿全高范围内。

（3）当牛腿顶面作用有水平拉力 $F_h$ 时，则顶部受拉钢筋还应包括承受水平拉力所需的锚筋在内，锚筋的截面面积按1.2 $KF_h/f_y$ 计算。

（4）承受竖向力所需的顶部受拉钢筋的配筋率（以 $bh_0$ 计）不应小于0.15%。顶部受拉钢筋的配筋构造要求和锚固要求同上。

（5）水平箍筋应采用HRB335级钢筋，直径不小于8 mm，间距不应大于100 mm，其配筋率 $\rho_{sh} = nA_{sh1}/(bs_v)$ 不应小于0.15%，$A_{sh1}$ 为单肢箍筋的截面面积；$n$ 为肢数；$s_v$ 为水平箍筋的间距。

（6）当牛腿的剪跨比 $a/h_0 < 0$ 时，可不进行牛腿的配筋计算，仅按构造要求配置水平箍筋。但当牛腿顶面作用有水平拉力 $F_h$ 时，承受水平拉力所需的锚筋仍按（3）的规定计算配置。

## 思考题

9-1 举例说明肋形结构的应用场合。

9-2 什么是单向板？什么是双向板？两者在受力、变形、配筋方面有何不同？

9-3 简述单向板肋形结构设计的主要步骤。

9-4 单向板肋形结构设计时应遵循的原则是什么？

9-5 单向板肋形结构按弹性法计算内力时，板、次梁、主梁的计算跨度如何确定？

9-6 连续梁跨中、支座截面弯矩对应的最不利可变荷载如何布置？

9-7 什么是折算荷载？主梁为什么不采用折算荷载？

9-8 如何绘制连续梁的内力包络图？内力包络图对于设计有何意义？

9-9 单向板的配筋方式有几种？各有何优缺点？

9-10 板、次梁、主梁中有哪些受力钢筋和构造钢筋？

9-11 双向板有何破坏特征？双向板的配筋方式有几种？

9-12 如何利用弹性理论方法计算双向板跨中、支座处的最不利弯矩？

9-13 如何计算双向板支承梁的内力？

## 习 题

9-1 某单向板肋形结构中单位宽度内板承受的永久荷载标准值为 $g_k = 3$ kN/m，可变荷载标准值为 $q_k = 8$ kN/m，次梁承受的永久荷载标准值为 $g_k = 10$ kN/m，可变荷载标准

值为 $q_k = 12$ kN/m，试求板、次梁折算荷载。

9-2　某单向板肋形结构五跨连续板的折算荷载分别为：$g_k' = 4$ kN/m，$q_k' = 3$ kN/m，试求其边跨最大正弯矩和第一内支座最大负弯矩及其左侧剪力值。

9-3　某单向板肋形结构次梁传给主梁的集中荷载标准值 $F_k = 120$ kN，试求其应设置的附加钢筋的数量（按设箍筋和吊筋两种方法计算）。

9-4　某现浇钢筋混凝土肋形楼盖（2 级建筑物），其结构平面布置如图 9-58 所示。楼面面层用 20 mm 厚水泥砂浆抹面，梁、板的底面用 15 mm 厚纸筋石灰粉刷，楼面可变荷载标准值为 $q_k = 8.0$ kN/m；画出板、次梁、主梁的计算简图。

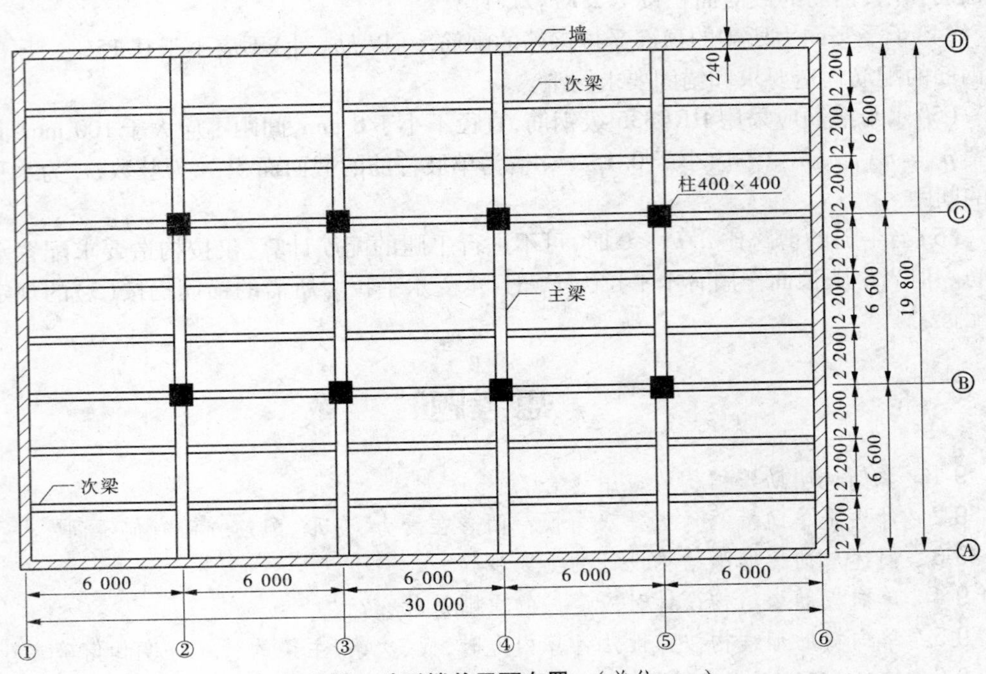


**图 9-58　肋形楼盖平面布置**　（单位：mm）

# 第十章　预应力混凝土结构

## 第一节　预应力混凝土的基本知识

### 一、预应力混凝土的基本概念

混凝土是一种抗压性能好而抗拉性能较差的结构材料，抗拉强度仅为其抗压强度的1/18 ～ 1/8，极限拉应变也很小，每米仅能伸长0.10～0.15 mm，抗裂性能差。因此，在普通钢筋混凝土中，使用时不允许开裂的构件，受拉钢筋的应力仅为20～30 $N/mm^2$，当钢筋应力超过此值时，混凝土将产生裂缝；即使允许开裂的构件，当裂缝最大允许宽度为0.2～0.3 mm时，钢筋应力只能达到150～200 $N/mm^2$。所以，普通钢筋混凝土中高强钢筋得不到充分利用，采用高强钢筋是不经济的；而提高混凝土的强度等级对提高构件的抗裂性能和控制裂缝宽度的作用极其有限。为了避免普通钢筋混凝土结构过早出现裂缝，减小正常使用荷载作用下的裂缝宽度，充分利用高强度材料以适应大跨度承重结构的需要，采用预应力是最有效的方法。

预应力混凝土构件在承受外荷载作用之前，预先对混凝土施加压力，使其在构件截面上产生的预压应力能抵消外荷载引起的部分或全部拉应力，使构件延缓开裂或限制裂缝的开展。由此可见，预应力混凝土的实质是利用混凝土良好的抗压性能来弥补其抗拉能力的不足，通过采用预先加压的方法间接地提高构件受拉区混凝土的抗拉能力，改善混凝土的受拉性能，满足使用要求。

预应力混凝土的原理可以用图10-1 进一步说明。简支梁在外荷载作用下，梁下部产生拉应力 $\sigma_3$，如图10-1(b)所示。如果在荷载作用之前，先给梁施加一个偏心压力 $N$，使梁的下部产生预压应力 $\sigma_1$，如图10-1(a)所示。那么，在外荷载作用后，截面上的应力分布将是两者的叠加，如图10-1(c)所示。梁的下部应力可以是压应力($\sigma_1 - \sigma_3 > 0$)，也可以是数值较小的拉应力($\sigma_1 - \sigma_3 < 0$)。

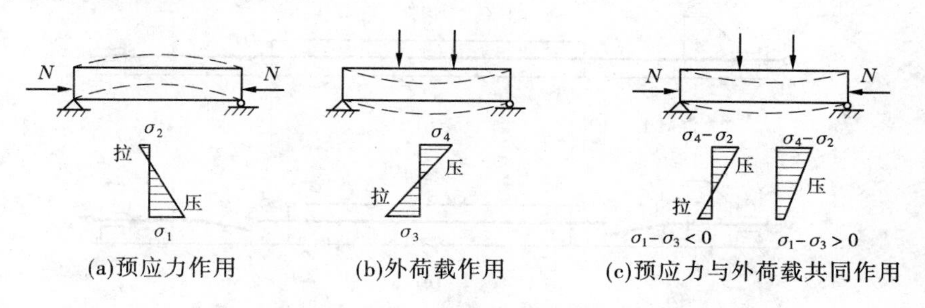


图10-1　预应力简支梁的基本受力原理

预应力混凝土与普通混凝土相比具有以下优点：

(1)抗裂性和耐久性好。由于混凝土中存在预压应力,可以避免开裂和限制裂缝的开展,减少外界有害因素对钢筋的侵蚀,提高构件的抗渗性、抗腐蚀性和耐久性,这对水工结构的意义尤为重大。

(2)刚度大、变形小。因为混凝土不开裂或裂缝很小,提高了构件的刚度。预加偏心压力使受弯构件产生反拱,从而减小构件在荷载作用下的挠度。

(3)节省材料,减轻自重。由于预应力构件合理有效地利用高强钢筋和高强混凝土,截面尺寸相对减小,结构自重减轻,节省材料并降低了工程造价。预应力混凝土与普通混凝土相比一般可减轻自重的20%~30%,特别适合建造大跨度承重结构。

(4)提高构件的抗疲劳性能。

预应力混凝土构件也存在不足之处,如施工工序复杂,工期较长,施工制作所要求的机械设备与技术条件较高等,有待今后在实践中完善。

预应力混凝土目前已广泛应用于渡槽、压力水管、水池、大型闸墩、水电站厂房吊车梁、门机轨道梁等水利工程中,也可用预加应力的方法来加固基岩、衬砌隧洞等。

## 二、施加预应力的方法

在构件上建立预应力,一般通过张拉钢筋,利用钢筋的弹性回缩压缩混凝土来实现。根据张拉钢筋和浇筑混凝土的先后次序,可分为先张法和后张法。

### (一)先张法

先张法是指首先在台座上或钢模内张拉钢筋,然后浇筑混凝土的一种施工方法。具体过程是:先在专门的台座上张拉钢筋,然后用锚具将钢筋临时固定在台座上;再浇筑构件混凝土;待混凝土达到足够的强度(一般不低于混凝土设计强度的75%)后,从台座上切断或放松钢筋(简称放张)。在预应力钢筋弹性回缩时,利用钢筋与混凝土之间的黏结力,使混凝土受到压力作用,使构件产生预压应力,如图10-2所示。

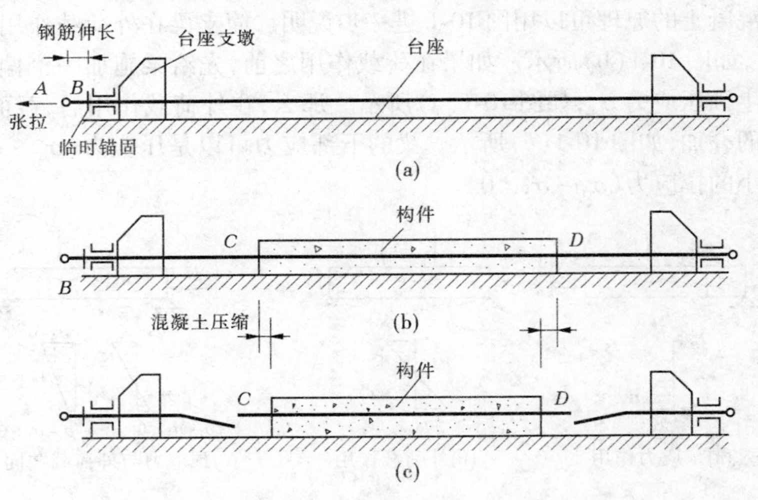


图10-2 先张法构件施工工序示意图

先张法的特点:施工工序少,工艺简单,效率高,质量易保证,构件上不需要设永久性锚具,生产成本低。但需要有专门的张拉台座,不适于现场施工。主要用于生产大批量的小型预应力构件和直线形配筋构件。

**(二)后张法**

后张法是指先浇筑混凝土构件,然后直接在构件上张拉预应力钢筋的一种施工方法。具体过程是:先浇捣混凝土构件,并在预应力钢筋设计位置上预留孔道;待混凝土达到足够强度(一般不低于混凝土设计强度的75%)后,将预应力钢筋穿入孔道,利用构件本身作为承力台座张拉钢筋;随着钢筋的张拉,构件混凝土同时受到压缩,张拉完毕后用锚具将预应力钢筋锚固在构件上,如图10-3所示。在后张法构件中,预应力是靠构件两端的工作锚具传给混凝土的。

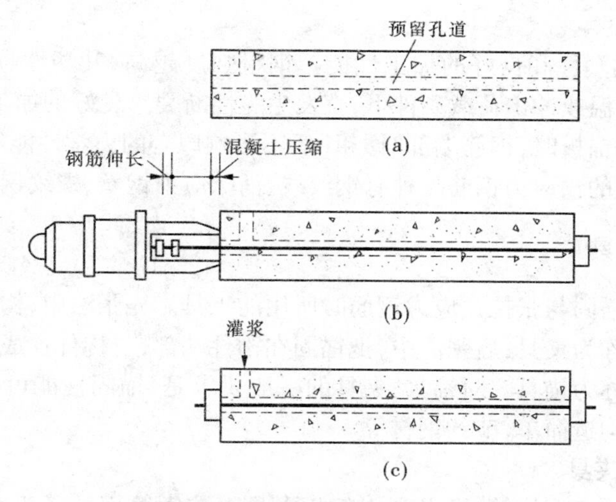


**图10-3 后张法构件施工工序示意图**

后张法的特点:不需要专门台座,可根据设计要求现场制作成曲线或折线形,应用比较灵活。但增加了留孔、灌浆等工序,施工比较复杂;所用锚具要留在构件内,成本较高。主要用于现场施工制作大型构件以至整个结构。

随着科学技术的发展,无黏结预应力混凝土逐渐应用于生产实际中。无黏结预应力混凝土是预应力钢筋表面上涂防腐和润滑的材料,通过塑料套管与混凝土隔离,预应力钢筋沿全长与周围混凝土不相黏结,但能发生相对滑动,所以在制作构件时不需预留孔道和灌浆,只要将它同普通钢筋一样放入模板即可浇筑混凝土,而且张拉工序简单,施工方便。试验表明,无黏结预应力混凝土比较适合于混合配筋(同时配有非预应力钢筋和预应力钢筋)的部分预应力混凝土构件。

## 三、预应力混凝土的材料

**(一)混凝土**

预应力混凝土结构对混凝土的基本要求是:

(1)高强度。采用高强度的混凝土以适应高强钢筋的需要,保证钢筋充分发挥作用,有效减小构件的截面尺寸和自重。在预应力混凝土构件中,混凝土的强度等级不宜低于

C30;采用钢丝、钢绞线时,则不宜低于 C40。

(2)收缩、徐变小。采用收缩徐变小的混凝土,以减小预应力损失。

(3)快硬、早强。为了尽早施加预应力,加快施工进度,提高设备利用率,宜采用早期强度较高的混凝土。

**(二)预应力钢筋**

预应力混凝土结构对钢筋的基本要求是:

(1)高强度。预应力钢筋的张拉应力在构件的整个制作和使用过程中会出现各种应力损失。这些损失的总和有时可达到 200 $N/mm^2$ 以上,如果所用的钢筋强度不高,那么张拉时所建立的预压应力会损失殆尽。

(2)与混凝土要有较好的黏结力。特别是在先张法中,预应力钢筋与混凝土之间必须有较高的黏结强度。

(3)具有一定的塑性和良好的加工性能。钢材强度越高,其塑性越低。钢筋塑性太低时,特别是处于低温或冲击荷载条件下,宜发生脆性断裂。良好的加工性能是指焊接性能好,以及采用镦头锚板时,钢筋端部"镦粗"后不影响原有的力学性能等。

目前,我国常用的预应力钢筋品种有钢绞线、消除应力钢丝、螺纹钢筋、钢棒等。

## 四、锚具与夹具

锚具和夹具是锚固与张拉预应力钢筋时所用的工具。先张法中,构件制作完毕后,可取下来重复使用的称为夹具;后张法中,把锚固在构件端部,与构件连成一体共同受力,不能取下重复使用的称为锚具。对锚具、夹具的一般要求是:锚固性能可靠,具有足够的强度和刚度,滑移小,构造简单,节约钢材等。

**(一)先张法的夹具**

如果张拉单根预应力钢筋,则可利用偏心夹具夹住钢筋用卷扬机张拉(见图 10-4),再用锥形锚固夹具或楔形夹具将钢筋临时锚固在台座的传力架上(见图 10-5),锥销(或楔块)可用人工锤入套筒(或锚板)内。这种夹具只能锚固单根钢筋。

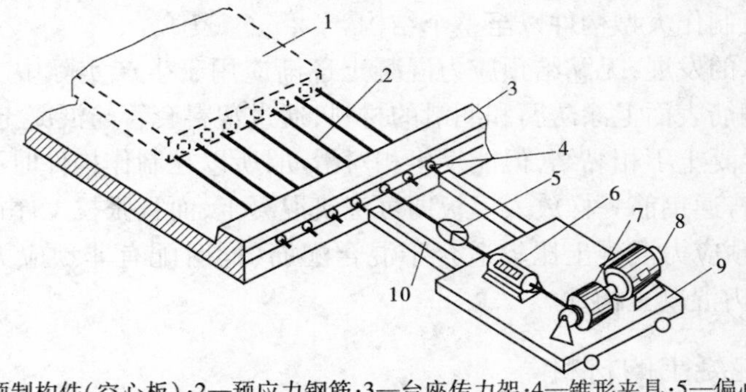


1—预制构件(空心板);2—预应力钢筋;3—台座传力架;4—锥形夹具;5—偏心夹具;
6—弹簧秤(控制张拉力);7—卷扬机;8—电动机;9—张拉车;10—撑杆

**图 10-4　先张法单根钢筋的张拉**

如果在钢模上张拉多根预应力钢丝,可用梳子板夹具(见图 10-6)。钢丝两端用镦头(冷镦)锚定,利用安装在普通千斤顶内活塞上的爪子钩住梳子板上两个孔洞施力于梳子板，张拉完毕后立即拧紧螺母，钢丝就临时锚固在钢横梁上。

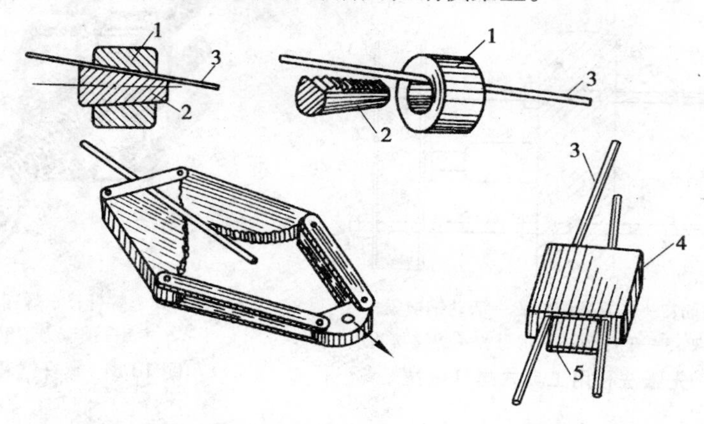


1—套筒；2—锥销；3—预应力钢筋；4—锚板；5—楔块

**图 10-5　锥形夹具、偏心夹具和楔形夹具**

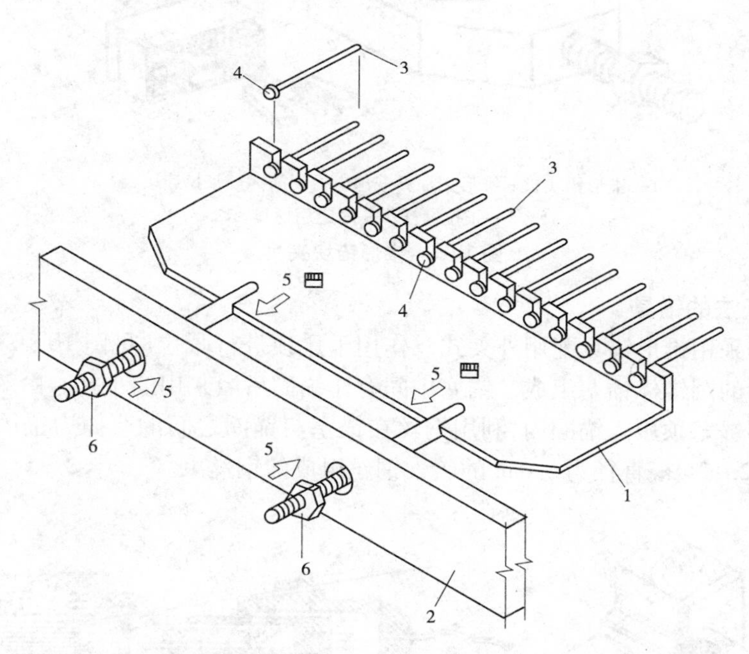


1—梳子板；2—钢模横梁；3—钢丝；4—镦头（冷镦）；
5—千斤顶张拉时爪钩孔及支撑位置示意；6—固定用螺母

**图 10-6　梳子板夹具**

如果采用粗钢筋作为预应力钢筋，对于单根钢筋最常用的方法是在钢筋端头连接一个工具式螺杆。螺杆穿过台座的活动横梁后用螺母固定，利用普通千斤顶推动活动钢横梁就可张拉钢筋（见图 10-7）。

对于多根钢筋，可采用螺杆镦粗夹具（见图 10-8）或锥形锚块夹具（见图 10-9）。

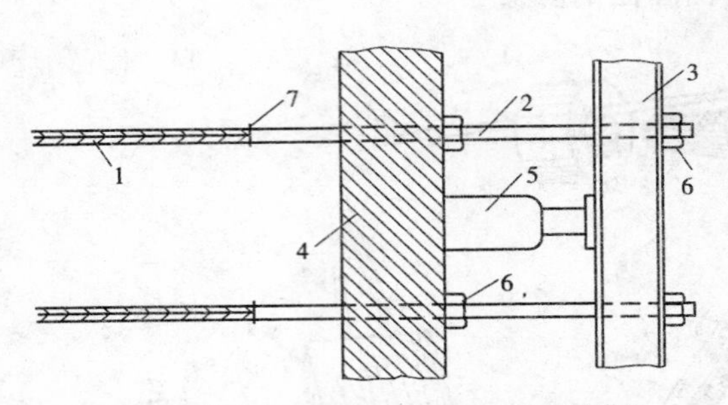


1—预应力钢筋;2—工具式螺杆;3—活动钢横梁;
4—台座传力架;5—千斤顶;6—螺母;7—焊接接头

**图 10-7　先张法利用工具式螺杆张拉**

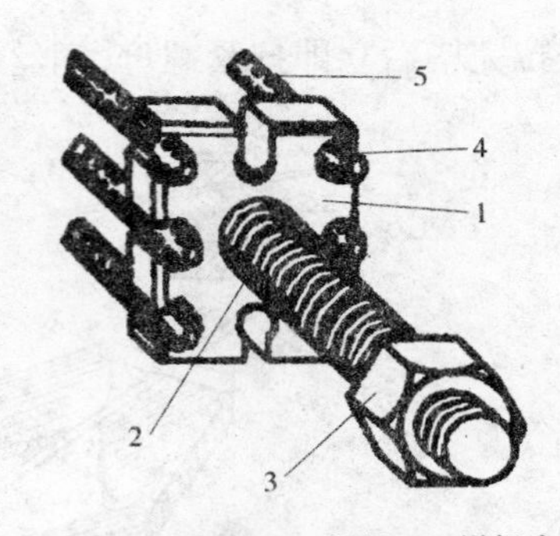


1—锚板;2—螺杆;3—螺帽;4—镦粗头;
5—预应力钢筋

**图 10-8　螺杆镦粗夹具**

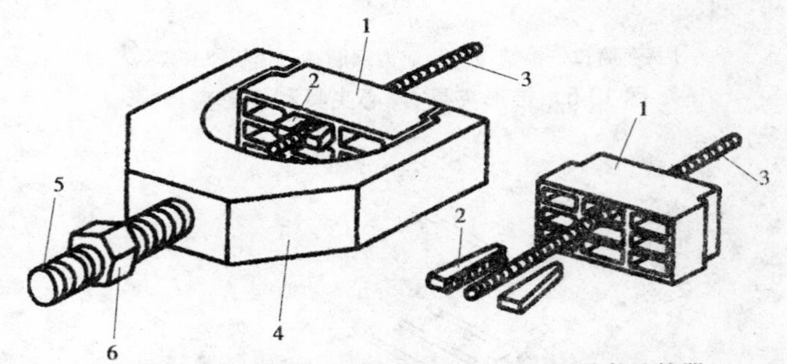


1—锥形锚块;2—锥形夹片;3—预应力钢筋;4—张拉连接器;
5—张拉螺杆;6—固定用螺母

**图 10-9　锥形锚块夹具**

**(二)后张法的锚具**

钢丝束常采用锥形锚具配用外夹式双作用千斤顶进行张拉(见图 10-10)。锥形锚具由锚圈及带齿的圆锥体锚塞组成。锚塞中间有作锚固后灌浆用的小孔。由双作用千斤顶张拉钢筋后将锚塞顶压入锚圈内,利用钢丝在锚塞与锚圈之间的摩擦力锚固钢丝。锥形锚具可张拉 12 ~ 24 根直径为 5 mm 的碳素钢丝组成的钢丝束。

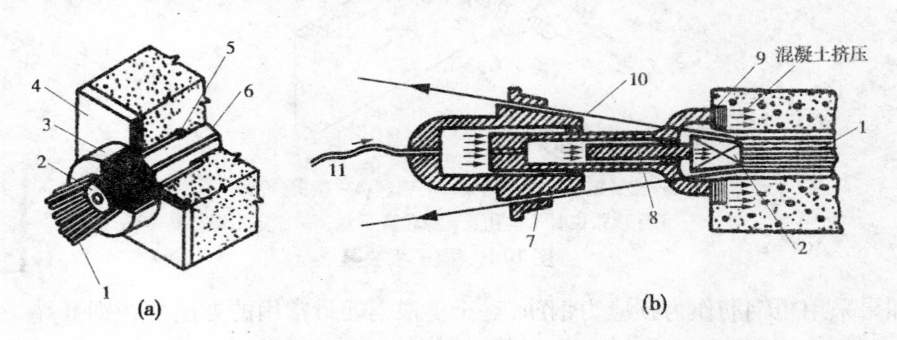


1—钢丝束;2—锚塞;3—钢锚圈;4—垫板;5—孔道;6—套管;7—钢丝夹具;
8—内活塞;9—锚板;10—张拉钢丝;11—油管

**图 10-10　锥形锚具及外夹式双用千斤顶**

张拉钢筋束和钢绞线束时，可采用JM12型锚具配用穿心式千斤顶。JM12型锚具由锚环和夹片（呈楔形）组成（见图10-11）。夹片可为3、4、5、6片，用以锚固3～6根直径为12～14 mm的钢筋或5～6根7股4 mm的钢绞线。

如果采用单根粗钢筋，也可用螺丝端杆锚具，即在钢筋一端焊接螺丝端杆，螺丝端杆另一端与张拉设备相连。张拉完毕后通过螺帽和垫板将预应力钢筋锚固在构件上。

锚固钢绞线还可采用我国近年来生产的XM、QM型锚具（见图10-12）。此类锚具由锚环和夹片组成。每根钢绞线由三个夹片夹紧。每个夹片由空心锥台按三等份切割而成。XM型和QM型锚具夹片切开的方向不同，前者与锥体母线倾斜，而后者则与锥体母线平行。一个锚具可夹3～10根钢绞线（或钢丝束）。因其对下料长度无严格要求，故施工方便。现已大量应用于铁路、公路及城市交通的预应力桥梁等大型结构构件。

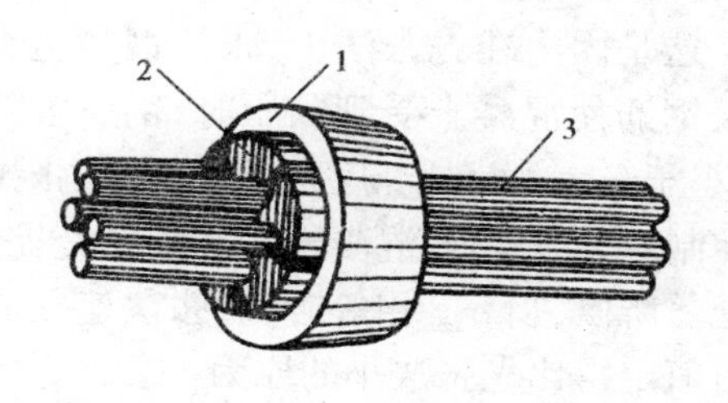


1—锚环；2—夹片；3—钢筋束

**图10-11　JM12型锚具**

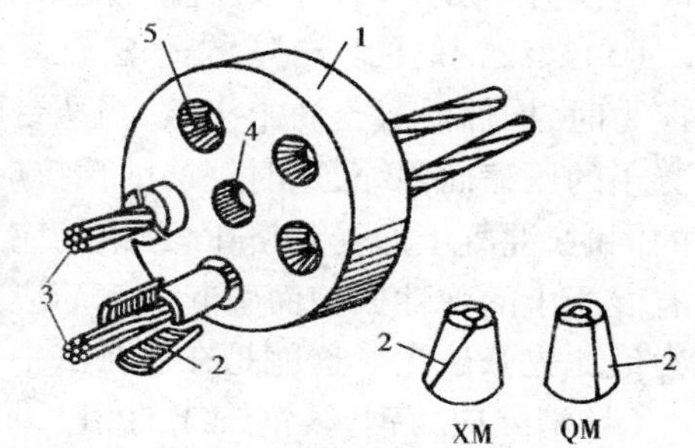


1—锚环；2—夹片；3—钢绞线；4—灌浆孔；5—锥台孔洞

**图10-12　XM、QM型锚具**

## 第二节　预应力钢筋张拉控制应力及预应力损失

### 一、预应力钢筋张拉控制应力 $\sigma_{con}$

张拉控制应力是指张拉时预应力钢筋达到的最大应力值，也就是张拉设备（如千斤顶）所控制的张拉力除以预应力钢筋面积所得的应力值，以 $\sigma_{con}$ 表示。

《规范》规定，预应力钢筋的张拉控制应力值 $\sigma_{con}$ 不宜超过表10-1规定的张拉控制应力限值，且不小于0.4 $f_{ptk}$。

**表10-1　张拉控制应力限值[ $\sigma_{con}$ ]**

| 预应力钢筋种类 | 张拉方法 | |
|---|---|---|
| | 先张法 | 后张法 |
| 消除应力钢丝、钢绞线 | $0.75f_{ptk}$ | $0.75 f_{ptk}$ |
| 螺纹钢筋 | $0.75f_{ptk}$ | $0.70f_{ptk}$ |
| 钢棒 | $0.70f_{ptk}$ | $0.65f_{ptk}$ |

注：$f_{ptk}$ 为预应力钢筋抗拉强度标准值，按附表2-6确定。

在下列情况下，表中[$\sigma_{con}$]值可提高 $0.05f_{ptk}$：①要求提高构件在施工阶段的抗裂性能而在使用阶段受压区设置的预应力钢筋；②要求部分抵消由于应力松弛、摩擦、钢筋分批张拉以及预应力钢筋与台座之间的温差等因素产生的预应力损失。

张拉控制应力 $\sigma_{con}$ 的取值与下列因素有关：

(1)张拉控制应力应定得高一些。$\sigma_{con}$ 值越高，混凝土建立的预压应力就越大，从而提高构件的抗裂性能。$\sigma_{con}$ 值取得过低，会因各种预应力损失使钢筋的回弹力减小，不能充分利用钢筋的强度。

(2)张拉控制应力也不能过高。$\sigma_{con}$ 值定得过高也有不利的方面：①钢筋强度具有一定的离散性，在张拉操作过程中还要进行超张拉，如果将 $\sigma_{con}$ 定得过高，张拉时可能使钢筋应力进入钢材的屈服阶段，产生塑性变形，反而达不到预期的预应力效果；②考虑到张拉时的拉力不够准确、焊接质量可能不好等因素，$\sigma_{con}$ 定得过高易发生安全事故。

(3)螺纹钢筋的[$\sigma_{con}$]，先张法较后张法高。这是因为在先张法中，张拉钢筋达到控制应力时，构件混凝土尚未浇筑，当从台座上放松钢筋使混凝土受到预压时，钢筋会随着混凝土的压缩而回缩，这时钢筋的预拉应力已经小于 $\sigma_{con}$。而对于后张法来说，在张拉钢筋的同时，混凝土即受到挤压，当钢筋应力达到控制应力 $\sigma_{con}$ 时，混凝土的压缩已经完成，没有混凝土的弹性回缩而引起的钢筋应力的降低。所以，当 $\sigma_{con}$ 相等时，后张法建立的预应力值比先张法大。这就是在后张法中控制应力值定得比先张法小的原因。

(4)消除应力钢丝、钢绞线的[$\sigma_{con}$]，先张法和后张法取值相同。这是因为钢丝材质稳定，且张拉时高应力一经锚固后，应力降低很快，一般不会产生拉断事故。

## 二、预应力损失

由于张拉工艺和材料特性等原因，预应力钢筋在张拉时所建立的拉应力，在构件制作和使用过程中会受到损失。产生预应力损失的原因很多，下面分别讨论引起预应力损失的原因、损失值的计算及减小预应力损失的措施。

### (一)张拉端锚具变形和钢筋内缩引起的损失 $\sigma_{l1}$

构件在张拉预应力钢筋达到控制应力 $\sigma_{con}$ 后，便把预应力钢筋锚固在台座或构件上。由于预应力回弹方向与张拉时拉伸方向相反，当锚具、垫板与构件之间的缝隙被压紧时，预应力钢筋在锚具中的内缩会造成钢筋应力降低，由此形成的预应力损失称为 $\sigma_{l1}$。对预应力直线形钢筋，$\sigma_{l1}$($N/mm^2$)按下式计算：

$$\sigma_{l1} = \frac{a}{l}E_s \tag{10-1}$$

式中 $a$——张拉端锚具变形和钢筋内缩值，mm，按表 10-2 取用；

$l$——张拉端至锚固端之间的距离，mm；

$E_s$——预应力钢筋的弹性模量，$N/mm^2$。

由于锚固端的锚具在张拉过程中已经被挤紧，所以式(10-1)中的 $a$ 值只考虑张拉端。由式(10-1)可以看出，增加 $l$ 可减小 $\sigma_{l1}$。因此，用先张法生产构件的台座长度大于 100 m 时，$\sigma_{l1}$ 可忽略不计。

**表 10-2　锚具变形和钢筋内缩值 $a$**

| 锚具类别 | | $a$(mm) |
|---|---|---|
| 支承式锚具(钢丝束镦头锚具等) | 螺帽缝隙 | 1 |
| | 每块后加垫块的缝隙 | 1 |
| 锥塞式锚具(钢丝束的钢制锥形锚具等) | | 5 |
| 夹片式锚具 | 有顶压时 | 5 |
| | 无顶压时 | 6~8 |
| 单根冷轧带肋钢筋的锥形锚具夹具 | | 5 |

注:1. 表中的锚具变形和钢筋内缩值也可根据实测数据确定。
2. 其他类型的锚具变形和钢筋内缩值应根据实测数据确定。

后张法构件预应力曲线钢筋或折线钢筋由于锚具变形和预应力钢筋内缩引起的预应力损失值 $\sigma_{l1}$,应根据预应力曲线钢筋或折线钢筋与孔道壁之间反向摩擦影响长度 $l_f$ 范围内的预应力钢筋变形值等于锚具变形和钢筋内缩值的条件确定。当预应力钢筋为圆弧曲线,且其对应的圆心角 $\theta$ 不大于 30°时(见图 10-13),其预应力损失值可按下式计算:

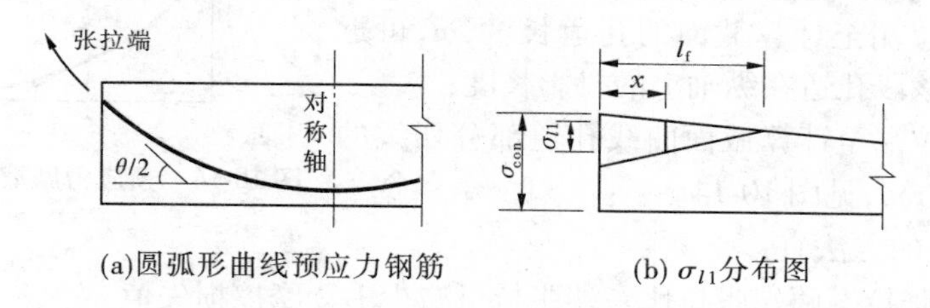

(a)圆弧形曲线预应力钢筋　(b) $\sigma_{l1}$分布图

**图 10-13　圆弧形曲线预应力钢筋因锚具变形和钢筋内缩引起的损失示意图**

$$\sigma_{l1} = 2\sigma_{con} l_f(\mu/r_c + k)(1 - x/l_f) \tag{10-2}$$

反向摩擦影响长度 $l_f$(m)按下式计算:

$$l_f = \sqrt{\frac{aE_s}{1\,000\sigma_{con}(\mu/r_c + k)}} \tag{10-3}$$

式中　$r_c$——圆弧形曲线预应力钢筋的曲率半径,m;

$x$——张拉端至计算截面的距离,m,且应符合 $x \leqslant l_f$ 的规定;

$\mu$——预应力钢筋与孔道壁之间的摩擦系数,按表 10-3 采用;

$k$——考虑孔道每米长度局部偏差的摩擦系数,按表 10-3 采用。

为减小锚具变形引起预应力损失,除认真按照施工程序操作外,还可以采用如下减小损失的方法:①选择变形小或预应力钢筋滑移小的锚具,减少垫板的块数;②对于先张法选择长的台座。

**(二)预应力钢筋与孔道壁之间的摩擦引起的损失 $\sigma_{l2}$**

后张法构件张拉时,预应力钢筋与孔道壁之间的摩擦力引起的预应力损失 $\sigma_{l2}$(N/mm²)可按下列公式计算(见图 10-14):

$$\sigma_{l2} = \sigma_{con}\left(1 - \frac{1}{e^{\mu\theta + kx}}\right) \tag{10-4a}$$

表 10-3　摩擦系数 $\mu$、$k$

| 孔道成型方式 | $k$ | $\mu$ | |
|---|---|---|---|
| | | 钢绞线、钢丝束 | 螺纹钢筋、钢棒 |
| 预埋金属波纹管 | 0.001 5 | 0.20 ~ 0.25 | 0.50 |
| 预埋塑料波纹管 | 0.001 5 | 0.14 ~ 0.17 | — |
| 预埋铁皮管 | 0.003 0 | 0.35 | 0.40 |
| 预埋钢管 | 0.001 0 | 0.25 ~ 0.30 | — |
| 抽芯成型 | 0.001 5 | 0.55 | 0.60 |

注：1. 表中系数也可以根据实测数据确定。

2. 当采用钢丝束的钢质锥形锚具及类似形式锚具时，尚应考虑锚环口处的附加摩擦损失，其值可根据实测数据确定。

当 $\mu\theta + kx \leqslant 0.2$ 时，$\sigma_{l2}$ 可按以下近似公式计算：

$$\sigma_{l2} = (\mu\theta + k\,x)\sigma_{\mathrm{con}} \tag{10-4b}$$

式中　$x$——从张拉端至计算截面的孔道长度，m，可近似取该段孔道在纵轴上的投影长度；

$\theta$——从张拉端至计算截面曲线孔道部分切线的夹角，rad，见图 10-14。

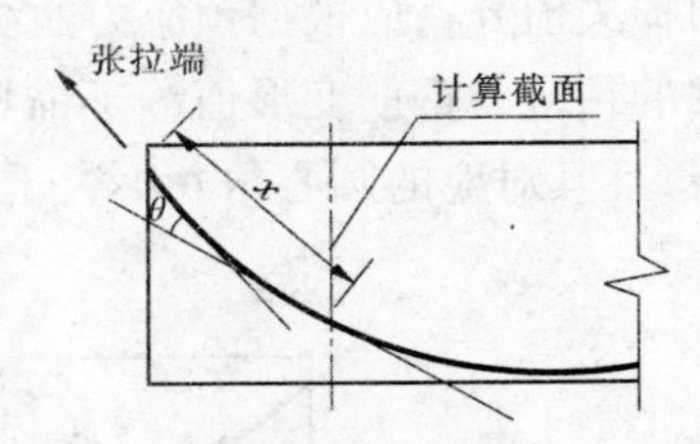


图 10-14　预应力摩擦损失计算图

减小摩擦损失的方法有：

(1) 采用两端张拉。两端张拉比一端张拉可减少 1/2 摩擦损失值。

(2) 采用"超张拉"工艺。所谓超张拉即第一次张拉至 $1.1\sigma_{\mathrm{con}}$，持荷 2 min，再卸荷至 $0.85\sigma_{\mathrm{con}}$，持荷 2 min，最后张拉至 $\sigma_{\mathrm{con}}$。这样可使摩擦损失减小，比一次张拉到的预应力分布更均匀。

**(三) 混凝土采用蒸汽养护时预应力钢筋与张拉台座之间的温差引起的损失 $\sigma_{l3}$**

对于先张法预应力混凝土构件，当进行蒸汽养护升温时，新浇筑的混凝土尚未硬化，由于钢筋温度高于台座温度，于是钢筋产生相对伸长，预应力钢筋中的应力将降低，造成预应力损失；当降温时，混凝土已经硬化，混凝土与钢筋之间已建立起黏结力，两者将一起回缩，故钢筋应力将不能恢复到原来的张拉应力值。$\sigma_{l3}$ 仅在先张法中存在。

当预应力钢筋与台座之间的温差为 $\Delta t$ 时，钢筋的线膨胀系数 $\alpha = 0.000\,01/℃$，则预应力筋与台座之间的温差引起的预应力损失为：

$$\sigma_{l3} = \alpha\,E_{\mathrm{s}}\Delta t = 0.000\,01 \times 2.0 \times 10^{5} \times \Delta t = 2\Delta t \quad (\mathrm{N/mm^2}) \tag{10-5}$$

为了减少此项损失可采用下列措施：

(1) 在构件进行蒸汽养护时采用"二次升温制度"，即第一次一般升温 20 ℃，然后恒温。当混凝土强度达到 $(7 \sim 10)\,\mathrm{N/mm^2}$ 时，预应力钢筋与混凝土黏结在一起。第二次再升温至规定养护温度。这时，预应力钢筋与混凝土同时伸长，故不会再产生预应力损失。因此，采用"二次升温制度"，养护后应力损失降低值为：

$$\sigma_{l3} = 2\Delta t = 2 \times 20 = 40(\mathrm{N/mm^2})$$

（2）采用钢模制作构件，并将钢模与构件一同整体放入蒸汽室养护，则不存在温差引起的预应力损失。

**（四）预应力钢筋的应力松弛引起的损失 $\sigma_{l4}$**

钢筋应力松弛是指钢筋在高应力作用下，在钢筋长度不变条件下，钢筋应力随时间增长而降低的现象。钢筋应力松弛使预应力值降低，造成的预应力损失称为 $\sigma_{l4}$。试验表明，松弛损失与下列因素有关：①初始应力。张拉控制应力高，松弛损失就大，损失的速度也快。②钢筋种类。松弛损失按下列钢筋种类依次减小：钢丝、钢绞线、螺纹钢筋。③时间。1 h 及 24 h 的松弛损失分别约占总松弛损失（以 1 000 h 计）的 50% 和 80%。④温度。温度越高，松弛损失越大。⑤张拉方式。采用超张拉可比一次张拉的松弛损失减小（2% ~10%）$\sigma_{con}$。

预应力筋的应力松弛损失 $\sigma_{l4}$ 的计算见表 10-4。

**表 10-4　预应力筋的应力松弛损失 $\sigma_{l4}$**　　（单位：$N/mm^2$）

| 钢筋种类 | | 张拉方式 | |
|---|---|---|---|
| | | 一次张拉 | 超张拉 |
| 螺纹钢筋、钢棒 | | $0.05\sigma_{con}$ | $0.035\sigma_{con}$ |
| 预应力钢丝、钢绞线 | 普通松弛 | $0.4(\sigma_{con}/f_{ptk}-0.5)\ \sigma_{con}$ | $0.36(\sigma_{con}/f_{ptk}-0.5)\ \sigma_{con}$ |
| | 低松弛 | 当 $\sigma_{con}\leqslant 0.7f_{ptk}$ 时，$0.125(\sigma_{con}/f_{ptk}-0.5)\ \sigma_{con}$<br>当 $0.7f_{ptk}<\sigma_{con}\leqslant 0.8f_{ptk}$ 时，$0.20(\sigma_{con}/f_{ptk}-0.575)\sigma_{con}$ | |

注：1. 表中超张拉的张拉程序为从应力为零开始张拉至 $1.03\sigma_{con}$；从应力为零开始张拉至 $1.05\sigma_{con}$，持荷 2 min 后，卸载至 $\sigma_{con}$。

2. 当 $\sigma_{con}/f_{ptk}\leqslant 0.5$ 时，预应力筋的应力松弛损失值可取为零。

减少松弛损失的措施：①采用超张拉工艺；②采用低松弛损失的钢材。

**（五）混凝土收缩和徐变引起的损失 $\sigma_{l5}$**

混凝土在空气中结硬时发生体积收缩，而在预应力作用下，混凝土将沿压力作用方向产生徐变。收缩和徐变都使构件缩短，预应力钢筋随之回缩，因而造成预应力损失 $\sigma_{l5}$。

由混凝土收缩和徐变引起的受拉区、受压区纵向预应力钢筋的预应力损失值 $\sigma_{l5}$、$\sigma'_{l5}$（$N/mm^2$）可按下列公式计算。

（1）先张法构件：

$$\sigma_{l5}=\frac{45+\dfrac{280\sigma_{pc}}{f'_{cu}}}{1+15\rho}\quad（受拉区）\tag{10-6}$$

$$\sigma'_{l5}=\frac{45+\dfrac{280\sigma'_{pc}}{f'_{cu}}}{1+15\rho'}\quad（受压区）\tag{10-7}$$

（2）后张法构件：

$$\sigma_{l5}=\frac{35+\dfrac{280\sigma_{pc}}{f'_{cu}}}{1+15\rho}\quad（受拉区）\tag{10-8}$$

$$\sigma'_{l5} = \frac{35 + \frac{280\sigma'_{pc}}{f'_{cu}}}{1 + 15\rho'} \quad (受压区) \tag{10-9}$$

式中 $\sigma_{pc}$、$\sigma'_{pc}$——在受拉区、受压区预应力钢筋合力点处的混凝土法向压应力；

$f'_{cu}$——施加预应力时的混凝土立方体抗压强度；

$\rho$、$\rho'$——受拉区、受压区预应力钢筋和非预应力钢筋的配筋率。

对先张法构件：$\rho = (A_p + A_s)/A_0$，$\rho' = (A'_p + A'_s)/A_0$；

对后张法构件：$\rho = (A_p + A_s)/A_n$，$\rho' = (A'_p + A'_s)/A_n$。

另外，$\sigma_{l5}$、$\sigma'_{l5}$ 的公式是根据一般湿度条件建立的。对处于年平均湿度低于40%环境下的结构，$\sigma_{l5}$ 及 $\sigma'_{l5}$ 值应增加30%。

混凝土收缩和徐变引起的预应力损失是各项损失中最大的一项，在直线形预应力配筋构件中约占总损失的50%，而在曲线形预应力配筋构件中占总损失的30%左右。因此，应当重视采取各种有效措施减小混凝土的收缩和徐变。通常采用高标号水泥，减少水泥用量，降低水灰比，振捣密实，加强养护，并控制混凝土预压应力值 $\sigma_{pc}$、$\sigma'_{pc}$ 不超过 $0.5f'_{cu}$。

**（六）螺旋式预应力钢筋（或钢丝）挤压混凝土引起的损失 $\sigma_{l6}$**

环形结构构件的混凝土被螺旋式预应力钢筋箍紧，混凝土受预应力钢筋的挤压会发生局部压陷，构件直径减小 $2\delta$，使得预应力钢筋回缩引起的预应力损失称为 $\sigma_{l6}$。$\sigma_{l6}$ 的大小与构件的直径有关，构件直径越小，压陷变形的影响越大，预应力损失就越大。当构件直径大于 3 m 时，损失值可忽略不计；当构件直径小于等于 3 m 时，取 $\sigma_{l6} = 30\ N/mm^2$。

对于大体积水工混凝土构件，各项预应力损失值应由专门研究或试验确定。

上述各项预应力损失并非同时发生，而是按不同张拉方式分阶段发生。通常把在混凝土预压前产生的损失称为第一批应力损失 $\sigma_{l\text{I}}$（先张法指放张前的损失，后张法指卸去千斤顶前的损失），在混凝土预压后产生的损失称为第二批应力损失 $\sigma_{l\text{II}}$。总损失值为 $\sigma_l = \sigma_{l\text{I}} + \sigma_{l\text{II}}$。各批预应力损失的组合见表 10-5。

预应力损失的计算值与实际值之间可能有误差，为了确保构件安全，当按上述各项损失计算得出的总损失值 $\sigma_l$ 小于下列数值时，则按下列数值采用：

先张法构件　　100 $N/mm^2$；

后张法构件　　80 $N/mm^2$。

**表 10-5　各阶段预应力损失值的组合**

| 项次 | 预应力损失值的组合 | 先张法构件 | 后张法构件 |
| --- | --- | --- | --- |
| 1 | 混凝土预压前（第一批）的损失 $\sigma_{l\text{I}}$ | $\sigma_{l1} + \sigma_{l2} + \sigma_{l3} + \sigma_{l4}$ | $\sigma_{l1} + \sigma_{l2}$ |
| 2 | 混凝土预压后（第二批）的损失 $\sigma_{l\text{II}}$ | $\sigma_{l5}$ | $\sigma_{l4} + \sigma_{l5} + \sigma_{l6}$ |

**注：**先张法构件第一批损失值计入 $\sigma_{l2}$ 是指有折线式配筋的情况。

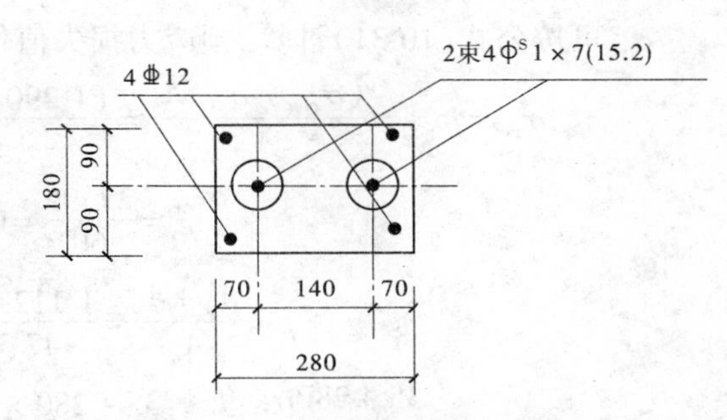

图 10-15　预应力拉杆截面及配筋

【例 10-1】　某后张法预应力混凝土轴心受拉构件长 18 m，属 3 级水工建筑物，采用 C60 级混凝土，预应力钢筋为两束普通钢绞线，每束 4 $\Phi^S 1\times7$（$A_p=1\ 112$ mm$^2$），非预应力钢筋为 HRB400 钢筋 4 ⌀12（$A_s=452$ mm$^2$），拉杆截面如图 10-15 所示，孔洞直径为 55 mm，采用 JM12 锚具（夹片式锚具）进行后张法一端张拉，孔道为充压橡皮管抽芯成型。试求跨中截面处预应力钢筋应力的总损失值 $\sigma_l$（设张拉钢筋时混凝土已达到设计要求强度）。

**解**：(1) 基本资料：C60 混凝土，$f_c=27.5$ N/mm$^2$，$f_{ck}=38.5$ N/mm$^2$，$E_c=3.60\times10^4$ N/mm$^2$，$f_{tk}=2.85$ N/mm$^2$，假设施工时混凝土实际立方体强度 $f'_{cu}=60$ N/mm$^2$；预应力钢筋为钢绞线，$f_{py}=1\ 220$ N/mm$^2$，$f_{ptk}=1\ 720$ N/mm$^2$，$E_s=1.95\times10^5$ N/mm$^2$；非预应力钢筋为 HRB400 钢筋，$f_y=360$ N/mm$^2$，$E_s=2.0\times10^5$ N/mm$^2$。

(2) 截面特征及参数计算：

非预应力钢筋与混凝土的弹性模量之比为

$$\alpha_{Es}=E_s/E_c=(2.0\times10^5)/(3.60\times10^4)=5.56$$

预应力钢筋与混凝土的弹性模量之比为

$$\alpha_{Ep}=E_s/E_c=(1.95\times10^5)/(3.60\times10^4)=5.42$$

$$A=280\times180=50\ 400(\text{mm}^2)$$

$$A_c=A-2\times\pi\times55^2/4-A_s=50\ 400-2\times3.14\times55^2/4-452=45\ 199(\text{mm}^2)$$

$$A_n=A_c+\alpha_{Es}A_s=45\ 199+5.56\times452=47\ 712(\text{mm}^2)$$

$$A_0=A_n+\alpha_{Ep}A_p=47\ 712+5.42\times1\ 112=53\ 739(\text{mm}^2)$$

(3) 确定张拉控制应力 $\sigma_{con}$：

$$\sigma_{con}=0.75f_{ptk}=0.75\times1\ 720=1\ 290\ (\text{N/mm}^2)$$

(4) 计算预应力损失值：

①锚具变形损失 $\sigma_{l1}$：张拉端滑移量由表 10-2 查得 $a=5$ mm，$l=18\ 000$ mm。

$$\sigma_{l1}=E_sa/l=1.95\times10^5\times5/18\ 000=54.17(\text{N/mm}^2)$$

②孔道摩擦损失 $\sigma_{l2}$：

由表 10-3 查得 $k=0.001\ 5$，$x=18$ m，$\theta=0$。

$$kx+\mu\theta=0.001\ 5\times18=0.027<0.2$$

$$\sigma_{l2}=(kx+\mu\theta)\sigma_{con}=0.027\times1\ 290=34.83(\text{N/mm}^2)$$

第一批预应力损失值

$$\sigma_{l\text{I}}=\sigma_{l1}+\sigma_{l2}=54.17+34.83=89(\text{N/mm}^2)$$

③预应力钢筋应力松弛损失 $\sigma_{l4}$：

$$\sigma_{l4}=0.36(\sigma_{con}/f_{ptk}-0.5)\ \sigma_{con}=0.36\times(1\ 290/1\ 720-0.5)\ \times1\ 290=116.1(\text{N/mm}^2)$$

④混凝土收缩徐变损失 $\sigma_{l5}$：

$\sigma_{pc}$可按公式(10-31)计算,预应力损失值仅考虑第一批应力损失,可得

$$\sigma_{pc}=\sigma_{pcI}=\frac{(\sigma_{con}-\sigma_{lI})A_p}{A_n}=\frac{(1\ 290-89)\times 1\ 112}{47\ 712}=27.99(\text{N/mm}^2)$$

$$\frac{\sigma_{pcI}}{f'_{cu}}=\frac{27.99}{60}=0.467<0.5$$

$$\rho=\frac{A_p+A_s}{A_n}=\frac{1\ 112+452}{47\ 712}=0.032\ 8$$

$$\sigma_{l5}=\frac{35+280\sigma_{pc}/f'_{cu}}{1+15\rho}=\frac{35+280\times 27.99/60}{1+15\times 0.032\ 8}=111.01(\text{N/mm}^2)$$

第二批预应力损失为:$\sigma_{l\text{II}}=\sigma_{l4}+\sigma_{l5}=116.1+111.01=227.11(\text{N/mm}^2)$

总损失值$\sigma_l$为:$\sigma_l=\sigma_{l\text{I}}+\sigma_{l\text{II}}=89+227.11=316.11(\text{N/mm}^2)>80\ \text{N/mm}^2$

# 第三节　预应力混凝土轴心受拉构件的应力分析

为了解预应力混凝土构件在不同阶段的应力特点,本节以轴心受拉构件为例,分别对先张法和后张法构件的施工阶段、使用阶段和破坏阶段进行应力分析。

## 一、先张法预应力混凝土轴心受拉构件的应力分析

先张法构件各阶段钢筋和混凝土的应力变化过程见表10-6。

### (一)施工阶段

1. 应力状态1

应力状态1指:张拉预应力钢筋并将其固定在台座(钢模)上,浇筑混凝土并养护,但混凝土并未受到压缩的状态。通常称为“预压前”状态。

钢筋刚张拉完毕时,预应力钢筋的应力为张拉控制应力$\sigma_{con}$(见表10-6图(a))。然后,由于锚具变形、钢筋内缩、养护温差、钢筋松弛等原因产生了第一批应力损失$\sigma_{l\text{I}}=\sigma_{l1}+\sigma_{l2}+\sigma_{l3}+\sigma_{l4}$,预应力钢筋的预拉应力将减少$\sigma_{l\text{I}}$。因此,预应力钢筋的应力降低为$\sigma_{p0\text{I}}$(见表10-6图(b))。

$$\sigma_{p0\text{I}}=\sigma_{con}-\sigma_{l\text{I}}\tag{10-10}$$

预应力钢筋与非预应力钢筋的合力为

$$N_{p0\text{I}}=\sigma_{p0\text{I}}A_p=(\sigma_{con}-\sigma_{l\text{I}})A_p\tag{10-11}$$

式中　$A_p$——预应力钢筋的截面面积。

由于预应力钢筋仍然固定在台座(或钢模)上,预应力钢筋的总预拉力由台座(或钢模)承受,所以混凝土的应力$\sigma_c$和非预应力钢筋的应力$\sigma_s$均为零。

2. 应力状态2

当混凝土达到其设计强度的75%以上时,即可切断预应力钢筋。混凝土受到预应力钢筋回弹力的挤压而产生预压应力。此状态是混凝土受到预压应力的状态。混凝土的预压应力为$\sigma_{pc\text{I}}$,混凝土受压后产生压缩变形$\varepsilon_c=\sigma_{pc\text{I}}/E_c$。钢筋因与混凝土黏结在一起也随之回缩同样数值。由应变协调关系可得非预应力钢筋和预应力钢筋产生的压应力均

表 10-6　先张法预应力轴心受拉构件的应力分析

| 阶段 | | 应力状态 | | | 应力图形 |
|---|---|---|---|---|---|
| 施工阶段 | 1 | 刚张拉好预应力钢筋，浇捣混凝土并进行养护，第一批预应力损失出现 | (a)<br>(b) | 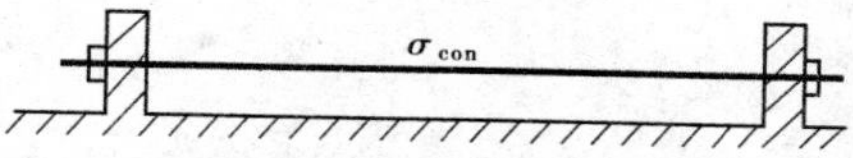 $\sigma_{con}$ 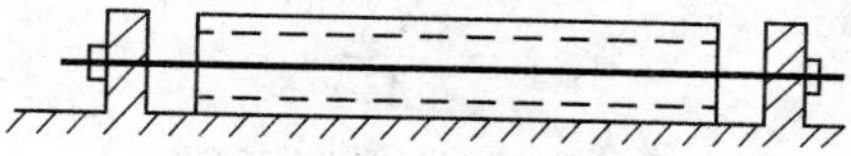 | 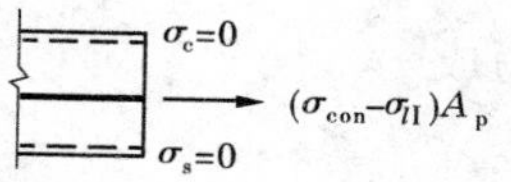 $\sigma_c=0$<br>$(\sigma_{con}-\sigma_{l\mathrm{I}})A_p$<br>$\sigma_s=0$ |
| | 2 | 从台座上放松预应力钢筋，混凝土受到预压 | (c) | 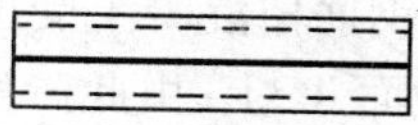 | 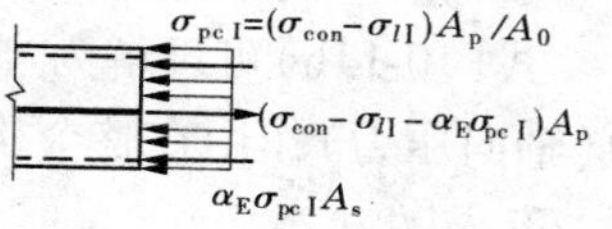 $\sigma_{pc\mathrm{I}}=(\sigma_{con}-\sigma_{l\mathrm{I}})A_p/A_0$<br>$(\sigma_{con}-\sigma_{l\mathrm{I}}-\alpha_E\sigma_{pc\mathrm{I}})A_p$<br>$\alpha_E\sigma_{pc\mathrm{I}}A_s$ |
| | 3 | 预应力损失全部出现 | (d) | 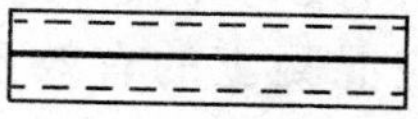 | 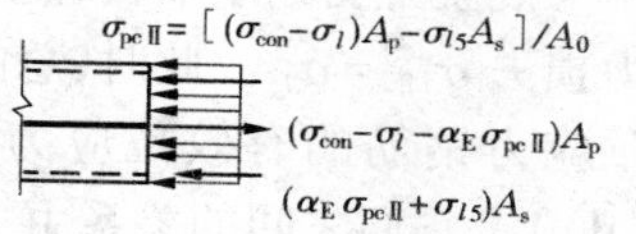 $\sigma_{pc\mathrm{II}}=[(\sigma_{con}-\sigma_l)A_p-\sigma_{l5}A_s]/A_0$<br>$(\sigma_{con}-\sigma_l-\alpha_E\sigma_{pc\mathrm{II}})A_p$<br>$(\alpha_E\sigma_{pc\mathrm{II}}+\sigma_{l5})A_s$ |
| 使用阶段 | 4 | 荷载作用（加载至混凝土应力为零） | (e) |  $N_0=N_{p0\mathrm{II}}$ | 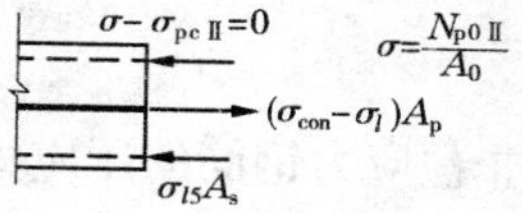 $\sigma-\sigma_{pc\mathrm{II}}=0$　$\sigma=\dfrac{N_{p0\mathrm{II}}}{A_0}$<br>$(\sigma_{con}-\sigma_l)A_p$<br>$\sigma_{l5}A_s$ |
| | 5 | 裂缝即将出现 | (f) | 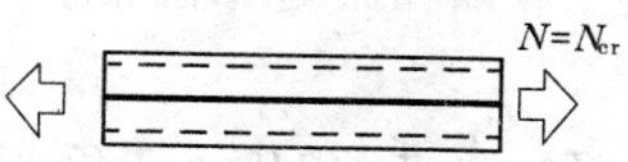 $N=N_{cr}$ | 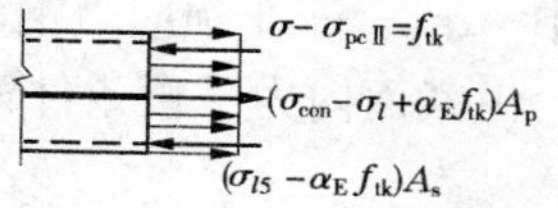 $\sigma-\sigma_{pc\mathrm{II}}=f_{tk}$<br>$(\sigma_{con}-\sigma_l+\alpha_E f_{tk})A_p$<br>$(\sigma_{l5}-\alpha_E f_{tk})A_s$ |
| | | 荷载作用（开裂后） | (g) | 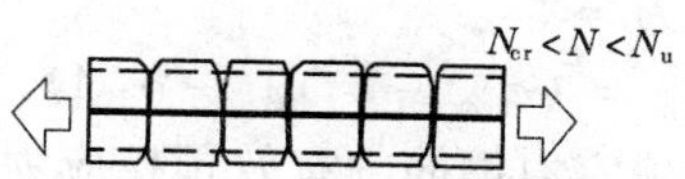 $N_{cr}<N<N_u$ | 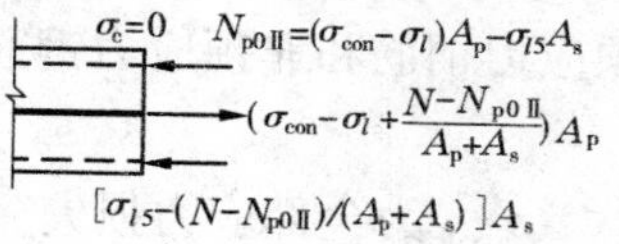 $\sigma_c=0$　$N_{p0\mathrm{II}}=(\sigma_{con}-\sigma_l)A_p-\sigma_{l5}A_s$<br>$(\sigma_{con}-\sigma_l+\dfrac{N-N_{p0\mathrm{II}}}{A_p+A_s})A_p$<br>$[\sigma_{l5}-(N-N_{p0\mathrm{II}})/(A_p+A_s)]A_s$ |
| 破坏阶段 | 6 | 破坏时 | (h) | 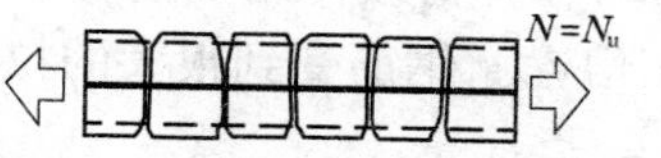 $N=N_u$ | 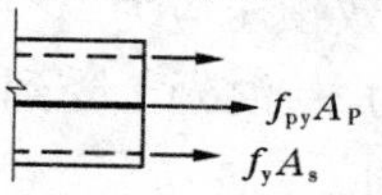 $f_{py}A_p$<br>$f_yA_s$ |

为 $\alpha_E\sigma_{pc\mathrm{I}}$（$\varepsilon_sE_s=\varepsilon_cE_s=\sigma_{pc\mathrm{I}}E_s/E_c=\alpha_E\sigma_{pc\mathrm{I}}$，$\alpha_E=E_s/E_c$）。所以，预应力钢筋的应力将减少 $\alpha_E\sigma_{pc\mathrm{I}}$，有效预拉应力为 $\sigma_{pe\mathrm{I}}$（见表 10-6 图(c)）为：

$$\sigma_{pe\mathrm{I}}=\sigma_{p0\mathrm{I}}-\alpha_E\sigma_{pc\mathrm{I}}=\sigma_{con}-\sigma_{l\mathrm{I}}-\alpha_E\sigma_{pc\mathrm{I}} \tag{10-12}$$

非预应力钢筋受到的压应力为

$$\sigma_{s\mathrm{I}}=\alpha_E\sigma_{pc\mathrm{I}} \tag{10-13}$$

混凝土的预压应力 $\sigma_{pc\,I}$ 可由截面内力平衡条件求得

$$\sigma_{pe\,I}A_p = \sigma_{pc\,I}A_c + \sigma_{pc\,I}\alpha_E A_s$$

则

$$\sigma_{pc\,I} = \frac{(\sigma_{con} - \sigma_{l\,I})A_p}{A_c + \alpha_E A_s + \alpha_E A_p} = \frac{(\sigma_{con} - \sigma_{l\,I})A_p}{A_0} \tag{10-14a}$$

也可写成

$$\sigma_{pc\,I} = \frac{N_{p0\,I}}{A_0} \tag{10-14b}$$

式中 $A_s$、$A_p$——非预应力钢筋和预应力钢筋的截面面积；

$A_c$——构件混凝土的截面面积，$A_c = A - A_s - A_p$，$A$ 为构件截面面积；

$A_0$——换算截面面积，$A_0 = A_c + \alpha_E A_s + \alpha_E A_p$。

式(10-14b)可理解为当放松预应力钢筋使混凝土受压时，将钢筋回弹力 $N_{p0\,I}$ 看做外力(轴向压力)作用在整个构件的换算截面 $A_0$ 上，由此产生的压应力为 $\sigma_{pc\,I}$。

3. 应力状态3

混凝土受到压缩后，随着时间的增长又发生收缩和徐变，使预应力钢筋产生第二批应力损失 $\sigma_{l\,II} = \sigma_{l5}$。此时，总的应力损失值为 $\sigma_l = \sigma_{l\,I} + \sigma_{l\,II}$。在预应力损失全部出现后，预应力钢筋的有效拉应力为 $\sigma_{pe\,II}$，相应混凝土的有效预压应力为 $\sigma_{pc\,II}$(见表10-6图(d))。它们之间的关系由下列公式表示

$$\sigma_{pe\,II} = \sigma_{p0\,II} - \alpha_E\sigma_{pc\,II} = \sigma_{con} - \sigma_l - \alpha_E\sigma_{pc\,II} \tag{10-15}$$

$$\sigma_{p0\,II} = \sigma_{con} - \sigma_l \tag{10-16}$$

非预应力钢筋的压应力为

$$\sigma_{s\,II} = \alpha_E\sigma_{pc\,II} + \sigma_{l5} \tag{10-17}$$

式中 $\sigma_{l5}$——非预应力钢筋因混凝土收缩和徐变所增加的压应力。

由截面内力平衡条件得

$$\sigma_{pe\,II}A_p = \sigma_{pc\,II}A_c + (\alpha_E\sigma_{pc\,II} + \sigma_{l5})A_s \tag{10-18}$$

则式中 $N_{p0\,II}$ 为预应力损失全部出现后，混凝土预压应力为零时(预应力钢筋合力点处)，预应力钢筋和非预应力钢筋的合力

$$N_{p0\,II} = (\sigma_{con} - \sigma_l)A_p - \sigma_{l5}A_s \tag{10-19}$$

$\sigma_{pe\,II}$ 为全部应力损失完成后预应力钢筋的有效预拉应力，$\sigma_{pc\,II}$ 为预应力混凝土中所建立的"有效预压应力"。由上可知，在外荷载作用以前，预应力构件中钢筋及混凝土的应力都不为零，混凝土受到很大的压应力，钢筋受到很大的拉应力，这是它与非预应力构件质的差别。

**(二)使用阶段**

1. 应力状态4

构件受到外荷载(轴向拉力 $N$)作用后，截面上要叠加由于 $N$ 产生的拉应力。当外荷载 $N = N_{p0\,II}$ 时，它对截面产生的拉应力 $N/A_0$ 刚好全部抵消混凝土的有效预压应力 $\sigma_{pc\,II}$。因此，截面上混凝土的应力由 $\sigma_{pc\,II}$ 降为零(见表10-6图(e))。该情况称为消压状态，在消压轴向拉力 $N_0 = N_{p0\,II}$ 作用下，预应力钢筋的拉应力由 $\sigma_{pe\,II}$ 增加 $\alpha_E\sigma_{pc\,II}$，所以为 $\sigma_{p0\,II}$，见

式(10-16)。非预应力钢筋的压应力由 $\sigma_{s\text{Ⅱ}}$ 减少 $\alpha_E\sigma_{pc\text{Ⅱ}}$,即降低为 $\sigma_{s0}$。

$$\sigma_{s0} = \sigma_{l5} \tag{10-20}$$

应力状态4是轴心受拉构件受力由压应力转为拉应力的一个重要标志。如果 $N < N_0$,混凝土始终处于受压状态;若 $N > N_0$,则混凝土将出现拉应力,以后拉应力的增量就同普通钢筋混凝土轴心受拉构件一样。

2. 应力状态5

(1)即将开裂时。当混凝土拉应力达到混凝土轴心抗拉强度标准值 $f_{tk}$ 时,裂缝就将出现(见表10-6图(f))。所以,构件的开裂荷载 $N_{cr}$ 将在 $N_{p0\text{Ⅱ}}$ 的基础上增加 $f_{tk}A_0$,即

$$N_{cr} = N_{p0\text{Ⅱ}} + f_{tk}A_0 = (\sigma_{pc\text{Ⅱ}} + f_{tk})A_0 \tag{10-21a}$$

也可写成

$$N_{cr} = N_{p0\text{Ⅱ}} + N'_{cr} \tag{10-21b}$$

式中 $N'_{cr} = f_{tk}A_0$ 即为普通钢筋混凝土轴心受拉构件的开裂荷载。由式(10-21)可见,预应力构件的开裂能力由于多了 $N_{p0\text{Ⅱ}}$ 一项而比非预应力构件而大大提高。

在裂缝即将出现时,预应力钢筋与非预应力钢筋的应力分别增加了 $\alpha_E f_{tk}$ 的拉应力,即

预应力钢筋
$$\sigma_p = \sigma_{p0\text{Ⅱ}} + \alpha_E f_{tk} = \sigma_{con} - \sigma_l + \alpha_E f_{tk} \tag{10-22}$$

非预应力钢筋
$$\sigma_s = \sigma_{l5} - \alpha_E f_{tk} \tag{10-23}$$

(2)开裂后。在开裂瞬间,由于裂缝截面的混凝土应力 $\sigma_c = 0$,原来由混凝土承担的拉力 $f_{tk}A_c$ 转由钢筋承担。所以,预应力钢筋和非预应力钢筋的拉应力增量较开裂前的应力增加 $f_{tk}A_c/(A_p + A_s)$。此时,预应力钢筋和非预应力钢筋的应力分别为

$$\sigma_p = \sigma_{p0\text{Ⅱ}} + \alpha_E f_{tk} + \frac{f_{tk}A_c}{A_p + A_s} = \sigma_{p0\text{Ⅱ}} + \frac{f_{tk}A_0}{A_p + A_s} = \sigma_{p0\text{Ⅱ}} + \frac{N_{cr} - N_{p0\text{Ⅱ}}}{A_p + A_s} \tag{10-24}$$

$$\sigma_s = \sigma_{l5} - \alpha_E f_{tk} - \frac{f_{tk}A_c}{A_p + A_s} = \sigma_{l5} - \frac{f_{tk}A_0}{A_p + A_s} = \sigma_{p0\text{Ⅱ}} - \frac{N_{cr} - N_{p0\text{Ⅱ}}}{A_p + A_s} \tag{10-25}$$

开裂后,在外荷载 $N$ 作用下,增加的轴向拉力 $N - N_{cr}$ 将全部由钢筋承担(见表10-6图(g)),预应力钢筋和非预应力钢筋的拉应力增量均为 $(N - N_{cr})/(A_p + A_s)$。这时,预应力钢筋和非预应力钢筋的应力分别为

预应力钢筋
$$\sigma_p = \sigma_{p0\text{Ⅱ}} + \frac{N_{cr} - N_{p0\text{Ⅱ}}}{A_p + A_s} + \frac{N - N_{cr}}{A_p + A_s}$$
$$= \sigma_{p0\text{Ⅱ}} + \frac{N - N_{p0\text{Ⅱ}}}{A_p + A_s} = \sigma_{con} - \sigma_l + \frac{N - N_{p0\text{Ⅱ}}}{A_p + A_s} \tag{10-26}$$

非预应力钢筋
$$\sigma = \sigma_{l5} - \frac{N - N_{p0\text{Ⅱ}}}{A_p + A_s} \tag{10-27}$$

式(10-26)与式(10-27)为使用阶段计算裂缝宽度的应力表达式。

**(三)破坏阶段**

应力状态6。当预应力钢筋或非预应力钢筋的应力达到各自的抗拉强度时,构件就发生破坏(见表10-6图(h))。此时的外荷载为构件的极限承载力 $N_u$,即

$$N_u = f_{py}A_p + f_yA_s \tag{10-28}$$

## 二、后张法预应力混凝土轴心受拉构件的工作特点及应力分析

后张法构件的应力分布，除施工阶段因张拉工艺与先张法不同而有所区别外，使用阶段、破坏阶段的应力分布均与先张法相同，后张法的工作特点见表10-7。

**表10-7　后张法预应力混凝土轴心受拉构件的应力分析**

| 阶段 | 序号 | 应力状态 | | 应力图形 |
|---|---|---|---|---|
| 施工阶段 | 1 | 构件制作养护，张拉钢筋，第一批应力损失出现 | (a)<br>(b) 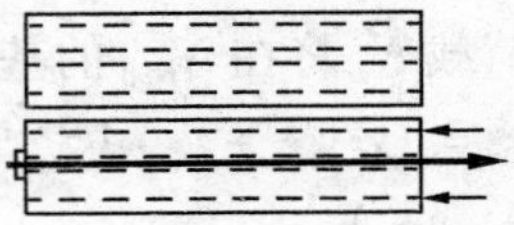 | 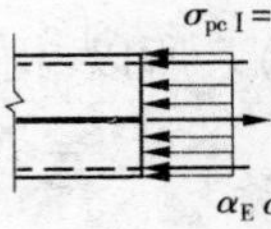 $\sigma_{pc\,I}=(\sigma_{con}-\sigma_{l\,I})A_p/A_n$<br>$(\sigma_{con}-\sigma_{l\,I})A_p$<br>$\alpha_E\sigma_{pc\,I}A_s$ |
| | 2 | 预应力损失全部出现 | (c) 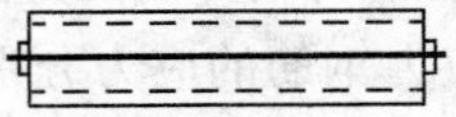 | 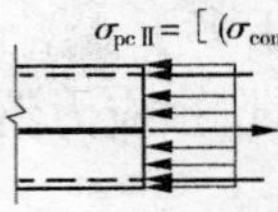 $\sigma_{pc\,II}=[(\sigma_{con}-\sigma_l)A_p-\sigma_{l5}A_s]/A_n$<br>$(\sigma_{con}-\sigma_l)A_p$<br>$(\alpha_E\sigma_{pc\,II}+\sigma_{l5})A_s$ |
| 使用阶段 | 3 | 荷载作用（加载至混凝土应力为零） | (d) 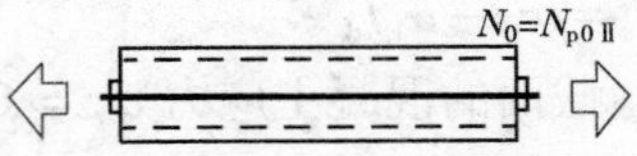 $N_0=N_{p0\,II}$ | 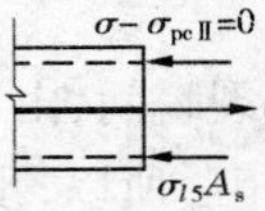 $\sigma-\sigma_{pc\,II}=0$<br>$(\sigma_{con}-\sigma_l+\alpha_E\sigma_{pc\,II})A_p$<br>$\sigma_{l5}A_s$ |
| | 4 | 裂缝即将出现 | (e) 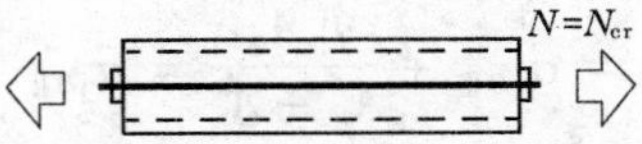 $N=N_{cr}$ | 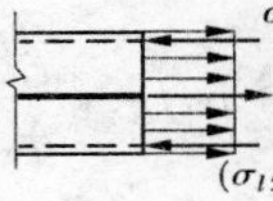 $\sigma-\sigma_{pc\,II}=f_{tk}$<br>$(\sigma_{con}-\sigma_l+\alpha_E\sigma_{pc\,II}+\alpha_E f_{tk})A_p$<br>$(\sigma_{l5}-\alpha_E f_{tk})A_s$ |
| | | 荷载作用（开裂后） | (f) 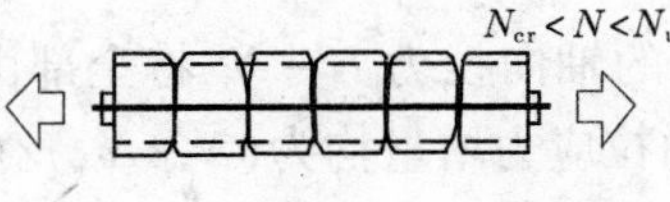 $N_{cr}<N<N_u$ |  $\sigma_c=0$　$N_{p0\,II}=(\sigma_{con}-\sigma_l+\alpha_E\sigma_{pc\,II})A_p-\sigma_{l5}A_s$<br>$(\sigma_{con}-\sigma_l+\alpha_E\sigma_{pc\,II}+\dfrac{N-N_{p0\,II}}{A_p+A_s})A_p$<br>$[\sigma_{l5}-(N-N_{p0\,II})/(A_p+A_s)]A_s$ |
| 破坏阶段 | 5 | 破坏时 | (g) 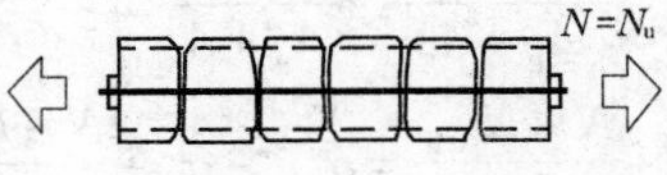 $N=N_u$ | 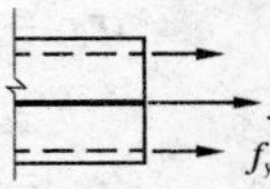 $f_{py}A_p$<br>$f_yA_s$ |

### （一）施工阶段

1. 应力状态1

后张法构件第一批应力损失出现后（见表10-7图(b)），非预应力钢筋的应力及混凝土的预压应力为

$$\sigma_{pe\,I}=\sigma_{con}-\sigma_{l\,I} \tag{10-29}$$

$$\sigma_{s\,I}=\alpha_E\sigma_{pc\,I} \tag{10-30}$$

$$\sigma_{pc\,\mathrm{I}}=\frac{(\sigma_{con}-\sigma_{l\,\mathrm{I}})A_p}{A_n}=\frac{N_{p\,\mathrm{I}}}{A_n}\tag{10-31}$$

与先张法放张后相应公式相比，除非预应力钢筋应力计算公式(10-30)与式(10-13)相同外，其他两式都不同，这是因为：①后张法在张拉预应力钢筋的同时，混凝土就受到了预压应力，弹性压缩变形已经完成，因此后张法预应力钢筋的应力比先张法少降低$\alpha_E\sigma_{pc\,\mathrm{I}}$，见式(10-29)与式(10-12)；②混凝土的预压应力$\sigma_{pc\,\mathrm{I}}$，后张法的式(10-31)与先张法的式(10-14)相比，前者采用净截面面积$A_n$($A_n=A_c+\alpha_E A_s$，$A_c=A-A_s-A_{孔道面积}$)，后者用换算截面面积$A_0$；前者用$N_{p\,\mathrm{I}}$，后者用$N_{p0\,\mathrm{I}}$。

$$N_{p\,\mathrm{I}}=\sigma_{pe\,\mathrm{I}}A_p=(\sigma_{con}-\sigma_{l\,\mathrm{I}})A_p\tag{10-32}$$

2. 应力状态2

后张法构件第二批应力损失出现后(见表10-7图(c))，预应力钢筋、非预应力钢筋的应力及混凝土的有效预压应力为

$$\sigma_{pe\,\mathrm{II}}=\sigma_{con}-\sigma_l\tag{10-33}$$

$$\sigma_{s\,\mathrm{II}}=\alpha_E\sigma_{pc\,\mathrm{II}}+\sigma_{l5}\tag{10-34}$$

$$\sigma_{pc\,\mathrm{II}}=\frac{(\sigma_{con}-\sigma_l)A_p-\sigma_{l5}A_s}{A_n}=\frac{N_{p\,\mathrm{II}}}{A_n}\tag{10-35}$$

与先张法相应的公式相比，除非预应力钢筋的应力计算公式(10-34)与式(10-17)相同外，其他都不相同。预应力钢筋的应力，后张法比先张法少降低$\alpha_E\sigma_{pc\,\mathrm{II}}$，见式(10-33)与式(10-15)。混凝土的有效预压应力$\sigma_{pc\,\mathrm{II}}$，后张法采用$A_n$，先张法采用$A_0$。预应力钢筋和非预应力钢筋的合力，先张法用$N_{p0\,\mathrm{II}}$，后张法用$N_{p\,\mathrm{II}}$。

$$N_{p\,\mathrm{II}}=\sigma_{pe\,\mathrm{II}}A_p-\sigma_{l5}A_s=(\sigma_{con}-\sigma_l)A_p-\sigma_{l5}A_s\tag{10-36}$$

先张法预应力钢筋和非预应力钢筋的合力是指混凝土预压应力为零时的情况，后张法是指混凝土已有预压应力的情况。由于先张法预应力钢筋有弹性压缩引起的应力降低，故两者相应的公式不同，前者用$N_{p0}$、$\sigma_{p0}$、$A_0$，后者用$N_p$、$\sigma_p$、$A_n$。在同样情况下，后张法建立的混凝土有效预压应力比先张法要高。

后张法中的预应力钢筋常有几根或几束，必须分批张拉。这时要考虑后批张拉钢筋所产生的混凝土弹性压缩(或伸长)，使先张拉并已锚固好的钢筋的应力又发生变化。也就相当于先张拉的钢筋又进一步产生了应力降低(或增加)。这种应力变化的数值为$\alpha_E\sigma_{pc\,\mathrm{I}}$，$\sigma_{pc\,\mathrm{I}}$为后批张拉钢筋时在先批张拉钢筋重心位置所引起的混凝土法向应力。考虑这种应力变化的影响，对先张拉的那些钢筋，常根据$\alpha_E\sigma_{pc\,\mathrm{I}}$值增大(或减小)其张拉控制应力$\sigma_{con}$。

**(二)使用阶段**

1. 应力状态3

后张法应力状态3与先张法应力状态4的应力计算公式和消压内力计算公式的形式及符号完全相同，但预应力钢筋应力$\sigma_{p0\,\mathrm{II}}$的具体数值不同，后张法比先张法多了一项$\alpha_E\sigma_{pc\,\mathrm{II}}$(见表10-7图(d))。计算后张法构件外荷载产生的应力时，由于孔道已经灌满，预应力钢筋与混凝土共同变形，所以与先张法相同，即截面应取换算截面面积$A_0$。当截面上混凝土应力$\sigma_c=N/A_0-\sigma_{pc\,\mathrm{II}}=0$时，为消压状态，消压轴向拉力$N_0=N_{p0\,\mathrm{II}}=\sigma_{p0\,\mathrm{II}}$

$A_p - \sigma_{l5} A_s$。

2. 应力状态 4

后张法应力状态 4 与先张法应力状态 5 的应力、内力计算公式形式及符号都完全相同，只是 $\sigma_{p0\,\mathrm{II}}$ 的具体数值相差 $\alpha_E \sigma_{pc\,\mathrm{II}}$（见表 10-7 图（e）、（f））。

**（三）破坏阶段**

应力状态 5。后张法应力状态 5 与先张法应力状态 6 的应力、内力计算公式形式及符号也完全相同（见表 10-7 图（g））。若两者钢筋用量相同，其极限承载力也相同。

## 三、预应力构件与非预应力构件的比较及特点

为进一步说明预应力轴心受拉构件的受力特点，现将后张法预应力轴心受拉构件与非预应力轴心受拉构件进行分析比较，两者采用相同的截面尺寸、材料及配筋数量。

图 10-16 为上述两类构件在施工阶段、使用阶段和破坏阶段预应力钢筋、非预应力钢筋和混凝土的应力及荷载变化示意图。横坐标代表荷载，原点 $O$ 左边为施工阶段预应力钢筋的回弹力，右边为使用阶段和破坏阶段作用的外力。纵坐标 $O$ 上、下方各代表预应力钢筋、非预应力钢筋和混凝土的拉、压应力。实线为预应力构件，虚线为非预应力构件。由图中曲线对比可以看出：

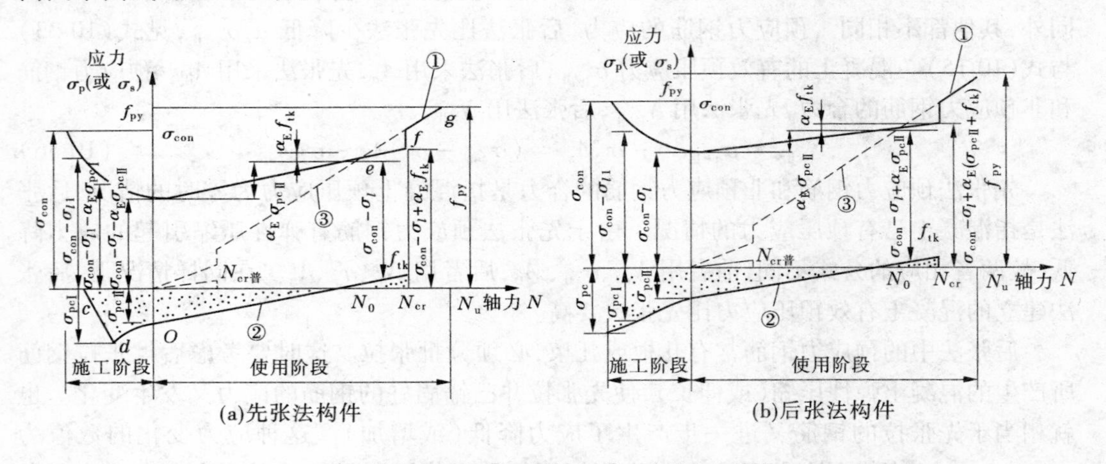


(a)先张法构件　　(b)后张法构件

①—预应力钢筋；②—混凝土；③—非预应力钢筋

**图 10-16　轴心受拉构件各阶段钢筋和混凝土应力变化曲线示意图**

（1）预应力钢筋从张拉至破坏一直处于高拉应力状态，混凝土在荷载作用前一直处于受压状态，这样，高强钢筋和混凝土就充分发挥了各自特长。

（2）预应力构件的开裂荷载 $N_{cr}$ 远远大于非预应力构件的开裂荷载 $N'_{cr}$，较大幅度地提高了预应力构件的抗裂能力。

（3）当预应力混凝土构件与普通钢筋混凝土构件的截面尺寸和强度相同时，两者的承载能力相等。

# 第四节　预应力混凝土轴心受拉构件的计算

## 一、轴心受拉构件正截面受拉承载力公式

$$KN \leqslant f_y A_s + f_{py} A_p \quad (10\text{-}37)$$

式中　$N$——轴向力设计值；

$A_s$、$A_p$——纵向非预应力钢筋、预应力钢筋的全部截面面积，$mm^2$。

## 二、抗裂验算

预应力混凝土轴心受拉构件抗裂验算应分别按下列规定进行。

**(一)严格要求不出现裂缝的构件**

在荷载效应标准组合下，正截面混凝土法向应力应符合下列规定：

$$\sigma_{ck} - \sigma_{pc} \leqslant 0 \quad (10\text{-}38)$$

**(二)一般要求不出现裂缝的构件**

在荷载效应标准组合下，正截面混凝土法向应力应符合下列规定：

$$\sigma_{ck} - \sigma_{pc} \leqslant 0.7\gamma f_{tk} \quad (10\text{-}39)$$

式中　$\sigma_{ck}$——在荷载标准值作用下，构件抗裂验算边缘的混凝土法向应力，$\sigma_{ck} = N_k / A_0$；

$\sigma_{pc}$——扣除全部混凝土预应力损失后在抗裂验算边缘的混凝土预压应力；

$f_{tk}$——混凝土轴心抗拉强度标准值；

$\gamma$——受拉区混凝土塑性影响系数，对轴心受拉构件，$\gamma = 1.0$。

## 三、裂缝宽度验算

使用阶段允许出现裂缝的预应力混凝土构件(裂缝控制等级为三级)，应按下列公式进行裂缝宽度计算：

$$w_{max} = \alpha\alpha_1 \frac{\sigma_{sk}}{E_s}\left(30 + c + \frac{0.07d}{\rho_{te}}\right) \quad (10\text{-}40)$$

$$\sigma_{sk} = \frac{N_{sk} - N_{p0}}{A_s + A_p} \quad (10\text{-}41)$$

$$\rho_{te} = \frac{A_s + A_p}{A_{te}} \quad (10\text{-}42)$$

式中　$\alpha$——考虑构件受力特征和荷载长期作用的综合影响系数，对于预应力混凝土轴心受拉构件，$\alpha = 2.7$；

$\alpha_1$——考虑钢筋表面形状和预应力张拉方法的系数，按表10-8取值。

## 四、施工阶段验算

施工阶段不允许出现裂缝的构件，应力验算应满足下列条件：

$$\sigma_{ct} \leqslant f'_{tk} \quad (10\text{-}43)$$

$$\sigma_{cc} \leqslant 0.8 f'_{ck} \tag{10-44}$$

**表 10-8　考虑钢筋表面形状和预应力张拉方法的系数 $\alpha_1$**

| 钢筋种类 | 非预应力带肋钢筋 | 先张法预应力钢筋 | | 后张法预应力钢筋 | |
|---|---|---|---|---|---|
| | | 螺旋肋钢棒 | 钢绞线、钢丝螺旋槽钢棒 | 螺旋肋钢棒 | 钢绞线、钢丝螺旋槽钢棒 |
| $\alpha_1$ | 1.0 | 1.0 | 1.2 | 1.1 | 1.4 |

**注**:1. 螺纹钢筋的系数 $\alpha_1$ 取为 1.0。

2. 当采用不同种类的钢筋时,系数 $\alpha_1$ 按钢筋面积加权平均取值。

式中　$\sigma_{ct}$、$\sigma_{cc}$——相应施工阶段计算截面边缘纤维的混凝土拉应力、压应力,对先张法按第一批预应力损失出现后计算,$\sigma_{cc} = (\sigma_{con} - \sigma_{l1})A_p/A_0$,对后张法按未施加锚具前的张拉端计算,即不考虑锚具和摩擦损失,$\sigma_{cc} = \sigma_{con}A_p/A_n$;

$f'_{tk}$、$f'_{ck}$——与施工阶段混凝土立方体抗压强度 $f'_{cu}$ 相应的轴心抗拉、轴心抗压强度标准值。

【例 10-2】　例 10-1 所示的拉杆为一屋架下弦(露天环境),承受轴向拉力,永久荷载标准值和可变荷载标准值分别为 650 kN 和 300 kN,构件严格要求不出现裂缝,水工建筑物级别为 2 级。

(1)验算该拉杆的承载力;

(2)验算使用阶段正截面的抗裂度;

(3)验算施工阶段混凝土的抗压能力。、

**解:**

(1)承载力验算

$$N = 1.05 \times 650 + 1.2 \times 300 = 1\,042.5(\text{kN})$$

$$\begin{aligned} f_{py}A_p + f_yA_s &= 1\,220 \times 1\,112 + 360 \times 452 \\ &= 1\,519\,360(\text{N}) = 1\,519.36\ \text{kN} \\ &> KN = 1.2 \times 1\,042.5 = 1\,251(\text{kN}) \end{aligned}$$

所以,满足要求。

(2)抗裂验算

混凝土的预压应力为:

$$\sigma_{pc\,\text{II}} = \frac{(\sigma_{con} - \sigma_l)A_p - \sigma_{l5}A_s}{A_n} = \frac{(1\,290 - 316.11) \times 1\,112 - 111.01 \times 452}{47\,712}$$

$$= 21.65\ (\text{N/mm}^2)$$

在荷载效应的标准组合下

$$N_k = 650 + 300 = 950(\text{kN})$$

$$\sigma_{ck} = N_k/A_0 = 950 \times 10^3/53\,739 = 17.68(\text{N/mm}^2)$$

$$\sigma_{ck} - \sigma_{pc\,\text{II}} = 17.68 - 21.65 = -3.99 < 0$$

所以,满足要求。

(3)施工阶段验算

$$\sigma_{cc} = \sigma_{con}A_p/A_n = 1\,290 \times 1\,112/47\,712 = 30.07(\text{N/mm}^2)$$

$$0.8f_{ck}' = 0.8 \times 38.5 = 30.8(\text{N/mm}^2)$$

$$\sigma_{cc} < 0.8f_{ck}'$$

所以,满足要求。

## 思考题

10-1 为什么在普通钢筋混凝土构件中一般不采用高强度钢筋?

10-2 简述预应力混凝土的工作原理。

10-3 什么是先张法?什么是后张法?它们各有哪些优缺点?

10-4 预应力混凝土结构构件对钢筋和混凝土有什么要求?

10-5 预应力钢筋分为哪几类?它们各有什么优点?

10-6 什么是张拉控制应力?其数值大小的确定应注意哪些问题?

10-7 什么是预应力损失?预应力损失有哪几种?怎样划分它们的损失阶段?

10-8 什么是预应力混凝土的换算截面面积和净截面面积?

10-9 简述先张法预应力混凝土轴心受拉构件各阶段混凝土及钢筋的应力状态。

10-10 简述后张法预应力混凝土轴心受拉构件各阶段混凝土及钢筋的应力状态。

## 习 题

10-1 后张法预应力混凝土轴心受拉构件长18 m,为3级水工建筑物,采用C40混凝土,预应力钢筋为PSB785螺纹钢筋2 $\Phi^{PS}25$($A_p$=982 mm$^2$),非预应力钢筋为HRB335级钢筋4 $\Phi$ 10($A_s$=314 mm$^2$),拉杆截面如图10-17所示,孔洞直径为48 mm,采用一端张拉,张拉时采用螺丝端杆锚具,孔道为充气橡皮管抽芯成型。求构件跨中截面处预应力钢筋应力的总损失值$\sigma_l$(设张拉钢筋时混凝土已达到设计要求强度)。

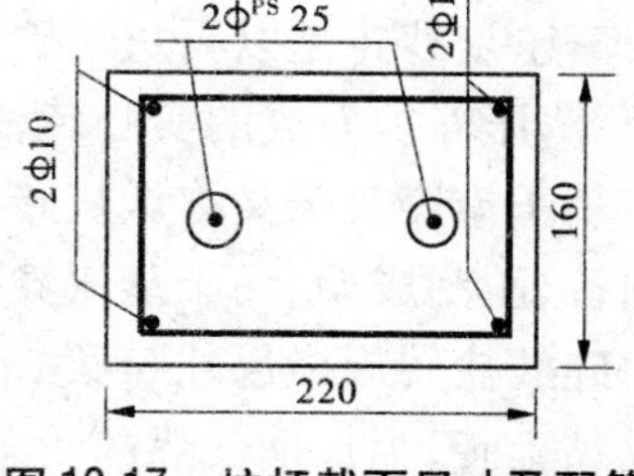


图10-17 拉杆截面尺寸及配筋

10-2 如图10-17所示的拉杆为一屋架下弦(室内正常环境),承受轴向拉力,永久荷载标准值和可变荷载标准值分别为350 kN和100 kN,严格要求不出现裂缝的构件。

(1)验算该拉杆的承载力;

(2)验算使用阶段正截面是否满足抗裂要求;

(3)验算施工阶段混凝土的抗压能力。

# 第十一章　砌体结构

砌体结构是由各种块体通过砂浆铺缝砌筑而成的结构，是砖砌体、砌块砌体、石砌体结构的统称。因过去大量应用砖砌体和石砌体，所以习惯上也称之为砖石结构。

## 第一节　砌体材料

### 一、块体材料

**(一)砖**

1. 烧结普通砖

以黏土、页岩、煤矸石或粉煤灰为主要原料，经过焙烧而成的实心或孔洞率不大于规定值且外形尺寸符合规定的砖，称为烧结普通砖。目前应用最普遍的是黏土砖，它具有一定的强度并有隔热、隔声、耐久及价格低廉等特点，但因其施工机械化程度低，生产时要占用农田，能耗大，不利于环保，所以部分地区正逐步限制或取消黏土砖。其他非黏土原料制成的砖的生产和推广应用，既可充分利用工业废料，又可保护农田，是墙体材料发展的方向。如烧结页岩砖、烧结煤矸石砖、烧结粉煤灰砖等。

我国烧结普通"标准砖"的统一规格尺寸为240 mm×115 mm×53 mm，重度为18～19 kN/m$^3$。

2. 非烧结硅酸盐砖

由硅质材料和石灰为主要原料压制成型并经高压釜蒸汽养护而成的实心砖，统称为硅酸盐砖。常用的有蒸压灰砂砖、蒸压粉煤灰砖等。

蒸压灰砂砖是以石灰和砂为主要原料，也可掺入着色剂或掺合料，经坯料制备、压制成型、蒸压养护而成的实心砖，简称灰砂砖。色泽一般为灰白色。

蒸压粉煤灰砖又称烟灰砖，是以粉煤灰、石灰为主要原料，掺合适量石膏和集料，经坯料制备、压制成型、高压蒸汽养护而成的实心砖。

硅酸盐砖规格尺寸与实心黏土砖相同，其抗冻性、长期强度稳定性以及防水性能等均不及黏土砖，当长期受热高于200 ℃以及冷热交替作用或有酸性侵蚀时应避免采用。

3. 空心砖

空心砖分为烧结多孔砖和烧结空心砖两类。

(1)烧结多孔砖是以黏土、页岩、煤矸石、粉煤灰为主要原料，经焙烧而成的孔洞率不小于25%，孔洞的尺寸小而数量多，使用时孔洞垂直于受压面，主要用于砌筑墙体的承重用砖。其优点是减轻墙体自重，改善保温隔热性能，节约原料和能源。与实心砖相比，多孔砖厚度较大，故除略微提高块体的抗弯、抗剪强度外，还节省砌筑砂浆量。

多孔砖分为M型和P型，有以下三种型号：

KM1:规格尺寸为 190 mm×190 mm×90 mm(如图 11-1(a))所示;
配砖尺寸为 190 mm×90 mm ×90 mm(如图 11-1 (b))所示;
KP1:规格尺寸为 240 mm×115 mm×90 mm(如图 11-1(c))所示;
KP2:规格尺寸为 240 mm×180 mm×115 mm(如图 11-1(d))所示。
其中 KP1、KP2 可与标准砖共同使用。

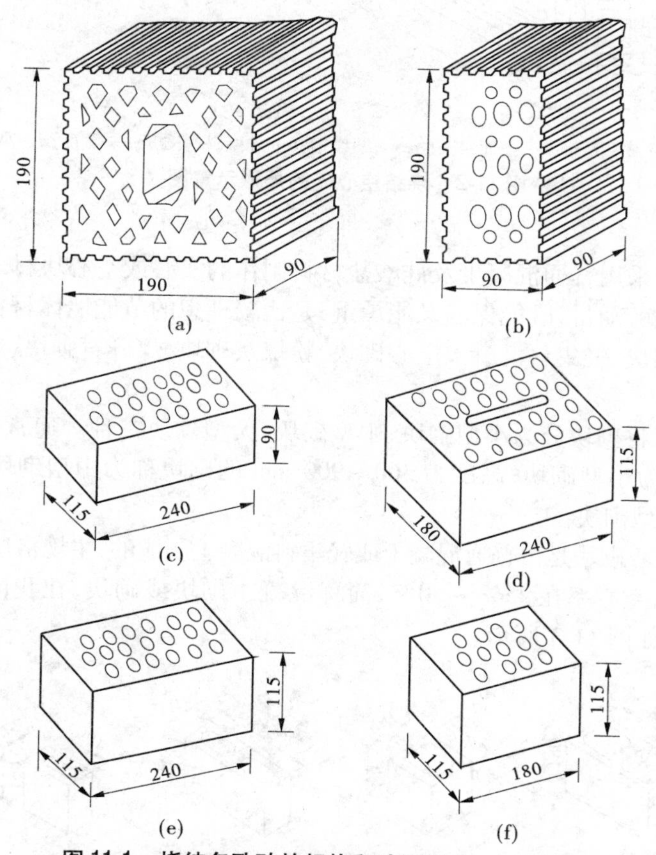


**图 11-1　烧结多孔砖的规格和孔洞形式**　(单位:mm)

(2)烧结空心砖以黏土、页岩、煤矸石为主要原料,经焙烧而成,孔洞率不小于 35%,孔洞的尺寸大而数量少,孔洞采用矩形条孔或其他孔形的水平孔,且平行于大面和条面,其规格和形状如图 11-2 所示。这种空心砖具有良好的隔热性能,自重较轻,主要用做框架填充墙或非承重隔墙。

**(二)石材**

石砌体中的石材要选择无明显风化的天然石材。石材主要有重质岩石和轻质岩石两类。容重大于 18 $kN/m^3$ 者为重质岩石,容重小于 18 $kN/m^3$ 者为轻质岩石。水利工程的石材常采用花岗石和石灰石,强度高,抗冻性、抗水性和抗气性均较好,用于建筑物的基础和挡土墙等。在石材产地也可用于砌筑承重墙体。

石材分为毛石和料石两种。毛石是指形状不规则,中部厚度不小于 200 mm 的块石。料石按其加工后外形的规则程度又分为细料石、半细料石、粗料石和毛料石。

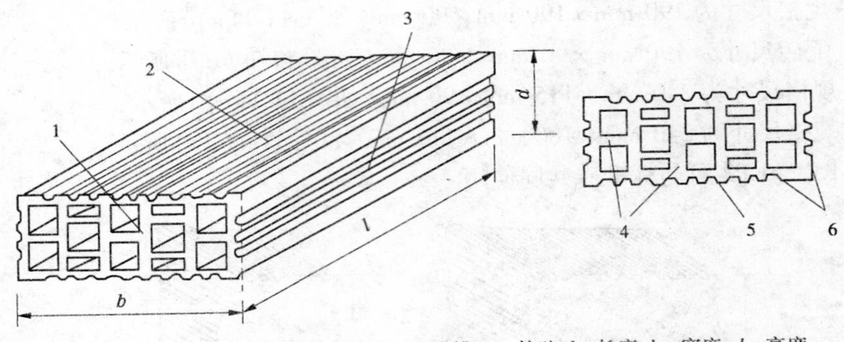


1—顶面;2—大面;3—条面;4—肋;5—凹线槽;6—外壁;$l$—长度;$b$—宽度;$d$—高度

**图 11-2　烧结空心砖的外形示意图**

**(三)砌块**

砌块一般是指采用普通混凝土及硅酸盐材料制作的实心或空心块材。砌块砌体可加快施工进度及减轻劳动量,既能保温又能承重,是比较理想的节能墙体材料。常用砌块有普通混凝土空心砌块、轻集料混凝土空心砌块、粉煤灰砌块、煤矸石砌块、炉渣混凝土砌块等。

按尺寸大小可将砌块分为小型砌块、中型砌块、大型砌块三种。通常把高度为 180 ~ 350 mm 的砌块称为小型砌块;高度为 360 ~ 900 mm 的砌块称为中型砌块;高度大于 900 mm 的砌块称为大型砌块。

混凝土小型空心砌块是由普通混凝土或轻集料混凝土制成的,主规格尺寸为 390 mm × 190 mm × 190 mm,空心率在 25% ~ 50%,简称混凝土砌块或砌块,在我国承重墙体材料中使用最为普遍,如图 11-3 所示。

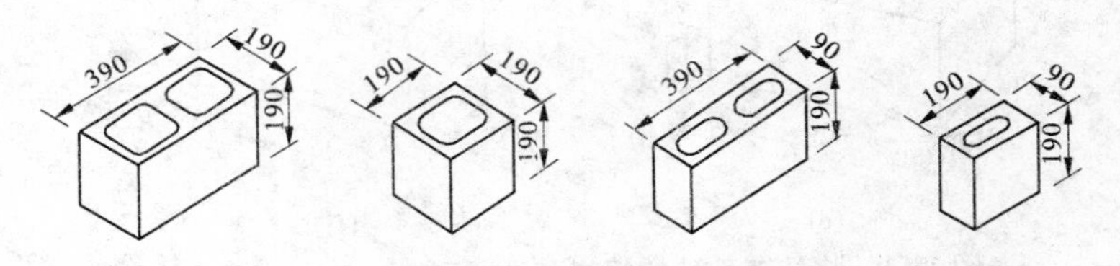


**图 11-3　混凝土小型空心砌块块型**

## 二、砂浆

砂浆是由胶凝材料、细集料、掺加料和水按适当比例配制而成的。砂浆在砌体中的作用是使块体与砂浆接触表面产生黏结力和摩擦力,从而把散放的块体材料凝结成整体以承受荷载,并因抹平块体表面使应力分布均匀。同时,砂浆填满了块体间的缝隙,减少了砌体的透气性,从而提高砌体的隔热、防水和抗冻性能。砌体对所用砂浆的要求主要是足够的强度、适当的可塑性(流动性)和保水性。

砂浆按其所用胶凝材料主要有水泥砂浆、混合砂浆和石灰砂浆三种。

(1)水泥砂浆。由水泥与砂加水按一定配合比拌和而成的不加塑性掺合料的纯水泥砂浆。这种砂浆强度较高,耐久性较好,但其流动性和保水性较差。一般多用于含水量较大的地下砌体。

(2)混合砂浆。混合砂浆包括水泥石灰砂浆、水泥黏土砂浆等,是加有塑性掺合料的水泥砂浆。这种砂浆具有较高的强度,较好的耐久性、和易性、保水性,施工方便,质量容易保证,常用于地上砌体。

(3)石灰砂浆。由石灰与砂和水按一定的配合比拌和而成。这种砂浆强度不高,耐久性差,不能用于地面以下或防潮层以下的砌体,一般用于受力不大的简易建筑或临时建筑。

## 三、砌体材料的强度等级

### (一)块体的强度等级

块体的强度等级是块体力学性能的基本标志,用符号"MU"表示。块体的强度等级是由标准试验方法得出的块体极限抗压强度按规定的评定方法确定的,单位为 MPa。

*1. 砖的强度等级*

烧结普通砖、烧结多孔砖的强度等级分为 MU30、MU25、MU20、MU15、MU10 五个强度等级。

蒸压灰砂砖和蒸压粉煤灰砖的强度等级分为 MU25、MU20、MU15、MU10 四个强度等级。

烧结空心砖的强度等级分为 MU5、MU3、MU2 三个强度等级。

*2. 石材的强度等级*

石材的强度等级分为 MU100、MU80、MU60、MU50、MU40、MU30、MU20 七个强度等级。

*3. 砌块的强度等级*

砌块的强度等级分为 MU20、MU15、MU10、MU7.5、MU5 五个强度等级。

*4. 混凝土砌块灌孔混凝土*

在砌块竖向孔洞中设置钢筋并浇筑灌孔混凝土,使其形成钢筋混凝土芯柱。灌孔混凝土是由水泥、砂子、碎石、水以及根据需要加入的掺合料和外加剂等成分,按一定比例采用机械搅拌后,用于浇筑混凝土砌块砌体芯柱或其他需要填实部位孔洞的混凝土,简称砌块灌孔混凝土,强度等级用"Cb"表示。

### (二)砂浆的强度等级

砂浆的强度等级是以边长为 70.7 mm 的标准立方体试块,在标准条件下养护 28 d,进行抗压试验,按规定方法计算得出砂浆试块强度值。砂浆的强度等级符号用"M"表示,分为 M15、M10、M7.5 、M5 和 M2.5 五个强度等级。另外,施工阶段尚未凝结或用冻结法施工解冻阶段的砂浆强度为零。

混凝土砌块砌筑砂浆是由水泥、砂、水、掺合料及外加剂等成分,按一定比例采用机械拌和制成,专门用于砌筑混凝土砌块的砌筑砂浆,简称砌块专用砂浆。混凝土砌块砌筑砂浆的强度等级用"Mb"表示。

## 四、砌体材料的选择

砌体所用块材和砂浆,主要应依据承载能力、耐久性以及隔热、保温等要求选择。因地制宜,就地取材,按技术经济指标较好和符合施工队伍技术水平的原则确定。

《砌体规范》规定如下：

(1)五层及五层以上房屋的墙，以及受振动或层高大于 6 m 的墙、柱所用材料的最低强度等级：砖为 MU10，石材为 MU30，砌块为 MU7.5，砂浆为 M5。

(2)对地面以下或防潮层以下的砌体，所用材料的最低强度等级应符合表 11-1 的规定。

**表 11-1　地面以下或防潮层以下的块体、潮湿房间墙所用材料的最低强度等级**

| 基土的潮湿程度 | 烧结普通砖、蒸压灰砂砖 | | 混凝土砌块 | 石材 | 水泥砂浆 |
|---|---|---|---|---|---|
| | 严寒地区 | 一般地区 | | | |
| 稍潮湿的 | MU10 | MU10 | MU7.5 | MU30 | MU5 |
| 很潮湿的 | MU15 | MU10 | MU7.5 | MU30 | MU7.5 |
| 含水饱和的 | MU20 | MU15 | MU10 | MU40 | MU10 |

(3)在冻胀地区，地面以下或防潮层以下的砌体，不宜采用多孔砖。当采用混凝土砌块砌体时，其孔洞应采用强度等级不低于 Cb20 的混凝土灌实。

# 第二节　砌体的种类及力学性能

## 一、砌体的种类

砌体分为无筋砌体和配筋砌体两大类。无筋砌体有砖砌体、砌块砌体和石砌体。配筋砌体是指配有钢筋或钢筋混凝土的砌体。

### (一)砖砌体

由砖(包括空心砖)和砂浆砌筑而成的整体称为砖砌体。通常用做承重外墙、内墙、砖柱、围护墙及隔墙。墙体厚度是根据强度和稳定要求确定的。

砖砌体按砖的搭砌方式有一顺一丁、梅花丁、三顺一丁等砌法，如图 11-4 所示。

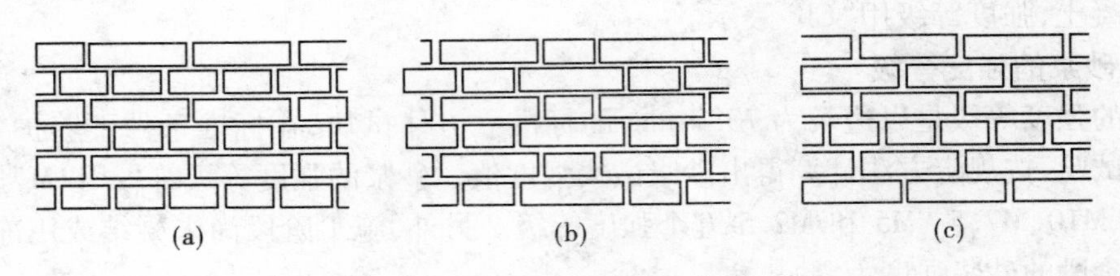


**图 11-4　砖墙砌法**

烧结普通砖和硅酸盐砖实心砌体的墙厚度可分为 240 mm(一砖)、370 mm(一砖半)、490 mm(两砖)等。有些砖必须侧砌而构成墙厚为 180 mm、300 mm、420 mm 等。

试验表明，在上述范围内，用同样的砖和砂浆砌成的砌体，其抗压强度没有明显的差异。但当顺砖层数超过五层时，则砌体的抗压强度明显下降。

空斗墙是将部分或全部砖在墙的两侧立砌，而在中间留有空斗的墙体，如图 11-5 所示。

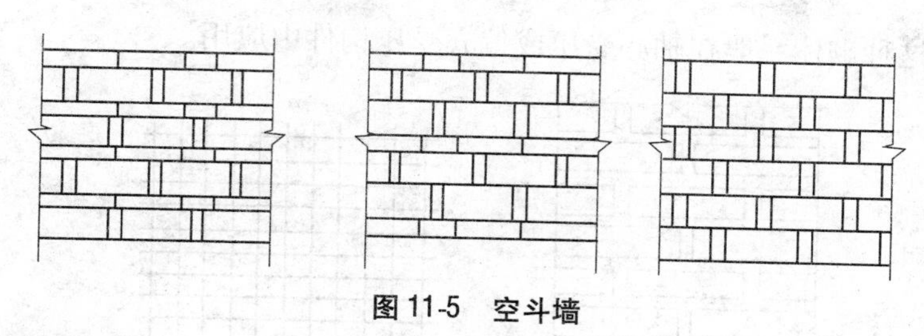

图 11-5　空斗墙

**(二)砌块砌体**

目前,我国的砌块砌体主要是混凝土小型空心砌块砌体。混凝土小型空心砌块因块小便于手工砌筑,在使用上比较灵活,而且可以利用其孔洞做成配筋芯柱,满足抗震要求,应用较多。

砌块砌体砌筑时应分皮错缝搭砌。排列砌块是设计工作中的一个重要环节,要求砌块类型最少,排列规律整齐,避免通缝。如小型砌块上、下皮搭砌长度不得小于 90 mm。砌筑空心砌块时,应对孔,使上、下皮砌块的肋对齐以便于传力,如图 11-6 所示。

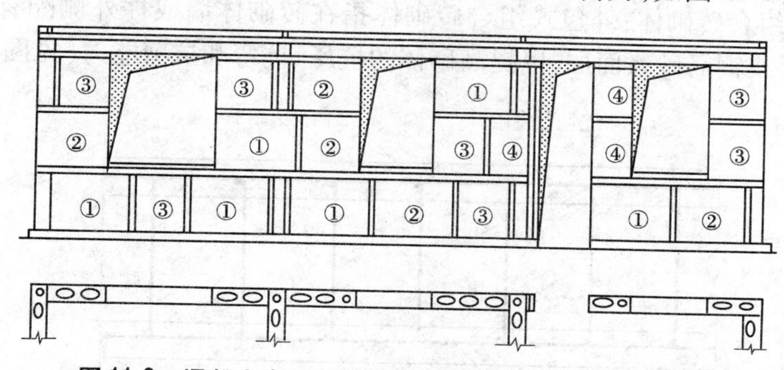


图 11-6　混凝土中型空心砌块砌筑的外墙及其平面示意图

**(三)石砌体**

石砌体由石材和砂浆或由石材和混凝土砌筑形成,可分为料石砌体、毛石砌体和毛石混凝土砌体,如图 11-7 所示。料石砌体和毛石砌体用砂浆砌筑,毛石混凝土由混凝土和毛石交替铺砌而成。石砌体可用于一般民用房屋的承重墙、柱和基础,还可用于建造拱桥、坝和涵洞等。毛石混凝土砌体常用于基础。

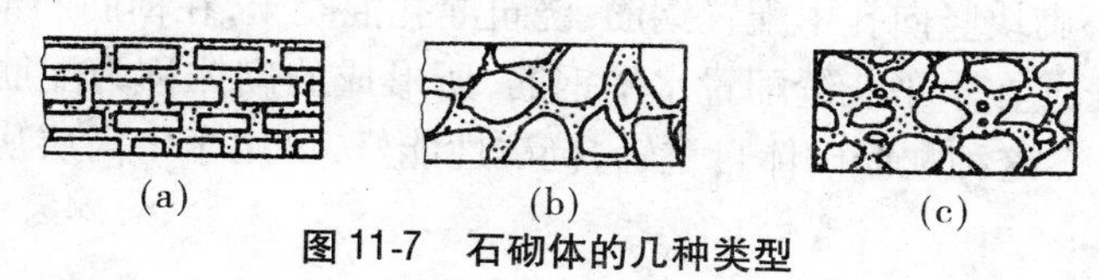

(a)　(b)　(c)

图 11-7　石砌体的几种类型

**(四)配筋砌体**

为了提高砌体的抗压、抗弯和抗剪承载力,常在砌体中配置钢筋或钢筋混凝土,这样的砌体称为配筋砌体。目前常用的配筋砖砌体主要有两种类型,即横向配筋砖砌体和组合砖砌体。

*1. 横向配筋砖砌体*

横向配筋砖砌体是指在砖砌体的水平灰缝内配置钢筋网片或水平钢筋形成的砌体

(见图 11-8)。这种砌体一般在轴心受压或偏心受压构件中应用。

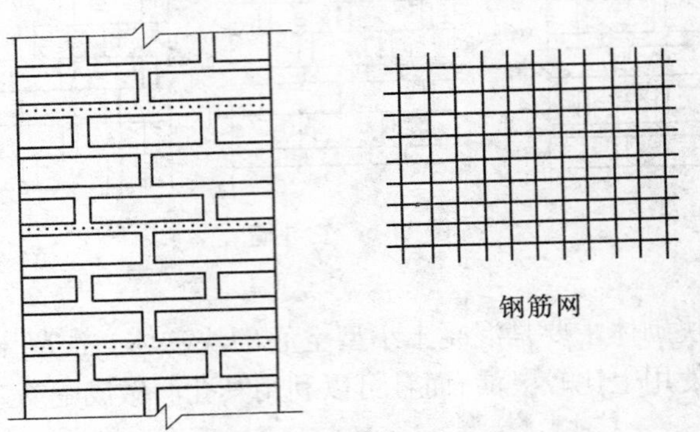


图 11-8　横向配筋砖砌体柱

2. 组合砖砌体

目前,在我国应用较多的组合砖砌体有两种:

(1)外包式组合砖砌体:外包式组合砖砌体指在砖砌体墙或柱外侧配有一定厚度的钢筋混凝土面层或钢筋砂浆面层,以提高砌体的抗压、抗弯和抗剪能力(见图 11-9)。

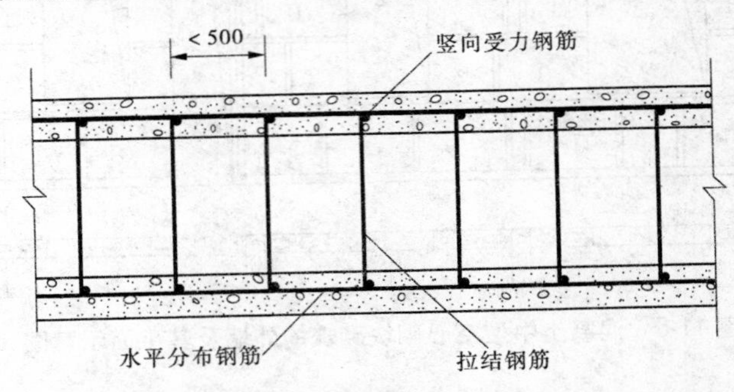


图 11-9　外包式组合砖砌体墙　(单位:mm)

(2)内嵌式组合砖砌体:砖砌体和钢筋混凝土构造柱组合墙是一种常用的内嵌式组合砖砌体(见图 11-10)。这种墙体施工必须先砌墙,后浇筑钢筋混凝土构造柱。

3. 配筋混凝土空心砌块砌体

在混凝土空心砌块竖向孔中配置钢筋、浇筑灌孔混凝土,在横肋凹槽中配置水平钢筋并浇筑灌孔混凝土或在水平灰缝配置水平钢筋,所形成的砌体称为配筋混凝土空心砌块砌体(见图 11-11)。这种配筋砌体自重轻,抗震性能好,可用于中高层房屋中起剪力墙作用。

## 二、砌体的力学性能

### (一)砌体的抗压性能

砌体由单块块材用砂浆铺垫黏结而成,因而它的受压工作性能和均质的整体结构构件有很大差别。由于灰缝厚度和密实性的不均匀,以及块体和砂浆的相互作用等原因,块体的抗压强度不能充分发挥,即砌体的抗压强度一般低于单个块体的抗压强度。现以标准砖砌体为例,分析砌体抗压性能。

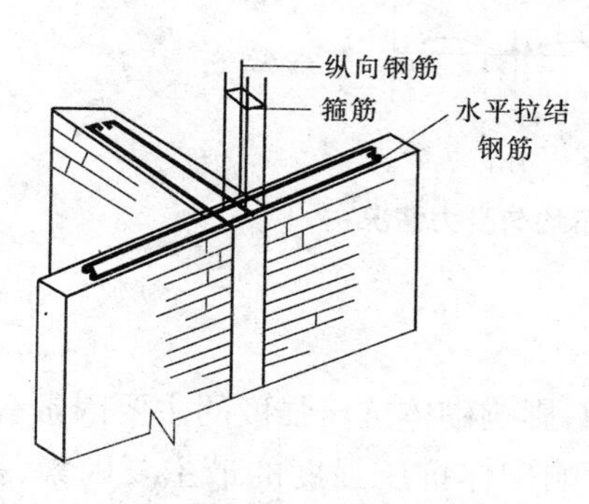


图 11-10　内嵌式组合砖砌体墙

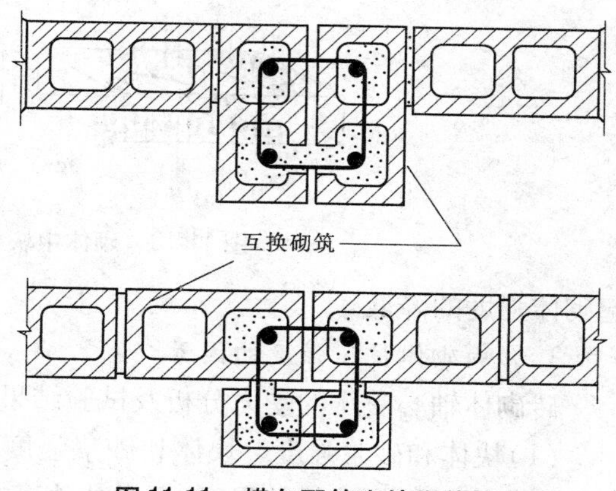


图 11-11　横向配筋砌块砌体柱

1. 砖砌体轴心受压的破坏特征

砖砌体轴心受压及破坏过程:第一阶段是当砌体上加的荷载为破坏荷载的 50% ~70% 时,砌体内的单块砖出现裂缝。此阶段特点是,如果停止加荷,则裂缝停止开展,当继续加荷时,则裂缝将继续发展,砌体逐渐进入第二阶段,单块砖内的一些裂缝将连接起来形成贯通几皮砖的竖向裂缝。第二阶段的荷载为破坏荷载的 80% ~90%。继续加荷到砌体完全破坏瞬间,即为第三阶段,此时砌体被分割成若干个小砖柱,最后因被压碎或丧失稳定而破坏,如图 11-12 所示。

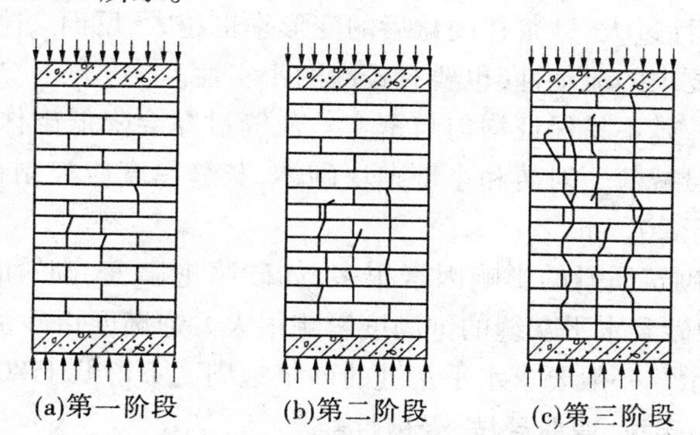


图 11-12　砖砌体轴心受压时破坏特征

2. 砌体轴心受压应力状态

(1)由于砖的表面不平整,灰缝厚度和密实性不均匀,砌体中每一块砖不是均匀受压,而是同时受弯曲和剪切的作用,如图 11-13 所示。由于砖的抗剪、抗弯强度远小于抗压强度,因此砌体的抗压强度总是比单块砖的抗压强度小。

(2)砌体竖向受压时要产生横向变形。砖与砂浆之间存在黏结力,砂浆的横向变形比砖大,为保证两者共同变形,两者之间相互作用,砖阻止砂浆变形,砂浆横向受到压力,而砖在横向受拉。

(3)砌体的竖向灰缝未能很好填满,该截面内截面面积减少,同时,砂浆和砖的黏结力也不能完全保证,故在竖向灰缝截面上的砖内产生横向拉应力和剪应力的应力集中,引

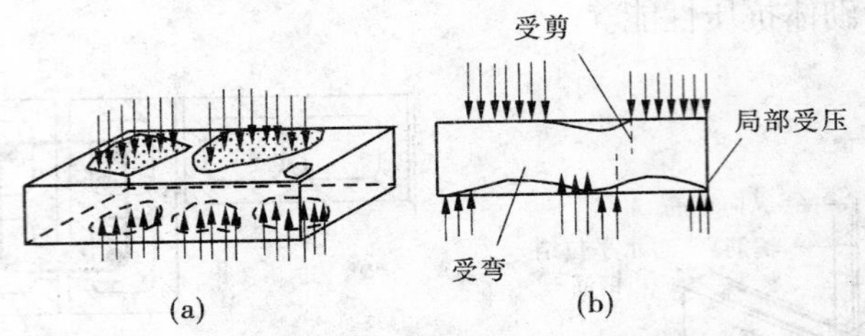


图 11-13　砌体中块材的不均匀受力情况

起砌体强度的降低。

3. 影响砌体抗压强度的因素

砖砌体轴心受压的受力分析及试验结果表明，影响砌体抗压强度的主要因素有：

(1)块体和砂浆强度。块体和砂浆强度是影响砌体抗压强度的最主要因素，提高块材的强度可以增加砌体的强度，而提高砂浆的强度可减小它与块材的横向应变的变异，从而改善砌体的受力状态。砌体抗压强度随块体和砂浆强度的提高而提高，提高块材的强度等级比提高砂浆强度等级更有效。

(2)块体的形状。块体的外形对砌体强度有明显影响，块体的外形比较规则、平整，则块体受弯矩、剪力的不利影响相对较小，从而使砌体强度相对较高。砌体强度还随块体厚度增加而提高。

(3)砂浆的性能及灰缝厚度。砂浆的变形性能、流动性、保水性对砌体抗压强度都有影响。砂浆的流动性大，保水性好，容易铺砌成厚度和密实性都较均匀的水平灰缝，可提高砌体强度。但流动性过大，砂浆在硬化后的变形率也越大，反而会降低砌体的强度。所以，砂浆应具有符合要求的流动性，也要有较高的密实性。

砌体中灰缝越厚，越不易保证均匀与密实。灰缝过厚会降低砌体强度。即当块体表面平整时，灰缝宜尽量减薄。对砖和小型砌块砌体，灰缝厚度应控制在 8 ~ 12 mm。对料石砌体，一般不宜大于 20 mm。

(4)砌筑质量。砌筑质量的影响因素很多，如砂浆饱满度、砌筑时块体的含水率、操作人员水平等。其中砂浆水平灰缝的饱满度影响很大。饱满度指砂浆铺砌在一块砌块上的面积，以百分率表示。一般要求水平灰缝的砂浆饱满度不得低于 80%。

**(二)砌体的轴心受拉、弯曲受拉、受剪性能**

在实际工程中，砌体除受压外，还有轴心受拉、弯曲受拉、受剪等情况。

1. 砌体轴心受拉性能

当轴心拉力与砌体的水平灰缝垂直时，砌体发生沿通缝截面破坏；当轴心拉力与砌体的水平灰缝平行时，可能沿灰缝截面产生齿缝破坏(Ⅰ—Ⅰ)或产生沿块体和竖向灰缝截面的破坏(Ⅱ—Ⅱ)，如图 11-14 所示。

2. 砌体弯曲受拉性能

砌体受弯时，总是在受拉区发生破坏。砌体的抗弯能力由砌体的弯曲抗拉强度确定。砌体在水平方向弯曲时，可能沿齿缝截面破坏，或沿块体和竖向灰缝破坏。砌体在竖向弯曲时，沿通缝截面破坏，如图 11-15 所示。

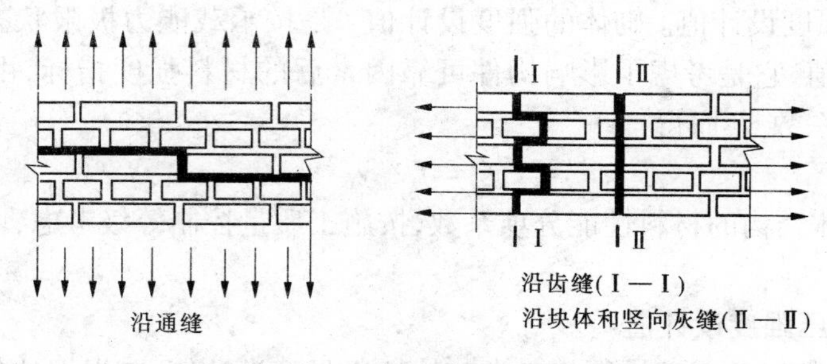


图 11-14　砌体轴心受拉破坏形态

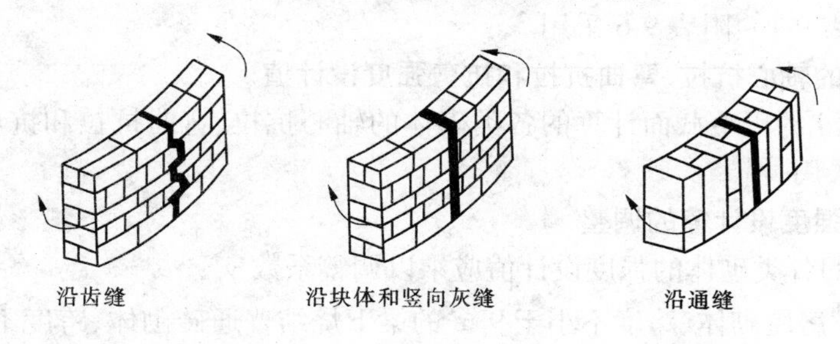


图 11-15　砌体弯曲受拉破坏形态

3. 砌体受剪性能

沿通缝剪切破坏，沿齿缝剪切破坏，沿阶梯形缝剪切破坏，如图 11-16 所示。

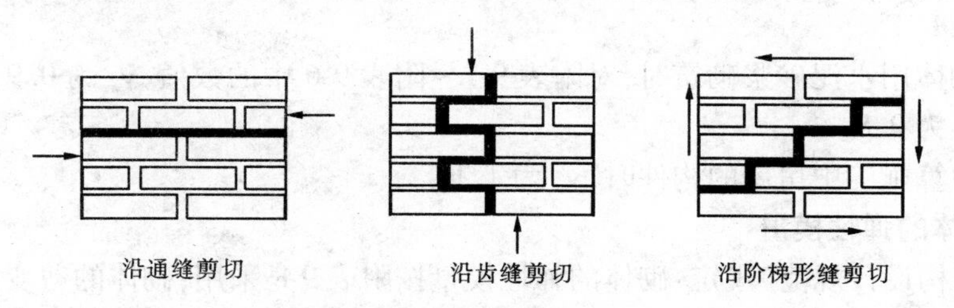


图 11-16　砌体剪切破坏形态

## 三、砌体的计算指标

### (一)砌体的强度标准值、设计值

(1)砌体强度标准值。砌体强度是随机变量，并具有较大的离散性，《砌体结构设计规范》对各类砌体统一取其强度概率分布的 0.05 分位值作为它的强度标准值，即具有 95% 保证率时的砌体强度值。

$$f_k = f_m - 1.645\sigma_f \tag{11-1}$$

式中 $f_k$——砌体的强度标准值；

$f_m$——砌体的强度平均值；

$\sigma_f$——砌体强度的标准差。

各类砌体的强度的标准值可查《砌体结构设计规范》。

(2)砌体的强度设计值。砌体的强度设计值$f$是按承载能力极限状态设计时所采用的砌体强度代表值,它是考虑了影响构件可靠因素后的材料强度指标,由其标准值$f_k$除以材料性能分项系数$\gamma_f$而得:

$$f = f_k / \gamma_f \tag{11-2}$$

式中 $\gamma_f$——砌体结构的材料性能分项系数,按施工质量控制等级考虑,一般情况取$\gamma_f=1.6$。

**(二)砌体抗压强度设计值**

龄期为28 d的以毛截面计算的各类砌体抗压强度设计值,应根据块体和砂浆的强度等级分别按附表9-1~附表9-6采用。

**(三)砌体的轴心抗拉、弯曲抗拉和抗剪强度设计值**

龄期为28 d的以毛截面计算的各类砌体的轴心抗拉、弯曲抗拉和抗剪强度设计值,可按附表9-7采用。

**(四)砌体强度设计值的调整**

下列情况的各类砌体的强度设计值应乘以调整系数$\gamma_a$:

(1)有吊车房屋砌体、跨度不小于9 m的梁下烧结普通砖砌体、跨度不小于7.5 m的梁下烧结多孔砖、蒸压灰砂砖、蒸压粉煤灰砖砌体,混凝土和轻集料混凝土砌块砌体,$\gamma_a$为0.9。

(2)对于无筋砌体构件,其截面面积小于0.3 m$^2$时,$\gamma_a$为其截面面积加0.7,即$\gamma_a=0.7+A$。对配筋砌体构件,当其中砌体截面面积小于0.2 m$^2$时,$\gamma_a$为其截面面积加0.8,即$\gamma_a=0.8+A$。

(3)当砌体用水泥砂浆砌筑时,对附表9-1~附表9-6中的数值,$\gamma_a$为0.9;对附表9-7中的数值,$\gamma_a$为0.8。

(4)当验算施工中房屋的构件时,$\gamma_a$为1.1。

**(五)砌体的弹性模量**

《砌体结构设计规范》规定:砌体的弹性模量按附表9-8采用;砌体的剪变模量可取砌体弹性模量的0.4倍。

# 第三节 无筋砌体构件的承载力计算

## 一、计算公式

砌体结构应按承载能力极限状态设计,并满足正常使用极限状态的要求。根据砌体结构的特点,砌体结构正常使用极限状态的要求一般可由相应的构造措施来保证。

砌体结构承载能力极限状态设计表达式,应按下列公式中最不利组合进行计算:

$$\gamma_0(1.2S_{Gk} + 1.4S_{Q1k} + \sum_{i=2}^{n}\psi_{ci}\gamma_{Qi}S_{Qik}) \leqslant R(f, a_k, \cdots) \tag{11-3}$$

$$\gamma_0(1.35S_{Gk} + 1.4\sum_{i=1}^{n}\psi_{ci}S_{Qik}) \leqslant R(f, a_k, \cdots) \tag{11-4}$$

式中 $\gamma_0$——结构重要性系数。对安全等级为一级或设计使用年限为50年以上的结构构件，$\gamma_0\geqslant1.1$，对安全等级为二级或设计使用年限为50年的结构构件，$\gamma_0\geqslant1.0$，对安全等级为三级或设计使用年限为1~5年的结构构件，$\gamma_0\geqslant0.9$；

$S_{Gk}$——永久荷载标准值的效应；

$S_{Q1k}$——在基本组合中起控制作用的一个可变荷载标准值的效应；

$S_{Qik}$——第 $i$ 个可变荷载标准值的效应；

$R(\cdot)$——结构构件的抗力函数；

$\gamma_{Qi}$——第 $i$ 个可变荷载的分项系数；

$\psi_{ci}$——第 $i$ 个可变荷载的组合值系数，一般情况下应取0.7；

$f$——砌体的强度设计值；

$a_k$——几何参数标准值。

当只有一个可变荷载时，可按下列公式中最不利组合进行计算：

$$\gamma_0(1.2S_{Gk}+1.4S_{Qk})\leqslant R(f,a_k,\cdots) \tag{11-5}$$

$$\gamma_0(1.35S_{Gk}+1.0S_{Qk})\leqslant R(f,a_k,\cdots) \tag{11-6}$$

## 二、受压构件的计算

砌体结构的特点是抗压能力大大超过抗拉能力，一般适用于轴心受压或偏心受压构件。在实际工程上常作为承重墙体、柱及基础。用于建造小型拦河坝、挡土墙、渡槽、拱桥、涵洞、溢洪道、水闸以及渠道护面等水工建筑。

### （一）受压构件的受力状态

砌体结构承受轴心压力时，截面中的应力均匀分布，构件承受外力达到极限值时，截面中的应力达到砌体的抗压强度 $f$，如图11-17(a)所示。随着荷载偏心距的增大，截面受力特性发生明显变化。当偏心距较小时，截面中的应力呈曲线分布，但仍全截面受压，破坏将从压应力较大一侧开始，截面靠近轴向力一侧边缘的压应力 $\sigma_b$ 大于砌体的抗压强度 $f$，如图11-17(b)所示。随着偏心距增大，截面远离轴向力一侧边缘的压应力减小，并由受压逐步过渡到受拉，受压边缘的压应力将有所提高，当受拉边缘的应力大于砌体沿通缝截面的弯曲抗拉强度时，将产生水平裂缝，随着裂缝的开展，受压面积逐渐减小。如图11-17(c)、(d)所示。从上述试验可知：砌体结构偏心受压构件随着轴向力偏心距增大，受压部分的压应力分布愈加不均匀，构件所能承担的轴向力明显降低。因此，砌体截面破坏时的极限荷载与偏心距大小有密切关系。《砌体结构设计规范》在试验研究的基础上，采用影响系数 $\varphi$ 来反映偏心距和构件的高厚比对截面承载力的影响。同时，轴心受压构件可视为偏心受压构件的特例。

### （二）受压构件的计算公式

无筋砌体受压构件的承载力计算公式：

$$N\leqslant\varphi fA \tag{11-7}$$

式中 $N$——荷载设计值产生的轴向力；

$\varphi$——高厚比 $\beta$ 和轴向力的偏心距 $e$ 对受压构件承载力的影响系数，按附表9-9采用；

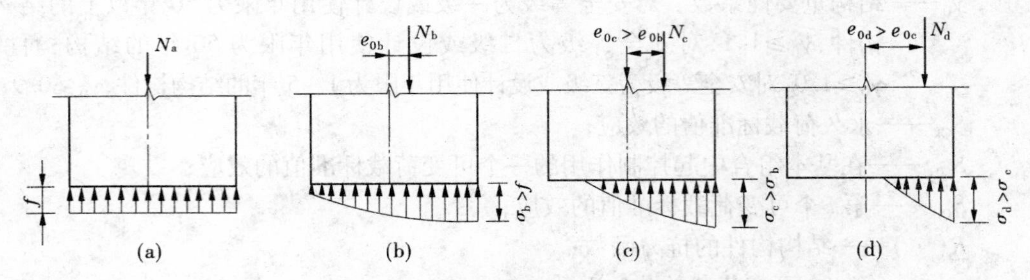


**图 11-17　砌体受压时截面应力变化**

$f$——砌体的抗压强度设计值，按附表 9-1 ~ 附表 9-6 采用；

$A$——截面面积，对各类砌体，均应按毛截面计算。

在应用公式计算中，需注意下列问题：

（1）高厚比 $\beta$。构件高厚比 $\beta$ 的计算公式：

矩形截面
$$\beta = \gamma_\beta \frac{H_0}{h} \tag{11-8}$$

T 形截面
$$\beta = \gamma_\beta \frac{H_0}{h_T} \tag{11-9}$$

式中　$\gamma_\beta$——不同砌体材料的构件高厚比修正系数，按附表 9-10 采用；

$H_0$——受压构件的计算高度，按《砌体结构设计规范》规定采用；

$h$——矩形截面轴向力偏心方向的边长，当轴心受压时为截面较小边长；

$h_T$—— T 形截面的折算厚度，可近似按 3.5$i$ 计算，$i$ 为截面回转半径，$i=\sqrt{\frac{I}{A}}$。

（2）偏心距 $e$。轴向力的偏心距 $e$ 按内力设计值计算，并不应超过 0.6$y$。$y$ 为截面重心到轴向力所在偏心方向截面边缘的距离。偏心受压构件的偏心距过大，构件承载力明显下降，并且偏心距过大可能使截面受拉边出现过大的水平裂缝。

（3）矩形截面短边验算。对矩形截面构件，当轴向力偏心方向的截面边长大于另一方向的边长时，除按偏心受压计算外，还应对较小边长方向按轴心受压进行验算。

**【例 11-1】**　截面尺寸为 490 mm × 620 mm 的砖柱，黏土砖的强度等级为 MU10，水泥砂浆强度等级为 M5，柱高 4.2 m，两端为不动铰支座。柱顶承受轴向压力标准值 $N_k$ = 265 kN（其中永久荷载 200 kN，可变荷载 65 kN，不包括砖柱自重），砖的重度 $\gamma_{砖}$ = 18 kN/ m³，试验算该柱截面承载力。

**解：**

（1）高厚比：

$$\beta = \frac{H_0}{h} = \frac{4.2}{0.49} = 8.57 \qquad e/h = 0$$

查附表 9-9（a）得：影响系数 $\varphi$ = 0.898。

（2）柱截面面积：

$$A = 0.49 \times 0.62 = 0.304(\text{m}^2) > 0.3\ \text{m}^2$$

（3）承载力验算：

取压力最大的柱底截面为控制截面。

$N = 1.2S_{Gk} + 1.4S_{Qk} = 1.2 \times (18 \times 0.49 \times 0.62 \times 4.2 + 200) + 1.4 \times 65$

$= 358.56(kN)$

$N = 1.35S_{Gk} + 1.0S_{Qk} = 1.35 \times (18 \times 0.49 \times 0.62 \times 4.2 + 200) + 1.0 \times 65$

$= 366.01(kN)$

根据砖和砂浆的强度等级,查附表 9-1 得:砖砌体轴心抗压强度 $f=1.50\ N/mm^2$。

砂浆采用水泥砂浆,取砌体强度设计值的调整系数 $\gamma_a=0.9$,则

$$\varphi\gamma_a fA = 0.898 \times 0.9 \times 1.50 \times 0.304 \times 10^6 = 368.54 \times 10^3(N)$$

$$= 368.54\ kN > 366.01\ kN$$

所以,此柱是安全的。

**【例 11-2】** 某带壁柱的窗间墙,截面尺寸如图 11-18 所示。壁柱高 5 m,计算高度 $1.1 \times 5 = 5.5$ m,采用 MU10 黏土砖及 M2.5 混合砂浆砌筑。承受竖向力设计值 $N=350$ kN,弯矩设计值 $M=39.69$ kN·m(弯矩方向是墙体外侧受压,壁柱受拉)。试验算该墙体的承载力是否满足要求。

**解:**

(1)截面几何特征:

截面面积 $A=2\,000 \times 240 + 380 \times 490 = 666\,200(mm^2)$

截面重心位置 $y_1 = \dfrac{2\,000 \times 240 \times 120 + 490 \times 380 \times (240+190)}{666\,200} = 207(mm)$

$$y_2 = 620 - 207 = 413(mm)$$

截面惯性矩

$$I = \frac{2\,000 \times 240^3}{12} + \left(207 - \frac{240}{2}\right)^2 \times 2\,000 \times 240 + \frac{490 \times 380^3}{12}$$

$$+ \left(413 - \frac{380}{2}\right)^2 \times 490 \times 380 = 1.74 \times 10^{10}(mm^4)$$

回转半径 $i = \sqrt{\dfrac{I}{A}} = \sqrt{\dfrac{1.74 \times 10^{10}}{666\,200}} = 162(mm)$

截面折算厚度 $h_T = 3.5i = 3.5 \times 162 = 567(mm)$

(2)荷载偏心距:

$$e = \frac{M}{N} = \frac{39\,690}{350} = 113.4(mm)$$

(3)承载力验算:

$$\frac{e}{h_T} = \frac{113.4}{567} = 0.2$$

$$\beta = \frac{H_0}{h_T} = \frac{5.5}{0.567} = 9.7$$

查附表 9-9(b)得:$\varphi=0.438$。

查附表 9-1 得:$f=1.30\ N/mm^2$

$$\varphi fA = 0.438 \times 1.3 \times 666\,200 = 379.334 \times 10^3(N) = 379.334\ kN > N = 350\ kN$$

所以,该窗间墙是安全的。

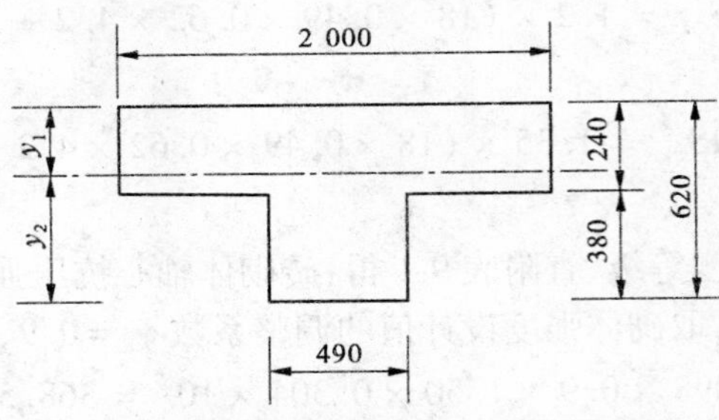


图 11-18　窗间墙截面尺寸　(单位:mm)

**【例 11-3】**　某小型水闸的中墩厚度为 800 mm,砌石强度等级为 MU30,砌石为半细料石,水泥砂浆强度等级为 M2.5,墩高 4.8 m,两端为不动铰支座。单位长度墩顶承受轴向压力标准值 $N_k = 700$ kN(其中永久荷载 500 kN,可变荷载 200 kN,不包括闸墩自重),砌石的重度 $\gamma_{砌石} = 25\ \mathrm{kN/m^3}$,验算该墩底截面承载力。

**解:**

(1)高厚比:

$$\beta = \frac{H_0}{h} = \frac{4.8}{0.8} = 6, \quad e/h = 0$$

查附表 9-9(b)得:影响系数 $\varphi = 0.93$。

(2)闸墩面积:

$$A = 0.8 \times 1 = 0.8(\mathrm{m^2}) > 0.3\ \mathrm{m^2}$$

(3)承载力验算:

取压力最大的柱底截面为控制截面。

$$N = 1.2S_{Gk} + 1.4S_{Qk} = 1.2 \times (25 \times 0.8 \times 1 \times 4.8 + 500) + 1.4 \times 200$$
$$= 995.2(\mathrm{kN})$$
$$N = 1.35S_{Gk} + 1.0S_{Qk} = 1.35 \times (25 \times 0.8 \times 1 \times 4.8 + 500) + 1.0 \times 200$$
$$= 1\ 004.6(\mathrm{kN})$$

根据砌石和砂浆的强度等级,查附表 9-5 得:砌石轴心抗压强度 $f = 1.3 \times 2.29\ \mathrm{N/mm^2}$。砂浆采用水泥砂浆,调整系数 $\gamma_a = 0.9$,则

$$\varphi\gamma_a fA = 0.93 \times 0.9 \times 1.3 \times 2.29 \times 0.8 \times 10^6 = 1\ 993(\mathrm{kN}) > 1\ 004.6\ \mathrm{kN}$$

所以,此闸墩是安全的。

## 三、局部受压的计算

局部受压是砌体结构中常见的受力形式,其特点是外力仅作用于砌体的部分截面上。例如砖柱支承在基础上,钢筋混凝土梁支承在砖墙上等。当砌体局部受压面积上的压应力呈均布时,称为砌体局部均匀受压;当砌体局部受压面积上的压应力呈非均布时,称为砌体局部非均匀受压。

### (一)砌体局部均匀受压

局部均匀受压按其相对位置不同可分为:中心局部均匀受压、中部或边缘局部受压、

角部局部受压和端部局部受压。

由试验可知，砌体在局部受压情况下的强度大于砌体本身的抗压强度，一般可用局部受压强度提高系数 $\gamma$ 来表示。

（1）砌体截面中局部均匀受压时的承载力计算公式：

$$N_l \leqslant \gamma f A_l \tag{11-10}$$

式中 $N_l$——局部受压面积上的轴向力设计值；

$\gamma$——砌体局部抗压强度提高系数；

$f$——砌体的抗压强度设计值，可不考虑强度调整系数 $\gamma_a$ 的影响；

$A_l$——局部受压面积。

（2）砌体局部抗压强度提高系数 $\gamma$：

$$\gamma = 1 + 0.35\sqrt{\frac{A_0}{A_l} - 1} \tag{11-11}$$

式中 $A_0$——影响砌体局部抗压强度的计算面积，可按图 11-19 确定。

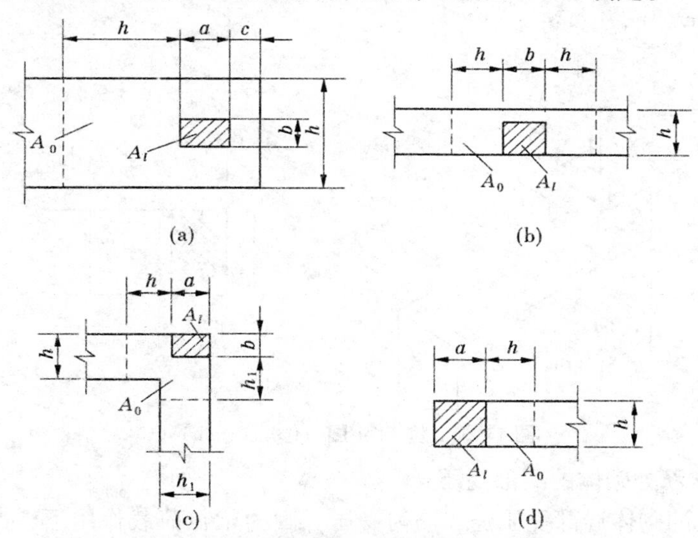


**图 11-19 影响局部抗压强度的面积 $A_0$**

（3）$A_0$ 的确定：

在图 11-19 中，局部抗压强度的计算面积 $A_0$，代入式（11-11）后，可得砌体局部抗压强度提高系数 $\gamma$，尚应符合下列规定：

①图 11-19（a）：$A_0 = (a + c + h)h$ $\gamma \leqslant 2.5$

②图 11-19（b）：$A_0 = (b + 2h)h$； $\gamma \leqslant 2.0$

③图 11-19（c）：$A_0 = (a + h)h + (b + h_1 - h)h_1$ $\gamma \leqslant 1.5$

④图 11-19（d）：$A_0 = (a + h)h$ $\gamma \leqslant 1.25$

⑤对于空心砖砌体，局部抗压强度提高系数 $\gamma \leqslant 1.5$，对于未灌孔的混凝土砌块砌体 $\gamma = 1.0$。

式中 $a$、$b$ ——矩形局部受压面积 $A_l$ 的边长；

$h$、$h_l$——墙厚或柱的较小边长、墙厚；

$c$——矩形局部受压面积的外边缘至构件边缘的较小距离，当大于 $h$ 时，取 $h$。

**【例 11-4】** 截面尺寸为 180 mm×240 mm 的钢筋混凝土柱，支承在 240 mm 厚的砖墙上，如图 11-20 所示。墙用黏土砖 MU10 及混合砂浆 M5 砌筑。柱传至墙的轴向力设计值为 75 kN，试验算砌体的局部受压承载力。

**解：**

(1) 砌体局部抗压强度提高系数 $\gamma$：

$$A_0 = (a+h)h = (0.18+0.24)\times 0.24 = 0.10(\mathrm{m}^2)$$

$$\gamma = 1 + 0.35\sqrt{\frac{A_0}{A_l}-1} = 1 + 0.35\sqrt{\frac{0.10}{0.18\times 0.24}-1} = 1.40$$

在此情况下应满足 $\gamma \leqslant 1.25$，故取 $\gamma = 1.25$。

(2) 承载力验算：

查附表 9-1 得：$f = 1.5\ \mathrm{N/mm^2}$。

$\gamma f A_l = 1.25\times 1.5\times 0.18\times 0.24\times 10^6 = 81\times 10^3(\mathrm{N}) = 81\ \mathrm{kN} > N_l = 75\ \mathrm{kN}$

所以，砌体局部受压是安全的。

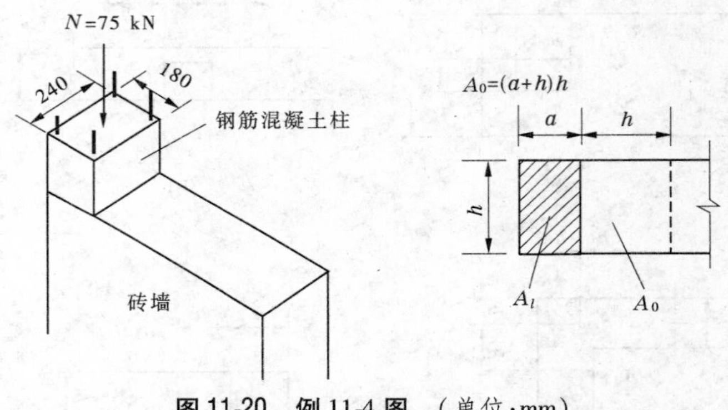


图 11-20　例 11-4 图　（单位：mm）

**（二）梁端支承处砌体的局部受压**

梁端支承处的砌体局部受压是非均匀受压。因为梁在荷载作用下，梁端将产生转角 $\theta$，使支座内边缘处砌体的压缩变形及相应的压应力最大，越向梁端方向，压缩变形和压应力逐渐减小，形成梁端支承面上的压应力不均匀分布，如图 11-21 所示。因为梁的弯曲，使梁的末端有脱离砌体的趋势。梁端支承长度由实际长度 $a$ 变为有效支承长度 $a_0$，梁的高度越大，$a_0$ 越接近于 $a$。

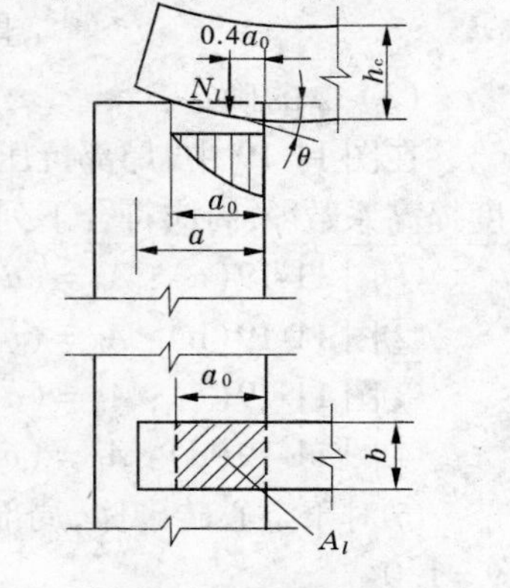


**图 11-21　梁端支承处砌体的局部受压**

梁端支承处砌体局部受压计算中，除考虑由梁传来的荷载外，还应考虑局部受压面积上由上部荷载设计值产生的轴向力，但由于支座下砌体发生压缩变形，使梁端顶部与上部砌体脱离开，形成内拱作用，计算时，要对上部传下的荷载作适当折减。

梁端支承处砌体的局部受压承载力计算公式：

$$\psi N_0 + N_l \leqslant \eta\gamma f A_l \tag{11-12}$$

$$\psi = 1.5 - 0.5\frac{A_0}{A_l} \tag{11-13}$$

$$N_0 = \sigma_0 A_l \tag{11-14}$$

$$A_l = a_0 b \tag{11-15}$$

$$a_0 = 10\sqrt{\frac{h_c}{f}} \tag{11-16}$$

式中 $\psi$——上部荷载折减系数，当 $A_0/A_l \geqslant 3$ 时，应取 $\psi = 0$；

$N_0$——局部受压面积内的上部轴向力设计值，N；

$N_l$——梁端支承压力设计值，N；

$\sigma_0$——上部平均压应力设计值，N/mm$^2$；

$\eta$——梁端底面压应力图形的完整系数，可取 0.7，对于过梁和墙梁，可取 1.0；

$a_0$——梁端有效支承长度，mm，当 $a_0$ 大于 $a$ 时，应取 $a_0 = a$；

$a$——梁端实际支承长度，mm；

$b$——梁的截面宽度，mm；

$h_c$——梁的截面高度，mm；

$f$——砌体的抗压强度设计值，MPa。

**（三）梁端下设刚性垫块的局部受压的计算**

当梁端局部抗压强度不满足要求或墙上搁置较大的梁、桁架时，常在其下设置刚性垫块。梁或屋架端部下设置垫块可使局部受压面积增大，是解决局部受压承载力不足的一项有效措施。

（1）刚性垫块下的砌体局部受压承载力计算公式：

$$N_0 + N_l \leqslant \varphi\gamma_1 f A_b \tag{11-17}$$

$$N_0 = \sigma_0 A_b \tag{11-18}$$

$$A_b = a_b b_b \tag{11-19}$$

式中 $N_0$——垫块面积 $A_b$ 内上部轴向力设计值，N；

$\varphi$——垫块上 $N_0$ 及 $N_l$ 合力的影响系数，$N_l$ 作用点的位置可取 $0.4a_0$ 处，应采用附表 9-9 中当 $\beta \leqslant 3$ 时的 $\varphi$ 值；

$\gamma_1$——垫块外砌体面积的有利影响系数，$\gamma_1 = 0.8\gamma$，但应满足 $\gamma_1 \geqslant 1.0$，$\gamma$ 为砌体局部抗压强度提高系数，按公式 $\gamma = 1 + 0.35\sqrt{\frac{A_0}{A_l} - 1}$ 以 $A_b$ 代替 $A_l$ 计算得出；

$\sigma_0$——上部平均压应力设计值，N/mm$^2$；

$A_b$——垫块面积，mm$^2$；

$a_b$——垫块伸入墙内的长度，mm；

$b_b$——垫块的宽度，mm。

（2）刚性垫块的构造规定：①刚性垫块的高度不宜小于 180 mm，自梁边算起的垫块挑出长度不宜大于垫块高度 $t_b$；②在带壁柱墙的壁柱内设刚性垫块时（如图 11-22 所示），其计算面积应取壁柱范围内的面积，而不应计算翼缘部分，同时，壁柱上垫块伸入翼墙内的长度不应小于 120 mm；③当现浇垫块与梁端整体浇筑时，垫块可在梁高范围内设置，其计算可与设置刚性预制垫块相同。

(3)梁端设有刚性垫块时，梁端有效支承长度 $a_0$ 的计算公式：

$$a_0 = \delta_1 \sqrt{\frac{h}{f}} \qquad (11\text{-}20)$$

式中　$\delta_1$——刚性垫块的影响系数，按表 11-2 采用。

现浇钢筋混凝土梁也可以采用与梁端现浇成整体的垫块，由于垫块与梁端现浇成整体，受力时垫块将与梁端一起变形，此时，梁垫实际上就是放大了的梁端，因此梁端支承处砌体的局部受压承载力仍按式(11-12)计算，但式中的 $A_l = a_0 b_b$。

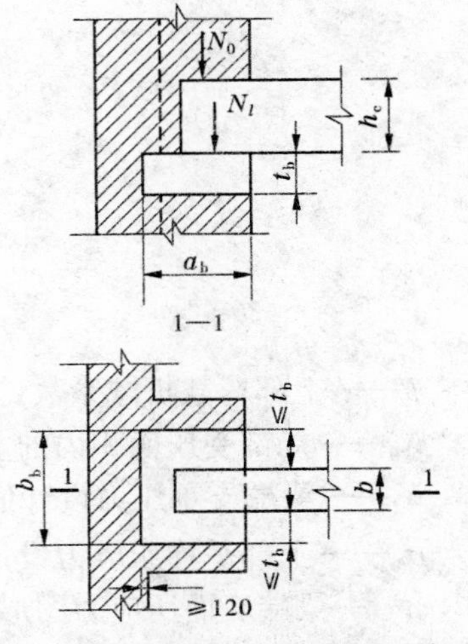


图 11-22　壁柱上设有垫块时梁端局部受压

表 11-2　系数 $\delta_1$ 值

| $\sigma_0/f$ | 0 | 0.2 | 0.4 | 0.6 | 0.8 |
|---|---|---|---|---|---|
| $\delta_1$ | 5.4 | 5.7 | 6.0 | 6.9 | 7.8 |

注：表中其间的数值可采用插入法求得。

### (四)梁端下设垫梁的砌体局部受压的计算

当梁端支承处的砖墙上设有连续的钢筋混凝土梁(如圈梁)时，可利用钢筋混凝土梁作为垫梁，把大梁传来的集中荷载分布到一定宽度的砖墙上，如图 11-23 所示。

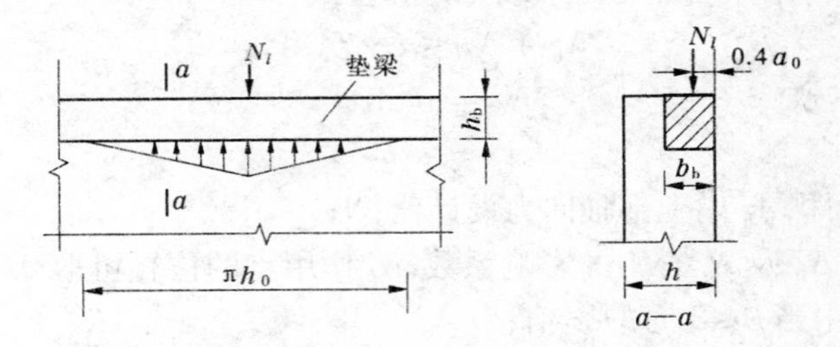


图 11-23　垫梁局部受压

当垫梁长度大于 $\pi h_0$ 时，垫梁下砌体局部受压承载力计算公式为

$$N_0 + N_l \leqslant 2.4\delta_2 f b_b h_0 \qquad (11\text{-}21)$$

$$N_0 = \pi b_b h_0 \sigma_0 / 2 \qquad (11\text{-}22)$$

$$h_0 = 2\sqrt[3]{\frac{E_b I_b}{Eh}} \qquad (11\text{-}23)$$

式中　$N_0$——垫梁上部轴向力设计值，N；

$b_b$——垫梁在墙厚方向的宽度，mm；

$\delta_2$——当荷载沿墙厚方向均匀分布时 $\delta_2 = 1.0$，不均匀时 $\delta_2 = 0.8$；

$h_0$——垫梁折算高度，mm；

$E_b$、$I_b$——垫梁的混凝土弹性模量和截面惯性矩；

$E$——砌体的弹性模量；

$h$——墙厚，mm。

垫梁上梁端的有效支承长度 $a_0$，可按式(11-20)计算。

**【例 11-5】** 已知外墙上大梁跨度 5.7 m，梁的截面尺寸 $b \times h = 200\ \text{mm} \times 400\ \text{mm}$，支承长度 $a = 240$ mm，荷载设计值产生的支座反力 $N_l = 70$ kN，墙体的上部荷载 $N_u = 250$ kN，窗间墙截面 1 200 mm × 370 mm，如图 11-24 所示。采用 MU10 黏土砖、M2.5 混合砂浆砌筑。试验算梁端支承处砌体的局部受压承载力。

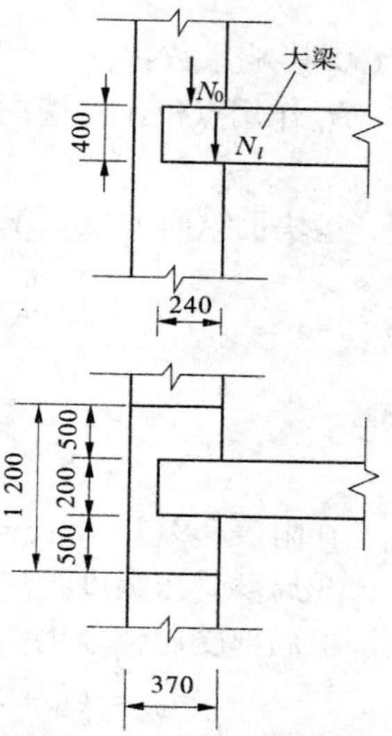

图 11-24 窗间墙平面图

(单位:mm)

**解：**

1. 砌体局部抗压强度提高系数 $\gamma$：

$$a_0 = 10\sqrt{\frac{h_c}{f}} = 10\sqrt{\frac{400}{1.3}} = 175.41(\text{mm})$$

$$A_l = a_0 b = 175.41 \times 200 = 35\ 082(\text{mm}^2)$$

$$A_0 = (b + 2h)h = (200 + 2 \times 370) \times 370 = 347\ 800(\text{mm}^2)$$

$$\gamma = 1 + 0.35\sqrt{\frac{A_0}{A_l} - 1} = 1 + 0.35\sqrt{\frac{347\ 800}{35\ 082} - 1} = 2.04$$

因 $\gamma > 2.0$，故取 $\gamma = 2.0$。

2. 上部荷载折减系数 $\psi$：

因为上部荷载 $N_u$ 作用在整个窗间墙上，则

$$\sigma_0 = \frac{N_u}{370 \times 1\ 200} = \frac{250\ 000}{370 \times 1\ 200} = 0.563(\text{N/mm}^2)$$

$$N_0 = \sigma_0 A_l = 0.563 \times 35\ 082 = 19\ 751(\text{N}) = 19.751\ \text{kN}$$

由于 $\frac{A_0}{A_l} = \frac{347\ 800}{35\ 082} = 9.91 > 3$，故取 $\psi = 0$。

3. 承载力验算：

查附表 9-1 得：$f = 1.30\ \text{N/mm}^2$。

$$\psi N_0 + N_l = N = 70\ \text{kN}$$

$$\eta\gamma f A_l = 0.7 \times 2.0 \times 1.3 \times 35\ 082 = 63\ 849(\text{N}) = 63.849\ \text{kN}$$

$$N_l > \eta\gamma f A_l$$

梁端下砌体局部受压是不安全的。为满足强度要求，可采用两种措施。

(1) 设置混凝土预制垫块。在梁端底部设置尺寸为 $a_b = 240$ mm，$b_b = 500$ mm，厚度 $t_b = 180$ mm 刚性垫块。

①梁端有效支承长度 $a_0$：

$$A_b = a_b \times b_b = 240 \times 500 = 120\ 000(\text{mm}^2)$$

$$N_0 = \sigma_0 A_b = 0.563 \times 120\ 000 = 67\ 560(\text{N})$$

$$\frac{\sigma_0}{f}=\frac{0.563}{1.30}=0.433$$

查表 11-2 得:$\delta_1=6.149$。

$$a_0=\delta_1\sqrt{\frac{h}{f}}=6.149\times\sqrt{\frac{400}{1.3}}=108(\text{mm})$$

②影响系数:

$N_l$ 作用点位于距墙内表面 $0.4a_0$ 处。

$$0.4a_0=0.4\times 108=43.2(\text{mm})$$

垫块上纵向力($N_0$,$N_l$)的偏心距:

$$e=\frac{N_l(\frac{a_b}{2}-0.4a_0)}{N_l+N_0}=\frac{70\times(\frac{240}{2}-43.2)}{70+67.56}=39.08(\text{mm})$$

$$\frac{e}{h}=\frac{e}{a_b}=\frac{39.08}{240}=0.163$$

查附表 9-9(b)得:$\varphi=0.759$。

③局部受压强度提高系数 $\gamma$:

求局部受压强度提高系数 $\gamma$ 时,应以 $A_b$ 代替 $A_l$:

$$A_0=(b+2h)h=(500+2\times 370)\times 370=458\ 800(\text{mm}^2)$$

$A_0$ 中边长 1 240 mm 已超过窗间墙实际宽度 1 200 mm,所以取

$$A_0=370\times 1\ 200=444\ 000(\text{mm}^2)$$

$$\gamma=1+0.35\sqrt{\frac{A_0}{A_b}-1}=1+0.35\times\sqrt{\frac{444\ 000}{120\ 000}-1}=1.58$$

$$\gamma_1=0.8\gamma=0.8\times 1.58=1.26>1$$

④承载力验算:

$$N_0+N_l=67.56+70=137.56(\text{kN})$$

$$\varphi\gamma_1 fA_b=0.759\times 1.26\times 1.3\times 120\ 000=149\ 189(\text{N})\approx 149.19\ \text{kN}$$

故

$$N_0+N_l<\varphi\gamma_1 fA_b$$

所以,设置混凝土预制垫块,砌体局部受压是安全的。

(2)设置钢筋混凝土预制垫梁。取垫梁截面尺寸为 240 mm × 240 mm,混凝土为 C20,$E_b=25.5\ \text{N/mm}^2$,砌体弹性模量 $E=1\ 390f=1\ 390\times 1.3\times 10^{-3}=1.81(\text{N/mm}^2)$,则:

垫梁折算高度

$$h_0=2\sqrt[3]{\frac{E_bI_b}{Eh}}=2\sqrt[3]{\frac{25.5\times\frac{1}{12}\times 240\times 240^3}{1.81\times 370}}=438(\text{mm})$$

垫梁沿墙设置,长度大于 $\pi h_0=3.14\times 438=1\ 375(\text{mm})$。

$$N_0=\frac{\pi h_0 b_b\sigma_0}{2}=1\ 375\times 240\times 0.563\div 2=92\ 895(\text{N})=92.9\ \text{kN}$$

$$N_0+N_l=92.9+70=162.9\ (\text{kN})$$

$$2.4h_0b_bf = 2.4 \times 438 \times 240 \times 1.3 = 327\ 974(\text{N}) = 328\ \text{kN} > 162.9\ \text{kN}$$

所以，设置钢筋混凝土预制垫梁，砌体局部受压是安全的。

## 四、轴心受拉、受弯、受剪构件的承载力计算

### （一）轴心受拉构件

砌体的抗拉强度很低，工程上很少采用砌体轴心受拉构件。对于容积较小的圆形砌体结构的水池，在侧向水压力作用下，砌体结构的池壁内只产生环向拉力，属于轴心受拉构件，如图 11-25 所示。

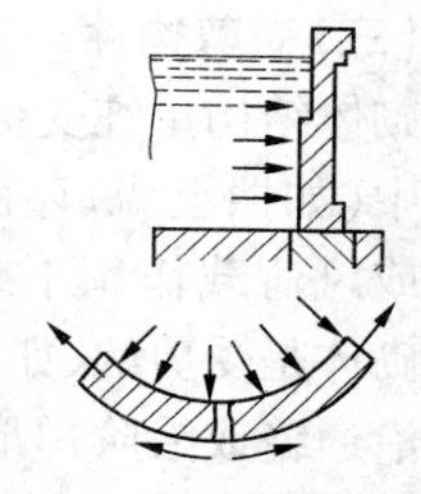

图 11-25　轴心受拉砌体构件

轴心受拉构件的承载力计算公式：

$$N_t \leqslant f_t A \tag{11-24}$$

式中　$N_t$——轴心拉力设计值；

$f_t$——砌体的轴心抗拉强度设计值，按附表 9-7 采用。

### （二）受弯构件

图 11-26 所示的挡土墙属于受弯构件，在弯矩作用下砌体可能沿齿缝截面或沿砖的竖向灰缝截面或沿通缝截面因弯曲受拉而破坏。另外，受弯构件在支座处还存在较大剪力，所以还应对其受剪承载力进行验算。

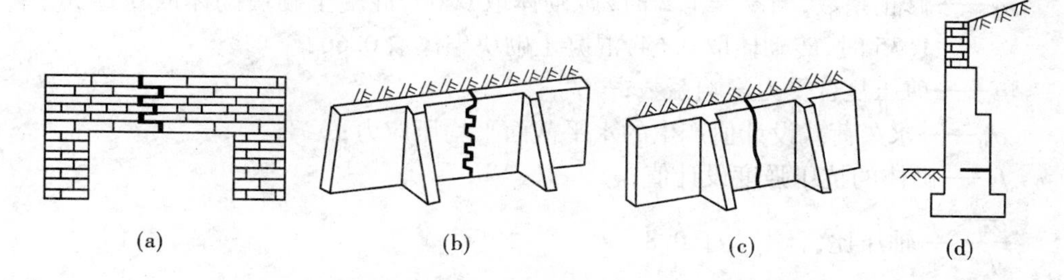


图 11-26　受弯砌体构件

（1）受弯构件受弯承载力计算公式：

$$M \leqslant f_{tm} W \tag{11-25}$$

式中　$M$——弯矩设计值；

$f_{tm}$——砌体弯曲抗拉强度设计值，应按附表 9-7 采用；

$W$——截面抵抗矩。

（2）受弯构件受剪承载力计算公式：

$$V \leqslant f_v bz \tag{11-26}$$

$$z = I/S \tag{11-27}$$

式中　$V$——剪力设计值；

$f_v$——砌体的抗剪强度设计值，应按附表 9-7 采用；

$b$——截面宽度；

$z$——内力臂，当截面为矩形时取 $z = 2h/3$；

$I$——截面惯性矩；

$S$——截面面积矩；

$h$——截面高度。

**(三)受剪构件**

砌体结构单纯受剪的情况很少，一般是在受弯构件中(如挡土墙)存在受剪情况。另外，在水平地震力或风荷载作用下或无拉杆的拱支座处水平截面的砌体是受剪的，如图11-27所示。

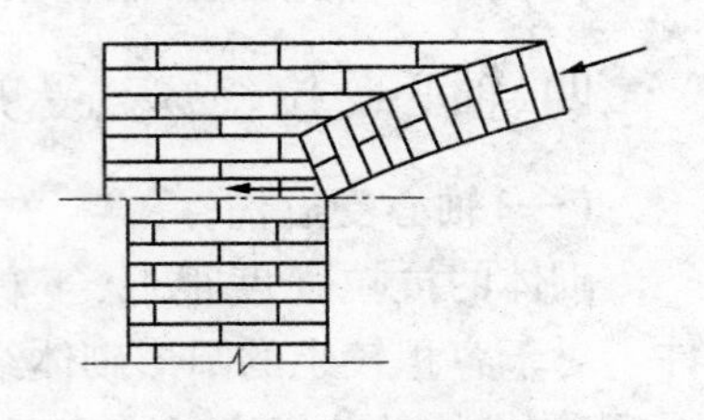

图11-27 受剪砌体构件

沿通缝或沿阶梯形截面破坏时，受剪构件的承载力计算公式为：

$$V \leqslant (f_v + \alpha\mu\sigma_0)A \tag{11-28}$$

当 $\gamma_G = 1.2$ 时
$$\mu = 0.26 - 0.082\frac{\sigma_0}{f} \tag{11-29}$$

当 $\gamma_G = 1.35$ 时
$$\mu = 0.23 - 0.065\frac{\sigma_0}{f} \tag{11-30}$$

式中 $V$——截面剪力设计值；

$A$——水平截面面积，当有孔洞时，取净截面面积；

$f_v$——砌体的抗剪强度设计值，对灌孔的混凝土砌块砌体取 $f_{vG}$；

$\alpha$——修正系数，当 $\gamma_G = 1.2$ 时，砖砌体取0.60，混凝土砌块砌体取0.64，当 $\gamma_G = 1.35$ 时，砖砌体取0.64，混凝土砌块砌体取0.66；

$\mu$——剪压复合受力影响系数；

$\sigma_0$——永久荷载设计值产生的水平截面平均压应力；

$f$——砌体的抗压强度设计值；

$\dfrac{\sigma_0}{f}$——轴压比，且不大于0.8。

**【例11-6】** 某圆形砖砌水池，壁厚490 mm，采用MU15的烧结普通砖及M10的水泥砂浆砌筑，壁厚承受 $N = 70$ kN/m 的环向拉力。试验算池壁的受拉承载力。

**解：**

取1 m高池壁计算

$$A = 1 \times 0.49 = 0.49(\text{m}^2)$$

查附表9-7得：$f_t = 0.19$ N/mm$^2$。

水泥砂浆调整系数：$\gamma_a = 0.8$

$$\gamma_a f_t A = 0.8 \times 0.19 \times 0.49 \times 10^6 = 74.48 \times 10^3(\text{N}) = 74.48 \text{ kN} > N = 70 \text{ kN}$$

满足受拉承载力要求。

**【例11-7】** 某悬壁式水池(见图11-28)，池壁高 $H = 1.2$ m，采用MU15的烧结普通砖及M10的水泥砂浆砌筑。试验算池壁下端的承载力。

**解：**

沿竖向截取1 m宽的池壁为计算单元。忽略池壁自重产生的垂直压力，该池壁为悬臂构件。

(1)受弯承载力计算：

池壁底端弯矩

$$M = \frac{1}{6}\gamma_G\gamma_水 H^3 = 1.2 \times \frac{1}{6} \times 10 \times 1.2^3$$

$$= 3.456(kN \cdot m)$$

$$W = \frac{1}{6} \times 1\ 000 \times 620^2 = 64.07 \times 10^6(mm^3)$$

查附表 9-7 得：弯曲抗拉沿通缝破坏时，$f_{tm} = 0.17\ N/mm^2$，调整系数 $\gamma_a = 0.8$。

$$\gamma_a f_{tm} W = 0.8 \times 0.17 \times 64.07 \times 10^6$$

$$= 8.71(kN \cdot m) > M = 3.456\ kN \cdot m$$

所以，池壁受弯承载力满足要求。

(2) 受剪承载力计算：

池壁底端剪力

$$V = \frac{1}{2}\gamma_G\gamma_水 H^2 = 1.2 \times \frac{1}{2} \times 10 \times 1.2^2$$

$$= 8.64(kN)$$

查附表 9-7 得：$f_v = 0.17\ N/mm^2$，且调整系数 $\gamma_a = 0.8$。

$$\gamma_a f_v bz = 0.8 \times 0.17 \times 1\ 000 \times \frac{2}{3} \times 620$$

$$= 49.19(kN) > V = 8.64\ kN$$

所以，池壁受剪承载力满足要求。

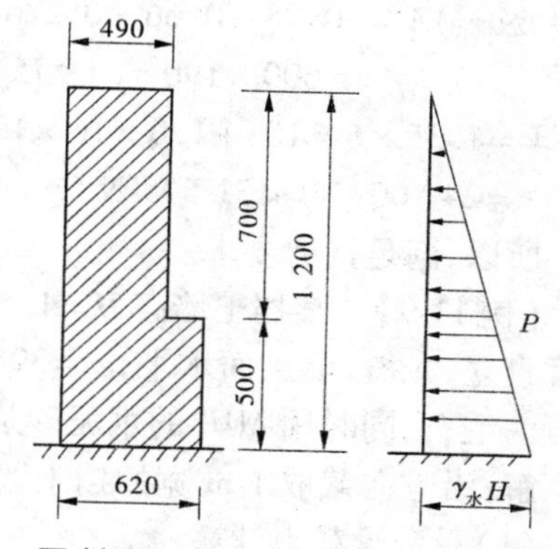


图 11-28 例 11-8 图 (单位：mm)

**【例 11-8】** 某混凝土小型空心砌块墙长 1 600 mm，厚 190 mm，其上作用有压力标准值 $N_k$ = 52 kN(其中永久荷载包括自重产生的压力 36 kN)，在水平推力标准值 $P_k$ = 22 kN(其中可变荷载产生的推力 16 kN)作用下，墙体采用 MU10 砌块和 Mb7.5 混合砂浆砌筑，如图 11-29 所示。试求该墙段的抗剪承载力。

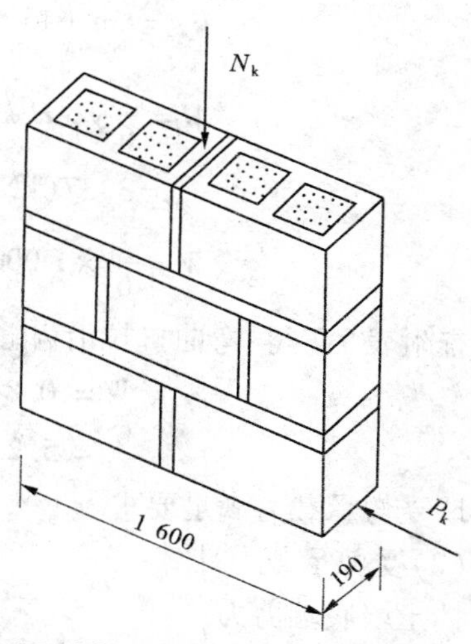


图 11-29 例 11-8 图 (单位：mm)

**解：**

当 $\gamma_G = 1.2$，$\gamma_Q = 1.4$ 时(主要考虑可变荷载)

$$\sigma_0 = \frac{N}{A} = \frac{1.2 \times 36 \times 10^3}{1\ 600 \times 190} = 0.142(N/mm^2)$$

由 MU10 砌块和 Mb7.5 混合砂浆，查附表 9-3 得，$f = 2.5\ N/mm^2$，$f_v = 0.08\ N/mm^2$，且取 $\alpha = 0.64$。

$$\mu = 0.26 - 0.082\frac{\sigma_0}{f} = 0.26 - 0.082 \times \frac{0.142}{2.5} = 0.255$$

$$(f_v+\alpha\mu\sigma_0)A=(0.08+0.64\times0.255\times0.142)\times1\ 600\times190=31\ 365(\text{N})$$

$$V=1.2\times6\times10^3+1.4\times16\times10^3=29\ 600(\text{N})<31\ 365\ \text{N}$$

所以,满足抗剪要求。

当 $\gamma_G=1.35$, $\gamma_Q=1.0$ 时(主要考虑永久荷载)

$$\sigma_0=\frac{N}{A}=\frac{1.35\times36\times10^3}{1\ 600\times190}=0.160(\text{N/mm}^2)$$

且取 $\alpha=0.66$,则

$$\mu=0.23-0.065\frac{\sigma_0}{f}=0.23-0.065\times\frac{0.160}{2.5}$$

$$=0.226$$

$$(f_v+\alpha\mu\sigma_0)A=(0.08+0.66\times0.226\times0.160)$$

$$\times1\ 600\times190=31\ 575(\text{N})$$

$$V=1.35\times6\times10^3+1.0\times16\times10^3$$

$$=24\ 100(\text{N})<31\ 575\ \text{N}$$

所以,满足抗剪要求。

**【例11-9】** 某挡土墙高 $H=1.5$ m,底宽是700 mm。填土的物理力学性质指标如下:墙背直立、光滑,填土面水平,$\varphi=30°$, $c=0$, $\gamma_{土}=18\ \text{kN/m}^3$,所用砌石强度等级为MU40,砌石为毛石,同时用M10的水泥砂浆砌筑。试验算挡土墙的承载力。

**解**:沿竖向截取1 m宽的挡土墙为计算单元。该挡土墙为悬臂构件。

(1)受弯承载力计算:

挡土墙底端弯矩

$$k_a=\tan^2\left(45°-\frac{\varphi}{2}\right)=\tan^2\left(45°-\frac{30°}{2}\right)=0.333$$

$$M=\frac{1}{6}\gamma_{土}H^3k_a=\frac{1}{6}\times18\times1.5^3\times0.333$$

$$=3.37(\text{kN}\cdot\text{m})$$

$$W=\frac{1}{6}\times1\ 000\times700^2=81.67\times10^6(\text{mm}^3)$$

查附表9-7得:弯曲抗拉沿齿缝破坏时,$f_{tm}=0.08\ \text{N/mm}^2$,调整系数 $\gamma_a=0.8$。

$$\gamma_a f_{tm}W=0.8\times0.08\times81.67\times10^6$$

$$=5.23(\text{kN}\cdot\text{m})>M=3.37\ \text{kN}\cdot\text{m}$$

挡土墙受弯承载力满足要求。

(2)受剪承载力计算:

挡土墙底端剪力

$$V=\frac{1}{2}\gamma_{土}H^2k_a=\frac{1}{2}\times18\times1.5^2\times0.333=6.74(\text{kN})$$

查附表9-7得:$f_v=0.21\ \text{N/mm}^2$,且调整系数 $\gamma_a=0.8$。

$$\gamma_a f_v bz=0.8\times0.21\times1\ 000\times\frac{2}{3}\times700$$

$= 78\,400(\mathrm{N}) = 78.4\ \mathrm{kN} > V = 6.74\ \mathrm{kN}$

挡土墙受剪承载力满足要求。

## 思考题

11-1　砌体结构材料中的块材和砂浆各有哪些种类？砌体结构设计中对块体和砂浆有何要求？

11-2　砖砌体中砖和砂浆的强度等级是如何确定的？

11-3　为什么普通烧结砖砌体的抗压强度低于普通烧结砖的抗压强度？

11-4　砌体在弯曲受拉时有哪几种破坏形态？

11-5　砌体的强度设计值在哪些情况下应进行调整？

11-6　影响砌体抗压强度的主要因素有哪些？

11-7　配筋砖砌体常用哪些形式，各自适用范围如何？

11-8　简述砌体结构承载能力极限状态设计表达式的意义。

11-9　砌体结构受压承载力计算在确定影响系数 $\varphi$ 时，应先对构件的高厚比进行修正，如何修正？

11-10　试说明砌体局部抗压强度提高的原因。

11-11　在局部受压计算中，梁端有效支承长度 $a_0$ 与哪些因素有关？

11-12　什么是砌体的高厚比？

11-13　轴心受拉构件应怎样计算？

11-14　砌体在何种情况下受拉、受弯、受剪？

## 习　题

11-1　砖柱截面尺寸 490 mm×490 mm，采用强度等级 MU10 黏土砖、M5 的混合砂浆，柱的计算高度 $H_0=4.2$ m，柱顶承受轴向压力标准值 $N_k=250$ kN（其中永久荷载 120 kN，不包括柱自重），试验算柱的承载力。

11-2　某带壁柱窗间墙如图 11-30 所示。计算高度 $H_0=6$ m，采用 MU10 砖及 M5 混合砂浆砌筑。柱底截面作用有内力设计值 $N=68.4$ kN，$M=14$ kN·m，偏心压力偏向截面肋部一侧。试对柱底进行验算。

11-3　某钢筋混凝土柱，截面尺寸为 200 mm×240 mm，支承于砖墙上，墙厚 240 mm，采用 MU10 黏土砖、M5 混合砂浆砌筑，柱传至墙的轴向力设计值 $N=85$ kN，试进行局部受压验算。

11-4　某钢筋混凝土梁支承在窗间墙上，如图 11-31 所示。梁的截面尺寸为 200 mm×550 mm，梁端荷载设计值产生的支承压力为 40 kN，上部荷载设计值产生的轴向力为 150 kN。墙截面尺寸为 1 200 mm×240 mm，采用 MU10 的黏土砖及 M5 的混合砂浆砌筑。试验算梁端支承处砌体的局部受压承载力。

11-5　钢筋混凝土大梁截面尺寸 $b\times h=200\ \mathrm{mm}\times 550\ \mathrm{mm}$，$l_0=6$ m，支承在 370 mm×

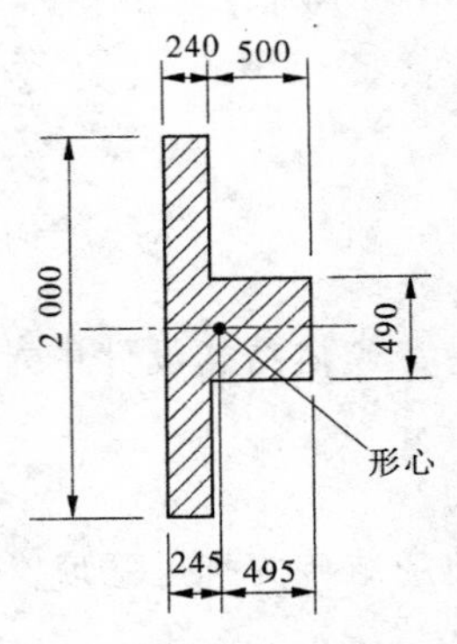


图 11-30　习题 11-2 图　(单位:mm)

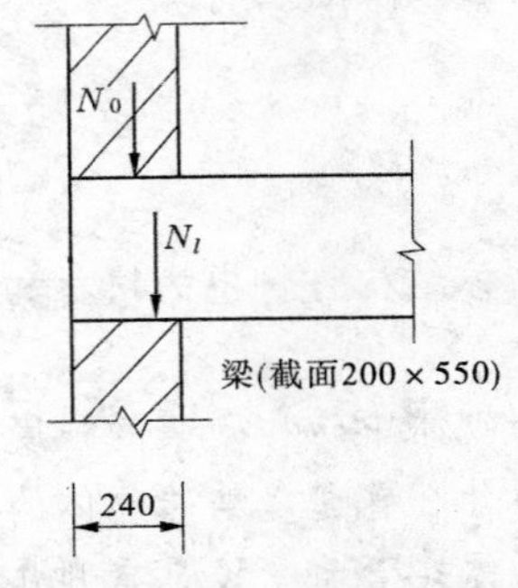


图 11-31　习题 11-4 图　(单位:mm)

1 200 mm 窗间墙上,如图 11-32 所示。$N_u = 240$ kN, $N_l = 100$ kN,墙体采用 MU10 黏土砖、M2.5 混合砂浆。试计算该梁端下砌体局部受压承载力能否满足要求。若不满足要求,应采取什么措施?

11-6　某圆形水池,采用 MU15 的黏土砖及 M10 的水泥砂浆砌筑,池壁的环向拉力为 73 kN/m,试选择池壁厚度并进行验算。

11-7　某支承渡槽的石墩,截面尺寸 $b = 1\ 500$ mm ,$h = 2\ 000$ mm(弯矩作用方向),采用 MU40 的粗料石及 M7.5 的混合砂浆砌筑,石墩承受轴向压力设计值 $N = 8\ 320$ kN,弯矩设计值 $M = 2\ 770$ kN · m,石墩高 8 m。验算该石墩是否安全($H_0 = H = 8$ m)。

11-8　砖砌圆拱,采用 MU10 的黏土砖及 M10 的水泥砂浆砌筑,如图 11-33 所示。沿纵向取 1 m 的筒拱来计算,拱支座处由荷载标准值产生的水平力为 50 kN/m(其中可变荷载产生的推力 16 kN),垂直压力为 40 kN/m(其中永久荷载产生的压力为 25 kN)。试验算拱支座处的抗剪承载力。

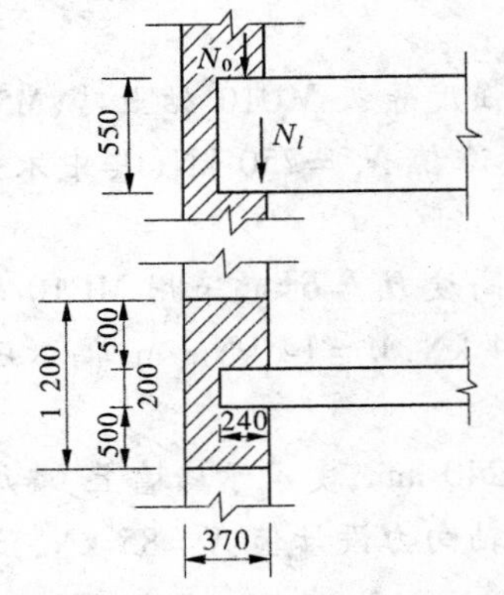


图 11-32　习题 11-5 图　(单位:mm)

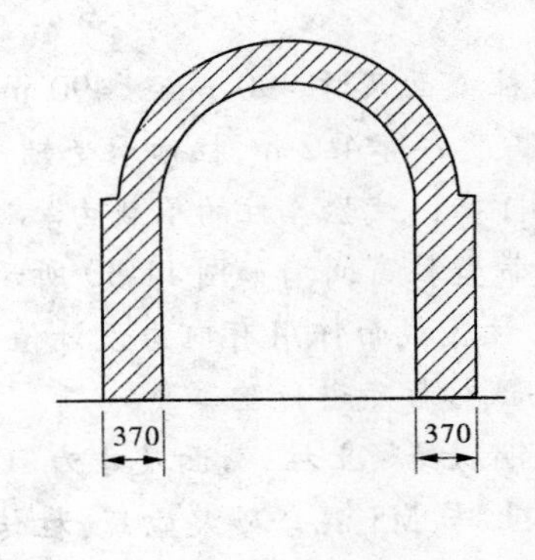


图 11-33　习题 11-8 图　(单位:mm)

# 第十二章　水工钢结构

用型钢或钢板通过焊接或螺栓连接组成的承重结构称为钢结构。水利水电工程中的钢结构主要有钢闸门、拦污栅、压力钢管等。

## 第一节　钢结构的材料和计算方法

### 一、钢结构的材料

#### （一）钢材的主要机械性能

钢材的机械性能也称力学性能，是钢材在拉伸、冷弯或冲击等作用下显示出的各种机械性能。

1. 钢材单向拉伸时的性能

钢材的标准试件在室温环境（10～35 ℃）下，满足静力加载加速度一次加载所得的钢材的应力—应变曲线，如图12-1所示。通过单向拉伸试验可以获得钢材的屈服强度$f_y$、抗拉强度$f_u$和伸长率$\delta$等基本机械性能指标。

考虑到钢材应力$\sigma$达到屈服强度$f_y$后，应变急剧增长，产生较大的变形。因此，钢结构计算取屈服强度$f_y$作为钢材的强度限值，抗拉强度$f_u$作为钢材的强度储备；伸长率$\delta$用来衡量钢材的塑性应变能力。

2. 钢材的冷弯性能

钢材的冷弯性能是判别钢材塑性变形能力及冶金质量的综合指标，由冷弯试验确定。试验时，按照规定的弯心直径在试验机上用冲头加压，使试件弯曲180°（见图12-2），若试件表面不出现裂纹和分层，则冷弯性能为合格。

3. 钢材的冲击韧性

冲击韧性是钢材的一种动力性能，是钢材抵抗冲击荷载的能力，钢材的冲击韧性是衡量钢材抵抗因低温、应力集中、冲击荷载作用发生脆性断裂的一项机械性能指标。工程上采用冲击韧性试验（见图12-3）获得的钢材的冲击功$A_{kv}$来表示。冲击功越大，钢材的韧性越好。

冲击韧性与温度有关，当温度低于某一负温时，冲击功将急剧降低，因此在寒冷地区直接承受动力荷载的钢结构，除应有常温冲击韧性的保证外，还应按钢材类别，使其具有－20 ℃或－40 ℃的冲击韧性保证。

#### （二）钢材的种类与钢号

钢材按化学成分分为碳素钢和低合金钢，按浇注钢锭脱氧方法分为沸腾钢、镇静钢、半镇静钢和特殊镇静钢。

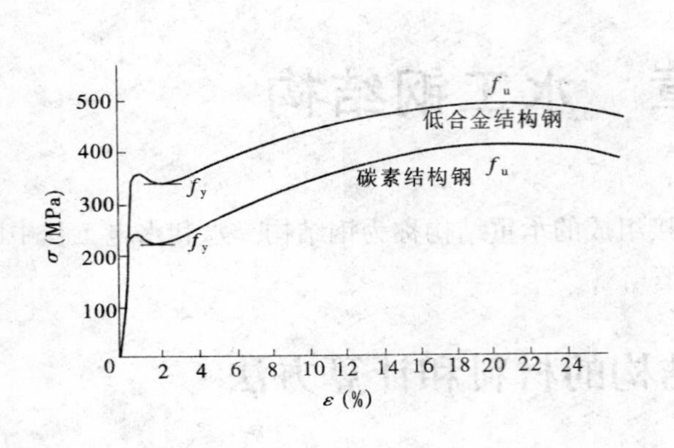


**图 12-1　钢材拉伸应力—应变曲线**

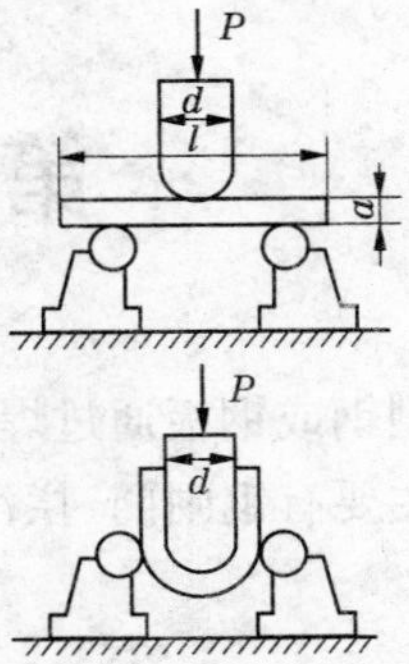

**图 12-2　冷弯试验**

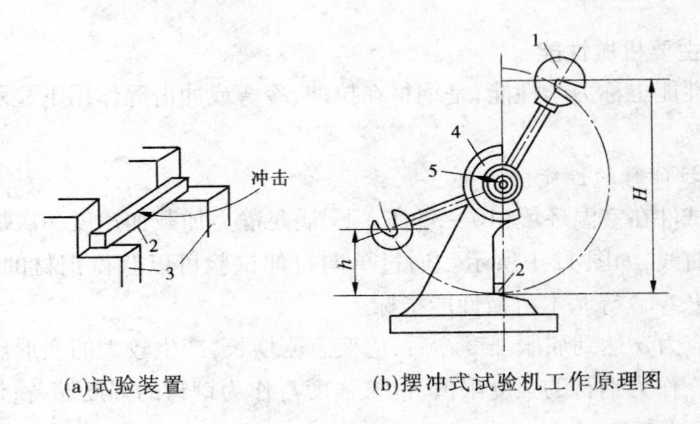


(a)试验装置　　(b)摆冲式试验机工作原理图

1—摆锤;2—试件;3—试验台;4—刻度盘;5—指针

**图 12-3　冲击韧性试验**

1. 碳素结构钢钢号

碳素结构钢的钢号由三部分按顺序组成:

第一部分:代表屈服强度的字母 Q 及强度数值;

第二部分:代表钢材质量等级的符号,分 A、B、C、D 四级,质量依次提高;

第三部分:代表脱氧方法的符号,F 代表沸腾钢,b 代表半镇静钢,Z 代表镇静钢,TZ 代表特殊镇静钢,Z 和 TZ 在钢号里可以省略。

例如:Q235AF 表示屈服强度为 235 $N/mm^2$,质量等级为 A 级的沸腾钢。

2. 低合金结构钢钢号

低合金结构钢钢号由两部分组成,第一部分、第二部分与碳素结构钢钢号类似,第二部分质量等级分 A、B、C、D、E 五级。例如:Q345A、Q390E、Q420D。

《水利水电工程钢闸门设计规范》(SL 74—95)(以下简称《钢闸门规范》)中,低合金钢 16Mn、16Mnq 是采用《低合金结构钢》(GB 1591—88)的表示方法,在《低合金高强度结构钢》(GB/T 1591—94)中则用 Q345 来表示。

### （三）影响钢材力学性能的主要因素

1. 化学成分

钢的基本元素是铁（Fe），普通碳素结构钢中含铁约99%。其他元素有碳（C）、硅（Si）、锰（Mn）、硫（S）、磷（P）、氧（O）、氮（N）等，它们的总和占1%左右。在低合金钢中，除上述元素外，还有少量合金元素，如铜（Cu）、钒（V）、钛（Ti）、铌（Nb）、铬（Cr）等，总含量低于5%。尽管钢材中除铁以外的其他元素含量不大，但对钢材的力学性能却影响极大。

碳（C）是形成钢材强度的主要成分。含碳量高，则钢材强度高，但同时钢材的塑性、冲击韧性、冷弯性能、可焊性及抗锈蚀能力都显著下降，故结构用钢的含碳量一般不应超过0.22%，焊接结构中则应限制在0.2%以下。

硅（Si）是强脱氧剂，是制作镇静钢的必要元素。硅适量时可提高钢材的强度而不显著影响其塑性、韧性、冷弯性能及可焊性。过量时会恶化钢材的塑性、冲击韧性、可焊性及抗锈蚀性。

锰（Mn）是有益元素，它能显著提高钢材的强度而不过多降低塑性和冲击韧性。过量时会使钢材变脆，并降低钢材的可焊性和抗锈蚀性。

硫（S）是有害元素。硫在钢材温度达到800～1 000 ℃时生成硫化铁而熔化，使钢材变脆，易出现裂缝，称为热脆。硫还会降低钢材的冲击韧性、可焊性、疲劳强度及抗蚀能力。

磷（P）可以提高钢材的强度和抗锈蚀能力，但却严重降低钢材的塑性、韧性和可焊性，特别是在温度较低时使钢材变脆（冷脆），因而应严格控制其含量。一般不应超过0.045%。

氧（O）和氮（N）也是有害元素，氧能使钢材热脆，其作用比硫剧烈；氮能使钢材冷脆，与磷类似，故其含量应严格控制。

钒（V）和钛（Ti）是钢中合金元素，能提高钢材的强度和抗锈蚀性，又不显著降低塑性。

铜（Cu）在碳素钢中属杂质成分，它可以提高钢材的强度和抗锈蚀性能，但对可焊性不利。

2. 冶金缺陷

常见的冶金缺陷有偏析（钢材中化学成分分布不均匀）、非金属夹杂（钢中含有硫化物和氧化物等杂质）、气孔、裂纹及分层（钢材在厚度方向不密合，分成多层）等。这些缺陷会降低钢材的力学性能。选用钢材时，应充分重视冶金缺陷的影响。

3. 构造缺陷

钢材的主要机械性能指标是以标准试件受均匀拉力试验为基础的。实际上，在钢结构构件中总是存在着刻槽、孔洞、凹角、截面突变等构造缺陷。此时，构件中的应力分布将不再保持均匀，而是在某些区域产生局部高峰应力，在另外一些区域内则应力降低，形成应力集中现象，在负温下或受动力荷载作用的结构，应力集中的不利影响将十分突出，往往是引起脆性破坏的根源，故在设计中应采取措施避免或减小应力集中，并选用质量优良的钢材。

4. 加载速度

钢材的主要力学性能指标是标准试件在静荷载作用下测得的，如果加载速度提高，钢材的应力与应变关系将发生变化。随着加载速度的提高，钢材的屈服点也提高，呈脆性。因此，试验时必须按规定的加载速度进行。

5. 钢材的硬化

钢材的硬化是指钢材强度提高的同时，塑性性能降低。钢材的硬化包括冷作硬化、时效硬化等。

在冷拉、冷拔、冷弯、冲孔和机械剪切等冷加工过程中，钢材产生很大的塑性变形，可提高钢材的屈服强度和抗拉强度，但却降低了钢材的塑性和冲击韧性，增加了脆性破坏的危险，这种现象称为冷作硬化。

随着时间的增长使钢材的强度提高，塑性和韧性下降。这种现象叫做时效硬化，俗称老化。发生时效硬化的过程一般很长，从几天到几十年不等。

无论哪一种硬化，都会降低钢材的塑性和韧性，对钢材不利。

6. 温度的影响

钢材的机械性能（力学性能）随温度变动而有所变化。随着温度的升高，总的趋势是钢材的抗拉强度、屈服强度及弹性模量降低，伸长率增大。因此，钢结构表面所受辐射温度应不超过 200 ℃。设计时规定 150 ℃以内为适宜，超过之后结构表面即需加设隔热保护层。

当温度从常温开始下降，特别是在负温度范围内时，钢材的强度虽略有提高，但其塑性和韧性降低，当温度降至某一数值时，钢材的冲击韧性突然下降，材料将由塑性破坏转为脆性破坏，这种现象称为低温冷脆。钢结构在整个使用过程中可能出现的最低温度，应高于钢材的冷脆转变温度。

**（四）常用钢材规格**

水工钢结构所用钢材主要是热轧钢板和热轧型钢。

1. 热轧钢板

钢板有薄板、厚板、特厚板和扁钢（带钢）等，其规格和用途如下：

（1）薄钢板：厚度 0.35 ~ 4 mm，宽度 500 ~ 1 500 mm，长度 0.5 ~ 4 m。主要用来制造冷弯薄壁型钢。

（2）厚钢板：厚度 4.5 ~ 60 mm，常用厚度间隔为 2 mm，宽度 600 ~ 3 000 mm，长度 4 ~ 12 m。主要用做梁、柱、实腹式框架等构件的腹板和翼缘及桁架中的节点板等。

（3）特厚板：板厚 >60 mm，宽度 600 ~ 3 800 mm，长度 4 ~ 9 m。主要用于高层钢结构箱形柱等。

（4）扁钢：厚度 4 ~ 60 mm，宽度 12 ~ 200 mm，长度 3 ~ 9 m。可用做组合梁和实腹式框架构件的翼缘板、构件的连接板、桁架节点板和零件等，也是制造螺旋焊接钢管的原材料。

（5）花纹钢板：厚度 2.5 ~ 8 mm，宽度 600 ~ 1 800 mm，长度 0.6 ~ 12 m。主要用做走道板和梯子踏板。

钢板在图纸文件中的表示方法为在钢板横断面符号“—”后加“宽度 × 厚度 × 长度”，

如—600×10×1 200,单位为 mm。

2. 热轧型钢

型钢可以直接用做结构构件,这样可以减小加工制作的工作量,也可以作为构件之间的连接件,是设计的首选材料。常用的热轧型钢有角钢、槽钢、I 形钢、钢管、H 型钢,见图 12-4。角钢分等边角钢和不等边角钢两种,槽钢分普通槽钢和轻型槽钢两种,I 形钢分普通 I 形钢和轻型 I 形钢两种,钢管分无缝钢管和焊接钢管两种,H 型钢分宽翼缘 H 型钢、中翼缘 H 型钢和窄翼缘 H 型钢三种。H 型钢的翼缘宽度比 I 形钢大,在截面面积相同条件下,绕弱轴的抗弯刚度是 I 形钢的两倍以上,绕强轴的抗弯能力亦高于 I 形钢。

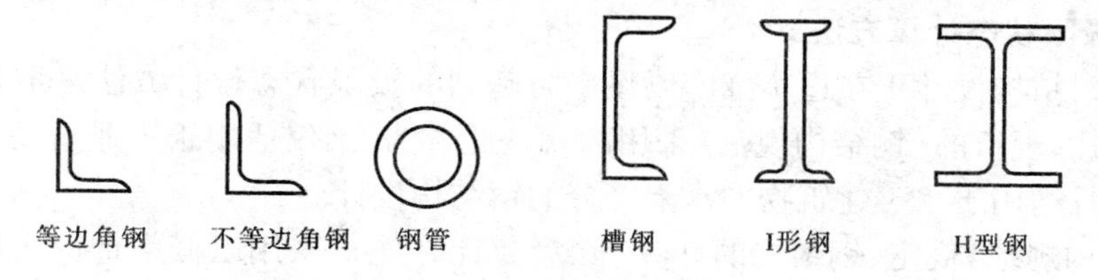


**图 12-4　热轧型钢截面形式**

热轧型钢标注符号见表 12-1。

**表 12-1　热轧型钢标注符号**

| 序号 | 型钢名称 | | 标注符号 | 举例 |
|---|---|---|---|---|
| 1 | 角钢 | 等边角钢 | ∟边宽×厚度 | ∟100×12 |
| 2 | | 不等边角钢 | ∟长边宽×短边宽×厚度 | ∟75×50×8 |
| 3 | 槽钢 | 普通槽钢 | [截面高度(cm)腹板厚度类别符号 a、b、c | [25b |
| 4 | | 轻型槽钢 | Q [截面高度(cm)腹板厚度类别符号 a | Q [16a |
| 5 | I 形钢 | 普通 I 形钢 | I 截面高度(cm)腹板厚度类别符号 a、b、c | I32c |
| 6 | | 轻型 I 形钢 | QI 截面高度(cm)腹板厚度类别符号 a、b | QI20a |
| 7 | 钢管 | | $\phi$外径×壁厚 | $\phi$70×5 |
| 8 | H 型钢 | 宽翼缘 H 型钢 | HW 高度×宽度 | HW350×350 |
| 9 | | 中翼缘 H 型钢 | HM 高度×宽度 | HM500×300 |
| 10 | | 窄翼缘 H 型钢 | HN 高度×宽度 | HN400×200 |

钢结构也可采用薄壁型钢。薄壁型钢是用 1.5~6 mm 厚的钢板冷加工而成,与相同截面面积的热轧型钢相比,其截面抵抗矩较大。

**(五)钢材的选用**

钢材的强度越高,质量等级越高,价格就越高。因此,应根据结构的重要性、荷载特性、连接方法、工作环境温度选择合适的钢材。

结构钢选用的原则是:保证结构安全可靠,符合使用要求,节省钢材,降低工程费用。《钢闸门规范》规定水工钢闸门所用的钢材按附表 10-10 选用。

闸门承重结构的钢材,应保证其抗拉强度、屈服强度、伸长率、硫和磷的含量符合要求，焊接结构尚应保证其含碳量合乎要求。

主要受力结构和弯曲成型部分钢材应具有冷弯试验的合格保证。承受动载的焊接结构钢材，应具有相应计算温度冲击试验的合格保证；承受动载的非焊接结构钢材，必要时也应具有冲击试验的合格保证。

水工钢结构中的支承滚轮等部件，其外形尺寸和所受外力较大，常采用铸钢制成。水工钢闸门的主轨、支承结构的轮轴等常采用锻钢制作。

## 二、钢结构的计算方法

### （一）极限状态计算方法

近年来，结构设计正在逐步推广以概率为基础的极限状态设计方法来取代传统的定值设计方法。现行的《钢结构规范》采用的就是此方法，不仅适用于工业与民用建筑钢结构设计，而且适用于水工建筑物的水上部分的钢结构设计。

《钢结构规范》规定，钢结构的计算（除疲劳计算外），采用以概率理论为基础的极限状态设计方法，用分项系数的应力表达式进行计算。各种承重结构均应按承载能力极限状态和正常使用极限状态设计。

按承载能力极限状态设计钢结构时，应考虑荷载效应的基本组合，必要时尚应考虑荷载效应的偶然组合。对基本组合应按下列设计表达式中最不利值确定。

（1）由可变荷载效应控制的组合

$$\gamma_0\left(\sigma_{\mathrm{Gd}}+\sigma_{\mathrm{Q1d}}+\sum_{i=2}^{n}\psi_{\mathrm{c}i}\sigma_{\mathrm{Q}i\mathrm{d}}\right)\leqslant f \tag{12-1}$$

（2）由永久荷载效应控制的组合

$$\gamma_0\left(\sigma_{\mathrm{Gd}}+\sum_{i=1}^{n}\psi_{\mathrm{c}i}\sigma_{\mathrm{Q}i\mathrm{d}}\right)\leqslant f \tag{12-2}$$

式中 $\gamma_0$——结构重要性系数，对安全等级为一级或设计使用年限为100年及以上的结构构件，$\gamma_0\geqslant 1.1$，对安全等级为二级或设计使用年限为50年的结构构件，$\gamma_0\geqslant 1.0$；对安全等级为三级或设计使用年限为5年的结构构件，$\gamma_0\geqslant 0.9$，对设计使用年限为25年的结构构件，$\gamma_0\geqslant 0.95$；

$\sigma_{\mathrm{Gd}}$——永久荷载设计值 $G_{\mathrm{d}}$ 在结构构件截面或连接中产生的应力，$G_{\mathrm{d}}=\gamma_{\mathrm{G}}G_{\mathrm{k}}$，$G_{\mathrm{k}}$ 为永久荷载的标准值，如结构自重、固定设备重等，$\gamma_{\mathrm{G}}$ 为永久荷载分项系数，一般情况下对式（12-1）取1.2，对式（12-2）取1.35，当永久荷载对结构的承载能力有利时宜采用1.0，对结构的倾覆、滑移验算取0.9；

$\sigma_{\mathrm{Q1d}}$——第一个可变荷载的设计值 $Q_{\mathrm{1d}}$ 在结构构件截面或连接中产生的应力，该应力大于其他任意第 $i$ 个可变荷载设计值产生的应力，$Q_{\mathrm{1d}}=\gamma_{\mathrm{Q1}}Q_{\mathrm{1k}}$；

$\sigma_{\mathrm{Q}i\mathrm{d}}$——其他第 $i$ 个可变荷载的设计值 $Q_{i\mathrm{d}}$ 在结构构件截面或连接中产生的应力，$Q_{i\mathrm{d}}=\gamma_{\mathrm{Q}i}Q_{i\mathrm{k}}$，$\gamma_{\mathrm{Q1}}$、$\gamma_{\mathrm{Q}i}$ 为第一个和其他第 $i$ 个可变荷载的分项系数，一般取1.4，但是当可变荷载效应对承载力有利时，应取为0，$Q_{\mathrm{1k}}$、$Q_{i\mathrm{k}}$ 为第一个和其他第 $i$ 个可变荷载的标准值，如楼面活荷载、雪荷载等；

$\psi_{\mathrm{c}i}$——第 $i$ 个可变荷载的组合系数，其值不应大于1，按荷载规范的规定取用；

$f$—— 结构构件或连接的强度设计值,$f = f_k/\gamma_R$,见附录十,$\gamma_R$ 为材料抗力分项系数,经概率统计分析:对 Q235 钢取 $\gamma_R = 1.087$,对 Q345、Q390 和 Q420 钢取 $\gamma_R = 1.111$,$f_k$ 为钢材(或焊缝熔敷金属)强度标准值。

**(二)容许应力计算方法**

水工钢结构一直用容许应力的设计方法。对于闸、坝、码头和采油平台等水工结构和桥梁结构,由于所受荷载涉及水文、泥沙、波浪等,自然条件比较复杂,经常处于水位变动或盐雾潮湿等容易腐蚀的环境,统计资料不足,条件尚不成熟,对于水工建筑物水下部分的钢结构设计仍采用容许应力法。

《钢闸门规范》所采用的容许应力计算法是以结构的极限状态(强度、稳定、变形等)为依据,对影响结构可靠度的某种因素以数理统计的方法,结合我国工程实践,进行多系数分析,求出单一的设计安全系数,以简单的容许应力的形式表达,实质上属于半概率、半经验的极限状态计算法。其强度计算的一般表达式为:

$$\sum N_i \leqslant \frac{f_y S}{K_1 K_2 K_3} = \frac{f_y S}{K} \tag{12-3}$$

即

$$\sigma = \frac{\sum N_i}{S} \leqslant \frac{f_y}{K} = [\sigma] \tag{12-4}$$

式中 $N_i$—— 根据标准荷载求得的内力;

$f_y$—— 钢材的屈服点;

$K_1$—— 荷载安全系数;

$K_2$—— 钢材强度安全系数;

$K_3$—— 调整系数,用以考虑结构的重要性、荷载的特殊变异和受力复杂等因素;

$S$—— 构件的几何特性;

$[\sigma]$ ——钢材的容许应力。

式(12-4)对荷载、钢材强度及其相应的安全系数均取为定值,而没有考虑荷载和材料性能的随机变异性,这也是容许应力法与概率极限状态法的主要区别。

《钢闸门规范》规定的钢材容许应力见附表 10-8,机械零件的容许应力见附表 10-9。

# 第二节 钢结构的连接

## 一、钢结构的连接方法

钢结构由钢板、型钢连接成基本构件,再装配成空间整体结构。钢结构的主要连接方法分为焊接连接、螺栓连接和铆钉连接三种,如图 12-5 所示。

**(一)焊接连接**

焊接是钢结构最主要的连接方法,其优点是不必钻孔,不削弱构件截面,连接的构造简单,刚度大,密封性能好,在一定条件下可采用自动焊,生产效率高;其缺点是焊缝附近因焊接形成热影响区,热影响区由高温降到常温冷却速度快,材质变脆,热影响区不均匀收缩,使焊件产生焊接残余应力及残余变形,影响结构的承载力、刚度和工作性能,焊接结

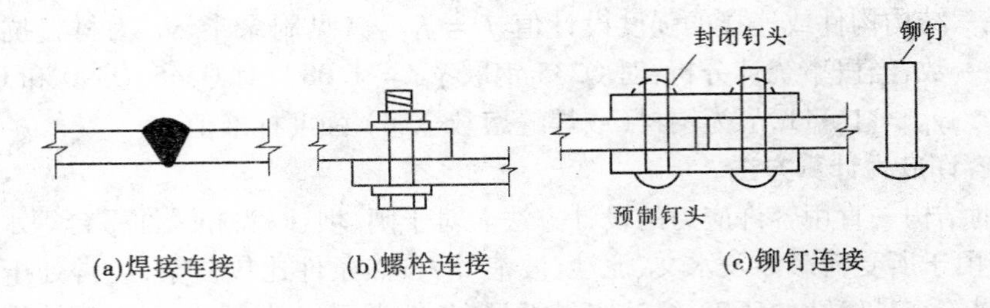


图 12-5　钢结构的连接方法

构在低温下易发生脆断。

**(二)螺栓连接**

螺栓连接的优点是安装操作简便,便于拆卸;其缺点是连接部分需钻孔,削弱了截面,增加了加工工作量,连接部分需搭接或另增加拼接板,比焊接连接多用钢材。螺栓连接适用于结构的安装连接、需经常装拆的结构连接和临时固定连接。

**(三)铆钉连接**

铆钉连接构造复杂,费钢费工,目前很少采用,但是铆钉连接的塑性和韧性较好,传力可靠,质量易于检查,在某些重型和直接承受动力荷载的结构中,有时仍然采用。

下面介绍常用的焊接连接和螺栓连接的构造与计算。

## 二、焊接连接的构造与计算

**(一)焊接方法**

焊接方法有多种,钢结构焊接主要采用电弧焊。电弧焊是利用焊条(焊丝)与焊件之间产生的电弧热来熔化焊件的接头和焊条(焊丝)进行焊接,电弧焊分为手工电弧焊、自动埋弧焊、半自动埋弧焊三种。手工电弧焊(见图 12-6)是钢结构加工及安装中最常用的焊接方法。

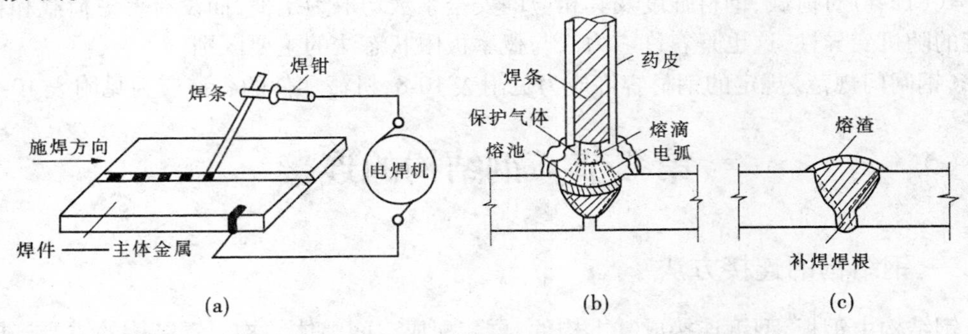


图 12-6　手工电弧焊示意图

手工电弧焊所用的焊条应与焊件钢材相适应,焊接 Q235 钢选用 E43 型焊条,焊接 Q345 钢(16Mn 钢)选用 E50 型焊条,焊接 Q390 钢和 Q420 钢选用 E55 型焊条。焊条型号中的数字 43、50、55 表示焊条熔敷金属的抗拉强度。

**(二)焊接连接形式和焊缝类型**

焊接连接形式按被连接件的相对位置分为对接、搭接、T 形连接和角接四种。焊缝按其构造分对接焊缝和角焊缝两种(见图12-7)。

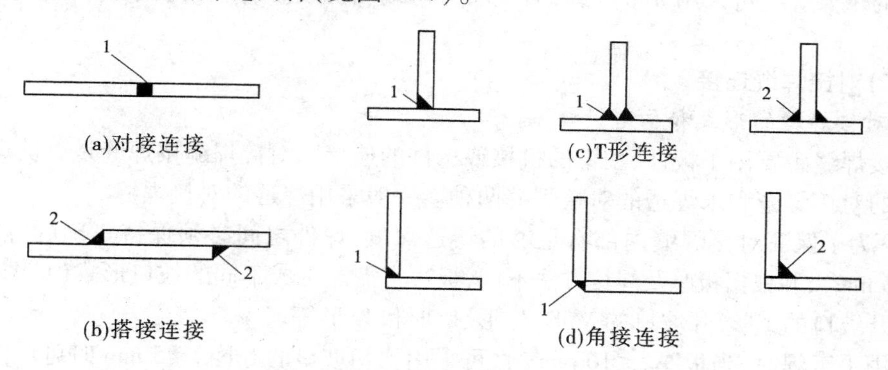


1—对接焊缝;2—角焊缝

**图12-7 焊接连接形式和焊缝类型**

对接焊缝传力直接、平顺,没有明显的应力集中现象,因而受力性能良好,对于承受静载、动载的构件连接都适用;对接焊缝要求下料和装配尺寸准确,施焊前需要对焊件接头加工坡口,比较费工。角焊缝施焊前不需要对焊件接头加工坡口,施焊时较方便;角焊缝受力不均匀,存在应力集中现象。

按施焊时焊缝在焊件之间的相对空间位置,焊缝连接分为平焊、横焊、立焊、仰焊四种(见图12-8)。平焊最方便,质量易保证;仰焊操作最困难,质量不易保证。

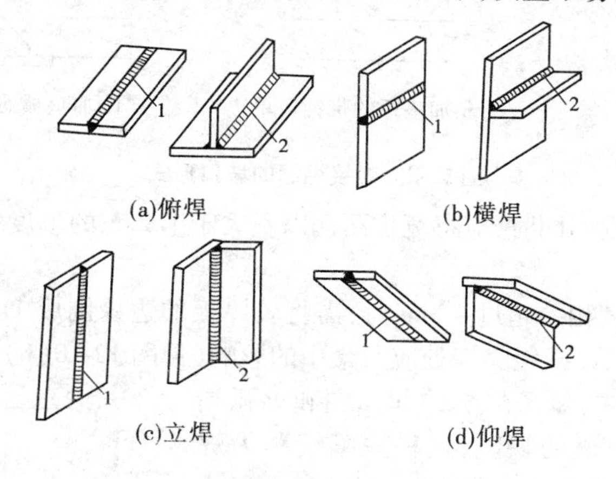


1—对接焊缝;2—角焊缝

**图12-8 焊接位置示意图**

《钢结构工程施工质量验收规范》(GB 50205—2001)将焊缝质量检验标准分为三级。Ⅲ级焊缝只对全部焊缝作外观检查,即检验焊缝实际尺寸是否符合要求和有无看得见的裂纹、咬边和气孔等缺陷;Ⅰ级和Ⅱ级焊缝应采用超声波探伤进行内部缺陷的检验,当超声波探伤不能对缺陷作出判断时,应采用射线探伤。Ⅰ级焊缝超声波和射线探伤的比例为100%,Ⅱ级焊缝超声波和射线探伤的比例均为20%,且均不小于200 mm,当焊缝长度小于200 mm时,应对整条焊缝进行探伤。

钢结构的焊接一般采用Ⅲ级焊缝,对有较大拉应力的对接焊缝和直接承受动力荷载的构件的重要焊缝可采用Ⅱ级焊缝,对抗动力荷载和抗疲劳有较高要求的焊缝可采用Ⅰ级焊缝。

**(三)对接焊缝连接**

1. 对接焊缝的形式和构造

对接焊缝主要用于板件、型钢的拼接或构件的连接。对接焊缝按焊缝是否被焊透,分为焊透的对接焊缝和未焊透的对接焊缝两种。一般采用焊透的对接焊缝。

(1)为了保证对接焊缝内部有足够的熔透深度,焊件之间必须保持正确的等宽间隙(0.5~2 mm),并根据板厚及焊接方法不同,板边常需加工成不同的坡口形式(见图12-9),分为不开坡口的I形,开坡口的V形、X形、U形和K形等。

采用手工焊时,当板厚$t \leqslant 10$ mm时,可采用不切坡口的I形,$t \leqslant 5$ mm时可单面焊;当板厚$t = 10 \sim 20$ mm时,采用V形或半V形坡口;当板厚$t \geqslant 20$ mm时,采用X形、U形和K形等,对于V形和U形缝的根部需要清除焊根,并进行补焊。

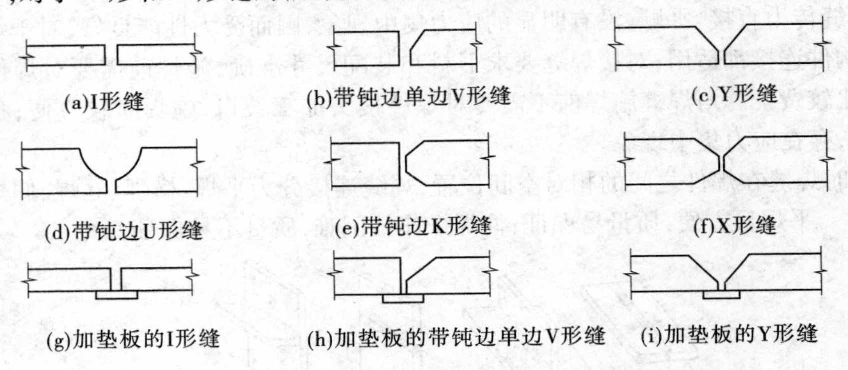


**图12-9 对接焊缝的坡口形式**

(2)当两钢板宽度不同时,应将宽板两侧以不大于1:2.5的坡度缩减到窄板宽度(见图12-10(a))。

(3)当两钢板厚度相差超过4 mm时,需将较厚板的边缘刨成1:2.5的坡度,使其逐渐减到与较薄板等厚,以减缓突变处应力集中的影响(见图12-10(b))。

(4)在一般焊缝中,每条焊缝的起弧端和灭弧端分别存在弧坑和未熔透的缺陷,这种缺陷统称为焊口。焊口处常产生裂纹和应力集中,这对处于低温或承受动力荷载的结构不利。一般的焊缝计算长度$l_w$应由实际长度减去$2t$($t$为焊件的较小厚度)。为了消除焊口缺陷的影响,对于重要结构的对接焊缝可采用临时引弧板。

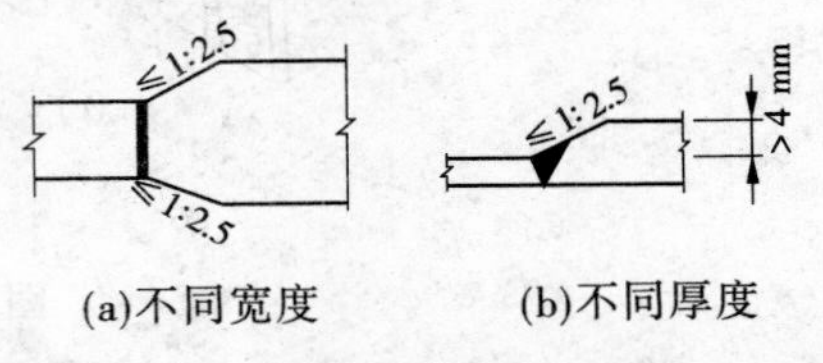


**图12-10 不同宽度或厚度钢板的连接**

2. 对接焊缝连接计算

(1)对接直焊缝承受轴心力作用。当外力垂直于焊缝轴线方向(见图12-11(a)),且通过焊缝重心时,对接直焊缝受轴心力$N$作用时,应按式(12-5)验算焊缝的强度。

$$\sigma = \frac{N}{l_w t} \leqslant f_t^w \text{或} (f_c^w) \tag{12-5}$$

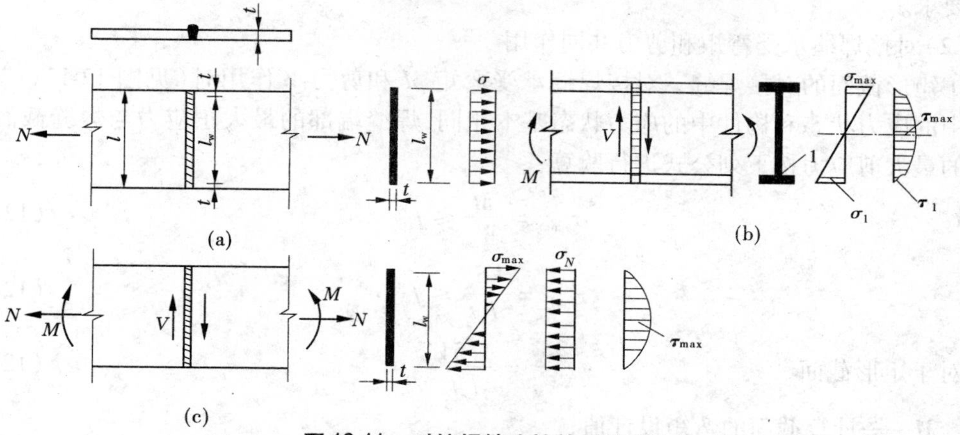


图 12-11　对接焊缝连接的受力情况

式中　$N$——轴心拉力或压力设计值；

$l_w$——焊缝计算长度，当未采用引弧板时，取焊缝实际长度减去 $2t$，当采用引弧板时，取焊缝实际长度；

$t$——焊缝的计算厚度，取连接构件中较薄的板厚，在 T 形连接中为腹板的厚度；

$f_t^w$，$f_c^w$——对接焊缝的抗拉、抗压强度设计值，见附表 10-2。

水工钢结构按容许应力法计算时，应按下式验算：

$$\sigma = \frac{N}{l_w t} \leqslant [\sigma_t^w] \text{ 或 } [\sigma_c^w] \tag{12-6}$$

式中　$N$——轴心拉力或压力标准值；

$[\sigma_t^w]$、$[\sigma_c^w]$——对接焊接的抗拉、抗压容许应力，见附表 10-3。

**【例 12-1】**　两钢板拼接采用对接焊缝，钢板截面为 500 mm × 12 mm，承受轴心拉力标准值 $N_{Gk}=300$ kN，$N_{Qk}=350$ kN，钢材为 Q235，采用手工电弧焊，焊缝质量为Ⅲ级，施焊时不用引弧板。试按两种方法验算焊缝的强度。

**解：**

方法一：极限状态法。

焊缝计算厚度 $t=12$ mm，查附表 10-2 得焊缝的抗拉强度 $f_t^w=185$ N/mm²。

焊缝计算长度　　$l_w=l-2t=500-2\times12=476(\text{mm})$

轴心拉力设计值　$N=1.2\times N_{Gk}+1.4\times N_{Qk}=1.2\times300+1.4\times350=850(\text{kN})$

焊缝应力　　$\sigma=\frac{N}{l_w t}=\frac{850\times10^3}{476\times12}=148.8\ \text{N/mm}^2 < f_t^w=185\ \text{N/mm}^2$

满足要求。

方法二：容许应力法。

焊缝计算厚度 $t=12$ mm，查附表 10-3 得焊缝的抗拉容许应力 $[\sigma_t^w]=135$ N/mm²。

焊缝计算长度　　$l_w=l-2t=500-2\times12=476(\text{mm})$

焊缝应力

$$\sigma=\frac{N}{l_w t}=\frac{N_{Gk}+N_{Qk}}{l_w t}=\frac{(300+350)\times10^3}{476\times12}=113.8(\text{N/mm}^2) < [\sigma_t^w]=135\ \text{N/mm}^2$$

满足要求。

(2)对接焊缝承受弯矩和剪力共同作用。

①矩形截面的对接焊缝。对接焊缝承受弯矩 $M$ 和剪力 $V$ 作用时(见图 12-11(c)),焊缝中的应力状态和构件中的应力状态基本相同,焊缝端部的最大正应力与焊缝截面中和轴的最大剪应力按下列公式进行验算:

$$\sigma_{max} = \frac{M}{W_w} \leqslant f_t^w \tag{12-7}$$

$$\tau_{max} = \frac{VS_w}{I_w t} \leqslant f_v^w \tag{12-8}$$

对于矩形截面

$$\tau = \frac{1.5V}{l_w t} \tag{12-9}$$

式中 $M$——计算截面的弯矩设计值;

$W_w$——焊缝的截面抵抗矩,$W_w = tl_w^2/6$;

$I_w$——焊缝计算截面对中和轴的惯性矩,$I_w = tl_w^3/12$;

$S_w$——所求应力点以上(或以下)焊缝截面对中和轴的面积矩;

$V$——计算截面的剪力设计值;

$f_v^w$——对接焊缝的抗剪强度设计值,见附表 10-2;

$t$——对接焊缝的计算厚度;

$l_w$——焊缝的计算长度。

②工字形截面构件的对接焊缝。这时的焊缝截面是工字形。除验算焊缝端部的最大正应力与焊缝截面中和轴的最大剪应力外,在正应力和剪应力都较大的工字梁腹板和翼缘的交接处 1 点(见图 12-11(b)),同时受有较大的正应力 $\sigma_1$ 和较大的剪应力 $\tau_1$,应按下式计算其折算应力:

$$\sqrt{\sigma_1^2 + 3\tau_1^2} \leqslant 1.1 f_t^w \tag{12-10}$$

式中 $\sigma_1$—— 工字形焊缝截面翼缘腹板交接处的正应力,$\sigma_1 = \sigma_{max} h_0/h$,其中,$h_0$ 为腹板的高度;

$\tau_1$—— 工字形焊缝截面翼缘腹板交接处的剪应力,$\tau_1 = VS_1/(I_w t_w)$,其中,$I_w$ 为工字形截面的惯性矩,$S_1$ 为工字形焊缝截面翼缘对中和轴的面积矩,$t_w$为焊缝的计算厚度,即腹板厚度。

**(四)角焊缝连接**

1. 角焊缝的形式和构造

角焊缝长度方向平行于外力作用方向,称为侧焊缝;角焊缝长度方向垂直于外力作用方向,称为端焊缝。

角焊缝按两焊脚边的夹角分为直角角焊缝和斜角角焊缝。直角角焊缝在钢结构中采用较多。直角角焊缝按焊缝截面形式可分为普通式、平坡式和深熔式(见图 12-12)。一般情况下采用普通式。

角焊缝的主要尺寸是焊脚尺寸 $h_f$ 和焊缝计算长度 $l_w$。其主要构造规定如下:

(1)最小焊脚尺寸 $h_f \geqslant 1.5\sqrt{t_{max}}$ 。$t_{max}$为较厚焊件厚度,如图 12-13 所示。对自动焊

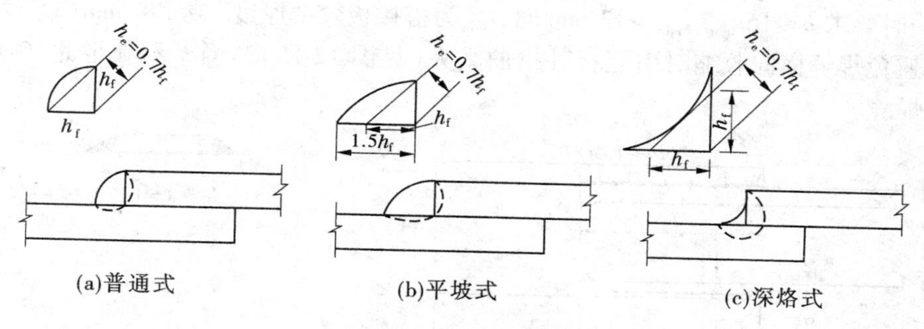


图 12-12　角焊缝截面形式

$h_f$ 可减去 1 mm,对 T 形连接单面角焊缝 $h_f$ 应增加 1 mm;当 $t_{max} \leqslant 4$ mm 时,取 $h_f = t_{max}$。

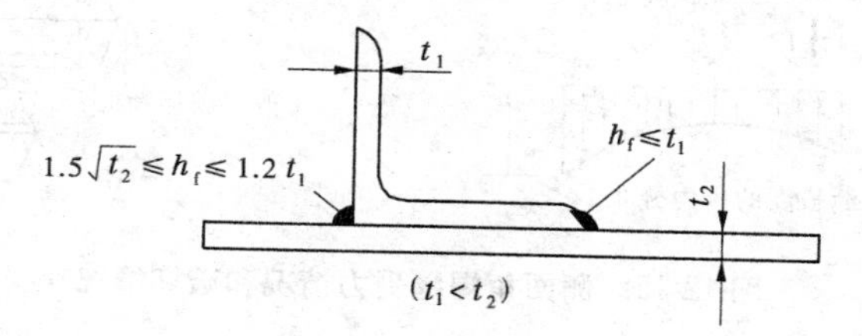


图 12-13　角焊缝厚度的规定

(2)最大焊脚尺寸 $h_f \leqslant 1.2t_{min}$。$t_{min}$ 为薄焊件厚度,如图 12-13 所示。对板件厚度为 $t_1$ 的板边焊缝,还应满足 $h_f \leqslant t_1$(当 $t_1 \leqslant 6$ mm 时)或 $h_f \leqslant t_1 - (1 \sim 2)$mm(当 $t_1 > 6$ mm 时)。

(3)考虑起弧和灭弧的不利影响,角焊缝的计算长度 $l_w$ 取其实际长度减去 $2h_f$。

(4)最小焊缝计算长度 $l_w \geqslant 40$ mm 及 $8h_f$。

(5)最大侧焊缝计算长度直接承受动力荷载时,$l_w \leqslant 40h_f$,承受静力或间接承受动力荷载时,$l_w \leqslant 60h_f$。若 $l_w$ 超出上述规定,则超出部分计算时不予考虑。当作用力沿侧焊缝全长作用时,计算长度不受此限制。

(6)为了减小连接中产生过大的残余应力,在搭接过程中,其搭接长度不得小于较薄焊件厚度的 5 倍,同时不得小于 25 mm(见图 12-14)。

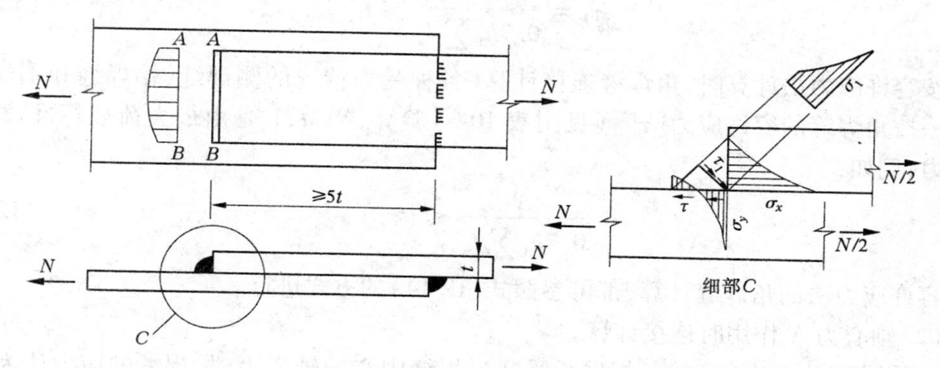


图 12-14　端焊缝的受力情况

(7)当板件端部仅有两条侧焊缝时(见图 12-15),则每条侧焊缝长度 $l_w \geqslant b$($b$ 为板宽)。同时要求 $b \leqslant 16t_{\min}$($t_{\min} > 12$ mm 时,$t_{\min}$ 为搭接板较薄厚度)或 190 mm($t_{\min} \leqslant 12$ mm 时),以避免焊缝横向收缩时引起板件拱曲太大(见图 12-15)。当 $b$ 不满足此规定时,应加焊端焊缝。

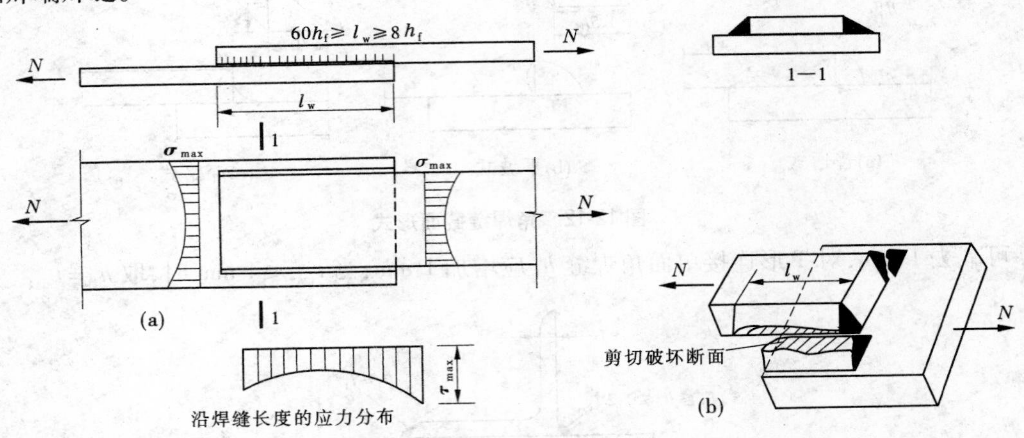


图 12-15 侧面角焊缝受力情况和破坏情况

2. 角焊缝的连接计算

(1)基本公式。角焊缝连接计算的基本公式:

$$\sqrt{\left(\frac{\sigma_f}{\beta_f}\right)^2 + \tau_f^2} \leqslant f_f^w \tag{12-11}$$

式中 $\beta_f = 1.22$——端焊缝强度设计值增大系数;

$f_f^w$——角焊缝强度设计值,见附表 10-2。

①端焊缝:当只有垂直于焊缝长度方向的轴心力 $N_x$ 时,应满足:

$$\sigma_f = \frac{N_x}{0.7h_f \sum l_w} \leqslant \beta_f f_f^w \tag{12-12}$$

②侧焊缝:当只有平行于焊缝长度方向的轴心力 $N_y$ 时,应满足:

$$\tau_f = \frac{N_y}{0.7h_f \sum l_w} \leqslant f_f^w \tag{12-13}$$

按容许应力法计算时,角焊缝连接计算(各种受力情况的侧焊缝、端焊缝和围焊缝)应统一按角焊缝的容许应力 $[\tau_t^w]$(见附表 10-3)验算,$N$,$M$,$V$ 是由最大荷载标准值计算的内力,例如:

$$\frac{N}{0.7h_f \sum l_w} \leqslant [\tau_t^w] \tag{12-14}$$

容许应力法的角焊缝计算,都可参照式(12-14)的方式进行。

(2)轴心力 $N$ 作用时连接计算。

①采用盖板的对接连接。焊件承受通过焊缝中心的轴心力时,焊缝的应力认为是均匀分布。如图 12-16(a)所示,只有侧焊缝时按式(12-13)计算;只有端焊缝时按式(12-12)计算;采用围焊缝时(见图 12-16(b)),按式(12-12)先计算端焊缝所承担的内力 $N'$($N'$ =

$2 \times h_e l_w' \times 1.22 f_f^w$)，所余内力（$N-N'$）按式（12-13）计算侧焊缝。对于承受动力荷载时，按轴心力由围焊缝有效截面平均承担计算，即

$$\frac{N}{0.7 h_f \sum l_w} \leqslant f_f^w \tag{12-15}$$

式中 $\sum l_w$——拼接缝一侧的角焊缝计算总长度；

$l_w'$——端焊缝计算长度。

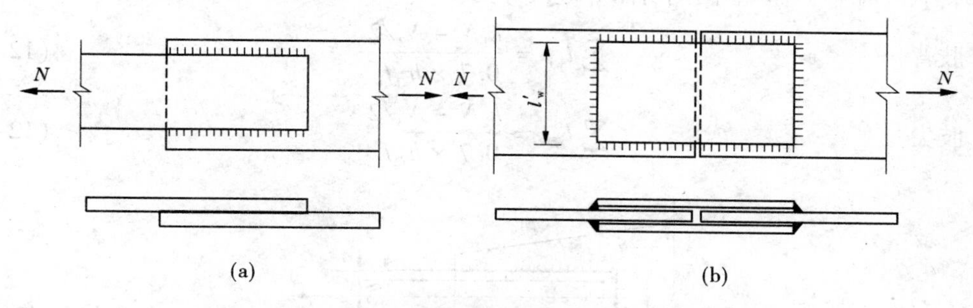


图 12-16 受轴向力作用的角焊缝连接

②角钢与节点板的连接。当采用侧焊缝连接截面不对称的焊件时，例如角钢和节点板的连接（见图 12-17），由于作用在角钢重心线上的轴心力 $N$ 距两侧侧焊缝的距离不相等，两侧侧焊缝受力大小也不同。角钢肢背焊缝和肢尖焊缝承担的内力 $N_1$ 和 $N_2$ 为：

$$N_1 = b_2 N/b = k_1 N \tag{12-16}$$

$$N_2 = b_1 N/b = k_2 N \tag{12-17}$$

式中，$k_1$，$k_2$ 为角钢和节点板搭接时两侧焊缝的内力分配系数，近似按图 12-17 所示数据进行分配。

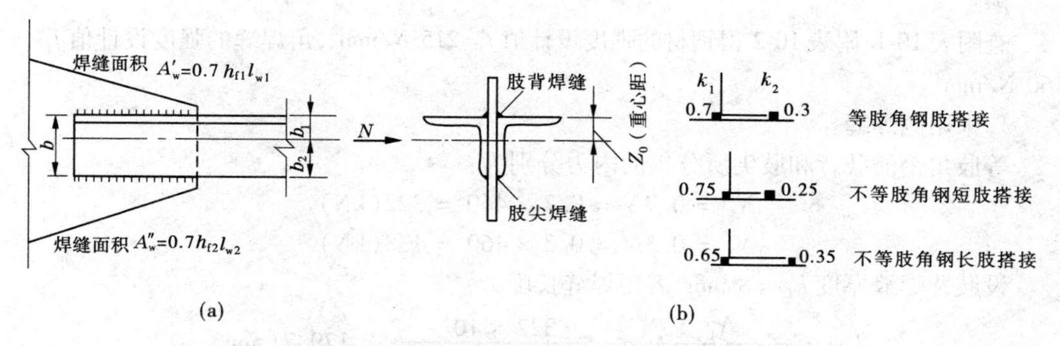


图 12-17 受轴心力作用的角钢和节点板的连接

两侧侧焊缝的内力求得后，再根据构造要求和强度计算即可确定每侧焊缝的厚度 $h_f$ 和焊缝长度 $l_w$。

肢背
$$\sum h_{f1} l_{w1} = \frac{k_1 N}{0.7 f_f^w} \tag{12-18}$$

肢尖 $$\sum h_{f2} l_{w2} = \frac{k_2 N}{0.7 f_f^w} \tag{12-19}$$

对于单角钢连接,考虑不对称截面搭接的偏心影响,上两式中的焊缝强度乘以折减系数0.85。

为了使连接构造紧凑,也可采用围焊缝(见图12-18)。可先选定正面焊缝的焊缝厚度 $h_{f3}$,计算出它所承受的内力 $N_3 = 2 \times \beta_f \times 0.7 h_{f3} b f_f^w$,通过平衡关系解得:$N_1 = k_1 N - N_3/2$;$N_2 = k_2 N - N_3/2$。两侧所需焊缝尺寸为:

肢背 $$\sum l_{w1} = \frac{k_1 N - N_3/2}{0.7 \times h_{f1} f_f^w} \tag{12-20}$$

肢尖 $$\sum l_{w2} = \frac{k_2 N - N_3/2}{0.7 \times h_{f2} f_f^w} \tag{12-21}$$

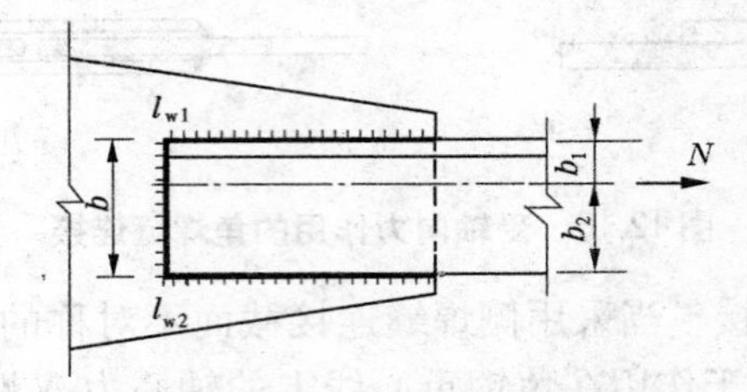


图 12-18 角钢和节点板采用围焊缝连接

为使连接构造合理,肢背与肢尖可采用不同的焊缝厚度,这样可使肢背和肢尖的焊缝长度 $l_w$ 接近相等。

【例12-2】 某桁架腹杆承受的拉力为460 kN,其截面由两个等肢角钢2∠75×8(见附录十一)组成,节点板厚10 mm。计算角焊缝的连接。钢材为Q235,手工焊,采用E43型焊条。

**解:**

查附表10-1、附表10-2得钢材的强度设计值 $f = 215\ \text{N/mm}^2$,角焊缝的强度设计值 $f_f^w = 160\ \text{N/mm}^2$。

1. 采用侧焊缝

等肢角钢的肢背和肢尖所分担的内力分别为:

$$N_1 = 0.7N = 0.7 \times 460 = 322(\text{kN})$$
$$N_2 = 0.3N = 0.3 \times 460 = 138(\text{kN})$$

设肢背焊缝厚度 $h_{f1} = 8$ mm,需要焊缝长度为:

$$l_{w1} = \frac{N_1}{2 \times 0.7 h_{f1} f_f^w} = \frac{322 \times 10^3}{2 \times 0.7 \times 8 \times 160} = 179.7(\text{mm})$$

考虑焊口影响,$179.7 + 2h_f = 179.7 + 2 \times 8 = 195.7$(mm),实际焊缝长度取 $l_{w1} = 200$ mm。

设肢尖焊缝厚度 $h_{f2} = 6$ mm,需要焊缝长度为:

$$l_{w2} = \frac{N_2}{2 \times 0.7 h_{f2} f_f^w} = \frac{138 \times 10^3}{2 \times 0.7 \times 6 \times 160} = 102.7(\text{mm})$$

考虑焊口影响，$102.7+2h_f=102.7+2\times6=114.7(\text{mm})$，实际焊缝长度取 $l_{w2}=120\ \text{mm}$。

2. 采用围焊缝

假定焊缝厚度 $h_f$ 一律为 6 mm，则肢端、肢背和肢尖分担的荷载为：

$$N_3=2\times0.7h_f\times1.22\times bf_f^w=2\times0.7\times6\times1.22\times75\times160=123(\text{kN})$$

$$N_1=0.7N-N_3/2=0.7\times460-123/2=260.5(\text{kN})$$

$$N_2=0.3N-N_3/2=0.3\times460-123/2=76.5(\text{kN})$$

肢背焊缝长度 $$l_{w1}=\frac{N_1}{2\times0.7h_f f_f^w}=\frac{260.5\times10^3}{2\times0.7\times6\times160}=193.8\ (\text{mm})$$

考虑焊口影响，$193.8+2h_f=193.8+2\times6=205.8(\text{mm})$，实际焊缝长度取 210 mm。

肢尖焊缝长度 $$l_{w2}=\frac{N_2}{2\times0.7h_f f_f^w}=\frac{76.5\times10^3}{2\times0.7\times6\times160}=56.9\ (\text{mm})$$

考虑焊口影响，$56.9+2h_f=56.9+2\times6=68.9(\text{mm})$，实际焊缝长度取 70 mm。

**(五)焊接残余应力和焊接残余变形**

钢结构在焊接过程中，焊件局部范围加热至熔化，而后又冷却凝固，结构经历了一个不均匀的升温过程和冷却过程，导致焊件各部分热胀冷缩不均匀，从而在结构内产生了焊接残余应力和残余变形。

1. 焊接残余应力的影响

(1)对于承受静载的焊接结构，在常温下没有严重的应力集中，焊接残余应力并不影响结构的静力强度。

(2)残余应力的存在会降低结构的刚度，增大变形，降低稳定性。

(3)由于残余应力一般为三向同号应力状态，材料在这种应力状态下易转向脆性。降低疲劳强度，尤其在低温动荷载作用下，容易产生裂纹，有时会导致低温脆性断裂。

2. 减小或消除焊接残余应力的措施

(1)构造设计方面。应避免引起三向拉应力的情况。当几个构件相交时，应避免焊缝过分集中。在正常情况下，当不采用特殊措施时，设计焊缝厚度和板厚度均不宜过大，以减小焊缝应力和变形。

(2)制造方面。应选用适当的焊接方法、合理的装配及施焊次序，尽量使各焊件能自由收缩。当焊缝较厚时应采用分层焊；当焊缝较长时，可采用分段逆焊法(见图 12-19)。

(3)焊前预热和焊后热处理。焊件焊前预热可减少焊缝金属和主体金属的温差，减小残余应力，减轻局部硬化和改善焊缝质量。焊后将焊件作退火处理，可消除焊接残余应力，但因工艺和设备较复杂，除特别重要的构件和尺寸不大的重要零部件外，一般较少采用。

3. 焊接残余变形的影响

焊接残余变形会影响结构的尺寸、位置和安装，过大的变形会降低结构的承载能力，甚至使结构不能使用。

4. 减小焊接残余变形的措施

(1)反变形法。在施焊前预留适当的收缩量和根据经验预先造成相反方向和适当大

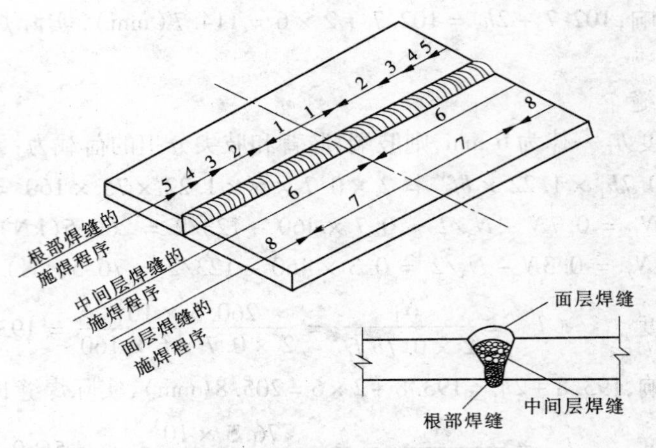


图 12-19 合理的施焊顺序

小的变形来抵消焊后变形，如图 12-20 所示。这种方法一般适用于较薄板件。

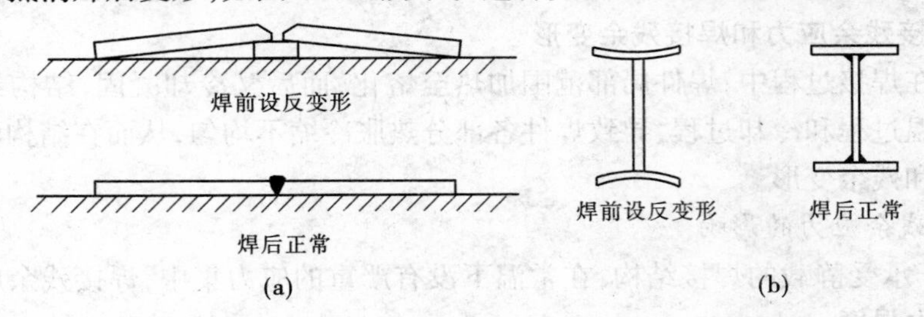


图 12-20 焊件的反变形措施

（2）采用合理的装配和焊接顺序。

（3）焊后矫正。以机械矫正和局部火焰加热矫正较为常用。对于低合金钢不宜使用锤击方法进行矫正。

## 三、螺栓连接的构造与计算

螺栓连接分为普通螺栓连接和高强度螺栓连接两种。

### （一）普通螺栓连接

钢结构采用的普通螺栓形式为六角头型，其代号用字母 M 和公称直径（mm）表示。普通螺栓通常采用 Q235 钢加工而成，根据螺栓加工精度，普通螺栓分 A 级、B 级和 C 级。A 级、B 级螺栓由于制造和安装费工，成本高，在钢结构中应用较少；C 级螺栓加工粗糙，螺栓杆直径比螺孔直径小 1.5～2.0 mm，空隙较大，当传递剪力时，连接变形大。C 级螺栓成本低，被广泛用于需要装拆的连接、承受拉力的安装连接，也用于不重要的抗剪连接或临时固定。对直接承受动载的普通螺栓连接应采用双螺帽或其他能防止螺帽松动的有效措施。

普通螺栓连接按螺栓传力方式不同可分为受剪螺栓连接、受拉螺栓连接和拉剪螺栓连接三种，如图 12-21 所示。

受剪螺栓连接靠栓杆受剪和孔壁承压传力，受拉螺栓连接靠沿栓杆轴向受拉传力，拉

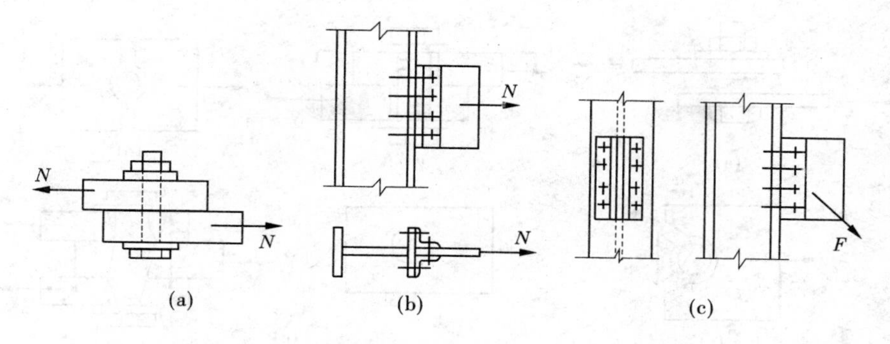

图 12-21 螺栓的传力方式

剪螺栓连接则兼有上述两种传力方式。

1. 螺栓直径

选择螺栓直径应根据连接构件的尺寸和受力情况而定，常用的螺栓直径是 M16、M18、M20、M22、M24 等规格。一般情况下，同一结构中宜用一种直径。

2. 螺栓排列方式及间距

螺栓的排列方式有并列和交错两种（见图 12-22）。前者简单，后者紧凑。

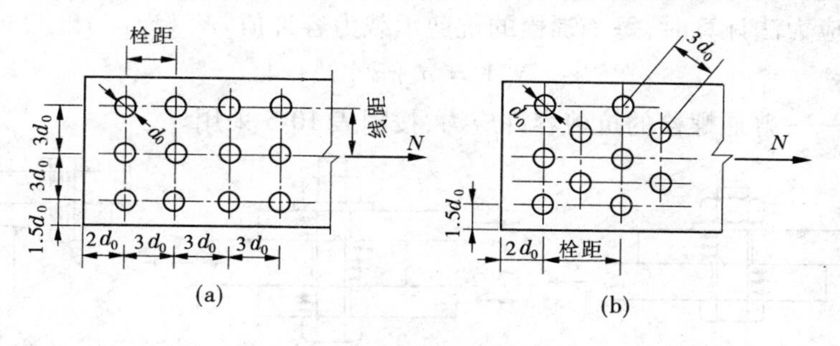

图 12-22 螺栓的排列及间距

(1)受力要求。螺孔($d_0$)的最小端距为 $2d_0$，以免板端被剪穿；螺孔的最小边距为 $1.5d_0$（切割边）或 $1.2d_0$（轧成边）。在型钢上螺栓应排列在型钢准线上。中间螺孔的最小间距为 $3d_0$。

(2)施工要求。安装时螺栓要保证一定的间距，以便于扳手的转动，拧紧螺母。

(3)构造要求。螺栓的间距也不宜过大，特别是受压板件当栓距过大时易发生凸曲现象。板和刚性构件连接时栓距过大不易接触紧密，潮气易侵入缝隙而使构件锈蚀。中心最大间距受压时为 $12d_0$ 或 $18t$（$t$ 为外层较薄板件的板厚），受拉时为 $16d_0$ 或 $24t$；中心至构件边缘最大距离为 $4d_0$ 或 $8t$。

3. 受剪螺栓连接计算

普通螺栓和承压型高强度螺栓的抗剪连接，当达到承载力极限时，可能有 5 种破坏形式：栓杆剪断、孔壁挤压破坏、钢板拉断破坏、端部钢板剪断破坏、栓杆受弯破坏（见图 12-23）。

1)单个抗剪螺栓的承载力

螺栓即将破坏时，沿剪切面上的剪应力分布不均匀，在实际计算中假定剪应力为均匀

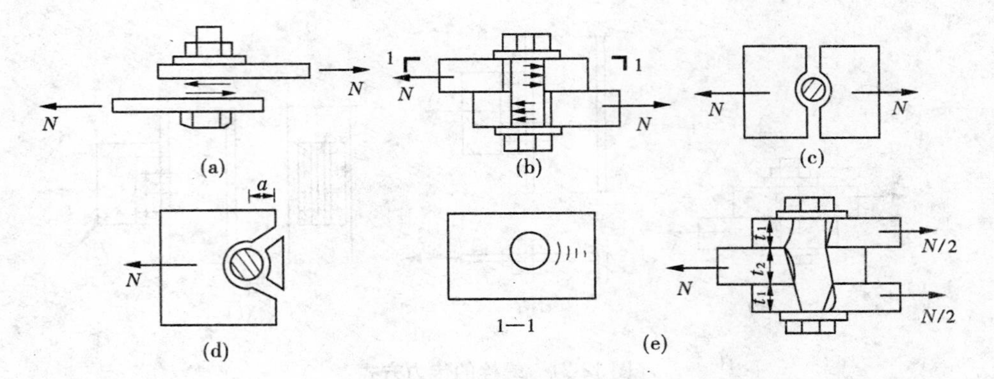

图 12-23　抗剪螺栓连接的破坏情况

分布。这时，每个螺栓的抗剪承载力设计值为：

$$N_v^b = n_v \pi d^2 f_v^b / 4 \tag{12-22}$$

式中　$n_v$——单个螺栓的受剪面数目，单剪时 $n_v=1$，双剪时(见图 12-24)$n_v=2$；

$d$——螺栓直径；

$f_v^b$——普通螺栓的抗剪强度设计值，按附表 10-4 取用。

按容许应力法计算时，每个螺栓的抗剪承载力容许值$[N_v^b]$为：

$$[N_v^b] = n_v \pi d^2 [\tau^b] / 4 \tag{12-23}$$

式中　$[\tau^b]$——普通螺栓的抗剪容许应力，按附表 10-5 采用。

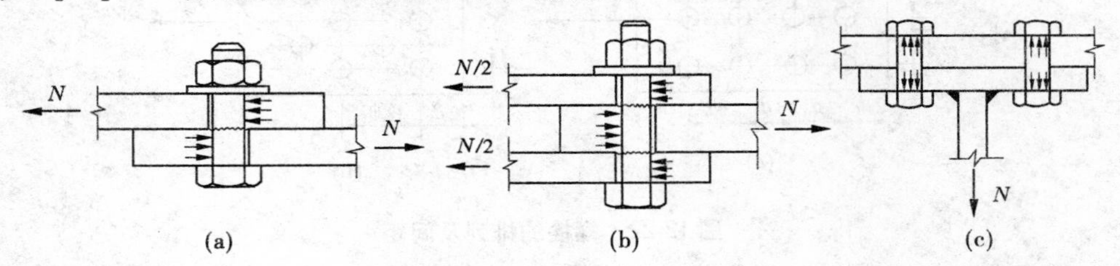

图 12-24　普通螺栓连接的受力

计算螺栓的承压承载力时，沿螺杆侧面的承压力实际分布是不均匀的，实际计算中假定承压力沿螺杆直径宽度上均匀分布，如图 12-25(a)所示。这时，单个螺栓的承压承载力设计值为：

$$N_c^b = d \sum t f_c^b \tag{12-24}$$

式中　$\sum t$——连接件中同一受力方向承压钢板总厚度的较小值，如图 12-25 所示，$\sum t$ 取 $2t_1$ 和 $t_2$ 中的较小值；

$f_c^b$——螺栓的承压强度设计值，按附表 10-4 采用。

按容许应力法计算时，单个螺栓的承压承载力容许值为：

$$[N_c^b] = d \sum t [\sigma_c^b] \tag{12-25}$$

式中　$[\sigma_c^b]$——螺栓的承压容许应力，按附表 10-5 采用。

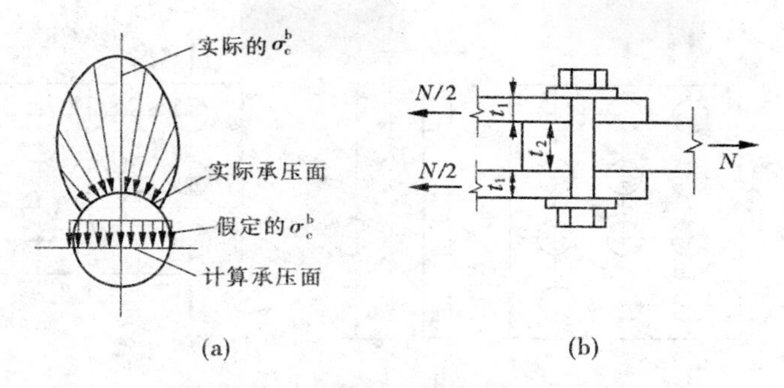


**图 12-25　拉剪螺栓连接的受剪面数**

2）螺栓群受剪承载力计算

螺栓群在轴心剪力 $N$ 作用下（见图 12-26）按抗剪和承压两者中较小值 $N^b_{min}$来定。

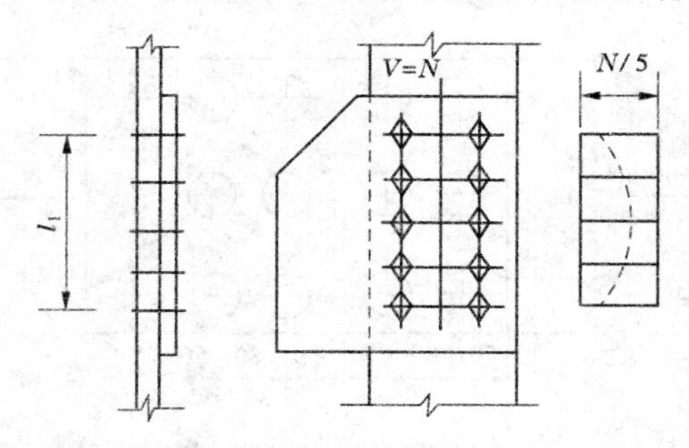


**图 12-26　螺栓群受轴心剪力时的剪力分布**

在连接工作的弹性阶段，各螺栓所承受的剪力大小不等，沿轴心力方向，两端较大，中间较小。但随着外力的增大，连接进入弹塑性阶段后，因内力重分布使各螺栓所受剪力趋于相等。计算时假定内力平均分配给每个螺栓。

在构件的节点处或拼接接头的一侧，由于螺栓群在弹性阶段各螺栓受力不相等，两端大中间小。当接头长度 $l_1 > 15d_0$ 时，单个螺栓的承载力应乘以折减系数 $\beta = 1.1 - l_1/(150d_0)$。当 $l_1 \geqslant 60d_0$ 时，取 $\beta = 0.7$。此规定也适用于高强度螺栓。

连接所需螺栓数目

$$n \geqslant \frac{N}{\beta N^b_{min}} \tag{12-26}$$

另外，还应按下式验算螺栓孔处构件的净截面强度：

$$N/A_n \leqslant f \tag{12-27}$$

式中　$A_n$——构件的净截面面积。

当螺栓并列排列时（见图 12-27(a)），构件在第一列螺栓处的截面Ⅰ—Ⅰ受力最大，其净截面面积 $A_n = bt - n_1 d_0 t$。拼接板在第一列处的净截面面积应大于构件的净截面面积。当螺栓交错排列时（见图 12-27(b)），构件可能沿Ⅰ—Ⅰ截面或Ⅱ—Ⅱ截面破坏。齿形破坏的净截面面积 $A_n = [2e_1 + (n-1)\sqrt{a^2+e^2} - nd_0] \times t$，$n$ 为齿形截面上的螺栓数。

**【例 12-3】**　设计某截面为 16 mm×340 mm 的钢板拼接连接，采用两块拼接板 $t = 9$ mm 和 C 级螺栓连接。钢板和螺栓均为 Q235 钢，孔壁按Ⅱ类孔制作。钢板承受轴心拉力设计值 $N = 600$ kN（见图 12-28）。

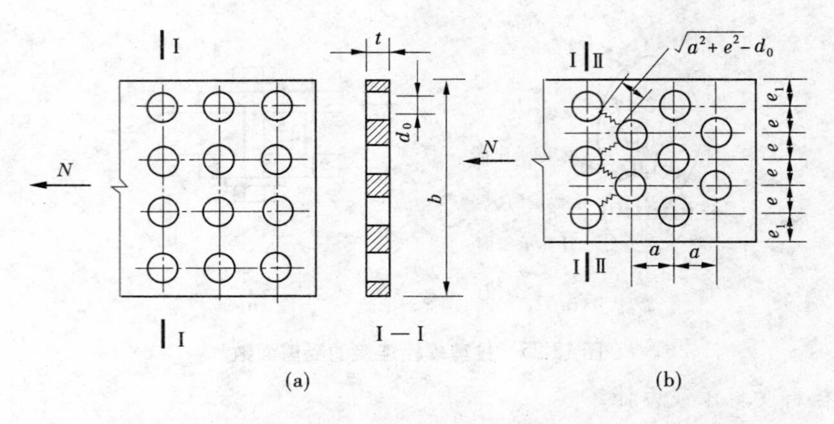


图 12-27　构件净截面面积计算

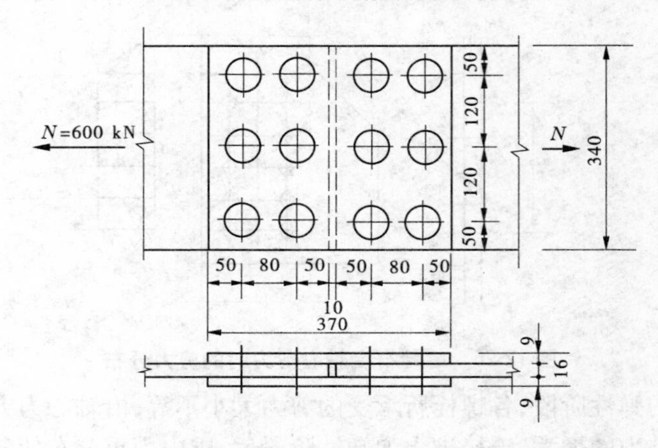


图 12-28　钢板拼接计算图

**解：**

选用 M22 的 C 级螺栓，查附表 10-4 得螺栓抗剪强度设计值 $f_v^b = 140\ \text{N/mm}^2$，承压强度设计值 $f_c^b = 305\ \text{N/mm}^2$。单个螺栓的抗剪和承压承载力为：

$$N_v^b = n_v \pi d^2 f_v^b / 4 = 2 \times \pi \times 22^2 \times 140/4 = 106.4(\text{kN})$$

$$N_c^b = d \sum t f_c^b = 22 \times 16 \times 305 = 107.4(\text{kN})$$

连接一侧所需的螺栓数：$n = \dfrac{N}{N_{\min}^b} = \dfrac{600}{106.4} = 5.64$

拼接板每侧采用 6 个螺栓，并列排列。螺栓的间距和边、端距根据构造规定排列如图 12-28所示。

钢板净截面强度验算（$d_0 \approx d + 2\ \text{mm}$）

$$\frac{N}{A_n} = \frac{600 \times 1\,000}{340 \times 16 - 3 \times 24 \times 16} = 139.9(\text{N/mm}^2) < f = 215\ \text{N/mm}^2$$

4. 受拉螺栓连接计算

1）抗拉螺栓的工作特点

在抗拉螺栓连接中，外力将使被连接构件拉开而使螺栓受拉，最后螺栓杆会被拉断。

普通螺栓抗拉强度设计值取相同钢材抗拉强度设计值的0.8倍(即$f_t^b=0.8f$)。当普通螺栓的螺杆受拉时,每个螺栓的承载力即螺杆螺纹根部有效截面的承载力$N_t^b$为:

$$N_t^b = \pi d_e^2 f_t^b / 4 \tag{12-28}$$

按容许应力法计算时,单个螺栓或锚栓的承载力容许值$[N_t^b]$或$[N_t^a]$为

$$[N_t^b] = \pi d_e^2 [\sigma_t^b] / 4 \tag{12-29}$$

式中 $f_t^b$——普通螺栓的抗拉强度设计值,见附表10-4;

$[\sigma_t^b]$——普通螺栓的抗拉容许应力,见附表10-5;

$d_e$——螺栓在螺纹处的有效直径,见附录十二。

2)抗拉螺栓群受轴心拉力作用

如图12-21(b)所示,当螺栓群受轴心拉力时,通常采用粗制螺栓,各个螺栓平均分担拉力,即每个螺栓所受的拉力为:

$$N_1^t = N/n \tag{12-30}$$

螺栓不被拉坏的设计承载力条件为

$$N_1^t \leqslant N_t^b \tag{12-31}$$

设计时,常已知轴心拉力$N$,则需要的螺栓数为

$$n \geqslant N/N_t^b \tag{12-32}$$

求出需要的螺栓数后,再根据构造要求,合理布置螺栓。

3)螺栓群受弯矩作用

如图12-29所示为柱的翼缘与牛腿用普通螺栓连接。螺栓群受弯矩$M$作用,上部螺栓受拉,因而有使连接上部分离的趋势,使螺栓群旋转中心下移。近似假定螺栓群绕最下边一排螺栓旋转,各排螺栓所受拉力大小与距最下边一排螺栓的距离成正比。最上边一排螺栓所受拉力最大值为:

$$N_1^M = \frac{My_1}{m\sum y_i^2} \tag{12-33}$$

式中 $m$——螺栓列数,在图12-29中,$m=2$。

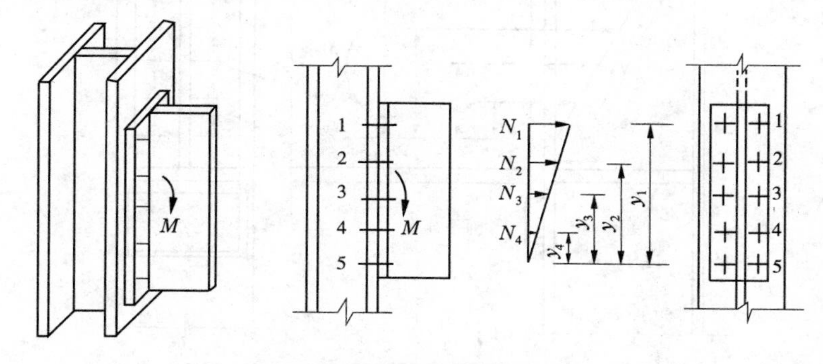


**图12-29 弯矩作用下的抗拉螺栓**

在弯矩作用下,螺栓不被拉断的条件为:

$$N_1^M \leqslant N_t^b \tag{12-34}$$

5. 同时承受拉力和剪力作用

螺栓同时承受剪力和拉力（见图 12-30）或者承受剪力和弯矩（如图 12-31 中当支托只在安装横梁时使用，而不承受剪力 $V$）。这种螺栓应满足下面的相关公式：

$$\sqrt{\left(\frac{N_{v}}{N_{v}^{b}}\right)^{2}+\left(\frac{N_{t}}{N_{t}^{b}}\right)^{2}} \leqslant 1 \tag{12-35}$$

式中 $N_v$——单个螺栓所承受的剪力，图 12-30 中，$N_v=N_y/n$，图 12-31 中，$N_v=V/n$；

$N_t$——单个螺栓所承受的拉力，图 12-30 中 $N_t=N_x/n$，图 12-31 中，$N_t=My_1/(2\sum y_i^2)$。

当剪力很大时，通常设置支托承受剪力，而螺栓只承受拉力。

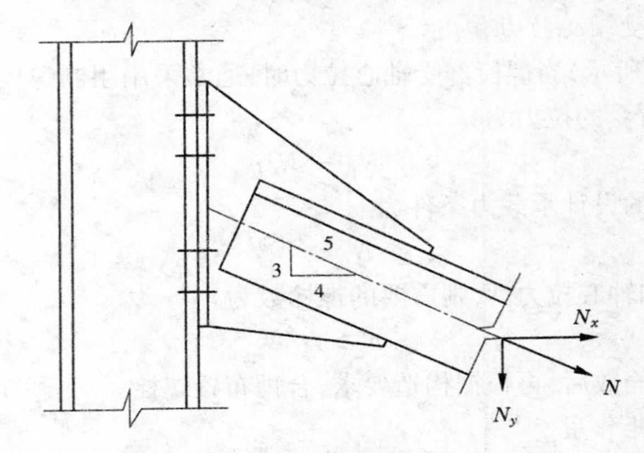


图 12-30 抗拉和抗剪螺栓连接

如图 12-31 所示的梁与柱的安装连接，通常采用粗制螺栓承受弯矩所引起的拉力，而剪力由焊在柱翼缘上的支托承担。计算这种抗拉螺栓时，可限定转动中心在最下面的螺栓处，各螺栓所受的拉力与该螺栓至转动中心的距离 $y$ 成正比。

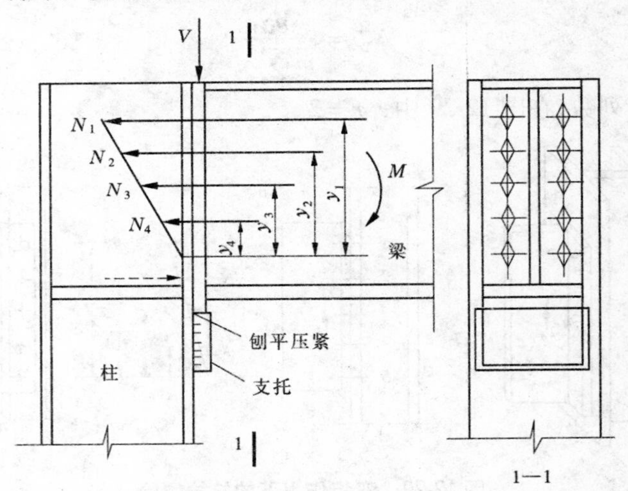


图 12-31 抗拉螺栓连接

【例 12-4】 如图 12-32 所示，该连接承受荷载设计值 $N=400$ kN（静载），钢材为

Q235－A·F。若采用普通 C 级螺栓 M22，此连接是否安全？

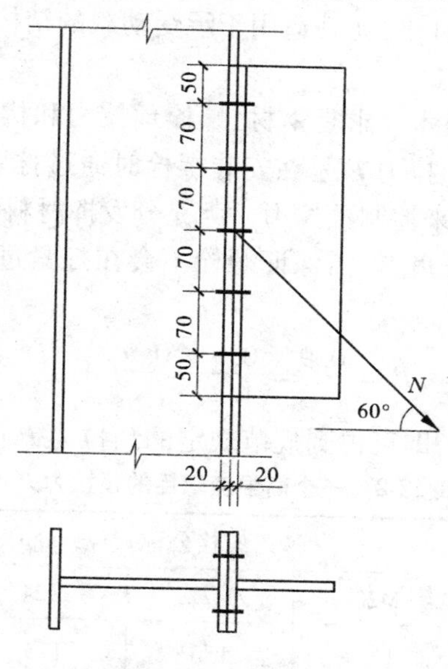


图 12-32　例 12-4 图

**解：**

查附表 10-4 得：$f_t^b=170\ \text{N/mm}^2$，$f_v^b=140\ \text{N/mm}^2$，查附录十二得螺纹的有效直径 $d_e=19.65\ \text{mm}$。

螺栓群受到的水平总拉力　$N_x=N\cos60°=400\times0.5=200(\text{kN})$

一个螺栓分担的水平拉力　$N_{t1}=200/10=20(\text{kN})$

螺栓群受到的竖向总剪力　$N_y=N\sin60°=400\times0.866=346(\text{kN})$

一个螺栓分担的竖向剪力　$N_{v1}=346/10=34.6(\text{kN})$

一个螺栓的抗拉承载力　$N_t^b=3.14d_e^2f_t^b/4=3.14\times19.65^2\times170/4$

$=51\ 528(\text{N})=51.5\ \text{kN}$

一个螺栓的抗剪承载力 $N_v^b=3.14d^2f_v^b/4=3.14\times22^2\times140/4=53\ 192(\text{N})=53.2\ \text{kN}$

$$\sqrt{\left(\frac{N_v}{N_v^b}\right)^2+\left(\frac{N_t}{N_t^b}\right)^2}=\sqrt{\left(\frac{34.6}{53.2}\right)^2+\left(\frac{20}{51.5}\right)^2}=0.76<1.0$$

此连接安全。

**（二）高强度螺栓连接**

1. 高强度螺栓连接的构造和性能

高强度螺栓的形状、构造要求和普通螺栓基本相同。高强度螺栓由螺杆、螺帽和垫圈组成。高强度螺栓等级分为 8.8 级和 10.9 级。

高强度螺栓可分为摩擦型和承压型。摩擦型高强度螺栓完全依靠被连接件之间的摩阻力传力，当荷载在摩擦面作用的剪力等于最大摩阻力时即为连接的极限状态。摩擦型高强度螺栓对孔壁质量要求不高（Ⅱ类孔），但是为了提高摩阻力，对连接的摩擦接触面应进行处理。

摩擦型高强度螺栓连接的优点是施工简便,受力好,耐疲劳,易拆换,工作安全可靠,计算简单,广泛用于钢结构构件中,尤其适用于承受动载的结构。

2. 预拉力和抗滑移系数

高强度螺栓连接的主要技术要求是钢材、螺栓预拉力和构件接触面处理及其相应的抗滑移系数。高强度螺栓的预拉力 $P$ 是在安装螺栓时通过拧紧螺母实现的,施工中一般采用扭矩法、转角法或扭剪法来控制预拉力。为充分发挥材料强度,高强度螺栓的预拉力值应尽量接近所用钢材屈服强度,但需保证螺栓不会在拧紧过程中屈服甚至断裂。预拉力设计值按式(12-36)计算:

$$P = \frac{0.9 \times 0.9 \times 0.9}{1.2} f_u A_e \tag{12-36}$$

计算时取 5 kN 的整数倍,即可得到规范规定的预拉力 $P$ 值(见表 12-2)。

表 12-2 一个高强度螺栓的预拉力 $P$ (单位:kN)

| 螺栓的性能等级 | 螺栓公称直径(mm) | | | | | |
|---|---|---|---|---|---|---|
| | M16 | M20 | M22 | M24 | M27 | M30 |
| 8.8 级 | 80 | 125 | 150 | 175 | 230 | 280 |
| 10.9 级 | 100 | 155 | 190 | 225 | 290 | 355 |

摩擦型高强度螺栓连接完全依靠被连接构件间的摩擦传力,摩阻力的大小除与螺栓预拉力有关外,还与被连接构件材料及其接触面的表面处理方法即高强度螺栓连接的摩擦面抗滑移系数值 $\mu$ 有关。

3. 高强度螺栓连接的强度计算

高强度螺栓连接也分为抗剪连接、抗拉连接以及同时承受拉力和剪力的连接。与普通螺栓连接相比,螺栓受力分析基本相同,由于传力机理不同,单个螺栓承载力的计算方法也不同。

1)抗剪螺栓

(1)单个螺栓的抗剪承载力。摩擦型高强度螺栓承受剪力时的设计准则是外力不得超过摩阻力。每个螺栓的抗剪承载力为:

$$N_v^b = 0.9 n_f \mu P \tag{12-37}$$

式中 $P$——高强度螺栓的预拉力设计值(见表 12-2);

$n_f$——摩擦面数,单剪时,$n_f = 1$,双剪时,$n_f = 2$;

$\mu$——摩擦面的抗滑移系数,见表 12-3。

2)受轴心剪力作用

受轴心剪力作用时的连接计算按以下步骤进行。

第一步,被连接构件接缝一边所需螺栓数 $n$:$n \geqslant N/[N_v^b]$。

第二步,验算构件净截面强度:

$$\sigma = N'/A_n \leqslant f \tag{12-38}$$

$$N' = N(1 - 0.5 n_1/n) \tag{12-39}$$

表 12-3 摩擦面的抗滑移系数 $\mu$

| 连接处构件接触面的处理方法 | 构件的钢号 | | |
|---|---|---|---|
| | Q235 钢 | Q345 钢、Q390 钢 | Q420 钢 |
| 喷砂(丸) | 0.45 | 0.50 | 0.50 |
| 喷砂(丸)后涂无机富锌漆 | 0.35 | 0.40 | 0.40 |
| 喷砂(丸)后生赤锈 | 0.45 | 0.50 | 0.50 |
| 钢丝刷清除浮锈或未经处理的干净轧制表面 | 0.30 | 0.35 | 0.40 |

式中 $A_n$——所验算的构件净截面面积(第一列螺孔处);

$n_1$——所验算截面(第一列)上的螺栓数;

$n$——连接一边的螺栓总数。

3)抗拉螺栓

图 12-33 为拉力作用于高强度螺栓连接的情况。当无拉力作用时,螺杆预拉力 $P$ 与板件间预压力是大小相等的作用与反作用力;当作用有拉力后,螺杆伸长,拉力增加,板件相互压紧力减小。最终结果是螺杆中应力虽有增加,但量值相对较小。例如,当拉力 $N = P$ 时,螺栓杆中的拉力 $P_f = 1.1P$。

试验表明,当外力超过预拉力 $P$ 时,拉力卸除后,螺栓将发生减小预拉力 $P$ 的松弛现象,当拉力小于 $0.9P$ 时,则无松弛现象。为安全起见,一般要求每个螺栓所受外力不超过 $0.8P$。

高强度螺栓的抗拉承载力按式(12-40)确定:

$$N_t^b = 0.8P \tag{12-40}$$

4. 拉剪螺栓

如图 12-34 所示的高强度螺栓连接中,每个高强度螺栓同时受拉力 $N_t$ 和剪力 $N_v$ 作用。螺栓受拉力 $N_t$ 后连接摩擦面上的预压力将减小到 $P - N_t$,这时板件间的抗滑移系数 $\mu$ 减小到 $\mu_1$。相应的板件间摩擦阻力降为 $0.9n_f\mu_1(P - N_t)$。由于 $\mu_1$ 不容易给出,为便于设计仍采用原来的抗滑移系数 $\mu$,而用适当增大 $N_t$ 来弥补,因此同时承受拉力和剪力的摩擦型高强度螺栓的抗剪承载力为:

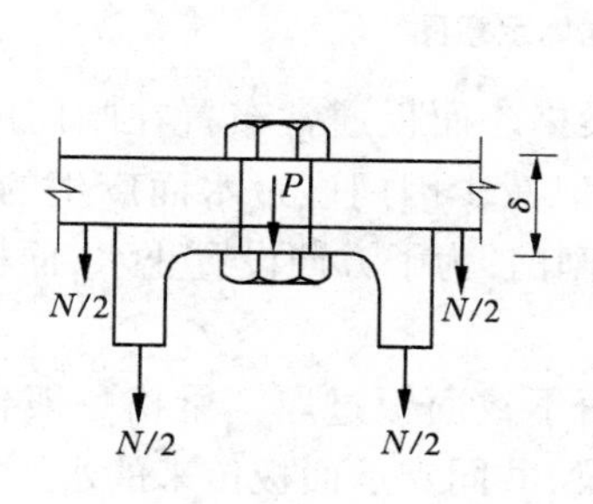


图 12-33 螺栓受拉

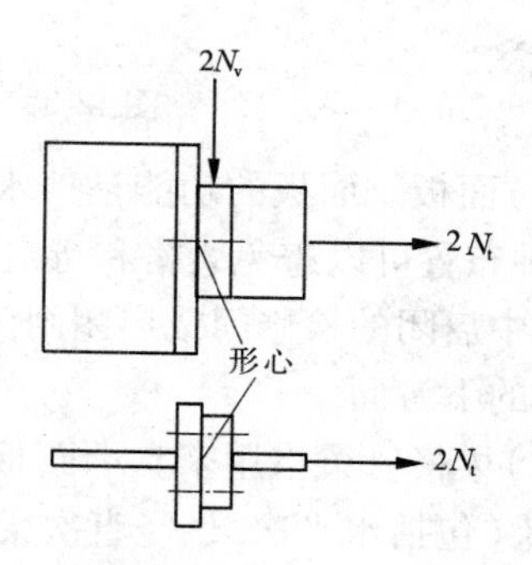


图 12-34 高强度螺栓受拉力和剪力作用

$$N_v^b = 0.9 n_f \mu (P - 1.25 N_t) \tag{12-41}$$

式中 $N_t$——一个螺栓所受的最大拉力，其值不应大于 $0.8P$。

因此，连接不破坏的条件为：

$$N_v \leqslant N_v^b \tag{12-42}$$

$$N_t \leqslant 0.8P \tag{12-43}$$

# 第三节 平面钢闸门

闸门是用来关闭、开启或局部开启水工建筑物中过水孔口的活动结构，其主要作用是控制水位、调节流量。闸门按工作性质可分为工作闸门、事故闸门和检修闸门；按闸孔口的位置分为露顶闸门和潜孔闸门；按闸门结构形式分为平面闸门、弧形闸门和人字形闸门。平面钢闸门是最常见的一种闸门形式，它由活动的门叶结构、埋件和启闭设备三部分组成。下面简要介绍平面钢闸门的门叶结构。

## 一、门叶结构组成

平面钢闸门门叶结构由面板、梁格、空间联结系、行走支承、吊耳、止水六部分组成，如图 12-35 所示。

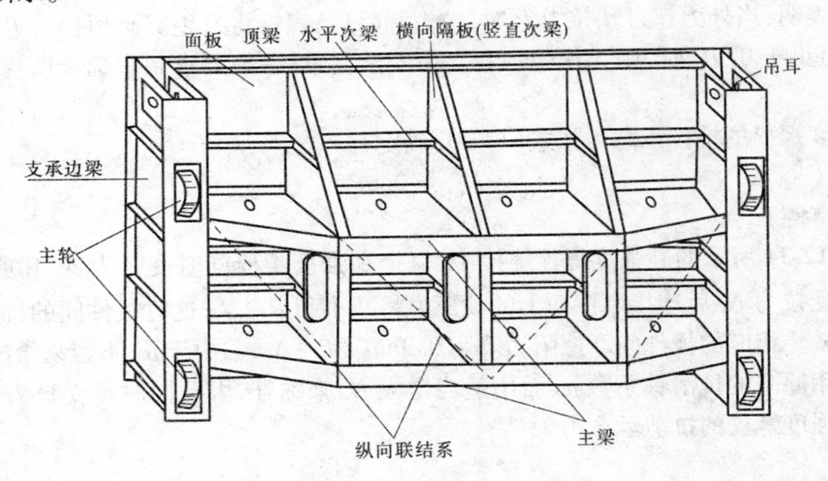


图 12-35 平面钢闸门门叶结构立体示意图

(1)面板。面板的功能是挡水，并将水压力传给梁格。面板通常布置在闸门的上游面，这种布置可以避免梁格和行走支承浸在水中，也可以减少因门底过水而产生的振动。在静水中启闭的检修门或启闭闸门时门底流速较小的闸门，为了方便设置止水，面板可设在闸门的下游面。

(2)梁格。梁格用来支承面板，以减小面板跨度而不致面板过厚。梁格一般包括主梁、次梁(包括水平次梁、竖直次梁、顶梁和底梁)和边梁，共同支承面板传来的水压力。

(3)空间联结系。由于门叶结构是一个竖放的梁板结构，既有水平荷载(水压力)，又有竖向荷载(门叶自重)，要使梁格的每根梁都处在所承担的外力作用平面内，就必须用联结系来保证整个梁格在闸门空间的相对位置。联结系能增强门叶结构在横向竖平面和纵向竖平面内(见图12-36)的刚度。

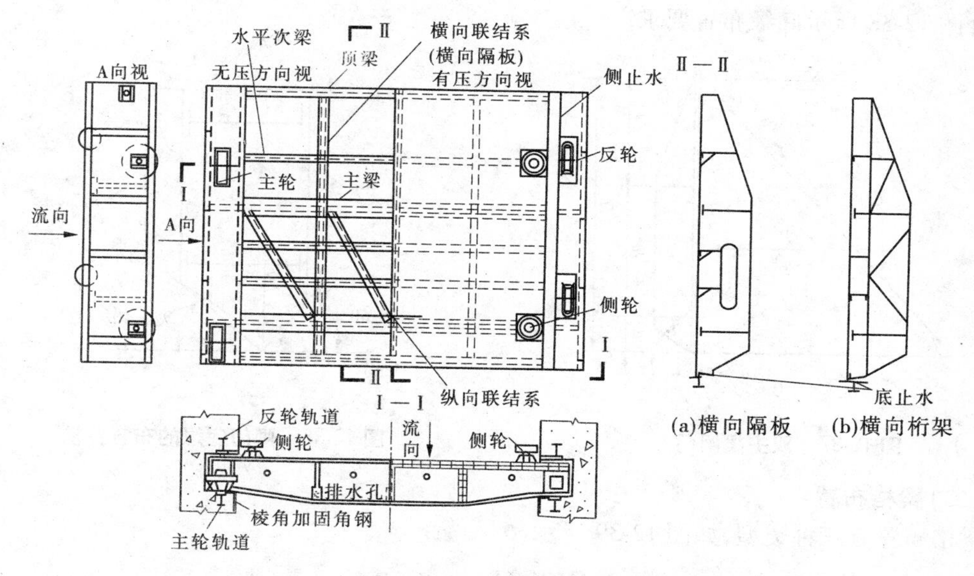


**图12-36　平面钢闸门门叶结构布置图**

横向联结系位于横向竖平面内,其形式一般为实腹隔板式(见图12-36),也有桁架式。横向联结系用来支承顶梁、底梁和水平次梁,并将所承受的力传给主梁,同时,横向联结系保证门叶结构在横向竖平面内的刚度,不致门顶和门底产生过大的变形。

纵向联结系多采用桁架式,桁架式结构的杆件由主梁的下翼缘、实腹隔板下翼缘和另设的斜杆组成。桁架支承在边梁上,其主要作用是承受门叶自重及其他竖向荷载,增强门叶结构在纵向竖平面内的刚度。

(4)行走支承。行走支承包括主行走支承(主轮或主滑块)、侧向支承(侧轮)及反向支承(反轮)三部分。闸门所受的水压力通过行走支承传递给门槽埋件,并保证门叶结构上下移动的灵活性。

(5)吊耳。用来连接门叶结构与启闭机吊具。

(6)止水。为了防止闸门挡水时漏水,门叶结构与孔口周边接触的缝隙里常需要设置止水(也称水封)。最常用的止水是固定在门叶结构上的定型橡皮止水。

## 二、主梁布置与梁格布置

### (一)主梁布置

主梁是闸门的主要受力构件,主梁根数主要取决于闸门尺寸和水头大小。当闸门的跨度小于门高即 $L<H$ 时,主梁一般多于两根,称多主梁式;当 $L\geqslant 1.2H$ 时,主梁一般为两根,称双主梁式。

主梁沿闸门高度的位置,一般根据每个主梁承受相等水压力的原则来确定,这样每根主梁所需的截面尺寸相同,便于加工制造。

双主梁式闸门,主梁位置对称于水压力合力 $P$,如图12-37所示。两根主梁的间距应适当大些，使闸门上悬臂 $c$ 不致太长，通常要求 $c \leqslant 0.45H$，且不宜大于 3.6 m，以保证门叶上悬臂部分有足够的刚度。对于实腹式主梁的工作闸门和事故闸门，下梁到门底的距离应符合图 12-38 所示底缘布置要求。

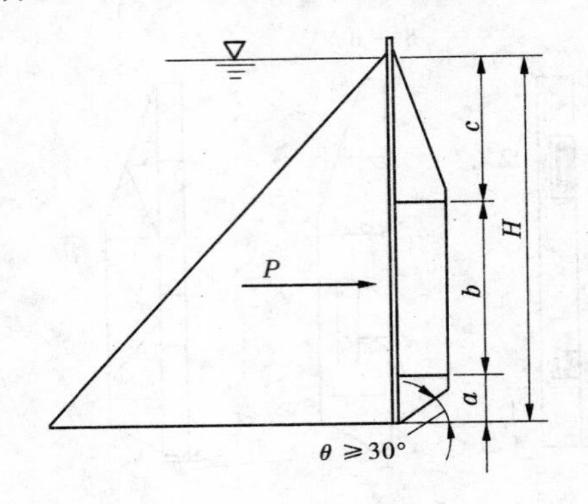


图 12-37　双主梁闸门

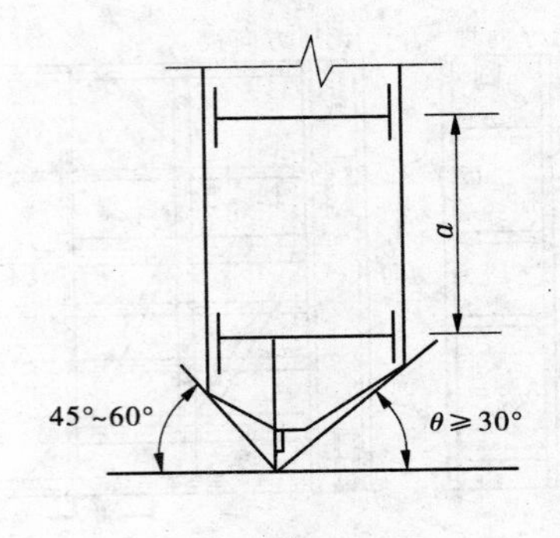


图 12-38　闸门底缘的布置要求

**(二)梁格布置**

梁格布置有三种类型，如图 12-39 所示。

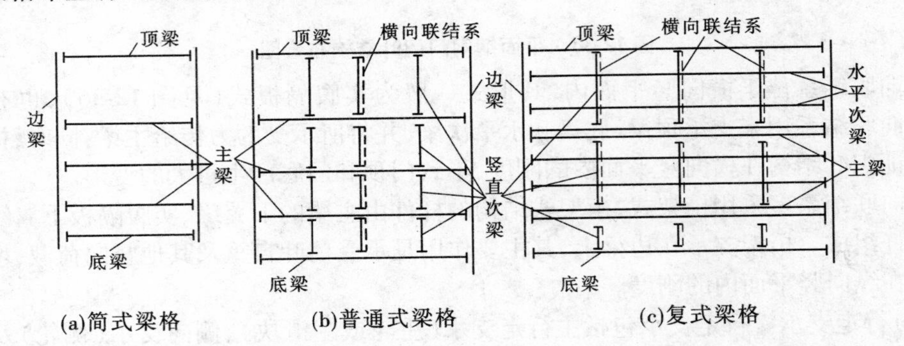


图 12-39　梁格布置

(1)简式梁格。简式梁格只有主梁，没有次梁，面板直接支承在主梁上，适用于跨度较小而门高较大的闸门。

(2)普通式梁格。当闸门跨度较大时，主梁间距将随之增大，为了减小面板厚度，在主梁之间布置竖向次梁，以减小面板的区格。这种梁格适用于中等跨度的闸门。

(3)复式梁格。当主梁的跨度和间距更大时，宜在竖向次梁之间再设置水平次梁，以使面板厚度保持在经济合理的范围之内，这种梁格适用于大跨度露顶闸门。

水平次梁的间距应随水压力的变化布置成上疏下密，间距一般为 0.4 ~ 1.2 m。

竖直次梁的间距一般为 1 ~ 2 m，当主梁为桁架时，竖直次梁的间距应与桁架节间相配合。

横向联结系的布置也应与主桁架的形式相配合。通常可在主桁架上隔一个或两个节点布置一道横向联结系，而且必须布置在具有竖杆的节点上，为了保证闸门的横剖面具有足够的抗扭强度，横向联结系的间距一般不宜超过 4 ~ 5 m。

纵向联结系一般布置在主梁弦杆或翼缘之间的两个竖直平面内，以保证主梁的整体稳定。

平面钢闸门梁格的连接形式有齐平连接、降低连接和层叠连接三种(见图 12-40),其中常用的是齐平连接。齐平连接的水平次梁、竖直次梁、主梁的上翼缘表面齐平于面板且与面板直接相连。由于面板四边支承,其受力条件好,并且面板作为梁截面的一部分,共同受力可以减少梁格的用钢量。

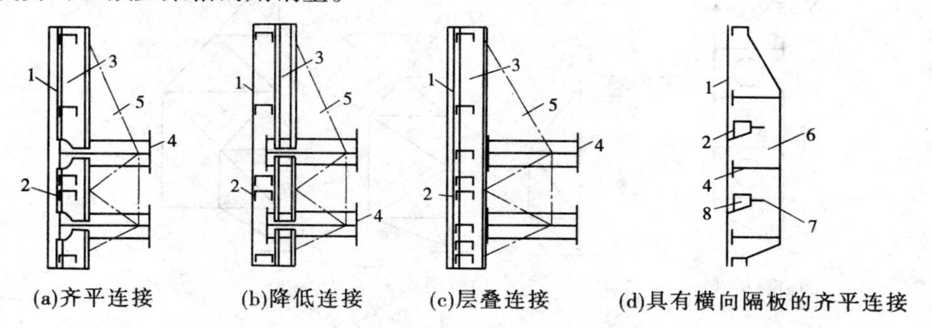


1—面板;2—水平次梁;3—竖直次梁;4—主横梁;5—横向联结系;6—横向隔板;7—加劲肋;8—开孔

**图 12-40 梁格连接形式**

## 三、门叶结构构造

### (一)面板

由于作用在面板上的静水压强随水深增大而增大,各区格面板受力各不相同。梁格布置方案拟定后,计算各个区格面板厚度,如果各区格板厚相差较大,应适当调整梁格布置,使各区格所需面板厚大致相等。面板厚度一般为 8 ~ 16 mm。

### (二)次梁

水平次梁、顶梁、底梁一般采用角钢和槽钢加工,与面板连接时肢尖朝下。

竖直次梁采用实腹隔板或 I 形钢,实腹隔板可兼作横向联结系,隔板厚 8 ~ 10 mm,隔板直接利用闸门面板作上翼缘,下翼缘一般用宽 100 ~ 200 mm、厚 10 ~ 12 mm 的钢板。

### (三)主梁

主梁是平面闸门中的主要受力构件,一般根据闸门的跨度和水头大小选择主梁的形式。对于小跨度低水头闸门,可采用型钢梁;对于中等跨度(5 ~ 10 m)的闸门采用组合梁,为减小闸门槽宽度和节约钢材,常采用变高度的主梁;对于大跨度的露顶闸门,主梁可采用桁架形式(见图 12-41)。

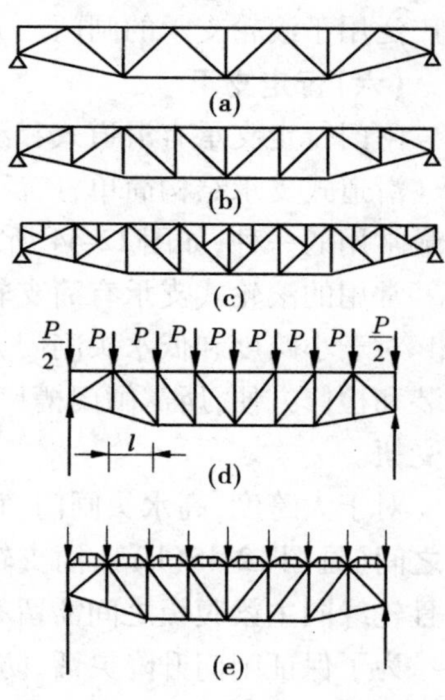


**图 12-41 平面闸门主桁架形式**

### (四)横向联结系与纵向联结系

横向联结系可布置在每根竖直次梁所在的竖平面内,或每隔一根竖直次梁布置一个,横向联结系的数目宜取单数,其间距一般不大于 4 m。横向联结系的形式有实腹隔板式和桁架式两种(见图 12-42)。桁架式横向联结系适用于主梁截面高度和间距较大的双主梁闸门。

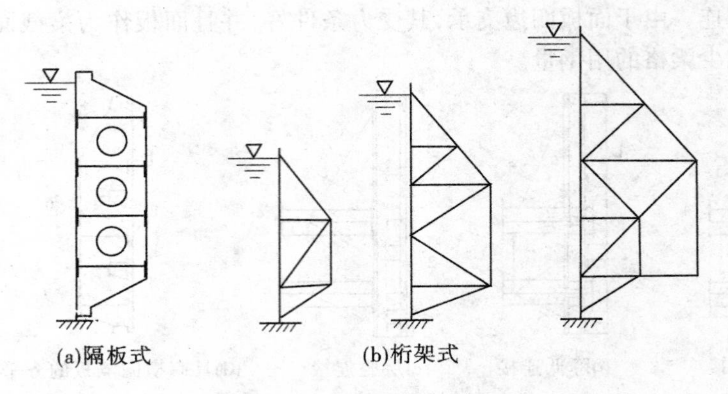


图 12-42 横向联结系的形式

纵向联结系多采用桁架式,上下主梁的下翼缘作弦杆,实腹隔板的下翼缘或桁架式横向联结系的下弦作竖杆,斜杆应另设。

**(五)边梁**

边梁主要用来支承主梁和边跨的顶梁、底梁、水平次梁以及纵向联结系,边梁上设置行走支承和吊耳。由此可见,边梁是平面钢闸门中重要的受力构件。边梁的截面形式有单腹式和双腹式,如图 12-43 所示,单腹式边梁主要适用于滑道式支承的闸门,双腹式边梁广泛用于滚轮支承的闸门。

**(六)行走支承**

闸门行走支承有滑道式和滚轮式两种。

滑道式支承结构简单,广泛用于检修闸门和启闭力不大的工作闸门。压合胶木滑道是最常用的一种,如图 12-44 所示。

常用的滚轮式支承有简支轮、悬臂轮。

对于小跨度和低水头闸门,常采用悬臂轮支承,如图 12-45(a)所示。其优点是轮子安装和检修方便,所需闸门槽尺寸较小;缺点是悬臂轴增大了外侧腹板的支承压力并使边梁受扭。

对于大跨度、高水头闸门,宜采用简支轮支承,用简支轴将轮子装在双腹式边梁的腹板之间(见图 12-45(b)),简支轮支承的轮子应按等荷载布置,简支轮的位置同主梁错开,而且轮缘同主梁腹板之间需留有一定的间隙。

为了保证闸门升降灵活,防止闸门在闸槽内前后碰撞、左右倾斜而被卡住,并减小门底过水时的振动,闸门门叶上需设置反轮(反向滑块)和侧轮(侧向滑块)(见图 12-46)作为导向装置。对于悬臂轮行走支承,主轮可兼作反轮。

**(七)吊耳**

吊耳是连接闸门与启闭机的吊具(索具、螺杆),承受闸门的全部启闭力。闸门的吊点有单吊点和双吊点两种,单吊点闸门的吊耳常布置在跨中竖向隔板的腹板上,双吊点闸

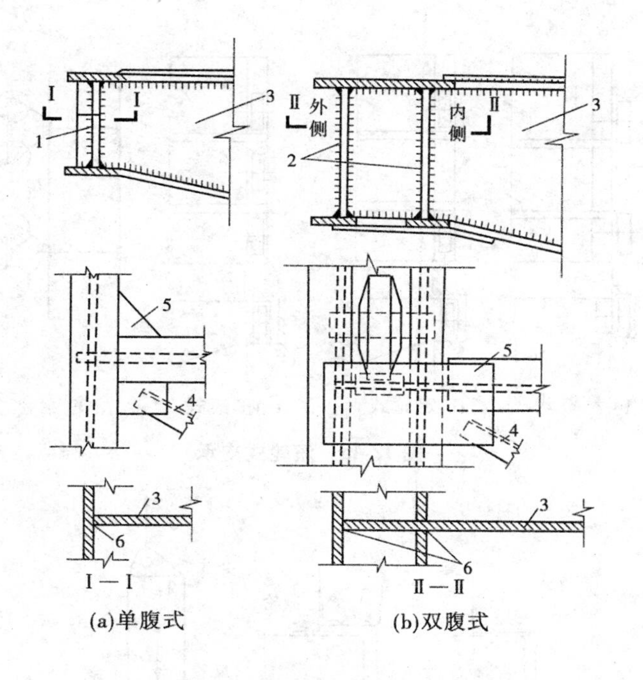


(a)单腹式　　(b)双腹式

1—单腹板边梁;2—双腹板边梁;3—主梁腹板;
4—横向联结系;5—扩大节点;6—K 形焊缝

**图 12-43　边梁的截面形式及连接构造**

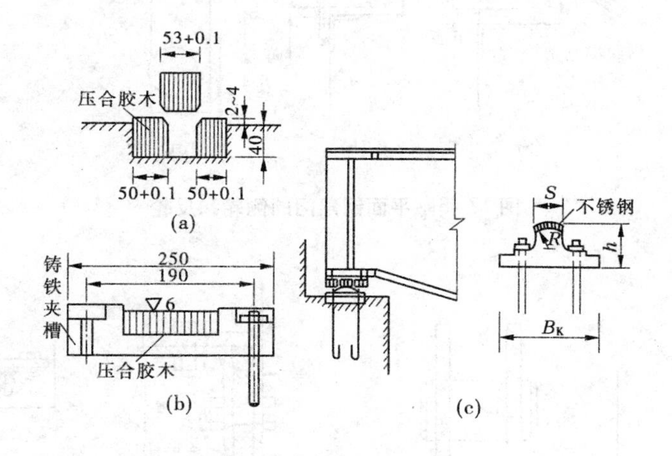


**图 12-44　胶木滑道构造图**　(单位:mm)

门的吊耳布置在边梁腹板上。吊耳构造如图 12-47 所示。

## (八)止水

设止水的目的是当闸门关闭时,止水将面板与闸门槽的间隙密封住,防止漏水。露顶闸门应布置侧止水和底止水;潜孔闸门除侧止水、底止水外,还布置顶止水。止水材料主要是橡皮。底止水用螺栓将条形橡皮及角钢压板固定在门叶底梁上;侧止水和顶止水用垫板与压板将 P 形橡皮夹紧,再用螺栓固定在门叶上,如图 12-48 所示。

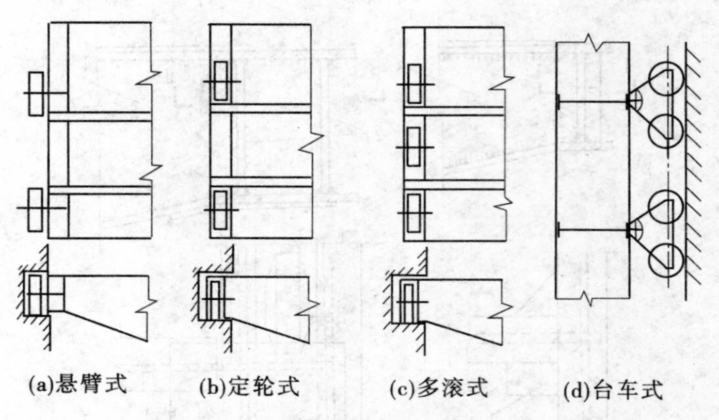
(a)悬臂式　(b)定轮式　(c)多滚式　(d)台车式

图 12-45　滚轮式支承

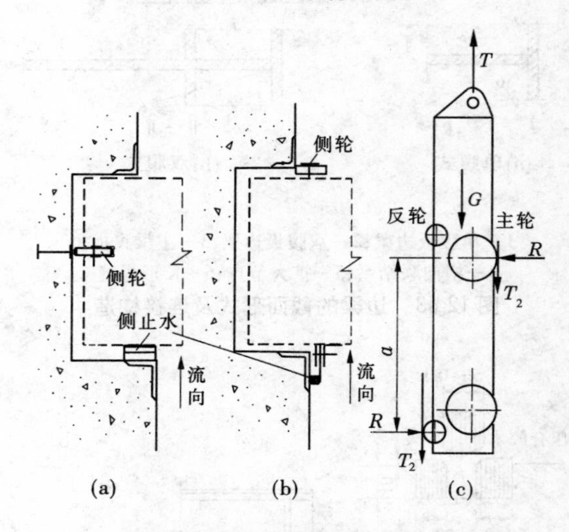

(a)　(b)　(c)

图 12-46　平面钢闸门的侧轮和反轮

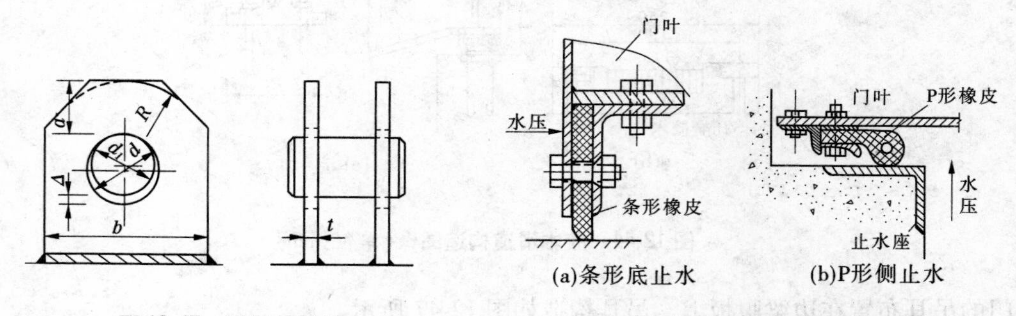

(a)条形底止水　(b)P形侧止水

图 12-47　吊耳的构造　　图 12-48　橡皮止水的构造图

## 思考题

12-1　解释 Q235A 的含义。

12-2　钢材的主要机械性能指标有哪几项？逐项说明其意义。

12-3　在钢结构计算中，为什么取钢材屈服强度 $f_y$ 作为强度限值？

12-4　叙述钢材冷弯试验的目的。

12-5　钢结构选用钢材应考虑哪些因素？

12-6　为什么钢材要按厚度分组？

12-7　手工电弧焊焊接如何选择电焊条？

12-8　为什么要规定焊脚的最大尺寸和最小尺寸？

12-9　直角焊缝的计算长度 $l_w$ 应满足什么要求？

12-10　叙述焊接残余应力对结构的影响。

12-11　如何减小焊接残余应力和焊接残余变形？

12-12　普通螺栓连接为什么要规定螺栓孔最小间距和最大间距？

12-13　普通螺栓连接可能出现的破坏形式有哪些？

12-14　高强度螺栓连接与普通螺栓连接的区别是什么？

12-15　平面钢闸门门叶结构由哪几部分组成？

12-16　平面钢闸门横向联结系和纵向联结系起什么作用？

12-17　平面钢闸门为什么要设反轮和侧轮？

## 习　题

12-1　两钢板拼接采用对接焊缝，钢板截面为 500 mm × 12 mm，承受轴心拉力标准值 $N_{Gk}=320$ kN，$N_{Qk}=360$ kN，钢材为 Q235，采用手工电弧焊，焊缝质量为Ⅲ级，施焊时采用引弧板。试按两种方法验算焊缝的强度。

12-2　某桁架腹杆承受的拉力为 420 kN，其截面由两个等肢角钢 2∠75 × 8 组成，节点板厚 12 mm。计算角焊缝的连接。钢材为 Q235，手工焊，采用 E43 型焊条。

12-3　设计某截面为 14 mm × 360 mm 的钢板拼接连接，采用两块拼接板 $t=8$ mm 和 C 级螺栓连接。钢板和螺栓均为 Q235 钢，孔壁按Ⅱ类孔制作。钢板承受轴心拉力设计值 $N=500$ kN。

12-4　如图 12-32 所示，该连接承受荷载设计值 $N=360$ kN（静荷载），钢材为 Q235 - A · F。若采用普通 C 级螺栓 M20，此连接是否安全？

# 附　录

## 附录一　结构环境类别和承载力安全系数

附表 1-1　水工混凝土结构所处的环境类别

| 环境类别 | 环境条件 |
|---|---|
| 一 | 室内正常环境 |
| 二 | 室内潮湿环境；露天环境；长期处于水下或地下的环境 |
| 三 | 淡水水位变化区；有轻度化学侵蚀性地下水的地下环境；海水水下区 |
| 四 | 海上大气区；轻度盐雾作用区；海水水位变化区；中度化学侵蚀性环境 |
| 五 | 使用除冰盐的环境；海水浪溅区；重度盐雾作用区；严重化学侵蚀性环境 |

注：1. 海上大气区与浪溅区的分界线为设计最高水位加1.5 m；浪溅区与水位变化区的分界线为设计最高水位减1.0 m；水位变化区与水下区的分界线为设计最低水位减1.0 m；重度盐雾作用区为离涨潮岸线50 m内的陆上室外环境；轻度盐雾作用区为离涨潮岸线50～500 m内的陆上室外环境。

2. 冻融比较严重的二类、三类环境条件下的建筑物，可将其环境类别分别提高为三类、四类。

3. 化学侵蚀性程度的分类按有关规定取值。

附表 1-2　混凝土结构构件的承载力安全系数 $K$

| 水工建筑物级别 | | 1 | | 2、3 | | 4、5 | |
|---|---|---|---|---|---|---|---|
| 荷载效应组合 | | 基本组合 | 偶然组合 | 基本组合 | 偶然组合 | 基本组合 | 偶然组合 |
| 钢筋混凝土、预应力混凝土 | | 1.35 | 1.15 | 1.20 | 1.00 | 1.15 | 1.00 |
| 素混凝土 | 按受压承载力计算的受压构件、局部承压 | 1.45 | 1.25 | 1.30 | 1.10 | 1.25 | 1.05 |
| | 按受压承载力计算的受压、受弯构件 | 2.20 | 1.90 | 2.00 | 1.70 | 1.90 | 1.60 |

注：1. 水工建筑物的级别应根据《水利水电工程等级划分及洪水标准》(SL 252—2000)确定。

2. 结构在使用、施工、检修期的承载力计算，安全系数 $K$ 应按表中基本组合取值；对地震及校核洪水位的承载力计算，安全系数 $K$ 应按表中偶然组合取值。

3. 当荷载效应组合由永久荷载控制时，表列安全系数 $K$ 应增加0.05。

4. 当结构的受力情况较为复杂、施工特别困难、荷载不能准确计算、缺乏成熟的设计方法或结构有特殊要求时，承载力安全系数 $K$ 宜适当提高。

# 附录二　材料强度标准值、设计值及材料的弹性模量

附表 2-1　混凝土强度标准值　（单位：$N/mm^2$）

| 强度种类 | 符号 | 混凝土强度等级 | | | | | | | | | |
|---|---|---|---|---|---|---|---|---|---|---|---|
| | | C15 | C20 | C25 | C30 | C35 | C40 | C45 | C50 | C55 | C60 |
| 轴心受压 | $f_{ck}$ | 10.0 | 13.4 | 16.7 | 20.1 | 23.4 | 26.8 | 29.6 | 32.4 | 35.5 | 38.5 |
| 轴心受拉 | $f_{tk}$ | 1.27 | 1.54 | 1.78 | 2.01 | 2.20 | 2.39 | 2.51 | 2.64 | 2.74 | 2.85 |

附表 2-2　混凝土强度设计值　（单位：$N/mm^2$）

| 强度种类 | 符号 | 混凝土强度等级 | | | | | | | | | |
|---|---|---|---|---|---|---|---|---|---|---|---|
| | | C15 | C20 | C25 | C30 | C35 | C40 | C45 | C50 | C55 | C60 |
| 轴心抗压 | $f_c$ | 7.2 | 9.6 | 11.9 | 14.3 | 16.7 | 19.1 | 21.1 | 23.1 | 25.3 | 27.5 |
| 轴心抗拉 | $f_t$ | 0.91 | 1.10 | 1.27 | 1.43 | 1.57 | 1.71 | 1.80 | 1.89 | 1.96 | 2.04 |

注：计算现浇钢筋混凝土轴心受压和偏心受压构件时，如截面的长边或直径小于 300 mm，则表中的混凝土强度设计值应乘以系数 0.8；当构件质量（如混凝土成型、截面和轴线尺寸等）确有保证时，可不受此限制。

附表 2-3　混凝土弹性模量　（单位：$N/mm^2$）

| 混凝土强度等级 | C15 | C20 | C25 | C30 | C35 | C40 | C45 | C50 | C55 | C60 |
|---|---|---|---|---|---|---|---|---|---|---|
| $E_c$ | 2.20 | 2.55 | 2.80 | 3.00 | 3.15 | 3.25 | 3.35 | 3.45 | 3.55 | 3.60 |

附表 2-4　普通钢筋强度标准值

| 种类 | | 符号 | $d$(mm) | $f_{yk}$($N/mm^2$) |
|---|---|---|---|---|
| 热轧钢筋 | HPB235 | Φ | 8～20 | 235 |
| | HRB335 | Φ | 6～50 | 335 |
| | HRB400 | Φ | 6～50 | 400 |
| | RRB400 | $Φ^R$ | 8～40 | 400 |

注：1. 热轧钢筋直径 $d$ 系指公称直径。

2. 当采用直径大于 40 mm 的钢筋时，应有可靠的工程经验。

附表 2-5　普通钢筋强度设计值　（单位：$N/mm^2$）

| 种类 | | 符号 | $f_y$ | $f'_y$ |
|---|---|---|---|---|
| 热轧钢筋 | HPB235 | Φ | 210 | 210 |
| | HRB335 | Φ | 300 | 300 |
| | HRB400 | Φ | 360 | 360 |
| | RRB400 | $Φ^R$ | 360 | 360 |

注：在钢筋混凝土结构中，轴心受拉和小偏心构件的钢筋抗拉强度设计值大于 300 $N/mm^2$ 时，仍应按 300 $N/mm^2$ 取用。

**附表 2-6　预应力钢筋强度标准值**

| 种类 | | 符号 | 公称直径 $d$(mm) | $f_{ptk}$(N/mm$^2$) |
|---|---|---|---|---|
| 钢绞线 | 1×2 | $\Phi^{S}$ | 5、5.8 | 1 570、1 720、1 860、1 960 |
| | | | 8、10 | 1 470、1 570、1 720、1 860、1 960 |
| | | | 12 | 1 470、1 570、1 720、1 860 |
| | 1×3 | | 6.2、6.5 | 1 570、1 720、1 860、1 960 |
| | | | 8.6 | 1 470、1 570、1 720、1 860、1 960 |
| | | | 8.74 | 1 570、1 670、1 860 |
| | | | 10.8、12.9 | 1 470、1 570、1 720、1 860、1 960 |
| | 1×3I | | 8.74 | 1 570、1 670、1 860 |
| | 1×7 | | 9.5、11.1、12.7 | 1 720、1 860、1 960 |
| | | | 15.2 | 1 470、1 570、1 670、1 720、1 860、1 960 |
| | | | 15.7 | 1 770、1 860 |
| | | | 17.8 | 1 720、1 860 |
| | (1×7)C | | 12.7 | 1 860 |
| | | | 15.2 | 1 820 |
| | | | 18.0 | 1 720 |
| 消除应力钢丝 | 光圆螺旋肋 | $\Phi^{P}$ $\Phi^{H}$ | 4、4.8、5 | 1 470、1 570、1 670、1 770、1 860 |
| | | | 6、6.25、7 | 1 470、1 570、1 670、1 770 |
| | | | 8、9 | 1 470、1 570 |
| | | | 10、12 | 1 470 |
| | 刻痕 | $\Phi^{I}$ | ≤5 | 1 470、1 570、1 670、1 770、1 860 |
| | | | >5 | 1 470、1 570、1 670、1 770 |
| 钢棒 | 螺旋槽 | $\Phi^{HG}$ | 7.1、9、10.7、12.6 | 1 080、1 230、1 420、1 570 |
| | 螺旋肋 | $\Phi^{HR}$ | 6、7、8、10、12、14 | |
| 螺纹钢筋 | PSB785 | $\Phi^{PS}$ | 18、25、32、40、50 | 980 |
| | PSB830 | | | 1 030 |
| | PSB930 | | | 1 080 |
| | PSB1080 | | | 1 230 |

**注:** 1. 钢绞线直径 $d$ 是指钢绞线外接圆直径,即《预应力混凝土用钢绞线》(GB/T 5224—2003)中的公称直径 $D_n$;钢丝、螺纹钢筋及钢棒的直径 $d$ 均指公称直径。

2. 1×31 为三根刻痕钢丝捻制的钢绞线;(1×7)C 为七根钢丝捻制又经模拔的钢绞线。

3. 根据国家标准,同一规格的钢丝(钢绞线、钢棒)有不同的强度级别,因此表中对同一规格的钢丝(钢绞线、钢棒)列出了相应的 $f_{ptk}$ 值,在设计中可自行选用。

附表 2-7　预应力钢筋强度设计值　（单位：$N/mm^2$）

| 种类 | | 符号 | $f_{ptk}$ | $f_{py}$ | $f'_{py}$ |
|---|---|---|---|---|---|
| 钢绞线 | 1×2<br>1×3<br>1×3I<br>1×7<br>(1×7)C | $\phi^S$ | 1 470 | 1 040 | 390 |
| | | | 1 570 | 1 110 | |
| | | | 1 670 | 1 180 | |
| | | | 1 720 | 1 220 | |
| | | | 1 770 | 1 250 | |
| | | | 1 820 | 1 290 | |
| | | | 1 860 | 1 320 | |
| | | | 1 960 | 1 380 | |
| 消除应力钢丝 | 光圆<br>螺旋肋<br>刻痕 | $\phi^P$<br>$\phi^H$<br>$\phi^I$ | 1 470 | 1 040 | 410 |
| | | | 1 570 | 1 110 | |
| | | | 1 670 | 1 180 | |
| | | | 1 770 | 1 250 | |
| | | | 1 860 | 1 320 | |
| 钢棒 | 螺旋槽<br>螺旋肋 | $\phi^{HG}$<br>$\phi^{HR}$ | 1 080 | 760 | 400 |
| | | | 1 230 | 870 | |
| | | | 1 420 | 1 005 | |
| | | | 1 570 | 1 110 | |
| 螺纹钢筋 | PSB785 | $\phi^{PS}$ | 980 | 650 | 400 |
| | PSB830 | | 1 030 | 685 | |
| | PSB930 | | 1 080 | 720 | |
| | PSB1080 | | 1 230 | 820 | |

附表 2-8　钢筋弹性模量 $E_s$　（单位：$N/mm^2$）

| 钢筋种类 | $E_s$ |
|---|---|
| HPB235 级钢筋 | $2.1 \times 10^5$ |
| HRB335 级钢筋、HRB400 级钢筋、RRB400 级钢筋 | $2.0 \times 10^5$ |
| 消除应力钢丝（光圆钢丝、螺旋肋钢丝、刻痕钢丝） | $2.05 \times 10^5$ |
| 钢绞线 | $1.95 \times 10^5$ |
| 螺纹钢筋、钢棒（螺旋槽钢棒、螺旋肋钢棒） | $2.0 \times 10^5$ |

注：必要时钢绞线可采用实测的弹性模量。

# 附录三 钢筋的截面面积及公称质量

附表 3-1 钢筋的公称直径、公称截面面积及公称质量

| 公称直径(mm) | 不同根数钢筋的公称截面面积($mm^2$) | | | | | | | | | 单根钢筋公称质量(kg/m) |
|---|---|---|---|---|---|---|---|---|---|---|
| | 1 | 2 | 3 | 4 | 5 | 6 | 7 | 8 | 9 | |
| 6 | 28.3 | 57 | 85 | 113 | 142 | 170 | 198 | 226 | 255 | 0.222 |
| 6.5 | 33.2 | 66 | 100 | 133 | 166 | 199 | 232 | 265 | 299 | 0.260 |
| 8 | 50.3 | 101 | 151 | 201 | 252 | 302 | 352 | 402 | 453 | 0.395 |
| 10 | 78.5 | 157 | 236 | 314 | 393 | 471 | 550 | 628 | 707 | 0.617 |
| 12 | 113.1 | 226 | 339 | 452 | 565 | 678 | 791 | 904 | 1 017 | 0.888 |
| 14 | 153.9 | 308 | 461 | 615 | 769 | 923 | 1077 | 1 231 | 1 385 | 1.21 |
| 16 | 201.1 | 402 | 603 | 804 | 1 005 | 1 206 | 1 407 | 1 608 | 1 809 | 1.58 |
| 18 | 254.5 | 509 | 763 | 1 017 | 1 272 | 1 527 | 1 781 | 2 036 | 2 290 | 2.00 |
| 20 | 314.2 | 628 | 942 | 1 256 | 1 570 | 1 884 | 2 199 | 2 513 | 2 827 | 2.47 |
| 22 | 380.1 | 760 | 1 140 | 1 520 | 1 900 | 2 281 | 2 661 | 3 041 | 3 421 | 2.98 |
| 25 | 490.9 | 982 | 1 473 | 1 964 | 2 454 | 2 945 | 3 436 | 3 927 | 4 418 | 3.85 |
| 28 | 615.8 | 1 232 | 1 847 | 2 463 | 3 079 | 3 695 | 4 310 | 4 926 | 5 542 | 4.83 |
| 32 | 804.2 | 1 609 | 2 413 | 3 217 | 4 021 | 4 826 | 5 630 | 6 434 | 7 238 | 6.31 |
| 36 | 1 017.9 | 2 036 | 3 054 | 4 072 | 5 089 | 6 107 | 7 125 | 8 143 | 9 161 | 7.99 |
| 40 | 1 256.6 | 2 513 | 3 770 | 5 027 | 6 283 | 7 540 | 8 796 | 10 053 | 11 310 | 9.87 |
| 50 | 1 964 | 3 928 | 5 892 | 7 856 | 9 820 | 11 784 | 13 748 | 15 712 | 17 676 | 15.42 |

附表 3-2　每米板宽各种钢筋间距时的钢筋截面面积

| 钢筋间距（mm） | 钢筋直径（mm）为下列数值时的钢筋截面面积 | | | | | | | | | | | | | | | |
|---|---|---|---|---|---|---|---|---|---|---|---|---|---|---|---|---|
| | 6 | 6/8 | 8 | 8/10 | 10 | 10/12 | 12 | 12/14 | 14 | 14/16 | 16 | 16/18 | 18 | 20 | 22 | 25 |
| 70 | 404 | 561 | 718 | 920 | 1 122 | 1 369 | 1 616 | 1 907 | 2 199 | 2 536 | 2 872 | 3 254 | 3 635 | 4 488 | 5 430 | 7 012 |
| 75 | 377 | 524 | 670 | 859 | 1 047 | 1 278 | 1 508 | 1 708 | 2 053 | 2 367 | 2 681 | 3 037 | 3 393 | 4 189 | 5 068 | 6 545 |
| 80 | 353 | 491 | 628 | 805 | 982 | 1 198 | 1 414 | 1 669 | 1 924 | 2 218 | 2 513 | 2 847 | 3 181 | 3 927 | 4 752 | 6 136 |
| 85 | 333 | 462 | 591 | 758 | 924 | 1 127 | 1 331 | 1 571 | 1 811 | 2 088 | 2 365 | 2 680 | 2 994 | 3 696 | 4 472 | 5 775 |
| 90 | 314 | 436 | 559 | 716 | 873 | 1 065 | 1 257 | 1 484 | 1 710 | 1 972 | 2 234 | 2 531 | 2 827 | 3 491 | 4 224 | 5 454 |
| 95 | 298 | 413 | 529 | 678 | 827 | 1 009 | 1 190 | 1 405 | 1 620 | 1 868 | 2 116 | 2 398 | 2 679 | 3 307 | 4 001 | 5 167 |
| 100 | 283 | 393 | 503 | 644 | 785 | 958 | 1 131 | 1 335 | 1 539 | 1 775 | 2 011 | 2 278 | 2 545 | 3 142 | 3 801 | 4 909 |
| 110 | 257 | 357 | 457 | 585 | 714 | 871 | 1 028 | 1 214 | 1 399 | 1 614 | 1 828 | 2 071 | 2 313 | 2 856 | 3 456 | 4 462 |
| 120 | 236 | 327 | 419 | 537 | 654 | 798 | 942 | 1 113 | 1 283 | 1 480 | 1 676 | 1 899 | 2 121 | 2 618 | 3 168 | 4 091 |
| 125 | 226 | 314 | 402 | 515 | 628 | 767 | 905 | 1 068 | 1 232 | 1 420 | 1 608 | 1 822 | 2 036 | 2 513 | 3 041 | 3 927 |
| 130 | 217 | 302 | 387 | 495 | 604 | 737 | 870 | 1 027 | 1 184 | 1 366 | 1 547 | 1 752 | 1 957 | 2 417 | 2 924 | 3 776 |
| 140 | 202 | 280 | 359 | 460 | 561 | 684 | 808 | 954 | 1 100 | 1 268 | 1 436 | 1 627 | 1 818 | 2 244 | 2 715 | 3 506 |
| 150 | 188 | 262 | 335 | 429 | 524 | 639 | 754 | 890 | 1 026 | 1 183 | 1 340 | 1 518 | 1 696 | 2 094 | 2 534 | 3 272 |
| 160 | 177 | 245 | 314 | 403 | 491 | 599 | 707 | 834 | 962 | 1 110 | 1 257 | 1 424 | 1 590 | 1 963 | 2 376 | 3 068 |
| 170 | 166 | 231 | 296 | 379 | 462 | 564 | 665 | 785 | 906 | 1 044 | 1 183 | 1 340 | 1 497 | 1 848 | 2 236 | 2 887 |
| 180 | 157 | 218 | 279 | 358 | 436 | 532 | 628 | 742 | 855 | 985 | 1 117 | 1 266 | 1 414 | 1 745 | 2 112 | 2 727 |
| 190 | 149 | 207 | 265 | 339 | 413 | 504 | 595 | 703 | 810 | 934 | 1 058 | 1 199 | 1 339 | 1 653 | 2 001 | 2 584 |
| 200 | 141 | 196 | 251 | 322 | 393 | 479 | 565 | 668 | 770 | 888 | 1 005 | 1 139 | 1 272 | 1 571 | 1 901 | 2 454 |
| 220 | 129 | 178 | 228 | 293 | 357 | 436 | 514 | 607 | 700 | 807 | 914 | 1 036 | 1 157 | 1 428 | 1 728 | 2 231 |
| 240 | 118 | 164 | 209 | 268 | 327 | 399 | 471 | 556 | 641 | 740 | 838 | 949 | 1 060 | 1 309 | 1 584 | 2 045 |
| 250 | 113 | 157 | 201 | 258 | 314 | 383 | 452 | 534 | 616 | 710 | 804 | 911 | 1 018 | 1 257 | 1 521 | 1 963 |
| 260 | 109 | 151 | 193 | 248 | 302 | 369 | 435 | 514 | 592 | 682 | 773 | 858 | 979 | 1 208 | 1 462 | 1 888 |
| 280 | 101 | 140 | 180 | 230 | 280 | 342 | 404 | 477 | 550 | 634 | 718 | 814 | 909 | 1 122 | 1 358 | 1 753 |
| 300 | 94 | 131 | 168 | 215 | 262 | 319 | 377 | 445 | 513 | 592 | 670 | 759 | 848 | 1 047 | 1 267 | 1 636 |
| 320 | 88 | 123 | 157 | 201 | 245 | 299 | 353 | 417 | 481 | 554 | 630 | 713 | 795 | 982 | 1 188 | 1 534 |
| 330 | 86 | 119 | 152 | 195 | 238 | 290 | 343 | 405 | 466 | 538 | 609 | 690 | 771 | 952 | 1 152 | 1 487 |

# 附录四　钢筋混凝土常用构造规定

附表 4-1　混凝土保护层最小厚度　　（单位：mm）

| 项次 | 构件类别 | 环境类别 | | | | |
|---|---|---|---|---|---|---|
| | | 一 | 二 | 三 | 四 | 五 |
| 1 | 板、墙 | 20 | 25 | 30 | 45 | 50 |
| 2 | 梁、柱、墩 | 30 | 35 | 45 | 55 | 60 |
| 3 | 截面厚度不小于 2.5 m 的底板及墩墙 | — | 40 | 50 | 60 | 65 |

注：1. 直接与地基接触的结构底层钢筋或无检修条件的结构，保护层厚度应适当增大。

2. 有抗冲耐磨要求的结构面层钢筋，保护层厚度应适当增大。

3. 混凝土强度等级不低于 C30 且浇筑质量有保证的预制构件或薄板，保护层厚度可按表中数值减小 5 mm。

4. 钢筋表面涂塑或结构外表面敷设永久性涂料或面层时，保护层厚度可适当减小。

5. 严寒和寒冷地区受冰冻的部位，保护层厚度还应符合《水工建筑物抗冰冻设计规范》(SL 211—2006)的规定。

附表 4-2　钢筋混凝土构件纵向受力钢筋的最小配筋率 $\rho_{min}$　　（%）

| 项次 | 分类 | 钢筋种类 | | |
|---|---|---|---|---|
| | | HPB235 级 | HRB335 级 | HRB400 级、RRB400 级 |
| 1 | 受弯构件、偏心受拉构件的受拉钢筋 | | | |
| | 梁 | 0.25 | 0.20 | 0.20 |
| | 板 | 0.20 | 0.15 | 0.15 |
| 2 | 轴心受压柱的全部纵向钢筋 | 0.60 | 0.60 | 0.55 |
| 3 | 偏心受压构件的受拉或受压钢筋 | | | |
| | 柱、拱 | 0.25 | 0.20 | 0.20 |
| | 墩墙 | 0.20 | 0.15 | 0.15 |

注：1. 项次 1、3 中的配筋率是指钢筋截面面积与构件肋宽乘以有效高度的混凝土截面面积的比值，即 $\rho=\frac{A_s}{bh_0}$ 或 $\rho'=\frac{A'_s}{bh_0}$；项次 2 中的配筋率是指全部纵向钢筋截面面积与柱截面面积的比值。

2. 温度、收缩等因素对结构产生的影响较大时，纵向受拉钢筋的最小配筋率应适当增大。

3. 当结构有抗震设防要求时，钢筋混凝土框架结构构件的最小配筋率应按有关规定取值。

**附表 4-3　结构构件的裂缝控制等级及最大裂缝宽度限值 $w_{lim}$**

| 环境类别 | 钢筋混凝土结构 | 预应力混凝土结构 | |
|---|---|---|---|
| | $w_{lim}$(mm) | 裂缝控制等级 | $w_{lim}$(mm) |
| 一 | 0.40 | 三 | 0.20 |
| 二 | 0.30 | 二 | — |
| 三 | 0.25 | 一 | — |
| 四 | 0.20 | 一 | — |
| 五 | 0.15 | 一 | — |

注:1. 表中的规定适用于采用热轧钢筋的钢筋混凝土结构和采用预应力钢丝、钢绞线、螺纹钢筋及钢棒的预应力混凝土结构;当采用其他类别的钢筋时,其裂缝控制要求可按专门标准确定。
2. 结构构件的混凝土保护层厚度大于 50 mm 时,表列裂缝宽度限值可增加 0.05。
3. 当结构构件不具备检修维护条件时,表列最大裂缝宽度限值宜适当减小。
4. 当结构构件承受水压且水力梯度 $i>20$ 时,表列最大裂缝宽度限值宜减小 0.05。
5. 结构构件表面设有专门可靠的防渗面层等防护措施时,最大裂缝宽度限值可适当加大。
6. 对严寒地区,当年冻融循环次数大于 100 时,表列最大裂缝宽度限值宜适当减小。

**附表 4-4　截面抵抗矩的塑性系数 $\gamma_m$ 值**

| 项次 | 截面特征 | | $\gamma_m$ | 截面图形 |
|---|---|---|---|---|
| 1 | 矩形截面 | | 1.55 | $h$ |
| 2 | 翼缘位于受压区的 T 形截面 | | 1.50 | $h$ |
| 3 | 对称 I 形或箱形截面 | $b_f/b \leq 2, h_f/h$ 为任意值 | 1.45 | $b'_f$, $h_f$, $h$, $b$, $h_f$, $b_f$ |
| | | $b_f/b>2, h_f/h \geq 0.2$ | 1.40 | |
| | | $b_f/b>2, h_f/h<0.2$ | 1.35 | |

续附表 4-4

| 项次 | 截面特征 | | $\gamma_m$ | 截面图形 |
| --- | --- | --- | --- | --- |
| 4 | 翼缘位于受拉区的倒T形截面 | $b_f/b \leq 2, h_f/h$ 为任意值 | 1.50 | $b$, $h$, $h_f$, $b_f$ |
| | | $b_f/b > 2, h_f/h \geq 0.2$ | 1.55 | |
| | | $b_f/b > 2, h_f/h < 0.2$ | 1.40 | |
| 5 | 圆形或环形截面 | | $1.6 - 0.24d_1/d$ | $d_1=0$, $d_1$, $d$, $d$ |
| 6 | U形截面 | | 1.35 | $h$ |

注:1. 对 $b'_f > b_f$ 的 I 形截面,可按项次 2 与项次 3 之间的数值采用;对 $b'_f < b_f$ 的 I 形截面,可按项次 3 与项次 4 之间的数值采用。

2. 根据 $h$ 值的不同,表内数值尚应乘以$(0.7 + 300/h)$,其值应不大于 1.1,式中 $h$ 以 mm 计,当 $h > 3\,000$ mm 时,取 $h = 3\,000$ mm,对圆形和环形截面,$h$ 即外径 $d$。

3. 对于箱形截面,表中 $b$ 值是指各肋宽度的总和。

附表 4-5　受弯构件的挠度限值

| 项次 | 构件类型 | 挠度限值 |
| --- | --- | --- |
| 1 | 吊车梁：手动吊车<br>　　　电动吊车 | $l_0/500$<br>$l_0/600$ |
| 2 | 渡槽槽身、架空管道：<br>当 $l_0 \leq 10$ m 时<br>当 $l_0 > 10$ m 时 | $l_0/400$<br>$l_0/500(l_0/600)$ |
| 3 | 工作桥及启闭机下大梁 | $l_0/400(l_0/500)$ |
| 4 | 屋盖、楼盖：<br>当 $l_0 \leq 6$ m 时<br>当 6 m $< l_0 \leq 12$ m 时<br>当 $l_0 > 12$ m 时 | $l_0/200(l_0/250)$<br>$l_0/300(l_0/350)$<br>$l_0/400(l_0/450)$ |

注：1. 表中 $l_0$ 为构件的计算跨度。

2. 表中括号内的数字适用于使用上对挠度有较高要求的构件。

3. 若构件制作时预先起拱，则在验算最大挠度值时，可将计算所得的挠度减去起拱值；对预应力混凝土构件尚可减去预加应力所产生的反拱值。

4. 悬臂构件的挠度限值按表中相应数值乘 2 取用。

附表 4-6　受拉钢筋的最小锚固长度 $l_a$

| 项次 | 钢筋种类 | 混凝土强度等级 | | | | | |
| --- | --- | --- | --- | --- | --- | --- | --- |
| | | C15 | C20 | C25 | C30 | C35 | ≥C40 |
| 1 | HPB235 级 | 40*d* | 35*d* | 30*d* | 25*d* | 25*d* | 20*d* |
| 2 | HRB335 级 | | 40*d* | 35*d* | 30*d* | 30*d* | 25*d* |
| 3 | HRB400 级、RRB400 级 | | 50*d* | 40*d* | 35*d* | 35*d* | 30*d* |

注：1. *d* 为钢筋直径。

2. HPB235 级钢筋的最小锚固长度 $l_a$ 值不包括弯钩长度。

# 附录五　均布荷载和集中荷载作用下等跨连续梁的内力系数表

计算公式　均布荷载　$M = \alpha_1 g l_0^2 + \alpha_2 q l_0^2$　　$V = \beta_1 g l_n + \beta_2 q l_n$

$M = \alpha_1 G l_0 + \alpha_2 Q l_0$　　$V = \beta_1 G + \beta_2 Q$

附表 5-1　两跨梁

| 序号 | 荷载简图 | 跨中最大弯矩 | | 支座弯矩 | 横向剪力 | | | |
|---|---|---|---|---|---|---|---|---|
| | | $M_1$ | $M_2$ | $M_B$ | $V_A$ | $V_B^l$ | $V_B^r$ | $V_C$ |
| 1 | g; M1, M2 | 0.070 | 0.070 | -0.125 | 0.375 | -0.625 | 0.625 | -0.375 |
| 2 | q; $l_0$, $l_0$ | 0.096 | -0.025 | -0.063 | 0.437 | -0.563 | 0.063 | 0.063 |
| 3 | G G; A B C | 0.156 | 0.156 | -0.188 | 0.312 | -0.688 | 0.688 | -0.312 |
| 4 | Q | 0.203 | -0.047 | -0.094 | 0.406 | -0.594 | 0.094 | 0.094 |
| 5 | G G G G | 0.222 | 0.222 | -0.333 | 0.667 | -1.334 | 1.334 | -0.667 |
| 6 | Q Q | 0.278 | -0.056 | -0.167 | 0.833 | -1.167 | 0.167 | 0.167 |
| 7 | G G G G G G | 0.266 | 0.266 | -0.469 | 1.042 | -1.958 | 1.958 | -1.042 |
| 8 | Q Q Q | 0.383 | -0.117 | -0.234 | 1.266 | -1.734 | 0.234 | 0.234 |

### 附表 5-2　三跨梁

| 序号 | 荷载简图 | 跨中最大弯矩 | | 支座弯矩 | | 横向剪力 | | | | | |
|---|---|---|---|---|---|---|---|---|---|---|---|
| | | $M_1$ | $M_2$ | $M_B$ | $M_C$ | $V_A$ | $V_B^l$ | $V_B^r$ | $V_C^l$ | $V_C^r$ | $V_D$ |
| 1 | g; $M_1$ $M_2$ $M_1$ | 0.080 | 0.025 | -0.100 | -0.100 | 0.400 | -0.600 | 0.500 | -0.500 | 0.600 | -0.400 |
| 2 | q q; l l l | 0.101 | -0.050 | -0.050 | -0.050 | 0.450 | -0.550 | 0.000 | 0.000 | 0.500 | -0.450 |
| 3 | q | -0.025 | 0.075 | -0.050 | -0.050 | -0.050 | -0.050 | 0.500 | -0.500 | 0.500 | 0.050 |
| 4 | q; A B C D | 0.073 | 0.054 | -0.117 | -0.033 | 0.383 | -0.617 | 0.583 | -0.417 | 0.033 | 0.033 |
| 5 | q | 0.094 | — | -0.067 | 0.017 | 0.433 | -0.567 | 0.083 | 0.083 | -0.017 | -0.017 |
| 6 | G G G | 0.175 | 0.100 | -0.150 | -0.150 | 0.350 | -0.650 | 0.500 | -0.500 | 0.650 | -0.350 |
| 7 | Q Q | 0.213 | -0.075 | -0.075 | -0.075 | 0.425 | -0.575 | 0.000 | 0.000 | 0.575 | -0.425 |
| 8 | Q | -0.038 | -0.175 | -0.075 | -0.075 | -0.075 | -0.075 | 0.500 | -0.500 | 0.075 | 0.075 |
| 9 | Q Q | 0.162 | 0.137 | -0.175 | -0.050 | 0.325 | -0.675 | 0.625 | -0.375 | 0.050 | 0.050 |
| 10 | Q | 0.200 | — | -0.100 | 0.025 | 0.400 | -0.600 | 0.125 | 0.125 | -0.025 | -0.025 |

续附表 5-2

| 序号 | 荷载简图 | 跨中最大弯矩 | | 支座弯矩 | | 横向剪力 | | | | | |
|---|---|---|---|---|---|---|---|---|---|---|---|
| | | $M_1$ | $M_2$ | $M_B$ | $M_C$ | $V_A$ | $V_B^l$ | $V_B^r$ | $V_C^l$ | $V_C^r$ | $V_D$ |
| 11 | 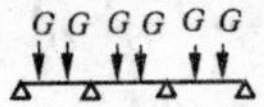 G G G G G G | 0.244 | 0.067 | -0.267 | -0.267 | 0.733 | -1.267 | 1.000 | -1.000 | 1.267 | -0.733 |
| 12 | 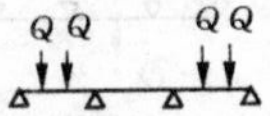 Q Q　Q Q | 0.289 | -0.133 | -0.133 | -0.133 | 0.866 | -1.133 | 0.000 | 0.000 | 1.134 | -0.866 |
| 13 |  Q Q | -0.044 | 0.200 | -0.133 | -0.133 | -0.133 | -0.133 | 1.000 | -1.000 | 0.133 | 0.133 |
| 14 |  Q Q Q Q | 0.229 | 0.170 | -0.311 | -0.089 | 0.689 | -1.311 | 1.222 | -0.778 | 0.089 | 0.089 |
| 15 | 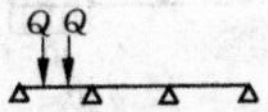 Q Q | 0.274 | — | -0.178 | 0.044 | 0.822 | -1.178 | 0.222 | 0.222 | -0.044 | -0.044 |
| 16 |  GGG GGG GGG | 0.313 | 0.125 | -0.375 | -0.375 | 1.125 | -1.875 | 1.500 | -1.500 | 1.875 | -1.125 |
| 17 | 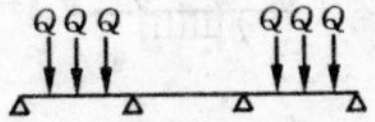 QQQ　QQQ | 0.406 | -0.188 | -0.188 | -0.188 | 1.313 | -1.688 | 0.000 | 0.000 | 1.688 | -1.313 |
| 18 |  QQQ | -0.094 | 0.313 | -0.188 | -0.188 | -0.188 | -0.188 | 1.500 | -1.500 | 0.188 | 0.188 |
| 19 |  QQQ QQQ | — | — | -0.437 | -0.125 | 1.063 | -1.938 | 1.812 | -1.188 | 0.125 | 0.125 |
| 20 | 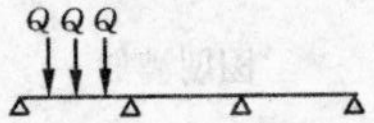 QQQ | — | — | -0.250 | 0.062 | 1.250 | -1.750 | 0.312 | 0.312 | -0.062 | -0.062 |

## 附表 5-3　四跨梁

| 序号 | 荷载简图 | 跨中最大弯矩 | | | | 支座弯矩 | | | 横向剪力 | | | | | | | | |
|---|---|---|---|---|---|---|---|---|---|---|---|---|---|---|---|---|---|
| | | $M_1$ | $M_2$ | $M_3$ | $M_4$ | $M_B$ | $M_C$ | $M_D$ | $V_A$ | $V_B^l$ | $V_B^r$ | $V_C^l$ | $V_C^r$ | $V_D^l$ | $V_D^r$ | $V_E$ |
| 1 | | 0.077 | 0.036 | 0.036 | 0.077 | -0.107 | -0.071 | -0.107 | 0.393 | -0.607 | 0.536 | -0.464 | 0.464 | -0.536 | 0.607 | -0.393 |
| 2 | | 0.100 | -0.045 | 0.081 | -0.023 | -0.054 | -0.036 | -0.054 | 0.446 | -0.554 | 0.018 | 0.018 | 0.482 | -0.518 | 0.054 | 0.054 |
| 3 | | 0.072 | 0.061 | — | 0.098 | -0.121 | -0.018 | -0.058 | 0.380 | -0.620 | 0.603 | -0.397 | -0.040 | -0.040 | 0.558 | -0.442 |
| 4 | | — | 0.056 | 0.056 | — | -0.036 | -0.107 | -0.036 | -0.036 | -0.036 | 0.429 | -0.571 | 0.571 | -0.429 | 0.036 | 0.036 |
| 5 | | 0.094 | — | — | — | -0.067 | 0.018 | -0.004 | 0.433 | -0.567 | 0.085 | 0.085 | -0.022 | -0.022 | 0.004 | 0.004 |
| 6 | | — | 0.074 | — | — | -0.049 | -0.054 | 0.013 | -0.049 | -0.049 | 0.496 | -0.504 | 0.067 | 0.067 | -0.013 | -0.013 |
| 7 | | 0.169 | 0.116 | 0.116 | 0.169 | -0.161 | -0.107 | -0.161 | 0.339 | -0.661 | 0.553 | -0.446 | 0.446 | -0.553 | 0.661 | -0.339 |
| 8 | | 0.210 | -0.067 | 0.183 | -0.040 | -0.080 | -0.054 | -0.080 | 0.420 | -0.580 | 0.027 | 0.027 | 0.473 | -0.527 | 0.080 | 0.080 |
| 9 | | 0.159 | 0.146 | — | 0.206 | -0.181 | -0.027 | -0.087 | 0.319 | -0.681 | 0.654 | -0.346 | -0.060 | -0.060 | 0.587 | -0.413 |
| 10 | | — | 0.142 | 0.142 | — | -0.054 | -0.161 | -0.054 | -0.054 | -0.054 | 0.393 | -0.607 | 0.607 | -0.393 | 0.054 | 0.054 |
| 11 | | 0.202 | — | — | — | -0.100 | 0.027 | -0.007 | 0.400 | -0.600 | 0.127 | 0.127 | -0.033 | -0.033 | 0.007 | 0.007 |
| 12 | | — | 0.173 | — | — | -0.074 | -0.080 | 0.020 | -0.074 | -0.074 | 0.493 | -0.507 | 0.100 | 0.100 | -0.020 | -0.020 |

续附表 5-3

| 序号 | 荷载简图 | 跨中最大弯矩 | | | | 支座弯矩 | | | 横向剪力 | | | | | | | |
|---|---|---|---|---|---|---|---|---|---|---|---|---|---|---|---|---|
| | | $M_1$ | $M_2$ | $M_3$ | $M_4$ | $M_B$ | $M_C$ | $M_D$ | $V_A$ | $V_B^l$ | $V_B^r$ | $V_C^l$ | $V_C^r$ | $V_D^l$ | $V_D^r$ | $V_E$ |
| 13 | 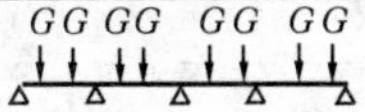 GG GG GG GG | 0.238 | 0.111 | 0.111 | 0.238 | -0.286 | -0.191 | -0.286 | 0.714 | -1.286 | 1.095 | -0.905 | 0.905 | -1.095 | 1.286 | -0.714 |
| 14 | 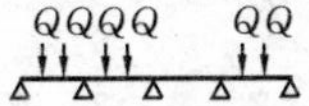 QQQQ QQ | 0.226 | 0.194 | — | 0.282 | -0.321 | -0.048 | -0.155 | 0.679 | -1.321 | 1.274 | -0.726 | -0.107 | -0.107 | 1.155 | -0.845 |
| 15 | 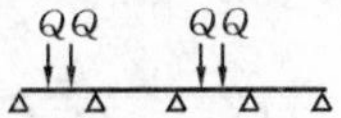 QQ QQ | 0.286 | -0.111 | -0.222 | -0.048 | -0.143 | -0.095 | -0.143 | 0.857 | -1.143 | 0.048 | 0.048 | 0.952 | -1.048 | 0.143 | 0.143 |
| 16 | 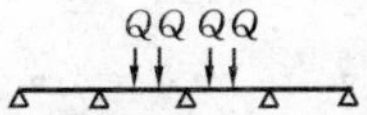 QQ QQ | — | 0.175 | 0.175 | — | -0.095 | -0.286 | -0.095 | -0.095 | -0.095 | 0.810 | -1.190 | 1.190 | -0.810 | 0.095 | 0.095 |
| 17 | 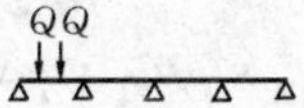 QQ | 0.274 | — | — | — | -0.178 | 0.048 | -0.012 | 0.821 | -1.178 | 0.226 | 0.226 | -0.060 | -0.060 | 0.012 | 0.012 |
| 18 | 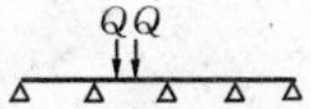 QQ | — | 0.198 | — | — | -0.131 | -0.143 | 0.036 | -0.131 | -0.131 | 0.988 | -1.012 | 0.178 | 0.178 | -0.036 | -0.036 |
| 19 | 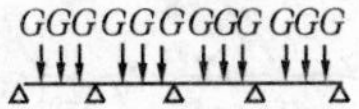 GGGGGGGGGGGG | 0.299 | 0.165 | 0.165 | 0.299 | -0.402 | -0.268 | -0.402 | 1.098 | -1.902 | 1.634 | -1.336 | 1.336 | -1.634 | 1.902 | -1.098 |
| 20 | 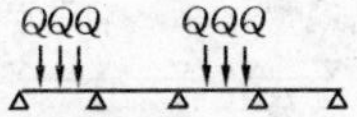 QQQ QQQ | 0.400 | -0.167 | 0.333 | -0.101 | -0.201 | -0.134 | -0.201 | 1.299 | -1.701 | 0.067 | 0.067 | 1.433 | -1.567 | 0.201 | -0.201 |
| 21 | 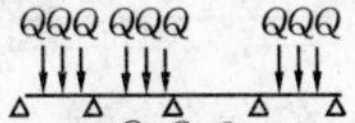 QQQ QQQ QQQ | — | — | — | — | -0.452 | -0.067 | -0.218 | 1.048 | -1.952 | 1.885 | -1.115 | -0.151 | -0.151 | 1.718 | 1.282 |
| 22 | 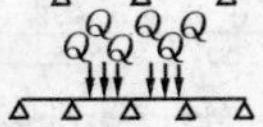 QQQQQQ | — | — | — | — | -0.134 | -0.402 | -0.134 | -0.134 | -0.134 | 1.232 | -1.768 | 1.768 | -1.232 | 0.134 | 0.134 |
| 23 | 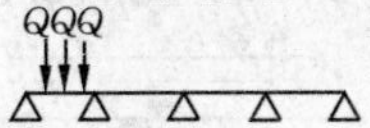 QQQ | — | — | — | — | -0.251 | 0.067 | -0.017 | 1.249 | -1.751 | 0.318 | 0.318 | -0.084 | -0.084 | 0.017 | 0.017 |
| 24 | 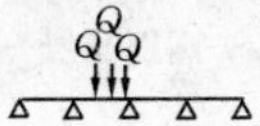 QQQ | — | — | — | — | -0.184 | -0.201 | 0.050 | -0.184 | -0.184 | 1.483 | -1.517 | 0.251 | 0.251 | -0.050 | -0.050 |

## 附表 5-4　五跨梁

| 序号 | 荷载简图 | 跨中最大弯矩 | | | 支座弯矩 | | | | 横向剪力 | | | | | | | | | | |
|---|---|---|---|---|---|---|---|---|---|---|---|---|---|---|---|---|---|---|---|
| | | $M_1$ | $M_2$ | $M_3$ | $M_B$ | $M_C$ | $M_D$ | $M_E$ | $V_A$ | $V_B^l$ | $V_B^r$ | $V_C^l$ | $V_C^r$ | $V_D^l$ | $V_D^r$ | $V_E^l$ | $V_E^r$ | $V_F$ |
| 1 | | 0.078 1 | 0.033 1 | 0.046 2 | −0.105 | −0.079 | −0.079 | −0.105 | 0.395 | −0.606 | 0.526 | −0.474 | 0.500 | −0.500 | 0.474 | −0.526 | 0.606 | −0.395 |
| 2 | | 0.100 | −0.046 1 | 0.085 5 | −0.053 | −0.040 | −0.040 | −0.053 | 0.447 | −0.553 | 0.013 | 0.013 | 0.500 | −0.500 | −0.013 | −0.013 | 0.553 | −0.447 |
| 3 | | −0.026 3 | 0.078 7 | −0.039 5 | −0.053 | −0.040 | −0.040 | −0.053 | −0.053 | −0.053 | 0.513 | −0.487 | 0.000 | 0.000 | 0.487 | −0.513 | 0.053 | 0.053 |
| 4 | | 0.073 | 0.059 | — | −0.119 | −0.022 | −0.044 | −0.051 | 0.380 | −0.620 | 0.598 | −0.402 | −0.023 | −0.023 | 0.493 | −0.507 | 0.052 | 0.052 |
| 5 | | — | 0.055 | 0.064 | −0.035 | −0.111 | −0.020 | −0.057 | −0.035 | −0.035 | 0.424 | −0.576 | 0.591 | −0.409 | −0.037 | −0.037 | 0.557 | −0.443 |
| 6 | | 0.094 | — | — | −0.067 | −0.018 | −0.005 | 0.001 | 0.433 | −0.567 | 0.085 | 0.085 | −0.023 | −0.023 | 0.006 | 0.006 | −0.001 | −0.001 |
| 7 | | — | 0.074 | — | −0.049 | −0.054 | −0.014 | −0.004 | −0.049 | −0.049 | 0.495 | −0.505 | 0.068 | 0.068 | −0.018 | −0.018 | 0.004 | 0.004 |
| 8 | | — | — | 0.072 | 0.013 | −0.053 | −0.053 | 0.013 | 0.013 | 0.013 | −0.066 | −0.066 | 0.500 | −0.500 | 0.066 | 0.066 | −0.013 | −0.013 |

**续附表 5-4**

| 序号 | 荷载简图 | 跨中最大弯矩 | | | 支座弯矩 | | | | 横向剪力 | | | | | | | | | | |
|---|---|---|---|---|---|---|---|---|---|---|---|---|---|---|---|---|---|---|---|
| | | $M_1$ | $M_2$ | $M_3$ | $M_B$ | $M_C$ | $M_D$ | $M_E$ | $V_A$ | $V_B^l$ | $V_B^r$ | $V_C^l$ | $V_C^r$ | $V_D^l$ | $V_D^r$ | $V_E^l$ | $V_E^r$ | $V_F$ |
| 9 | G G G G G | 0.171 | 0.112 | 0.132 | -0.158 | -0.118 | -0.118 | -0.158 | 0.342 | -0.658 | 0.540 | -0.460 | 0.500 | -0.500 | 0.460 | -0.540 | 0.658 | -0.342 |
| 10 | Q Q Q | 0.211 | -0.069 | 0.191 | -0.079 | -0.059 | -0.059 | -0.079 | 0.421 | -0.579 | 0.020 | 0.020 | 0.500 | -0.500 | -0.020 | -0.020 | 0.579 | -0.421 |
| 11 | Q Q | -0.039 | 0.181 | -0.059 | -0.079 | -0.059 | -0.059 | -0.079 | -0.079 | -0.079 | 0.520 | -0.480 | 0.000 | 0.000 | 0.480 | -0.520 | 0.079 | 0.079 |
| 12 | Q Q Q | 0.160 | 0.144 | — | -0.179 | -0.032 | -0.066 | -0.077 | 0.321 | -0.679 | 0.647 | -0.353 | -0.034 | -0.034 | 0.489 | -0.511 | 0.077 | 0.077 |
| 13 | Q Q Q | — | 0.140 | 0.151 | -0.052 | -0.167 | -0.031 | -0.086 | -0.052 | -0.052 | 0.385 | -0.615 | 0.637 | -0.363 | -0.056 | -0.056 | 0.586 | -0.414 |
| 14 | Q | 0.200 | — | — | -0.100 | 0.027 | -0.007 | 0.002 | 0.400 | -0.600 | 0.127 | 0.127 | -0.034 | -0.034 | 0.009 | 0.009 | -0.002 | -0.002 |
| 15 | Q | — | 0.173 | — | -0.073 | -0.081 | 0.022 | -0.005 | -0.073 | -0.073 | 0.493 | -0.507 | 0.102 | 0.102 | -0.027 | -0.027 | 0.005 | 0.005 |
| 16 | Q | — | — | 0.171 | 0.020 | -0.079 | -0.079 | 0.020 | 0.020 | 0.020 | -0.099 | -0.099 | 0.500 | -0.500 | 0.099 | 0.099 | -0.020 | -0.020 |

续附表 5-4

| 序号 | 荷载简图 | 跨中最大弯矩 | | | 支座弯矩 | | | | 横向剪力 | | | | | | | | | | |
|---|---|---|---|---|---|---|---|---|---|---|---|---|---|---|---|---|---|---|---|
| | | $M_1$ | $M_2$ | $M_3$ | $M_B$ | $M_C$ | $M_D$ | $M_E$ | $V_A$ | $V_B^l$ | $V_B^r$ | $V_C^l$ | $V_C^r$ | $V_D^l$ | $V_D^r$ | $V_E^l$ | $V_E^r$ | $V_F$ |
| 17 | 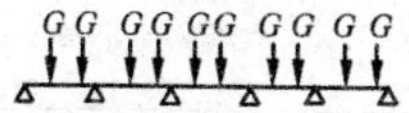 | 0.246 | 0.100 | 0.122 | -0.281 | -0.211 | -0.211 | -0.281 | 0.719 | -1.281 | 1.070 | -0.930 | 1.000 | -1.000 | 0.930 | -1.070 | 1.281 | -0.719 |
| 18 |  | 0.287 | -0.117 | 0.228 | -0.140 | -0.105 | -0.105 | -0.140 | 0.860 | -1.140 | 0.035 | 0.035 | 1.000 | -1.000 | -0.035 | -0.035 | 1.140 | -0.860 |
| 19 | 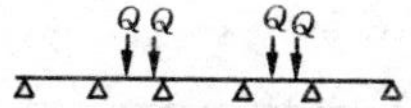 | -0.047 | 0.216 | -0.105 | -0.140 | -0.105 | -0.105 | -0.140 | -0.140 | -0.140 | 1.035 | -0.965 | 0.000 | 0.000 | 0.965 | -1.035 | 0.140 | 0.140 |
| 20 | 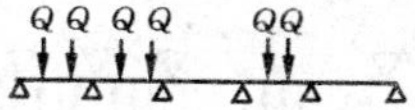 | 0.227 | 0.189 | — | -0.319 | -0.057 | -0.118 | -0.137 | 0.681 | -1.319 | 1.262 | -0.738 | -0.061 | -0.061 | 0.981 | -1.019 | 0.137 | 0.137 |
| 21 | 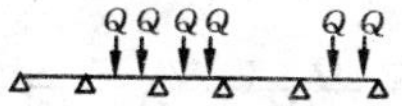 | — | 0.172 | 0.198 | -0.093 | -0.297 | -0.054 | -0.153 | -0.093 | -0.093 | 0.766 | -1.204 | 1.243 | -0.757 | -0.099 | -0.099 | 1.153 | -0.847 |
| 22 | 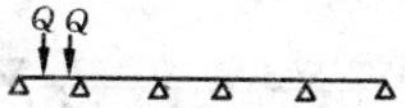 | 0.274 | — | — | -0.179 | 0.048 | -0.013 | 0.003 | 0.821 | -1.179 | 0.227 | 0.227 | -0.061 | -0.061 | 0.016 | 0.016 | -0.003 | -0.003 |
| 23 | 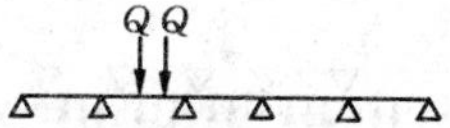 | — | 0.798 | — | -0.131 | -0.144 | 0.038 | -0.010 | -0.131 | -0.131 | 0.987 | -1.013 | 0.182 | 0.182 | -0.048 | -0.048 | 0.010 | 0.010 |
| 24 | 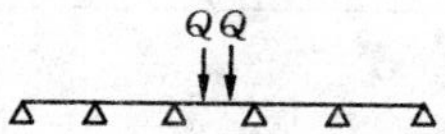 | — | — | 0.193 | 0.035 | -0.140 | -0.140 | 0.035 | 0.035 | 0.035 | -0.175 | -0.175 | 1.000 | -1.000 | 0.175 | 0.175 | -0.035 | -0.035 |

续附表 5-4

| 序号 | 荷载简图 | 跨中最大弯矩 | | | 支座弯矩 | | | | 横向剪力 | | | | | | | | | | |
|---|---|---|---|---|---|---|---|---|---|---|---|---|---|---|---|---|---|---|---|
| | | $M_1$ | $M_2$ | $M_3$ | $M_B$ | $M_C$ | $M_D$ | $M_E$ | $V_A$ | $V_B^l$ | $V_B^r$ | $V_C^l$ | $V_C^r$ | $V_D^l$ | $V_D^r$ | $V_E^l$ | $V_E^r$ | $V_F$ |
| 25 | GGG GGG GGG GGGGGG | 0.302 | 0.155 | 0.204 | -0.395 | -0.296 | -0.296 | -0.395 | 1.105 | -1.895 | 1.599 | 1.401 | 1.500 | -1.500 | 1.401 | -1.599 | 1.895 | -1.105 |
| 26 | QQQ QQQ QQQ | 0.401 | -0.173 | 0.352 | -0.198 | -0.148 | -0.148 | -0.198 | 1.302 | -1.697 | 0.050 | 0.050 | 1.500 | -1.500 | -0.050 | -0.050 | 1.697 | -1.302 |
| 27 | QQQ QQQ | -0.099 | 0.327 | -0.148 | -0.198 | -0.148 | -0.148 | -0.198 | -0.197 | -0.197 | 1.550 | -1.450 | 0.000 | 0.000 | 1.450 | -1.550 | 0.197 | 0.197 |
| 28 | QQQ QQQ QQQ | — | — | — | -0.449 | -0.081 | -0.166 | -0.193 | 1.051 | -1.949 | 1.867 | -1.133 | -0.085 | -0.085 | 1.473 | -1.527 | 0.193 | 0.193 |
| 29 | QQQ QQQ QQQ | — | — | — | -0.130 | -0.417 | -0.076 | -0.215 | -0.130 | -0.130 | 1.213 | -1.787 | 1.841 | -1.159 | -0.139 | -0.139 | 1.715 | -1.285 |
| 30 | QQQ | — | — | — | -0.251 | 0.067 | -0.018 | 0.004 | 1.249 | -1.751 | 0.318 | 0.318 | -0.085 | -0.085 | 0.022 | 0.022 | -0.004 | -0.004 |
| 31 | QQQ | — | — | — | -0.184 | -0.202 | 0.054 | -0.013 | -0.184 | -0.184 | 1.482 | -1.518 | 0.256 | 0.256 | -0.067 | -0.067 | 0.013 | 0.013 |
| 32 | QQQ | — | — | — | -0.049 | -0.197 | -0.197 | 0.049 | 0.049 | 0.049 | -0.247 | -0.247 | 1.500 | -1.500 | 0.247 | 0.247 | -0.049 | -0.049 |

# 附录六 承受均布荷载的等跨连续梁各截面最大及最小弯矩(弯矩包络图)计算系数表

计算公式 $M_{max} = \alpha g l_0^2 + \alpha_1 q l_0^2$

$M_{min} = \alpha g l_0^2 + \alpha_2 q l_0^2$

**双跨**(三支座)

(荷载位置由影响线决定)

| $\frac{x}{l_0}$ | 弯矩 | | |
|---|---|---|---|
| | $g$ 的影响 | $q$ 的影响 | |
| | $\alpha$ | $\alpha_1$ | $\alpha_2$ |
| | | (+) | (−) |
| 0 | 0 | 0 | 0 |
| 0.1 | +0.032 5 | 0.038 7 | 0.006 2 |
| 0.2 | +0.055 0 | 0.067 5 | 0.012 5 |
| 0.3 | +0.067 5 | 0.086 2 | 0.018 7 |
| 0.4 | +0.070 0 | 0.095 0 | 0.025 0 |
| 0.5 | +0.062 5 | 0.093 7 | 0.031 2 |
| 0.6 | +0.045 0 | 0.082 5 | 0.037 5 |
| 0.7 | +0.017 5 | 0.061 2 | 0.043 7 |
| 0.8 | −0.020 0 | 0.030 0 | 0.050 0 |
| 0.85 | −0.042 5 | 0.015 2 | 0.057 7 |
| 0.9 | −0.067 5 | 0.006 1 | 0.073 6 |
| 0.95 | −0.095 0 | 0.001 4 | 0.096 4 |
| 1.0 | −0.125 0 | 0 | 0.125 0 |
| | $gl_0^2$ | $ql_0^2$ | $ql_0^2$ |

**三跨**(四支座)

| | $\frac{x}{l_0}$ | 弯矩 | | |
|---|---|---|---|---|
| | | $g$ 的影响 | $q$ 的影响 | |
| | | $\alpha$ | $\alpha_1$ | $\alpha_2$ |
| | | | (+) | (−) |
| 第一跨 | 0.1 | +0.035 | 0.040 | 0.005 |
| | 0.2 | +0.060 | 0.070 | 0.010 |
| | 0.3 | +0.075 | 0.090 | 0.015 |
| | 0.4 | +0.080 | 0.100 | 0.020 |
| | 0.5 | +0.075 | 0.100 | 0.025 |
| | 0.6 | +0.060 | 0.090 | 0.030 |
| | 0.7 | +0.035 | 0.070 | 0.035 |
| | 0.8 | 0 | 0.0402 | 0.0402 |
| | 0.85 | −0.021 2 | 0.027 7 | 0.049 0 |
| | 0.9 | −0.045 0 | 0.020 4 | 0.065 4 |
| | 0.95 | −0.071 2 | 0.017 1 | 0.088 3 |
| | 1.0 | −0.100 0 | 0.016 7 | 0.116 7 |
| 第二跨 | 1.05 | −0.076 2 | 0.014 1 | 0.090 3 |
| | 1.1 | −0.055 0 | 0.015 1 | 0.070 1 |
| | 1.15 | −0.036 2 | 0.020 5 | 0.056 8 |
| | 1.2 | −0.020 0 | 0.030 | 0.050 |
| | 1.3 | +0.005 | 0.055 | 0.050 |
| | 1.4 | +0.020 | 0.070 | 0.050 |
| | 1.5 | +0.025 | 0.075 | 0.050 |
| | | $gl_0^2$ | $ql_0^2$ | $ql_0^2$ |

**四跨(五支座)**

| | $\frac{x}{l_0}$ | 弯矩 | | |
|---|---|---|---|---|
| | | g 的影响 | q 的影响 | |
| | | $\alpha$ | $\alpha_1$ | $\alpha_2$ |
| | | | (+) | (-) |
| 第一跨 | 0.1 | +0.034 3 | 0.039 6 | 0.005 4 |
| | 0.2 | +0.058 6 | 0.069 3 | 0.010 7 |
| | 0.3 | +0.072 9 | 0.088 9 | 0.016 1 |
| | 0.4 | +0.0771 | 0.098 6 | 0.021 4 |
| | 0.5 | +0.071 4 | 0.098 2 | 0.026 8 |
| | 0.6 | +0.055 7 | 0.087 9 | 0.032 1 |
| | 0.7 | +0.030 0 | 0.067 5 | 0.037 5 |
| | 0.786 | 0 | 0.042 1 | 0.042 1 |
| | 0.8 | -0.005 7 | 0.037 4 | 0.043 1 |
| | 0.85 | -0.027 3 | 0.024 8 | 0.052 2 |
| | 0.9 | -0.051 4 | 0.016 3 | 0.067 7 |
| | 0.95 | -0.078 0 | 0.013 9 | 0.092 0 |
| | 1.0 | -0.107 1 | 0.013 4 | 0.120 5 |
| 第二跨 | 1.05 | -0.081 6 | 0.011 6 | 0.093 2 |
| | 1.1 | -0.058 6 | 0.014 5 | 0.072 1 |
| | 1.15 | -0.038 0 | 0.019 8 | 0.057 8 |
| | 1.20 | -0.020 0 | 0.030 0 | 0.050 0 |
| | 1.266 | 0 | 0.048 8 | 0.048 8 |
| | 1.3 | +0.008 6 | 0.056 8 | 0.048 2 |
| | 1.4 | +0.027 1 | 0.073 6 | 0.046 4 |
| | 1.5 | +0.035 7 | 0.080 4 | 0.044 6 |
| | 1.6 | +0.034 3 | 0.077 1 | 0.042 9 |
| | 1.7 | +0.022 9 | 0.063 9 | 0.041 1 |
| | 1.8 | +0.001 4 | 0.041 7 | 0.040 3 |
| | 1.805 | 0 | 0.040 9 | 0.040 9 |
| | 1.85 | -0.013 0 | 0.034 5 | 0.047 5 |
| | 1.9 | -0.030 0 | 0.031 0 | 0.061 0 |
| | 1.95 | -0.049 5 | 0.031 7 | 0.081 2 |
| | 2.0 | -0.071 4 | 0.035 7 | 0.107 1 |
| | | $gl_0^2$ | $ql_0^2$ | $ql_0^2$ |

**五跨(六支座)**

| | $\frac{x}{l_0}$ | 弯矩 | | |
|---|---|---|---|---|
| | | g 的影响 | q 的影响 | |
| | | $\alpha$ | $\alpha_1$ | $\alpha_2$ |
| | | | (+) | (-) |
| 第一跨 | 0.1 | +0.034 5 | 0.039 7 | 0.005 3 |
| | 0.2 | +0.058 9 | 0.069 5 | 0.010 5 |
| | 0.3 | +0.073 4 | 0.089 2 | 0.015 8 |
| | 0.4 | +0.077 9 | 0.098 9 | 0.021 1 |
| | 0.5 | +0.072 4 | 0.098 7 | 0.026 3 |
| | 0.6 | +0.056 8 | 0.088 4 | 0.031 6 |
| | 0.7 | +0.031 3 | 0.068 2 | 0.036 8 |
| | 0.8 | -0.004 2 | 0.038 1 | 0.042 3 |
| | 0.9 | -0.049 7 | 0.018 3 | 0.068 0 |
| | 0.95 | -0.077 5 | — | 0.093 8 |
| | 1.0 | -0.105 3 | 0.014 4 | 0.119 6 |
| 第二跨 | 1.05 | -0.081 5 | — | 0.095 7 |
| | 1.1 | -0.057 6 | 0.014 0 | 0.071 7 |
| | 1.2 | -0.020 0 | 0.030 0 | 0.050 0 |
| | 1.3 | +0.007 6 | 0.056 3 | 0.048 7 |
| | 1.4 | +0.025 3 | 0.072 6 | 0.047 4 |
| | 1.5 | +0.032 9 | 0.078 9 | 0.046 1 |
| | 1.6 | +0.030 5 | 0.075 3 | 0.044 7 |
| | 1.7 | +0.018 2 | 0.061 6 | 0.043 4 |
| | 1.8 | -0.004 2 | 0.038 9 | 0.043 2 |
| | 1.9 | -0.036 6 | 0.028 0 | 0.064 6 |
| | 1.95 | -0.057 8 | — | 0.087 9 |
| | 2.0 | -0.079 0 | 0.032 3 | 0.111 2 |
| 第三跨 | 2.05 | -0.056 4 | — | 0.087 3 |
| | 2.1 | -0.033 9 | 0.029 3 | 0.063 3 |
| | 2.2 | +0.001 1 | 0.041 6 | 0.040 5 |
| | 2.3 | +0.026 1 | 0.065 5 | 0.039 5 |
| | 2.4 | +0.041 1 | 0.080 5 | 0.039 5 |
| | 2.5 | +0.046 1 | 0.085 5 | 0.039 5 |
| | | $gl_0^2$ | $ql_0^2$ | $ql_0^2$ |

# 附录七　移动的集中荷载作用下等跨连续梁各截面的弯矩系数及支座截面剪力系数表

计算公式　$M=\alpha Q l_0$

$V=\beta Q$

**双　跨　梁**

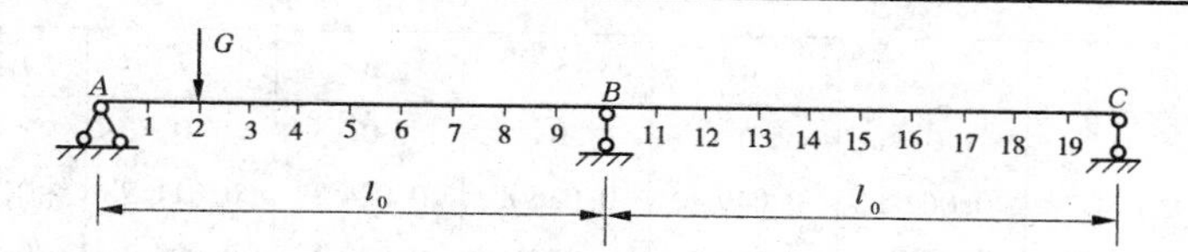


| 力所在的截面 | 系数 $\alpha$ | | | | | | | | | | 系数 $\beta$ | | |
|---|---|---|---|---|---|---|---|---|---|---|---|---|---|
| | 所要计算弯矩的截面 | | | | | | | | | | 支座截面的剪力 | | |
| | 1 | 2 | 3 | 4 | 5 | 6 | 7 | 8 | 9 | $B$ | $V_A$ | $V_B^l$ | $V_B^r$ |
| A | 0 | 0 | 0 | 0 | 0 | 0 | 0 | 0 | 0 | 0 | 1.000 | 0 | 0 |
| 1 | 0.087 5 | 0.075 1 | 0.062 6 | 0.050 1 | 0.0376 | 0.025 2 | 0.012 7 | 0.000 2 | -0.012 3 | -0.024 8 | 0.875 3 | -0.124 7 | 0.024 8 |
| 2 | 0.075 2 | 0.150 4 | 0.125 6 | 0.100 8 | 0.076 0 | 0.051 2 | 0.026 4 | 0.001 6 | -0.023 2 | -0.048 0 | 0.752 0 | -0.248 0 | 0.048 0 |
| 3 | 0.063 2 | 0.126 4 | 0.189 5 | 0.152 7 | 0.115 9 | 0.079 1 | 0.042 2 | 0.005 4 | -0.031 4 | -0.068 3 | 0.631 8 | -0.368 2 | 0.068 3 |
| 4 | 0.051 6 | 0.103 2 | 0.154 8 | 0.206 4 | 0.158 0 | 0.109 6 | 0.061 2 | 0.012 8 | -0.035 6 | -0.084 0 | 0.516 0 | -0.484 0 | 0.084 0 |
| 5 | 0.040 6 | 0.081 2 | 0.121 9 | 0.162 5 | 0.203 1 | 0.143 8 | 0.084 4 | 0.025 0 | -0.034 4 | -0.093 8 | 0.406 3 | -0.593 7 | 0.093 8 |
| 6 | 0.030 4 | 0.060 8 | 0.091 2 | 0.121 6 | 0.152,0 | 0.182 4 | 0.112 8 | 0.043 2 | -0.026 4 | -0.096 0 | 0.304 0 | -0.696 0 | 0.096 0 |
| 7 | 0.021 1 | 0.042 2 | 0.063 2 | 0.084 3 | 0.105 4 | 0.126 5 | 0.147 5 | 0.068 6 | -0.010 3 | -0.089 3 | 0.210 8 | -0.789 2 | 0.089 3 |
| 8 | 0.012 8 | 0.025 6 | 0.038 4 | 0.051 2 | 0.064 0 | 0.076 8 | 0.089 6 | 0.102 4 | 0.015 2 | -0.072 0 | 0.128 0 | -0.872 0 | 0.072 0 |
| 9 | 0.005 7 | 0.011 5 | 0.017 2 | 0.022 9 | 0.028 6 | 0.034 4 | 0.040 1 | 0.045 8 | 0.051 5 | -0.042 8 | 0.057 3 | -0.942 7 | 0.042 8 |
| B | 0 | 0 | 0 | 0 | 0 | 0 | 0 | 0 | 0 | 0 | 0 | -1.000<br>0 | 0<br>+1.000 |
| 11 | -0.004 3 | -0.008 6 | -0.012 8 | -0.017 1 | -0.021 4 | -0.025 7 | -0.029 9 | -0.034 2 | -0.038 5 | -0.042 8 | -0.042 8 | -0.042 8 | 0.942 8 |
| 12 | -0.007 2 | -0.014 4 | -0.021 6 | -0.028 8 | -0.036 0 | -0.043 2 | -0.050 4 | -0.057 6 | -0.064 8 | -0.072 0 | -0.072 0 | -0.072 0 | 0.872 0 |
| 13 | -0.008 9 | -0.017 9 | -0.026 8 | -0.035 7 | -0.044 6 | -0.053 6 | -0.062 5 | -0.071 4 | -0.080 3 | -0.089 3 | -0.089 3 | -0.089 3 | 0.789 3 |
| 14 | -0.009 6 | -0.019 2 | -0.028 8 | -0.038 4 | -0.048 0 | -0.057 6 | -0.067 2 | -0.076 8 | -0.086 4 | -0.096 0 | -0.096 0 | -0.096 0 | 0.696 0 |
| 15 | -0.009 4 | -0.018 8 | -0.028 1 | -0.037 5 | -0.046 9 | -0.056 3 | -0.065 6 | -0.075 0 | -0.084 4 | -0.093 8 | -0.093 8 | -0.093 8 | 0.593 8 |
| 16 | -0.008 4 | -0.016 8 | -0.025 2 | -0.033 6 | -0.042 0 | -0.050 4 | -0.058 8 | -0.067 2 | -0.075 6 | -0.084 0 | -0.084 0 | -0.084 0 | 0.484 0 |
| 17 | -0.006 8 | -0.013 7 | -0.020 5 | -0.027 3 | -0.034 1 | -0.041 0 | -0.047 8 | -0.054 6 | -0.061 4 | -0.068 3 | -0.068 3 | -0.068 3 | 0.368 3 |
| 18 | -0.004 8 | -0.009 6 | -0.014 4 | -0.019 2 | -0.024 0 | -0.028 8 | -0.033 6 | -0.038 4 | -0.043 2 | -0.048 0 | -0.048 0 | -0.048 0 | 0.248 0 |
| 19 | -0.002 5 | -0.005 0 | -0.007 4 | -0.009 9 | -0.012 4 | -0.014 9 | -0.017 3 | -0.019 8 | -0.022 3 | -0.024 8 | -0.024 8 | -0.024 8 | 0.124 8 |
| C | 0 | 0 | 0 | 0 | 0 | 0 | 0 | 0 | 0 | 0 | 0 | 0 | 0 |

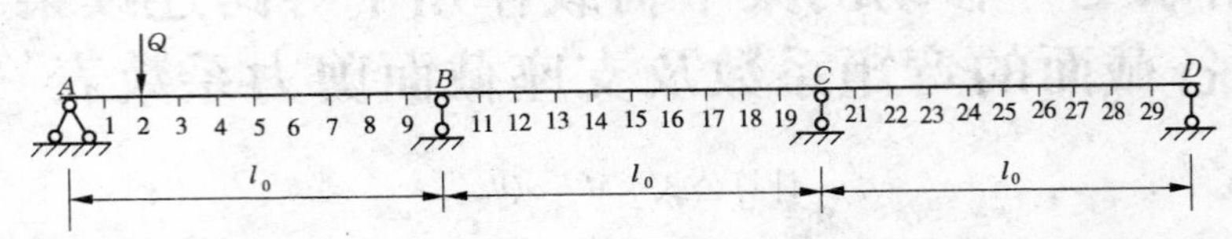


| 力所在的截面 | 系　数 | | | | | | | | |
|---|---|---|---|---|---|---|---|---|---|
| | 所要计算弯 | | | | | | | | |
| | 1 | 2 | 3 | 4 | 5 | 6 | 7 | 8 | 9 |
| A | 0 | 0 | 0 | 0 | 0 | 0 | 0 | 0 | 0 |
| 1 | **0.087 4** | 0.074 7 | 0.062 1 | 0.049 4 | 0.036 8 | 0.024 2 | 0.011 5 | −0.001 1 | −0.013 8 |
| 2 | 0.074 9 | **0.149 8** | 0.124 6 | 0.099 5 | 0.074 4 | 0.049 3 | 0.024 2 | −0.001 0 | −0.026 1 |
| 3 | 0.062 7 | 0.125 4 | **0.188 2** | 0.150 9 | 0.113 6 | 0.076 3 | 0.039 0 | 0.001 8 | −0.035 5 |
| 4 | 0.051 0 | 0.102 1 | 0.153 1 | **0.204 2** | 0.155 2 | 0.106 2 | 0.057 3 | 0.008 3 | −0.040 6 |
| 5 | 0.040 0 | 0.080 0 | 0.120 0 | 0.160 0 | **0.200 0** | 0.140 0 | 0.080 0 | 0.020 0 | −0.040 0 |
| 6 | 0.029 8 | 0.059 5 | 0.089 3 | 0.119 0 | 0.148 8 | **0.178 6** | 0.108 3 | 0.038 1 | −0.032 2 |
| 7 | 0.020 5 | 0.041 0 | 0.061 4 | 0.081 9 | 0.102 4 | 0.122 9 | **0.143 4** | 0.063 8 | −0.015 7 |
| 8 | 0.012 3 | 0.024 6 | 0.037 0 | 0.049 3 | 0.061 6 | 0.073 9 | 0.086 2 | **0.098 6** | 0.010 9 |
| 9 | 0.005 4 | 0.010 9 | 0.016 3 | 0.021 8 | 0.027 2 | 0.032 6 | 0.038 1 | 0.0435 | 0.049 0 |
| B | 0 | 0 | 0 | 0 | 0 | 0 | 0 | 0 | 0 |
| 11 | −0.003 9 | −0.007 8 | −0.011 7 | −0.015 6 | −0.019 5 | −0.023 4 | −0.027 3 | −0.031 2 | −0.035 1 |
| 12 | −0.006 4 | −0.012 8 | −0.019 2 | −0.025 6 | −0.032 0 | −0.038 4 | −0.044 8 | −0.051 2 | −0.057 6 |
| 13 | −0.007 7 | −0.015 4 | −0.023 1 | −0.030 8 | −0.038 5 | −0.046 2 | −0.053 9 | −0.061 6 | −0.069 3 |
| 14 | −0.008 0 | −0.016 0 | −0.024 0 | −0.032 0 | −0.040 0 | −0.048 0 | −0.056 0 | −0.064 0 | −0.072 0 |
| 15 | −0.007 5 | −0.015 0 | −0.022 5 | −0.030 0 | −0.037 5 | −0.045 0 | −0.052 5 | −0.060 0 | −0.067 5 |
| 16 | −0.006 4 | −0.012 8 | −0.019 2 | −0.025 6 | −0.032 0 | −0.038 4 | −0.044 8 | −0.051 2 | −0.057 6 |
| 17 | −0.004 9 | −0.009 8 | −0.014 7 | −0.019 6 | −0.024 5 | −0.029 4 | −0.034 3 | −0.039 2 | −0.044 1 |
| 18 | −0.003 2 | −0.006 4 | −0.009 6 | −0.012 8 | −0.016 0 | −0.019 2 | −0.022 4 | −0.025 6 | −0.028 8 |
| 19 | −0.001 5 | −0.003 0 | −0.004 5 | −0.006 0 | −0.007 5 | −0.009 0 | −0.010 5 | −0.010 2 | −0.013 5 |
| C | 0 | 0 | 0 | 0 | 0 | 0 | 0 | 0 | 0 |
| 21 | 0.001 1 | 0.002 3 | 0.003 4 | 0.004 6 | 0.005 7 | 0.006 8 | 0.008 0 | 0.009 1 | 0.010 3 |
| 22 | 0.001 9 | 0.003 8 | 0.005 8 | 0.007 7 | 0.009 6 | 0.011 5 | 0.013 4 | 0.015 4 | 0.017 3 |
| 23 | 0.002 4 | 0.004 8 | 0.007 1 | 0.009 5 | 0.011 9 | 0.014 3 | 0.016 7 | 0.019 0 | 0.021 4 |
| 24 | 0.002 6 | 0.005 1 | 0.007 7 | 0.010 2 | 0.012 8 | 0.015 4 | 0.017 9 | 0.020 5 | 0.023 0 |
| 25 | 0.002 5 | 0.005 0 | 0.007 5 | 0.010 0 | 0.012 5 | 0.015 0 | 0.017 5 | 0.020 0 | 0.022 5 |
| 26 | 0.002 2 | 0.004 5 | 0.006 7 | 0.009 0 | 0.011 2 | 0.013 4 | 0.015 7 | 0.017 9 | 0.020 2 |
| 27 | 0.001 8 | 0.003 6 | 0.005 5 | 0.007 3 | 0.009 1 | 0.010 9 | 0.012 7 | 0.014 6 | 0.016 4 |
| 28 | 0.001 3 | 0.002 6 | 0.003 8 | 0.005 1 | 0.006 4 | 0.007 7 | 0.009 0 | 0.010 2 | 0.011 5 |
| 29 | 0.000 7 | 0.001 3 | 0.002 0 | 0.002 6 | 0.003 3 | 0.004 0 | 0.004 6 | 0.005 3 | 0.005 9 |
| *D* | 0 | 0 | 0 | 0 | 0 | 0 | 0 | 0 | 0 |

| α | | | | | | 系数 β | | |
|---|---|---|---|---|---|---|---|---|
| 矩的截面 | | | | | | 支座截面的剪力 | | |
| B | 11 | 12 | 13 | 14 | 15 | $V_A$ | $V_B^l$ | $V_B^r$ |
| 0 | 0 | 0 | 0 | 0 | 0 | 1.000 0 | 0 | 0 |
| −0.026 4 | −0.023 1 | −0.019 8 | −0.016 5 | −0.013 2 | −0.009 9 | 0.873 6 | −0.126 4 | 0.033 0 |
| −0.051 2 | −0.044 8 | −0.038 4 | −0.032 0 | −0.025 6 | 0.019 2 | 0.748 8 | −0.251 2 | 0.064 0 |
| −0.072 8 | −0.063 7 | −0.054 6 | −0.045 5 | −0.036 4 | −0.027 3 | 0.627 2 | −0.372 8 | 0.091 0 |
| −0.089 6 | −0.078 4 | −0.067 2 | −0.056 0 | −0.044 8 | −0.033 6 | 0.510 4 | −0.489 6 | 0.112 0 |
| −0.100 0 | −0.087 5 | −0.075 0 | −0.062 5 | −0.050 0 | −0.037 5 | 0.400 0 | −0.600 0 | 0.125 0 |
| −0.102 4 | −0.089 6 | −0.076 8 | −0.064 0 | −0.051 2 | −0.038 4 | 0.297 6 | −0.702 4 | 0.128 0 |
| −0.095 2 | −0.083 3 | −0.071 4 | −0.059 5 | −0.047 6 | −0.035 7 | 0.204 8 | −0.795 2 | 0.119 0 |
| −0.076 8 | −0.067 2 | −0.057 6 | −0.048 0 | −0.038 4 | −0.028 8 | 0.123 2 | −0.876 8 | 0.096 0 |
| −0.045 6 | −0.039 9 | −0.034 2 | −0.028 5 | −0.022 8 | −0.017 1 | 0.054 4 | −0.945 6 | 0.057 0 |
| 0 | 0 | 0 | 0 | 0 | 0 | 0 | −1.000 0 | 0 |
| | | | | | | | 0 | +1.000 0 |
| −0.039 0 | **0.053 4** | 0.045 8 | 0.038 2 | 0.030 6 | 0.023 0 | −0.039 0 | −0.039 0 | 0.924 0 |
| −0.064 0 | 0.019 2 | **0.102 4** | 0.085 6 | 0.068 8 | 0.052 0 | −0.064 0 | −0.064 0 | 0.832 0 |
| −0.077 0 | −0.004 2 | 0.068 6 | **0.141 4** | 0.114 2 | 0.087 0 | −0.077 0 | −0.077 0 | 0.728 0 |
| −0.080 0 | −0.018 4 | 0.043 2 | 0.104 8 | **0.166 4** | 0.128 0 | −0.080 0 | −0.080 0 | 0.616 0 |
| −0.075 0 | −0.025 0 | 0.025 0 | 0.075 0 | 0.125 0 | **0.175 0** | −0.075 0 | −0.075 0 | 0.500 0 |
| −0.064 0 | −0.025 6 | 0.012 8 | 0.051 2 | 0.089 6 | 0.128 0 | −0.064 0 | −0.064 0 | 0.384 0 |
| −0.049 0 | −0.021 8 | 0.005 4 | 0.032 6 | 0.059 8 | 0.087 0 | −0.049 0 | −0.049 0 | 0.272 0 |
| −0.032 0 | −0.015 2 | 0.001 6 | 0.018 4 | 0.035 2 | 0.052 0 | −0.032 0 | −0.032 0 | 0.168 0 |
| −0.0150 | −0.007 4 | 0.000 2 | 0.007 8 | 0.015 4 | 0.023 0 | −0.015 0 | −0.015 0 | 0.076 0 |
| 0 | 0 | 0 | 0 | 0 | 0 | 0 | 0 | 0 |
| 0.011 4 | 0.005 7 | 0.000 0 | −0.005 7 | −0.011 4 | −0.017 1 | 0.011 4 | 0.011 4 | −0.057 0 |
| 0.019 2 | 0.009 6 | 0.000 0 | −0.009 6 | −0.019 2 | −0.028 8 | 0.019 2 | 0.019 2 | −0.096 0 |
| 0.023 8 | 0.011 9 | 0.000 0 | −0.011 9 | −0.023 8 | −0.035 7 | 0.023 8 | 0.023 8 | −0.119 0 |
| 0.025 6 | 0.012 8 | 0.000 0 | −0.012 8 | −0.025 6 | −0.038 4 | 0.025 6 | 0.025 6 | −0.128 0 |
| 0.025 0 | 0.012 5 | 0.000 0 | −0.012 5 | −0.025 0 | −0.037 5 | 0.025 0 | 0.025 0 | −0.125 0 |
| 0.022 4 | 0.011 2 | 0.000 0 | −0.011 2 | −0.022 4 | −0.033 6 | 0.022 4 | 0.022 4 | −0.112 0 |
| 0.018 2 | 0.009 1 | 0.000 0 | −0.009 1 | −0.018 2 | −0.027 3 | 0.018 2 | 0.018 2 | −0.091 0 |
| 0.012 8 | 0.006 4 | 0.000 0 | −0.006 4 | −0.012 8 | −0.019 2 | 0.012 8 | 0.012 8 | −0.064 0 |
| 0.006 6 | 0.003 3 | 0.000 0 | −0.003 3 | −0.006 6 | −0.009 9 | 0.006 6 | 0.006 6 | 0.033 0 |
| 0 | 0 | 0 | 0 | 0 | 0 | 0 | 0 | 0 |

# 附录八　按弹性理论计算在均布荷载作用下矩形双向板的弯矩系数表

弯矩系数表

| 边界条件 | (1)四边简支 | | (2)三边简支、一边固定 | | | | | | | | | |
|---|---|---|---|---|---|---|---|---|---|---|---|---|
| $l_x/l_y$ | $M_x$ | $M_y$ | $M_x$ | $M_{x\max}$ | $M_y$ | $M_{y\max}$ | $M_y^0$ | $M_x$ | $M_{x\max}$ | $M_y$ | $M_{y\max}$ | $M_y^0$ |
| 0.50 | 0.099 4 | 0.033 5 | 0.091 4 | 0.093 0 | 0.035 2 | 0.039 7 | −0.121 5 | 0.059 3 | 0.065 7 | 0.015 7 | 0.017 1 | −0.121 2 |
| 0.55 | 0.092 7 | 0.035 9 | 0.083 2 | 0.084 6 | 0.037 1 | 0.040 5 | −0.119 3 | 0.057 7 | 0.063 3 | 0.017 5 | 0.019 0 | −0.118 7 |
| 0.60 | 0.086 0 | 0.037 9 | 0.075 2 | 0.076 5 | 0.038 6 | 0.040 9 | −0.116 6 | 0.055 6 | 0.060 8 | 0.019 4 | 0.020 9 | −0.115 8 |
| 0.65 | 0.079 5 | 0.039 6 | 0.067 6 | 0.068 8 | 0.039 6 | 0.041 2 | −0.113 3 | 0.053 4 | 0.058 1 | 0.021 2 | 0.022 6 | −0.112 4 |
| 0.70 | 0.073 2 | 0.041 0 | 0.060 4 | 0.061 6 | 0.040 0 | 0.041 7 | −0.109 6 | 0.051 0 | 0.055 5 | 0.022 9 | 0.024 2 | −0.108 7 |
| 0.75 | 0.067 3 | 0.042 0 | 0.053 8 | 0.054 9 | 0.040 0 | 0.041 7 | −0.105 6 | 0.048 5 | 0.052 5 | 0.024 4 | 0.025 7 | −0.104 8 |
| 0.80 | 0.061 7 | 0.042 8 | 0.047 8 | 0.049 0 | 0.039 7 | 0.041 5 | −0.101 4 | 0.045 9 | 0.049 5 | 0.025 8 | 0.027 0 | −0.100 7 |
| 0.85 | 0.056 4 | 0.043 2 | 0.042 5 | 0.043 6 | 0.039 1 | 0.041 0 | −0.097 0 | 0.043 4 | 0.046 6 | 0.027 1 | 0.028 3 | −0.096 5 |
| 0.90 | 0.051 6 | 0.043 4 | 0.037 7 | 0.038 8 | 0.038 2 | 0.040 2 | −0.092 6 | 0.040 9 | 0.043 8 | 0.028 1 | 0.029 3 | −0.092 2 |
| 0.95 | 0.047 1 | 0.043 2 | 0.033 4 | 0.034 5 | 0.037 1 | 0.039 3 | −0.088 2 | 0.038 4 | 0.040 9 | 0.029 0 | 0.030 1 | −0.088 0 |
| 1.00 | 0.042 9 | 0.042 9 | 0.029 6 | 0.030 6 | 0.036 0 | 0.038 8 | −0.083 9 | 0.036 0 | 0.038 8 | 0.029 6 | 0.030 6 | −0.083 9 |

| 边界条件 | (3)两对边简支、两对边固定 | | | | | | (4)两邻边简支、两邻边固定 | | | | | |
|---|---|---|---|---|---|---|---|---|---|---|---|---|
| $l_x/l_y$ | $M_x$ | $M_y$ | $M_y^0$ | $M_x$ | $M_y$ | $M_x^0$ | $M_x$ | $M_{x\max}$ | $M_y$ | $M_{y\max}$ | $M_x^0$ | $M_y^0$ |
| 0.50 | 0.083 7 | 0.036 7 | −0.119 1 | 0.041 9 | 0.008 6 | −0.084 3 | 0.057 2 | 0.058 4 | 0.017 2 | 0.022 9 | −0.117 9 | −0.078 6 |
| 0.55 | 0.074 3 | 0.038 3 | −0.115 6 | 0.041 5 | 0.009 6 | −0.084 0 | 0.054 6 | 0.055 6 | 0.019 2 | 0.024 1 | −0.114 0 | −0.078 5 |
| 0.60 | 0.065 3 | 0.039 3 | −0.111 4 | 0.040 9 | 0.010 9 | −0.083 4 | 0.051 8 | 0.052 6 | 0.021 2 | 0.025 2 | −0.109 5 | −0.078 2 |
| 0.65 | 0.056 9 | 0.039 4 | −0.106 6 | 0.040 2 | 0.012 2 | −0.082 6 | 0.048 6 | 0.049 6 | 0.022 8 | 0.026 1 | −0.104 5 | −0.077 7 |
| 0.70 | 0.049 4 | 0.039 2 | −0.101 3 | 0.039 1 | 0.013 5 | −0.081 4 | 0.045 5 | 0.046 5 | 0.024 3 | 0.026 7 | −0.099 2 | −0.077 0 |
| 0.75 | 0.042 8 | 0.038 3 | −0.095 9 | 0.038 1 | 0.014 9 | −0.079 9 | 0.042 2 | 0.043 0 | 0.025 4 | 0.027 2 | −0.093 8 | −0.076 0 |
| 0.80 | 0.036 9 | 0.037 2 | −0.090 4 | 0.036 8 | 0.016 2 | −0.078 2 | 0.039 0 | 0.039 7 | 0.026 3 | 0.027 8 | −0.088 3 | −0.074 8 |
| 0.85 | 0.031 8 | 0.035 8 | −0.085 0 | 0.035 5 | 0.017 4 | −0.076 3 | 0.035 8 | 0.036 6 | 0.026 9 | 0.028 4 | −0.082 9 | −0.073 3 |
| 0.90 | 0.027 5 | 0.034 3 | −0.076 7 | 0.034 1 | 0.018 6 | −0.074 3 | 0.032 8 | 0.033 7 | 0.027 3 | 0.028 8 | −0.077 6 | −0.071 6 |
| 0.95 | 0.023 8 | 0.032 8 | −0.074 6 | 0.032 6 | 0.019 6 | −0.072 1 | 0.029 9 | 0.030 8 | 0.027 3 | 0.028 9 | −0.072 6 | −0.069 8 |
| 1.00 | 0.020 6 | 0.031 1 | −0.069 8 | 0.031 1 | 0.020 6 | −0.069 8 | 0.027 3 | 0.028 1 | 0.027 3 | 0.028 9 | −0.067 7 | −0.067 7 |

续表

| 边界条件 | (5)一边简支、三边固定 | | | | | |
|---|---|---|---|---|---|---|
| $l_x/l_y$ | $M_x$ | $M_{x\max}$ | $M_y$ | $M_{y\max}$ | $M_x^0$ | $M_y^0$ |
| 0.50 | 0.041 3 | 0.042 4 | 0.009 6 | 0.015 7 | −0.083 6 | −0.056 9 |
| 0.55 | 0.040 5 | 0.041 5 | 0.010 8 | 0.016 0 | −0.082 7 | −0.057 0 |
| 0.60 | 0.039 4 | 0.040 4 | 0.012 3 | 0.016 9 | −0.081 4 | −0.057 1 |
| 0.65 | 0.038 1 | 0.039 0 | 0.013 7 | 0.017 8 | −0.079 6 | −0.057 2 |
| 0.70 | 0.036 6 | 0.037 5 | 0.015 1 | 0.018 6 | −0.077 4 | −0.057 2 |
| 0.75 | 0.034 9 | 0.035 8 | 0.016 4 | 0.019 3 | −0.075 0 | −0.057 2 |
| 0.80 | 0.033 1 | 0.033 9 | 0.017 6 | 0.019 9 | −0.072 2 | −0.057 0 |
| 0.85 | 0.031 2 | 0.031 9 | 0.018 6 | 0.020 4 | −0.069 3 | −0.056 7 |
| 0.90 | 0.029 5 | 0.030 0 | 0.020 1 | 0.020 9 | −0.066 3 | −0.056 3 |
| 0.95 | 0.027 4 | 0.028 1 | 0.020 4 | 0.021 4 | −0.063 1 | −0.055 8 |
| 1.00 | 0.025 5 | 0.026 1 | 0.020 6 | 0.021 9 | −0.060 0 | −0.050 0 |

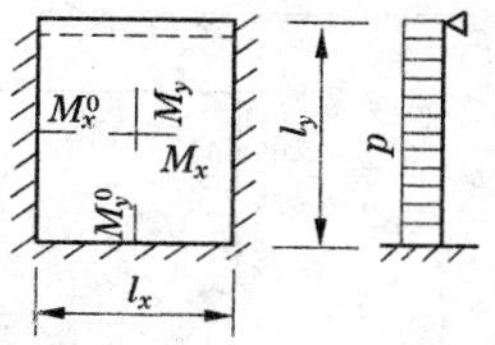

| 边界条件 | (5)一边简支、三边固定 | | | | | | (6)四边固定 | | | |
|---|---|---|---|---|---|---|---|---|---|---|
| $l_x/l_y$ | $M_x$ | $M_{x\max}$ | $M_y$ | $M_{y\max}$ | $M_y^0$ | $M_x^0$ | $M_x$ | $M_y$ | $M_x^0$ | $M_y^0$ |
| 0.50 | 0.055 1 | 0.060 5 | 0.018 8 | 0.020 1 | −0.078 4 | −0.114 6 | 0.040 6 | 0.010 5 | −0.082 9 | −0.057 0 |
| 0.55 | 0.051 7 | 0.056 3 | 0.021 0 | 0.022 3 | −0.078 0 | −0.109 3 | 0.039 4 | 0.012 0 | −0.081 4 | −0.057 1 |
| 0.60 | 0.048 0 | 0.052 0 | 0.022 9 | 0.024 2 | −0.077 3 | −0.103 3 | 0.038 0 | 0.013 7 | −0.079 3 | −0.057 1 |
| 0.65 | 0.044 1 | 0.047 6 | 0.024 4 | 0.025 6 | −0.076 2 | −0.097 0 | 0.036 1 | 0.0152 | −0.076 6 | −0.057 1 |
| 0.70 | 0.040 2 | 0.043 3 | 0.025 6 | 0.026 7 | −0.074 8 | −0.090 3 | 0.034 0 | 0.016 7 | −0.073 5 | −0.056 9 |
| 0.75 | 0.036 4 | 0.039 0 | 0.026 3 | 0.027 3 | −0.072 9 | −0.083 7 | 0.031 8 | 0.017 9 | −0.070 1 | −0.056 5 |
| 0.80 | 0.032 7 | 0.034 8 | 0.026 7 | 0.027 6 | −0.070 7 | −0.077 2 | 0.029 5 | 0.018 9 | −0.066 4 | −0.055 9 |
| 0.85 | 0.029 3 | 0.031 2 | 0.026 8 | 0.027 7 | −0.068 3 | −0.071 1 | 0.027 2 | 0.019 7 | −0.062 6 | −0.055 1 |
| 0.90 | 0.026 1 | 0.027 7 | 0.026 5 | 0.027 3 | −0.065 6 | −0.065 3 | 0.024 9 | 0.020 2 | −0.058 8 | −0.054 1 |
| 0.95 | 0.023 2 | 0.024 6 | 0.026 1 | 0.026 9 | −0.062 9 | −0.059 9 | 0.022 7 | 0.020 5 | −0.055 0 | −0.052 8 |
| 1.00 | 0.020 6 | 0.021 9 | 0.025 5 | 0.026 1 | −0.060 0 | −0.055 0 | 0.020 5 | 0.020 5 | −0.051 3 | −0.0513 |

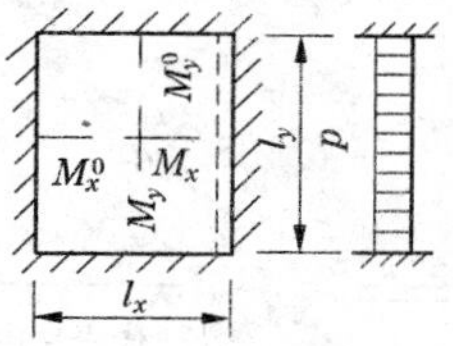

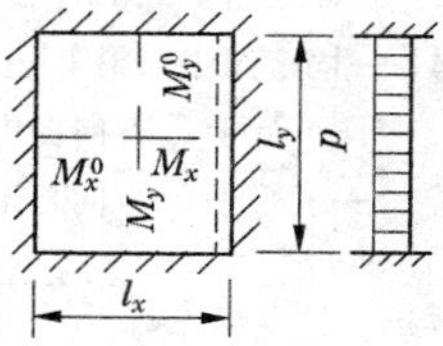

**续表**

| 边界条件 | (7)三边固定、一边自由 |
|---|---|

| $l_x/l_y$ | $M_x$ | $M_y$ | $M_x^0$ | $M_y^0$ | $M_{0x}$ | $M_{0x}^0$ | $l_y/l_x$ | $M_x$ | $M_y$ | $M_x^0$ | $M_y^0$ | $M_{0x}$ | $M_{0x}^0$ |
|---|---|---|---|---|---|---|---|---|---|---|---|---|---|
| 0.30 | 0.0018 | -0.0039 | -0.0135 | -0.0344 | 0.0068 | -0.0345 | 0.85 | 0.0262 | 0.0125 | -0.0558 | -0.0562 | 0.0409 | -0.0651 |
| 0.35 | 0.0039 | -0.0026 | -0.0179 | -0.0406 | 0.0112 | -0.0432 | 0.90 | 0.0277 | 0.0129 | -0.0615 | -0.0563 | 0.0417 | -0.0644 |
| 0.40 | 0.0063 | -0.0008 | -0.0227 | -0.0454 | 0.0160 | -0.0506 | 0.95 | 0.0291 | 0.0131 | -0.0639 | -0.0564 | 0.0422 | -0.0638 |
| 0.45 | 0.0090 | 0.0014 | -0.0275 | -0.0489 | 0.0207 | -0.0564 | 1.00 | 0.0304 | 0.0133 | -0.0662 | -0.0565 | 0.0427 | -0.0632 |
| 0.50 | 0.0116 | 0.0034 | -0.0322 | -0.0513 | 0.0250 | -0.0607 | 1.10 | 0.0327 | 0.0133 | -0.0701 | -0.0566 | 0.0431 | -0.0623 |
| 0.55 | 0.0142 | 0.0054 | -0.0368 | -0.0530 | 0.0288 | -0.0635 | 1.20 | 0.0345 | 0.0130 | -0.0732 | -0.0567 | 0.0433 | -0.0617 |
| 0.60 | 0.0166 | 0.0072 | -0.0412 | -0.0541 | 0.0320 | -0.0652 | 1.30 | 0.0368 | 0.0125 | -0.0758 | -0.0568 | 0.0434 | -0.0614 |
| 0.65 | 0.0188 | 0.0087 | -0.0453 | -0.0548 | 0.0347 | -0.0661 | 1.40 | 0.0380 | 0.0119 | -0.0778 | -0.0568 | 0.0433 | -0.0614 |
| 0.70 | 0.0209 | 0.0100 | -0.0490 | -0.0553 | 0.0368 | -0.0663 | 1.50 | 0.0390 | 0.0113 | -0.0794 | -0.0569 | 0.0433 | -0.0616 |
| 0.75 | 0.0228 | 0.0111 | -0.0526 | -0.0557 | 0.0385 | -0.0661 | 1.75 | 0.0405 | 0.0099 | -0.0819 | -0.0569 | 0.0431 | -0.0625 |
| 0.80 | 0.0246 | 0.0119 | -0.0558 | -0.0560 | 0.0399 | -0.0656 | 2.00 | 0.0413 | 0.0087 | -0.0832 | -0.0569 | 0.0431 | -0.0637 |

**注：**$M_x$、$M_{x\max}$——平行于 $l_x$ 方向板中心点弯矩和板跨内的最大弯矩；

$M_y$、$M_{y\max}$——平行于 $l_y$ 方向板中心点弯矩和板跨内的最大弯矩；

$M_x^0$——固定边中点沿 $l_x$ 方向的弯矩；

$M_y^0$——固定边中点沿 $l_y$ 方向的弯矩；

$M_{0x}$——平行于 $l_x$ 方向自由边的中点弯矩；

$M_{0y}$——平行于 $l_y$ 方向自由边上固定端的支座弯矩。

代表固定边　　代表简支边　　代表自由边

# 附录九 砌体结构

附表 9-1 烧结普通砖和烧结多孔砖砌体的抗压强度设计值 (单位:MPa)

| 砖强度等级 | 砂浆强度等级 | | | | | 砂浆强度 |
|---|---|---|---|---|---|---|
| | M15 | M10 | M7.5 | M5 | M2.5 | 0 |
| MU30 | 3.94 | 3.27 | 2.93 | 2.59 | 2.26 | 1.15 |
| MU25 | 3.60 | 2.98 | 2.68 | 2.37 | 2.06 | 1.05 |
| MU20 | 3.22 | 2.67 | 2.39 | 2.12 | 1.84 | 0.94 |
| MU15 | 2.79 | 2.31 | 2.07 | 1.83 | 1.60 | 0.82 |
| MU10 | — | 1.89 | 1.69 | 1.50 | 1.30 | 0.67 |

附表 9-2 蒸压灰砂砖和蒸压粉煤灰砖砌体的抗压强度设计值 (单位:MPa)

| 砖强度等级 | 砂浆强度等级 | | | | 砂浆强度 |
|---|---|---|---|---|---|
| | M15 | M10 | M7.5 | M5 | 0 |
| MU25 | 3.60 | 2.98 | 2.68 | 2.37 | 1.05 |
| MU20 | 3.22 | 2.67 | 2.39 | 2.12 | 0.94 |
| MU15 | 2.79 | 2.31 | 2.07 | 1.83 | 0.82 |
| MU10 | — | 1.89 | 1.69 | 1.50 | 0.67 |

附表 9-3 单排孔混凝土和轻集料混凝土砌体的抗压强度设计值 (单位:MPa)

| 砌块强度等级 | 砂浆强度等级 | | | | 砂浆强度 |
|---|---|---|---|---|---|
| | Mb15 | Mb10 | Mb7.5 | Mb5 | 0 |
| MU20 | 5.68 | 4.95 | 4.44 | 3.94 | 2.33 |
| MU15 | 4.61 | 4.02 | 3.61 | 3.20 | 1.89 |
| MU10 | — | 2.79 | 2.50 | 2.22 | 1.31 |
| MU7.5 | — | — | 1.93 | 1.71 | 1.01 |
| MU5 | — | | — | 1.19 | 0.70 |

**注**:1. 对错孔砌筑的砌体,应按表中数值乘以 0.8。

2. 对独立柱或厚度为双排组砌的砌块砌体,应按表中数值乘以 0.7。

3. 对 T 形截面砌体,应按表中数值乘以 0.85。

4. 表中轻集料混凝土砌块为煤矸石和水泥煤渣混凝土砌块。

**附表 9-4　轻集料混凝土砌块砌体的抗压强度设计值**　　（单位:MPa）

| 砌块强度等级 | 砂浆强度等级 | | | 砂浆强度 |
|---|---|---|---|---|
| | Mb10 | Mb7.5 | Mb5 | 0 |
| MU10 | 3.08 | 2.76 | 2.45 | 1.44 |
| MU7.5 | — | 2.13 | 1.88 | 1.12 |
| MU5 | — | — | 1.31 | 0.78 |

**注:** 1. 表中的砌块为火山渣、浮石和陶粒轻集料混凝土砌块。

2. 对厚度方向为双排组砌的轻集料混凝土砌块砌体的抗压强度设计值,应按表中数值乘以0.8。

**附表 9-5　毛料石砌体的抗压强度设计值**　　（单位:MPa）

| 毛料石强度等级 | 砂浆强度等级 | | | 砂浆强度 |
|---|---|---|---|---|
| | M7.5 | M5 | M2.5 | 0 |
| MU100 | 5.42 | 4.80 | 4.18 | 2.13 |
| MU80 | 4.85 | 4.29 | 3.73 | 1.91 |
| MU60 | 4.20 | 3.71 | 3.23 | 1.65 |
| MU50 | 3.83 | 3.39 | 2.95 | 1.51 |
| MU40 | 3.43 | 3.04 | 2.64 | 1.35 |
| MU30 | 2.97 | 2.63 | 2.29 | 1.17 |
| MU20 | 2.42 | 2.15 | 1.87 | 0.95 |

**注:** 对下列各类料石砌体,应按表中数值分别乘以系数:

细料石砌体　1.5

半细料石砌体　1.3

粗料石砌体　1.2

干砌勾缝石砌体　0.8

**附表 9-6　毛石砌体的抗压强度设计值**　　（单位:MPa）

| 毛石强度等级 | 砂浆强度等级 | | | 砂浆强度 |
|---|---|---|---|---|
| | M7.5 | M5 | M2.5 | 0 |
| MU100 | 1.27 | 1.12 | 0.98 | 0.34 |
| MU80 | 1.13 | 1.00 | 0.87 | 0.30 |
| MU60 | 0.98 | 0.87 | 0.76 | 0.26 |
| MU50 | 0.90 | 0.80 | 0.69 | 0.23 |
| MU40 | 0.80 | 0.71 | 0.62 | 0.21 |
| MU30 | 0.69 | 0.61 | 0.53 | 0.18 |
| MU20 | 0.56 | 0.51 | 0.44 | 0.15 |

**附表 9-7　沿砌体灰缝截面破坏时砌体的轴心抗拉强度设计值、弯曲抗拉强度设计值和抗剪强度设计值**

（单位：$N/mm^2$）

| 强度类别 | 破坏特征及砌体种类 | | 砂浆强度等级 | | | |
|---|---|---|---|---|---|---|
| | | | ≥M10 | M7.5 | M5 | M2.5 |
| 轴心抗拉 | 沿齿缝 | 烧结普通砖、烧结多孔砖 | 0.19 | 0.16 | 0.13 | 0.09 |
| | | 蒸压灰砂砖、蒸压粉煤灰砖 | 0.12 | 0.10 | 0.08 | 0.06 |
| | | 混凝土砌块 | 0.09 | 0.08 | 0.07 | — |
| | | 毛石 | 0.08 | 0.07 | 0.06 | 0.04 |
| 弯曲抗拉 | 沿齿缝 | 烧结普通砖、烧结多孔砖 | 0.33 | 0.29 | 0.23 | 0.17 |
| | | 蒸压灰砂砖、蒸压粉煤灰砖 | 0.24 | 0.20 | 0.16 | 0.12 |
| | | 混凝土砌块 | 0.11 | 0.09 | 0.08 | — |
| | | 毛石 | 0.13 | 0.11 | 0.09 | 0.07 |
| | 沿通缝 | 烧结普通砖、烧结多孔砖 | 0.17 | 0.14 | 0.11 | 0.08 |
| | | 蒸压灰砂砖、蒸压粉煤灰砖 | 0.12 | 0.10 | 0.08 | 0.06 |
| | | 混凝土砌块 | 0.08 | 0.06 | 0.05 | — |
| 抗剪 | 烧结普通砖、烧结多孔砖 | | 0.17 | 0.14 | 0.11 | 0.08 |
| | 蒸压灰砂砖、蒸压粉煤灰砖 | | 0.12 | 0.10 | 0.08 | 0.06 |
| | 混凝土和轻集料混凝土砌块 | | 0.09 | 0.08 | 0.06 | — |
| | 毛石 | | 0.21 | 0.19 | 0.16 | 0.11 |

注：1. 对于用形状规则的块体砌筑的砌体，当搭接长度与块体高度的比值小于 1 时，其轴心抗拉强度设计值 $f_{tm}$ 和弯曲抗拉强度设计值 $f_{tm}$ 应按表中数值乘以搭接长度与块体高度的比值后采用。

2. 对孔洞率不大于 35% 的双排孔或多排孔轻集料混凝土砌块砌体的抗剪强度设计值，可按表中混凝土砌块砌体抗剪强度设计值乘以 1.1。

附表 9-8　砌体的弹性模量　（单位：N/mm²）

| 砌体种类 | 砂浆强度等级 | | | |
|---|---|---|---|---|
| | ≥M10 | M7.5 | M5 | M2.5 |
| 烧结普通砖、烧结多孔砖砌体 | 1 600$f$ | 1 600$f$ | 1 600$f$ | 1 390$f$ |
| 蒸压灰砂砖、蒸压粉煤灰砖砌体 | 1 060$f$ | 1 060$f$ | 1 060$f$ | 960$f$ |
| 混凝土砌块砌体 | 1 700$f$ | 1 600$f$ | 1 500$f$ | — |
| 粗料石、毛料石、毛石砌体 | 7 300 | 5 650 | 4 000 | 2 250 |
| 细料石、半细料石砌体 | 22 000 | 17 000 | 12 000 | 6 750 |

注：轻集料混凝土砌块砌体的弹性模量，可按表中混凝土砌块砌体的弹性模量采用。

附表 9-9(a)　影响系数 $\varphi$（砂浆强度等级≥M5）

| $\beta$ | $e/h$ 或 $e/h_T$ | | | | | | | | | | | | |
|---|---|---|---|---|---|---|---|---|---|---|---|---|---|
| | 0 | 0.025 | 0.05 | 0.075 | 0.1 | 0.125 | 0.15 | 0.175 | 0.2 | 0.225 | 0.25 | 0.275 | 0.3 |
| ≤3 | 1.00 | 0.99 | 0.97 | 0.94 | 0.89 | 0.84 | 0.79 | 0.73 | 0.68 | 0.62 | 0.57 | 0.52 | 0.48 |
| 4 | 0.98 | 0.95 | 0.90 | 0.85 | 0.80 | 0.74 | 0.69 | 0.64 | 0.58 | 0.53 | 0.49 | 0.45 | 0.41 |
| 6 | 0.95 | 0.91 | 0.86 | 0.81 | 0.75 | 0.69 | 0.64 | 0.59 | 0.54 | 0.49 | 0.45 | 0.42 | 0.38 |
| 8 | 0.91 | 0.86 | 0.81 | 0.76 | 0.70 | 0.64 | 0.59 | 0.54 | 0.50 | 0.46 | 0.42 | 0.39 | 0.36 |
| 10 | 0.87 | 0.82 | 0.76 | 0.71 | 0.65 | 0.60 | 0.55 | 0.50 | 0.46 | 0.42 | 0.39 | 0.36 | 0.33 |
| 12 | 0.82 | 0.77 | 0.71 | 0.66 | 0.60 | 0.55 | 0.51 | 0.47 | 0.43 | 0.39 | 0.36 | 0.33 | 0.31 |
| 14 | 0.77 | 0.72 | 0.66 | 0.61 | 0.56 | 0.51 | 0.47 | 0.43 | 0.40 | 0.36 | 0.34 | 0.31 | 0.29 |
| 16 | 0.72 | 0.67 | 0.61 | 0.56 | 0.52 | 0.47 | 0.44 | 0.40 | 0.37 | 0.34 | 0.31 | 0.29 | 0.27 |
| 18 | 0.67 | 0.62 | 0.57 | 0.52 | 0.48 | 0.44 | 0.40 | 0.37 | 0.34 | 0.31 | 0.29 | 0.27 | 0.25 |
| 20 | 0.62 | 0.57 | 0.53 | 0.48 | 0.44 | 0.40 | 0.37 | 0.34 | 0.32 | 0.29 | 0.27 | 0.25 | 0.23 |
| 22 | 0.58 | 0.53 | 0.49 | 0.45 | 0.41 | 0.38 | 0.35 | 0.32 | 0.30 | 0.27 | 0.25 | 0.24 | 0.22 |
| 24 | 0.54 | 0.49 | 0.45 | 0.41 | 0.38 | 0.35 | 0.32 | 0.30 | 0.28 | 0.26 | 0.24 | 0.22 | 0.21 |
| 26 | 0.50 | 0.46 | 0.42 | 0.38 | 0.35 | 0.33 | 0.30 | 0.28 | 0.26 | 0.24 | 0.22 | 0.21 | 0.19 |
| 28 | 0.46 | 0.42 | 0.39 | 0.36 | 0.33 | 0.30 | 0.28 | 0.26 | 0.24 | 0.22 | 0.21 | 0.19 | 0.18 |
| 30 | 0.42 | 0.39 | 0.36 | 0.33 | 0.31 | 0.28 | 0.26 | 0.24 | 0.22 | 0.21 | 0.20 | 0.18 | 0.17 |

附表 9-9(b)　影响系数 $\varphi$(砂浆强度等级 M2.5)

| $\beta$ | $e/h$ 或 $e/h_T$ | | | | | | | | | | | | |
|---|---|---|---|---|---|---|---|---|---|---|---|---|---|
| | 0 | 0.025 | 0.05 | 0.075 | 0.1 | 0.125 | 0.15 | 0.175 | 0.2 | 0.225 | 0.25 | 0.275 | 0.3 |
| ≤3 | 1.00 | 0.99 | 0.97 | 0.94 | 0.89 | 0.84 | 0.79 | 0.73 | 0.68 | 0.62 | 0.57 | 0.52 | 0.48 |
| 4 | 0.97 | 0.94 | 0.89 | 0.84 | 0.78 | 0.73 | 0.67 | 0.62 | 0.57 | 0.52 | 0.48 | 0.44 | 0.40 |
| 6 | 0.93 | 0.89 | 0.84 | 0.78 | 0.73 | 0.67 | 0.62 | 0.57 | 0.52 | 0.48 | 0.44 | 0.40 | 0.37 |
| 8 | 0.89 | 0.84 | 0.78 | 0.72 | 0.67 | 0.62 | 0.57 | 0.52 | 0.48 | 0.44 | 0.40 | 0.37 | 0.34 |
| 10 | 0.83 | 0.78 | 0.72 | 0.67 | 0.61 | 0.56 | 0.52 | 0.47 | 0.43 | 0.40 | 0.37 | 0.34 | 0.31 |
| 12 | 0.78 | 0.72 | 0.67 | 0.61 | 0.56 | 0.52 | 0.47 | 0.43 | 0.40 | 0.37 | 0.34 | 0.31 | 0.29 |
| 14 | 0.72 | 0.66 | 0.61 | 0.56 | 0.51 | 0.47 | 0.43 | 0.40 | 0.36 | 0.34 | 0.31 | 0.29 | 0.27 |
| 16 | 0.66 | 0.61 | 0.56 | 0.51 | 0.47 | 0.43 | 0.40 | 0.36 | 0.34 | 0.31 | 0.29 | 0.26 | 0.25 |
| 18 | 0.61 | 0.56 | 0.51 | 0.47 | 0.43 | 0.40 | 0.36 | 0.33 | 0.31 | 0.29 | 0.26 | 0.24 | 0.23 |
| 20 | 0.56 | 0.51 | 0.47 | 0.43 | 0.39 | 0.36 | 0.33 | 0.31 | 0.28 | 0.26 | 0.24 | 0.23 | 0.21 |
| 22 | 0.51 | 0.47 | 0.43 | 0.39 | 0.36 | 0.33 | 0.31 | 0.28 | 0.26 | 0.24 | 0.23 | 0.21 | 0.20 |
| 24 | 0.46 | 0.43 | 0.39 | 0.36 | 0.33 | 0.31 | 0.28 | 0.26 | 0.24 | 0.23 | 0.21 | 0.20 | 0.18 |
| 26 | 0.42 | 0.39 | 0.36 | 0.33 | 0.31 | 0.28 | 0.26 | 0.24 | 0.22 | 0.21 | 0.20 | 0.18 | 0.17 |
| 28 | 0.39 | 0.36 | 0.33 | 0.30 | 0.28 | 0.26 | 0.24 | 0.22 | 0.21 | 0.20 | 0.18 | 0.17 | 0.16 |
| 30 | 0.36 | 0.33 | 0.30 | 0.28 | 0.26 | 0.24 | 0.22 | 0.21 | 0.20 | 0.18 | 0.17 | 0.16 | 0.15 |

附表 9-9(c)　影响系数 $\varphi$(砂浆强度 0)

| $\beta$ | $e/h$ 或 $e/h_T$ | | | | | | | | | | | | |
|---|---|---|---|---|---|---|---|---|---|---|---|---|---|
| | 0 | 0.025 | 0.05 | 0.075 | 0.1 | 0.125 | 0.15 | 0.175 | 0.2 | 0.225 | 0.25 | 0.275 | 0.3 |
| ≤3 | 1.00 | 0.99 | 0.97 | 0.94 | 0.89 | 0.84 | 0.79 | 0.73 | 0.68 | 0.62 | 0.57 | 0.52 | 0.48 |
| 4 | 0.87 | 0.82 | 0.77 | 0.71 | 0.66 | 0.60 | 0.55 | 0.51 | 0.46 | 0.43 | 0.39 | 0.36 | 0.33 |
| 6 | 0.76 | 0.70 | 0.65 | 0.59 | 0.54 | 0.50 | 0.46 | 0.42 | 0.39 | 0.36 | 0.33 | 0.30 | 0.28 |
| 8 | 0.63 | 0.58 | 0.54 | 0.49 | 0.45 | 0.41 | 0.38 | 0.35 | 0.32 | 0.30 | 0.28 | 0.25 | 0.24 |
| 10 | 0.53 | 0.48 | 0.44 | 0.41 | 0.37 | 0.34 | 0.32 | 0.29 | 0.27 | 0.25 | 0.23 | 0.22 | 0.20 |
| 12 | 0.44 | 0.40 | 0.37 | 0.34 | 0.31 | 0.29 | 0.27 | 0.25 | 0.23 | 0.21 | 0.20 | 0.19 | 0.17 |
| 14 | 0.36 | 0.33 | 0.31 | 0.28 | 0.26 | 0.24 | 0.23 | 0.21 | 0.20 | 0.18 | 0.17 | 0.16 | 0.15 |
| 16 | 0.30 | 0.28 | 0.26 | 0.24 | 0.22 | 0.21 | 0.19 | 0.18 | 0.17 | 0.16 | 0.15 | 0.14 | 0.13 |
| 18 | 0.26 | 0.24 | 0.22 | 0.21 | 0.19 | 0.18 | 0.17 | 0.16 | 0.15 | 0.14 | 0.13 | 0.12 | 0.12 |
| 20 | 0.22 | 0.20 | 0.19 | 0.18 | 0.17 | 0.16 | 0.15 | 0.14 | 0.13 | 0.12 | 0.12 | 0.11 | 0.10 |
| 22 | 0.19 | 0.18 | 0.16 | 0.15 | 0.14 | 0.14 | 0.13 | 0.12 | 0.12 | 0.11 | 0.10 | 0.10 | 0.09 |
| 24 | 0.16 | 0.15 | 0.14 | 0.13 | 0.13 | 0.12 | 0.11 | 0.11 | 0.10 | 0.10 | 0.09 | 0.09 | 0.08 |
| 26 | 0.14 | 0.13 | 0.13 | 0.12 | 0.11 | 0.11 | 0.10 | 0.10 | 0.09 | 0.09 | 0.08 | 0.08 | 0.07 |
| 28 | 0.12 | 0.12 | 0.11 | 0.11 | 0.10 | 0.10 | 0.09 | 0.09 | 0.08 | 0.08 | 0.08 | 0.07 | 0.07 |
| 30 | 0.11 | 0.10 | 0.10 | 0.09 | 0.09 | 0.09 | 0.08 | 0.08 | 0.07 | 0.07 | 0.07 | 0.07 | 0.06 |

附表 9-10　高厚比修正系数 $\gamma_\beta$

| 砌体材料类别 | $\gamma_\beta$ |
| --- | --- |
| 烧结普通砖、烧结多孔砖 | 1.0 |
| 混凝土及轻集料混凝土砌块 | 1.1 |
| 蒸压灰砂砖、蒸压粉煤灰砖、细料石、半细料石 | 1.2 |
| 粗料石、毛石 | 1.5 |

# 附录十　钢材和连接的强度设计值和容许应力

附表 10-1　钢材的强度设计值　（单位：N/mm²）

| 钢材 | | 抗拉、抗压和抗弯 $f$ | 抗剪 $f_v$ | 端面承压（刨平顶紧）$f_{ce}$ |
|---|---|---|---|---|
| 牌号 | 厚度或直径（mm） | | | |
| Q235 钢 | ≤16 | 215 | 125 | 325 |
| | 16～40 | 205 | 120 | |
| | 40～60 | 200 | 115 | |
| | 60～100 | 190 | 110 | |
| Q345 钢 | ≤16 | 310 | 180 | 400 |
| | 16～35 | 295 | 170 | |
| | 35～50 | 265 | 155 | |
| | 50～100 | 250 | 145 | |
| Q390 钢 | ≤16 | 350 | 205 | 415 |
| | 16～35 | 335 | 190 | |
| | 35～50 | 315 | 180 | |
| | 50～100 | 295 | 170 | |
| Q420 钢 | 16 | 380 | 220 | 440 |
| | 16～35 | 360 | 210 | |
| | 35～50 | 340 | 195 | |
| | 50～100 | 325 | 185 | |

**注：表中厚度是指计算点的厚度，对轴心受拉和轴心受压构件是指截面中较厚板件的厚度。**

附表 10-2 《钢结构设计规范》(GB 50017—2003)焊缝的强度设计值 (单位:N/mm²)

| 焊接方法和焊条型号 | 构件钢材 | | 对接焊缝 | | | | 角焊缝 |
|---|---|---|---|---|---|---|---|
| | 钢号 | 厚度或直径(mm) | 抗压 $f_c^w$ | 抗拉和弯曲抗拉 $f_t^w$ 当焊缝质量级别为 | | 抗剪 $f_v^w$ | 抗拉、抗压和抗剪 $f_f^w$ |
| | | | | 一、二级 | 三级 | | |
| 自动焊、半自动焊和 EA3 型焊条的手工焊 | Q235 钢 | ≤16 | 215 | 215 | 185 | 125 | 160 |
| | | 16~40 | 205 | 205 | 175 | 120 | 160 |
| | | 40~60 | 200 | 200 | 170 | 115 | 160 |
| | | 60~100 | 190 | 190 | 160 | 110 | 160 |
| 自动焊、半自动焊和 E50 型焊条的手工焊 | Q345 钢 | ≤16 | 310 | 310 | 265 | 180 | 200 |
| | | 16~35 | 295 | 295 | 250 | 170 | 200 |
| | | 35~50 | 265 | 265 | 225 | 155 | 200 |
| | | 50~100 | 250 | 250 | 210 | 145 | 200 |
| 自动焊、半自动焊和 E55 型焊条的手工焊 | Q390 钢 | ≤16 | 350 | 350 | 300 | 205 | 220 |
| | | 16~35 | 335 | 335 | 285 | 190 | 220 |
| | | 35~50 | 315 | 315 | 270 | 180 | 220 |
| | | 50~100 | 295 | 295 | 250 | 170 | 220 |
| 自动焊、半自动焊和 E55 型焊条的手工焊 | Q420 钢 | ≤16 | 380 | 380 | 320 | 220 | 220 |
| | | 16~35 | 360 | 360 | 305 | 210 | 220 |
| | | 35~50 | 340 | 340 | 290 | 195 | 220 |
| | | 50~100 | 325 | 325 | 275 | 185 | 220 |

注:1. 自动焊和半自动焊所采用的焊丝和焊剂,应保证其熔敷金属抗拉强度不低于相应手工焊焊条的数值。

2. 焊缝质量等级应符合现行《钢结构工程施工质量验收规范》(GB 50205—2001)的规定。

3. 对接焊缝抗弯受压区强度设计取 $f_c^w$,受拉区取 $f_t^w$。

4. 表中厚度是指计算点的钢材厚度。

**附表 10-3 《水利水电工程钢闸门设计规范》(SL 74—95)焊缝的容许应力** (单位:$N/mm^2$)

| 焊缝分类 | 应力种类 | | | 符号 | 自动焊、半自动焊和用 E43 ××型焊条的手工焊,当钢号为 | | | | | | 自动焊、半自动焊和用 E50 ××型焊条的手工焊,当钢号为 | | | |
|---|---|---|---|---|---|---|---|---|---|---|---|---|---|---|
| | | | | | Q215 | | | Q235 | | | Q345(16Mn,16Mnq) | | | |
| | | | | | 第1组 | 第2组 | 第3组 | 第1组 | 第2组 | 第3组 | 第1组 | 第2组 | 第3组 | 第4组 |
| 对接焊缝 | 抗压 | | | $[\sigma_c^w]$ | 145 | 130 | 125 | 160 | 150 | 145 | 230 | 220 | 205 | 190 |
| | 抗拉 | 当用自动焊时 | | $[\sigma_l^w]$ | 145 | 130 | 125 | 160 | 150 | 145 | 230 | 220 | 205 | 190 |
| | | 当用半自动焊或手工焊时,焊缝质量的检查 | 精确方法 | $[\sigma_l^w]$ | 145 | 130 | 125 | 160 | 150 | 145 | 230 | 220 | 205 | 190 |
| | | | 普通方法 | $[\sigma_l^w]$ | 125 | 110 | 105 | 135 | 120 | 115 | 200 | 190 | 175 | 165 |
| | 抗剪 | | | $[\tau^w]$ | 85 | 75 | 70 | 95 | 90 | 85 | 135 | 130 | 120 | 110 |
| 角焊缝 | 抗拉、抗压和抗剪 | | | $[\tau_l^w]$ | 105 | 95 | 90 | 115 | 105 | 100 | 160 | 150 | 140 | 130 |

**注:** 1. 检查焊缝质量的普通方法是指外观检查、测量尺寸、钻孔检查等方法;精确方法是在普通方法的基础上,用 X 射线、超声波等方法进行补充检查。

2. 安装焊缝的容许应力按本表降低 10%。

**附表 10-4 《钢结构设计规范》(GB 50017—2003)螺栓连接的强度设计值**

(单位:$N/mm^2$)

| 螺栓钢材的等级和构件的钢材牌号 | | 普通螺栓 | | | | | | 锚栓 | 承压型连接高强螺栓 | |
|---|---|---|---|---|---|---|---|---|---|---|
| | | C 级螺栓 | | | A 级、B 级螺栓 | | | | | |
| | | 抗拉 $f_t^b$ | 抗剪 $f_v^b$ | 承压 $f_c^b$ | 抗拉 $f_t^b$ | 抗剪 $f_v^b$ | 承压 $f_c^b$ | 抗拉 $f_t^b$ | 抗剪 $f_v^b$ | 承压 $f_c^b$ |
| 普通螺栓 | 4.6 级、4.8 级 | 170 | 140 | — | — | — | — | — | — | — |
| | 8.8 级 | — | — | — | 400 | 320 | — | — | — | — |
| 锚栓 | Q235 级 | — | — | — | — | — | — | 140 | — | — |
| | Q345 级 | — | — | — | — | — | — | 180 | — | — |
| 承压型连接高强螺栓 | 8.8 级 | — | — | — | — | — | — | — | 250 | — |
| | 10.9 级 | — | — | — | — | — | — | — | 310 | — |
| 构件 | Q235 钢 | — | — | 305 | — | — | 405 | — | — | 470 |
| | Q345 钢 | — | — | 385 | — | — | 510 | — | — | 590 |
| | Q390 钢 | — | — | 400 | — | — | 530 | — | — | 615 |
| | Q420 钢 | — | — | 425 | — | — | 560 | — | — | 655 |

**注:** 1. A 级螺栓用于 $d \leqslant 24$ mm 和 $l \leqslant 150$ mm 或 $l \leqslant 10d$(按较小值)的螺栓;B 级螺栓用于 $d \leqslant 24$ mm 和 $l > 150$ mm 或 $l > 10d$(按较小值)的螺栓,$d$ 为公称直径,$l$ 为螺杆公称长度。

2. A 级、B 级螺栓孔的精度和孔壁表面粗糙度,C 级螺栓孔的允许偏差和孔壁表面粗糙度,均应符合现行《钢结构工程施工质量验收规范》(GB 50205—2001)的要求。

## 附表 10-5 《水利水电工程钢闸门设计规范》(SL 74—95)普通螺栓连接的容许应力

(单位:$N/mm^2$)

| 螺栓种类 | 应力种类 | 符号 | 螺栓的钢号 |  | 构件的钢号 |  |  |  |  |  |  |  |  |  |
|---|---|---|---|---|---|---|---|---|---|---|---|---|---|---|
|  |  |  |  |  | Q215 |  |  | Q235 |  |  | Q345(16Mn,16Mnq) |  |  |  |
|  |  |  | Q235 | Q345 | 第1组 | 第2组 | 第3组 | 第1组 | 第2组 | 第3组 | 第1组 | 第2组 | 第3组 | 第4组 |
| 精制螺栓 | 抗拉 | $[\sigma_t^b]$ | 125 | 185 | — | — | — | — | — | — | — | — | — | — |
|  | 抗剪(Ⅰ类孔) | $[\tau^b]$ | 130 | 190 | — | — | — | — | — | — | — | — | — | — |
|  | 承压(Ⅰ类孔) | $[\sigma_c^b]$ | — | — | 265 | 240 | — | 290 | 275 | — | 420 | 395 | 370 | 345 |
| 粗制螺栓 | 抗拉 | $[\sigma_t^b]$ | 125 | 185 | — | — | — | — | — | — | — | — | — | — |
|  | 抗剪 | $[\tau^b]$ | 85 | 125 | — | — | — | — | — | — | — | — | — | — |
|  | 承压 | $[\sigma_c^b]$ | — | — | 175 | 160 | — | 190 | 185 | — | 280 | 265 | 250 | 235 |
| 锚栓 | 抗拉 | $[\sigma_t^b]$ | 105 | 150 | — | — | — | — | — | — | — | — | — | — |

注:1. 孔壁质量属于下列情况者为Ⅰ类孔:

①在装配好的构件上按设计孔径钻成的孔;

②在单个零件和构件上按设计孔径分别用钻模钻成的孔;

③在单个零件上先钻成或冲成较小的孔径,然后在装配好的构件上扩钻至设计孔径的孔。

2. 当螺栓直径大于 40 mm 时,螺栓容许应力应予降低,对于 Q235 钢降低 4%,对于 Q345(16 锰)钢降低 6%。

## 附表 10-6 结构构件或连接设计强度的折减系数

| 项次 | 情况 | 折减系数 |
|---|---|---|
| 1 | 单面连接的单角钢: |  |
|  | (1)按轴心受力计算强度和连接 | 0.85 |
|  | (2)按轴心受压计算稳定性 | 0.85 |
|  | 等边角钢 | 0.6 +0.001 5$\lambda$,但不大于 1.0 |
|  | 短边相连的不等边角钢 | 0.5 +0.002 5$\lambda$,但不大于 1.0 |
|  | 长边相连的不等边角钢 | 0.70 |
| 2 | 跨度≥60 m 桁架的受压弦杆和端部受压腹杆 | 0.95 |
| 3 | 无垫板的单面施焊对接焊缝 | 0.85 |
| 4 | 施工条件较差的高空安装焊缝和铆钉连接 | 0.95 |
| 5 | 沉头和半沉头铆钉连接 | 0.80 |

注:1. $\lambda$ 为长细比,对中间无联系的单角钢压杆,应按最小回转半径计算,当 $\lambda<20$ 时,取 $\lambda=20$。

2. 当几种情况同时存在时,其折减系数应连乘。

**附表 10-7　钢材的尺寸分组**

| 组别 | 钢材尺寸(mm) | | |
|---|---|---|---|
| | Q215,Q235 | | Q345(16Mn,16Mnq) |
| | 钢材厚度(直径) | 型钢和异型钢的厚度 | 钢材厚度(直径) |
| 第 1 组 | ≤16 | ≤15 | ≤16 |
| 第 2 组 | 16～40 | 15～20 | 16～25 |
| 第 3 组 | 40～60 | >20 | 25～36 |
| 第 4 组 | 60～100 | — | 36～50 |
| 第 5 组 | 100～150 | — | 50～100 方、圆钢 |
| 第 6 组 | >150 | — | — |

注:1. 型钢包括角钢、I 形钢和槽钢。

2. I 形钢和槽钢的厚度是指腹板厚度。

**附表 10-8　钢材的容许应力**　　(单位:$N/mm^2$)

| 应力种类 | 符号 | 碳素结构钢 | | | | | | | | | | | | 低合金结构钢 | | | | |
|---|---|---|---|---|---|---|---|---|---|---|---|---|---|---|---|---|---|---|
| | | Q215 | | | | | | Q235 | | | | | | Q345(16Mn,16Mnq) | | | | |
| | | 第1组 | 第2组 | 第3组 | 第4组 | 第5组 | 第6组 | 第1组 | 第2组 | 第3组 | 第4组 | 第5组 | 第6组 | 第1组 | 第2组 | 第3组 | 第4组 | 第5组 |
| 抗拉、抗压和抗弯 | $[\sigma]$ | 145 | 135 | 125 | 120 | 115 | 110 | 160 | 150 | 145 | 135 | 130 | 125 | 230 | 220 | 205 | 190 | 180 |
| 抗剪 | $[\tau]$ | 90 | 80 | 70 | 65 | 60 | 55 | 95 | 90 | 85 | 80 | 75 | 70 | 135 | 130 | 120 | 110 | 105 |
| 局部承压 | $[\sigma_{cb}]$ | 220 | 200 | 190 | 180 | 170 | 160 | 240 | 230 | 220 | 210 | 200 | 190 | 350 | 330 | 310 | 290 | 270 |
| 局部紧接承压 | $[\sigma_{cj}]$ | 110 | 100 | 95 | 90 | 85 | 80 | 120 | 115 | 110 | 105 | 100 | 95 | 175 | 165 | 155 | 145 | 135 |

注:1. 局部承压应力不乘调整系数。

2. 局部承压是指构件腹板的小部分表面受局部荷载的挤压或断面承压(磨平顶紧)等情况。

3. 局部紧接承压是指可动性小的铰在接触面的投影平面上的压应力。

附表 10-9　机械零件的容许应力　（单位：N/mm²）

| 应力种类 | 符号 | 碳素结构钢 | | 低合金钢 | 优质碳素结构钢 | | 铸造碳钢 | | | 合金铸钢 | | 合金结构钢 | |
|---|---|---|---|---|---|---|---|---|---|---|---|---|---|
| | | Q235 | Q275 | 16Mn | 35 | 45 | ZG230-450 | ZG270-500 | ZG310-570 | ZG50Mn2 | ZG35CrMo | 35Mn2 | 40Cr |
| 抗拉、抗压和抗弯 | [$\sigma$] | 100 | 120 | 140 | 130 | 145 | 115 | 120 | 140 | 190 | 170<br>(235) | 130<br>(280) | (320) |
| 抗剪 | [$\tau$] | 65 | 75 | 90 | 85 | 95 | 85 | 90 | 105 | 150 | 130<br>(180) | 85<br>(190) | (215) |
| 局部承压 | [$\sigma_{cd}$] | 150 | 180 | 210 | 195 | 220 | 170 | 180 | 200 | 280 | 250<br>(345) | 194<br>(430) | (485) |
| 局部紧接承压 | [$\sigma_{cj}$] | 80 | 95 | 110 | 105 | 120 | 90 | 95 | 110 | 155 | 135<br>(190) | (105)<br>(230) | (265) |
| 孔壁抗拉 | [$\sigma_k$] | 120 | 145 | 180 | 150 | 170 | 130 | 140 | 155 | 220 | 190<br>(265) | 150<br>(330) | (375) |

**注：**1. 括号内为调质处理后的数值。

2. 孔壁抗拉容许应力是指固定结合的情况；若为活动结合，则应按表值降低 20%。

3. 表列“合金结构钢”的容许应力，适用截面尺寸为 25 mm 时，如由于厚度影响、屈服点有减小时，各类容许应力可按屈服点减小比例予以减小。

附表 10-10　闸门及埋件采用的钢号（SL 74—95）

| 项次 | 使用条件 | | 计算温度 | 钢号 | |
|---|---|---|---|---|---|
| 1 | 闸门部分 | 大型工程的工作闸门，大型工程的重要事故闸门，局部开启的工作闸门 | —<br>20 ℃<br>0 ℃<br>-20℃ | Q235A<br>Q235B<br>Q235C<br>Q235D | Q345<br>(16Mn、16Mnq) |
| 2 | 闸门部分 | 中、小型工程不做局部开启的工作闸门，其他事故闸门 | 等于或低于 -20 ℃ | Q235A、Q235B、Q235C、Q235D、16Mnq | |
| 3 | 闸门部分 | 中、小型工程不做局部开启的工作闸门，其他事故闸门 | 高于 -20 ℃ | Q235AF、16Mn | |
| 4 | 闸门部分 | 各类检修闸门、拦污栅 | 高于 -30 ℃ | Q235AF、16Mn | |
| 5 | 埋件部分 | 主要受力埋件 | — | Q235AF | |
| 6 | 埋件部分 | 按构造要求选择的埋件 | — | Q195 | |

# 附录十一　等边角钢表

附表

| 角钢型号 | 圆角 $R$ | 重心矩 $Z_0$ | 截面面积 $A$ | 每米质量 | 惯性矩 $I_x$ | 截面模量 $W_x^{max}$ | $W_x^{min}$ | 回转半径 $i_x$ | $i_{x0}$ | $i_{y0}$ | $i_y$，当 $a$ 为下列数值 6 mm | 8 mm | 10 mm | 12 mm | 14 mm |
|---|---|---|---|---|---|---|---|---|---|---|---|---|---|---|---|
| | 单角钢 | | | | | | | | | | 双角钢 | | | | |
| | mm | | $cm^2$ | kg | $cm^4$ | $cm^3$ | | cm | | | cm | | | | |
| ∠20×3 | 3.5 | 6.0 | 1.13 | 0.89 | 0.40 | 0.66 | 0.29 | 0.59 | 0.75 | 0.39 | 1.08 | 1.17 | 1.25 | 1.34 | 1.43 |
| ∠20×4 | | 6.4 | 1.46 | 1.15 | 0.50 | 0.78 | 0.36 | 0.58 | 0.73 | 0.38 | 1.11 | 1.19 | 1.28 | 1.37 | 1.46 |
| ∠25×3 | 3.5 | 7.3 | 1.43 | 1.12 | 0.82 | 1.12 | 0.46 | 0.76 | 0.95 | 0.49 | 1.27 | 1.36 | 1.44 | 1.53 | 1.61 |
| ∠25×4 | | 7.6 | 1.86 | 1.46 | 1.03 | 1.34 | 0.59 | 0.74 | 0.93 | 0.48 | 1.30 | 1.38 | 1.47 | 1.55 | 1.64 |
| ∠30×3 | 4.5 | 8.5 | 1.75 | 1.37 | 1.46 | 1.72 | 0.68 | 0.91 | 1.15 | 0.59 | 1.47 | 1.55 | 1.63 | 1.71 | 1.80 |
| ∠30×4 | | 8.9 | 2.28 | 1.79 | 1.84 | 2.08 | 0.87 | 0.90 | 1.13 | 0.58 | 1.49 | 1.57 | 1.65 | 1.74 | 1.82 |
| ∠36×3 | 4.5 | 10.0 | 2.11 | 1.66 | 2.58 | 2.59 | 0.99 | 1.11 | 1.39 | 0.71 | 1.70 | 1.78 | 1.86 | 1.94 | 2.03 |
| ∠36×4 | | 10.4 | 2.76 | 2.16 | 3.29 | 3.18 | 1.28 | 1.09 | 1.38 | 0.70 | 1.73 | 1.80 | 1.89 | 1.97 | 2.05 |
| ∠36×5 | | 10.7 | 3.38 | 2.65 | 3.95 | 3.68 | 1.56 | 1.08 | 1.36 | 0.70 | 1.75 | 1.83 | 1.91 | 1.99 | 2.08 |
| ∠40×3 | 5 | 10.9 | 2.36 | 1.85 | 3.59 | 3.28 | 1.23 | 1.23 | 1.55 | 0.79 | 1.86 | 1.94 | 2.01 | 2.09 | 2.18 |
| ∠40×4 | | 11.3 | 3.09 | 2.42 | 4.60 | 4.05 | 1.60 | 1.22 | 1.54 | 0.79 | 1.88 | 1.96 | 2.04 | 2.12 | 2.20 |
| ∠40×5 | | 11.7 | 3.79 | 2.98 | 5.53 | 4.72 | 1.96 | 1.21 | 1.52 | 0.78 | 1.90 | 1.98 | 2.06 | 2.14 | 2.23 |
| ∠45×3 | 5 | 12.2 | 2.66 | 2.09 | 5.17 | 4.25 | 1.58 | 1.39 | 1.76 | 0.90 | 2.06 | 2.14 | 2.21 | 2.29 | 2.37 |
| ∠45×4 | | 12.6 | 3.49 | 2.74 | 6.65 | 5.29 | 2.05 | 1.38 | 1.74 | 0.89 | 2.08 | 2.16 | 2.24 | 2.32 | 2.40 |
| ∠45×5 | | 13.0 | 4.29 | 3.37 | 8.04 | 6.20 | 2.51 | 1.37 | 1.72 | 0.88 | 2.10 | 2.18 | 2.26 | 2.34 | 2.42 |
| ∠45×6 | | 13.3 | 5.08 | 3.99 | 9.33 | 6.99 | 2.95 | 1.36 | 1.71 | 0.88 | 2.12 | 2.20 | 2.28 | 2.36 | 2.44 |

续附表

| 型号 | 圆角 $R$ | 重心矩 $Z_0$ | 截面面积 $A$ | 每米质量 | 惯性矩 $I_x$ | 截面模量 $W_x^{max}$ | 截面模量 $W_x^{min}$ | 回转半径 $i_x$ | 回转半径 $i_{x0}$ | 回转半径 $i_{y0}$ | $i_y$，当 $a$ 为下列数值 6 mm | 8 mm | 10 mm | 12 mm | 14 mm |
|---|---|---|---|---|---|---|---|---|---|---|---|---|---|---|---|
| | mm | mm | $cm^2$ | kg | $cm^4$ | $cm^3$ | $cm^3$ | cm | cm | cm | cm | cm | cm | cm | cm |
| ∠50× 3 | 5.5 | 13.4 | 2.97 | 2.33 | 7.18 | 5.36 | 1.96 | 1.55 | 1.96 | 1.00 | 2.26 | 2.33 | 2.41 | 2.48 | 2.56 |
| 4 | | 13.8 | 3.90 | 3.06 | 9.26 | 6.70 | 2.56 | 1.54 | 1.94 | 0.99 | 2.28 | 2.36 | 2.43 | 2.51 | 2.59 |
| 5 | | 14.2 | 4.80 | 3.77 | 11.21 | 7.90 | 3.13 | 1.53 | 1.92 | 0.98 | 2.30 | 2.38 | 2.45 | 2.53 | 2.61 |
| 6 | | 14.6 | 5.69 | 4.46 | 13.05 | 8.95 | 3.68 | 1.51 | 1.91 | 0.98 | 2.32 | 2.40 | 2.48 | 2.56 | 2.64 |
| ∠56× 3 | 6 | 14.8 | 3.34 | 2.62 | 10.19 | 6.86 | 2.48 | 1.75 | 2.20 | 1.13 | 2.50 | 2.57 | 2.64 | 2.72 | 2.80 |
| 4 | | 15.3 | 4.39 | 3.45 | 13.18 | 8.63 | 3.24 | 1.73 | 2.18 | 1.11 | 2.52 | 2.59 | 2.67 | 2.74 | 2.82 |
| 5 | | 15.7 | 5.42 | 4.25 | 16.02 | 10.22 | 3.97 | 1.72 | 2.17 | 1.10 | 2.54 | 2.61 | 2.69 | 2.77 | 2.85 |
| 8 | | 16.8 | 8.37 | 6.57 | 23.63 | 14.06 | 6.03 | 1.68 | 2.11 | 1.09 | 2.60 | 2.67 | 2.75 | 2.83 | 2.91 |
| ∠63×6 4 | 7 | 17.0 | 4.98 | 3.91 | 19.03 | 11.22 | 4.13 | 1.96 | 2.46 | 1.26 | 2.79 | 2.87 | 2.94 | 3.02 | 3.09 |
| 5 | | 17.4 | 6.14 | 4.82 | 23.17 | 13.33 | 5.08 | 1.94 | 2.45 | 1.25 | 2.82 | 2.89 | 2.96 | 3.04 | 3.12 |
| | | 17.8 | 7.29 | 5.72 | 27.12 | 15.26 | 6.00 | 1.93 | 2.43 | 1.24 | 2.83 | 2.91 | 2.98 | 3.06 | 3.14 |
| 8 | | 18.5 | 9.51 | 7.47 | 34.45 | 18.59 | 7.75 | 1.90 | 2.39 | 1.23 | 2.87 | 2.95 | 3.03 | 3.10 | 3.18 |
| 10 | | 19.3 | 11.66 | 9.15 | 41.09 | 21.34 | 9.39 | 1.88 | 2.36 | 1.22 | 2.91 | 2.99 | 3.07 | 3.15 | 3.23 |
| ∠70×6 4 | 8 | 18.6 | 5.57 | 4.37 | 26.39 | 14.16 | 5.14 | 2.18 | 2.74 | 1.40 | 3.07 | 3.14 | 3.21 | 3.29 | 3.36 |
| 5 | | 19.1 | 6.88 | 5.40 | 32.21 | 16.89 | 6.32 | 2.16 | 2.73 | 1.39 | 3.09 | 3.16 | 3.24 | 3.31 | 3.39 |
| | | 19.5 | 8.16 | 6.41 | 37.77 | 19.39 | 7.48 | 2.15 | 2.71 | 1.38 | 3.11 | 3.18 | 3.26 | 3.33 | 3.41 |
| 7 | | 19.9 | 9.42 | 7.40 | 43.09 | 21.68 | 8.59 | 2.14 | 2.69 | 1.38 | 3.13 | 3.20 | 3.28 | 3.36 | 3.43 |
| 8 | | 20.3 | 10.67 | 8.37 | 48.17 | 23.79 | 9.68 | 2.13 | 2.68 | 1.37 | 3.15 | 3.22 | 3.30 | 3.38 | 3.46 |
| ∠75×7 5 | 9 | 20.3 | 7.41 | 5.82 | 39.96 | 19.73 | 7.30 | 2.32 | 2.92 | 1.50 | 3.29 | 3.36 | 3.43 | 3.50 | 3.58 |
| 6 | | 20.7 | 8.80 | 6.91 | 46.91 | 22.69 | 8.63 | 2.31 | 2.91 | 1.49 | 3.31 | 3.38 | 3.45 | 3.53 | 3.60 |
| | | 21.1 | 10.16 | 7.98 | 53.57 | 25.42 | 9.93 | 2.30 | 2.89 | 1.48 | 3.33 | 3.40 | 3.47 | 3.55 | 3.63 |
| 8 | | 21.5 | 11.50 | 9.03 | 59.96 | 27.93 | 11.20 | 2.28 | 2.87 | 1.47 | 3.35 | 3.42 | 3.50 | 3.57 | 3.65 |
| 10 | | 22.2 | 14.13 | 11.09 | 71.98 | 32.40 | 13.64 | 2.26 | 2.84 | 1.46 | 3.38 | 3.46 | 3.54 | 3.61 | 3.69 |

续附表

| 型号 | 圆角 | 重心矩 | 截面面积 | 每米质量 | 惯性矩 | 截面模量 | | 回转半径 | | | $i_y$，当 $a$ 为下列数值 | | | | |
|---|---|---|---|---|---|---|---|---|---|---|---|---|---|---|---|
| | $R$ | $Z_0$ | $A$ | | $I_x$ | $W_x^{max}$ | $W_x^{min}$ | $i_x$ | $i_{x0}$ | $i_{y0}$ | 6 mm | 8 mm | 10 mm | 12 mm | 14 mm |
| | mm | | $cm^2$ | kg | $cm^4$ | $cm^3$ | | cm | | | cm | | | | |
| 5 | | 21.5 | 7.91 | 6.21 | 48.79 | 22.70 | 8.34 | 2.48 | 3.13 | 1.60 | 3.49 | 3.56 | 3.63 | 3.71 | 3.78 |
| 6 | | 21.9 | 9.40 | 7.38 | 57.35 | 26.16 | 9.87 | 2.47 | 3.11 | 1.59 | 3.51 | 3.58 | 3.65 | 3.73 | 3.80 |
| ∠80×7 | 9 | 22.3 | 10.86 | 8.53 | 65.58 | 29.38 | 11.37 | 2.46 | 3.10 | 1.58 | 3.53 | 3.60 | 3.67 | 3.75 | 3.83 |
| 8 | | 22.7 | 12.30 | 9.66 | 73.50 | 32.36 | 12.83 | 2.44 | 3.08 | 1.57 | 3.55 | 3.62 | 3.70 | 3.77 | 3.85 |
| 10 | | 23.5 | 15.13 | 11.87 | 88.43 | 37.68 | 15.64 | 2.42 | 3.04 | 1.56 | 3.58 | 3.66 | 3.74 | 3.81 | 3.89 |
| 6 | | 24.4 | 10.64 | 8.35 | 82.77 | 33.90 | 12.61 | 2.79 | 3.51 | 1.80 | 3.91 | 3.98 | 4.05 | 4.12 | 4.20 |
| 7 | | 24.8 | 12.30 | 9.66 | 94.83 | 38.28 | 14.54 | 2.78 | 3.50 | 1.78 | 3.93 | 4.00 | 4.07 | 4.14 | 4.22 |
| ∠90×8 | 10 | 25.2 | 13.94 | 10.95 | 106.5 | 42.30 | 16.42 | 2.76 | 3.48 | 1.78 | 3.95 | 4.02 | 4.09 | 4.17 | 4.24 |
| 10 | | 25.9 | 17.17 | 13.48 | 128.6 | 49.57 | 20.07 | 2.74 | 3.45 | 1.76 | 3.98 | 4.06 | 4.13 | 4.21 | 4.28 |
| 12 | | 26.7 | 20.31 | 15.94 | 149.2 | 55.93 | 23.57 | 2.71 | 3.41 | 1.75 | 4.02 | 4.09 | 4.17 | 4.25 | 4.32 |
| 6 | | 26.7 | 11.93 | 9.37 | 115.0 | 43.04 | 15.68 | 3.10 | 3.91 | 2.00 | 4.30 | 4.37 | 4.44 | 4.51 | 4.58 |
| 7 | | 27.1 | 13.80 | 10.83 | 131.9 | 48.57 | 18.10 | 3.09 | 3.89 | 1.99 | 4.32 | 4.39 | 4.46 | 4.53 | 4.61 |
| 8 | | 27.6 | 15.64 | 12.28 | 148.2 | 53.78 | 20.47 | 3.08 | 3.88 | 1.98 | 4.34 | 4.41 | 4.48 | 4.55 | 4.63 |
| ∠100×10 | 12 | 28.4 | 19.26 | 15.12 | 179.5 | 63.29 | 25.06 | 3.05 | 3.84 | 1.96 | 4.38 | 4.45 | 4.52 | 4.60 | 4.67 |
| 12 | | 29.1 | 22.80 | 17.90 | 208.9 | 71.72 | 29.47 | 3.03 | 3.81 | 1.95 | 4.41 | 4.49 | 4.56 | 4.64 | 4.71 |
| 14 | | 29.9 | 26.26 | 20.61 | 236.5 | 79.19 | 33.73 | 3.00 | 3.77 | 1.94 | 4.45 | 4.53 | 4.60 | 4.68 | 4.75 |
| 16 | | 30.6 | 29.63 | 23.26 | 262.5 | 85.81 | 37.82 | 2.98 | 3.74 | 1.93 | 4.49 | 4.56 | 4.64 | 4.72 | 4.80 |
| 7 | | 29.6 | 15.20 | 11.93 | 177.2 | 59.78 | 22.05 | 3.41 | 4.30 | 2.20 | 4.72 | 4.79 | 4.86 | 4.94 | 5.01 |
| 8 | | 30.1 | 17.24 | 13.53 | 199.5 | 66.36 | 24.95 | 3.40 | 4.28 | 2.19 | 4.74 | 4.81 | 4.88 | 4.96 | 5.03 |
| ∠110×10 | 12 | 30.9 | 21.26 | 16.69 | 242.2 | 78.48 | 30.60 | 3.38 | 4.25 | 2.17 | 4.78 | 4.85 | 4.92 | 5.00 | 5.07 |
| 12 | | 31.6 | 25.20 | 19.78 | 282.6 | 89.34 | 36.05 | 3.35 | 4.22 | 2.15 | 4.82 | 4.89 | 4.96 | 5.04 | 5.11 |
| 14 | | 32.4 | 29.06 | 22.81 | 320.7 | 99.07 | 41.31 | 3.32 | 4.18 | 2.14 | 4.85 | 4.93 | 5.00 | 5.08 | 5.15 |

**续附表**

| 型号 | 圆角 $R$ | 重心矩 $Z_0$ | 截面面积 $A$ | 每米质量 | 惯性矩 $I_x$ | 截面模量 $W_x^{max}$ | $W_x^{min}$ | 回转半径 $i_x$ | $i_{x0}$ | $i_{y0}$ | $i_y$，当 $a$ 为下列数值 6 mm | 8 mm | 10 mm | 12 mm | 14 mm |
|---|---|---|---|---|---|---|---|---|---|---|---|---|---|---|---|
| | mm | | cm² | kg | cm⁴ | cm³ | | cm | | | cm | | | | |
| ∠125 × 8 | 14 | 33.7 | 19.75 | 15.50 | 297.0 | 88.20 | 32.52 | 3.88 | 4.88 | 2.50 | 5.34 | 5.41 | 5.48 | 5.55 | 5.62 |
| 10 | | 34.5 | 24.37 | 19.13 | 361.7 | 104.8 | 39.97 | 3.85 | 4.85 | 2.48 | 5.38 | 5.45 | 5.52 | 5.59 | 5.66 |
| 12 | | 35.3 | 28.91 | 22.70 | 423.2 | 119.9 | 47.17 | 3.83 | 4.82 | 2.46 | 5.41 | 5.48 | 5.56 | 5.63 | 5.70 |
| 14 | | 36.1 | 33.37 | 26.19 | 481.7 | 133.6 | 54.16 | 3.80 | 4.78 | 2.45 | 5.45 | 5.52 | 5.59 | 5.67 | 5.74 |
| ∠140 × 10 | 14 | 38.2 | 27.37 | 21.49 | 514.7 | 134.6 | 50.58 | 4.34 | 5.46 | 2.78 | 5.98 | 6.05 | 6.12 | 6.20 | 6.27 |
| 12 | | 39.0 | 32.51 | 25.52 | 603.7 | 154.6 | 59.80 | 4.31 | 5.43 | 2.77 | 6.02 | 6.09 | 6.16 | 6.23 | 6.31 |
| 14 | | 39.8 | 37.57 | 29.49 | 688.8 | 173.0 | 68.75 | 4.28 | 5.40 | 2.75 | 6.06 | 6.13 | 6.20 | 6.27 | 6.34 |
| 16 | | 40.6 | 42.54 | 33.39 | 770.2 | 189.9 | 77.46 | 4.26 | 5.36 | 2.74 | 6.09 | 6.16 | 6.23 | 6.31 | 6.38 |
| ∠160 × 10 | 16 | 43.1 | 31.50 | 24.73 | 779.5 | 180.8 | 66.70 | 4.97 | 6.27 | 3.20 | 6.78 | 6.85 | 6.92 | 6.99 | 7.06 |
| 12 | | 43.9 | 37.44 | 29.39 | 916.6 | 208.6 | 78.98 | 4.95 | 6.24 | 3.18 | 6.82 | 6.89 | 6.96 | 7.03 | 7.10 |
| 14 | | 44.7 | 43.30 | 33.99 | 1 048 | 234.4 | 90.95 | 4.92 | 6.20 | 3.16 | 6.86 | 6.93 | 7.00 | 7.07 | 7.14 |
| 16 | | 45.5 | 49.07 | 38.52 | 1 175 | 258.3 | 102.6 | 4.89 | 6.17 | 3.14 | 6.89 | 6.96 | 7.03 | 7.10 | 7.18 |
| ∠180 × 12 | 16 | 48.9 | 42.24 | 33.16 | 1 321 | 270.0 | 100.8 | 5.59 | 7.05 | 3.58 | 7.63 | 7.70 | 7.77 | 7.84 | 7.91 |
| 14 | | 49.7 | 48.90 | 38.38 | 1 514 | 304.6 | 116.3 | 5.57 | 7.02 | 3.57 | 7.67 | 7.74 | 7.81 | 7.88 | 7.95 |
| 16 | | 50.5 | 55.47 | 43.54 | 1 701 | 336.9 | 131.4 | 5.54 | 6.98 | 3.55 | 7.70 | 7.77 | 7.84 | 7.91 | 7.98 |
| 18 | | 51.3 | 61.95 | 48.63 | 1 881 | 367.1 | 146.1 | 5.51 | 6.94 | 3.53 | 7.73 | 7.80 | 7.87 | 7.95 | 8.02 |
| ∠200 × 14 | 18 | 54.6 | 54.64 | 42.89 | 2 104 | 385.1 | 144.7 | 6.20 | 7.82 | 3.98 | 8.47 | 8.54 | 8.61 | 8.67 | 8.75 |
| 16 | | 55.4 | 62.01 | 48.68 | 2 366 | 427.0 | 163.7 | 6.18 | 7.79 | 3.96 | 8.50 | 8.57 | 8.64 | 8.71 | 8.78 |
| 18 | | 56.2 | 69.30 | 54.40 | 2 621 | 466.5 | 182.2 | 6.15 | 7.75 | 3.94 | 8.53 | 8.60 | 8.67 | 8.75 | 8.82 |
| 20 | | 56.9 | 76.50 | 60.06 | 2 867 | 503.6 | 200.4 | 6.12 | 7.72 | 3.93 | 8.57 | 8.64 | 8.71 | 8.78 | 8.85 |
| 24 | | 58.4 | 90.66 | 71.17 | 3 338 | 571.5 | 235.8 | 6.07 | 7.64 | 3.90 | 8.63 | 8.71 | 8.78 | 8.85 | 8.92 |

# 附录十二　普通螺栓的标准直径及螺纹处的有效截面面积表

| 螺栓外径 $d$(mm) | 16 | 18 | 20 | 22 | 24 | 27 | 30 | 33 | 36 | 42 | 48 |
|---|---|---|---|---|---|---|---|---|---|---|---|
| 螺栓内径 $d_e$(mm) | 14.12 | 15.65 | 17.65 | 19.65 | 21.19 | 24.19 | 26.72 | 29.72 | 32.25 | 37.78 | 43.31 |
| 螺纹处有效截面面积 $A_e$($mm^2$) | 156.7 | 192.5 | 244.8 | 303.4 | 352.5 | 459.4 | 560.6 | 693.6 | 816.7 | 1 121.0 | 1 473.0 |

# 参考文献

[1] 中华人民共和国水利部. SL 191—2008 水工混凝土结构设计规范[S]. 北京:中国水利水电出版社,2009.

[2] 中华人民共和国建设部. GB 50010—2002 混凝土结构设计规范[S]. 北京:中国建筑工业出版社,2002.

[3] 中华人民共和国电力工业部. DL 5077—1997 水工建筑物荷载设计规范[S]. 北京:中国电力出版社,2002.

[4] 长江水利委员会长江勘测规划设计研究院. SL 252—2000 水利水电工程等级划分及洪水标准[S]. 北京:中国水利水电出版社,2000.

[5] 中华人民共和国建设部. GB 50068—2001 建筑结构可靠度设计统一标准[S]. 北京:中国建筑工业出版社,2002.

[6] 中华人民共和国建设部,国家技术监督局. GB 50199—94 水利水电工程结构可靠度设计统一标准[S]. 北京:中国计划出版社,2002.

[7] 中国建筑东北设计研究院. GB 50003—2001 砌体结构设计规范[S]. 北京:中国建筑工业出版社,2002.

[8] 中国国家标准化管理委员会. GB 1499.2—2007 钢筋混凝土用钢 第2部分:热轧带肋钢筋[S]. 北京:中国标准出版社,2007.

[9] 中华人民共和国国家质量监督检验检疫总局. GB/1499.1—2008 钢筋混凝土用钢 第1部分:热轧光圆钢筋[S]. 北京:中国标准出版社,2008.

[10] 中华人民共和国国家质量监督检验检疫总局. GB /T 13014—1991 钢筋混凝土用余热处理钢筋[S]. 北京:中国标准出版社,1994.

[11] 东北勘探设计研究院. SL 74—95 水利水电工程钢闸门设计规范[S]. 北京:中国水利水电出版社,1995.

[12] 河海大学,等. 水工混凝土结构学[M]. 北京:中国水利水电出版社,1996.

[13] 赵瑜. 水工混凝土结构学[M]. 北京:中央广播电视大学出版社,2001.

[14] 袁建力. 建筑结构[M]. 北京: 中国水利水电出版社,1998.

[15] 赵积华. 建筑结构设计原理[M]. 南京:河海大学出版社,1999.

[16] 彭明,王建伟. 建筑结构[M]. 郑州:黄河水利出版社,2004.

[17] 翟爱良,郑晓燕. 钢筋混凝土结构计算与设计[M]. 北京:中国水利水电出版社, 1999.

[18] 龚绍熙. 新编注册结构师专业考试教程[M]. 北京:中国建材工业出版社,2006.